中国轻工业"十四五"规划教材

省级一流本科课程配套教材

食品营养学

主　编　白卫滨

副主编　蒋鑫炜

中国轻工业出版社

图书在版编目（CIP）数据

食品营养学 / 白卫滨主编. — 北京：中国轻工业出版社，2025. 1
ISBN 978-7-5184-4151-8

Ⅰ. ①食⋯ Ⅱ. ①白⋯ Ⅲ. ①食品营养—营养学 Ⅳ. ①TS201. 4

中国版本图书馆 CIP 数据核字（2022）第 180952 号

责任编辑：马 妍
策划编辑：马 妍 责任终审：白 洁 封面设计：锋尚设计
版式设计：砚祥志远 责任校对：朱燕春 责任监印：张 可

出版发行：中国轻工业出版社（北京鲁谷东街 5 号，邮编：100040）
印 刷：三河市万龙印装有限公司
经 销：各地新华书店
版 次：2025 年 1 月第 1 版第 2 次印刷
开 本：787×1092 1/16 印张：24
字 数：554 千字
书 号：ISBN 978-7-5184-4151-8 定价：56. 00 元
邮购电话：010-85119873
发行电话：010-85119832 010-85119912
网 址：http://www. chlip. com. cn
Email：club@ chlip. com. cn

242467J1C102ZBQ

本书编写人员

主　　编　白卫滨（暨南大学）

副 主 编　蒋鑫炜（暨南大学）

参编人员（按姓氏笔画排列）

于　辉（山东农业工程学院）
万银松（石河子大学）
王丽君（暨南大学）
田灵敏（暨南大学）
米　思（河北农业大学）
孙建霞（广东工业大学）
李　真（广东省人民医院）
李晓玲（暨南大学）
沈天然（广东药科大学）
张　汇（上海理工大学）
张　钟（广东石油化工学院）
陆柏益（浙江大学）
陈永生（暨南大学）
陈宇航（山东农业工程学院）
陈嘉莉（暨南大学）
郑　洁（暨南大学）
葛永红（渤海大学）
焦　睿（暨南大学）

前言 | Preface

营养是人体维持健康的基础，而机体所需营养主要来源于食物。随着科技发展和医疗进步，人们对饮食营养与人体健康的关注度也越来越高。本书旨在提供系统的食品营养学知识，以期精准把握食品营养与人体健康的关系，使受众人群能够有针对性地进行食品营养摄取，进而提高人体健康水平。

《食品营养学》包含了食物营养素、膳食营养与人体健康、营养与疾病的关系等相关知识，全面、系统地阐述了食品营养学的基本理论、方法和技能。本书共八章，第一章详细介绍各种营养素的基本理论、生理功能、代谢调节等，还包括近年来研究关注度高的动植物、微生物食物中的功能活性物质；第二章介绍能量代谢、食物供给与能量平衡；第三章为常见食物营养价值的介绍；第四章论述营养与公众健康、营养评价及配餐等；第五章为特殊人群的营养需求及膳食指导，同时包括特殊环境及职业暴露人群的营养需要；第六章着重介绍疾病与营养的关系以及预防治疗措施和饮食原则等；第七章介绍与营养和健康有关的新型食品开发的概况、技术及应用现状；第八章对食品营养与健康相关的热门问题进行案例分析。

本书全面地阐述食品营养学的基本理论、方法和技能，培养学生更深入地理解和掌握食品营养学的理论和实践应用。本书介绍和讨论了研究较多的食品功能活性化合物、与营养和健康有关的新型食品等相关研究热点，以激发学生的创新及逻辑思维，使学生能够理论结合实际，灵活运用理论知识，从而为提高食品营养属性，改善国民的营养水平和健康状况做出贡献。同时，本书结合了医学知识，并融入课程思政和数字资源，读者可通过扫描书中二维码获取“食品营养学”课程教学资源，可视听结合，配套学习。与本书相关的课程资源读者可登录中国大学 MOOC 网站获取更多信息。

本书可供高等学校食品科学与工程、食品营养与健康等相关专业学生、研究人员及教学人员学习参考。

近年来，食品科学、营养科学等领域研究进展迅速，相关知识及科技成果不断更新，若有错漏不当之处，敬请读者批评指正。

主编

2023 年 1 月

目录 | Contents

INTRODUCTION

绪论

一、 食品营养学的定义

食品营养学曾主要指研究食品营养（food nutrition）的学科，即指研究人体从食品中所能获得的热能和营养素的学科。过去食品营养学主要关注食物本身的营养素含量及营养密度，然而近些年食品营养的研究与人体健康联系越来越紧密，逐渐从单纯的食品学科过渡到食品学科与预防医学的交叉领域。食品营养学涉及的内容越来越广泛，包括：①食物所含热能和营养素的量及其含量的影响因素；②食物中各种营养素人体消化过程及与机体的相互作用；③食品所含各种营养素在人体内的生物利用率；④营养素在体内的代谢过程及对机体代谢的影响；⑤营养素对疾病的预防及对健康的促进。所以现代的食品营养学主要研究食物、营养与人体生长发育和健康的关系，以及提高食品营养价值的措施。

食品营养学的探秘

二、 食品营养学的范畴

国民营养的来源，如果按食物的性质可分为生鲜食品（初级农产品）、烹饪食品和加工食品。生鲜食品（初级农产品）即是通过种植和养殖获得的产品。要获得营养丰富的生鲜食品需要生产者掌握科学的种植生产与管理、养殖生产与管理、收获、运输和贮藏保鲜等知识和技能。一般来说，种植和养殖过程属于农业领域，当植物或动物收获或屠宰后便称为食物原料，即进入食品营养的范畴。烹饪食品是以生鲜食品为原料，通过烹煮获得，要获得营养丰富的烹饪食品需要烹饪者掌握原辅料特性、调味和烹饪操作、营养搭配与科学配餐、营养调查与质量评价以及卫生安全管理等知识和技能。加工食品仍以生鲜食品为原料，采用机械设备及一些加工技术生产获得。在食品的整个运输、贮藏、烹调、加工过程中均会因为具体的条件、环境不同而影响食物中的营养素种类及含量。食物在人体进食过程中也会受到不同因素影响而有不同的消化、吸收、转运及代谢特征。营养素在体内参与诸多代谢过程，影响代谢相关的信号传导，对健康及疾病状态有显著的调节作用。

三、 食品营养学的发展历程

1. 中国传统营养学

中国的饮食文化、中医文化和养生学是我国现代食品营养学的鼻祖。我国现存最早医书《黄帝内经》提出了：五谷为养，五果为助，五畜为益，五菜为充，气味合而服之，以补精益气。这不仅奠定了中医学的理论基础，也奠定了中国传统营养学的理论基础，并提出了全面膳食观点。《神农本草经》成书于东汉之前，是我国现存最早的本草专著，共记载药物365种。书中也记载了一些有药用价值的食物，如薏苡仁、胡麻（芝麻）、芡实、山药、龙眼、干姜、核桃仁、蜀椒等。东汉时期医学家张仲景在《伤寒论》《金匮要略》中选用不少食物治病，如用于心神失养，精神抑郁的“百合鸡子黄汤”，就是典型的代表。晋代葛洪在其所著《肘后备急方》中，首次记载用海藻治瘿病（甲状腺肿），用猪胰治消渴病（糖尿病）。唐代孟诜撰写了第一部食物本草专著《食疗本草》，记载食用本草241种，每味食物名下均载有数个处方，其配制合理，使用方便。唐代医药学家孙思邈在《千金要方》中指出“食能排邪而安脏腑，悦神爽志以资血气。若能用食平疴，释情遣疾者，可谓良工。”《饮膳正要》是元代饮膳太医忽思慧所著，内容丰富全面地概述了各种情况避忌、聚珍异馔。明代医学家李时珍，共收集本草1892种，著成的《本草纲目》一书不仅是明代本草的集大成者，也是食物本草的总结，以中医的观点逐一加以描述，分别加以归类。清代章穆的《调疾饮食辩》、王士雄的《随息居饮食谱》也各有特点。总之，中国传统营养学在上古时代与医药同时萌芽与发生，至商周渐成雏形，设“食医”专司此事，至秦汉、唐宋逐渐奠定基础，复经元明清充实发展，形成了较为系统的学说，积累了丰富的实践与临床经验供后人挖掘、继承、发扬、提高。近些年，传统中医的养生基础与现代食品科学、医学的概念和研究方法进行结合，往前更是迈进一步。例如，人们逐渐解析出了我国传统的药食同源的食材中的特殊活性物质的结构及性质，通过营养学功能评价的方法提供了传统营养素更为可靠的效果和作用机制。

2. 西方营养学

2000年前的西方医学之父希波克拉底提出饮食法则：“把你的食物当药物，而不是把你的药物当食物。”就是提出了多吃食物少吃药，提前预防疾病为主的医学思想。19世纪是自然科学崛起阶段，能量守恒定律与燃烧理论（呼吸是氧化燃烧）相继被发现，推动了生理学、生物化学的发展，在此基础上，产生了现代营养学。现代营养学侧重从生物科学和基础医学的角度研究营养与机体之间的一般规律。

第一个阶段主要特点是化学、物理学等基础学科的发展为近代营养学打下了实验技术科学的理论基础。特别是能量守恒定律、化学元素周期表和关于呼吸是氧化燃烧的理论的发现。

第二个阶段的发展是在第一阶段的基础上，大量的营养学实验研究充实了营养学本身的理论体系。例如氮平衡的学说，热能代谢的体表面积法则、生热系数的测定，特别是分析手段的提高，使人们对营养素的认识从三大类营养素发展到20多种。

第三个阶段是在第二次世界大战结束以后，营养科学的发展进入了鼎盛时期，分子生物学的理论与实验方法的发展使营养科学的认识进入了分子水平、亚细胞水平。同时营养工作的社会性不断地加强，营养学研究更明显地重视如何将营养学的研究成果应用于提高广大人民的健康水平。

近几十年来，食品营养学无论是在宏观方面，还是在微观方面，研究更加深入，发展更加迅速，出现了营养学的许多分支学科和领域，营养知识信息积累丰富。

四、 食品营养学的发展趋势

随着社会经济的发展，科技的进步，人们对于食物的追求已经不只是吃饱、吃好的层次了，如何吃得健康是现代人饮食更高的追求。然而，在现代社会中，营养不良与营养过剩同时存在。一些自然资源匮乏、经济条件比较落后的特殊群体可能吃不到或吃不起充足、优质的食物，膳食质量低，各种类型的营养素缺乏、营养不良问题普遍存在；一些处于特殊阶段或身体状态的人群例如住院病人、老年人的饮食结构不够均衡、摄食量不足等状况限制了某些营养素的摄入。还有一些食物因为过度精加工而导致某些营养素丢失或者能量密度过高。例如，精加工面粉、巧克力、糖果等长期偏食摄入会导致营养不均衡。此外，国民经济迅速发展，居民收入不断增加，食品消费水平明显上升，引起了一些膳食结构不合理，营养过剩的问题。近些年，肥胖率逐年上升，代谢综合征及相关代谢性疾病成为人类健康的威胁。营养过剩还可以扰乱体内各种代谢、改变肠道微生物稳态、造成身体系统性的亚健康及各种疾病。

食品营养学对社会经济发展和人类健康十分重要。一方面，食品营养领域研究如何提高食品的营养素的含量、均衡性、活性物质含量等，从而提升产品的价值。另一方面，食品营养学研究膳食及营养素如何健康，通过合理膳食及营养素的摄入调节促进健康，辅助疾病的治疗，从而减少社会及家庭的医疗负担。

然而，食品营养学研究方面充满了挑战。例如，高附加值健康食品的开发技术，新型功能因子的挖掘及活性评价，营养素之间的相互影响及其对消化吸收的影响，膳食模式的改进，营养素与环境有害物的体内外相互作用，营养素对健康的调节分子机制探究，营养素功能的人群评价等都需要未来继续深入研究。

CHAPTER 1

第一章 食品营养学基础

学习要点

1. 学习蛋白质、脂类、碳水化合物、矿物质、维生素、膳食纤维、水七大营养素的结构和生理功能；

2. 了解植物性、动物性、微生物和藻类食物中的活性化合物组成、健康价值及生理作用；

3. 学习如何有效补充各类营养素，能够结合自身生活合理搭配营养膳食。

思 政 点

本章旨在学习食品中营养素的结构及功能，营养素对人体健康的意义，培养学生对各种营养素应用的辩证思维能力，同时引入博大精深的中华传统饮食文化，将其与现代营养学知识进行比较与分析，体会“融合”与“发展”，增强学生的民族自豪感。

第一节 蛋白质

蛋白质（protein）是由氨基酸通过肽键连接起来的生物大分子，是生命的物质基础，是人类机体细胞、组织和器官的重要组成结构，在各个器官内都有分布，成人体内蛋白质含量约为16.3%。虽然蛋白质只占人体体重的1/5不到，但它具有重要的生理功能，在各种生命活动中起着关键作用。

蛋白质

一、 蛋白质的组成与分类

蛋白质是七大营养素之一，其元素组成主要为碳、氢、氧、氮，多数蛋白质还含有硫和磷，有些蛋白质还可能含有铁、锌、铜、碘、锰等微量元素。组成蛋白质的基本单位是氨基酸，氨基酸通过脱水缩合形成肽链，蛋白质是由一条或多条肽链按照特定方式结合而成的高分子化合物。

人体细胞的新陈代谢、组织的更新和修复以及各种生理功能的调节和维持都依赖蛋白质。根据营养价值的高低可将蛋白质分为完全蛋白质、不完全蛋白质和半完全蛋白质。

完全蛋白质（又称优质蛋白质）含必需氨基酸的种类齐全，且氨基酸组成比例与人体蛋白质氨基酸比例接近，营养价值较高，如乳类中的酪蛋白及乳白蛋白、蛋类中的卵白蛋白及卵黄蛋白、肉类中的清蛋白和肌蛋白以及植源性的大豆蛋白等。当这类蛋白质作为唯一蛋白质来源时，能满足健康成人和儿童正常生长发育的要求。与之相比，不完全蛋白质则缺少人体必需氨基酸中的一种或几种，在作为唯一蛋白质来源时，既不能维持生命，又不能促进生长发育，如玉米胶蛋白、动物结缔组织等。半完全蛋白质介于上述两者之间，虽含有人体需要的必需氨基酸，但其组成比例不当，其中一种或几种必需氨基酸相对含量较低，导致其他必需氨基酸在体内不能被充分利用而浪费，造成蛋白质营养价值降低。当这类蛋白质作为唯一的蛋白质来源时，可维持生命，但不能满足人体正常生长发育的需要，如小麦、大麦、马铃薯、干果中的蛋白质。

二、 蛋白质的生理功能

蛋白质是细胞的主要组成成分，占细胞干物质成分的80%以上，蛋白质是生命活动的基础，没有蛋白质就没有生命。蛋白质的生理功能如下：

（一）催化作用

人体的新陈代谢大多数需要借助酶的催化作用，而酶的主体就是蛋白质，酶的催化效率极高，如胃蛋白酶催化蛋白质水解、β-淀粉酶催化降解支链淀粉或糖原、胰淀粉酶催化水解碳水化合物等。

（二）调节作用

蛋白质和电解质对机体内的细胞和体液平衡起着重要的调节作用。当机体摄入蛋白质不足时，血浆蛋白的浓度降低引起渗透压下降，部分水滞留在细胞间隙内无法参与体内血液循环，会导致水肿现象。蛋白质分子有氨基和羧基，可维持血液的酸碱平衡。以蛋白质或肽为存在形式的激素，如胰岛素、促肾上腺皮质激素、降钙素等，对肌体生理活动有着重要的调节作用。

（三）运输作用

蛋白质可维持机体正常新陈代谢所需物质在体内的运输。如红细胞中的血红蛋白运输氧气和二氧化碳，脂蛋白运输脂类物质、血液中的血浆白蛋白运送小分子等。

（四）支架作用

蛋白质是构成生物细胞原生质的重要成分，并给予生物结构以强度和保护。如胶原蛋白存在于真皮层用以维持皮肤弹性，它还广泛存在于人体的骨骼、肌肉、软骨、关节、头发组织中，起着支撑、修复、保护等作用。

（五）肌肉收缩

肌肉占人体重量的40%~45%，可改变细胞和器官的性状或运动状态，肌体及各种脏器的一些重要生理功能都依赖于肌肉的收缩与松弛来完成，如心脏的搏动、血管的舒张与收缩、胃肠蠕动等，这种收缩活动由肌球蛋白和肌动蛋白所实现。

（六）免疫作用

当外界一些有害因素侵入人体或机体自身产生损伤细胞和肿瘤细胞时，免疫球蛋白能够对某一特定的病原体或异物产生免疫作用，通过识别“自己”和“非己”成分，破坏和排斥进入人体的抗原物质。

（七）供能作用

蛋白质也是一种能源物质，与碳水化合物、脂类共同属于三大供能营养素。当碳水化合物或脂肪供给能量不足时，每克蛋白质在人体内氧化分解提供约 17kJ（4kcal）能量。一般人体所需总能量的 11%～14%是由蛋白质提供的。

（八）维持组织生长、更新和修补

食物蛋白质只有被消化分解成氨基酸后才能被人体吸收利用。蛋白质被分解为氨基酸后，大部分又合成新的蛋白质，即蛋白质的周转率，因此机体中蛋白质的合成与分解存在动态平衡。一般来说，成人体内每天约有 3%的蛋白质参与代谢，所以成人每天要摄入足够的蛋白质才能够维持组织的更新，儿童和青少年代谢速率最快，需要摄入更多优质蛋白质来满足其正常生长发育需求。

三、氨基酸

氨基酸（amino acid）是蛋白质的基本组成单位。组成天然蛋白质基本结构的氨基酸共有 20 多种，且它们的氨基和羧基都连在同一个 α-碳原子上，除脯氨酸为 α-亚氨基酸外，其余均为 α-氨基酸。

（一）氨基酸分类

氨基酸按化学结构可分为脂肪族氨基酸、芳香族氨基酸、杂环氨基酸和杂环亚氨基酸。

按照营养需求，氨基酸可分为必需氨基酸、非必需氨基酸和条件必需氨基酸（表 1-1）。

表 1-1 氨基酸的分类

必需氨基酸	非必需氨基酸	条件必需氨基酸
赖氨酸（Lys）	甘氨酸（Gly）	半胱氨酸（Cys）
亮氨酸（Leu）	丙氨酸（Ala）	酪氨酸（Tyr）
异亮氨酸（Ile）	丝氨酸（Ser）	
甲硫氨酸（Met）	胱氨酸（Cys-Cys）	
苯丙氨酸（Phe）	天冬氨酸（Asp）	
苏氨酸（Thr）	天冬酰胺（Asn）	
色氨酸（Trp）	谷氨酸（Glu）	
缬氨酸（Val）	谷氨酰胺（Gln）	
组氨酸（His）*	精氨酸（Arg）	
	脯氨酸（Pro）	
	羟脯氨酸（Hyp）	

注：* 组氨酸为婴儿必需氨基酸，成人需要量相对较少。

资料来源：Whitney E，Rolfes SR. Understanding Nutrition［M］. 11th ed. Thomson Wadsworth，2008.

必需氨基酸（essential amino acid，EAA）指人体进行正常生理活动需要，但自身不能合成或者自身合成速度不能满足机体需要，而必须从外界食物中获得的氨基酸。成人必需氨基酸的需要量占蛋白质需要量的20%～37%。在表1-1中的必需氨基酸中，组氨酸为婴儿必需氨基酸，成人需要量相对较少。

非必需氨基酸（nonessential amino acid，NEAA）是人体需要，但可以在体内自行合成或者可由其他的氨基酸转变而来，不一定依赖食物获取的氨基酸。

条件必需氨基酸（conditionally essential amino acid，CEAA）是指虽然能够在人体内合成，但其合成原料是必需氨基酸的一类氨基酸。因此条件必需氨基酸的适量摄入可以减少人体对其原料必需氨基酸的依赖。

（二）限制氨基酸

当蛋白质中一种或者几种必需氨基酸缺少或数量不足时，会限制食物蛋白质合成为机体蛋白质的过程，从而限制了蛋白质的营养价值，这类氨基酸称为限制氨基酸。缺乏最多的称为第一限制氨基酸，其他以此类推。如谷类食物中赖氨酸的含量最低，故其为谷类食物的第一限制氨基酸，其次是苏氨酸和甲硫氨酸，几种常见食物蛋白质的限制氨基酸见表1-2。

表1-2　　几种常见食物蛋白质中的限制氨基酸

食物名称	第一限制氨基酸	第二限制氨基酸	第三限制氨基酸
小麦	赖氨酸	苏氨酸	缬氨酸
大麦	赖氨酸	苏氨酸	甲硫氨酸
燕麦	赖氨酸	苏氨酸	甲硫氨酸
大米	赖氨酸	苏氨酸	—
玉米	赖氨酸	色氨酸	苏氨酸
花生	甲硫氨酸	—	—
大豆	甲硫氨酸	—	—
鱼	甲硫氨酸	缬氨酸	—

四、蛋白质的消化、吸收及代谢

蛋白质只有通过消化分解成氨基酸后才能被吸收，食物中的蛋白质都要经过胃、肠中的蛋白酶水解成氨基酸或寡肽，才能在小肠中被吸收。

（一）蛋白质的消化

蛋白质的消化开始于胃。胃酸使食物蛋白质变性，破坏其空间结构，胃腺分泌胃蛋白酶原，由胃酸激活后转变为具有活性的胃蛋白酶，将蛋白质水解成小分子多肽和游离氨基酸。但蛋白质消化吸收的主要场所在小肠，胰脏分泌的胰液将进入小肠的蛋白质和多肽进一步水解，胰液中含有胰蛋白酶原、糜蛋白酶原、羧肽酶原A和B，以及弹性蛋白酶原等。大豆、花生、棉籽、油菜籽等，尤其是豆类食品中含有能抑制胰蛋白酶、糜蛋白酶等多种蛋白酶的物质，即蛋白酶抑制剂。因此，这类食物必须经过适当的加热处理才可食用。

蛋白酶作用具有专一性。蛋白酶可分为内肽酶（胃蛋白酶、胰蛋白酶、糜蛋白酶）和外肽酶（羧基肽酶、氨基肽酶、二肽酶）。内肽酶作用于蛋白质分子多肽链中间一定位置上的肽键，使蛋白质水解为较短的多肽。外肽酶作用于蛋白质或多肽的末端，使肽链缩短一个氨基酸残基。

（二）蛋白质的吸收

蛋白质水解后的产物为氨基酸和寡肽。寡肽在肠道的吸收比游离氨基酸快，肠黏膜细胞的刷状缘含有多种寡肽酶，可将2~6个氨基酸组成的寡肽水解为二肽或三肽，进入肠黏膜细胞后，细胞质中的寡肽酶可进一步水解二肽和三肽为氨基酸，这些氨基酸接着通过肝门静脉被运送到肝脏和人体其他组织器官。

各种氨基酸均通过主动转运方式被吸收进入血液循环。目前在小肠壁上存在着3种主要的氨基酸转运系统，分别为中性氨基酸转运系统、碱性氨基酸转运系统和酸性氨基酸转运系统。其中，中性氨基酸转运系统速率最快，碱性氨基酸转运系统次之，酸性氨基酸转运系统速率最慢。

（三）蛋白质的代谢

食物中蛋白质经消化后被人体吸收的氨基酸与体内组织细胞中蛋白质降解产生的氨基酸一起参与人体代谢，这被称作氨基酸代谢池。氨基酸来源有以下三种：①摄入食物蛋白质后消化吸收至血液中的氨基酸；②组织细胞中蛋白质分解产生的氨基酸；③α-酮酸加氨基后合成为非必需氨基酸。氨基酸的去路有以下三条：①重新合成蛋白质以补充和更新人体蛋白质；②氨基酸脱羧基后生成胺类物质和一些含氮物质；③氨基酸脱氨基生成α-酮酸和氨。

机体内的游离氨基酸主要用于重新合成人体蛋白质，使机体内蛋白质不断更新和修复，保证机体正常的生理活动。蛋白质的合成主要在细胞内的核糖核蛋白体上进行，根据模板信使RNA的遗传密码，转运RNA携带着所需要的氨基酸，在各种酶和蛋白质因子的催化作用下，经过转录和翻译的过程，合成相应的蛋白质。人体内的各种细胞都可合成蛋白质，其中在肝脏的细胞合成速度最快。

五、食物蛋白质的营养评价

各种食物蛋白质的氨基酸组成及比例不同，其营养价值也存在着差异，一般来说动物蛋白的营养价值优于植物蛋白。评价食物蛋白质的营养价值高低主要考虑两个方面，一方面是从“量”的角度考虑食物中蛋白质的含量多少，另一方面是从“质”的角度考虑必需氨基酸的含量及比例。此外，还需要考虑人体对食物蛋白质的消化、吸收和利用程度。

（一）食物中蛋白质的含量

食物蛋白质营养价值的高低尽管不能由食物中蛋白质含量的多少来决定，但在评价某一种食物蛋白质的营养价值时，还是不能脱离其含量。蛋白质摄入量充足是保障机体正常生理活动的前提，特别是对于儿童和青少年来说，蛋白质摄入量不足将直接影响其正常的生长发育。例如，2003年发生在安徽阜阳的“大头娃娃”事件就是由于摄入了蛋白质含量低于国家标准的劣质奶粉所引发的食品安全事件，导致大批婴儿营养不良、头骨畸形、头部水肿、生长停滞。国家市场监督管理总局对此类事件开展了专项整治工作，对此类违法违规行为进行严肃整顿。食品企业，特别是婴幼儿等特殊人群食品生产企业更应严格把控好食品质量关，在产品研发和生产中充分考虑特殊人群的营养素需求，规范生产。

食物中蛋白质含量的测定一般使用凯氏定氮法来测定其含氮量，再换算成蛋白质的含量。食物中蛋白质的含氮量由其氨基酸的组成决定，一般为15%~18%，平均占蛋白质质量的16%，其倒数即为6.25。

$$食物粗蛋白质含量=食物含氮量（\%）\times 6.25$$

若要比较准确地计算不同食物中蛋白质的含量，可用不同系数求得，常用的食物蛋白质换算系数见表1-3。

表1-3　常用食物蛋白质换算系数

食品	蛋白质换算系数	食品	蛋白质换算系数
全小麦、大麦、燕麦、小米	5.83	鸡蛋	6.25
玉米、高粱	6.25	肉	6.25
芝麻、葵花籽、棉籽	5.30	动物明胶	5.55
花生	5.46	纯乳制品	6.38
核桃、榛子	5.30	胶原蛋白	5.79
大米及米粉	5.95	大豆	5.71

（二）蛋白质的消化率

蛋白质的消化率（digestibility）是指一种食物蛋白质被消化酶消化分解的程度。蛋白质的消化率越高，则代表人体对其吸收利用的可能性越大，营养价值也就越高。一般采用动物实验测定，根据是否考虑内源粪代谢氮因素可分为“表观消化率”和“真消化率”。

$$表观消化率=\frac{氮吸收量}{食物氮}\times 100\%=\frac{食物氮-粪氮}{食物氮}\times 100\%$$

$$真消化率=\frac{食物氮-（粪氮-粪代谢氮）}{食物氮}\times 100\%$$

粪便中排出的氮有两个来源：一是来自还未被消化吸收的食物蛋白质；二是来自脱落的肠黏膜细胞及肠道细菌等所含的氮。其中粪代谢氮是指受试者在完全不吃含蛋白质的食物时，粪便中的含氮量，其测定十分复杂且难以精确测得，世界卫生组织（WHO）提出，当膳食中仅含少量膳食纤维时可不必测定粪代谢氮，而当膳食中含有高膳食纤维时，成人可按12mg/(kg·d)的数值计算。

蛋白质的消化率受许多因素影响，如人体的消化状态、精神状态以及饮食习惯等，食物中蛋白质的结构及形式也影响着消化率。通常，动物蛋白的消化率高于植物蛋白，因为纤维素包围植物蛋白，消化酶难以接触进行作用，故消化率低。植物性食品可经过加工烹饪，破坏、软化或除去纤维素来提高植物蛋白的消化率。例如将大豆加工成豆浆或者豆腐时，其蛋白质的消化率可从60%提高到90%。几种食物蛋白质的消化率见表1-4。

表 1-4　几种食物蛋白质的消化率　单位:%

食物名称	真消化率（平均值±标准差）	食物名称	真消化率（平均值±标准差）
鸡蛋	97±3	燕麦	86±7
牛乳	95±3	老豌豆	86
鱼、肉	94±3	大豆粉	86±7
玉米	85±6	菜豆	78
大米	88±4	花生酱	95
精制小麦	96±4	玉米+菜豆	78
小米	79	中国混合膳食	96

（三）蛋白质的利用率

蛋白质的利用率是指食物蛋白质被消化吸收后在人体中被利用的程度。测定食物蛋白质利用率的方法很多，一般分为以体重增加为基础和以在体内贮留的氮为基础的方法，其指标可从不同角度反映蛋白质被吸收利用的程度。

1. 蛋白质的生物价

$$蛋白质生物价=\frac{氮贮留量}{氮吸收量}\times100=\frac{食物氮-(粪氮-粪代谢氮)-(尿氮-尿内源氮)}{食物氮-(粪氮-粪代谢氮)}\times100$$

生物价（biological value，BV）是反映食物蛋白质经消化吸收后被机体利用程度的一项指标。生物价越高，则蛋白质的利用率越高即蛋白质营养价值高，最高值为 100。一些常见食物蛋白质的生物价见表 1-5。

表 1-5　常见食物蛋白质的生物价

食物蛋白质种类	生物价	食物蛋白质种类	生物价	食物蛋白质种类	生物价
鸡蛋蛋白质	94	大米	77	蚕豆	58
鸡蛋清	83	小米	57	绿豆	58
鸡蛋黄	96	小麦	67	玉米	60
脱脂牛乳	85	白面粉	52	白菜	76
鱼	83	生大豆	57	甘薯	72
牛肉	76	熟大豆	64	马铃薯	67
猪肉	74	扁豆	72	花生	59

2. 蛋白质净利用率

蛋白质净利用率（net protein utilization，NPU）是指机体的氮贮留量与食物氮的比值。与蛋白质的生物价计算方式相似，但是蛋白质的生物价中不包括消化过程中未被吸收的氮。蛋白质在消化吸收过程中会受到很多因素的作用而影响其消化率，因此用蛋白质净利用率来表示蛋白质实际被利用的程度，又称为蛋白质净效系数。

$$蛋白质净利用率=\frac{氮贮留量}{食物氮}\times100=生物价\times消化率$$

3. 蛋白质净比值与蛋白质存留率

将纯种大白鼠分成两组，分别用受试食物蛋白质和等热量的无蛋白质膳食饲养 7~10d，记录其体重的变化克数，求出蛋白质净比值（net protein ratio，NPR）后，再求蛋白质存留率（protein retention efficiency，PRE）。

$$蛋白质净比值=\frac{受试食物蛋白质组平均增加体重（g）+无蛋白质饲料组平均降低体重（g）}{摄入食物蛋白质（g）}$$

$$蛋白质存留率=蛋白质净比值\times\frac{100}{6.25}$$

4. 蛋白质功效比值

蛋白质功效比值（protein efficiency ratio，PER）是以体重增加为基础的方法，此法一般选择出生 21~28d 后初断乳的雄性大鼠（体重 50~60g），用含 10%受试蛋白质的饲料喂养 28d，每日记录其进食量，每周称量体重，按下式计算。

$$蛋白质功效比值=\frac{试验动物体重增加量（g）}{食物蛋白质摄入量（g）}$$

这种方法已经被美国分析化学家协会（AOAC）推荐为评价食物蛋白质营养价值的必测指标，也广泛应用于其他国家。由于所测的蛋白质主要用于生长需要，该指标也广泛作为婴儿食品中蛋白质的评价。几种常见食物中蛋白质的 PER 见表 1-6。

表 1-6　几种常见食物中蛋白质的 PER

食物名称	PER	食物名称	PER
全鸡蛋	3.92	大豆	2.32
牛乳	3.09	精制面粉	0.60
鱼	4.55	大米	2.16
牛肉	2.30		

同一种食物蛋白质在不同实验室测得的 PER 重复性常不佳，为了便于比较，通常将酪蛋白设为对照组用来校正被测的蛋白质 PER，其中酪蛋白的 PER 换算为 2.5。

$$被测蛋白质\ PER=\frac{实验组蛋白质\ PER}{对照组蛋白质\ PER}\times2.5$$

5. 氨基酸评分与蛋白质消化率修正的氨基酸评分

除了蛋白质氮含量外，食物蛋白质的营养价值主要取决于必需氨基酸的组成和比例，若食物蛋白质氨基酸模式与人体必需氨基酸模式接近，可提高蛋白质的吸收利用率，故其营养价值越高。氨基酸评分（amino acid score，AAS）也称蛋白质评分或化学评分，不仅适用于单一食物蛋白质的营养价值评价，还适用于混合食物蛋白质的评价，是一种目前广泛应用的食物蛋白质营养价值评价方法。

$$氨基酸评分=\frac{1g\ 受试蛋白质中氨基酸的量（mg）}{需要量模式中氨基酸的量（mg）}\times100$$

不同人群的必需氨基酸需要量及评分模式见表 1-7。

表 1-7 不同人群的必需氨基酸需要量及评分模式

氨基酸种类	氨基酸需要量/［mg/(kg·d)］						评分模式/(mg/g 蛋白质)					
	0.5 岁	1~2 岁	3~10 岁	11~14 岁	15~18 岁	>18 岁	0.5 岁	1~2 岁	3~10 岁	11~14 岁	15~18 岁	>18 岁
组氨酸	22	15	12	12	11	10	20	18	16	16	16	15
异亮氨酸	36	27	22	22	21	20	32	31	30	30	30	30
亮氨酸	73	54	44	44	42	39	66	63	61	61	60	59
赖氨酸	63	44	35	35	33	30	57	52	48	48	47	45
甲硫氨酸+胱氨酸	31	22	17	17	16	15	27	25	23	23	23	22
苯丙氨酸+酪氨酸	59	40	30	30	28	25	52	46	41	41	40	38
苏氨酸	35	24	18	18	17	15	31	27	25	25	24	23
色氨酸	9.5	6	4.8	4.8	4.4	4.0	8.5	7	6.6	6.6	6.3	6
缬氨酸	48	36	29	29	28	26	43	41	40	40	40	39

资料来源：FAO. Dietary protein quality evaluation in human nutrition：Report of an FAO Expert Consultation［M］. Auckland，New Zealand，2011.

蛋白质消化率修正的氨基酸评分（protein digestibility corrected amino score，PDCAAS）法是由 FAO/WHO 蛋白质评价联合专家委员会在 1990 年出的一种新的方法，与氨基酸分不同，它考虑到食物蛋白质的消化率，被认为是简单、科学、合理的常规评价食物蛋白质质量的方法。几种常见食物蛋白质消化率修正的氨基酸评分见表 1-8。

$$PDCAAS = 氨基酸评分 \times 蛋白质真消化率$$

表 1-8　几种常见食物蛋白质消化率修正的氨基酸评分（PDCAAS）

食物蛋白质	PDCAAS	食物蛋白质	PDCAAS	食物蛋白质	PDCAAS
酪蛋白	1.00	豌豆	0.69	花生粉	0.52
鸡蛋	1.00	菜豆	0.68	小扁豆	0.52
大豆分离蛋白	0.99	斑豆	0.63	全麦	0.40
牛肉	0.92	燕麦粉	0.57	面筋	0.25

（四）蛋白质的互补作用

不同食物的蛋白质中必需氨基酸的含量与比例各不相同，所以其营养价值也有差异，如果将不同种类的食物相互搭配，相互补偿它们之间相对不足的氨基酸，提高氨基酸模式使其接近人体所需的氨基酸模式，由此提高食物蛋白质的营养价值，这就是蛋白质的互补作用。由于粮谷类食品含有甲硫氨酸较多却缺少赖氨酸，而豆类食品赖氨酸含量较多，但甲硫氨酸含量不足，所以粮谷类和豆类相互混合食用，可相互补充各自短缺的氨基酸从而提高其营养价值。常见食物混合后蛋白质的生物价见表 1-9。

表 1-9　常见食物混合后蛋白质的生物价

食物食用时所占比例/%						生物价
小麦	玉米	大豆	高粱	小米	牛肉	
100	—	—	—	—	—	67
—	100	—	—	—	—	60
—	—	100	—	—	—	64
—	—	—	100	—	—	56
—	—	—	—	100	—	57
—	—	—	—	—	100	76
40	40	20	—	—	—	73
—	50	20	30	—	—	75
—	75	25	—	—	—	76
40	—	25	—	10	25	89

六、　蛋白质的需要量及参考摄入量

人体每天都必须从食物中获取一定量的蛋白质，以维持正常的生理活动和生长代谢，才可保持身体健康和日常生活的正常进行。蛋白质摄取过多或过少均不利于健康，蛋白质摄取量不足，会导致婴儿生长发育迟缓、智力发育不良，成人则会出现体重减轻、贫血、免疫力下降，严重时可能还会出现水肿性营养不良等现象。每个年龄段的人群对于蛋白质的需要程度也会有差异。

（一）蛋白质的需要量

蛋白质的需要量是指人体维持机体健康、促进生长发育所需蛋白质的量，以充分发挥效率地完成各项生活和工作活动。研究蛋白质需要量的方法有许多，对于不同年龄层的人群其方法不同，对于婴儿以母乳为基础测量，对于儿童青少年可用 PDCAAS 法计算，对于成人主要有三种方法：①要因加算法；②氮平衡法；③稳定性同位素技术法。

（二）蛋白质推荐摄入量

蛋白质的需要量与提供的膳食质量息息相关，联合国粮农组织/世界卫生组织（FAO/WHO）2007 年提出成人对于完全蛋白质的平均需要量为每日 0.66g/kg 体重，较 FAO/WHO 于 1985 年的推荐值（0.60g/kg 体重）高了 10%。考虑到个体差异，FAO/WHO 推荐蛋白质摄入量的安全水平为 0.83g/kg 体重，也就是在此蛋白质摄入量下可满足健康人群中 97.5% 的个体对蛋白质的需求。由于我国膳食结构主要以植物性食物为主，其蛋白质的质量较差且消化率不高。依照我国国民的膳食构成和饮食习惯以及不同年龄层人群的蛋白质代谢特点，我国营养学会于 2017 年提出的中国居民膳食蛋白质的参考摄入量见表 1-10。

表 1-10　　中国居民膳食蛋白质的参考摄入量

年龄/岁，或生理状态	平均需要量（EAR）/（g/d）		推荐摄入量（RNI）/（g/d）	
	男	女	男	女
0~	—	—	9*	9*
0.5~	15	15	20	20
1~	20	20	25	25
2~	20	20	25	25
3~	25	25	30	30
4~	25	25	30	30
5~	25	25	30	30
6~	25	25	35	35
7~	30	30	40	40
8~	30	30	40	40
9~	40	40	45	45
10~	40	40	50	50
11~	50	45	60	55
14~	60	50	75	60
18~	60	50	65	55

续表

年龄/岁，或生理状态	平均需要量（EAR）/（g/d）		推荐摄入量（RNI）/（g/d）	
	男	女	男	女
孕妇（1~12周）	—	50	—	55
孕妇（13~27周）	—	60	—	70
孕妇（≥28周）	—	75	—	85
乳母	—	70	—	80

注："—"表示未制定参考值；"*"表示每日适宜摄入量（AI）。

（三）蛋白质的缺乏与过量

1. 蛋白质缺乏

蛋白质是生命的必需物质，成人和儿童中都会发生蛋白质缺乏现象，且正值生长发育旺盛阶段的儿童更为敏感。成人在摄入蛋白质不足时，机体出现负氮平衡，会使体力下降、免疫力低下、伤口难以愈合以及发生皮下水肿的现象。蛋白质-能量营养不良（protein-energy malnutrition，PEM）可分为水肿型和消瘦型两种类型，前者是能量基本能够满足需要而蛋白质严重缺乏的儿童营养疾病，主要表现为生长迟缓、头发变色、腿部和腹部水肿等；后者为能量和蛋白质都严重缺乏的儿童营养疾病，主要表现为消瘦无力、极易感染甚至死亡。蛋白质缺乏的主要原因有4个：①摄入食物中蛋白质和能量供给不足；②蛋白质吸收消化不良；③蛋白质合成阻碍；④蛋白质分解过快，损失消耗过多。

2. 蛋白质过量

人体摄入过多的动物蛋白质时会引起许多健康问题。摄入过多的动物蛋白时，必然摄入较多的动物脂肪和胆固醇，可能会引起心血管疾病等。正常情况下人体内部储存的蛋白质，在摄入过多的蛋白质时，机体将其脱氨分解，氮则由尿排出体外，这个过程需要消耗大量的水分，会使肾脏的负担加重，若肾功能本就不好，那么危害会更大。此外，摄入较多动物蛋白会造成含硫氨基酸过多，加速流失骨骼中的钙质，易发生骨质疏松。

（四）蛋白质的食物来源

人体摄入蛋白质的食物来源主要分为两类：动物蛋白和植物蛋白。动物蛋白的食物来源主要是畜禽肉类、水产类、蛋乳类及其制品。植物蛋白的食物来源主要是谷类、豆类和坚果类等。由于动物蛋白必需氨基酸模式接近人体所需的氨基酸模式，营养价值高，故动物蛋白一般优于植物蛋白，但大豆蛋白与动物蛋白同属于优质蛋白质。在人体膳食结构中，机体从谷物中获取的植物蛋白占每日所需蛋白质量的一半，植物蛋白在人们日常生活中也具有重大意义。

因此，为了提高人们日常膳食中蛋白质的营养价值，应注意膳食多样化，避免单一蛋白质，合理安排包括动物蛋白和植物蛋白的饮食，保证一定比例的优质蛋白质。膳食中一般要求动物蛋白和大豆蛋白占总蛋白质的30%~50%，使得蛋白质互补作用充分发挥，从而提高蛋白质的利用率。

第二节 脂类

脂类（lipids）是一大类营养物质，是脂肪和类脂的总称，主要分类为甘油三酯（triglyceride）、磷脂（phospholipid）和固醇（sterol）。食物中常见的脂类是我们所说的脂肪和油，占比95%，其主要成分为甘油三酯。脂类的另一大类即类脂，则主要包括磷脂和固醇。

脂类

一、甘油三酯

（一）结构及功能

甘油三酯由一分子甘油和三分子脂肪酸组成，是脂肪和油的主要成分。大多数脂肪组织是由甘油三酯组成的，它是储存能量的高度集中形式。1g 脂肪可以提供 37.7kJ（9kcal）热量，相比之下 1g 碳水化合物或蛋白质仅能提供 16.7kJ（4kcal）热量。可见，单位质量下，脂肪可以提供给我们的能量是碳水化合物以及蛋白质的 2 倍以上，同时，甘油三酯也占膳食脂肪的近 95%。

图 1-1 所示为甘油三酯的结构。其由 3 分子脂肪酸与 1 分子甘油通过酯键连接而成，这些酯键在形成时释放出水分子。脂肪酸可以是相同的或不同的。甘油三酯中的脂肪酸可以是全饱和、单不饱和、多不饱和或任何组合。它在室温下以脂肪（固体）或油（液体）的形式存在，这取决于组成脂肪酸的结构。含有较高比例短链脂肪酸或不饱和脂肪酸的甘油三酯在室温下倾向于液态油，而由长链饱和脂肪酸组成的甘油三酯具有较高的熔点，因此以固态脂肪存在。甘油的碳原子在三维模型中是不一样的。当不同的脂肪酸结合在甘油的第一和第三碳原子上时，第二碳原子变得不对称，而人体内的酶能够区分甘油的三种碳原子的不对称，因此有了不同的性质。甘油可酯化为 1 分子脂肪酸（甘油一酯）或 2 分子脂肪酸（甘油二酯）等，脂肪酸结合于甘油的三个碳原子中的任意一个。甘油一酯和甘油二酯是一些代谢反应的重要中间产物，它们在人体内的含量很低，可能是构成其他脂质种类的基础。它们也被用于加工食品中，起到乳化剂的作用。

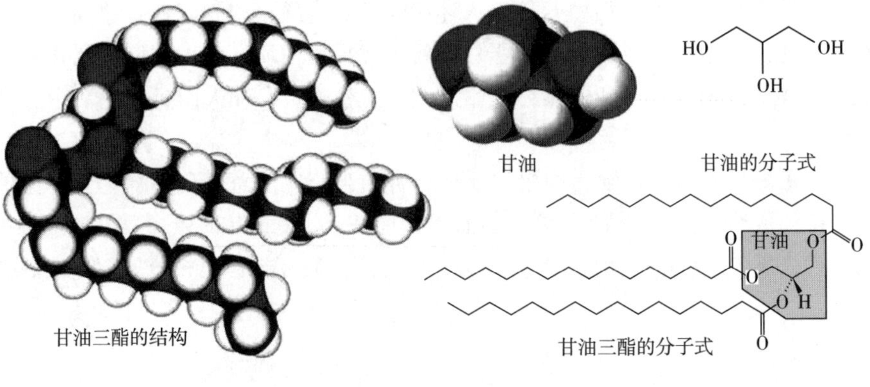

图 1-1 甘油及甘油三酯的结构式

脂肪可以储存在我们体内，是热的不良导体，起到调节体温的作用，当脂肪组织中的甘油三酯被用作提供能量时，脂肪酸被脂肪酶从甘油三酯中裂解出来，以游离（非甾体）的形态从细胞中释放出来。游离脂肪酸与血清白蛋白结合，通过三羧酸循环输送到各种组织进行氧化。脂肪也可以缓冲机械冲击，保护脏器。膳食中所含的大量脂肪，可以增加饱腹感，还能促进食欲。并且，脂肪的摄入也利于脂溶性维生素的吸收。

（二）脂肪酸

脂肪酸是一类最简单的脂类，即一端含有一个羧基的碳氢链有机化合物，是组成脂肪的重要组分。它们由一端带有甲基，另一端带有羧基的碳氢链组成。因此，脂肪酸有一个极性亲水端和一个非极性疏水端，不溶于水。脂肪酸可单独存在或作为更复杂脂质的组成部分存在。它们作为一种能量营养素至关重要，提供了从膳食脂肪中获得的大部分热量。

根据碳链长短，可将其分为短链脂肪酸，中链脂肪酸和长链脂肪酸（图 1-2）。尽管自然界最常见的脂肪酸有 18 个碳原子，在食物和人体组织中发现的脂肪酸碳氢链的长度从 4 个碳原子到 24 个碳原子不等。短链脂肪酸也称挥发性脂肪酸，在自然界中仅少量存在，主要以游离或酯化形式，存在于牛乳、椰子和棕榈籽的脂肪和油中。在植物性食品和借助微生物加工的食品中，这些短链脂肪酸是芳香物质。

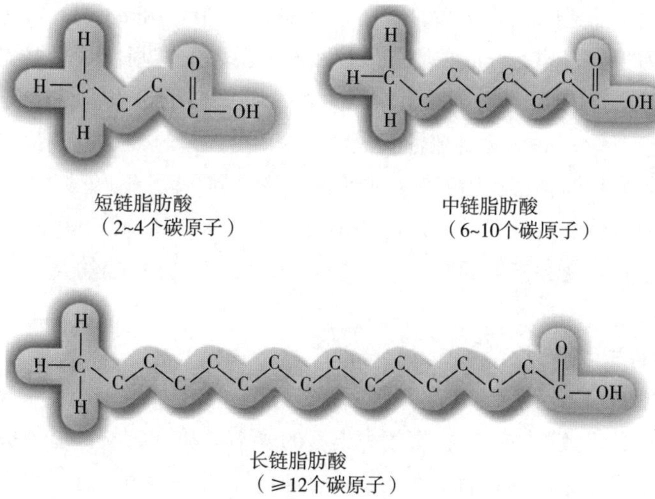

图 1-2　不同长度的脂肪酸

脂肪酸根据碳氢链饱和与不饱和的程度，把完全饱和的脂肪酸链称为饱和脂肪酸（saturated fatty acid，SFA），如果其碳氢链有一个不饱和键，则称为单不饱和脂肪酸（monounsaturated fatty acid，MUFA），如果碳氢链有两个或两个以上不饱和键，则称为多不饱和脂肪酸（polyunsaturated fatty acid，PUFA）。

多数植物油富含单不饱和脂肪酸和多不饱和脂肪酸，在室温下呈液态，如花生油、玉米油、豆油、菜籽油等。动物脂肪多以饱和脂肪酸为主，室温下呈固态，如牛油、羊油、猪油等。但也有例外，如深海鱼油虽然是动物脂肪，但它富含多不饱和脂肪酸，因而在室温下呈液态。

饱和脂肪酸能在人体合成，多存在于牛、羊、猪等动物的脂肪中，一些植物油如椰子油、可可油、棕榈油等也含较多饱和脂肪酸。尽管不同种类的饱和脂肪酸对血脂浓度的影响存在差异，但在膳食中控制饱和脂肪酸的摄入对改善高胆固醇血症，预防动脉粥样硬化具有重要的意义。

单不饱和脂肪酸可以在体内合成，其食物来源和种类也比较丰富。不少文献报道单不饱和脂肪酸含量较为丰富的茶油、橄榄油、菜籽油等对调节血脂、血糖、血胆固醇等有积极作用，对心血管疾病起到一定预防作用。

多不饱和脂肪酸营养学意义较为重要的主要有 ω-3 和 ω-6 系列的多不饱和脂肪酸，从化学结构来看，在多不饱和脂肪酸分子中，从羧基端算起，距羧基最远端的双键在倒数第 3 个碳原子上的脂肪酸称为 ω-3 多不饱和脂肪酸；在倒数第六个碳原子上的脂肪酸，则称为 ω-6 多不饱和脂肪酸。ω-3 多不饱和脂肪酸包括 α-亚麻酸（α-linolenic acid，ALA）、二十碳五烯酸（eicosapntemacnioc acid，EPA）、二十二碳六烯酸（docosahexaenoic acid，DHA）；ω-6 多不饱和脂肪酸包括亚油酸（linoleic acid，LA）、γ-亚麻酸（γ-linolenic Acid，GLA）和花生四烯酸（arachidonic acid，ARA）。

1. 人体必需脂肪酸

人体必需脂肪酸（essential fatty acids，EFA）是指人体维持机体正常代谢不可缺少而自身又不能合成、必须通过食物供给的脂肪酸。如果脂肪完全被排除在人类的饮食之外，就会出现一种以生长迟缓、皮炎、肾脏损伤和早逝为特征的疾病。研究表明，食用某些不饱和脂肪酸有助于改善脂肪酸缺乏所造成的相关疾病。ω-3 系列的 α-亚麻酸和 ω-6 系列的亚油酸是人体必需的两种脂肪酸，因为人类缺乏合成它们分子中双键的酶。据推测，我们人类祖先食用的食物中含有等量的 ω-6 和 ω-3 脂肪酸。如今，膳食中 ω-3 脂肪酸的摄入量相当低，而 ω-6 脂肪酸的摄入量远远超过它，作为 ω-6 系的亚油酸提供了 80%～90% 的多不饱和脂肪酸。这是由于植物油如富含亚油酸的大豆油，广泛用于食品加工的油炸过程，而深海鱼类和其他 ω-3 脂肪酸来源的食物摄入量则相对较低。除两种必需脂肪酸外，EPA 和 DHA 由于其食物来源及转化效率都比较有限，对处于脑发育关键期的胎儿（孕妇）、婴儿（乳母）及幼儿应考虑设定这两种脂肪酸的每日适宜摄入量（AI）。

2. 多不饱和脂肪酸生理功能

ω-6 和 ω-3 这些多不饱和脂肪酸也具有许多的生理功能，如改善神经系统功能，对胎儿和婴幼儿影响显著。母乳以及配方乳就含有较为丰富的多不饱和脂肪酸；适当摄入多不饱和脂肪酸可预防心脑血管疾病；有抑制肿瘤生长以及抗炎和免疫调节作用。近年来，一些医学研究表明，ω-6/ω-3 的比例非常重要，超过一定的 ω-6/ω-3 脂肪酸比值，可能会增加罹患一些疾病的概率。现代西方饮食两者之间的比值通常超过 10∶1，甚至更高。最佳比例被认为是 4∶1，或更低。我国人民居住地域多数远离海岸，膳食中 ω-3 脂肪酸来源较少，建议增加膳食中 ω-3 脂肪酸的摄入量。ω-3 脂肪酸含量较为丰富的食物来源有三文鱼、金枪鱼等深海鱼，以及亚麻籽、亚麻籽油、胡麻油、紫苏油、核桃、奇亚籽等。

3. 日常生活中的食用油脂

以下是常见的各种油脂中不同脂肪酸比例（图 1-3），这里列出了几种常见的动物油脂和植物油，椰子油、黄油、牛油、棕榈油、猪油富含饱和脂肪酸，而生活中应尽量避免摄入过多的饱和脂肪酸。单不饱和脂肪酸含量比较高的有橄榄油、芥菜籽油、花生油。而红花油、葵花籽油、玉米油、花生油、棉籽油富含多不饱和脂肪酸，其中 ω-6 系列的脂肪酸较为丰富，ω-3 系列的脂肪酸含量较少，ω-6/ω-3 的比例相对较好的油脂如橄榄油和芥菜籽油。

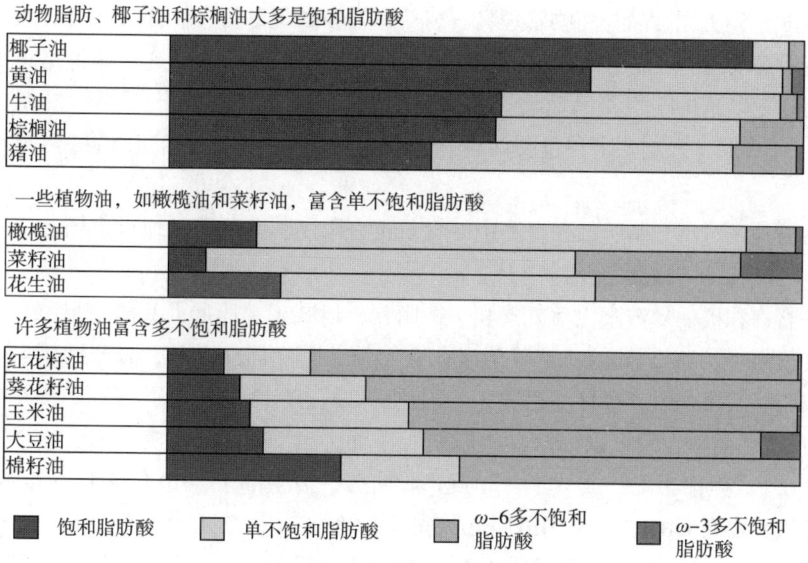

图 1-3　各种油脂中不同脂肪酸比例

4. 顺式和反式不饱和脂肪酸

不饱和脂肪酸是指脂肪酸链上至少含有一个碳碳双键的脂肪酸。在双键存在的地方，存在着顺式或反式几何异构的可能，这会显著影响分子的结构和功能。如果与双键上 2 个碳原子结合的 2 个氢原子在碳链的同侧，则称为顺式不饱和脂肪酸，这也是自然界绝大多数不饱和脂肪酸的存在形式。反之，如果 2 个氢原子分别在碳链的两侧，则称为反式不饱和脂肪酸。顺式异构体导致分子折叠和弯曲成 U 形取向，而反式异构体则使分子延伸成类似饱和脂肪酸的线形。碳碳顺式双键越多，弯曲效应越明显。弯曲度对细胞膜的结构和功能有重要影响。天然产生的大多数不饱和脂肪酸都是顺式结构，尽管反式结构也出现在一些天然植物油、乳制品和羊肉中。

反式脂肪酸对健康无益，世界各地的健康管理机构建议将反式脂肪酸的摄取量降至最低，研究显示反式脂肪酸含量高的饮食对心血管疾病、生殖相关疾病及生长发育具有潜在危害。反式脂肪酸可以通过商业化生产中加氢工艺产生。加氢是一种常用于制作油炸用油和加工食品的工艺，旨在室温下固化植物油。顺式双键在这个过程中虽没有被还原，但会发生异构化重排，形成反式结构，能量上更稳定。脂肪酸的氢化（作为甘油三酯的一部分）改变了熔点，使产品具有更高的可塑性（延展性）和硬度，使其在室温下保持固态。部分氢化油常被用作油炸用油，以提高其在油炸温度下的稳定性。较高的油炸温度会减少烹饪过程中脂肪的摄取。一般重复使用、高温油炸的食用油，大部分含有反式脂肪酸，另外，烘焙食品也可能含有过量的反式脂肪酸，应尽量控制食用。另外，我们在日常食物选择中要关注配料表，以下配料可能含有反式脂肪酸，应避免摄入过多。如氢化植物油、麦淇淋、人造酥油、代可可脂、起酥油、人造奶油、植脂末。

2003 年 6 月，丹麦对反式脂肪酸制定了严格的规定，成为世界上第一个对食品工业生产反式脂肪酸设立法规进行限制的国家。从 2003 年 6 月 1 日起，丹麦市场上任何含反式脂肪酸超过 2% 的油脂都被禁止；而从 2003 年 12 月 31 日起，这个规定更拓展到加工食品油脂。新规定对丹麦本国和外国生产的产品都有效。

2003年7月，美国食品与药物管理局（FDA）公布的规章指出：自2006年1月1日起，食品营养标签中必须标注产品的饱和脂肪酸含量及反式脂肪酸的含量。这被认为是美国自建立食品营养标签制度以来的一次重大改动。几乎是与此同时，巴西也通报了类似的新规定，称自2007年7月31日起，强制要求在包装食品的营养标签中标注包括饱和脂肪酸、反式脂肪酸和钠含量的信息。

我国台湾地区对反式脂肪酸在食品中的含量也有限制，并不定时地对市场上快餐业所使用的25种烹饪食品进行抽查检验。

我国一直在积极倡导健康生活方式和平衡膳食，以减少总脂肪及反式脂肪酸的摄入。《中国居民膳食指南（2022）》建议，培养清淡饮食习惯，少吃油炸食品，烹调油用量在25~30g；要减少反式脂肪酸摄入量，每日不超过2g。卫生部2007年12月发布了《食品营养标签管理规范》，规定反式脂肪酸含量可以标示在“脂肪”下面，当反式脂肪酸含量≤0.3g/100g食品时，可标示为“0”或声称“无”或“不含”反式脂肪酸。卫生部于2010年4月发布66项乳品安全国家标准，其中在GB 10765—2010《食品安全国家标准　婴儿配方食品》（被GB 10765—2021《食品安全国家标准　婴儿配方食品》代替）中，明确规定了原料“不应使用氢化油脂”；另外在GB 10767—2010《食品安全国家标准　较大婴儿和幼儿配方食品》（被GB 10767—2021《食品安全国家标准　幼儿配方食品》代替）、GB 10769—2010《食品安全国家标准　婴幼儿谷类辅助食品》、GB 10770—2010《食品安全国家标准　婴幼儿罐装辅助食品》中，也明确规定了原料“不应使用氢化油脂”。同时出台了GB 5413.36—2010《食品安全国家标准　婴幼儿食品和幼儿中反式脂肪酸的测定》。我国食品工业界一直在不断改进油脂和食品生产工艺，减少反式脂肪酸的产生和使用。

（三）磷脂

磷脂为两性分子，是由磷酸相连的取代基团构成的亲水头（hydrophilic head）和由脂肪酸链构成的疏水尾构成（hydrophobic tail）。细胞膜是磷脂双分子结构，磷脂构成所有细胞膜结构基础的含磷脂质，包括细胞内细胞器膜。细胞膜和细胞器膜中，磷脂可作为水溶性和脂溶性物质的选择性屏障。除了为膜结构提供支持外，它们还是许多生理活性化合物的合成前体。由于磷脂的两亲性，磷脂在体内起着重要的作用。磷脂比甘油三酯和固醇更具极性，因此容易吸引水分子。由于它的两亲性，从而稳定了水介质中的颗粒，磷脂也是血浆脂蛋白的关键成分，其中磷脂、甘油三酯和其他脂质形成稳定的复合物，从而使它们在血液中运输。磷脂酰肌醇（phosphatidylinositol）在膜蛋白与脂质共价结合时起着特殊的锚定作用。磷脂酰肌醇在真核细胞中锚定着多种表面抗原和其他表面酶。此外，磷脂酰肌醇的某些水解产物在细胞内信号传导中也起着积极作用，在激素功能中起着第二信使的作用。

甘油是磷脂的结构骨架。脂肪酸在甘油的*sn*-1和*sn*-2位置酯化为羟基；磷酸基在*sn*-3位置酯化。分子的脂肪酸部分是疏水性的，而磷酸盐和极性基团是亲水性的，因此磷脂具有两亲性。磷脂通常在*sn*-1处具有饱和脂肪酸，在*sn*-2处具有不饱和脂肪酸，不同的脂肪酸组合从而产生范围广泛的不同磷脂。磷脂可根据特定的头部来命名，常见的头基分子有胆碱、乙醇胺、丝氨酸和肌醇，每一个都有一个醇基，通过这个醇基可以酯化为磷酸盐。哺乳动物组织中最常见的磷脂是磷脂酰胆碱，约占细胞膜磷脂的一半，其次是磷脂酰乙醇胺。

磷脂按分子组成可分为甘油磷脂和鞘磷脂，其中甘油磷脂较常见，例如卵磷脂、脑磷脂、丝氨酸磷脂和肌醇磷脂都属于甘油磷脂。鞘磷脂分布相对没那么广泛，神经细胞轴突外面的髓鞘中含有丰富的鞘磷脂。由于磷脂的亲水亲脂的特殊结构，经常作为食品添加剂或药物载体，是一种常用的表面活性剂和乳化剂。除此之外，磷脂具有降低胆固醇、调节血脂、健脑增强记忆、延缓衰老、增强免疫力以及保护胃黏膜等生物功效，如卵磷脂和脑磷脂就经常作为保健品的功效成分。

二、固醇

固醇在结构上与其他类脂有很大不同。它们的特征是有一个四环类固醇核和至少一个羟基，因此被称为固醇。以下介绍对人体营养重要的三类固醇：胆固醇（cholesterol）、胆汁酸（bile acids）和植物甾醇（phytosterols）。

（一）胆固醇

胆固醇最早发现于胆结石中，是存在于真核动物细胞上的固醇类小分子。它具有环戊烷多氢菲的基本结构（图 1-4），即一个 4 个碳环组成的刚性疏水身，和一个亲水极性的羟基头组成。胆固醇这种独特的结构使它具有一系列重要的生理功能。

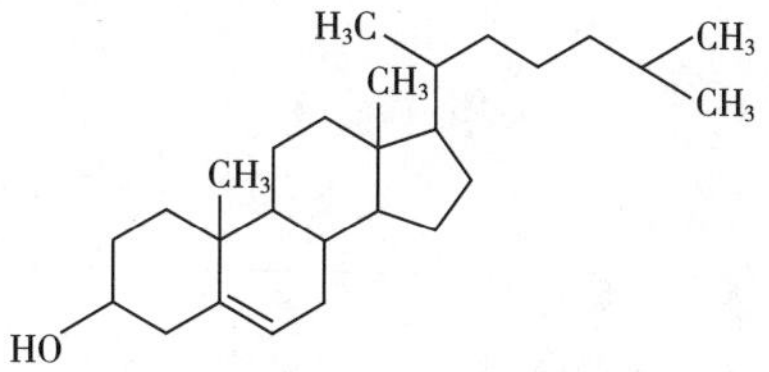

图 1-4　胆固醇结构式

一方面，它嵌入磷脂双分子膜上，成为细胞膜的主要组成成分之一，调节细胞膜的流动性和相变。另一方面，胆固醇也是包括胆汁酸、脂溶性维生素和固醇类激素等生物活性分子的合成前体。以胆固醇为原料合成的各类类固醇激素参与机体各项代谢，如肾上腺皮质激素（皮质醇、醛固酮等）、雌激素（孕酮、雌二醇等）以及雄激素（睾酮）等。经胆固醇脱氢产生的 7-脱氢胆固醇，在皮肤中经紫外线照射后，可转变为维生素 D_3，在肝及肾中进一步羟化并调节钙、磷代谢。与此同时，胆固醇还通过蛋白质修饰，参与一些重要的信号通路转导过程。此外，它对神经系统中突触和髓鞘的形成也有着相应的作用。所以，胆固醇对于有机生命的生存和机能至关重要。

由于胆固醇分布广泛，因此，一切动物来源的食物都含有胆固醇，比如肉类、动物内脏、海鲜、蛋类、乳类等。那么既然胆固醇有这么多重要的功能，它是不是我们人体必须摄入的脂类呢？答案是否定的。因为肝脏可以自我合成足量的胆固醇。对大多数代谢正常的人来说，饮食中摄入大量胆固醇，肝脏就合成减少；如果摄入少量或不摄入胆固醇，肝脏就合成增加，从而达到体内胆固醇平衡。但对于脂代谢紊乱的人群及代谢缓慢的老年人来说，尽量少摄入胆固醇高的食物。

（二）胆汁酸及胆汁盐

胆汁酸和胆汁盐是胆汁的关键组成部分，在小肠中起到清洁剂的作用，乳化膳食脂肪以供消化和吸收。肝脏新形成的胆汁酸经胆汁分泌进入肠道后，受细菌脱羟作用，产生次级胆汁酸。大部分胆汁酸都能被重新吸收进入肝肠循环返回肝脏。

（三）植物甾醇

植物细胞膜含有类似动物细胞胆固醇的结构甾醇。这些植物甾醇在结构上与胆固醇相似，在侧链上只有较小的差别。植物甾醇在食物中随处可见，植物油、豆类、坚果和种子中的植物固醇含量相对较高，而水果和蔬菜中含量相对较低。虽然谷类食品中植物甾醇的含量不高，但人类消耗大量的谷类产品，使其成为植物甾醇的重要来源。植物甾醇广泛存在于谷物和油料作物种子等植物性食物中，具有降低血清总胆固醇和低密度脂蛋白胆固醇水平的能力，对治疗高胆固醇血症具有显著的效果。另外，植物甾醇还具有抗癌、抗炎症、抗高脂血症和预防心血管疾病等多种生理活性功能。

总之，脂类丰富了食物的营养品质，对人体健康具有重要意义。脂类在食物中也起到重要作用，可以使其有着独特的质地、口感和香味。此外，食物还可以通过热油来加热并制熟，丰富食物的口感和香味；脂类化合物还包含一些重要的食品芳香物质及可降解为芳香化合物的前体；一些脂类化合物也作为食物乳化剂、可溶性色素以及食品着色剂等。

第三节　碳水化合物

碳水化合物

碳水化合物（carbohydrate，CHO），又称糖类，是绿色植物在光合作用下合成的一类有机化合物，是人类最经济和最重要的能量来源，是大自然给予人类的馈赠。《中国居民膳食指南（2022）》推荐，由碳水化合物提供的能量应占人体总能量需求的50%~65%。

一、碳水化合物的组成和分类

碳水化合物由碳、氢、氧组成，因其组成符合分子通式 $C_m(H_2O)_n$，因此被称作碳水化合物。随着研究的深入，发现碳水化合物这个术语对于现代化学来说并不准确，更准确的名称应该称作糖类化合物，但由于使用已久，沿用至今。1998 年，WHO/FAO 按照碳水化合物的聚合度（degree of polymerization，DP）将其分为糖、寡糖和多糖三类，膳食中主要的碳水化合物分类见表 1-11。

表 1-11　主要的膳食碳水化合物

分类（糖 DP）	亚组	常见种类
糖（1~2）	单糖	葡萄糖、果糖、半乳糖、阿拉伯糖等
	双糖	蔗糖、麦芽糖、乳糖、海藻糖等
	糖醇	山梨醇、木糖醇、甘露糖醇等
寡糖（3~9）	异麦芽低聚寡糖	麦芽糊精
	其他寡糖	大豆低聚糖、低聚果糖、棉子糖、水苏糖等
多糖（≥10）	淀粉	直链淀粉、支链淀粉、变性淀粉等
	非淀粉多糖	纤维素、半纤维素、果胶、亲水胶质等

（一）糖

糖（sugar）是指聚合度为 1~2 的碳水化合物，包括单糖、双糖和糖醇。

1. 单糖

单糖是碳水化合物的最小分子单元，是不能再水解成更小分子的糖。自然界中常见的单糖分子中碳原子数通常有5~6个，即戊糖和己糖，从化学结构上看，单糖属多羟基醛或酮，其中多羟基醛称为醛糖，多羟基酮称为酮糖。食物中常见的单糖有葡萄糖（glucose）、果糖（fructose）、半乳糖（galactose），以及少量核糖（ribose）、脱氧核糖（deoxyribose）、阿拉伯糖（arabinose）和木糖（xylose）等。葡萄糖是一种己醛糖，是人体最重要的供能物质，也是最容易被吸收利用的糖类。人体利用的葡萄糖主要由淀粉水解而来，葡萄糖被吸收进入血液之后，构成血糖（blood glucose），血糖浓度对人体的生理健康起着重要影响。果糖是一种己酮糖，主要存在于水果和蜂蜜中，在体内吸收比葡萄糖慢、代谢快，且不受胰岛素的制约，适合糖尿病人食用，但过量食用会产生一定的副作用。

2. 双糖

双糖由两分子单糖通过糖苷键缩合而成，食物中常见的天然双糖有蔗糖（sucrose）、麦芽糖（maltose）、乳糖（lactose）等。蔗糖由1分子葡萄糖和1分子果糖通过α-1,2-糖苷键连接而成，是植物性食物中最常见的一种糖，常见于甘蔗、甜菜、蜂蜜及各种水果中，在食品工业中扮演着提供能量和甜味的角色。乳糖由葡萄糖和半乳糖通过β-1,4-糖苷键连接而成，是乳及乳制品中特有的一种双糖物质。乳糖对婴儿健康有着重要的意义，它是婴儿食物中主要的碳水化合物，能提供与脑和其他重要器官构成有关的半乳糖，因此，婴儿食品中应适当添加乳糖。随着年龄的增长，有些成人体内会缺乏水解乳糖的半乳糖苷酶，当摄入较多牛乳时，乳糖就不能正常消化而出现急性腹痛和腹泻等代谢紊乱症状，这种症状称为乳糖不耐症。乳糖不耐症可通过乳糖少量而长期的摄入，恢复体内半乳糖激酶的形成而加以改善。

3. 糖醇

糖醇是单糖经还原产生的重要衍生物，广泛存在于许多水果和蔬菜中。常见的糖醇有山梨醇（sorbitol）、甘露醇（mannitol）、木糖醇（xylitol）和麦芽糖醇（maltitol）等。这些糖醇类物质因其在体内消化、吸收速度慢，且具有预防龋齿的功能而被用于食品工业中，常用作无糖食品的甜味剂。

（二）寡糖

寡糖又称低聚糖，是由3~10个单糖构成的一类碳水化合物。在食品中常见的寡糖有低聚果糖（fructo oligosaccharide，FOS）、大豆低聚糖（soybean oligosaccharide，SOS）等，其甜度通常只有蔗糖的30%~60%。低聚果糖是在蔗糖分子的果糖残基上结合1~3个果糖而形成，分别称为蔗果三糖、蔗果四糖、蔗果五糖。低聚果糖主要存在于日常食用的水果、蔬菜中，如洋葱、大蒜、香蕉等；也存在于一些谷物中，如小麦、燕麦等，含量都很低，不易提取。大豆低聚糖是存在于大豆中的一类可溶性糖的总称，主要成分是棉子糖和水苏糖。棉子糖是由半乳糖和蔗糖构成的三糖，而水苏糖则是半乳糖和棉子糖构成的四糖。低聚果糖和大豆低聚糖都是一类益生元，在体内不能被消化，但在大肠中可被肠道有益菌利用，抑制肠道腐败菌和病原菌的生长，同时促进肠道蠕动，防止便秘。但需要注意的是，大豆低聚糖被肠道细菌利用后产生气体，食用过多易造成胀气，因此必须进行适当加工以降低其不良影响。

（三）多糖

多糖是由超过10个单糖分子通过糖苷键连接而形成的一类长链聚合物。营养学上，具有重要作用的多糖主要有三种，即淀粉（starch）、糖原（glycogen）和纤维类多糖（fiber）。

1. 淀粉

淀粉是由许多葡萄糖聚合而成、能被人体消化吸收的一类植物多糖，是人类膳食中最主要的碳水化合物，也是人类从大自然中获取能量的最主要形式。淀粉主要储存于植物细胞中，如根、茎、叶、种子、果实和许多高等植物的花粉，其中谷类、豆类和薯类是重要的淀粉来源。《中国居民膳食指南（2022）》核心推荐，要坚持“谷类为主”的平衡膳食模式，指的就是要以谷薯类食物作为主要碳水化合物来源。

根据淀粉结构，可将其分为直链淀粉（amylose）和支链淀粉（amylopectin）。直链淀粉是由葡萄糖残基以 α-1,4-糖苷键相连而成的一条线性聚合物，在热水中可以溶解，与碘产生蓝色反应，一般不显还原性。通常谷物淀粉含 20%~30% 的直链淀粉，高直链淀粉（玉米、大麦）可含有 50%~70%。支链淀粉是在 α-1,4-葡萄糖链中分布有大量的 α-1,6-糖苷键分支点，从而形成分支度极高的复杂聚合物。支链淀粉难溶于水，无还原性，遇碘产生棕色反应。在食物中，支链淀粉含量较高，一般占 65%~81%，从糯玉米、糯米、黏高粱、黏米等谷物中提取的淀粉，支链淀粉含量可达 100%。在一些天然食品，如马铃薯、香蕉、大米等中含有一种难消化的抗性淀粉（resistant starch，RS），这种淀粉较其他淀粉难降解，在小肠中不能被完全消化吸收，但在大肠中可被微生物利用，产生短链脂肪酸，其性质类似于可溶性膳食纤维，具有调节血糖、促进肠道健康和一定的瘦身效果，近年来备受人们的青睐。

2. 糖原

糖原又称动物淀粉，在肝脏和肌肉中合成并储存，是人体的备用能量物质。糖原结构与支链淀粉相似，但与支链淀粉比较，糖原的支链比较短，支化度更高，较多的分支可提供更多的酶作用位点，以便能快速分解提供葡萄糖。肝脏中储存的糖原叫肝糖原，可维持人体正常的血糖浓度；肌肉中储存的糖原称为肌糖原，可提供肌体运动所需要的能量，尤其是满足高强度和持久运动时的能量需要。

3. 纤维类多糖

纤维类多糖又称非淀粉多糖，包括不溶性的纤维素（cellulose）、半纤维素（hemicellulose）和木质素（lignin）等，以及可溶性的果胶、β-葡聚糖、果聚糖、树胶、藻类多糖等。这类多糖不能被人体消化吸收，但由于其特有的生理作用，营养学上仍将它作为一类重要的营养素——膳食纤维。

纤维素和半纤维素是植物细胞壁的主要结构成分。纤维素一般由数千至万个葡萄糖残基通过 β-1,4-糖苷键相连，形成一条线性聚合物。半纤维素则是由 2~4 种不同的单糖或衍生单糖构成的杂多糖，分子质量比纤维素小。纤维素和半纤维素均不能被人体消化酶分解，但它们可刺激和促进胃肠道的蠕动，有利于其他食物的消化吸收及粪便的排泄。

果胶是以 D-半乳糖醛酸为主要成分的杂多糖的总称，普遍存在于陆地植物的细胞壁和细胞间质层，在一些植物的保护组织中含量特别丰富，如柑橘类水果的皮中约含 30%，甜菜 25%，苹果 15%。果胶可溶于水，与糖、酸在适当的条件下能形成凝胶，一般用作果酱、果冻及果胶糖果等食品的胶凝剂，也可用作果汁、饮料、冰淇淋等食品的稳定剂。

β-葡聚糖是存在于谷物麸皮中的一类可溶性多糖，其由聚合度为 2~5 的 β-1,4-葡聚糖片段组成，不同片段之间通过 β-1,3-糖苷键相连。β-葡聚糖不能被人体消化酶分解，但其溶解在消化液中，对消化物的消化吸收具有一定抑制作用，具有调节血糖水平、降低血胆固醇的作用。

树胶是指树皮受到创伤时分泌出的一种胶体物质。不同种类的树木分泌的胶体物质不同，如阿拉伯胶树分泌的阿拉伯胶、桃树分泌的桃胶等，这些树胶的组成成分复杂，主要由阿拉伯糖、半乳糖、鼠李糖及葡萄糖醛酸等组成。这类物质在食品加工中可作为乳化剂稳定剂，在营养学上也可发挥膳食纤维的功能。

此外，我国的中草药和药食两用资源中也含有丰富的纤维类多糖成分，如灵芝、冬虫夏草、黄芪、红枣、枸杞等，这些资源中的多糖成分被证明具有广泛的生物活性，对药材的药理功效发挥起到了重要作用。深入研究中药多糖，阐明中药多糖的生理功效和构效关系，或将为我国中草药资源宝藏的深度挖掘打开一扇大门。

二、碳水化合物的生理功能

碳水化合物是人体最主要的能量供给物质，也是机体组织和细胞的重要组成成分，适量的碳水化合物供给是机体保持健康的基本保障。

（一）供给能量

碳水化合物的主要功能是供给能量，人体所需的能量中，50%~65%由碳水化合物提供。人体内作为能量的碳水化合物主要是葡萄糖，1g 葡萄糖在体内完全氧化分解可释放能量 16.7kJ（4.0kcal）。心脏、神经系统只能利用葡萄糖作为能源，大脑活动依靠葡萄糖的有氧氧化供给能量。

（二）构成组织及重要生命物质

碳水化合物是构成机体组织和细胞的重要物质，参与体内重要的代谢活动。如结缔组织中的黏蛋白、神经组织中的糖脂及细胞膜表面具有信息传递功能的糖蛋白；另外，核糖和脱氧核糖分别参与 RNA 和 DNA 的合成；一些具有重要生理功能的物质，如抗体酶和激素的组成成分，也需碳水化合物参与。

（三）节约蛋白质作用

碳水化合物是机体最直接且经济的能量来源，当膳食中碳水化合物供应不足时，机体为了满足自身对葡萄糖的需要，就会利用体内的蛋白质，通过糖异生作用产生葡萄糖，形成负氮平衡，对人体造成损害。摄入充足的碳水化合物可减少蛋白质作为能量的消耗，起到节约蛋白质的作用。

（四）抗生酮作用

当膳食中能量不足时，脂肪会被消耗分解来供应能量，在这一过程中，脂肪酸的彻底氧化需要碳水化合物代谢过程中产生的草酰乙酸参与。当碳水化合物不足时，脂肪酸不能被彻底氧化而产生酮体，体内过多的酮体会导致酮血症和酮尿症，而膳食中供给充足的碳水化合物就可以起到抗生酮作用。

（五）解毒功能

经糖醛酸途径生成的葡萄糖醛酸，在肝脏能与许多有害物质如细菌毒素、酒精、砷等结合，以消除或减轻这些物质的毒性，从而起到解毒作用。此外，增加肝糖原的储备，也可以增强肝脏对这些外来有害物质的抵抗，起到解毒作用。

（六）改善肠道健康

纤维类多糖如纤维素、果胶、抗性淀粉等抗消化的碳水化合物，不能在小肠中消化吸收，但能进入大肠，刺激肠道蠕动，维持肠道湿润，增加结肠发酵率和粪便容积，促进短链脂肪酸生成和肠道有益菌增殖，从而改善肠道健康。

三、 碳水化合物的消化与代谢调节

食物中的碳水化合物通常以大分子的形式存在，其只有经过体内消化，转化成小分子糖之后，才能被人体吸收利用，其消化过程主要发生在口腔和小肠部位。

（一）碳水化合物的消化与吸收

口腔是碳水化合物消化的第一步，经咀嚼和唾液淀粉酶的作用，大颗粒的淀粉被分解成麦芽糊精、麦芽糖等，但由于停留时间短，消化程度有限。胃中由于无相应的消化酶，对碳水化合物几乎不消化。小肠是碳水化合物消化的主要场所，食糜进入小肠后，与胰液和小肠液混合，这些消化液中含有大量的胰淀粉酶、麦芽糖酶、乳糖酶、蔗糖酶等，对碳水化合物进行彻底水解，最终形成单糖分子被机体吸收利用。小肠中丰富的绒毛上皮细胞通过主动转运和被动扩散等方式，吸收单糖物质进入毛细血管，最终汇入血液循环系统，形成血糖。

（二）碳水化合物的代谢调节

葡萄糖是人体利用的主要单糖，碳水化合物经消化吸收后，在肠壁和肝中几乎全部转化为葡萄糖，一部分进入血液循环，形成血糖，被运往各个组织器官，或氧化分解提供能量，或转变成脂肪等；另一部分合成肝糖原储存，也可氧化分解供给肝本身所需的能量。这些过程相互联系和制约，共同组成复杂而有序的糖代谢网络。碳水化合物在人体内的动态代谢转化过程见图 1-5。

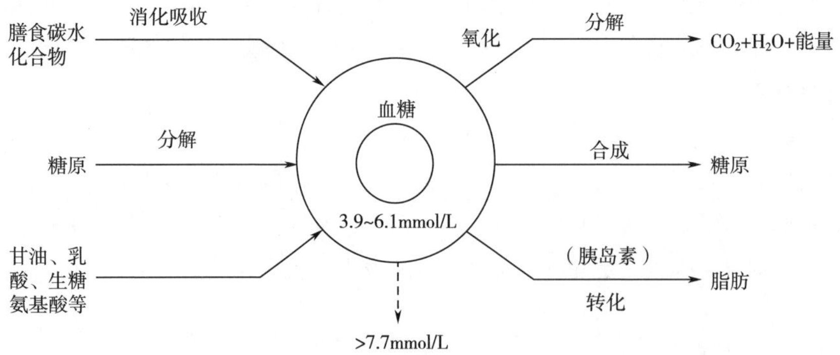

图 1-5　碳水化合物在人体内的动态代谢转化

血糖水平是衡量体内碳水化合物变化的重要指标，其一直处于动态变化之中，健康人体内空腹血糖浓度维持在 3.9~6.1mmol/L。血糖在体内的动态平衡是由来源和消耗两方面决定的，其主要来源于食物中碳水化合物的分解，当空腹时，血糖则来自体内糖原的分解或糖异生作用。糖的主要去路是被血液运往各个器官分解代谢提供能量，少量则以糖原形式储存于肝脏、肌肉等组织中，当血糖充足时，部分血糖还可转化为脂肪或某些氨基酸。

人体在激素和中枢神经的调节下，具有高效调节血糖水平的机制。胰岛素是胰岛 B 细胞分泌到血液中的一种蛋白质，当血糖浓度升高时，胰岛素可通过抑制糖异生作用、促进糖原合成、加速氧化代谢等通路降低血糖浓度，使血糖维持在一定水平。而当血糖浓度低时，机体分泌肾上腺素（尤其是糖皮质激素）、胰高血糖素等，通过促进糖异生、抑制糖氧化和糖原合成等方式，达到升高血糖浓度的作用。它们对血糖的调节主要通过影响各器官的糖代谢实现，两类激素相互联系相互制约，共同维持血糖浓度的相对稳定。

（三）糖代谢异常

碳水化合物的正常吸收代谢，可维持血糖水平，但当机体功能受限时，就会出现血糖浓度异常，从而出现高血糖或低血糖症，这种现象称为糖代谢异常。当空腹血糖>6.1mmol/L，餐后2h血糖>7.8mmol/L时称为高血糖，血糖继续升高，空腹血糖长期达到7.7mmol/L以上时，可引发糖尿病。而当血糖<3.8mmol/L时，会引起低血糖，血糖浓度过低，机体会出现头晕、心悸、出冷汗并有饥饿感。

四、食物碳水化合物质量的评价

食物中的碳水化合物对人体健康影响最大的是其消化吸收后对血糖水平的影响。目前，食物碳水化合物质量主要通过血糖指数（glycemic index，GI）和血糖负荷（glycemic load，GL）来进行评价。

（一）血糖指数

血糖指数（glycemic index，GI）指一定时间内（通常是2h内），与参照食物（葡萄糖或白面包）比较，摄入含50g碳水化合物的食物后引起体内血糖水平应答的相对能力，反映食物引起机体血糖升高程度的指标，计算方法如下：

$$血糖指数=\frac{含50g碳水化合物某食物2h内血糖应答}{50g葡萄糖（白面包）2h内血糖应答}\times100\%$$

某种食物的血糖指数越高，其升高血糖的效应就越强，而血糖过高和代谢紊乱是糖尿病等疾病发病的重要原因，因此食物血糖指数在衡量膳食平衡和调控糖尿病方面具有重要的意义。当血糖指数>70，该食物称为高血糖指数食物，血糖指数在55~70，则称为中等血糖指数食物，当血糖指数<55，则称为低血糖指数食物，常见食物的血糖指数见表1-12。

表1-12　　常见食物的血糖指数（以葡萄糖为100）

食物名称	血糖指数	食物名称	血糖指数	食物名称	血糖指数
馒头	88.0	烙饼	80.0	苹果	36.0
面包	75.0	荞麦	54.0	香蕉	52.0
熟甘薯	77.0	藕粉	33.0	猕猴桃	52.0
生甘薯	54.0	黄豆	18.0	西瓜	72.0
油条	75.0	扁豆	38.0	菠萝	66.0
荞麦面条	59.0	绿豆	27.0	葡萄	43.0
大米	82.0	四季豆	27.0	柑	43.0
小米	71.0	花生	14.0	柚子	25.0
玉米粉	68.0	南瓜	75.0	可乐	40.0
大麦粉	66.0	胡萝卜	71.0	酸乳	48.0
熟马铃薯	66.0	山药	51.0	牛乳	27.6

资料来源：《中国食物成分表（标准版）（第六版）》。

食物的血糖指数值受到诸多因素的影响，包括碳水化合物本身的结构（如支链淀粉和直链淀粉比例），以及食物中其他营养成分的干扰（如膳食纤维、脂肪、蛋白质、植物化学物等）。此外，不同状态，如成熟度，软硬、生熟、稀稠程度等，及不同加工方式，如时间、温度、压力等对食物血糖指数都有影响。总之，碳水化合物越容易消化吸收的食物，血糖指数值越高。高血糖指数食物会造成血糖和胰岛素水平波动，对健康不利；而低血糖指数食物能大幅减少心脏和内分泌疾病的风险，但要注意避免过量食用增加胃肠消化负担。一般来说，果糖和直链淀粉含量高的食物，血糖指数值偏低；高膳食纤维含量一定程度上可降低食物的血糖指数值。

（二）血糖负荷

不同食物其碳水化合物的含量存在差异，因此食物的血糖指数值越高并不代表该食物对人体血糖水平影响就大。血糖负荷（glycemic load，GL）是指特定食物所含碳水化合物的质量（g）与其血糖指数值的乘积，其计算公式如下：

$$\text{血糖负荷}=\frac{\text{食物中碳水化合物的质量（g）}\times\text{食物的血糖指数}}{100}$$

血糖负荷考虑了特定食物中的碳水化合物含量，能更直观的表征某一食物的正常摄入对人体血糖的影响程度。如胡萝卜的血糖负荷值为71，属高血糖负荷食物，但胡萝卜中碳水化合物含量只有4%，每份胡萝卜（约150g）的血糖负荷值是4.26，因此，正常食用胡萝卜对血糖水平的影响是很小的。

近年来，食物的血糖指数和血糖负荷值作为食物营养的参考指标，广泛地应用于不同人群的膳食指南中。如高血糖或糖尿病人群，需要多摄入低血糖指数的食物或采用有助于降低食物血糖指数的加工方式（如急火煮、高低血糖指数食物搭配等）；出现低血糖或高强度运动过程中，则需要摄入高血糖指数食物，如糖果、熟香蕉、面包等。运动营养研究表明，在比赛前吃低血糖指数食物，可减少运动前及运动中血液的乳酸量，维持运动中血糖及血脂肪酸处于较高水平，从而增加运动的持久力。

五、碳水化合物的食物来源和参考摄入量

（一）碳水化合物的食物来源

人类所需的碳水化合物主要由植物性食物提供，主要包括为谷类、薯类、杂粮类、根茎类等，其中粮谷类中淀粉含65%～80%，薯类一般含15%～35%，豆类含20%～60%（表1-13）。各类粮谷、薯类、豆类食品，除含有大量的淀粉外，还含有其他营养素，如蛋白质、脂肪、维生素和矿物质等，特别还含有较多的膳食纤维，因此，谷物、薯类和豆类是碳水化合物的良好来源。食糖、糖果、蜂蜜、甜食、糕点及含糖饮料等主要提供各种单糖和双糖。蔬菜、水果中不仅含有一定量的单糖和双糖，还是粗纤维和果胶的良好来源。动物性食物如乳类中含有乳糖，其他含量甚微。

表1-13　　常见食物碳水化合物的含量（以100g可食部计）

食物名称	含量/%	食物名称	含量/%
白砂糖	99.9	绿豆	62.0
红糖	96.6	南瓜粉	79.6

续表

食物名称	含量/%	食物名称	含量/%
藕粉	93.0	木耳	65.6
豌豆粉丝	91.7	鲜枣	30.5
麻香糕	88.7	香蕉	20.0
粉条	84.2	黄豆	37.3
稻米（平均）	77.2	苹果	13.7
挂面（标准粉）	76.0	辣椒	8.9
小米	75.1	番茄	3.3
小麦粉（标准粉）	70.9	牛乳	4.9
莜麦面	67.7	芹菜	4.5
玉米	22.8	白菜	3.4
方便面	60.9	带鱼	3.1

资料来源：《中国食物成分表（标准版）（第六版）》。

（二）碳水化合物的推荐摄入量

中国营养学会推荐我国居民碳水化合物的适宜摄入量应占总能量的50%~65%（2岁以下婴幼儿除外）。例如，以60kg体重的轻体力活动的成年男性为例，每日8372kJ（2000kcal）能量中，需要摄入碳水化合物275~325g。《中国居民膳食指南（2022）》同时建议限制纯热能食物如糖的直接摄入量，多食谷类为主的多糖食物，增加膳食纤维的摄入。为了维持人体长期健康，许多营养学家认为精制糖的摄入量应占总能量的10%以下。

人们为了达到碳水化合物的营养平衡应注意：①总能量包括碳水化合物的摄入不能过多，由于肝脏可利用碳水化合物合成脂肪和胆固醇等，过多碳水化合物的摄入可引起肥胖和血脂升高；②防止碳水化合物占总能量摄入的比例较低、脂肪占总能量比例较高，避免酮血症和酮尿症的发生。

第四节　矿物质

人体内所含的元素中，碳、氢、氧、氮主要以有机化合物形式存在，如碳水化合物、脂类和蛋白质，其他元素一般都以无机形式存在，统称为无机元素，在营养学上称为矿物质。矿物质不能在人体内合成，但却是维持生命活动不可或缺的部分，需从外界摄入。与有机营养素不同，矿物质一般在光照、加热、氧气、酸等条件下都很稳定，从吸收进入人体到排泄出体外，它们的形式不会发生改变。

矿物质

一、矿物质的含量与分类

基于在体内含量和膳食中需求量不同，可将矿物质分为两类。人体内含量大于0.01%，需求量大于100mg/d的称为常量元素或宏量元素，如钾、钙、钠、镁、磷、硫、氯等。另一类是微量或痕量元素，其体内含量低于0.01%，需求量小于100mg/d，包括铁、锌、铜、锰、碘、硒、钴、铬、钼、氟、硼、硅、镍、钒等。人体矿物质的含量虽占体重的比例不足5%，但对于人类的健康至关重要。

二、矿物质的生理功能

（一）参与机体组织的构成

体内矿物质存在于骨骼、牙齿、神经、肌肉、头发、皮肤等组织中，能维持骨骼和牙齿的刚性，也是体液中的重要组成成分。

（二）维持体液的渗透压

无机盐中的阴阳离子如K^+、Na^+、Cl^-与蛋白质和碳酸盐共同作用维持体液的渗透压，并使组织贮留一定量水分，保持体内水分的恒定。

（三）维持机体的酸碱平衡

矿物质中的酸性和碱性离子与碳酸盐构成一定的缓冲体系，维持体液近中性，保持机体的酸碱平衡，形成有利于细胞活动的体液环境。

（四）维持神经、肌肉的应激性和细胞膜的通透性

保持一定比例的矿物质离子，尤其是K^+、Na^+、Ca^{2+}、Mg^{2+}等离子能维持神经、肌肉应激性和细胞膜的通透性，并且钾、钙、镁等一些微量元素对维护神经、肌肉的正常功能和心血管健康有重要作用。

（五）参与机体某些特殊生理活动

某些矿物质是构成酶、激素、维生素、蛋白质和核酸的成分，并参与生物氧化，调节能量和物质代谢，如铁能参与氧的运动和组织的呼吸；钾、钠能参与碳水化合物和蛋白质的正常代谢。矿物质离子对酶系的活化也起着重要的作用，如Cl^-能活化唾液淀粉酶。

三、重要的矿物质元素

（一）钙

1. 含量与分布

人体内钙含量仅次于氧、碳、氢、氮，居体内元素第五位，是含量最丰富的矿物质元素。其中超过99%的钙以骨盐（主要为羟基磷灰石结晶）的形式构成人体骨骼和牙齿。其余以离子或结合态形式存在于软组织和细胞外液中，统称为混溶钙池。

2. 生理功能

（1）构成骨骼和牙齿　人体中99%以上的钙存在于骨骼和牙齿，是骨骼和牙齿等硬组织的重要组成成分。其存在形式多为羟磷灰石［$Ca_{10}(PO_4)_6(OH)_2$］或磷酸钙［$Ca_3(PO_4)_2$］。骨骼与混溶钙池中的钙通过破骨细胞和成骨细胞维持着动态平衡。

（2）维持神经肌肉活动　钙离子可与细胞膜蛋白和各种阴离子基团结合，起到维持神经肌

肉兴奋、心脏正常搏动等生理功能。血清钙含量降低时，神经肌肉兴奋性增加，甚至引起抽搐，而血清钙含量过高会降低神经肌肉兴奋性，引起心脏、呼吸衰竭，损害肌肉收缩性。

（3）参与凝血　钙离子（凝血因子Ⅳ）可促使凝血酶原转化为凝血酶从而加速血液凝固。

（4）其他生理功能　维持细胞的正常生理状态，刺激激素的分泌以及多种酶的激活，如ATP酶、蛋白水解酶、脂肪酶等。

3. 吸收与代谢

钙的吸收机制包括主动吸收和被动吸收两种方式。当钙摄入量较多时，体内钙吸收主要通过离子形式被动扩散吸收，而当机体钙需要量较大或摄入量较少时则通过逆浓度主动吸收，这一过程需要 $1,25\text{-}(OH)_2D_3$ 参与调节。但体内钙吸收很不完全，70%～80%的钙不被吸收并以不溶性钙盐的形式主要经肠道和泌尿系统排出体外。

影响钙吸收的因素主要有年龄、机体状态、膳食因素等。年龄大，钙吸收率低；胃酸缺乏、腹泻等会降低钙吸收；而机体缺钙时，钙吸收率提高；维生素D可促进钙的吸收，从而升高血钙并促进骨中钙的沉积；蛋白质、乳糖、赖氨酸等也能提高钙的吸收利用；食物中的草酸、植酸和脂肪酸与钙形成钙盐，食物纤维中的糖醛酸残基也易与钙结合，降低钙的吸收。

4. 缺乏与过量

由于不同人群对钙的生理需求量不同，缺钙也会引起不同的症状。儿童时期缺钙及维生素D不足会导致生长发育迟缓，骨骼软化、变形，也易患龋齿，缺钙严重者甚至引起佝偻病；膳食中长期钙摄入量过低可引起骨质软化症（成人佝偻病）；骨钙量往往随年龄增大而减少，因此中老年人易缺钙患骨质疏松症；绝经期妇女因雌激素分泌减少，钙流失加快，也易引起骨质疏松症。

钙毒性小，无明显毒副作用，但摄入过量可能导致乳-碱综合征、肾结石。此外，高钙摄入会影响铁、锌、镁等元素的生物利用率。

5. 食物来源与需要量

食物中钙来源以乳及乳制品最好，是婴幼儿最理想的钙源。在生产婴幼儿乳粉时，通常还会添加维生素D，以促进钙吸收（详见本章第五节维生素）。除乳制品外，豆类及豆制品、沙丁鱼、虾皮、海带、紫菜等含钙也非常丰富，榛子仁、黑芝麻等油料种子钙含量也较高，黄花菜、雪里蕻等蔬菜也是钙的良好来源，而谷物、肉类、水果含钙则较少。

参考我国提出的WS/T 578.2—2018《中国居民膳食营养素参考摄入量　第2部分：常量元素》和美国《2020—2025年美国居民膳食指南》，表1-14所示为我国各年龄阶段钙的推荐摄入量（RNI）、可耐受最高摄入量（UL）和美国每日膳食中营养素供给量（RDA）。

表1-14　中国和美国居民膳食钙的参考摄入量　单位：mg/d

年龄/岁，或生理状态	中国RNI、UL		美国RDA	
	RNI	UL	男	女
0～	200*	1000	—	—
0.5～	250*	1500	—	—
1～	600	1500	700	700
4～	800	2000	1000	1000

续表

年龄/岁，或生理状态	中国 RNI、UL		美国 RDA	
	RNI	UL	男	女
7~	1000	2000	1000	1000
9~	1000	2000	1300	1300
11~	1200	2000	1300	1300
14~	1000	2000	1300	1300
18~	800	2000	1000	1000
50~	1000	2000	1000	1200
65~	1000	2000	1000	1200
70~	1000	2000	1200	1200
80~	1000	2000	1200	1200
孕妇（1~12 周）	800	2000	—	—
孕妇（13~27 周）	1000	2000	—	—
孕妇（≥28 周）	1000	2000	—	—
乳母	1000	2000	—	—

注：“—”表示未制定；“*”表示每日适宜摄入量；RNI 为推荐摄入量；UL 为可耐受最高摄入量；RDA 为美国每日膳食中营养素供给量。

资料来源：WS/T 578.2—2018《中国居民膳食营养素参考摄入量　第 2 部分：常量元素》《2020—2025 年美国居民膳食指南》。

（二）磷

1. 含量与分布

人体内磷含量仅次于钙，约占体重的 1%，成年人体内磷总量为 600~900g。其中 85%~90% 与钙结合以羟磷灰石［$Ca_{10}(PO_4)_6(OH)_2$］或磷酸钙［$Ca_3(PO_4)_2$］形式构成人体骨骼和牙齿，其余存在于软组织及体液中，构成结构蛋白质、细胞膜的磷脂双分子层等。

2. 生理功能

（1）构成骨骼、牙齿及体内软组织　骨骼、牙齿中的钙/磷值约为 2∶1，维持适宜磷钙比有利于骨骼发育。磷也是 DNA、RNA 及结构蛋白质等的重要构成成分。

（2）参与机体代谢　以高能磷酸键的形式贮能，腺苷磷酸作为能量载体参与生物合成和代谢反应等各种需能过程。

（3）活化酶　磷是多种辅酶及辅基的重要组成成分及活化剂，如硫胺素焦磷酸酯（TPP）、NAD^+、$NADP^+$。B 族维生素经磷酸化活化才发挥辅酶作用。

（4）维持体液渗透压和酸碱平衡　磷酸盐（$HPO_4^{2-}/H_2PO_4^-$）组成机体的缓冲体系参与调节渗透压和酸碱平衡。

3. 吸收与代谢

磷的吸收、代谢过程与钙类似。食物中磷多以有机化合物的形式存在，在人体小肠内经磷酸酶分解为无机磷酸盐被吸收，吸收率可达 70%，未经肠道吸收的部分经肾脏以尿磷、粪磷形式排泄。

磷的吸收与机体状态、膳食等因素有关，婴儿的吸收率比儿童和成人高；肠道及血液的酸碱度、血液浓度也会影响磷的吸收代谢。其次，过量的钙、镁、铁等离子会干扰磷的吸收。植酸及植酸盐会降低磷的吸收。

4. 缺乏与过量

日常膳食含有丰富的磷，可以充分满足人体对磷的需求量，除特殊情况外一般不会出现磷缺乏症，但仅母乳喂养的早产儿会因缺磷影响骨骼及牙齿的正常发育。

过量摄入磷（血清磷高于 1.9mmol/L）可能引起高磷血症、低血钙症，增强神经兴奋性导致抽搐、惊厥等症状。

5. 食物来源与需要量

磷在各类食物中分布广泛，含磷丰富的食物有肉禽乳蛋类、鱼类、粗粮类及海产品等，蔬菜水果含磷较少。磷与蛋白质共存，在动物组织中主要与蛋白质、脂肪结合成核蛋白、磷蛋白等，所以，摄入足够的蛋白质即可获得充足的磷。表 1-15 所示为我国各年龄阶段磷的推荐摄入量（RNI）、可耐受最高摄入量（UL）和美国每日膳食中营养素供给量（RDA）。

表 1-15 中国和美国居民膳食磷的参考摄入量 单位：mg/d

年龄/岁，或生理状态	中国 RNI、UL		美国 RDA	
	RNI	UL	男	女
0~	100*	—	—	—
0.5~	180*	—	—	—
1~	300	—	460	460
4~	350	—	500	500
7~	470	—	500	500
9~	470	—	1250	1250
11~	640	—	1250	1250
14~	710	—	1250	1250
18~	720	3500	700	700
50~	720	3500	700	700
65~	700	3000	700	700
80~	670	3000	700	700
孕妇（1~12 周）	720	3500	—	—
孕妇（13~27 周）	720	3500	—	—
孕妇（≥28 周）	720	3500	—	—
乳母	720	3500	—	—

注：“—”表示未制定；“*”表示每日适宜摄入量；RNI 为推荐摄入量；UL 为可耐受最高摄入量；RDA 为美国每日膳食中营养素供给量。

资料来源：WS/T 578.2—2018《中国居民膳食营养素参考摄入量 第 2 部分：常量元素》《2020—2025 年美国居民膳食指南》。

（三）镁

1. 含量与分布

人体内镁含量为20~30g，约占人体体重的0.05%，是含量最少的常量元素。其中超过60%的镁以磷酸盐［$Mg_3(PO_4)_2$］和碳酸盐（$MgCO_3$）的形式存在于人体骨骼和牙齿中。其余以离子形式存在于软组织与体液中。

2. 生理功能

（1）参与酶的激活　镁是多种酶系的辅助因子或激活剂，如核苷酸辅酶类。镁可激活Na-K-ATP酶，参与300多种酶促反应，对核酸、蛋白质等生物合成过程有重要调节作用。

（2）抑制钾、钙离子通道　镁可封闭不同钾通道的外向性电流，阻止钾的外流；镁作为钙阻断剂可抑制钙通道，阻止钙的内流。

（3）维护骨骼生长和神经肌肉的兴奋性　镁是维护骨细胞结构和功能的必需元素，对促进骨骼生长和维持骨骼正常功能有重要作用。当血镁含量过低时，会增强神经肌肉兴奋性，反之则降低。

（4）维护胃肠道功能　碱性镁盐可中和胃酸，镁离子在肠道吸收缓慢可促使水分滞留发挥导泄作用。硫酸镁溶液可松弛括约肌促使胆囊排空，从而产生利胆作用。

（5）影响激素分泌和心血管功能　一般情况下，血浆镁增加时，可抑制甲状旁腺激素（PTH）的分泌。甲状腺激素过多时可引起血清镁降低、尿镁增加，镁呈负平衡，因此甲亢患者应适当地补充镁盐。镁能舒张周围血管，剂量大时可降低血压来保护高压患者的心血管系统。

3. 吸收与代谢

镁主要通过被动扩散和主动转运机制在空肠末端和回肠被吸收，吸收率一般为30%~50%。肾脏是维持镁代谢平衡的重要器官，镁经肾小球滤过后大部分被肾小管重吸收，仅2%~5%由尿排出。

影响镁吸收的因素主要是膳食因素，摄入食物中镁的含量少时吸收率反而增加。氨基酸、乳糖、蛋白质等可促进镁的吸收，而膳食纤维、草酸、植酸、磷、长链饱和脂肪酸等都抑制镁的吸收。此外，钙的竞争吸收对镁的吸收也会产生干扰。

4. 缺乏与过量

镁缺乏会引起血清钙下降、神经肌肉兴奋性亢进，可能造成骨质疏松症和心血管功能异常。低镁血症患者会出现肌肉痉挛、心动过速等症状。缺镁可导致胰岛素抵抗，甚至产生糖尿病。

镁摄入过量会降低铁、钙等的生物利用率，引起肌肉运动障碍。肾功能不全时，镁过量可能引起镁中毒。

5. 食物来源与需要量

镁的食物来源广泛，但食物中镁含量差异较大，其中绿色蔬菜、坚果是丰富的来源。此外，豆类、粗粮及海产品也是镁的良好来源。表1-16所示为我国各年龄阶段镁的推荐摄入量（RNI）、可耐受最高摄入量（UL）和美国每日膳食中营养素供给量（RDA）。

（四）铁

1. 含量与分布

成人体内铁含量为3~5g，是人体含量最丰富的微量元素。人体内65%~70%的铁存在于血红蛋白中，3%存在于肌红蛋白中，1%为含铁酶类（细胞色素、细胞色素氧化酶、过氧化物酶与过氧化氢酶等），以上称为功能性铁。25%～30%的铁以铁蛋白和含铁血黄素的形式储存于肝、脾与骨髓中，称为储存铁。

表 1-16　　中国和美国居民膳食镁的参考摄入量　　单位：mg/d

年龄/岁，或生理状态	中国 RNI、UL		美国 RDA	
	RNI	UL	男	女
0～	20*	—	—	—
0.5～	65*	—	—	—
1～	140	—	80	80
4～	160	—	130	130
7～	220	—	130	130
9～	220	—	240	240
11～	300	—	240	240
14～	320	—	410	360
18～	330	—	400	310
30～	330	—	420	320
50～	330	—	420	320
65～	320	—	420	320
80～	310	—	420	320
孕妇（1～12 周）	370	—	—	—
孕妇（13～27 周）	370	—	—	—
孕妇（≥28 周）	370	—	—	—
乳母	330	—	—	—

注："—"表示未制定；"*"表示每日适宜摄入量；RNI 为推荐摄入量；UL 为可耐受最高摄入量；RDA 为美国每日膳食中营养素供给量。

资料来源：WS/T 578.2—2018《中国居民膳食营养素参考摄入量　第 2 部分：常量元素》《2020—2025 年美国居民膳食指南》。

2. 生理功能

（1）参与体内氧的运输、交换和组织呼吸　铁是血红蛋白与肌红蛋白以及某些呼吸酶的构成成分，对携带和运输氧发挥重要作用。铁也是过氧化氢酶的组成成分，可破坏体内产生的过氧化物等有害物质。

（2）维持正常的造血功能　铁在骨髓造血细胞中与卟啉结合形成高铁血红素，再与珠蛋白合成血红蛋白，从而促进红细胞的形成与成熟。

（3）其他生理功能　铁可维持中性粒细胞和淋巴细胞的功能，提高机体免疫力；参与嘌呤、胶原蛋白和抗体的生成等。

3. 吸收与代谢

人体内对血红素铁和非血红素铁吸收率不同，血红素铁主要存在肉、禽、鱼类中，吸收率为10%。非血红素铁存在于植物和乳制品中，吸收率约为3%。食物中的铁多为三价铁，在人体经胃酸和酶作用后以二价铁的形式被小肠吸收，其余由肠道排出，少量从皮肤、尿道排出。

影响食物中的铁吸收的因素主要为机体状态、膳食因素等。当体内铁的储存量减少时，铁的吸收率会提高。食物中的草酸、植酸、茶叶中的多酚物质和膳食纤维会阻碍铁的吸收，摄入磷过高、钙过低或缺乏维生素A都会降低铁的吸收。维生素C、某些单糖、氨基酸等会促进铁的吸收。

4. 缺乏与过量

铁缺乏多见于婴幼儿、妊娠期和经期妇女，可分为铁减少期、红细胞生成缺铁期和缺铁性贫血期三个时期。缺铁性贫血期时通常会出现免疫力低下、面色和口唇黏膜苍白、乏力、头晕、心悸、指甲脆薄、反甲等症状。婴幼儿缺铁会损害认知能力和影响心智发育。

铁过量可能导致血色病，引起心血管系统疾病。此外，高铁摄入会导致铁中毒，使器官纤维化。

5. 食物来源与需要量

肝脏、黑木耳、紫菜、黑豆、芝麻等都是铁的丰富来源，鱼类、肉类、蛋黄中铁含量也较多，但蔬菜、水果和乳类中的含量较少。表1-17所示为我国各年龄阶段铁的推荐摄入量（RNI）、可耐受最高摄入量（UL）和美国每日膳食中营养素供给量（RDA）。

表1-17　　中国和美国居民膳食铁的参考摄入量　　单位：mg/d

年龄/岁，或生理状态	中国RNI、UL			美国RDA	
	RNI（男）	RNI（女）	UL	男	女
0~	0.3*	0.3*	—	—	—
0.5~	10	10	—	—	—
1~	9	9	25	7	7
4~	10	10	30	10	10
7~	13	13	35	10	10
9~	13	13	35	8	8
11~	15	18	40	8	8
14~	16	18	40	11	15
18~	12	20	42	8	18
50~	12	12	42	8	8
孕妇（1~12周）	—	20	42	—	—
孕妇（13~27周）	—	24	42	—	—
孕妇（≥28周）	—	29	42	—	—
乳母	—	24	42	—	—

注："—"表示未制定；"*"表示每日适宜摄入量；RNI为推荐摄入量；UL为可耐受最高摄入量；RDA为美国每日膳食中营养素供给量。

资料来源：WS/T 578.3—2017《中国居民膳食营养素参考摄入量　第3部分：微量元素》《2020—2025年美国居民膳食指南》。

(五) 锌

1. 含量与分布

人体内锌含量仅次于铁，成人体内锌含量为1.5~2.5g。锌主要分布于肝脏、肌肉、骨骼、皮肤和毛发中，部分分布于血液。血液中75%~85%的锌以酶的形式存在于红细胞中，其余与蛋白质结合存在于血清中。通常头发中的锌含量可反应食物中锌的长期供给水平。

2. 生理功能

(1) 参与酶的组成与激活　锌是人体200多种酶的组成成分或激活剂，起着催化分解、合成、稳定酶蛋白四级结构的作用。

(2) 调节新陈代谢　锌与蛋白质的合成、DNA和RNA的代谢相关，还是胰岛素的组成成分，可调节胰岛素的分泌。此外，锌对调节多糖的代谢与胰腺、性腺及脑下垂体的分泌活动有重要作用。

(3) 其他生理功能　锌促进机体细胞的生长，维护皮肤的健康，还可保护视力，影响味觉和食欲等。

3. 吸收与代谢

体内锌吸收主要在十二指肠和小肠上端，先与小分子的肽形成复合物，而后通过主动转运方式被吸收。膳食中锌吸收率较低，成人的锌吸收率一般为20%~30%。当体内锌达到平衡时，约90%的锌由粪排出，其余可从尿、汗、头发中排出或丢失。

锌的吸收主要受膳食因素影响。植酸、草酸、纤维素可降低锌的吸收率。当食物中存在大量钙时，易形成钙锌植酸盐复合物，妨碍锌的吸收。维生素D_3、葡萄糖、乳糖、半乳糖、柠檬酸、肉类以及食品发酵可提高锌的吸收率。

4. 缺乏与过量

儿童缺锌会导致食欲不振、味觉迟钝、生长发育停滞等，甚至出现异食癖、侏儒症。孕妇缺锌可能导致胎儿畸形。成人长期缺锌会出现第二性征发育障碍、性功能减退、精子过少等。缺锌还可导致皮肤易生痤疮、免疫力降低，糖尿病、肾病的产生也与缺锌有关。

锌摄入过量(成人摄入2g以上)可能导致锌中毒，出现腹痛、腹泻、恶心、呕吐等症状。过量锌还会干扰铜、铁等元素的吸收与利用。

5. 食物来源与需要量

食物中锌的来源广泛，动物食品锌含量较高。牡蛎、扇贝、肉类、蛋类、粗粮、坚果等是锌的良好来源。植物性食品含锌都较低且吸收率低。表1-18所示为我国各年龄阶段锌的推荐摄入量(RNI)、可耐受最高摄入量(UL)和美国每日膳食中营养素供给量(RDA)。

表1-18　中国和美国居民膳食锌的参考摄入量　单位：mg/d

年龄/岁，或生理状态	中国RNI、UL			美国RDA	
	RNI(男)	RNI(女)	UL	男	女
0~	2*	2*	—	—	—
0.5~	3.5	3.5	—	—	—
1~	4.0	4.0	8	3	3
4~	5.5	5.5	12	5	5

续表

年龄/岁，或生理状态	中国 RNI、UL			美国 RDA	
	RNI（男）	RNI（女）	UL	男	女
7~	7.0	7.0	19	5	5
9~	7.0	7.0	19	8	8
11~	10.0	9.0	28	8	8
14~	12.0	8.5	35	11	9
18~	12.5	7.5	40	11	8
50~	12.5	7.5	40	11	8
孕妇（1~12周）	—	9.5	40	—	—
孕妇（13~27周）	—	9.5	40	—	—
孕妇（≥28周）	—	9.5	40	—	—
乳母	—	12	40	—	—

注："—"表示未制定；"*"表示每日适宜摄入量；RNI为推荐摄入量；UL为可耐受最高摄入量；RDA为美国每日膳食中营养素供给量。

资料来源：WS/T 578.3—2017《中国居民膳食营养素参考摄入量 第3部分：微量元素》《2020—2025年美国居民膳食指南》。

（六）硒

1. 含量与分布

成人体内硒含量为14~21mg，几乎分布于人体所有组织器官中，以肌肉中含量最高。硒在体内主要以硒代甲硫氨酸、硒代半胱氨酸和硒代磷酸盐等形式储存。

2. 生理功能

（1）抗氧化作用 硒是多种抗氧化酶的必需成分，如谷胱甘肽过氧化物酶。硒也可协同维生素E阻断自由基反应，减弱过氧化作用。

（2）调节新陈代谢 硒作为脱碘酶的成分调节甲状腺素的合成，间接参与机体代谢。硒可协助线粒体传递电子，在线粒体代谢中起着重要作用。

（3）解毒作用 硒对某些化学物质有拮抗作用，如结合某些有害金属离子。

（4）其他生理功能 硒可增强机体免疫力，改善视觉功能，对精子的生成和保护有重要作用。

3. 吸收与代谢

硒化合物易被机体吸收且吸收率较高，吸收主要在十二指肠。排泄主要经尿（50%~60%）排出，其余经粪、呼气和汗液排出。

影响硒吸收的主要因素为膳食因素，甲硫氨酸/蛋白质的比值、维生素A、维生素E、维生素C及合成的抗氧化剂可提高硒的生物利用率。而重金属、维生素B_2缺乏、维生素B_6和维生素B_{12}缺乏、甲硫氨酸缺乏和硫元素过量会降低硒的生物利用率。

4. 缺乏与过量

儿童和育龄妇女缺硒可能导致恶性营养不良、克山病。青少年缺硒易患大骨节病。成年人长期硒缺乏会出现甲状腺萎缩、视力障碍和神经症状，还伴随心慌、肌肉酸痛、无力等症状。严重缺乏甚至发生心源性休克、心力衰竭等。

硒过量摄入可能导致硒中毒，出现头发、指甲脱落，肢端麻木、抽搐、瘫痪等神经系统异常表现，甚至可致死亡。

5. 食物来源与需要量

硒的食物来源受地区土壤影响较大，低硒和高硒地区的大米含硒量可相差达万倍。食物中硒含量较高的有海产品、肉类、鸡蛋、杏仁、紫菜等。此外，以无机盐形式存在的无机硒也是硒的良好来源，如生物体内的氨基酸硒、硒代甲硫氨酸和硒代半胱氨酸等。

我国各年龄阶段硒的推荐摄入量（RNI）、可耐受最高摄入量（UL）见表 1-19。

表 1-19 中国居民膳食硒的参考摄入量 单位：μg/d

年龄/岁，或生理状态	RNI	UL	年龄/岁，或生理状况	RNI	UL
0~	15*	55	18~	60	400
0.5~	20*	80	50~	60	400
1~	25	100	孕妇（1~12 周）	65	400
4~	30	150	孕妇（13~27 周）	65	400
7~	40	200	孕妇（≥28 周）	65	400
11~	55	300	乳母	78	400
14~	60	350			

注：“*”表示每日适宜摄入量；RNI 为推荐摄入量；UL 为可耐受最高摄入量。

资料来源：WS/T 578.3—2017《中国居民膳食营养素参考摄入量 第 3 部分：微量元素》。

（七）碘

1. 含量与分布

人体内碘总量为 20~50mg，其中 70%~80% 存在于甲状腺中，以甲状腺素的形式存在，也浓集于唾液腺、乳腺等器官。其余分布在肌肉、骨骼、血液、皮肤中。

2. 生理功能

碘可调控甲状腺激素的分泌，促进生物氧化和氧化磷酸化过程，加强糖类、脂类的氧化作用，促进能量代谢，为蛋白质合成和机体的生理活动提供能量，对体格发育、脑和神经系统的发育有重要作用。

3. 吸收与代谢

影响碘吸收的因素有碘的存在形式、膳食因素等。无机碘在胃及小肠上段几乎被全部吸收，而有机碘需经肠消化脱碘后才被吸收。体内碘主要以尿碘形式经肾脏排出，其余通过皮肤、汗液等排出。胃肠道内的钙、氟、镁可阻碍碘的吸收。此外，能量与蛋白质摄入不足也会干扰碘的吸收。

4. 缺乏与过量

机体缺碘的症状与缺碘程度和年龄阶段密切相关，也与所处地区土壤、水质等因素相关。

因地方自然条件引起的碘缺乏症称为地方性甲状腺肿。孕妇缺碘可导致流产或胎儿先天畸形等。儿童缺碘会导致生长发育迟缓、智力低下、体格矮小等。成人缺碘易引起甲状腺肿。

碘摄入过量可能引起高碘性甲状腺肿、碘致性甲状腺功能亢进症等。

5. 食物来源与需要量

海带、紫菜、发菜、海鱼等海产品是含碘最丰富的食物来源。植物性食品的含碘量最低。动物性食品含碘量较高，如肉类、淡水鱼。此外，蛋乳类的含碘量也较高。我国各年龄阶段碘的推荐摄入量（RNI）、可耐受最高摄入量（UL）见表1-20。

表1-20　　中国居民膳食碘的参考摄入量　　单位：μg/d

年龄/岁，或生理状况	RNI	UL	年龄/岁，或生理状况	RNI	UL
0~	85*	—	18~	120	600
0.5~	115*	—	50~	120	600
1~	90	—	孕妇（1~12周）	230	600
4~	90	200	孕妇（13~27周）	230	600
7~	90	300	孕妇（≥28周）	230	600
11~	110	400	乳母	240	600
14~	120	500			

注："—"表示未制定；"*"表示每日适宜摄入量；RNI为推荐摄入量；UL为可耐受最高摄入量。

资料来源：WS/T 578.3—2017《中国居民膳食营养素参考摄入量　第3部分：微量元素》。

虽然与碳水化合物、蛋白质、脂类等营养成分相比，我们对矿物质的日常需求量非常小，但它们却是维持生命活动所必不可缺的成分，由于其不能由机体自主合成，故而必须从外界摄取，以维持机体的正常生长与生理活动。但特别值得注意的是，矿物质摄入量过少或者过多都会产生健康问题，如铁和钙的可耐受最高摄入量仅仅为推荐摄入量的2~3倍，由于铁的推荐摄入量本身就很小（20mg/d），因此多摄入22mg即会达到可耐受最高剂量。

第五节　维生素

维生素

维生素是维持机体正常生理功能及细胞内特异代谢反应所必需的一类微量低分子有机化合物。维生素的化学结构不同、生理功能各异，既不能提供能量，也不是构成各种组织的原料，但是维生素对生物体的新陈代谢发挥重要的调节作用。

一、维生素的命名

维生素的命名一般包括三种，一是按照被发现的顺序，如维生素A、B族维生素、维生素

C、维生素D等；二是根据生物学作用命名，如抗神经炎维生素、抗干眼病维生素、抗癞皮病维生素等；三是根据其化学结构命名，如硫胺素、视黄醇、核黄素等。

二、维生素的分类

根据溶解性的不同，可将维生素分为脂溶性维生素和水溶性维生素。脂溶性维生素包括维生素A、维生素D、维生素E和维生素K。水溶性维生素包括B族维生素和维生素C。

（一）脂溶性维生素

脂溶性维生素是指不溶于水而溶于脂肪及有机溶剂中的维生素，包括维生素A、维生素D、维生素E和维生素K。在食物中，它们常与脂类共存，且其吸收与肠道中的脂类密切相关。

1. 维生素A

维生素A指具有视黄醇生物活性的一大类物质，包括维生素A_1（视黄醇）和维生素A_2（3-脱氢视黄醇），其中维生素A_1是维生素A类物质的最基本形式，维生素A_2的生物活性仅为维生素A_1的40%。维生素A结构式见图1-6。

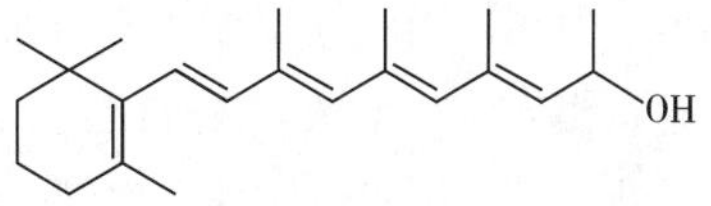

图1-6　维生素A结构式

（1）理化性质　视黄醇是淡黄色晶体，是由β-紫罗酮环的头部和脂肪酸的尾部组成，其尾部有顺式和反式变化，这种变构性质影响着视黄醇的生理功能。

类维生素A是指各种天然维生素A的衍生物、胡萝卜素以及人工合成的具有维生素A化学结构和功能的物质。动物体内具有视黄醇生物活性功能的类维生素A称为已形成的维生素A，包括视黄醇、视黄醛、视黄酸和视黄基酯复合物。在植物中不含已形成的维生素A，在黄、绿、红色植物中含有类胡萝卜素，其中一部分可在体内转变成维生素A的类胡萝卜素称为维生素A原。

大多数天然的类维生素A溶于脂肪或有机溶剂，对异构化、氧化和聚合作用敏感，特别在高温条件下，紫外线可促进其氧化破坏。维生素A和类胡萝卜素都对酸、碱和热稳定。

（2）吸收与代谢　食物中已形成的维生素A大都以视黄基酯的形式存在。视黄基酯和维生素A原经胃、胰液和肠液中蛋白酶消化分解后从食物中释放出来，在小肠中经胆汁、胰酯酶、肠酯酶的共同作用，释放出的视黄醇、胡萝卜醇、类胡萝卜素被小肠绒毛上皮细胞吸收。维生素A在体内被氧化成一系列代谢产物，后者与葡萄糖醛苷结合后由胆汁进入粪便排泄。

（3）生理功能　维生素A有促进生长、繁殖，维持骨骼、上皮组织、视力和黏膜上皮正常分泌等多种生理功能，维生素A及其类似物有阻止癌前期病变的作用。

①维持正常的视觉：维生素A能促进视觉细胞内感光物质的合成与再生，以维持正常视觉。人视网膜的杆状细胞内含有感光物质视紫红质，它由11-顺式视黄醛和视蛋白缩合而成。视紫红质对光敏感，当其被光照射可引起一系列变化，经过中间构型，最后由11-顺式视黄醛转变为全反式视黄醛，同时释放出视蛋白，引发神经冲动，此时即能看见物体，这一过程称为光适应。此时若进入暗处会因视紫红质的消失对光不敏感而不能见物。如继续在光线暗处停留片刻，视紫红质的分解减少，体内的维生素A又可通过一系列反应生成11-顺式视黄醛，在暗光下与视蛋白结合重新生成视紫红质，恢复对光的敏感性，从而可在暗光下见物，这一过程称为暗适应。

②维持机体正常的免疫功能：维生素A通过调节细胞和体液免疫提高免疫功能，可能与增

强巨噬细胞和自然杀伤细胞的活力以及改变淋巴细胞的生长和分化有关。

③维持上皮细胞的正常生长和分化：9-顺式视黄醛和全反式视黄醛在细胞分化中的作用尤为重要。

④参与细胞膜表面糖蛋白的合成：细胞膜表面的功能如细胞连接、受体识别、细胞黏附和细胞聚集等与细胞表面的糖蛋白密切相关。维生素 A 被认为在糖蛋白的合成中发挥重要作用。

⑤抑制肿瘤生长：维生素 A 等视黄醇类物质能阻止、延缓癌前病变，防止化学致癌物引起肿瘤发生或转移，可抑制肿瘤细胞的生长和分化。

⑥抗氧化作用：类胡萝卜素能捕捉自由基，猝灭单线态氧，提高抗氧化防御能力。

（4）缺乏与过量　维生素 A 缺乏最早的症状是暗适应能力下降，暗适应时间延长，严重者可导致夜盲症。维生素 A 持续严重的缺乏，尤其是营养不良的婴幼儿，可导致干眼病，进一步发展可致失明，因此维生素 A 又称抗干眼病维生素。

过量摄入维生素 A 时易引起急性中毒、慢性中毒及致畸毒性。急性中毒其早期症状为恶心、呕吐、头疼、眩晕、视觉模糊、肌肉失调、婴儿囟门凸起。摄入大剂量（12g，膳食营养素供给量的 13000 倍）的维生素 A 可以致命。慢性中毒比急性中毒常见，维生素 A 使用剂量为其膳食营养素供给量的 10 倍以上时可发生。

（5）食物来源和膳食参考摄入量　维生素 A 原存在于绿叶菜类、黄色菜类以及水果类等植物性食物中；动物性食物的维生素 A 主要存在于动物肝脏、鱼肝油、鱼卵、蛋黄等。成年男性和女性维生素 A 的推荐摄入量为每天 800μg 和 700μg 视黄醇当量。

2. 维生素 D

维生素 D 是类固醇衍生物，指含环戊氢烯菲环结构并具有钙化醇生物活性的一大类物质，又称抗佝偻病维生素。维生素 D 有很多种，其中最主要的是维生素 D_2（麦角钙化醇）和维生素 D_3（胆钙化醇），二者合称为钙化醇。维生素 D 结构式见图 1-7。

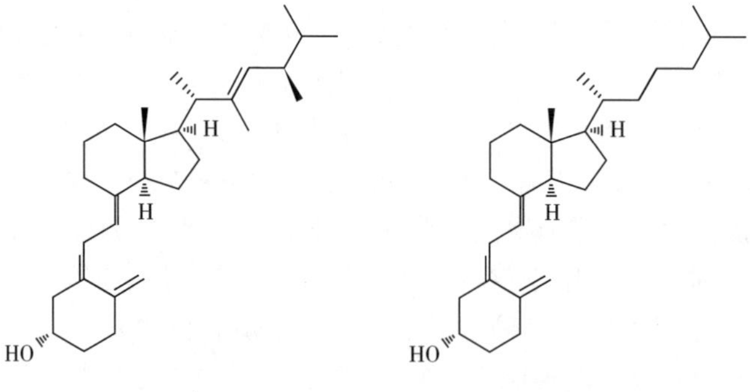

维生素D_2（麦角钙化醇）　　维生素D_3（胆钙化醇）

图 1-7　维生素 D 结构式

（1）理化性质　纯品为白色晶体，其化学性质比较稳定，在中性和碱性溶液中耐热，但在酸性溶液中则逐渐分解。

（2）吸收与代谢　人体可从皮肤合成和膳食摄取两条途径获得维生素 D。在皮肤中，7-脱氢胆固醇经光照转变成维生素 D_3，膳食中的维生素 D_3 在胆汁的作用下，在小肠乳化形成胶团被吸收入血。从膳食和皮肤获得的维生素 D_3 与血浆中 α-球蛋白结合并被转运至肝脏，在肝脏内

经维生素 D_3-25-羟化酶催化生成 25-OH-D_3；然后再被转运至肾脏，进一步被氧化为 1,25-$(OH)_2D_3$和 24,25-$(OH)_2D_3$；血液中维生素 D 结合蛋白主要携带 1,25-$(OH)_2D_3$达到小肠、骨、肾等靶器官中，产生生物学效应，表现出各种生理作用。维生素 D 分解代谢主要在肝脏，排泄途径是通过胆汁进入小肠，随粪便排出体外。

（3）生理功能　维生素 D 的活性形式是 1,25-$(OH)_2D_3$，作用于小肠、肾、骨等靶器官，参与维持细胞内外钙浓度以及钙磷代谢的调节。此外，它还作用于其他很多器官或组织如心脏、肌肉、大脑，参与细胞代谢或分化的调节。

①促进小肠钙吸收：转运至小肠组织的 1,25-$(OH)_2D_3$先进入黏膜上皮细胞，并在该处诱发一种特异的钙结合蛋白合成和促进 Ca-ATP 酶的活性。钙结合蛋白可增加肠黏膜对钙的通透性，将钙主动转运通过黏膜细胞进入血液循环。

②促进肾小管对钙、磷的重吸收：1,25-$(OH)_2D_3$能促进肾小管对钙、磷的重吸收，减少其从尿液中排出。佝偻病患儿的早期表现就是尿磷增高，血浆无机磷盐浓度下降，从而影响骨组织的钙化。

③对骨组织呈现多种作用：在血钙降低时，1,25-$(OH)_2D_3$能动员骨组织中的钙和磷进入血液，还能诱导肝细胞、单核细胞变成为成熟的破骨组织，破骨组织一旦成熟，即失去了 1,25-$(OH)_2D_3$的核受体，因此不再呈现其生理作用。

④调节细胞生长分化：1,25-$(OH)_2D_3$可明显抑制表皮角化细胞和皮肤成纤维细胞的增殖并诱导其分化，对某些皮肤疾病具有潜在的治疗作用。

⑤通过维生素 D 内分泌系统调节血钙平衡：目前已确认存在维生素 D 内分泌系统，其主要调节因子是 1,25-$(OH)_2D_3$、甲状旁腺激素、降钙素及血清钙和磷的浓度。

（4）缺乏与过量　缺乏维生素 D 会引起佝偻病、骨质软化症和骨质疏松症。过量摄入维生素 D 可引起多种症状，表现为食欲减退、心律失常、恶心、呕吐、便秘、多尿等。

（5）食物来源和膳食参考摄入量　维生素 D 主要存在于动物肝脏、鱼肝油、禽蛋类及含脂肪丰富的海鱼和奶油中。我国成人的推荐摄入量为 5μg/d，可耐受最高摄入量为 20μg/d。

3. 维生素 E

维生素 E 是指含苯并二氢吡喃结构并具有 α-生育酚生物活性的一类化合物。由于它与动物的生育有关，同时也具有酚的性质，故又称为生育酚。自然界中存在 α、β、γ、δ 四种生育酚和 α、β、γ、δ 四种生育三烯酚，其中 α-生育酚的生物活性最强，故通常以 α-生育酚作为维生素 E 的代表，其结构式见图 1-8。

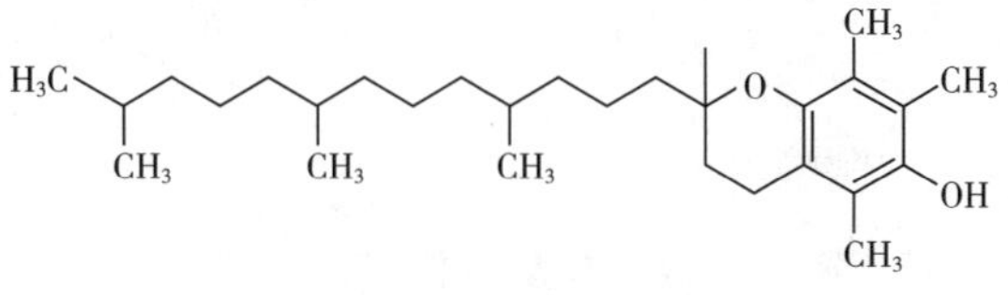

图 1-8　α-生育酚结构式

（1）理化性质　α-生育酚是黄色油状液体，对热和酸稳定，对碱不稳定，对氧十分敏感，油脂酸败加速其破坏。食物中，维生素 E 在一般烹调时损失不大，但油炸时维生素 E 活性明显降低。

（2）吸收与代谢　吸收、转运和储存需胆盐和脂肪存在，在脂酶的作用下以形成乳糜微粒，在小肠上部吸收，经淋巴系统进入血液分布到各组织。血液中的维生素 E 通过乳糜微粒和极低密度脂蛋白的载体作用进入血浆。α-生育酚的主要氧化产物是 α-生育醌，再脱去含氢的醛基生成葡糖醛酸。葡糖醛酸可通过胆汁排泄，或进一步在肾脏中被降解产生 α-生育酸从尿酸中排泄。

（3）生理功能　维生素 E 具有多种生物活性，对一些疾病有防治作用。它是一种很强的抗氧化剂，有利于延缓机体衰老。

①抗氧化作用：与超氧化物歧化酶、谷胱甘肽过氧化物酶一起构成体内抗氧化系统，保护生物膜及其他蛋白质免受自由基攻击。

②预防衰老：补充维生素 E 可减少脂肪褐质形成，改善皮肤弹性，使性腺萎缩减轻，提高免疫能力。

③与动物的生殖功能有关：维生素 E 缺乏时可出现睾丸萎缩及其上皮变性、孕育异常。

④调节血小板的黏附力和聚集作用：维生素 E 可抑制磷脂酶 A_2的活性，减少血小板血栓素 A_2的释放，从而抑制血小板的聚集。

⑤其他功能：维生素 E 可抑制体内 3-羟基-3-甲基戊二酸单酰辅酶 A 还原酶的活性，从而降低血浆胆固醇水平；通过抑制细胞分化及生长密切相关的蛋白酶的活性来抑制肿瘤细胞的生长和增殖；保护神经系统、骨骼肌及视网膜的正常功能。

（4）缺乏与过量　维生素 E 缺乏较为少见，但可出现在低体重的早产儿、β-脂蛋白缺乏症、脂肪吸收障碍的患者。口服维生素 E 的毒性较低。

（5）食物来源和膳食参考摄入量　广泛存在于动植物组织中，谷物制品和植物油是主要食物来源，其他食物如坚果、蔬菜、蛋黄、肉及乳制品等也是维生素 E 的丰富来源。维生素 E 成人的推荐摄入量为 14mg/d。

4. 维生素 K

维生素 K 是所有具有叶绿醌生物活性的 α-甲基-1,4-萘醌衍生物的统称，又称为凝血维生素，包括维生素 K_1、维生素 K_2、维生素 K_3、维生素 K_4，其中维生素 K_1和 K_2是天然存在的，维生素 K_3和维生素 K_4是人工合成维生素。维生素 K_1存在于绿叶植物中，维生素 K_2通常由动物肠道中的细菌合成，维生素 K_1 和维生素 K_2 结构式见图 1-9。

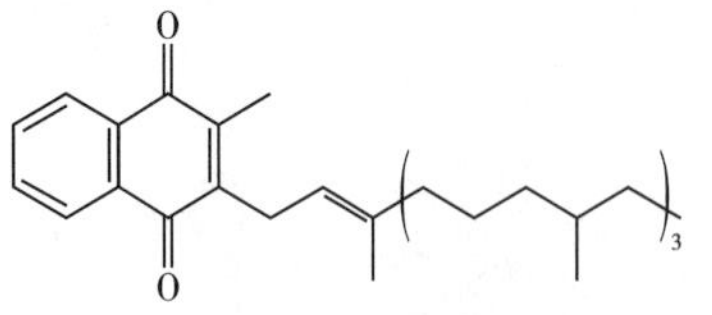
维生素K_1

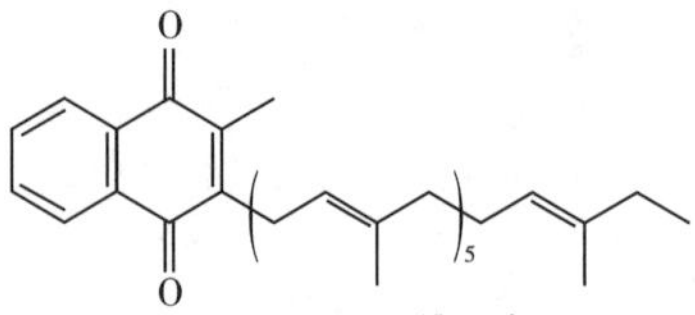
维生素K_2

图 1-9　维生素 K_1和维生素 K_2结构式

（1）理化性质　维生素 K 的化学性质都较稳定，能耐酸、耐热，但对光敏感，也易被碱和紫外线分解。

（2）吸收与代谢　维生素 K_1和维生素 K_2的吸收需要胆汁、胰液，并与乳糜微粒相结合，由小肠吸收入淋巴系统，经淋巴系统运输。在体内储存时间很短，迅速被破坏，经代谢排出。

（3）生理功能　维生素 K 既是凝血因子 γ-羧化酶的辅酶，又是凝血因子Ⅶ、Ⅸ、Ⅹ合成的必需物质。临床和实验已证明维生素 K 有抗骨质疏松作用。

（4）缺乏与过量　缺乏维生素 K 时，肝脏所产生的凝血酶原含量下降，血中几种凝血因子含量均下降，致使出血后血液凝固发生障碍，轻者凝血时间延长，重者可有显著出血情况，甚至死亡。

（5）食物来源和膳食参考摄入量　维生素 K_2从肠道细菌合成，占 50%～60%；维生素 K_1从食物中摄取，占 40%～50%，绿叶蔬菜含量高，其次是乳类及肉类。成人从食物中获取 80μg/d 即可满足生理需要。

（二）水溶性维生素

水溶性维生素是指可溶于水的维生素，包括 B 族维生素（维生素 B_1、维生素 B_2、烟酸、维生素 B_6、叶酸、维生素 B_{12}、泛酸、生物素等）和维生素 C。水溶性维生素在体内仅有少量储存，较易从尿中排出。

1. 维生素 B_1

维生素 B_1，因发现其与预防和治疗脚气病有关，所以又称抗脚气病维生素。它的化学结构是含硫的噻唑环和含氨基的嘧啶环通过一个亚基连接而组成，故又称硫胺素。其结构式见图 1-10。

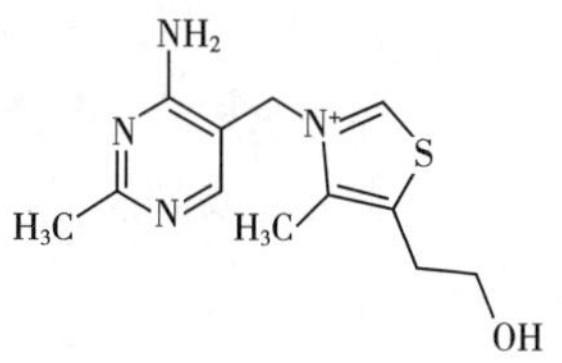

图 1-10　维生素 B_1结构式

（1）理化性质　白色结晶性粉末，味苦。在酸性溶液中比较稳定，碱性溶液中极不稳定。紫外线可使其降解而失活，铜离子也可加快它的破坏。

（2）吸收与代谢　吸收部位主要为空肠，在低浓度（2μmol/L）时主要靠主动转运系统吸收。在高浓度时可由被动扩散吸收，但效率很低。吸收后的维生素 B_1在空肠黏膜细胞内经磷酸化作用转变成焦磷酸酯，在血液中主要以焦磷酸酯的形式由红细胞完成体内转运。维生素 B_1可在肾脏等组织中分解出来输送到血液及有关组织，再进行磷酸化或由肾脏随尿排出体外。

（3）生理功能　维生素 B_1在线粒体生物氧化过程，维持神经、肌肉正常功能中具有重要作用。

①与体内能量代谢有关：维生素 B_1的生物活性形式为硫胺素焦磷酯，作为丙酮酸脱氢酶复合体、α-酮戊二酸脱氢酶复合体和转酮醇酶的重要辅助因子参与能量代谢。

②在神经生理上的作用：缺乏维生素 B_1可影响某些神经递质的合成和代谢，如乙酰胆碱合成减少和利用率降低。

③与心脏功能有关：维生素 B_1缺乏会引起心脏功能失调。这可能是由于维生素 B_1缺乏使得血液流入组织的量增多，使心脏输出负担过重，或由于心肌能量代谢不全所致。

（4）缺乏与过量　维生素 B_1缺乏的原因主要是摄入不足、需要量增加和机体吸收或利用障碍。维生素 B_1缺乏症又称脚气病，主要发生在以精白面为主食的国家和地区。维生素 B_1过量中毒很少见，超过推荐摄入量的 100 倍以上的剂量有可能出现头痛、惊厥、心律失常等。

（5）食物来源和膳食参考摄入量　广泛存在于各类食物中，含量丰富的食物有动物内脏、瘦肉类、蛋类、谷类、豆类、坚果等。我国居民膳食推荐摄入量成年男性为 1.4mg/d，女性为 1.2mg/d。维生素 B_1的可耐受最高摄入量为 50mg/d。

2. 维生素 B_2

维生素 B_2 又称核黄素，是带有核糖醇侧链的异咯嗪衍生物，也可以认为是核糖醇与6，7-二甲基异咯嗪缩合而成。其结构式见图 1-11。

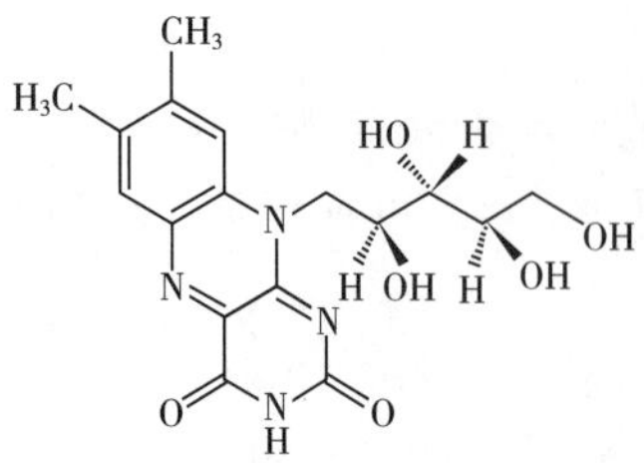

图 1-11 维生素 B_2 结构式

（1）理化性质 纯品核黄素为结晶，呈黄棕色并有高强度荧光，味苦，在干燥和酸性溶液中稳定。可溶于氯化钠溶液，易溶于稀的氢氧化钠溶液。光照及紫外照射引起不可逆的分解。

（2）吸收与代谢 膳食中的大部分维生素 B_2 以黄素单核苷酸（FMN）和黄素腺嘌呤二核苷酸（FAD）辅酶形式和蛋白质结合存在。进入胃后，在胃酸的作用下与蛋白质分离，在上消化道转变为游离型维生素 B_2 后，在小肠近端被吸收。当摄入量较大时，肝肾常有较高浓度的维生素 B_2，但身体储存维生素 B_2 的能力有限，超过肾阈即通过泌尿系统，以游离形式排出体外。

（3）生理功能 维生素 B_2 为多种黄素酶类的辅酶，在体内催化广泛的氧化-还原反应。

①参与体内生物氧化与能量代谢：FAD 和 FMN 与特定蛋白结合形成黄素蛋白，作为机体中许多酶系统的重要辅基的组成部分，通过呼吸链参与碳水化合物、蛋白质、核酸和脂肪的代谢。

②参与细胞的生长代谢：是肌体组织代谢和修复的必需营养素，如强化肝功能、调节肾上腺素的分泌。

③参与维生素 B_6 和烟酸的代谢：FAD 和 FMN 作为辅基参与色氨酸转化为烟酸，维生素 B_6 转化为磷酸吡哆醛的过程。

④参与体内的抗氧化防御系统和药物代谢：FAD 作为谷胱甘肽还原酶的辅酶，维持还原性谷胱甘肽的浓度。FAD 还可与细胞色素 P450 结合，参与药物代谢。

（4）缺乏与过量 摄入不足和酗酒是导致维生素 B_2 缺乏的最主要原因。通常轻度缺乏维生素 B_2 不会出现明显症状，但是严重缺乏维生素 B_2 时会出现口腔-生殖综合征。一般核黄素不会引起过量中毒。

（5）食物来源和膳食参考摄入量 广泛存在于动物的肝、肾、心脏、乳类及其制品、蛋类、蔬菜、豆类、坚果等食品中。我国成人膳食核黄素的推荐摄入量男性为 1.4mg/d，女性为 1.2mg/d。

3. 烟酸

烟酸，又称为维生素 B_3、尼克酸或维生素 PP，是吡啶-3-羧酸及其衍生物的总称。烟酸和烟酰胺结构式见图 1-12。

（1）理化性质 烟酸和烟酰胺都为白色结晶，皆溶于水和乙醇，烟酰胺的溶解性高于烟酸。烟酸具有很高的稳定性，在酸性、碱性、光照或加热条件下不易破坏。

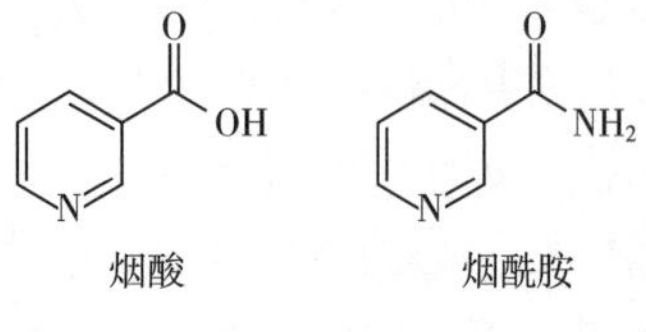

图 1-12 烟酸和烟酰胺结构式

（2）吸收与代谢 烟酸在小肠被吸收，并于机体内转变为烟酰胺，与核糖、磷酸、腺嘌呤组成脱氢酶的辅酶，成为 NAD 和 NADP 的组成成分。体内代谢后绝大部分以 N-CH_3-烟酰胺的形式由尿中排出。

(3) 生理功能　烟酸作为脱氢酶类必要的成分，与其他酶类一起参与细胞内的生物氧化还原的全过程。

①辅酶的组成成分：烟酸在体内以 NAD 和 NADP 的形式作为辅基参与脱氢酶的组成，在生物氧化还原过程中起着传递氢的作用。

②维护皮肤、消化系统及神经系统的正常功能：烟酸缺乏时发生皮炎、肠炎及神经炎，为癞皮病的典型症状。

③降低血清胆固醇：烟酸具有降低血甘油三酯、总胆固醇、低密度脂蛋白和升高高密度脂蛋白的作用，有利于改善心血管功能。

④葡萄糖耐量因子的组成成分：具有增高胰岛素效能的作用，但其作用机制尚不明确。

(4) 缺乏与过量　烟酸缺乏症又称癞皮病，是因烟酸或其前体物质色氨酸缺乏而导致的系统性疾病，临床上该病主要表现为皮炎、腹泻和痴呆，又称为“3D 症”。目前尚未出现食用烟酸过量引起中毒的报道。

(5) 食物来源和膳食参考摄入量　烟酸在动物肝、肾、肉类、乳类、蛋类、豆类、全谷物、花生及有色蔬菜中较丰富。此外，人体能够以色氨酸为底物合成烟酸，因此食用富含色氨酸的食品也能提供烟酸。我国居民膳食烟酸推荐摄入量成年男性为 15mg/d，女性为 12mg/d。可耐受最高摄入量为 35mg/d。

4. 维生素 B_6

维生素 B_6，又称为抗皮炎维生素，主要包括吡哆醛、吡哆胺与吡哆醇，在体内以磷酸酯的形式存在。其化学结构为 2,6-二甲基-3-羟基-5-羟甲基吡啶，皆属于吡啶衍生物。其结构式见图 1-13。

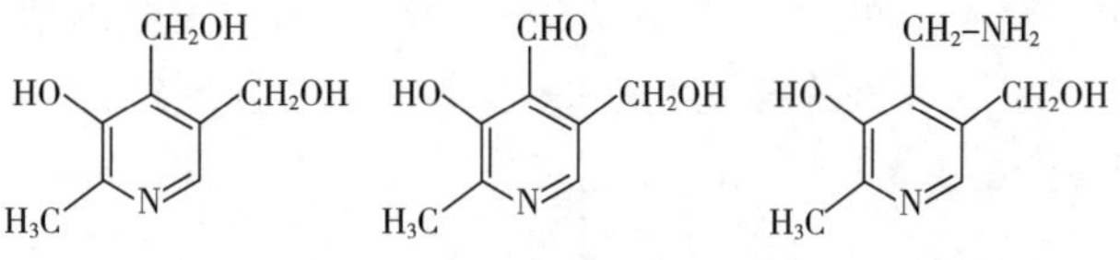

吡哆醇　　吡哆醛　　吡哆胺

图 1-13　维生素 B_6结构式

(1) 理化性质　白色晶体，对光敏感，在酸性条件下稳定，碱性条件下易破坏，吡哆醇耐热，吡哆醛和吡哆胺不耐高温。

(2) 吸收与代谢　主要在空肠吸收，体内转运主要靠与血浆白蛋白结合。在肝脏，维生素 B_6的 3 种非磷酸化形式是通过吡哆醇激酶转化为各自的磷酸化形式并参与多种酶的反应，在由 FAD 参与的氧化反应中不可逆地转化为 4-吡哆酸，最后由尿排出。

(3) 生理功能　维生素 B_6是许多重要酶系统的辅酶。磷酸吡哆醛是能量产生、中枢神经系统、血红蛋白合成及糖原代谢中所必需的辅酶，与蛋白质、脂肪代谢关系密切。

①多种辅酶的组成成分：以磷酸吡哆醛的形式作为辅酶参与机体的转氨基、脱羧、侧链裂解等生化反应。

②调控肝糖原分解及体内某些激素（胰岛素、生长素）的分泌：维生素 B_6是糖原磷酸化反应中磷酸化酶的辅助因子，催化肌肉与肝脏中的糖原转化。

③某些疾病的辅助治疗剂：临床上维生素 B_6可与不饱和脂肪酸合用治疗脂溢性皮炎、缺乏

维生素 B_6引起的贫血，治疗和预防妊娠反应。

④其他功能：维生素 B_6与辅酶 A 及花生四烯酸的生物合成有关。维生素 B_6还涉及神经系统中许多酶促反应，使神经递质的水平升高。

（4）缺乏与过量　单纯的维生素 B_6缺乏较少见，一般还伴有其他 B 族维生素的缺乏。缺乏维生素 B_6可致眼、鼻与口腔周围皮肤脂溢性皮炎，并可扩展至面部、前额、耳后、阴囊及会阴处。维生素 B_6毒性相对较低，经食物来源摄入大量维生素 B_6没有不良反应。

（5）食物来源和膳食参考摄入量　维生素 B_6 普遍存在于动植物食品中，如肝脏、谷物、肉、鱼、蛋、豆类及花生等。我国居民膳食的维生素 B_6推荐摄入量为成人 1.4mg/d。

5. 叶酸

叶酸因最初从菠菜叶中分离提取而得名，其生物活性形式为四氢叶酸。它的化学名称是蝶酰谷氨酸，是由 2-氨基-4-羟基-6-甲基蝶啶、对氨基苯甲酸和 L-谷氨酸三部分组成。其结构式见图 1-14。

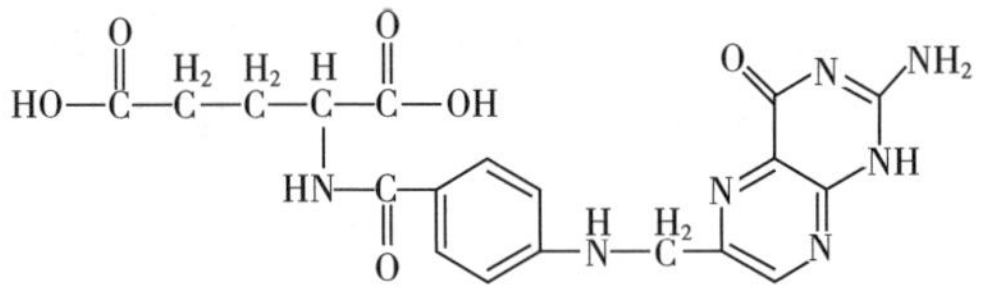

图 1-14　叶酸结构式

（1）理化性质　叶酸为深黄色或橙色晶体，微溶于水，但其钠盐极易溶于水，易被酸性、加热和光照条件所破坏。

（2）吸收与代谢　天然食物中的叶酸多以 5 分子或 7 分子谷氨酸的结合形式存在，在肠道中经小肠黏膜刷状缘上的 γ-谷氨酰羧基肽酶水解成游离型，以单谷氨酸叶酸的形式被小肠吸收。叶酸在体内的代谢产物主要通过胆汁和尿排出体外。由胆汁排至肠道中的叶酸可被再吸收，形成肠肝循环。

（3）生理功能　影响 DNA 和 RNA 的合成；通过甲硫氨酸代谢影响磷脂、肌酸、神经介质和血红蛋白的合成；参与细胞器蛋白合成中启动 tRNA 的甲基化过程。

（4）缺乏与过量　叶酸缺乏可引起巨幼红细胞性贫血及白细胞减少症。缺乏叶酸与神经管畸形、唇腭裂、抑郁症、肿瘤等疾病有直接关系。大剂量服用叶酸会产生毒副作用，如出现黄色尿；影响锌的吸收而导致锌缺乏，使胎儿发育迟缓、低出生体重儿增加。

（5）食物来源和膳食参考摄入量　大量存在于蔬菜、水果、肝脏、肾脏、禽肉、蛋类、豆类、坚果类和谷物等。我国成人叶酸的推荐摄入量为 400μg/d，孕妇每日需要 600μg/d。

6. 维生素 C

维生素 C 因具有防治坏血病的功能，故又称抗坏血酸，是一个含有 6 个碳原子的 α-酮基内酯的酸性多羟基化合物。自然界中存在 L-型和 D-型两种形式的维生素 C，其中只有 L-型具有生理活性。其结构式见图 1-15。

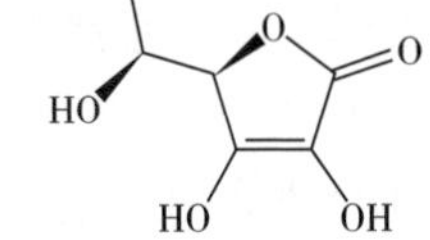

图 1-15　维生素 C 结构式

（1）理化性质　具有酸性和强还原性，纯品无色、无臭、有酸味，极易氧化，在碱性条件、加热或与铜、铁共存时极易被破坏。

（2）吸收与代谢 维生素C在消化道主要以Na^+依赖的主动转运形式吸收进入血液循环，较少以被动扩散吸收。绝大部分的维生素C吸收部位是在回肠，但有少量的吸收发生在口腔和胃。被吸收的维生素C在血浆中主要以抗坏血酸游离形式运输，但有一小部分（5%）以脱氢型抗坏血酸形式运输。还原型抗坏血酸及许多代谢产物可自尿中排出。

（3）生理功能

①抗氧化作用：可直接与氧化剂作用，以保护其他物质免受氧化破坏。它也可还原超氧化物、羟基、次氯酸以及其他活性氧化剂。这类氧化剂可能影响DNA的转录或损伤DNA、蛋白质或膜结构。

②参与体内的羟化反应：作为底物和酶的辅因子参与许多重要生物合成的羟化反应。促进组织中胶原的形成，它可使脯氨酸羟化酶和赖氨酸羟化酶复合体中的三价铁还原为二价形式以维持其活性，并使脯氨酸和赖氨酸转变为合成胶原蛋白的重要原料羟脯氨酸和羟赖氨酸。

③促进体内铁、钙的吸收：促进肠道三价铁还原为二价铁，有利于非血红素铁的吸收。能在胃中形成一种酸性介质，从而防止不溶性钙络合物的生成及发生沉淀，进而促进钙的吸收。

④促进叶酸的作用：可将叶酸还原为由生物活性的四氢叶酸，防止发生巨幼红细胞性贫血。

⑤参与神经递质的合成：在脑和肾上腺组织，维生素C作为羟化酶的辅酶参与神经递质的合成。

（4）缺乏与过量 维生素C摄入严重不足可引起坏血病，主要症状是皮肤出现红色斑点，海绵状的牙龈，骨钙化不正常及伤口愈合缓慢等。

（5）食物来源和膳食参考摄入量 广泛存在于新鲜的蔬菜、水果中及一些植物的叶片中，如菠菜、番茄、鲜枣、葡萄、猕猴桃、山楂等。我国居民膳食推荐摄入量为成人100mg/d。

7. 其他维生素

食品中还含有除以上脂溶性维生素和水溶性维生素之外的多种维生素，包括维生素B_{12}、泛酸、生物素和胆碱等。

（1）维生素B_{12} 又称为钴胺素，是唯一含金属元素的维生素，分子中含有钴。在体内以两种辅酶形式存在，即甲基B_{12}（甲基钴胺素）和辅酶B_{12}（5′-脱氧腺苷钴胺素）。

维生素B_{12}的吸收与胃贲门和胃底的黏膜细胞分泌的一种称之为内因子的糖蛋白密切相关。当食物通过胃时，维生素B_{12}就从食物蛋白质复合物中释放出来，与内因子结合。维生素B_{12}-内因子复合物对胃蛋白酶比较稳定，同时，维生素B_{12}只有与这种糖蛋白结合后才能不受肠道细菌破坏。当其进入肠道后就附着在回肠内壁黏膜细胞的受体上，在肠道酶的作用下，内因子释放出维生素B_{12}，由肠道黏膜细胞吸收。在血液中与α-球蛋白结合后由血液循环送到体内各组织。主要由尿排泄，部分从胆汁排出。

维生素B_{12}在体内转变为两种辅酶形式发挥生理作用，能促进无活性叶酸形成有活性四氢叶酸，并进入细胞以促进核酸和蛋白质的合成，从而有利于红细胞的发育和成熟。

膳食维生素B_{12}缺乏较少见，多数是由于吸收不良而引起。维生素B_{12}缺乏主要表现为巨幼红细胞贫血、神经系统损害、高同型半胱氨酸血症。维生素B_{12}在动物肝脏、肉类、蛋类、牡蛎、乳制品、腐乳等食物中含量丰富。植物性食物不含维生素B_{12}或含量极少。我国居民膳食推荐摄入量为成人 2.4μg/d。

(2) 泛酸　又称为维生素 B_5、遍多酸，颜色呈浅黄。在中性溶液中稳定，加热可加速分解。在机体内几乎全部用以组成辅酶 A（CoA）。有机体在不断进化过程中产生了主动积累泛酸的内在机制，依靠一种广泛存在于机体中的 Na^+ 依赖转运体转运泛酸进入细胞。泛酸在体内转变成 CoA 或酰基载体蛋白参与脂肪酸代谢反应；参与类固醇紫质、褪黑激素和亚铁血红素的合成。

泛酸存在于所有的动植物食物中，如动物内脏、肉类、绿叶蔬菜、坚果、谷物等。除从食物摄入以外，人体肠道微生物也能够合成泛酸，因此泛酸缺乏现象比较少见。我国居民膳食泛酸成人适宜摄入量为 5mg/d。

(3) 生物素　又称为维生素 B_7、维生素 H 或辅酶 R，有 8 种异构体，只有 α-生物素是天然存在且具有生物活性的形式。性质非常稳定，加热、光照、氧化等条件都不被破坏，在中等强度的酸性、碱性以及中性条件中也非常稳定。

生物素从胃和肠道吸收，血液中生物素的 80% 以游离形式存在，分布于全身各组织，在肝脏、肾脏中含量较多，用药后大部分生物素以原形由尿液中排出，仅小部分代谢为生物素硫氧化物和双降生物素。

生物素是哺乳动物乙酰 CoA 羧化酶、丙酮酸羧化酶、丙酰 CoA 羧化酶等的必需辅助因子，对于细胞的生长、三大能量物质的代谢、DNA 的生物合成及各种免疫细胞正常功能起重要作用。生物素广泛存在于动植物食品中，如动物肝、肾、蛋黄、乳类、植物种子、新鲜蔬菜和水果等。我国居民膳食推荐摄入量为成人 30μg/d。

(4) 胆碱　胆碱是卵磷脂和鞘磷脂的组成成分，也存在于神经鞘磷脂之中。胆碱是一种强有机碱，易与酸反应生成稳定的盐如氯化胆碱和酒石酸胆碱。胆碱在强碱条件下不稳定，但它对热相当稳定。

胆碱的生理作用和磷脂的作用密切相关，并通过磷脂的形式来实现，如作为生物膜的重要成分。人类自身可以合成胆碱，故少见胆碱缺乏症状。但婴幼儿合成能力低，常有营养强化的必要。

胆碱广泛存在各种食物中，特别是动物的脑、心脏、肝脏、蛋类以及麦芽、花生和大豆卵磷脂等食物。我国居民膳食推荐摄入量为成人男性 500mg/d，女性 400mg/d。

人体每日对维生素的需要量非常少，但一旦缺乏，可引起“维生素缺乏症”。食物中缺乏维生素或用餐量减少、机体吸收维生素的能力下降、机体维生素的需要量增加或一些药物的干扰作用都能导致维生素缺乏症。其中蔬菜和水果是食物维生素的主要来源，因此，人们每日膳食中要保证充足的蔬菜和水果以满足人体对维生素的需要量。

第六节　膳食纤维

膳食纤维

膳食纤维作为食品中的重要组成成分，膳食纤维已经成为功能性食品领域的一大研究热点。它被公认为是继蛋白质、碳水化合物、脂肪、维生素、水和矿物质之后的第七大营养素。随着我国经济的快速发展，国民饮食习惯也发生了巨大的变化，如脂肪与蔗糖摄入量的增加，引发的慢性病已成为危害人们健康的主要疾病。研究表明，膳食纤维对于预防这类疾病具有重要作用，因此研究开发膳食纤维食品对人体健康具有非常重要的意义。

一、膳食纤维的概念

膳食纤维（dietary fiber，DF）又称食物纤维，是指植物中天然存在的、提取的或合成的碳水化合物的聚合物，不能被人体小肠消化吸收且对人体健康有益的多糖类。包括非淀粉多糖（纤维素、半纤维素等）、植物多糖（果胶、阿拉伯木聚糖等）、动物多糖（甲壳素、透明质酸等）、微生物多糖（黄原胶等）、抗性低聚糖（低聚果糖、低聚半乳糖）等。在人体内有“物理扫帚”“肠道清道夫”等美誉。

膳食纤维的摄入可以降低许多疾病的发生，延缓并发症的发展。中国营养学会提出：成年人膳食纤维的推荐摄入量为30g/d，可有效调节血糖、血脂和蛋白质水平，控制体重，预防便秘、冠心病、糖尿病等多种代谢性疾病。各国及组织有关膳食纤维日推荐摄入量见表1-21。

表1-21 各国及组织有关膳食纤维日推荐摄入量

国家及组织	机构	推荐摄入量
中国	中国营养学会	25~35g/d
美国	美国农业部和卫生与公众服务部	28g/d（每2000kcal）
欧盟	欧洲食品安全局	25g/d
英国	英国食品标准局 英国营养基金会	18g/d
加拿大	加拿大卫生部	女性：25g/d；男性：38g/d
澳大利亚	澳大利亚国家健康与医学研究委员会	25~40g/d
墨西哥	墨西哥卫生署	25g/d
印度	印度医学研究委员会，国家营养研究所	40g（每2000kcal）
土耳其	土耳其卫生部	女性：25g/d；男性：29g/d
挪威	挪威卫生局	25~35g/d
韩国	韩国食药部	12g/1000kcal；女性：25g/d；男性：20g/d
南非	南非共和国卫生部	18~38g/d

资料来源：Kevin Burke Miller. Review of whole grain and dietary fiber recommendations and intake levels in different countries［J］. Nutrition Reviews，2020，78：29-36.

二、膳食纤维的分类和来源

（一）膳食纤维的分类

膳食纤维是指不被人体消化吸收的以多糖类为主体的高分子物质的总称。按照溶解度来分，可分为不溶性膳食纤维和可溶性膳食纤维。不溶性膳食纤维是指不被人体消化道酶消化且

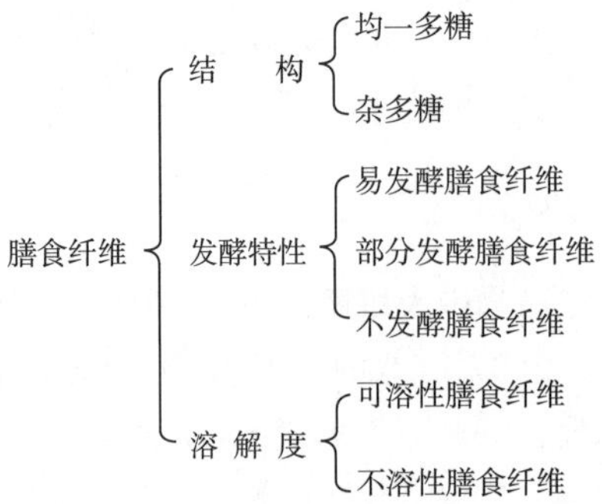

图 1-16　膳食纤维分类

不溶于热水的部分纤维，包括纤维素、半纤维素、木质素和壳聚糖等，在小麦、大部分谷物和蔬菜中含量较多；可溶性膳食纤维是指不被人体消化道酶消化，但可溶于温、热水且其水溶液又能被其4倍体积的乙醇再沉淀的部分膳食纤维，主要包括非消化性低聚糖、阿拉伯木聚糖、β-葡聚糖、果胶和菊粉等，通常存在于水果、燕麦、大麦、豆类等中，与脂质和碳水化合物的代谢有关，在肠道中易被黏液润湿，因此容易被肠道菌群利用。按照结构来分，可分为均一多糖（如β-葡聚糖）和杂多糖（如阿拉伯木聚糖）；按照发酵特性来分，又可分为易发酵膳食纤维（如果胶）、部分发酵膳食纤维（如阿拉伯木聚糖）和不发酵膳食纤维（如羧甲基纤维素）（图 1-16）。

（二）膳食纤维的来源

膳食纤维资源比较丰富，纵观现有的食用纤维资源，许多来源于食品加工过程中产生的下脚料或废弃物，如小麦麸皮、米糠、豆渣皮、甘蔗渣、荞麦皮、茶渣及食用菌下脚料等。从我国丰富的物质资源来看，可利用的原料来源十分广泛。除了农副产品的种皮和皮壳之外，还可以开发野生植物、海洋生物及其他一些微生物类以及合成类物质等。

三、膳食纤维的性质

膳食纤维包括纤维素、半纤维素、木质素、甲壳素、果胶、树胶和树糊等多种成分，除木质素外，都属于碳水化合物类，即多糖。它们在人体内表现出大分子物质的多种特性，可归纳为发酵性、吸水膨胀性和持水性、吸附性和离子交换作用（表 1-22）。

表 1-22　膳食纤维的性质

性质	作用机制	举例	影响因素
发酵性	人体小肠中不含有消化膳食纤维的酶，大肠中膳食纤维易被细菌发酵、降解和利用，果胶等膳食纤维可被完全发酵；半纤维素等几乎不被微生物发酵利用。膳食纤维利用细菌发酵作用使大肠内壁形成光滑薄膜，利于食物残渣及代谢废物及时通畅地排出	水果、蔬菜等膳食纤维比粮谷类膳食纤维更容易发酵：酵解产物（乙酯酸、丙酯酸等短链脂肪酸）均可为肠道细胞和有益细菌供给热能，从而促进消化减少腹胀，预防肠道疾病	与膳食纤维颗粒大小、摄入方式等有关。粒度越小或单独摄入膳食纤维更易降解
吸水膨胀性和持水性	膳食纤维含有许多亲水性基团，像海绵一样持水膨胀，使之可达到膳食纤维自身重量的 1.5~25.0 倍，形成高浓度溶胶或凝胶	如树胶、果胶及半纤维素等多糖，可增加饱腹感，加快代谢，减少有害物质与小肠肠壁接触	与膳食纤维来源、颗粒大小、提取方法、数据分析方法有关

续表

性质	作用机制	举例	影响因素
吸附性	物理和化学吸附，膳食纤维进入机体消化道中形成稳定的网状结构具有一定的弹性、长度和强度，可以吸附如油脂、胆固醇等有机物以及肠道内有害物质，从而降低这些物质进一步吸收和代谢	如木质素吸附胆汁酸能力较强，纤维素则较弱	与膳食纤维种类、pH 有关
离子交换作用	膳食纤维的侧链中的阳离子基团，如羧基、羟基和氨基等类似弱酸性基团，可与有机阳离子进行可逆的交换从而改变肠道中阳离子的瞬间浓度、pH 以及氧化还原电位、渗透压等，更有利于机体酸碱平衡	如膳食纤维与钠、钾、镁等阳离子形成膳食纤维复合物，影响钙、铁、锌吸收	与膳食纤维种类、pH 有关

资料来源：刘晓婷．膳食纤维的开发及应用［J］．中国食物与营养，2004，9：21-23.

1. 发酵性

这是多糖特有的性质。膳食纤维虽不能被哺乳动物小肠中的酶所降解，但在大肠中由于细菌的作用会有不同程度的发酵。果胶、树胶和黏胶可以被细菌完全降解，而纤维素和半纤维素只能被部分降解。不同来源的膳食纤维，其发酵性也不相同，高分子质量、大粒径的膳食纤维黏度大，影响发酵的速率和程度，水果、蔬菜类纤维比麦谷类纤维更容易发酵。多糖的发酵性引起的生理变化至少有 3 个方面：一是发酵产生的短链脂肪酸直接参与代谢作用；二是大肠内 pH 的降低，可导致微生态环境的变化；三是细菌的繁殖会直接增加粪便排泄量，促进肠道畅通。此外，碳链长度、分子质量大小、粒径大小、侧链官能团种类、溶液浓度等都会影响膳食纤维的发酵性、溶解性和黏度。

2. 吸水膨胀性和持水性

膳食纤维可吸收相当于自身重量数倍的水分，表现出较高的吸水膨胀性和持水性。膳食纤维的膨胀性和持水力因其来源、测定方法和制备形式不同而有差异。具有极性基团的多糖如果胶、树胶和部分半纤维素的持水能力很强，吸水后便形成凝聚网络，使小肠内容物黏度增大，各种营养成分的扩散速度减慢，而多糖吸水后体积会增大，能促进粪便的排泄。

3. 吸附性

膳食纤维能够吸附胆酸、胆固醇和其他多种有毒成分。实验表明木质素、果胶和其他酸性多糖都有吸附胆酸的能力，纤维素吸附胆酸的能力则很低。临床试验进一步证明：可溶性非纤维素多糖果胶、瓜尔胶等可增加粪便中胆酸和胆固醇的排泄，从而降低血浆胆固醇的浓度。

4. 离子交换作用

酸性多糖具有较强的离子交换能力，对各种矿物质元素和电解质产生吸附作用，特别是对重金属元素有较强的吸附力。所以，果胶、树胶等可作为重金属的解毒剂。但也有研究表明，膳食纤维的离子交换作用会降低某些矿物质元素和维生素的生物有效性。例如果胶可能降低铁的生物活性和维生素 C 在尿中的排泄量，但对钙、镁、铜和维生素 A 的影响较小。

四、膳食纤维的功能

由于人体内缺少降解膳食纤维的酶类，其不能在人体内被消化吸收，但其特异性的化学组成及结构使其具有特定的生理功能，主要功能包括控制体重、调节血糖、降低血脂、改善肠道菌群和提高机体免疫力等方面。

（一）控制体重

体重增加是肥胖的典型特征之一，控制体重的有效方法是增加能量消耗，减少能量摄入。

膳食纤维可以通过干预能量代谢而起到控制体重的作用。它可以占据饮食中的营养素和能量的较大比例，从而减少其他食物的摄入。再加上膳食纤维能量低，其分解产生的能量远低于其他产能营养素；它增加了口腔咀嚼时间，降低了进食速度；其持水性和膨胀性增加了机体饱腹感；对蛋白质、脂肪和葡萄糖的黏附作用可降低小肠对糖脂的吸收和代谢效率，从而减少摄入能量，对减重有很大的帮助。

（二）调节血糖

糖尿病的发生与膳食结构和饮食习惯有密切联系。很多专家学者研究证实，膳食纤维摄入量少是导致高血糖甚至糖尿病的危险因素之一。膳食纤维在 2 型糖尿病降血糖方面作用明显，也是辅助治疗 2 型糖尿病的重要方法。它能在小肠形成网状结构，使小肠内容物形成凝胶，阻碍葡萄糖扩散，抑制葡萄糖消化吸收，降低胃排空速度，抑制糖异生，增加胰岛素敏感性，防止餐后血糖急剧上升，从而达到稳定餐后血糖的效果。

（三）降低血脂

大量研究表明，血脂异常是引起心血管疾病的危险因素之一。膳食纤维对胆固醇和胆汁酸吸附力很强，可抑制脂肪的消化和吸收，促进血脂和脂蛋白的正常运行，还可促进其排出，从而达到改善脂代谢，预防脂肪肝、痛风、冠心病的发生。同时，膳食纤维被微生物发酵后产物可促进有益菌的生长、抑制胆固醇合成。此外，膳食纤维通过改变脂肪酶活性改善应激反应和炎症机制，从而影响脂代谢等。

（四）改善肠道菌群

膳食纤维较强的持水性、吸附性、离子交换作用可以和其他食物形成较多凝胶物质，促进胃肠道蠕动，增加粪便的质量和体积，机械性地刺激肠壁引起便意，使粪便柔软，排除肠道内大量的毒素，而膳食纤维被微生物发酵产生的气体（二氧化碳、甲烷等）、脂肪酸也能促进排便，缩短食物残渣在肠内的通过时间，防止便秘。此外，适当地摄入膳食纤维可以促进有益菌的生长，抑制致病菌的繁殖。

（五）提高机体免疫力

精粮摄入量增多，粗粮摄入量少，牙齿的咀嚼机会少，口腔肌肉和牙周得不到足够的锻炼，出现牙周萎缩以及龋齿的概率增加。提高膳食中的膳食纤维摄入比例，可以增加口腔肌肉活动、牙齿咀嚼的机会和其缓冲酸碱的能力，减少附着于牙齿上的食物，从而提高口腔保健功能。此外，饮食中如果长期缺乏膳食纤维，会使肠道的蠕动迟缓，而血液必须由强迫的方式进入肠壁，致使局部压力增加，如果长时间得不到改善，就会造成静脉曲张。膳食纤维中的多糖可增加免疫细胞的数量，提高免疫力。

不同品种的膳食纤维所具有的生理功能是不同的。需要注意的是，膳食纤维摄入量要适当，如果摄入量过多，膳食纤维会与有机物结合阻碍人体吸收蛋白质与脂肪，增加胃肠消化负担，导致腹泻和胀气问题，进而影响维生素的吸收效果。

五、 膳食纤维在食品中的应用

现已开发的膳食纤维共6大类30多种。这6大类包括豆类种子和种皮纤维、谷物纤维、水果和蔬菜纤维、微生物纤维、其他天然纤维，以及合成和半合成纤维。目前，在生产中应用的有以下几种：小麦纤维、大豆纤维、甜菜纤维、玉米纤维、壳聚糖、菊粉。主要应用于主食、焙烤食品、肉制品、饮料、乳制品等食品中。

（一）膳食纤维在主食中的应用

随着生活水平的提高，人们的饮食结构发生了较大变化，食物越来越精细化，而膳食纤维摄入量日趋降低，许多与饮食有关的疾病发病率逐年增高。主食主要包括面条、馒头、面包和米饭等，面条中一般添加5%的膳食纤维，制品与全麦粉无异，口感良好，韧性正常，不影响其耐煮性，无干燥感和粗糙感；在馒头里加入膳食纤维，成品的口感和颜色会更佳，并且有特殊的香味。

（二）膳食纤维在焙烤食品中的应用

在蛋糕、面包、饼干里加入膳食纤维，膳食纤维吸收更多水分，提高了成品的持水力，从而增加了成品柔软性和新鲜度，防止成品储存期间变干变硬，并且持水力的提高还降低了成品成本。添加了膳食纤维的焙烤食品，味道可口，且成品外观、色泽、弹性及产品的加工工艺等基本不受影响。因此适量添加膳食纤维能延缓面包陈化，增大面包和糕点体积，改善饼干咀嚼性，满足人们对低能量、高膳食纤维焙烤食品的需求。在面包、饼干等休闲食品中加入大豆膳食纤维，可以制作高纤维、高蛋白质的焙烤食品，还能够提高蛋白质含量和降低胆固醇。

种类不同的膳食纤维添加后的效果有所不同。添加长豆角和苹果膳食纤维的饼干，其总酚含量和抗氧化活性较高；添加菊粉的饼干，其总能量值显著降低；将不同来源的膳食纤维添加到饼干中，其蛋白质含量及可消化性显著增加。将麸皮膳食纤维添加到面团中，有助于改善面团的品质，改善食品的风味，还可以提高产品的营养价值，经常食用对人体有一定保健功效。

（三）膳食纤维在肉制品中的应用

肉制品是人类蛋白质和脂肪的主要食物来源，但是过多地摄入肉制品对人体健康也会产生危害，在肉制品中减少脂肪含量具有重要意义。膳食纤维作为一类功能性营养素已被越来越多地应用于肉制品加工中，以优化组成成分、强化营养、提高产品出品率及延长货架期，其代表产品主要有火腿肠、香肠、肉松、腊肠、肉丸等。

燕麦纤维或燕麦麸皮具有较强的保水性和颗粒感，是比较适合的脂肪替代品。在火腿肠、肉松等肉糜制品中，加入从大豆、燕麦和甘薯等食物中获取的膳食纤维，作为脂肪替代品，能够减少成品的脂肪含量，增加膳食纤维及蛋白含量，具有良好的保健作用。在猪肉肉糜中加入植物油及米糠纤维，脂肪含量从30%降到20%，植物油（如葡萄籽油）与米糠纤维的混合加入，不仅降低动物性脂肪，也提升了肉制品的理化特性。在肉糜类香肠及肉丸中加入米糠纤维也能获得相同的效果。

在牛肉中加入燕麦β-葡聚糖制成低脂牛肉饼，研究证明燕麦β-葡聚糖是低脂牛肉制品良好的脂肪替代品。目前，β-葡聚糖已在香肠、肉丸等多种肉制品中成功应用，有效地降低了脂肪含量。除此之外，相关报道还提出榛仁皮、豆类纤维及小麦纤维也可作为牛肉饼的脂肪替代物，制成低脂汉堡。从橄榄油废渣里提取的可溶性膳食纤维（如胡萝卜纤维），可作为肉丸的脂肪替代品添加到低脂肉丸中。

（四）膳食纤维在饮料中的应用

近几年，在我国膳食纤维作为饮料配料也发展迅猛。膳食纤维可以添加到固体饮料（麦片等）、运动饮料、植物蛋白饮料和果汁等各种高纤维饮料中，添加膳食纤维的高纤维饮料，无异味，口感润滑，较受欢迎。将提取再经处理后的米糠膳食纤维用于胡萝卜饮料中，结果表明，适量的膳食纤维加入饮料中可以提高饮料品质，但应注意米糠膳食纤维的添加量不宜超过 8%，否则各项综合品质指标都会明显下降。

对豆渣可溶性膳食纤维在酸性乳饮料中的应用效果进行研究，结果表明，豆渣可溶性膳食纤维可以替代果胶作为酸性乳饮料稳定剂，对酸性乳饮料具有良好的稳定作用，并且在风味乳饮料中加入可溶性膳食纤维，很大程度上增加了乳饮料的营养和保健功能。

（五）膳食纤维在乳制品中的应用

膳食纤维可以作为活性菌的营养源头，如果在乳制品中加入膳食纤维，能增加成品的有效期，并且味道更加突出。可溶性膳食纤维比较适合添加在婴幼儿配方乳粉和中老年乳粉中。考虑到婴幼儿和中老年人对食物的消化吸收能力有限，而且需要存储大量的钙元素，可溶性膳食纤维既能润肠通便、降低血脂和血糖，又可以促进矿物质元素吸收。

近年来，高纤维酸乳产品很受欢迎。在酸乳里加入椰枣膳食纤维，结果表明，添加 3% 膳食纤维的酸乳，其可接受度与普通酸乳基本相同，而且对健康更有益。有研究表明，在搅拌型酸乳中加入山药可溶性膳食纤维，能显著降低脱水收缩作用，酸乳口感更佳。

第七节　水

水及合理补水

水是地球上分布最广的物质，土壤、动植物体内均含有大量的水，对于生物来说，没有水就没有生命。水是人体的重要组成成分，也是人体内含量最多的一种物质，保持体内水分的平衡对人体健康具有至关重要的作用。

一、人体水分含量及其分布

成年人体重的 60% 都是水，其中细胞内液约占体重的 40%、细胞外液占体重的 20%（细胞外液中的血浆约占体重的 5%）。人体的含水量因年龄、性别、胖瘦而不同。例如，身体的含水量会随着年龄和体型的增加而减少，从儿童到成年人，含水量占体重的比例逐渐减少。在两月龄的胎儿体内含水量高达 97%，新生儿的含水量约占体重的 80%、婴儿占 70%、学龄儿童占 65%、成年人占 60%。体内的水存在于各种器官组织、细胞及体液中，血液、淋巴液、组织液、胆汁及唾液等中含水最多，肾、肺、心及结缔组织次之，肌肉、皮肤、肝及脑较少。心脏大约含有 80% 的水，肝脏和肾脏大约含有 85% 的水，大脑和肌肉组织大约含有 75% 的水，骨骼也有 25% 的水，甚至牙齿都有 10% 的水。对身体水分变化最重要的贡献是脂肪量，脂肪中的含水量会随脂肪的增加而减少。脂肪含量达 50% 的人，身体可能有 40% 的水，而体脂低至 6% 的人，身体可能有 70% 的水分。男性通常比女性拥有更高的肌肉质量百分比和更低的脂肪质量百分比，所以他们的身体水分也更高。

二、 水在人体中的生理功能

（一）保持机体内环境相对稳定

在正常人体内，内环境的理化因素如温度、渗透压、酸碱度、各种离子的浓度、氧和二氧化碳的压力，以及营养物质的含量和化学成分都常在一定范围内变化，这种相对稳定的内环境是细胞进行各种生理活动不可缺少的环境条件。若人体脱水或水分含量相对过多，细胞间液中水含量显著变化，就引起内环境的渗透压、酸碱度、各种离子的浓度等理化指标变化，将直接妨碍甚至破坏细胞的上述各种生理活动。

（二）体内良好的极性溶剂

水的溶解力很强，体内许多物质易溶于水，即使不易溶于水的物质，如脂肪和某些蛋白质，也能分散在水中形成胶体溶液。水不但是生物体内化学反应的介质，本身也是生物化学反应的反应物。水的介电常数很大，能促进电解质的电离、分散从而加速化学反应，还能直接参加体内的水解、氧化及还原等反应。

（三）运输体内所需的营养物质及代谢产物

水是人体内物质运输的载体，组织和细胞所需的养分和代谢物在体内的转运，都要靠水作为载体来实现。一方面可以运送氧气、营养物质、激素等到细胞内；另一方面又可通过粪便、尿液、汗液把代谢产物及有毒物质排泄掉。通过水在体内外和细胞内外的交换，就把机体的营养和代谢过程紧密地联系起来了。

（四）调节体温

一方面，因为水的比热大，人体水容量又大，可以储存或释放大量的热，所以当体内产生热量增多或减少时，体温也不会有显著的变动；另一方面也可通过汗液的蒸发散热以调节体温。汗液是低渗溶液，水分占 99.2%~99.7%。皮肤每蒸发 1L 水，就可以散发出 2.51kJ 的热量。细胞代谢中产生的多余热能，通过汗液可以很快排出体外。

（五）润滑作用

水是体内摩擦的润滑剂。水的黏度小，可使摩擦面滑润，减少损伤。体内的关节、韧带、肌肉、黏膜等组织均有水溶液作为润滑液体。一切关节的活动都离不开水，各个关节部位，内脏与内脏之间，都需要水来润滑保护。此外，泪液可防止眼球干燥，唾液和消化液有利于咽部润滑和胃肠消化。

三、 水的损失、来源和吸收

体内水分的排出有四个途径：肾（尿液）约占 56%，肺（呼气）约占 20%，皮肤（汗液）约占 20%，肠道（粪便）约占 4%。每天体内的水分主要通过尿液排泄，通常在 1~2L/d，少量从粪便中排出，一般低于 200mL（在没有腹泻的情况下）。此外，水分损失还通过无意识的途径发生：从呼吸道蒸发和皮肤无汗扩散。作为无意识损失的一部分，每天有 350~400mL 的水从呼吸道流失。皮肤水分的无汗损失通常很小，但是排汗（体内热能调节的主要手段）而造成的水分损失会明显较多，而且因环境和体育活动水平的不同而有很大差异。例如夏季或在高温条件下，剧烈运动等都可大量出汗，一日可达 1L 以上，为了保持水分平衡，便需大量饮水。

体内水分有三个来源供给：液体食物（饮水、饮料、汤汁等），固态食物（饭、菜、水果等）以及有机物在体内转化产生的水。饮水和食物是人体的主要水源，需要它们来弥补身体的损失。来自饮品摄取的水通常占摄入量的 75%～80%，来自食物的水占其余的 20%～25%。然而，不同食物的水分含量千差万别，例如，大部分坚果和种子的含水量非常低（<15%），而一些水果和蔬菜的含水量超过 95%。作为水分的次要来源，由体内细胞中的生化反应而转化的水被称为新陈代谢水。每天产生的代谢水总量为 200～300mL。根据机体对 100g 脂肪、碳水化合物和蛋白质的营养氧化，估计产生的代谢水分别约为 100mL、55mL 和 41mL。

除了摄入食物和饮料后进入消化道的水外，每天还会有大量的水（约 7L）作为分泌物（即唾液、胃液、胰液、胆汁、肠液等）的一部分释放到胃肠道，几乎所有的水（超过 98%）都是从肠道吸收的。大部分（约 85%）的水被小肠吸收，主要是在空肠和回肠，其余的水从结肠吸收。在每天进入结肠的 1～1.5L 的水中，90%～95% 被吸收，只有 50～200mL 的水作为粪便的一部分排出。消化道对水的吸收是被动的，吸收受到渗透压的强烈影响。钠的吸收会促进水分的吸收，而负责大部分钠吸收的肠道系统及钠的肾脏重吸收过程也促进了水的吸收。

四、 如何合理补水

（一）饮水量

水的适宜摄入量（adequate intake，AI）因人而异。人对水的需求量变化不仅取决于年龄和性别，而且还取决于环境、体育活动的水平和新陈代谢的速度等因素。美国营养素供给量（recommended dietary allowance，RDAs）提出，成人每消耗 1kcal 能量需要补充水约 1mL，有时候例如儿童建议增加到 1.5mL/kcal（1kcal=4.186kJ）。一般而言，婴幼儿每天每千克体重需饮水 110mL；少年儿童每天每千克体重需饮水 40mL；成年人每天每千克体重需饮水 35mL；所以，体重 70kg 的成年人，每天需要补充水 2.5L 左右，经常运动的成年人可能需要每天摄入超过 3L 的水。正常情况下，成年男性每天需要从饮水中补充大约 1.8L 水，即 6～7 杯。《中国居民膳食指南（2022）》提出，低身体活动水平男性每天喝水 1700mL，女性每天喝水 1500mL。美国药物研究院建议正常情况下，女性需每天补水 2.2L，孕妇需要 2.4L，乳母需要 3L。如果人体每天得不到需要的饮水量，体内水分将失去平衡，造成严重后果。若长期饮水不足，肾在浓缩排出代谢废物的过程中就要加倍工作，加重了肾的负担。同时，浓缩的尿液中，容易使某些废弃物结晶，形成肾结石，也容易引发高血压、便秘、代谢中毒等多种病症。然而，过量饮水也不可取，短时间内饮水过多可导致水中毒。研究表明，人们在过度口渴或大量运动的时候往往会补水过量。饮水过量会导致肝肾负担增加，影响肾功能；同时机体的渗透压降低，水会渗透到细胞内引起细胞肿胀，尤其脑细胞反应很大，脑细胞水肿可引起颅内压升高、头晕、呕吐、乏力、心率减速、昏迷甚至死亡。

（二）饮水时间

绝大多数人都是口渴了才喝水，这是不科学的。我们应该养成提前饮水的习惯，即口渴前就饮水，这是科学控制饮水的好习惯，能使我们体内水分经常保持平衡，一般不致口渴，对健康十分有益。相反，等到口渴了再喝水，实际已有些晚了。口渴时，往往会过量过快畅饮，甚至狂饮（尤其是夏季），结果造成反射性出汗或排尿，使体内失水更多，越喝越渴。大量出汗还会导致体内矿物质大量丢失，引起肌肉痉挛甚至危及生命。在高温环境中作业者失水更多，更应该养成提前饮水的科学习惯，工作前如不饮足水分，往往会口干舌燥，体内唾液、胃液，胰液和肠液的分泌大量减少，造成胃肠蠕动减弱，消化功能降低，进而发展成胃肠系统的疾病。

（三）什么样的水更健康

通常认为，水越纯净对人体健康越有益。尤其是近几年来，一些广告宣传、商品说明的误导，给人们形成一个错误的观念“水越纯越好”。纯净水是以符合生活饮用水卫生标准的水为原料通过电渗析法、离子交换、反渗透法、蒸馏等方法制得的。纯净水在制作过程中除去了对人体有害的物质，同时也除掉了对人体有益的一些矿物质。而饮水是微量元素的一个重要来源，因为我们所饮用的各种天然水中，都含有维持人体生长发育和生理机能所必需的化学元素，如钾、钠、钙、镁、碘等。长期饮用纯净水可能会造成人体电解质代谢紊乱，尤其是一次性大量饮用纯净水可能引发疾病。所以，我们应尽可能饮用符合生活饮用水卫生标准的天然水，无须追求纯净水。此外，不喝生水，以避免摄入残留的寄生虫卵、细菌或次氯酸等。烧开的水可以让它持续沸腾 3~5min，亚硝酸盐和氯化物等有害物的含量会降到最低，最适合饮用。如果生活在水污染较重的地区，可以在家中安装水净化器，提高饮用水的质量。从饮料中，我们也可以补充水分，值得注意的是：果汁和其他高渗饮料不可以代替水，当然也不可以通过喝果汁代替吃水果；在低渗性或等渗性脱水的情况下推荐摄入含电解质的饮料；对于添加了人工合成的非糖类甜味剂（如阿斯巴甜/安赛蜜等）的饮料也要少喝，研究表明这些甜味剂摄入过多也会引起身体代谢紊乱，更健康的饮料选择是单糖和脂肪含量较低的饮料。

（四）不同人群的补水方式

高渗性脱水，即丢失水分但是电解质例如 K^+、Ca^{2+}、Na^+、Mg^{2+}、Cl^- 等元素未丢失，这种脱水也称为原发性脱水，由摄入水量不足引起，表现为极度口渴，盐类摄入过多，皮肤、呼吸等失水严重，导致血浆渗透压增大，单纯地补充水分即可缓解。等渗性脱水，由于大量呕吐、烧伤等情况下造成，一般不口渴，尿少，血压不稳定，体温下降。日常生活中，等渗性脱水比较常见，一般视情况补充含电解质的饮品或单纯的水可缓解。低渗性脱水，即电解质丢失速度比水快，往往是腹泻或肾功能异常等状况造成，另外可能是在高渗或等渗失水的情况下，补充过多水分而造成的。这类人需要补充带电解质的水，纠正电解质紊乱。还有一些特殊情况，例如重度脱水情况下首选措施是静脉补充含有葡萄糖及电解质的溶液。孕妇和乳母需要更多的水分补充。皮肤干燥失水严重的可以直接给皮肤补水，促进皮肤湿润度。

我们要选择合理的方式进行补水，不能饮水过少，也不能盲目饮水。此外，地球上的淡水资源有限，水体净化也需要耗费能源和资源，我们在日常生活中也要注意节约用水。

第八节　植物性食物中的活性化合物

食物中的活性成分

近年来，随着社会经济和医学行业的不断发展，人们的营养观念逐渐发生改变，从过去的强调生存、满足饱腹感转变为利用食品来促进和保持自身的健康、降低患病率，尤其是降低一些慢性病的发病率。根据已有的生命科学研究发现，植物性食物中除含有人体需要的各种营养素外，还含有各种生物活性化学物质，这些物质可以调节人体生理功能、预防慢性病的发生从而起到保健作用。为了满足人类日益增长的改善生命质量的要求，应对不断增加的医疗负担，了解植物性食物中的生物活性物质及其保健功效，就显得十分重要。

植物的初级代谢产物是蛋白质、脂肪和碳水化合物。除了初级代谢产物，植物中还含有多种次级代谢产物，它们是植物维持其与周围环境（包括紫外线）相互作用的生物活性分子。近年来，许多研究者将它们统称为植物化学物，或称为食物中的非营养因子，用来特指植物来源的、具有生理或医学活性的化学物质。这些次级代谢产物种类众多，常见的见表 1-23。

表 1-23　　常见植物次级代谢产物种类及主要功能作用

种类	主要功能作用
多酚类化合物	抗氧化、抗癌、抑菌、抑制心血管疾病
有机硫化物	抗微生物、抗氧化、抗癌
类胡萝卜素	抗氧化、抗癌
萜类化合物	抗癌、抗菌
植物甾醇	降低胆固醇、抗癌
皂苷	降低胆固醇、抗微生物、抗肿瘤、抗氧化
植物雌激素	抗癌、抗微生物
蛋白酶抑制剂	抗癌、抗氧化
植酸	抗癌、抗氧化
生物碱	止痛、镇静

多酚类化合物

一、 多酚类化合物

多酚类化合物（polyphenol）是一类广泛存在于植物体内的具有多元酚羟基结构的次级代谢产物，在植物体内主要通过莽草酸和丙二酸途径合成。

多酚在自然界的储量非常丰富，广泛存在于各类植物体的叶、茎、皮、壳和果肉中。多酚类化合物是人们每天从食物中摄取数量最多的抗氧化物质，每 100g 新鲜果蔬中含有 200~300mg 多酚类化合物，成年人通过膳食摄入多酚类化合物的总量为（1193±510）mg/d，多酚化合物对食品的色泽和风味均有一定的影响。除此之外，多酚还具有抗癌、抗心血管疾病以及抗菌等生理活性，对人类的健康起着重要的调节作用。

（一）多酚的分类

从狭义上来讲多酚主要指单宁（tannin），而广义来讲还包括与单宁有生源关系的一些单聚体，如酚酸类和类黄酮类，见图 1-17。

- 多酚化合物
  - 多聚体（单宁）
    - 水解单宁
      - 没食子酸单宁
      - 鞣花酸单宁
    - 缩合单宁：原花青素
  - 单聚体
    - 酚酸类
    - 类黄酮类

图 1-17　多酚化合物的分类

1. 单宁

单宁，又称鞣质，是存在于植物体内的一类结构比较复杂的多元酚类化合物，广泛存在于中草药和植物食品如谷豆类包括大麦、高粱、绿豆，果蔬类包括洋葱、葡萄，茶叶中。单宁能与蛋白质结合形成不溶于水的沉淀，故可用来鞣皮，即与兽皮中的蛋白质相结合，使皮成为致密、柔韧、难于透水且不易腐败的皮革，因此称为鞣质。

单宁按照其化学结构特征可分为水解单宁（hydrolysable tannins）和缩合单宁（condensed tannins）两大类。水解单宁和缩合单宁的结构见图 1-18。水解单宁和缩合单宁在构成单元骨架上的不同造成它们在化学性质、应用范围上的显著差异，如水解类单宁在酸、碱、酶的作用下不稳定，易于水解；而缩合类单宁在酸、碱、酶的作用下不易水解，在高温强酸作用下缩合成不溶于水的物质。

水解单宁是一类由酚酸及其衍生物与葡萄糖或多元醇通过苷键或酯键而形成的化合物。因此，可被酸、碱、酶催化水解，依照水解后所得酚酸类的不同，又可分为没食子酸单宁和鞣花酸单宁两类，没食子酸单宁的水解产物为没食子酸，鞣花酸单宁的水解产物为六羟基联苯二酸和鞣花酸。水解单宁广泛存在于我国传统的中药材中，如五味子、没食子、石榴皮、大黄、桉叶、丁香等。葡萄酒中也含有水解单宁，但这部分单宁主要来源不是葡萄本身而是来自陈酿用的橡木桶。水解单宁生物活性较强，在医药、食品、化工等领域应用广泛。

缩合单宁是一类由儿茶素（catechin）等黄烷-3-醇化合物以碳-碳键聚合而形成的多酚类化合物。由于缩合结构中无苷键与酯键，故不能被酸、碱水解。最常见的缩合单宁是原花青素，原花青素在我们日常饮食中的苹果、柿子、茶叶、石榴、葡萄酒中含量丰富，切开的苹果、梨、香蕉久置会变红棕色都是因为多酚的褐变现象。原花青素具有多种生理和生物学活性，在医药上能止血愈伤，抑菌抗过敏，尤其具有抗氧化、抗癌变、防止心脑血管疾病的功效，成为近年来植物多酚类物质研究的热点之一。

单宁与蛋白质的结合是单宁最重要的特征。单宁与水溶性蛋白质结合，可以使蛋白质沉淀出来，如食物中主要的涩味源于食物中的单宁与口腔黏膜或唾液蛋白结合并生成沉淀，导致唾液失去对口腔的润滑作用，同时引起舌部上皮组织收缩产生收敛感和干燥感，涩味对于产品独特口感的形成起到了不可取代的作用。

2. 酚酸类

酚酸类化合物是指在一个苯环上具有多个酚羟基取代的芳香羧酸类化合物，广泛存在于我们日常饮食以及一些中草药中。酚酸类化合物主要有羟基苯甲酸、羟基肉桂酸两大类，

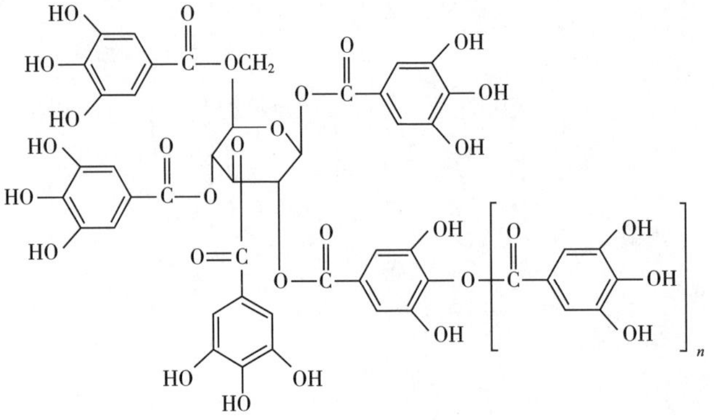

（1）水解单宁

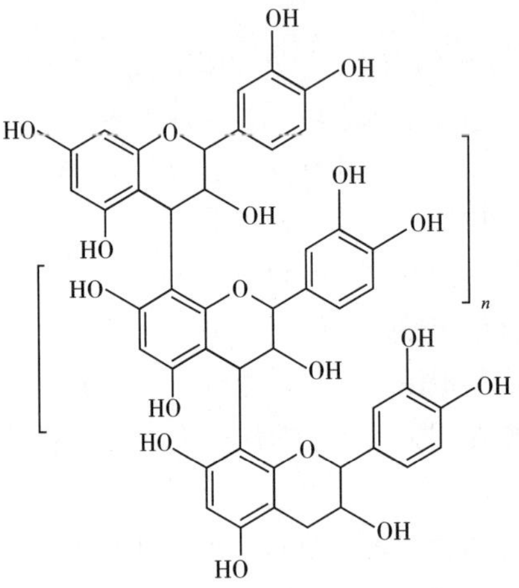

（2）缩合单宁

图 1-18　单宁的结构式

其母核结构式见图 1-19。

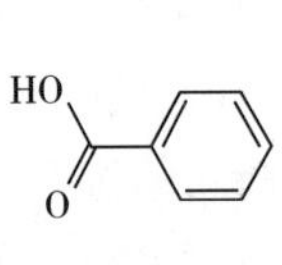

（1）羟基苯甲酸母核

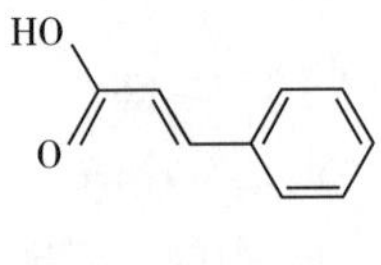

（2）羟基肉桂酸母核

图 1-19　酚酸的母核结构式

羟基苯甲酸类又包括没食子酸、对羟基苯甲酸、原儿茶酸、水杨酸和香草酸等，这些化合物都以苯甲酸为母核，具有 C_6-C_1 型骨架。羟基苯甲酸类在植物中主要以结合态形式存在，是一些复杂化合物如木质素和可水解单宁的结构成分，同时在植物中还能与糖类、有机酸结合形成各种酚酸衍生物。

而另一类酚酸，羟基肉桂酸类酚酸主要包括对香豆酸、咖啡酸、阿魏酸和芥子酸等，这些化合物具有 C_6-C_3 型骨架，以肉桂酸为母核。羟基肉桂酸类酚酸在植物中也主要以结合态形式存在，通过醚键与木质素、通过酯键与细胞壁中碳水化合物和蛋白质等组分结合。

另外酚酸还有少数不属于这两类，如绿原酸是咖啡酸和奎宁酸的酯化物，鞣花酸是没食子酸的二聚体。

3. 类黄酮

类黄酮是一大类以 C_6-C_3-C_6 碳架为基本特征的低分子质量多酚化合物，其母核（黄酮）的基本结构式见图 1-20（1）。类黄酮是目前种类最多的酚类化合物，既与植物的花色形成密切相关，又在植物和环境相互作用中起着重要作用。同时，类黄酮也是人类膳食中含量最为丰富的多酚类物质，广泛存在于日常饮食中的许多水果、蔬菜中，如苹果、柑橘、洋葱、菜花等。根据结构的不同，类黄酮进一步又可分为黄酮类、黄酮醇类、黄烷醇类、二氢黄酮类、异黄酮类、花色苷类等。类黄酮化合物不仅具有清除自由基、抗癌、抑菌、抗病毒作用，还能抗过敏、抑制血小板凝结以及抗心血管疾病等。

类黄酮中最常见的是槲皮素，洋葱中槲皮素含量高达 30mg/100g。槲皮素具有多种生物学活性及很高的药用价值，广泛存在于植物的花、叶、果实中。它具有抗氧化及清除自由基的作用，还具有抗癌、抗炎、抑菌、抗病毒、降血糖降血压、免疫调节及心血管保护作用等。槲皮素结构式见图 1-20（2）。

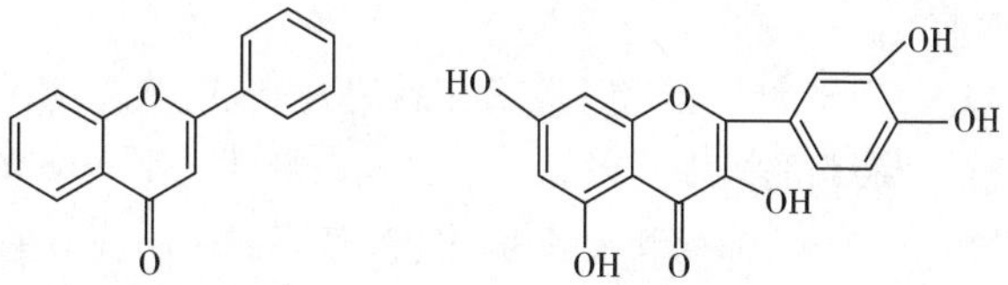

（1）黄酮　　（2）槲皮素

图 1-20　类黄酮结构式

花色苷（anthocyanins）属于类黄酮的一种，其母核结构是 2-苯基苯并吡喃阳离子，是自然界最重要的一种水溶性的色素之一。花色苷不仅赋予植物鲜艳的颜色以利于授粉和种子传播、抵抗植物虫害以及预防植物的紫外线照射损伤，而且对于人类具有许多生理保健功能，如清除体内自由基、抗肿瘤、抗癌、抗炎、预防糖尿病、保护视力等。

花色苷

花青素（anthocyanidins），又称花色素，是花色苷水解而得的有颜色的苷元，目前发现的食品中重要的花青素有 6 种，即矢车菊色素（cyanindin）、天竺葵色素（pelargonidin）、飞燕草色素（delphinidin）、芍药色素（peonidin）、牵牛色素（petunidin）和锦葵色素（malvidin），它们的结构见图 1-21 和表 1-24。

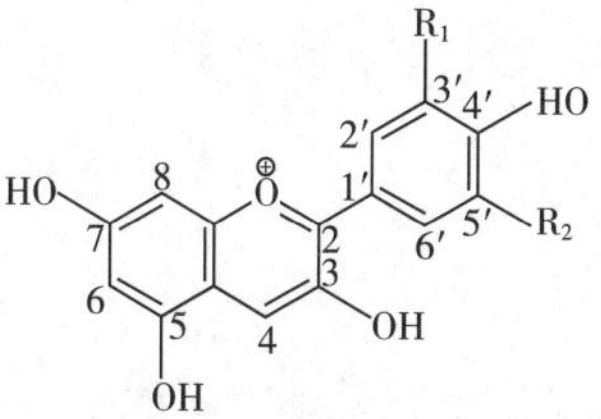

图 1-21　食品中常见的花青素结构式

表 1-24 不同花青素的 R 基

花青素	R_1	R_2	花青素	R_1	R_2
天竺葵色素	H	H	芍药色素	OCH_3	H
矢车菊色素	OH	H	牵牛色素	OCH_3	OH
飞燕草色素	OH	OH	锦葵色素	OCH_3	OCH_3

（二）多酚和人体健康

多酚已被证实对人类健康具有重要作用。摄入富含多酚的水果、蔬菜和全谷物可以降低许多慢性病的发病概率，包括癌症、心血管疾病、慢性炎症等。

1. 多酚的抗氧化能力

大量研究表明，许多疾病都与活性氧和氮的氧化应激有关。多酚是一种强抗氧化剂，可以补充和增加抗氧化剂、维生素和酶的功能，抵御由过量活性氧（reactive oxygen species，ROS）引起的氧化应激。这是因为多酚物质的邻苯二酚或邻苯三酚等酚羟基结构赋予了多酚较强的自由基清除能力，邻位酚羟基不仅可被氧化成醌类结构，而且具有很强的捕捉活性氧自由基的能力。

2. 多酚与心血管疾病

丹麦流行病学家做过一项研究，发现经常喝红酒的人得心血管疾病的概率可以降低 47%，而经常喝啤酒的人得心血管疾病的概率会增高 22%，喝白酒的人则会增高 36%，这被解释为葡萄酒中含有丰富的葡萄多酚所致。葡萄酒中的多酚能降低小肠中胆固醇的吸收从而降低血脂浓度，另外多酚可以通过抑制低密度脂蛋白的氧化以及血小板的聚集粘连，诱导血管舒张，并抑制血脂新陈代谢中的酶作用，而有助于防止冠心病、动脉粥样硬化的发生。

3. 多酚与癌症

大多数具有抗癌功效的天然食物都含有较高含量的多酚。多酚类物质被证明可以预防癌症，对癌变的不同阶段能够进行相应的控制，既可以充当阻滞剂、抑制剂，同时也是一种有效的抗诱变剂，能够减少诱变剂的致癌作用，增强细胞免疫力。多酚的抗癌作用涉及氧化还原变化、酶的调制作用和信号激酶，从而影响多个基因和细胞信号通路。

4. 多酚的抑菌能力

多酚对多种细菌、真菌（如酵母菌等）、病毒都有明显的抑制作用，尤其对霍乱弧菌、金黄色葡萄球菌和大肠杆菌等常见致病菌以及流感病毒、艾滋病毒都有很强的抑制能力。

多酚之所以能抑菌，机制主要有两方面，一是与蛋白质的结合，二是与金属离子的结合。多酚与环境中的蛋白质结合，影响微生物对蛋白质的利用，其次多酚还可以与细胞内蛋白质发生结合，与细胞酶蛋白作用，降低酶活性，多酚还可与膜蛋白结合，影响微生物对营养物质的吸收。另外多酚还可通过与镁、锌、钙、铜、铁等金属离子结合，破坏病原菌的正常新陈代谢，从而实现其抑制作用。

（三）常见的多酚提取物

1. 茶多酚

茶叶中含有许多活性化合物，茶多酚就是其中最重要的一种生物活性物质，其主要组分有儿茶素类、黄酮及黄酮醇类、花色苷和酚酸类；其中儿茶素类占总量 70%~80%。在各种茶叶中，以绿茶的茶多酚含量最高，占茶叶干重的15%～25%，其次为乌龙茶、红茶。饮茶可以起到增强记忆，减缓衰老，兴奋中枢神经，增强体质的作用。

茶多酚为淡黄色至茶褐色的粉末或晶体，易溶于温水、乙醇、甲醇、丙酮和乙酸乙酯，微溶于油脂，不溶于氯仿及苯等有机溶剂，吸湿性、耐热性好。在160℃食用油中添加茶多酚30min后茶多酚仅降低25%，食用油的过氧化值几乎不变，但是未添加茶多酚的食用油过氧化值则增大一倍。茶多酚有较好的耐酸性，在pH 2~7范围内均十分稳定，光照条件下或pH>8时则容易氧化聚合。遇铁离子生成墨绿色化合物。

儿茶素及其衍生物结构中酸性羟基具有供氢活性，能将氢原子提供给不饱和脂肪酸过氧化游离基形成氢过氧化物，阻止脂肪酸形成新的游离基，从而中断脂质氧化过程，延缓氧化衰老过程。此外，茶多酚所具有的抗氧化性与各组分之间协同作用密切相关。研究表明，组合儿茶素消除自由基效果强于单体儿茶素，且清除效率随儿茶素单体种类增多而增强。图1-22和表1-25所示为儿茶素的基本结构，其中EGCG活性最强。

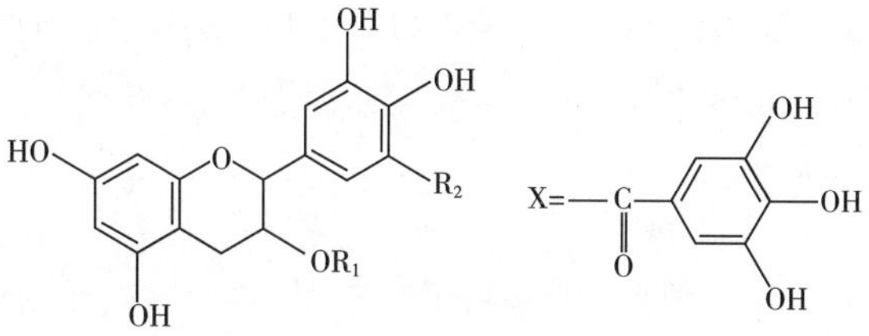

图1-22　儿茶素的基本结构

表1-25　不同儿茶素的R基

儿茶素四个单体	R_1	R_2
没食子儿茶素没食子酸酯（EGCG）	X	OH
没食子儿茶素（EGC）	H	OH
儿茶素没食子酸酯（ECG）	X	H
儿茶素（EC）	H	H

2. 苹果多酚

苹果多酚是苹果中所含多元酚类物质的通称，是苹果中主要活性小分子物质，具有多种生理活性。

苹果多酚为棕红色粉末，易溶于水和乙醇，其20%的水溶液呈红褐色。液体及粉状苹果多酚产品均略带苹果的风味，稍带苦味。苹果多酚的主要成分因品种及成熟度的不同而不同，未成熟果实多酚含量为成熟果实的10倍。成熟苹果主要多酚类为儿茶素、原花色素及绿原酸类物质；而未成熟苹果中除含有上述物质外，还含有较多二氢查耳酮、黄酮醇类化合物。由于苹果多酚具有抗氧化、消臭、保鲜、保香、护色、防止维生素损失等作用，可用于水产、肉制品、面包、糕点、油脂或含油食品，及清凉饮料等的加工制造，显著提高产品质量及保质期。

3. 葡萄多酚

葡萄多酚是葡萄的重要次级代谢产物，主要存在于葡萄籽和葡萄皮中，能溶于水，易溶于甲醇、乙醇等有机溶剂中。葡萄多酚主要包括儿茶素类和原花青素类、黄酮醇类、花色苷类、白藜芦醇等。葡萄多酚作为安全、天然的抗氧化性活性物质，在人类营养保健等方面发挥着重要作用。

二、有机硫化物

有机硫化物指含有硫的有机化合物，在这里特指果蔬来源的一些含硫化合物，如葱属植物中的蒜素，或者十字花科蔬菜中的芥子油苷。有机硫化物最突出的生物活性是抑菌和抗癌作用。

（一）有机硫化物的分类

有机硫化物主要分为芥子油苷和烯丙基硫化物两大类。

1. 芥子油苷

芥子油苷，又称硫代葡萄糖苷（glucosinolates），简称硫苷，是十字花科蔬菜中的一种重要的次级代谢产物，是与肝脏解毒功能相关酶的有效激活剂。其降解产物可以作为致癌物的阻断剂，诱导醌还原酶等解毒酶的活性。通常加工会破坏食物中的芥子油苷，所以一般生蔬菜较熟食含量更高。

2. 烯丙基硫化物

烯丙基硫化物存在于大蒜、洋葱、韭葱和细香葱中。烯丙基硫化物在这些植物中一旦被氧化，就生成各种生物转化产物。烯丙基硫化物具有抗突变、抗癌及保护免疫系统和心血管系统的特性，同时也表现出抗真菌和寄生物等增长的活性，且有激活肝脏解毒的酶系统和抑制细菌和病毒产生毒素的活性。

（二）有机硫化物与人体健康

有机硫化物具有一定的抑菌和杀菌效果。研究表明有机硫化物对金黄色葡萄球菌、枯草杆菌和蜡样芽孢杆菌均有较好的抑制效果。另外，富含有机硫化物膳食还可降低多种癌症的患病风险。数据表明大蒜中的大蒜素对多种肿瘤具明显抑制作用，其抑癌机制为抗氧化、抑制肿瘤细胞增殖、诱导肿瘤细胞凋亡、阻断致癌物的合成、对抗肿瘤药物有增敏作用等。

三、类胡萝卜素

类胡萝卜素是水果蔬菜中广泛存在的植物次级代谢产物，具有抗氧化、抗肿瘤、增强免疫和保护视觉等多种作用。类胡萝卜素主要存在于深绿色或红黄色的蔬菜和水果中如木瓜、芒果、番茄、南瓜、胡萝卜、甘薯等。类胡萝卜素可分为胡萝卜素类和叶黄素类两大类。叶黄素是视网膜黄斑的主要色素，能够吸收蓝光，保护视网膜免受光损害。胡萝卜素类是羟基化合物，特点是溶于石油醚，最常见的有番茄红素、β-胡萝卜素和γ-胡萝卜素。

类胡萝卜素含有许多双键，具有抗氧化活性，可猝灭单线态氧及清除自由基和氧化物，减少自由基和氧化物对细胞 DNA、蛋白质和细胞膜的损伤。其中，番茄红素的抗氧化活性最强，广泛存在于番茄、红柚、西瓜和辣椒中。番茄红素在番茄中的含量随品种和成熟度的不同而不同。一般来说，加工用番茄中番茄红素的含量是鲜食用番茄的 3 倍左右；成熟度越高的番茄，番茄红素的含量越高。之前人们对β-胡萝卜素研究较多，因为它是维生素 A 的前体，对人体健康有重要的意义。番茄红素虽然不具有维生素 A 活性，但其是较强的抗氧化剂，能抑制脂质过氧化作用，可改善老年性黄斑变性。研究发现人体血浆中番茄红素的含量越高，则患多种癌症、冠心病的概率越低。

四、 萜类化合物

萜类化合物（terpenoids）是植物次级代谢产物中最大的一个家族，在自然界中广泛分布。从化学组成的角度可被视为由若干个异戊二烯单位所构成的烃类或其含氧衍生物。异戊二烯结构式见图1–23。单萜类化合物含有两个异戊二烯单位。

调料中存在典型的单萜类物质，如薄荷中的薄荷醇、柑橘油中的柠檬油精等。其中柠檬烯是分布最广的单环萜类，具有很好的预防和抑制肿瘤活性的功能。除了抗癌，有的单萜类化合物还具有抑菌、抗炎作用和抗氧化作用，还可以起到神经损伤保护作用和镇痛作用。

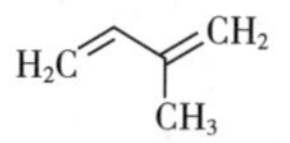

图1–23　异戊二烯结构式

五、 植物甾醇

植物甾醇分为4–无甲基甾醇、4–甲基甾醇和4,4′–二甲基甾醇3类，主要以游离态、甾醇酯、糖苷形式存在于植物的种子及其油料中。大部分植物甾醇是固态的，如β–谷甾醇、豆甾醇和菜油甾醇。侧链基团越大，则其疏水性越强。且由于侧链的差异，不同种类的植物甾醇的吸收情况不同，植物甾醇的吸收效率随着侧链基团碳数量的增大而减小。

植物甾醇的化学结构和胆固醇类似，它们都是从角鲨烯生物合成而来的，两者的差异仅在于侧链的不同，正是这些微小的差异使两者的生理活性不同。植物甾醇有降低胆固醇的作用，从膳食中摄取植物甾醇的含量越高，胆固醇的吸收就越低，从而血清胆固醇水平也就越低，每日摄入量一般须达到胆固醇每日摄入量的4~6倍，才有较好的降低胆固醇的作用。其作用机制主要是影响胆固醇的吸收和代谢，可能还影响类固醇激素的代谢，其对胆固醇降低作用不仅表现在对游离态胆固醇，而且对胆固醇酯也显示出相同效果。除此以外，植物甾醇还具有抗癌、抗动脉粥样硬化、抗炎以及抑制血小板凝结效果等。

六、 皂苷

皂苷是苷元为三萜或螺旋甾烷类化合物的一类糖苷，三萜皂苷主要存在于五加科、豆科、远志科及葫芦科等，甾体皂苷则主要存在于薯蓣科、百合科和玄参科等。

皂苷多为白色或乳白色无定形粉末，少数为晶体，味苦而辛辣，对黏膜有刺激性。皂苷一般可溶于水、甲醇和稀乙醇，易溶于热水、热甲醇及热乙醇，不溶于乙醚、氯仿及苯。皂苷是很强的表面活性剂。

大豆以及许多中药如人参、三七、知母、远志、甘草、桔梗、柴胡等都含有皂苷。大豆皂苷是大豆中存在的一类具有较强生物活性的物质。它是由三萜类同系物与糖（或糖酸）缩合形成的一类化合物，具有抗脂质氧化、抗自由基、增强免疫调节、抗肿瘤和抗病毒等多种生理功能，已经在食品、药品、化妆品上有了初步的应用。人参皂苷被视为人参中的重要活性成分，具有养神、补气等功效，现代医学证明人参皂苷具有抑制癌细胞向其他器官转移，增强机体免疫力，快速恢复体质的作用。

七、植物雌激素

植物雌激素是一类具有类似动物雌激素生物活性的植物成分，从结构上讲主要属于多酚类化合物。

最为常见的植物雌激素是异黄酮和木酚素。异黄酮主要分布于豆科，异黄酮的基本骨架为3-苯基苯并二氢吡喃。大豆异黄酮是人们非常关注的一类雌激素，在预防乳腺癌、前列腺癌以及心血管疾病等方面具有突出效果。而木酚素在芝麻中含量较多，包括芝麻素、异芝麻素等。芝麻木酚素具有降胆固醇效果和抗氧化作用。

八、其他

（一）蛋白酶抑制剂

蛋白酶抑制剂是一类对蛋白酶的活性具有抑制作用的多肽或蛋白质的总称，存在于所有植物中，特别是植物种子中含量更高。蛋白酶抑制剂对蛋白酶具有重要的生理调节功能，其之所以能够有效地抑制蛋白酶的酶解活性，主要是因为蛋白酶抑制剂与靶酶相互作用时，抑制剂上暴露在外的抑制活性中心与靶酶上的酶解活性中心结合，最终导致共价或者非共价型“蛋白酶抑制剂-蛋白酶复合物”的形成。蛋白酶抑制剂可阻止细胞基质过氧化的发生，进而能够避免机体细胞膜遭受破坏，这样能有效地降低白细胞的增殖，并且防止由多种蛋白酶所引发的机体炎症反应的产生。除此之外，蛋白酶抑制剂还具有抗凝血、抑菌、抗病毒等作用。

（二）植酸

植酸又名肌醇六磷酸，在谷类、坚果、豆类及一些蔬菜中含量较丰富。植酸是对人体有益的营养品，在人体内的水解产物为肌醇和磷脂，前者具有抗衰老作用，后者是人体细胞重要组成部分。植酸具有抗氧化、调节免疫功能、抗癌作用。

（三）生物碱

生物碱是一类具有复杂含氮环状结构并且具有显著生理活性的有机化合物，难溶于水，与酸可以形成盐。生物碱是中草药的主要有效成分，对人体有很强的生理作用，在当归、甘草、贝母等许多中草药中含量丰富。一般生物碱的生理作用共性是有止痛、镇静、催眠或麻醉等作用，也有一些生物碱具有抗癌作用。

第九节　动物性食物中的活性化合物

动物性食品（图 1-24）特指动物来源的食物，是人们获取动物蛋白质的主要来源，并且已经成为生活中不可或缺的物质需求。在人类社会发展过程中，动物性食品不仅在很大程度上改善了人们的饮食结构，提高了人们的生活水平，同时也为农牧民增收、发展经济等创造了条件。

图 1-24　常见动物性食品

美国饮食指南金字塔指出每天摄入乳制品、肉类等动物性食品或者肉类替代品应纳入健康饮食，具有普遍适用性。同时，指南推荐值均适用于发展中国家。“宝塔”是膳食指南的量化和形象化的表达，也是人们日常生活中贯彻膳食指南的方便工具。膳食宝塔的核心是平衡膳食、合理营养和促进健康。《中国居民膳食指南（2022）》也指出鱼、禽、瘦肉等动物性食物要适量吃，平均每天 120~200g。每周最好吃 2 次或 300~500g，蛋类 300~350g，畜禽类 300~500g，并且少吃深加工肉制品。以上食品属于优质蛋白，每天适当地摄入，对维持机体正常代谢是非常必要的。但过量易造成高脂、高胆固醇和高能量，对心脑血管的健康不利。

我国是动物源食品的生产和消费大国，受益于我国经济强劲增长，动物性食品领域的发展迅速，肉类、乳类、水产类、禽蛋类等行业也由量的增长逐渐向质的方向转变。随着人们生活水平的不断提高和生活节奏的加快，消费者的食品消费观念已经从最初的满足于温饱转变为追求高品质和方便快捷，因此对营养价值高、食用便利、安全卫生的动物性食品的需求越来越大，这对动物性食品行业从业人员和科研工作者提出了新的挑战。

目前，市场中的动物性食品主要包括肉类、蛋类、水产类和乳类。这些食品富含优质蛋白质、脂肪、矿物质和维生素。动物性食品被认识有“功能”已有上千年的历史，古代许多书籍也有相关记载。例如，《本草纲目》和《食疗本草》等记载了动物性食品历史，对虫部、鳞部、介部、禽部、兽部等都有了不同功能用途的了解。文献记载蝎子具有抗风湿、抗癌、解毒、利湿等食疗功效；海马具有壮阳、消瘕块、治疗疮肿毒等食疗功效；白鸽肉具有治恶疮疥癣、治风癣白癜、解疮毒等食疗功效。然而我国古籍多为实践经验记载，缺少科学探究，对具有功能的动物性食品中的活性化合物缺少认知。20 世纪 50 年代以后，发达国家营养缺乏病的减少和慢性疾病的高发，促使营养学界对动物性食品开展科学研究。越来越多的科学研究发现动物性食品是有功能活性的，如动物多糖类成分的免疫调节功能、动物源多肽的抗炎抗氧化作用、动物胶原蛋白的促伤口愈合等功效。源于动物的化合物种类繁多、功能复杂，一般动物源活性化合物按照化学结构进行分类，主要可分为四大类，分别为氨基酸、肽和蛋白质类，脂肪酸和磷脂类，碳水化合物类，维生素和矿物质类。

一、氨基酸、肽和蛋白质类

动物性食品富含优质蛋白质，种类丰富，其构成以酪蛋白和胶原蛋白为主，易于人体消化和吸收。动物性食品中的蛋白质在生命活动过程中发挥着各种功能活性，主要包括乳铁蛋白、胶原蛋白、酪蛋白和超氧化物歧化酶（表1-26）。例如，Jridi报道墨鱼胶原蛋白可有效地促进伤口愈合。Song研究发现相对于单一的大豆蛋白和酪蛋白，肉类蛋白更利于身体的生长和代谢。《本草纲目》等记载了驴皮胶（阿胶）具有补血、安胎、改善睡眠、美容等多种功能活性。胶原蛋白多见于动物性食品，占总蛋白质含量比例的25%~30%，主要分布在角膜、骨骼、血管、皮肤或鳞片中。胶原蛋白来源丰富，在过去几百年时间里，关于胶原蛋白的研究主要关注陆地动物来源的，对海洋源的胶原蛋白较少。随着陆地动物中的各种疾病暴发，对其胶原蛋白的应用和开发构成了一定程度的影响。因此，现今对胶原蛋白的来源的开发研究逐渐转移至海洋资源的开发。许多研究发现海洋来源的动物源食品具有丰富生物活性和应用前景。例如，罗非鱼皮富含胶原蛋白，具有促进皮肤生长，减缓疼痛的功效，现已进入临床试验阶段，被用于治疗皮肤烧伤（图1-25）。

表1-26　　动物性食品中的活性成分——氨基酸、肽和蛋白质类

活性成分		主要来源	功能活性
氨基酸	牛磺酸	肉类、水产类、乳类	促进脑部发育、提高神经传导和视觉功能、调节血脂
	精氨酸	肉类、蛋类、水产类和乳类	免疫调节功能、促进伤口愈合
	L-组氨酸	肉类、蛋类、水产类和乳类	降血压、促进铁吸收、改善胃动力
	胱氨酸	蛋白质中少量存在，多含于头发和指甲等角蛋白	改善肝功能、防脱发
	半胱氨酸	肉类、蛋类、水产类和乳类	维持皮肤正常代谢
	谷氨酰胺	肉类、蛋类、水产类和乳类	调节免疫、改善胃肠营养
肽	鱼胶原低聚肽	水产类（鱼皮、鱼骨）	血糖调节、抗氧化、免疫调节、增加骨密度
	谷胱甘肽	肉类、水产类（动物肝）	抗氧化、解毒
	酪蛋白磷酸肽	乳类（牛乳酪蛋白）	预防龋齿、促进钙和铁吸收
蛋白质	乳铁蛋白	动物家畜组织及外分泌液	抗菌、免疫调节、抗炎、抗氧化
	胶原蛋白	动物的骨、足、软膏、皮肤及其他结缔组织	抗辐射、促进伤口愈合、增强成骨作用
	酪蛋白	乳类	预防龋齿、调节血压、预防骨质疏松
	超氧化物歧化酶	动物血液、组织	抗辐射、清除自由基、抗衰老

蛋白质是重要的结构分子和活性物质，是人体的必需营养素。蛋白质由碳、氢、氧和氮等元素组成，少数含有硫元素。蛋白质的化学结构非常复杂，大多数蛋白质的化学结构尚未阐明，制约了动物性食品的蛋白质功能研究。目前只能依据蛋白质的化学组成、溶解度、形态及营养

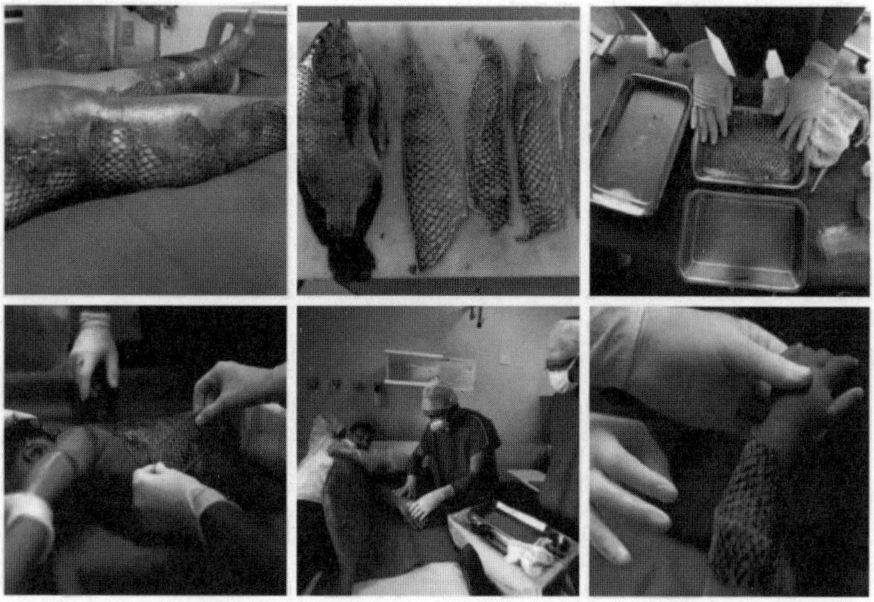

图 1-25　罗非鱼皮修复伤口

价值进行分类。对于动物源食品的蛋白质研究大多停留在提取物的研究，少有对单一蛋白质结构和活性进行深入功能研究。

动物性食品富含蛋白质，进入体内后大部分会被分解成氨基酸、短肽或者多肽，进而被人体吸收代谢。氨基酸是组成蛋白质的基本单位，组成蛋白质的氨基酸主要有 20 种。其中，不能由体内合成的氨基酸必须从食物中获取的，称为必需氨基酸。研究发现动物源食品的氨基酸发挥着许多功能活性。Seidel 指出扇贝［(827±15)mg/100g］、贻贝［(655±72) mg/100g］、生蚝［(396±29)mg/100g］和三文鱼［(130±56) mg/100g］等水产品中富含牛磺酸，牛磺酸是一种由含硫氨基酸转化而来的氨基酸，具有预防视网膜退化、抗氧化和增强骨骼肌等功能。许多研究也报道鱼类中的谷氨酰胺具有抗氧化、促进生长和提高肌肉质量的功效，已研究报道的水产品品种包括大西洋鲑鱼、金头鲷、大西洋鳕鱼、草鱼和虹鳟鱼。

动物性食品中的肽含量远低于蛋白质，然而研究表明短肽和多肽展现较强的功能活性。蛋白质和肽之间的分界线通常是它们的分子质量。一般来说，分子质量≥8000Da（≥72 氨基酸残基）称为蛋白质。近年来，肽在动物营养中的功能活性备受关注。对动物性食品中的蛋白质进行化学、酶或微生物水解是产生高质量短肽或多肽是常用的获得肽的方法，这些肽在家畜、家禽和鱼类中具有营养和生理或调节功能。肽也可以由胃肠道内摄入的蛋白质形成，但所产生的肽的类型会因动物的生理条件和饮食的组成而大不相同。那些具有超出其营养价值的生物功能的肽称为生物活性肽，通常由 2 到 20 个氨基酸残基组成。曾有研究报道动物性食品中的肽具有抗菌、抗氧化、抗高血压和免疫调节等功能活性。例如，鲣鱼肌肉中的肽 Gln-Trp-Met、罗非鱼皮中的肽 Gly-Pro-Ala 和金枪鱼汤汁中的肽 Pro-Ser-Asp-His-Asp-His-Glu 均展现出抗氧化活性；比目鱼皮中的肽 Gly-Trp-Gly-Ser-Phe-Phe-Lys-Lys-Ala-Ala-His-Val-Gly-Lys-His-Val-Gly-Lys-Ala-Ala-Leu-Thr-His-Tyr-Leu、罗非鱼肉中的肽 Gly-Ile-Lys-Cys-Arg-Phe-Cys-

Cys-Gly-Cys-Cys-Thr-Pro-Gly-Ile-Cys-Gly-Val-Cys-Cys-Arg-Phe 和黄鳍金枪鱼皮中的肽 Tyr-Phe-Gly-Ala-Pro 均具有抗感染、抗菌活性；三文鱼皮中的肽 Gly-Pro-Hyp 和鳐皮中的肽 Gln-Gly-Try-Arg-Pro-Leu-Arg-Gly-Pro-Glu-Phe-Leu 被报道具有神经保护作用。除此之外，虾和牛肉等肉类也富含许多功能肽，具有抗氧化、抗炎和提高免疫力等功能活性。总之，动物源的氨基酸、肽和蛋白质均被发现具有丰富和良好的功能活性，是动物性食品中的有效活性成分（表 1-26）。

二、脂肪酸和磷脂类

脂类是一大类疏水化合物，它们不溶于水，溶于有机溶剂。脂类在活细胞结构中具有十分重要的生理作用。膳食中的脂肪是供给人类所需能量的重要来源，每 1g 脂肪可生成 37.7kJ（9kcal）能量。人类必需脂肪酸有亚油酸（ω-6 型）和亚麻酸（ω-3 型），人体不能合成，必须由食物供给。保健食品常用的功能性脂类主要包括多不饱和脂肪酸（ω-3 和 ω-6 脂肪酸）和磷脂类。ω-3 脂肪酸特别是 α-亚麻酸、二十二碳六烯酸（DHA）和二十碳五烯酸（EPA），ω-6 类脂肪酸，目前被广泛用于功能食品、婴幼儿食品和特殊膳食食品中。见表 1-27，动物性食品中富含各类脂肪酸，主要包括 α-亚麻酸、二十二碳六烯酸、二十碳五烯酸、花生四烯酸、亚油酸、共轭亚油酸，具有促进脑部发育、增强记忆、调节血脂、保护心血管系统、调节神经等功能活性。尤其水产品中的脂肪酸种类特别丰富，深海鱼类如金枪鱼、三文鱼、鲱鱼、鲑鱼、鳕鱼、秋刀鱼等均富含二十二碳六烯酸和二十碳五烯酸。因此，日常生活中多摄取水产品有利于补充具有相应功能活性的脂肪酸。

表 1-27　　动物性食品中的活性成分——脂肪酸和磷脂类

活性成分		主要来源	功能活性
脂肪酸	α-亚麻酸	动物乳汁	增强记忆、调节血脂、免疫调节
	二十二碳六烯酸	水产类	促进脑部发育、调节血脂、抗炎、保护视力
	二十碳五烯酸	水产类	抗肿瘤、抗炎、降血脂
	花生四烯酸	肉类、蛋类、水产类和乳类	调节神经、心血管系统保护
	亚油酸	动物脂肪	血脂调节、抗癌
	共轭亚油酸	肉类、水产类和乳类	抗癌、降血脂
磷脂	磷脂酰胆碱	蛋类	护肝、增强记忆
	磷脂酰肌醇	动物内脏	调节血脂
	磷酯酰乙醇胺	动物脑部	改善神经、促凝血、调节血脂、抗氧化
	磷脂酰丝氨酸	动物组织（脑、肝、肾）	改善记忆力、治疗儿童多动症

磷脂是一类含磷酸的甘油酯，由多种含磷化合物组成，共有 40 余种，其中最主要的是

磷脂酰胆碱、磷脂酰肌醇、磷脂酰乙醇胺、磷酯酰丝氨酸和大豆磷脂。磷脂是构成人体细胞膜的重要组成成分，对于维护细胞功能、增强细胞活力和促进细胞生长发育具有重要作用。人脑中含有30%的磷脂，磷脂代谢和脑的功能状态密切相关。动物性食品中具有功能活性的磷脂富含于动物内脏和蛋类，如蛋黄中富含磷脂酰胆碱，具有护肝、增强记忆的功能；动物内脏富含磷脂酰肌醇、磷酯酰乙醇胺和磷脂酰丝氨酸，具有改善记忆、调节血脂等功效。然而过量摄取动物内脏对身体会造成一定的伤害，动物内脏中富含脂肪和胆固醇，体胖和血脂偏高的人摄取易加重身体负荷和相关症状，引发并发症。因此，日常膳食建议优先从蛋类中补充磷脂。

三、碳水化合物类

多糖是一大类天然化合物，广泛存在于植物、动物、微生物等有机体中。多项研究发现多糖及糖复合物在生物体中不仅是能量来源和构成材料，它存在于一切细胞膜结构中，参与生命现象中细胞的各种活动，具有多种多样的生物学功能。多糖与免疫功能的条件、细胞与细胞的识别、细胞间物质的运输、癌症的诊断和治疗等都有着密不可分的关系。动物多糖来源广泛，分布在几乎所有动物组织器官中。随着动物类食品研究的日益深入，肝素、透明质酸、壳多糖和软骨素等动物机体内的一些内源性多糖被研究发现具有多种生物活性。肝素具有抗凝血和改善微循环的功效，被广泛用于治疗心绞痛、高血压、动脉硬化等心脑血管疾病。研究指出透明质酸和壳多糖具有抗肿瘤、降血压、降血糖和降血脂的功能，并且具备良好生物相容性和生物安全性的特性，被广泛应用于药物传递系统的载体、促进伤口愈合和细胞修复。此外鲨鱼软骨素也曾被报道具有抗肿瘤活性，被应用于治疗骨硬化。中国是一个具有丰富海洋资源的发展中国家，随着科技不断进步发展，对海洋药物不断加大投入研究开发。多项研究表明海洋源动物性食品中提取的多糖具有许多生物活性，包括免疫调节功能，抗肿瘤、抗病毒、抗衰老、抗凝血、降血脂等功能。例如，鲍鱼多糖具有抗肿瘤和提高免疫力的功能活性。此外，研究报道蚕蛹多糖具有明显增强B淋巴细胞和T淋巴细胞增殖的功能，能有效提高巨噬细胞的吞噬能力，从而增强免疫功能。河蚌多糖也被发现具有抗肿瘤、抗凝血和保护心血管系统的功能。海参多糖主要存在于海参体壁及内脏中，被研究发现对血小板有凝集作用，并且具有抗肿瘤免疫、降血脂等功效。鉴于动物多糖具有多种潜在的功能活性，加之环境污染日益严重，天然药食同源的食品备受社会关注，未来动物多糖的研究也将会成为新的研究方向和热点。

四、维生素和矿物质类

动物性食品可以提供许多难以从植物性食品中足量摄取的微量营养素。维生素和矿物质是营养素中十分重要的两大类物质。早在1990年，联合国粮农组织（FAO）、世界卫生组织（WHO）和国际原子能机构（IAEA）这3个国际组织已明确指出人体必需微量元素共8种，包括碘、锌、硒、铜、钼、铬、钴和铁。此外常用于膳食补充剂和功能性食品中的元素有钙、锌、铁、硒和铬等，硒具有抗氧化作用，锌可以促进儿童生长发育，并与味觉有关，铬与血糖代谢有关，铁是构成血红蛋白的主要成分之一。营养合作研究支持计划曾报道，埃及、肯尼亚和墨西哥的农村学童体内微量营养素均十分缺乏，包括维生素A、维生素B_{12}、维生素B_2、钙、铁和锌。其中，缺乏这类微量营养素可以导致贫血、发育不良、佝偻病、认知能力受损、失明和神经肌肉缺陷，甚至死亡。动物性食品尤为富含此类微量营养素，即使少量地添加至素食饮食中也可以获得有效的补充。鉴于此，研究动物性食品中的活性成分尤为重要。如表 1-28 所示，动物性食品中富含维生素、常量元素和微量元素，具有提高免疫力、保护心血管、预防巨幼红细胞贫血、促生长代谢等多种功效。维生素 A 是一种脂溶性维生素，仅存于动物性食品中，对人体极其重要且极易缺乏。中国古籍曾记载了动物肝脏可治疗夜盲症，鱼肝油可治疗干眼病。而后有研究发现鳕鱼肝脏中提取出一种黄色黏稠液体，指出维生素 A 可有效治疗干眼病。维生素 B_{12} 也称钴胺素，身体不能自行合成，只能依靠食物摄取。它广泛存在于动物性食品中，几乎不存在于植物性食品中。许多研究发现素食者缺乏维生素 B_{12}，易引发贫血和神经系统损伤。因此，素食者饮食须额外添加维生素 B_{12}。此外，维生素 D、铁、钙等维生素和矿物质均富含于动物性食品中，相对植物性食品更容易获取及吸收。因此，日常生活中需要注意适量摄取动物性食品以获得动物源维生素和矿物质，尤其植食性爱好者。

表 1-28 动物性食品中的活性成分——维生素和矿物质类

	活性成分	主要来源	功能活性
维生素	维生素 A	肉类、蛋类、水产类和乳类	提高免疫力、促血红蛋白合成
	维生素 D	肉类、蛋类、水产类和乳类	促进机体钙、磷吸收、调节免疫、预防癌症
	维生素 E	肉类、蛋类、水产类和乳类	保护神经、抗氧化、抗动脉粥样硬化、免疫调节
	维生素 B_2	肉类、蛋类、水产类和乳类	抗氧化
	维生素 B_6	肉类、蛋类、水产类	参与氨基酸和脂肪酸代谢、调节免疫、预防冠心病
	维生素 B_{12}	肉类、蛋类、水产类	预防巨幼细胞贫血
	辅酶 Q_{10}	动物心脏、肝	抗氧化作用、自由基清除作用、维持细胞膜通道完整性
	烟酸	肉类、水产类	保护心血管作用、增强锌和铁的吸收
	叶酸	动物内脏、蛋类、水产类	预防巨幼红细胞贫血、治疗高同型半胱氨酸血症
	胆碱	蛋黄、动物肝、蛋类	促脂肪代谢、促进脑发育、调控细胞凋亡
矿物质（常量元素、微量元素）	钙	水产类、乳类	维持骨骼健康、调节神经兴奋性
	铁	动物肝、动物全血、肉类	参与血红蛋白合成、参与造血功能
	碘	水产类	促生长代谢、促神经系统发育、参与能量代谢

续表

活性成分		主要来源	功能活性
矿物质（常量元素、微量元素）	锌	肉类（红肉）、水产类（贝壳类）、蛋类	调节免疫功能、抗氧化、促生长发育
	硒	水产类、动物肝脏	抗氧化、甲状腺激素调节、免疫调节、抗肿瘤、抗病毒
	铬	肉类、乳类	调节脂类代谢、促进生长发育、加强胰岛素作用

动物性食品——蚯蚓及其制品见图 1-26。

（1）　　　　（2）

图 1-26　蚯蚓及其制品

动物性食品中的活性成分种类繁多，是重要的天然化合物。本章节列举了四大类动物性食品中的活性化合物，除此之外自然界还有许多具有强大功能活性的动物源化合物有待探究和发现。随着对动物性食品的深入研究，越来越多活性化合物被发现，动物性食品的营养和功能活性被日益重视和开发。例如，蚯蚓具有丰富优质蛋白，拉脱维亚有研究通过盐腌法将蚯蚓风干引入人类食品中，满足人类对动物性食品营养的需求。相对饲养牛、羊等动物，蚯蚓具有低成本和低二氧化碳排放量的优势。我国是一个具有丰富海洋资源的国家，近年来也加大了对海洋生物研究，希望开发更多具有功能活性的海洋食品，以缓解陆地动物中各种疾病暴发带来的食品安全。动物性食品富含许多活性化合物和特有的营养素，具有良好的发展前景，对提高居民膳食营养具有深远意义。

第十节　微生物和藻类食物中的活性化合物

微生物和藻类食物具有营养丰富、味道鲜美等特点，广受人们的喜爱。常见的微生物食物主要包括益生菌和食用菌类，而藻类食物则主要有海带、紫菜、裙带菜等产品。微生物和藻类食物与动植物食物相比，具有独特的营养价值和风味。

一、 益生菌类

益生菌（probiotics）是通过定植在人体内，改变宿主某一部位菌群组成的一类对宿主有益的活性微生物。人类利用益生菌制作食物的历史可以追溯到1万多年前，在漫长的历史进程中，基于乳品、谷物和果蔬等不同原料的益生菌发酵食品，构成人类丰富多彩的饮食文化。常用于食品中的益生菌主要包括酵母菌、乳酸菌、双歧杆菌、益生芽孢菌、丁酸梭菌等。随着人们对益生菌及其发酵食品的认识越来越深入，其营养和健康价值逐渐被证实和认可。

（一）益生菌发酵食品中的活性化合物

1. 生物活性肽

发酵食品原料中的蛋白质分子结构复杂，包含着大量的活性片段，通过益生菌发酵，产生的特定酶对原料蛋白进行水解，可释放出不同的生物活性肽（bioactive peptide），从而增加发酵食品的营养特性。乳酸菌发酵酸乳，可从酪蛋白中释放出β-酪啡肽和酪巨肽；瑞士乳杆菌（*Lb. helveticus*）和德氏乳杆菌保加利亚亚种（*Lb. delbrueckii* sub sp. *bulgaricus*）对乳清发酵可产生高抑制活性的血管紧张素转化酶（angiotensin converting enzyme，ACE），并释放具有明显降血压功效的三肽物质（IPP和VPP）。与未经发酵的乳品比较，发酵乳中促进中枢神经系统作用的二肽（组氨酸-脯氨酸）含量显著提高。

2. 胞外多糖

产胞外多糖（exopolysaccharide，EPS）的益生菌主要是来自乳及乳制品中的乳酸菌，也有部分菌株是从传统发酵食品（如泡菜、酸面团等）或人体肠道中分离获得的，常见的产胞外多糖菌株包括嗜热链球菌、植物乳杆菌、乳酸乳球菌、干酪乳杆菌、动物双歧杆菌、鼠李糖乳杆菌、德氏乳杆菌保加利亚亚种、短乳杆菌等，一些酵母菌等真菌也会产胞外多糖。益生菌产胞外多糖从组成和结构上来看，可分为同多糖和杂多糖。同多糖是由一种单糖聚合而成的糖链，如酵母菌产的β-葡聚糖，变形链球菌（*S. mutans*）分泌的果聚糖等。大多数益生菌胞外多糖均是杂多糖，通常由葡萄糖、半乳糖、鼠李糖等构成，有时还含有*N*-乙酰葡萄糖胺（Glc-NAc）、*N*-乙酰半乳糖胺（Gal-NAc）和葡糖醛酸等，有些糖可能还存在其他基团如磷酸基团、丙酸盐、乙酰基和甘油等。

胞外多糖对于菌体来说，具有抵抗干燥、保护菌体不被噬菌体等侵染、维持渗透压、促进细菌黏附等作用。在食品工业上，胞外多糖的产生对于食品的质构具有重要的影响，尤其是对发酵乳制品，胞外多糖可用来改善产品的质构、稳定性和持水性，避免乳清析出。此外，胞外多糖作为益生菌的代谢产物，可发挥益生元的作用，具有免疫调节、降胆固醇、抗肿瘤、抗氧化、改善肠道健康等功能。

3. 有机酸

乳酸菌代谢可产生乳酸等多种有机酸，可有效调节食物的pH，使食物pH处于酸性水平，从而抑制有害菌的繁殖。肠道中乳酸菌的代谢，可使肠道环境处于酸性，可抑制病原微生物的生长，促进有益菌的繁殖，改善肠道微生态环境；同时，低pH的乳酸还可抑制转化致癌物质的粪便酶的活性，从而减少致癌物质在体内的活化和滞留，减少肠癌发生的概率。

此外，乳酸菌发酵产生的乳酸等有机酸，在营养吸收和调节方面也有重要作用。食用经乳酸菌发酵后的酸乳，可有效改善乳糖不耐受症状，同时，乳酸还可提高钙、磷、铁等矿物质的吸收和利用率，促进维生素 D 的吸收，防止由于缺铁和缺钙引起的贫血症和软骨病。乳酸菌发酵产乳酸还可作为“胃蛋白酶合剂”，增加胃酸使胃肠内胀气消除，协助胃肠道分解食物中的蛋白质、糖类并合成维生素，显著提高食物的消化率和生物效价。

4. 双乙酰

双乙酰（diacetyl），又称 2,3-丁二酮，是微生物发酵食品中常见的一种奶油芳香物质，在食品工业中，作为增香剂广泛用于饮料、冷饮、焙烤食品和糖果等产品中，在发酵乳制品中，双乙酰也是重要的滋气味物质之一。许多微生物发酵代谢后都可产生双乙酰，如链球菌、明串珠菌、乳杆菌、片球菌等，一般认为，嗜热链球菌是生产双乙酰的主要菌株，对发酵乳的风味贡献最大。除了作为风味物质之外，双乙酰对许多微生物，包括腐败菌和病原菌有抑制作用，微量的双乙酰即可抑制大肠杆菌的生长，且随着 pH 的降低，抑菌活性增强，说明低 pH 对双乙酰的抗菌活性有增效作用。双乙酰对革兰氏阴性菌的抑制最为明显，其可通过与精氨酸结合蛋白反应，干扰革兰氏阴性菌对精氨酸的利用，从而抑制菌株生长。

5. B 族维生素

在发酵食品中，微生物代谢可合成多种维生素，如叶酸、维生素 B_2、维生素 B_{12} 等。叶酸是人体必不可少的营养素之一，参与了机体重要的细胞代谢活动。研究发现，嗜热链球菌和动物双歧杆菌组合发酵酸乳能显著提高叶酸含量；由酵母菌发酵的黑麦面包，叶酸含量也有所提高；在一些乳酸菌发酵蔬菜中也发现，叶酸含量显著提高。印度尼西亚豆豉是一种天然发酵的大豆制品，是印度尼西亚人必不可少的美食，其中含有丰富的 B 族维生素，包括维生素 B_1、维生素 B_2、维生素 B_6、叶酸和维生素 B_{12} 等，这些维生素是由链球菌、肠球菌等多种微生物在发酵过程中产生的。我国传统民间美食腐乳在制作过程中，也会合成一定量的 B 族维生素，如维生素 B_{12} 等。

6. 其他生物活性物质

益生菌在食品工业中，还可作为生物转化使者，生产共轭脂肪酸、γ-氨基丁酸、细菌素和糖醇等。共轭脂肪酸（conjugated fatty acid，CFA）是一类含有共轭双键的多不饱和脂肪酸位置异构体和几何异构体的总称，其中最常见的有共轭亚油酸（conjugated linoleic acid，CLA）和共轭亚麻酸（conjugated linolenic acid，CLNA）。这些共轭脂肪酸对人类的健康和生活具有十分重要的意义，现有研究表明益生菌产共轭脂肪酸具有抗癌、降血糖、免疫调节、减肥、抗动脉粥样硬化、抗氧化等功效。γ-氨基丁酸（γ-aminobutyric acid，GABA）是一种由非蛋白质组成的天然氨基酸，被证实是哺乳动物神经中枢的一种抑制性递质，具有延缓神经细胞衰老、降血压、修复皮肤机能、治疗精神疾病、调节激素分泌等多种生理功能。细菌素是细菌在代谢过程中产生的，具有抗细菌、真菌或病毒功能的一类抗菌物质，其本质是蛋白质或多肽。不同益生菌所产细菌素有所不同，根据结构和性质可将其分为四类：第一类是羊毛硫细菌素（lantibiotics），典型代表为乳酸链球菌素（nisin）；第二类为小分子热稳定性活性肽，如片球菌素（pediocin PA-1）；第三类为大分子热不稳定蛋白质，如瑞士乳杆菌素（helveticin）；第四类为复合细菌素，是含有脂质或与蛋白质结合的肽复合物。

（二）益生菌的生理功能

1. 调节肠道菌群，改善肠道功能

肠道不仅是机体正常的组成部分，参与机体重要的生理活动，同时，肠道中还存在复杂的肠道菌群，它们对宿主的生长、发育和健康等方面发挥着重要的作用。现有研究表明，益生菌可调节人体肠道菌群组成，对肠道菌群之间的平衡具有重要的意义。益生菌的摄入可以阻碍某些致病菌在肠道上的黏附、定植和增殖，同时可能通过一些代谢产物对肠道致病菌的致病途径产生一定的阻碍作用。其作用机理，存在以下几种学说：①益生菌在肠道内代谢产生短链脂肪酸，降低肠道内 pH，形成酸性环境，从而抑制了一些病原微生物的生长和增殖；②益生菌的大量摄入，在肠道内会与其他病原微生物形成营养竞争，成为优势菌群；③益生菌在肠道内的大量存在，会产生一些特殊的抗菌物质，如细菌素，从而达到抑制病原微生物的目的；④益生菌在肠道内通过新陈代谢活动也可以诱导产生肠道免疫因子，增强肠道的免疫屏障，提高肠道的免疫功能。

2. 促进营养物质的消化吸收

益生菌可定殖于人体的肠道内，可发酵利用在消化道上部未被消化吸收的碳水化合物（如非淀粉多糖、抗性淀粉、寡糖等），从而获取能量，并产生短链脂肪酸（short chain fatty acid，SCFA），如乙酸、丙酸、丁酸等。大肠黏膜可方便地吸收肠腔中的短链脂肪酸，为机体提供可利用的能量储备。

3. 减缓乳糖不耐症

乳糖不耐症是由于人体内缺乏β-半乳糖苷酶所导致的。德氏乳杆菌保加利亚亚种和其他常用于乳品加工的乳酸菌具有充足的活性β-半乳糖苷酶，它们能显著降低乳品中乳糖的含量。研究表明，对于内源性乳糖酶不足的人，食用含德氏乳杆菌保加利亚亚种和嗜热链球菌（*S. thermophilus*）活菌的酸乳可改善其乳糖不耐受症状。

4. 降低血清胆固醇水平

高血胆固醇是引发心血管疾病的一个重要原因，现已发现一些乳杆菌、双歧杆菌和肠球菌等具有降低血清胆固醇水平的能力。益生菌要发挥降低血清胆固醇水平的作用，首先需要保证能在胃肠道环境中存活，并在肠道中定居、繁殖。定植下来的益生菌，可能通过以下三种方式达到降胆固醇的目的：①对 3-羟基-3-甲基戊二酰 CoA 还原酶产生抑制作用，从而限制体内胆固醇的生物合成；②具有降胆固醇作用的益生菌可合成表达胆盐水解酶（bile salt hydrolase，BSH），而 BSH 可水解结合胆汁酸，产生游离胆汁酸，游离胆汁酸与外源胆固醇发生共沉淀，促进外源胆固醇向粪便中转移；③菌体自身对胆固醇可能也有一定的同化作用，细菌细胞壁可吸附胆固醇，细胞膜可吸收胆固醇，而细胞质则可积累胆固醇，最终达到同化胆固醇的目的。

5. 调节机体免疫功能

免疫系统是机体防御外界病原入侵的最有效屏障，该系统由一系列免疫器官、免疫细胞和免疫活性物质组成。由口腔-胃-肠组成的消化道是外来抗原与黏膜表面作用的主要部位，与消化道相关的淋巴组织构成了人体最大的免疫器官。益生菌进入肠道后，可黏附于上皮细胞，刺激肠道相关淋巴组织，影响肠道免疫反应，从而发挥非特异性和特异性免疫调节作用。益生菌的活菌及其细胞壁成分、代谢和分解产物等均具有调节免疫功能的作用，且益生菌在发挥免疫功能的同时，尚未发现有害的炎症反应。益生菌活菌可与肠道内源性和外源性潜在致病菌发生竞争，与肠道黏膜相互作用引发肠道免疫。而菌体细胞壁中的肽聚糖、磷壁酸、表面蛋白和脂多糖等，可以识别机体肠黏膜上特定的模式识别受体（pattern recognition receptor，PRR），产生一系列的免疫信号，从而调节肠道屏障功能。在益生菌的代谢组分和分解产物中，胞外多糖和生物活性肽是最主要的免疫调节功能因子。

6. 其他生物功能

益生菌在降血压、改善糖尿病症状、预防骨质疏松症、肿瘤饮食营养等方面也受到广泛关注。如干酪乳杆菌等益生菌可产生抑制血管紧张素转化酶的小肽，这些血管紧张素转化酶抑制肽可发挥降血压的作用。截至目前，关于益生菌各种生物功能的作用机制尚不明确，有待于进一步研究。

二、食用菌类

食用菌是指供人类食用的真菌，它在我国有着悠久的食用历史。全世界可食用的菌类有600多种，我国有300多种，我国常见的食用菌主要是香菇、凤尾菇、平菇、金针菇、银耳、黑木耳等，其中竹荪、口蘑、猴头菇、羊肚菌等属我国特有。食用菌营养丰富，味道鲜美，有“保健食品”的美称。

（一）食用菌中的活性化合物

食用菌是一类低热量，蛋白质、多糖、维生素和微量元素等含量丰富的食物，除了味道鲜美外，还具有极高的营养价值。

1. 蛋白质

食用菌中蛋白质含量在20%以上，有些达到40%（如双孢蘑菇），是蔬菜类的几倍，甚至超过肉类和乳制品。食用菌中的蛋白质是优质蛋白质，含有人体8种必需氨基酸，消化吸收率达80%以上。

2. 多糖类化合物

多糖是食用菌主要的水溶性活性大分子，被称为生物反应调节剂，具有调节机体免疫、抑制肿瘤生长、降血脂、改善肠道健康等作用，其中，香菇多糖、灵芝多糖、灰树花多糖等已作为肿瘤治疗的辅助药物应用于临床。此外，某些多糖作为膳食纤维，具有促进肠蠕动、润肠通便、防止便秘、降低血脂等功效。因此，食用菌除供食用外，更重要的是作为保健品开发。

3. 维生素和矿物质

食用菌中含有多种维生素，是B族维生素的良好来源，如蘑菇中维生素B_1和维生素B_2含量比肉类高，维生素B_{12}含量比奶酪和鱼类高，每天食用25g鲜蘑菇即可满足人体一天的B族维生素需要。此外，食用菌中还含有丰富的铁、锌、硒等矿物质，其含量是其他食物的数倍甚至十几倍，如黑木耳中铁含量可达97.4mg/100g，是良好的补铁食物。

4. 其他生物活性物质

食用菌中还含有种类繁多的萜类、甾醇类和多酚类等活性化合物。萜类化合物多属于倍半萜、二萜、三萜类，是食用菌中主要的醇溶性活性物质，常见的萜类有灵芝三萜、茯苓三萜等。麦角甾醇是食用菌中常见的甾醇类化合物，现已发现猪苓、灰树花、杨树菇、金针菇等所含的麦角甾醇均有良好的抗癌活性。食用菌中还含有丰富的多酚成分，具有抗氧化、抗炎、免疫调节等功能，多酚也是食用菌加工过程中产生褐变的主要因素之一。此外，科学家还从食用菌中分离得到了生物碱、腺苷等活性化合物。

（二）常见的食用菌

食用菌种类繁多，但主要来源于山野田间的野生菌，只有少数几种食用菌实现了大规模人工种植。然而，随着生物技术的发展，越来越多的食用菌实现了人工种植、繁育和培育新品种，因此，更多人群能享受到品种多样、新鲜美味的食用菌食物。下面介绍几种日常生活中常见的食用菌。

1. 香菇

香菇味道鲜美，香气怡人，营养丰富。香菇蛋白质含量高达20%以上，远远超过一般植物性食物的蛋白质含量，它还含有多糖类、维生素 B_1、维生素 B_2、维生素C等活性物质。干香菇的水浸物中有组氨酸、丙氨酸、苯丙氨酸、亮氨酸、天冬氨酸、胆碱、腺嘌呤等成分，不仅是营养物质，有些还具有降低血脂等功效。香菇中的β-1,3-葡聚糖，具有显著的抗癌、增强机体免疫力等功能。

2. 平菇

平菇营养丰富，肉质肥厚，风味独特，是人们喜食的食用菌之一。平菇含有较多的多糖和微量元素硒，具有提高机体免疫力、抑制肿瘤细胞生长等功能。平菇基本不含淀粉，脂肪含量少，是糖尿病和肥胖症患者的理想食品。常吃平菇还具有降低血压和血胆固醇的作用，可预防老年心血管疾病和肥胖症。中医认为，平菇性微温、味甘，具有滋养、补脾胃、降温邪、祛风、散寒、舒筋活络的功效。

3. 茶树菇

茶树菇又名茶菇、茶薪菇、仙菇、神菇等，被人们称为“山中珍品”。茶树菇中蛋白质含量达23%，纤维素14%，多糖10%，也含有丰富的B族维生素，以及钾、钠、钙、镁、锌、铁等十多种矿物质，还具有超氧化物歧化酶活性。中医中常用于利尿、健脾、止泻，民间用于治疗腰膝酸痛，经常食用，能增强记忆力、延缓衰老以及防癌抗癌等。

4. 木耳

木耳有黑木耳、银耳、黄耳3种。黑木耳含铁丰富，具有补血、强精、镇静的作用。银耳为著名的滋补药用菌，含有丰富的麦角固醇、甘露糖醇、海藻糖等成分，具有补血、健脑、滋阴、补肾、润肺、强身的功效，尤其适用于高血压、血管硬化患者。黄木耳是我国西南地区著名的药用食用菌，主治癖饮积累、腹痛金疮等。

三、藻类

藻类主要生长于海洋或湖泊，目前已有70多种，在我国常见的主要有海带、紫菜、裙带菜、发菜、石莼和葛仙米等。

（一）藻类食物中的活性化合物

1. 蛋白质

藻类食物富含蛋白质，特别是紫菜和发菜，蛋白质含量在22%以上，其氨基酸组成尤以精氨酸含量为多，其他的氨基酸组成与陆生蔬菜相似。

2. 海藻多糖

藻类食物中还含有丰富的黏多糖，如褐藻胶、琼脂等都是从藻类中提取得到的，因其不能被人体消化吸收，故属膳食纤维类。此外，有些藻类还含有活性多糖，如海带多糖，具有抗肿瘤、抗病毒、抗心血管疾病等功能。近年来，随着海藻的广泛应用以及对海藻多糖认识的深入，人们对海藻多糖生物活性的研究越来越重视。

3. 维生素和矿物质

藻类中含多种维生素，尤其以紫菜中的含量较高，如维生素A、维生素 B_1、烟酸、维生素

B_6、维生素 B_{12}等。此外，藻类中含有丰富的碘、钾、钙、钠、硫和铁等，尤其是碘和钙在海带、紫菜中含量较高。实践证明，沿海居民常吃富含碘的藻类食品，不仅很少患有甲状腺疾病，其他如心血管疾病、肿瘤、肝病等的发病率也很低。

（二）常见的藻类食物

藻类食物主要来源于海洋和湖泊等，有些藻类也实现了人工养殖，可进行规模化生产。下面介绍几种日常生活中常见的藻类食物。

1. 海带

海带又名昆布，日本人称海带为长寿菜、健康菜，来源于海洋。海带中碘、钠、钾、镁、铁、硒、铜等元素的含量丰富，特别以碘含量高著称。每 100g 干海带中含碘量高达 36mg，每 100g 鲜海带含碘量为 113μg，而人体每天仅需 150μg 碘。海带中钙含量也很高，每 100g 干海带含钙 348mg。海带中还含有大量的多糖成分，它不产生热量，却使人有很强的饱腹感，因此，海带是比较理想的减肥食品。海带含有甘露醇，因而在其表面常可见一层白霜。甘露醇具有利尿作用，对治疗急性肾功能衰竭、脑水肿、急性青光眼和高血压等有效。海带中含有丰富的昆布素，类似肝素的活性，能防止血栓和因血液黏稠度增高而引起的高血压，同时又有降低胆固醇、抑制动脉粥样硬化以及防癌抗癌作用。中医学认为，海带性味微寒，有软坚化痰，清热利水的功效。

2. 紫菜

紫菜，又名紫英、灯塔菜、索菜，性寒味甘，是红毛科植物坛素菜、条斑紫菜、圆紫菜、甘紫菜、长紫菜等的藻体。紫菜所含的多糖具有明显增强细胞免疫和体液免疫的功能，能提高机体免疫力。紫菜中碘含量很高，每 100g 干紫菜含碘 4. 323mg。紫菜中含有丰富的胆碱成分，具有增强记忆的作用。由于紫菜含有一定量的甘露醇，所以也具有利尿作用，可作为治疗水肿的辅助食品。

3. 裙带菜

裙带菜为温带性海藻，属褐藻门、褐藻纲、海带目、翅藻科、裙带菜属，因其外形像裙带而得名。裙带菜是矿物质的天然宝库，含有钙、碘、锌、硒等矿物质，含有十几种人体必需氨基酸，以及多种维生素，如维生素 A、B 族维生素、维生素 C、叶酸等。裙带菜含钙量是牛乳的 10 倍，含锌量是“补锌能手”牛肉的 3 倍，是钙和锌很好的膳食来源。

4. 螺旋藻

螺旋藻是一种生长在盐碱湖泊或淡水湖中的微藻，其藻丝体长 200~500μm，宽 5~10μm，在显微镜下呈有规则的螺旋弯曲状，目前，螺旋藻已实现了大规模的人工养殖和生产加工。螺旋藻作为一种天然食品，具有高蛋白质、低脂肪、低糖的特点，其蛋白质含量高达 60%~70%，且所含人体必需氨基酸的种类齐全、组成合理；脂肪含量为干重的 5%~6%，其中 70%~80%为不饱和脂肪酸。此外，螺旋藻中还含有丰富的类胡萝卜素、维生素（B 族维生素、维生素 E 及维生素 K 等）以及多种微量元素（铁、碘、硒、锌）等。

综上所述，微生物和藻类食物具有丰富的营养物质，构成了人类食物的重要组成部分，且微生物和藻类食物可实现工业化生产，具有用地少、产量高等特点，是绿色农业发展的重要方向，也是未来食品研究的重要内容。

思考题

1. 蛋白质摄入过少和过量会引发哪些问题？
2. 请利用蛋白质的互补作用来帮助素食主义者设计膳食计划，提高蛋白质利用率。
3. 人体必需的脂肪酸有哪些？它们对人体健康的意义是什么？
4. 哪些食物成分属于反式脂肪酸？我们生活中如何避免摄入呢？
5. 试述功能性低聚糖的作用。
6. 请针对高血糖或糖尿病人群给出适宜的饮食建议。
7. 机体所需矿物质可分为哪几大类？
8. 影响不同矿物质吸收的因素各有哪些？
9. 脂溶性维生素和水溶性维生素有什么区别？
10. 哪些维生素可以在体内自我合成？
11. 试述膳食纤维的概念及其性质。
12. 试述膳食纤维的营养学价值。
13. 试述水在人体中的生理功能。
14. 如何根据身体不同的渗透压选择不同的补水方式？
15. 植物性食物中的小分子生物活性物质主要分为哪几类？
16. 多酚对于人体健康的重要性主要体现在哪些方面？
17. 自然界生物活性肽具有哪些生理功效？请查阅相关文献和专利资料，举例说明生物活性肽在当代免疫新产品中的具体应用。
18. 哪些维生素或矿物质必须从动物源性食品中获得？
19. 参阅国内外文献，谈谈在益生菌各种生物功能的作用机制中有什么新的研究发现？
20. 中国食用菌资源丰富，请列举一些你知道的食用菌及其保健作用。

CHAPTER 2

第二章 能量代谢与平衡

学习要点

1. 了解产能营养素、能量系数和能量密度的概念，明确能量代谢的过程及其影响因素，掌握能量摄入不平衡会引发的危害；

2. 了解常见身体活动强度和能量消耗；熟悉人体基础能量计算方法；明确区分人体在不同生长阶段及不同人群的能量需求；掌握中国成年人身体活动水平分级依据，食物热效应及三种产能营养素作用；

3. 了解能量供应主要来源及不同人群能量摄入参考量；明确区分碳水化合物、蛋白质、脂肪在人体中的作用；熟悉运动强度判断依据；掌握能量均衡的控制和管理方式。

思 政 点

食物是人体获取能量的主要渠道，保持充足能量的供给及代谢平衡对维持人体健康至关重要。通过本章的学习引导学生关注我国居民营养与慢性病的现状，学会通过膳食能量调节减轻慢性病疾病负担，树立“全民健康为中心”的理念，激发学生作为未来食品从业者和营养倡导者的使命感和责任感。

人体的生命活动，从细胞代谢到思维活动，都需要消耗能量。人体在驱动呼吸、心跳、血液循环等各项生命活动、从事体力劳动以及更新自身的过程中，不断地与外环境进行着物质和能量的交换，能量的充足与否直接决定了机体的活动水平，而任何原因导致的能量失衡均会引起一系列的健康问题。本章我们将重点阐述能量代谢与能量平衡。

第一节　能量概述及基础

根据能量守恒定律，能量既不会凭空产生，也不会凭空消失，只能从一个物体传递给另外一个物体，能量的形式也可以互相转换。人体通过获取自然界中的食物，利用其中蕴含化学能的碳水化合物、脂肪和蛋白质等营养物质在体内进行代谢而获得能量，以维持体温、呼吸、循环、代谢及神经肌肉信号传导等生理功能和生命活动。当能量长期摄入不足时，机体会动员体内储存能量的物质以维持生理活动中的能量需求；而当能量摄入超过机体需要时，多余的能量将以脂肪等的形式储存在体内。人体能量的摄入量与能量的消耗量构成了能量平衡（energy balance），无论能量过剩还是能量缺乏均会影响人体健康。

一、能量概述

（一）能量单位

国际上能量单位以焦或焦耳（J）表示，日常应用以千焦（kJ）或兆焦（MJ）更为多见，1J是指用1N的力使1kg的物质移动1m所消耗的能量。营养学领域中，为了计算方便，常使用的能量单位是卡（cal）或千卡（kcal），卡路里即是由卡的英文音译过来的一种俗称。1kcal是指在101.325kPa下，使1L 15℃纯水升到16℃时所吸收的热量。而能量单位kJ与kcal两者之间的换算关系如下所示：

$$1\text{kcal} = 4.186\text{kJ}$$

$$1\text{kJ} = 0.239\text{kcal}$$

（二）产能营养素

机体从食物所获取的营养素中，碳水化合物、脂肪和蛋白质经体内氧化可以释放能量，被称为产能营养素（calorigenic nutrient）。这三种营养素进入人体后，主要通过生物氧化释放大量的能量以满足机体需要。

（三）能量系数

每克碳水化合物、脂肪和蛋白质在体内氧化产生的能量值称为能量系数（calorific coefficient / calorific value），即生理热价。每克产能营养素在体外充分燃烧产生的能量值称为“物理热价”，可通过体外测试热量试验测定。一般情况下，食物营养素在人体消化道不能全部被消化、吸收，而且蛋白质代谢还会产生不能在体内完全分解利用的含氮化合物，因此生理热价往往低于物理热价。考虑含氮化合物损失的能量及消化吸收程度，可通过物理热价推算每克碳水化合物、脂肪和蛋白质的生理热价分别为16.74kJ/g、37.66kJ/g和16.74kJ/g，见表2-1。

（四）能量密度

食物的能量密度就是食物所能提供的能量与其重量之比，国际上通常用每100g食物所含的能量（以kcal为单位）来表示。高能量密度的食物，直观上就是那些“个头小而能量大”的食物。人体常常在摄入一定体积的食物后，才产生饱腹感，相对来说体积大而能量密度低的食物更易有效控制能量摄入，产生饱腹感，见图 2-1。因此，可利用能量密度将食物进行能量高低之分，常见食物能量等级对照表见表 2-2。

表 2-1　　食物中产能营养素的物理热价与生理热价的比较

营养素	物理热价/[kJ/g（kcal/g）]	生理热价/[kJ/g（kcal/g）]	消化吸收代谢特点
碳水化合物	17.15（4.10）	16.74（4.0）	肠道吸收率为 98%，在体内可以彻底分解
脂肪	39.54（9.45）	37.66（9.0）	肠道吸收率为 95%，在体内可以彻底分解
蛋白质	23.64（5.65）	16.74（4.0）	肠道吸收率为 92%，在体内不能彻底分解

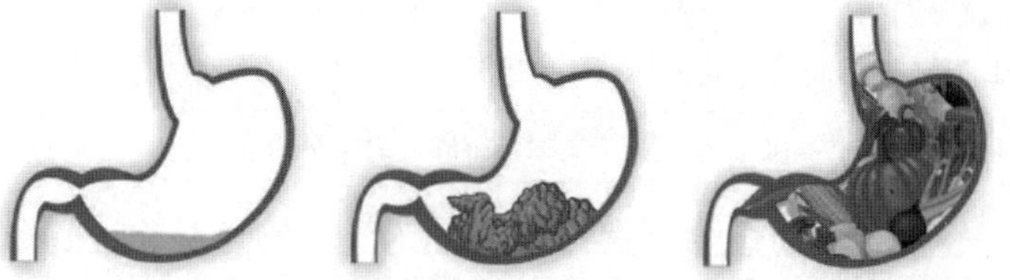

图 2-1　不同能量密度食物所形成饱腹感的图示

表 2-2　　常见食物能量等级对照表

种类	食物名称	能量等级/（kcal/100g）
谷类	黑芝麻、白芝麻、方便面、油条、油饼、面条、燕麦片、小米、薏米、高粱米、富强粉、江米、粳米、挂面、血糯米、马铃薯粉、粉条、地瓜粉等	高（>300）
	切面、烙饼、馒头、花卷、米饭、水面筋、麸皮、烤麸、大麦、玉米等	中（100~300）
	小米粥、米粥等	低（<100）
蔬菜类	枸杞菜、香菜、甜菜根、山药、芋头、榆钱、蕨菜等	高（>50）
	豆芽菜、芥菜头、豆苗、辣椒、豆角、青萝卜、香菜、蒜苗等	中（30~50）
	油菜、菠菜、圆白菜、韭黄、西蓝花、冬瓜、生菜、丝瓜、白菜、菜心、小白菜、芥蓝、青椒、黄瓜、芹菜、芦笋、韭菜、苦瓜等	低（<30）
水果类	甘蔗、椰子、山楂等	高（>100）
	香蕉、沙果、荔枝、人参果、桑葚、柚子、苹果、猕猴桃、番石榴、金橘等	中（50~100）
	草莓、杨梅、水蜜桃、西瓜、樱桃、橙子、葡萄、芒果、番茄、柠檬等	低（<50）

续表

种类	食物名称	能量等级/（kcal/100g）
豆类	豆浆粉、黄豆粉、豆腐皮、油炸豆花、油炸豆瓣、腐竹等	高（>300）
	黑豆、黄豆、卤豆干、蚕豆、虎皮芸豆、绿豆、杂豆、红芸豆、豌豆、红小豆、油豆腐、豆沙、红豆馅、素鸡、素火腿、素什锦、酱豆腐、香干、豆腐干、臭豆腐等	中（100~300）
	腐乳、豆腐脑、豆汁、小豆粥、酸豆乳等	低（<100）
肉类	猪肉、猪肉（肥）、羊肉干、腊肠、酱汁肉、鸭皮、香肠、母麻鸭、牛肉松、鸡肉松等	高（>300）
	鸭血（白鸭）、鸡腿、牛肉（前腿）、兔肉、火鸡胸脯肉、羊肉（后腿）	中（100~300）
	鸡血、猪血、羊血、猪小肠、牛肚、羊肚、野兔肉等	低（<100）
蛋类	鸡蛋黄、鸭蛋黄、鹅蛋黄、蛋黄粉、鸡蛋粉等	高（>300）
	鹌鹑蛋、松花蛋、鸭蛋、咸鸭蛋、鹅蛋等	中（100~300）
	鸭蛋白、鹅蛋白、鸡蛋白	低（<100）
水产类	鲮鱼（罐头）、淡菜（干）、蛏干、鲍鱼（干）、鱿鱼（干）、鱼片干等	高（>300）
	胖头鱼、基围虾、河蟹、草鱼、鲤鱼、鲫鱼、比目鱼、青鱼、银鱼、鲅鱼、海鳗、八爪鱼、平鱼、墨鱼（干）等	中（100~300）
	鲜扇贝、龙虾、罗非鱼、海参、海蚕皮、河蛙、蜂子、花蛤、生蚝、牡蛎、海蛎肉、鲜贝、河虾等	低（<100）
油脂类	辣椒油、胡麻油、棕榈油、菜籽油、茶油、豆油、花生油、葵花籽油、棉籽油、牛油、色拉油、香油、大麻油、玉米油等	高（>400）
	—	低（<400）
糖类	巧克力、芝麻糖等	高（>500）
	奶糖、酥糖等	中（400~500）
	蜂蜜、淀粉、米花糖、红糖、冰糖、绵白糖等	低（<400）
乳类	黄油、奶油、乳粉（全脂）、炼乳、乳酪、奶片、奶豆腐等	高（>300）
	低脂乳酪等	中（100~300）
	酸乳、牛乳等	低（<100）
饮料类	冰淇淋、可可粉、二锅头（56度）等	高（>300）
	橘子汁、铁观音、红茶、绿茶、花茶等	中（100~300）
	柠檬汽水、杏仁露、白葡萄酒、红葡萄酒等	低（<100）

续表

种类	食物名称	能量等级/(kcal/100g)
菌藻类	石花菜、琼脂	高（>300)
	口蘑、普中红蘑、珍珠白蘑、冬菇、香菇（干)、杏丁蘑、紫菜、黑木耳、大红菇、黄蘑等	中（100~300)
	金针菇、草菇、双孢蘑菇、水发木耳、金针菇（罐装)、平菇、鲜蘑、香菇（鲜)、海带（鲜）等	低（<100)

资料来源:《中国食物成分表（标准版)（第六版)》。

能量密度引入计算食物的营养质量指数（INQ)，可用作对食物营养素质量的评价。INQ 是指食物中某营养素能满足人体需要的程度与该食物能量满足人体需要的程度的比值，即 INQ=营养素密度/能量密度。当 INQ=1，该食物提供营养素能力与提供能量能力相当，为营养质量较好的食物；INQ>1，该食物提供营养素能力大于提供能量能力，食物营养价值高，而且特别适合超重和肥胖者；而 INQ<1，说明该食物提供营养素能力小于提供能量能力，营养价值低，长期摄入会发生能量过剩或营养素不足。简单来讲，就是在摄入同等热量的条件下，获得更多的营养素，更有利于满足健康需求。

二、 能量代谢

生物体内物质代谢过程中所伴随的能量释放、转移和利用等环节，称为能量代谢（energy metabolism)。在分解代谢过程中，营养物质蕴含的化学能释放出来，转化为组织和细胞可以利用的能量，人体利用这些能量来维持生命活动。营养物质分解是代谢的放能反应。而机体合成过程中，需要消耗能量，因此是吸能反应。可见，在物质代谢过程中，物质的变化与能量的代谢是紧密联系着的。

（一）能量代谢过程

机体所需的能量主要来源于食物中的碳水化合物、脂肪和蛋白质。人体通过摄入各种食物，并消化、吸收、分解三大产能营养素，来获取能维持体内外各种生命活动的能量。此外乙醇、有机酸、糖醇类也能为机体提供一定的能量。这些能源物质分子结构中的碳氢键蕴藏着化学能，在氧化过程中碳氢键断裂，生成二氧化碳和水，从而释放出蕴藏的化学能。这些能量的50%以上迅速转化为热能，用于维持体温，通过体表向体外散发；其余则以高能磷酸键的形式储存于体内，供机体利用。体内最主要利用的高能磷酸键化合物是三磷酸腺苷（ATP)。

食物经消化吸收进入血液和淋巴。葡萄糖等单糖在有氧状态下，最终生成水、二氧化碳及 ATP；在无氧状态下，最终生成乳酸和 ATP。虽然无氧反应产生的 ATP 量少，但反应速度较快，在爆发力运动中常常动用葡萄糖的无氧呼吸。脂肪在有氧状态时，通过能量代谢途径最终生成水、二氧化碳和 ATP；蛋白质在有氧状态下，除了生成水和二氧化碳、ATP 外，还有尿素、尿酸、肌酐和氨等含氮产物。机体利用 ATP 去合成各种细胞组成分子、各种生物活性物质和其他一些物质；细胞利用 ATP 去进行各种离子和其他一些物质的主动转运，维持细胞两侧离子浓度差所形成的势能；肌肉还可利用 ATP 所载荷的自由能进行收缩和舒张，完成多种机械功。总之，除骨骼肌运动时所完成的机械功（外功）以外，其余的能量最后都转变为热能。例如心肌收缩所产生的势能（动脉血压）与动能（血液流速），均于血液在血管内流动过程中，因克服血流内、外所产生的阻力而转化为热能。在人体内，热能是处于最末端的能量形式，热能不能转化为其他形式的能量，不能用来做功。

（二）能量代谢影响因素

能量代谢在体内处于一种动态平衡的状态。目前认为影响能量代谢的因素有生理性因素（感官刺激、激素及下丘脑对摄食行为的调节、内分泌、胃肠信号及肠道菌群调节、肌肉活动、精神活动、食物热效应等）和非生理因素（季节、气温、饮食习惯、食物营养认知态度及社会文化因素等）。因此，维持机体能量平衡可通过各种生理生物信号及环境社会因素之间相互作用和协调膳食摄取和能量消耗来实现。

三、能量与健康

能量与健康的关系较大，通过能量摄入量与需求量达到理想的平衡状态，可促进机体的健康发展。能量平衡是营养膳食指导工作中非常关键的问题，也是评价营养状况的重要指标。

（一）能量不足的危害

当能量摄入不足时，体内储存的糖原和脂肪将被动用，甚至机体的蛋白质也被消耗以供能，使瘦体重（lean body mass，LBM）减轻，导致肌力减弱。长期能量摄入不足，影响蛋白质的吸收利用，会加重体内蛋白质的缺乏，引起蛋白质-热能营养不良症。临床表现为基础代谢降低，消瘦、贫血，精神萎靡、皮肤干燥、抵抗力下降，工作效率下降，环境适应性差，并易患感染性疾病等。

为了避免能量摄入过多或过少对人体造成的危害，要注意保持能量的收支平衡，适当参加体育锻炼，定期观察体重变化，及时纠正能量失衡，保持能量摄入和消耗的动态平衡。

随着社会经济的发展，我国脱贫攻坚战取得了全面胜利，营养改善也是国家脱贫攻坚的重大组成部分，目前广大人民群众已基本摆脱能量不足的困难局面。2021 年 2 月 25 日，中国营养学会发布的《中国居民膳食指南科学研究报告（2021）》指出，中华人民共和国成立 70 多年来，我国的营养保障和供给能力显著增强，人民健康水平持续提升，居民营养不足与体格发育问题持续改善，主要表现在居民膳食能量和宏量营养素摄入充足，优质蛋白质摄入不断增加，这些都是食物供应充足、膳食质量提高的主要贡献。虽然中国居民营养健康状况明显改善，但仍面临营养不足与过剩并存、营养相关疾病多发等问题。

（二）能量过剩的危害

摄入热量过多，其多余部分在体内转变为脂肪，使体脂增多，体重增加，形成肥胖。肥胖是指全身脂肪增多，与其他组织失去正常比例的一种状态，肥胖不单有大量脂肪积聚在皮下而影响体形，更需要注意的是脂肪沉积在内脏中会导致机体代谢异常、内分泌紊乱，威胁人体健康。

体重是客观评价人体营养和健康状况的重要指标，国际上常用体重指数（BMI）进行判断。国际生命科学学会中国办事处组织由多学科专家组成的“中国肥胖问题工作组”，对我国 21 个省、市、地区人群 BMI、腰围、血压、血糖、血脂等 24 万人的相关数据进行汇总分析，并据此提出“以 BMI 24 为中国成人超重的界限，BMI 28 为肥胖的界限；男性腰围≥85cm，女性腰围≥80cm 为腹部脂肪蓄积的界限”。具体见表 2-3。

表 2-3 中国成人超重和肥胖的体重指数和腰围界限值与相关疾病危险的关系

分类	体重指数/(kg/m^2)	腰围/cm		
		男<85 女<80	男：85~95 女：80~90	男≥95 女≥90
体重过低	<18.5	—	—	—
正常	18.5~23.9	—	增加	高
超重	24.0~27.9	增高	高	极高
肥胖	≥28	高	极高	极高

注："*"相关疾病是指高血压、糖尿病、血脂异常和危险因素（主要的 5 个危险因素包括血压高、血糖高、血清总胆固醇高、血清甘油三酯高和血清高密度脂蛋白胆固醇低）聚集；"—"是指体重过低可能预示有其他健康问题。

能量过剩时，过多的产热营养素可增加体内氧化过程中产生的活性氧簇（reactive oxygen species，ROS）等氧化代谢产物，从而造成慢性病发病风险的升高。目前，氧化应激即氧化代谢产物的聚集及其对机体的损害被认为是 2 型糖尿病、心血管疾病、神经退行性疾病、衰老以及癌症等慢性病的重要发病机制。人群研究数据表明，在适宜营养素摄入情况下，长期能量限制会减少 2 型糖尿病、高血压、心血管疾病和癌症的发病风险。

随着我国经济的快速发展，食物富足，存在过度膳食造成营养不均衡的现象。能量摄入过多，膳食结构不合理，如高盐、高脂膳食，精细谷类食物摄入多，全谷类食物摄入少，蔬菜水果摄入量低，儿童青少年含糖饮料消费多等，这些不健康的膳食模式导致儿童青少年、成年人超重和肥胖发生率增加，成为多种慢性病发病的根源。

《中国居民营养与慢性病状况报告（2020 年）》指出，中国成年居民超重肥胖率超过 50%，6~17 岁的儿童青少年超重肥胖率接近 20%，6 岁以下的儿童达到 10%。专家分析，能量摄入和能量支出不平衡是导致个体超重肥胖的直接原因。中国 18 岁及以上居民男性和女性的平均体重分别为 69.6kg 和 59.0kg，与 2015 年发布结果相比分别增加 3.4kg 和 1.7kg。事实上，居民生活方式明显改变，身体活动总量下降，能量摄入和消耗控制失衡，导致超重肥胖成为重要公共卫生问题，膳食相关慢性病问题日趋严重。

过犹不及，这是中国文化的辩证思想，对健康来说也一样，能量摄入过度将严重威胁机体健康。积极倡导"每个人是自己健康第一责任人"的理念，管住嘴迈开腿，食物多样，平衡膳食，使全民健康素养不断提升、健康技能不断普及、健康生活方式不断推广，让每一位居民真正成为健康的关注者和受益者。

第二节 人体能量的需求及代谢平衡

不同人群能量需要量不同，影响需要量的主要因素有劳动强度、身体大小、年龄、性别、生理状态、环境温度等。确定机体能量需要量，对于指导人们的膳食结构、维持能量平衡、提高健康水平非常重要。

一、 人体的能量消耗

人体的能量消耗不仅体现在维持生命活动运转，支撑各种体力活动，还要面对生长发育、妊娠、疾病、创伤等特殊生理阶段的额外需求，同时食物的消化与吸收也需要消耗能量。因此，正常成人能量消耗主要用于维持基础代谢、体力活动、食物的热效应的需要，而孕妇、乳母、婴幼儿、儿童、青少年、病愈个体还涉及生长发育及机体恢复的能量消耗。

（一）基础代谢

基础代谢（basal metabolism，BM）指在无任何体力活动及紧张思维活动，全身肌肉放松，消化系统处于静止状态下，用于维持机体最基本的体温、呼吸、心脏搏动、血液循环等基本生理功能的需要。基础代谢消耗能量占人体总能量消耗的60%~70%。基础代谢的测量应在周围环境温度恒定（18~25℃）、人体经过10~12h空腹和良好的睡眠、处于清醒、静卧状态下进行，无任何身体活动和紧张的思维活动，全身肌肉放松时进行测定。人体处于基础代谢状态下，每小时每平方米体表面积的能量消耗称为基础代谢率（basal metabolism rate，BMR），其常用单位为kJ/(kg·h)或kcal/(kg·h)、kJ/(m^2·h)或kcal/(m^2·h)。

人体的基础代谢率不仅存在个体间差异，个体内也常有一定波动。基础代谢率在个体间的差异大于个体内差异，主要与体型和机体构成、年龄、性别、生理及病理状态、环境温度与气候、内分泌等因素有关。

1. 体型、体格的影响

基础代谢与体表面积的大小呈正比，体表面积越大，向外环境散发热能越多越快，基础代谢能量消耗也越高。肌肉、心脏、肝脏、肾脏及大脑等代谢活跃的机体组织，其消耗的能量占基础代谢能量消耗的70%~80%，而脂肪组织消耗的能量明显低于瘦体组织；因此，同等体重情况下瘦高且肌肉发达者的基础代谢率高于矮胖者。年龄和体表面积相同男性瘦体组织所占比例一般高于女性，其基础代谢能量率比女性高5%~10%。

根据身高、体重计算体表面积，再按体表面积与该年龄的平均基础代谢率通过Harris和Benedict提出的公式可直接计算基础代谢消耗的能量。体表面积为A（m^2），身高为H（m），体重为W（kg），计算方法如下。

男性：
$$A=0.00607H+0.0127W-0.0698$$

女性：
$$A=0.00586H+0.0126W-0.0461$$

2. 不同生理与病理状况的影响

婴幼儿和青少年生长发育迅速，基础代谢能量消耗相对较高。另外，孕妇和乳母的基础代谢能量消耗也较高，主要表现在妊娠期子宫、胎盘、胎儿的发育及体脂储备以及乳母合成与分泌乳汁均需要额外能量的补充。成年后，随年龄增长，基础代谢水平不断下降，女性更年期后下降更多。应激状态、生病发热、甲状腺素及肾上腺素等激素分泌异常、创伤、失眠以及精神心理紧张时，能量代谢增强，也能直接或间接影响人体的基础代谢能耗。

3. 环境因素的影响

炎热或寒冷、大量摄食以及精神紧张等能引起交感神经兴奋的因素通常均可提高基础代谢水平；而禁食、饥饿或少食时，基础代谢能量消耗相应降低。环境温度在18~25℃时人体的基础代谢率最低，温度升高或降低，基础代谢率都会随之变化。在高温环境下因散热需要出汗，呼吸、心搏加快；温度过低可使骨骼肌颤栗而产热，因此不论环境温度过高或过低都可引起基础代谢率的增高。尼古丁和咖啡因等因素也可刺激机体引起基础代谢水平上升。

（二）体力活动

体力活动（physical activity）是指任何由骨骼肌收缩引起能量消耗的身体运动，包括日常生活中的学习、工作、锻炼等所有活动，是机体能量消耗的主要部分，一般占人体总能量消耗的 15%~30%。不同体力活动所消耗的能量不同，这主要与活动的强度、活动所持续的时间以及工作的熟练程度有关。随着人体活动量的增加，活动强度越大，持续时间越长，其能量消耗也将大幅度增加。工作越熟练，完成同样的工作所需时间越短，所消耗能量越少。体力活动是人体热能消耗变化最大，也是人体控制热量消耗、保持能量平衡、导致人体能量需要量不同的最重要的因素，人体可通过调整身体活动不同水平来控制能量消耗、维持能量平衡而促进健康。

影响体力活动能量消耗的因素包括：①肌肉越发达者，活动时消耗能量越多；②体重越重者，做相同的运动所消耗的能量也越多；③工作越不熟练者，消耗能量就越多。

国际上体力活动强度的通用单位是能量代谢当量（metabolic equivalence of energy，MET），又称代谢当量，1MET 相当于能量消耗为 1kcal/(kg·h) 或消耗 3. 5mLO_2/(kg·min) 的活动强度。体力活动强度一般以 1. 1~2. 9MET 为低等强度体力活动，3~6MET 为中等强度体力活动，7~9MET 为高强度体力活动，10~11MET 为极高强度体力活动。常见的体力活动强度和能量消耗见表 2-4。

表 2-4　　常见体力活动强度（MET）和能量消耗

活动项目		体力活动强度/MET		能量消耗量/[kcal/(标准体重·10min)]	
		<3 低强度；3~6 中强度；7~9 高强度；10~11 极高强度		男（66kg）	女（56kg）
家务活动	整理床、站立	低强度	2. 0	22. 0	18. 7
	洗碗、熨烫衣物	低强度	2. 3	25. 3	21. 5
	收拾餐桌、做饭或准备食物	低强度	2. 5	27. 5	23. 3
	擦窗户	低强度	2. 8	30. 8	26. 1
	手洗衣服	中强度	3. 3	36. 3	30. 8
	扫地、扫院子、拖地板、吸尘	中强度	3. 5	38. 5	32. 7
步行	慢速（3km/h）	低强度	2. 5	27. 5	23. 3
	中速（5km/h）	中强度	3. 5	38. 5	32. 7
	快速（5. 5~6km/h）	中强度	4. 0	44. 0	37. 3
	很快（7km/h）	中强度	4. 5	49. 5	42. 0
	下楼	中强度	3. 0	33. 0	28. 0
	上楼	高强度	8. 0	88. 0	74. 7
	上下楼	中强度	0. 5	49. 5	42. 0

续表

活动项目		体力活动强度/MET <3 低强度；3~6 中强度； 7~9 高强度；10~11 极高强度		能量消耗量/[kcal/(标准体重·10min)] 男 (66kg)	能量消耗量/[kcal/(标准体重·10min)] 女 (56kg)
跑步	走跑结合（慢跑<10min）	中强度	6.0	66.0	56.0
	慢跑，一般	高强度	7.0	77.0	65.3
	8km/h，原地	高强度	8.0	88.0	74.7
	9km/h，原地	极高强度	10.0	110.0	93.3
	跑，上楼	极高强度	15.0	165.0	140.0
自行车	12~16km/h	中强度	4.0	44.0	37.3
	16~19km/h	中强度	6.0	66.0	56.0
球类	保龄球	中强度	3.0	33.0	28.0
	高尔夫球	中强度	5.0	55.0	47.0
	篮球，一般	中强度	6.0	66.0	56.0
	篮球，比赛	高强度	7.0	77.0	65.3
	排球，一般	中强度	3.0	33.0	28.0
	排球，比赛	中强度	4.0	44.0	37.3
	乒乓球	中强度	4.0	44.0	37.3
	台球	低强度	2.5	27.5	23.3
	网球，一般	中强度	5.0	55.0	46.7
	网球，双打	中强度	6.0	66.0	56.0
	网球，单打	高强度	8.0	88.0	74.7
	羽毛球，一般	中强度	4.5	49.5	42.0
	羽毛球，比赛	高强度	7.0	77.0	65.3
	足球，一般	高强度	7.0	77.0	65.3
	足球，比赛	极高强度	10.0	110.0	93.3
跳绳	慢速	高强度	8.0	88.0	74.7
	中速，一般	极高强度	10.0	110.0	93.3
	快速	极高强度	12.0	132.0	112.0
舞蹈	慢速	中强度	3.0	33.0	28.0
	中速	中强度	4.5	49.5	42.0
	快速	中强度	5.5	60.5	51.3

续表

活动项目		体力活动强度/MET		能量消耗量/[kcal/(标准体重·10min)]	
		<3 低强度；3~6 中强度；7~9 高强度；10~11 极高强度		男 (66kg)	女 (56kg)
游泳	踩水，中等用力，一般	中强度	4.0	44.0	37.3
	爬泳（慢），自由泳，仰泳	高强度	8.0	88.0	74.7
	蛙泳，一般速度	极高强度	10.0	110.0	93.3
	爬泳（快），蝶泳	极高强度	11.0	121.0	102.7
其他活动	瑜伽	中强度	4.0	44.0	37.3
	单杠	中强度	5.0	55.0	46.7
	俯卧撑	中强度	4.5	49.5	42.0
	太极拳	中强度	3.5	38.5	32.7
	健身操（轻/中等强度）	中强度	5.0	55.0	46.7
	轮滑旱冰	高强度	7.0	77.0	65.3

注：1MET 相当于每千克体重每小时消耗能量 1kcal [1kcal/(kg·h)]。

资料来源：中国营养学会《中国居民膳食指南（2022）》。

（三）食物热效应

食物热效应（thermic effect of food，TEF）又称食物特殊动力作用（specific dynamic action，SDA），是指人体因摄食而引起额外的能量消耗的现象，是摄食后所发生的一系列消化、吸收利用以及营养素及其代谢产物之间相互转化过程中所消耗的能量。食物热效应的高低与食物营养成分、进食量、进食频率和进食速度有关。

食物中三种产能营养素的食物热效应不同，其中蛋白质的食物热效应最大，占其自身产能的20%~30%，而碳水化合物所占比重为5%~10%，脂肪为4%~5%。而混合膳食的食物热效应为10%左右。不同的食物其构成成分不同，热效应自然也不同。产生这种差异的根本在于，三种产能营养素在体内的代谢形式不同引起能量消耗的不同，转化生成 ATP 量也不同。例如膳食脂肪经消化、吸收后转变为体脂肪时，消耗的能量最少；由膳食碳水化合物消化、吸收的葡萄糖转变为机体糖原或脂肪时，所消耗的能量较多；而食物蛋白质中的氨基酸合成机体蛋白质或代谢转化为脂肪时，其消耗能量最多。

除了与食物本身相关，食物热效应也受摄食行为的影响。摄食量越多，能量消耗也越多；进食快者比进食慢者食物热效应高，这主要是由于进食快时中枢神经系统较活跃，激素和酶的分泌速度快且数量多，产能营养素吸收利用速率较高，能量消耗也相对较多。

（四）生长发育及特殊生理阶段的能量消耗

婴幼儿、儿童和青少年阶段除以上三种以外还应包括生长发育额外所需的能量，主要指机体生长发育中合成新组织所需的能量。新生儿按千克体重与成年人比较，其能量消耗比成年人多2~3倍；1~6个月婴儿，每天用于生长发育的能量占摄入总能量的15%~35%。婴儿每增加1g体重约需要20.9kJ（5kcal）能量，随后随年龄增长，能耗需求逐渐放缓。特殊生理阶段包括孕期、哺乳期和女性生理周期等阶段。孕期额外能量消耗的增加主要包括胎儿生长发育和孕妇子宫、乳房与胎盘的发育及母体脂肪的储存以及这些组织的自身的储存以及这些组织的自身代谢等；哺乳期乳母产生乳汁及乳汁自身含有的能量等也需要额外的能量消耗。

二、 能量需要量

机体的能量消耗主要用于维持基础代谢、体力活动、食物热效应和生长发育。其中当能量摄入量与能量需求量达到理想的平衡状态时，机体的能量需要等于其能量消耗。

能量需要量（estimated energy requirement，EER）是指能长期保持良好的健康状态、机体构成以及理想活动水平的个体或人群，达到能量平衡时所需要的膳食能量摄入量（WHO/FAO/UNU，1985）。某一群体的能量推荐摄入量直接等同于该群体的能量平均需要量（EAR），与其他营养素（推荐摄入量等于EAR加2倍标准差）不同。确定能量需要量时，需要充分考虑性别、年龄、体重、身高、体力活动和生长发育等因素。对于孕妇和哺乳期等特殊生理阶段而言，能量需要量还应该包括胎儿组织储备、乳汁分泌等过程的能量需要量。本章以成人能量需要量的确定为例进行描述。

1. 基础能量消耗计算法

本方法的计算思路是，能量推荐摄入量以估算基础能量消耗（BEE）为重要基础，再与体力活动水平（physical activity level，PAL）的乘积来估算成年人总能量消耗量（total energy expenditure，TEE），推算出成人的能量需要量。目前，国际上广泛使用的是WHO推荐的Schofield公式推算法（表2-5）。我国尚缺乏人群基础代谢的研究数据，依此公式计算中国人群的基础代谢偏高，因而中国营养学会建议将18~59岁人群按此公式计算的结果减去5%，作为该人群的基础代谢能量消耗参考值。

表2-5　　按体重计算基础能量消耗的公式

年龄/岁	男		女	
	kcal/d	MJ/d	kcal/d	MJ/d
18~30	15.057*W*+692.2	0.0629*W*+2.89	14.818*W*+486.6	0.0619*W*+2.03
30~60	11.472*W*+873.1	0.0479*W*+3.65	8.126*W*+845.6	0.0340*W*+3.53
>60	11.711*W*+587.7	0.0490*W*+2.457	9.082*W*+658.5	0.0379*W*+2.753

注：*W*为体重，kg。

如前所述，中国营养学会在制订能量推荐摄入量时，充分考虑到人体体力活动水平（PAL）的大小直接影响着机体能量需要量，故按轻、中、重度三个层次的体力活动水平（表2-6）将中国人群成人身体活动强度分为三级，在此基础上计算能量需要量。

由于基础代谢率随着年龄增长而降低，中国营养学会对50岁以上的人群各体力活动水平组的基础能量消耗进行了调整，不同生理状态、体力活动水平下膳食能量需要量见表2-7。

表 2-6　　中国营养学会建议的中国成年人体力活动水平分级

活动水平	PAL	生活方式	从事的职业或人群
轻度	1.4~1.7	静态生活方式/坐位工作，很少或没有重体力的休闲活动；静态生活方式/坐位工作，有时需走动或站立，但很少有重体力的休闲活动	办公室职员或精密仪器机械师、实验室助理、司机、学生装配线工人
中度	1.8~1.9	主要是站着或走着工作	家庭主妇、销售人员、侍应生、机械师、交易员
重度	2.0~2.4 (+0.3*)	重体力职业工作或重体力休闲活动方式；体育运动量较大或重体力休闲活动次数多且持续时间较长	建筑工人、农民、林业工人、矿工、运动员

注："*" 有明显体育运动量或重体力休闲活动者（每周 4~5 次，每次 30~60min），PAL 增加 0.3。
资料来源：中国营养学会《中国居民膳食营养素参考摄入量（2013)》。

表 2-7　　中国居民膳食能量需要量　　单位：kcal/d

人群	能量					
	体力活动水平（轻）		体力活动水平（中）		体力活动水平（重）	
	男	女	男	女	男	女
0 岁~	—	—	90kcal/(kg·d)		—	—
0.5 岁~	—	—	80kcal/(kg·d)		—	—
1 岁~	—	—	900	800	—	—
2 岁~	—	—	1100	1000	—	—
3 岁~	—	—	1250	1200	—	—
4 岁~	—	—	1300	1250	—	—
5 岁~	—	—	1400	1300	—	—
6 岁~	1400	1250	1600	1450	1800	1650
7 岁~	1500	1350	1700	1550	1900	1750
8 岁~	1650	1450	1850	1700	2100	1900
9 岁~	1750	1550	2000	1800	2250	2000
10 岁~	1800	1650	2050	1900	2300	2150
11 岁~	2050	1800	2600	2100	3000	2400
14 岁~	2500	2000	2850	2300	3200	2550
18 岁~	2250	1800	2600	2100	3000	2400
50 岁~	2100	1750	2450	2050	2800	2350
65 岁~	2050	1700	2350	1950		

续表

人群	能量					
	体力活动水平（轻）		体力活动水平（中）		体力活动水平（重）	
	男	女	男	女	男	女
80岁~	1900	1500	2200	1750		
孕妇（早）	—	+0	—	+0	—	+0
孕妇（中）	—	+300	—	+300	—	+300
孕妇（晚）	—	+450	—	+450	—	+450
乳母	—	+500	—	+500	—	+500

注：“—”表示未制定参考值；“+”表示在同龄人群参考值基础上额外增加量。

资料来源：中国营养学会《中国居民膳食营养素参考摄入量（2013）》。

2. 通过膳食调查的观察计算法

在食物供应充足、体重不发生明显变化时，良好健康者的能量摄入量基本上可反映出能量需要量。常规情况下，我们通过获取被调查者5~7d的膳食摄入情况，借助《食物成分表》和食物成分分析软件等工具计算得到平均每日膳食中碳水化合物、脂肪和蛋白质等产能营养素摄入量，用公式表示食物总能量，即为：能量（kcal）= 4×蛋白质+9×脂肪+4×可利用碳水化合物+7×乙醇+3×可利用有机酸。同时，结合调查对象的营养状况间接估算出人群每日的能量需要量。

三、人体总能量消耗的测定

WHO/FAO/UNU联合专家委员会2004年报告指出，应用多种不同的方法进行人体总能量消耗的测定，以获得人体能量消耗量以及相关信息，是制定不同身体活动强度下人群的能量需要量的关键和依据。计算人体总能量消耗常用的方法有人体能量需要量计算法、直接测热法、间接测定法、双标水法、心率检测法、行为记录法等方法。

（一）能量需要量计算法

能量需要量计算法已在前文详述，此处不再赘述。

（二）直接测热法

直接测热法（direct calorimetry）是将被测者置于一特殊的检测环境中，直接收集并测量被测者在一定时间内（通过辐射、传导、对流及蒸发4个方面）发散的总热量。直接测热法测定原理简单，所得数据准确，但直接测热的装置较为复杂且昂贵，该方法主要用于肥胖和内分泌系统障碍的研究，人群现场的实际应用受到限制，因此研究能量代谢一般采用间接测热法。

（三）间接测热法

间接测热法（indirect calorimetry）是基于三大产能营养素在体内氧化分解代谢过程，测定人体消耗掉的氧气量和生成的二氧化碳量和排出的尿氮量而计算出人体所生成的热能的方法。测定时用气袋收集一定时间内受试者的全部呼出气，分析呼出气中的含氧量和二氧化碳量，将呼出气与吸入空气对比，即可算出此段时间内机体所消耗的氧量和二氧化碳生成量。同一时间内二氧化碳生成量与耗氧量之比，称为呼吸商（respiratory quotient，RQ）。根据所消耗的糖和脂肪比例，可以得到不同呼吸商下的氧热价，再乘以与受试者每分钟耗氧量就可得到每分钟该项活动所消耗的能量。此外，还可以通过尿氮量分析出所消耗的蛋白质精确所产生的热量。间接测热法测定结果准确、可信，尤其是改进后的测定装置体积小，便于携带，更有利于人群现场的使用。

（四）双标水法

双标水法（doubly labeled water，DLW）具体做法：受试者摄入一定量的含有氢（^{2}H）和氧（^{18}O）稳定同位素的水，当这两种标记同位素在机体达到平衡时，收集受试者的尿液或唾液样本，通过检测两种同位素浓度的变化，获得其相应衰减速率，通过对比其差别，计算得出二氧化碳产生量，进而推算出氧耗和能量消耗。双标记水法适用于任何人群或个体的测量，不易受到限制和干扰，无毒、无损伤，且同时可以测定机体的组织构成，但双标水价格昂贵，同时还需要昂贵的高灵敏度和精确度的同位素质谱仪和专业分析人员，故双标记水法目前的使用仍有局限性。

此外，还可以依据心率和二氧化碳生成量之间的线性关系，通过运动感应装置估算能量消耗；也可以根据行为及体重记录观察计算体力活动 MET 的统计而得到受试者的总能量消耗。

第三节 食物的能量供应及均衡管理

一、食物的能量供应及转化

能量的供应主要来源于食物中的碳水化合物、脂肪和蛋白质。碳水化合物主要存在于粮谷类和薯类食物中，是人类的主要能量来源。油料作物和动物性食物，如花生、大豆和动物中脂肪含量较高。蛋白质主要来源于动物性食物、大豆和坚果等。

碳水化合物是自然界最丰富的能量物质，在体内释放能量快，常以葡萄糖形式供给机体各种组织能量，是人类最经济和最主要的能量来源。特别是由于存在血脑屏障，除葡萄糖和酮体以外的物质无法进入脑为脑组织提供能量，脑组织的供能大部分都依赖于葡萄糖供应。

脂肪是人体能量的主要来源，也是人体最重要的体成分和能量的储存形式。当机体能量摄入过量，就会转变为脂肪而储存起来；而当机体需要时，脂肪分解释放甘油和脂肪酸进行氧化代谢产能。但由于机体不能利用脂肪酸分解产生的乙酰辅酶 A 进行糖异生作用合成葡萄糖，所以脂肪不能直接给脑组织供能，因此过度节食缺乏葡萄糖供应的情况下可能导致机体分解组织蛋白质进入糖异生途径以保证血糖水平。但脂肪酸氧化分解能够生成中间产物酮体，在饥饿期间酮体也是包括脑在内的许多组织的燃料，具有重要生理意义。在饥饿、各种原因引起的糖代谢发生障碍脂分解增加及糖尿病酸中毒时，因产生酮体速度大于组织利用速度，酮体过量蓄积易造成潜在危害。安静状态下空腹的成年人，所需要的能量大约 25% 来自游离脂肪酸，15% 来自葡萄糖，其余由内源性脂肪提供。

蛋白质是一切生命的物质基础，一般情况下需要节约蛋白质以构筑机体，而当膳食中碳水化合物和脂肪供应不足时，机体为了满足自身对能量的需求，会动用体内蛋白质通过糖异生作用产生葡萄糖。但需要注意的是，蛋白质在体内不能完全氧化，除了二氧化碳和水，还会产生一些不能继续被分解利用的含氮化合物（如尿素、尿酸、肌酐和氨），过量的蛋白质消耗可能会增重肾脏负担。

结合三大产能营养素的供能特点，碳水化合物是最安全的能量来源，膳食供应的三种产能营养素所占能量供给比重应处于适当范围。食物能量的高低取决于其营养构成，含脂肪多的食物转化的能量也就越高，如肥肉比瘦肉的脂肪含量高，油炸食品脂肪含量很高，因此，转化的能量也相对高。蔬菜和水果中含纤维素和水分较多，而脂肪和蛋白质的含量低，故含有的能量低。平衡膳食对能量均衡有重要意义。

二、 能量的参考摄入量

人体能量需要量受到年龄、性别、生理状态和劳动强度等因素的影响。能量摄入量与消耗量间的平衡状态是保持健康的基本要素。前面我们已经介绍，中国营养学会按照人群不同身体活动水平（轻、中和重）、不同性别和年龄健康人情况，制定了膳食能量需要量（EER）。以中等身体活动水平为例，18~49 岁男性与女性分别为 2600kcal/d 和 2100kcal/d、50~64 岁分别为 2450kcal/d 和 2050kcal/d、65~79 岁则分别为 2350kcal/d 和 1950kcal/d；孕中期和孕晚期在同龄人群参考值的基础上分别额外增加 300kcal/d 和 450kcal/d，而乳母则额外增加 500kcal/d。

而在膳食结构上，我国营养学家建议成年人膳食中产能营养素供能应占总能量比例分别为碳水化合物 50%~65%、脂肪 20%~30%、蛋白质为 10%~15%。年龄越小，蛋白质提供能量占总能量的比重应适当增加，儿童青少年蛋白质供能一般为 12%~14%，特殊人群如孕妇、乳母在此基础上增加，老年人适当减少。但成年人脂肪摄入量不宜超过总能量的 30%。

根据《中国居民营养与健康状况监测报告（2010—2013）》结果，近十年间居民膳食营养状况总体改善，2012 年居民每人每天平均蛋白质摄入量为 65g，脂肪摄入量为 80g，碳水化合物摄入量为 301g；2012 年我国城乡居民碳水化合物提供的能量比例为 55.0%，其中城市为 51.0%，农村为 59.1%，贫困农村为 62.1%；我国城乡居民脂肪提供的能量比例为 32.9%，其中城市居民为 36.1%，农村居民为 29.7%，贫困农村为 27.3%。整体上我国居民三大营养素供能充足，能量需要得到满足，但豆类和乳类消费量依然偏低，脂肪摄入量过多，平均膳食脂肪供能比超过 30%。蔬菜、水果摄入量略有下降。饮食结构的不均衡变化，导致超重肥胖问题凸显。

《中国居民营养与慢性病状况报告（2020 年）》也显示我国居民膳食结构不合理的问题突出，膳食脂肪供能比持续上升，食用油、食用盐摄入量远高于推荐值，而水果、豆类及豆制品、乳类消费量不足。超重肥胖的形势严峻，城乡各年龄段居民超重肥胖率持续上升。超重肥胖的控制必须坚持预防为主，贯穿全生命周期，要从女性备孕、母亲孕期开始，从儿童青少年时期抓起。

三、 能量均衡的控制和管理

能量稳态通过能量摄入和能量消耗间的动态平衡实现。当能量摄入过剩时，能量在体内转化为脂肪，表现为体重增加，呈“正”平衡状态；反之，体重减轻呈“负”平衡状态。现代人不健康的生活方式，如管不住嘴，也迈不开腿，导致每天的热量摄入多消耗少。成人能量代谢状态是能量摄入与能量消耗达到平衡，这种平衡可使机体保持健康并胜任必要的社会生活活动。

体重变化是判断一段时期内能量平衡与否最简单的指标，也是判断吃动是否平衡的指标。个体可根据自身体重状态适当调整食物摄入和身体活动，使之达到状态平衡。

（一）少摄入，管住嘴

为保证能量平衡、维持健康体重，中国营养学会《中国居民膳食指南（2022）》推荐，食不过量，控制总能量摄入，保持能量平衡。食不过量是指每天摄入的各种食物所提供的能量不超过人体所需要的能量。食物提供的能量不同，如蔬菜是低能量食物，油脂、高脂肪的食物、肉等能量较高。食物不过量，需要合理搭配食物，既要保持能量也要保持营养素的平衡。

做好食不过量应注意：①定时定量进餐，以避免过度饥饿而引起的饱食中枢反应迟钝，进食过量。吃饭宜细嚼慢咽，避免进食过快，无意中过量进食。②提倡分餐制，根据个人的生理条件和身体活动量，进行标准化配餐和定量分配。③每顿少吃一两口，日积月累，从量变到质变，对预防能量摄入过多进而引起的超重和肥胖有重要作用。④减少高能量食品的摄入，学会看食品标签上的“营养成分表”，了解食品的能量值，避免选择高脂肪、高糖食品。⑤减少在外就餐或聚餐。

对于存在超重肥胖的人，饮食调整应在控制摄入总能量的基础上，保持平衡膳食。一般情况下，建议能量摄入每天减少300~500kcal，严格控制食用油和脂肪的摄入，适量控制精白米面和肉类，保证蔬菜水果和牛奶的摄入充足。能量控制计划根据个人健康、性别、体重、活动不同因人而异，减肥膳食不能低于1200kcal/d，并且仍应继续遵循膳食指南原则，保持蛋白质、脂肪和碳水化合物的比例平衡。减肥膳食的每天最低量1200kcal能量，大约为150g主食、100g瘦肉、1个鸡蛋、1杯牛奶（300mL）、500g蔬菜和少许油脂。尽量摄入能量密度低的、饱腹感强的食物，避免食用空热量（empty calories）食物，即含有高热量、却只含有少量或者几乎不含蛋白质、维生素、矿物质等其他营养成分的食物，如糖果、饮料、饼干等。同时利用INQ等工具尽量在同等能量摄入的情况下，保证更多的膳食营养素的补充。

（二）多消耗，迈开腿

能量消耗的四种途径中，身体活动的消耗是自主调节能量消耗的重要途径，随着身体活动量的增加，能量消耗将大幅增加。所以，要重视运动，增加身体活动的消耗，甩掉多余的脂肪。坚持日常身体活动，每周至少进行5d中等强度身体活动，累计150min以上；主动中高强度活动至少相当于6000步/d+日常基础活动约2000步。以下活动相当于1000步运动量，如骑自行车7min，跳绳3min，瑜伽7min，网球5min，中速步行10min。

运动和食物选择一样，也要多样化，不同的运动形式，锻炼的效果也不尽相同。运动一般分为三种运动形式，有氧运动、力量运动和拉伸柔韧性运动。有氧运动如慢跑、自行车、游泳等，促进提高人体心肺耐力，有效减少机体脂肪堆积。力量训练，借助如哑铃、沙袋、弹力带及健身器械等工具进行锻炼，可以增加瘦体重，强壮骨、关节和肌肉，延缓运动功能丢失，预防心血管疾病。柔韧性运动，如太极拳、瑜伽、舞蹈等轻柔、伸展性的运动形式等。减少久坐时间，每小时起来动一动。另外，办公室工作过程中提倡多活动，如减少在线通信多面对面沟通、少乘电梯多爬楼梯等。久坐者，每小时起来活动一下，做做伸展运动或健身操。在家时，也应尽量少看电视、减少手机及其他电子产品使用时间，业余时间多进行户外散步、打球、遛狗、逛街、踢毽等活动。建议有氧运动天天有，抗阻运动不可少，柔韧运动随时做。

适量的体育锻炼可以增强心肺功能，保持或增加瘦体重，减少体内脂肪蓄积，控制体重；提高骨密度、预防骨质疏松症；调节血脂、血压和血糖水平，增加胰岛素的敏感性，提高代谢率，改善内分泌功能，降低肥胖、心血管疾病、2 型糖尿病等慢性病的风险；调节心理平衡，减轻压力，缓解焦虑、改善睡眠，改善脑功能，对延缓老年认知功能下降也有帮助。运动强度的判断见表 2-8。

表 2-8 运动强度的判断

运动强度	相当于最大心率百分数/%	自觉疲劳程度	代谢当量/MET	相当于最大吸氧量/%
低强度	40~60	较轻	<3	<40
中强度	60~70	稍累	3~6	40~60
高强度	71~85	累	7~9	60~75
极高强度	>85	很累	10~11	>75

注：最大心率=220-年龄。

资料来源：《运动营养学》。

（三）规律生活

生物节律是近似以 24h 为周期波动的生物现象。越来越多研究表明，生物钟对能量平衡的调控作用不容忽视，持续光照、强制性夜班工作或睡眠时间减少导致的生物钟紊乱均不同程度影响机体进食模式或摄食量。城市快节奏运行模式以及个人职场压力剧增，夜间光线暴露、夜班和跨地域工作及旅居的人群正逐步扩大，昼夜节律生活方式正逐渐被打破。遗传或环境因素所导致的昼夜节律紊乱均可改变能量平衡，增加肥胖及相关疾病的风险。

同时由于生活不规律导致进食节律打乱，晚饭吃得晚、夜间吃宵夜的生活方式，也会增加慢性病的发病风险。来自美国哥伦比亚大学研究团队的一项研究结果显示，晚间摄入的热量占每日摄入热量比例较高的女性，患心血管疾病的风险更大。具体来讲，在下午 6 点以后，摄入更多热量的女性，有可能血压更高、体重指数更高、血糖长期控制状况更差。晚上 8 点以后热量摄入过多，心血管健康也会出现类似的下降。机体内的新陈代谢、胰岛素等激素分泌都有昼夜节律，这些身体机制并不适应能量的过晚或额外摄入。因此，注意晚餐的时间以及控制晚餐所含热量占全天热量的比例，有助于降低心脏病风险，简单易行。

为保持良好健康状态，应保证规律作息、充足睡眠，建立良好的膳食制度及三餐能量分配比例，纠正不吃早餐、晚餐过量的不良习惯。

思考题

1. 体内能量代谢不平衡会引发哪些健康问题？
2. 针对我国居民超重和肥胖比例不断增高的实际情况，你有何想法及建议？
3. 简述中国成年人活动水平分级及其依据。
4. 简述三种产能营养素的食物热效应区别。
5. 简述人体能量消耗的主要途径及影响因素。
6. 简述能量均衡控制及管理的具体方法和措施。

CHAPTER 3

第三章 食物的营养价值

学习要点

1. 学习食品营养价值的评价以及营养质量指数（INQ）的概念、意义，以及加工、烹调和贮藏对食物营养价值的影响；

2. 学习谷类、豆类、乳类、蛋类及其制品的营养价值；

3. 学习果蔬营养成分及其保健功能，合理食用果蔬；

4. 理解和掌握畜禽和水产品的基本特性，以及主要畜肉、禽肉的营养价值和常见水产品所具有的营养价值；学会比较畜禽类食用资源和水产食用资源的相似点和不同点；掌握不同的营养元素对人体的作用。

思 政 点

学习各类食物的营养特征，在国家战略层面上，围绕各类食物营养与人体健康，加强生产、加工和消费环节的重大基础研究，对于推进健康食品产业可持续发展，保障国民健康等，具有重要的战略意义。

食物是人类获取能量和各种营养素的主要来源，是人类赖以生存的物质基础。在食物相对匮乏的年代，食物供给以满足人体每日能量需要为基本要求。但随着社会经济的发展，人民生活水平的提升，人们对食物的需求除了满足能量需要外，越来越注重各种营养素的全面均衡摄入。如今，《“健康中国2030”规划纲要》中提出全民普及膳食营养知识，倡导合理膳食，引导居民形成科学的膳食习惯的观点。人们通过了解食物的营养价值并学会对其进行评价，可以根据自己的喜好来正确并合理地选择、加工和烹调食物，对人们日常保持合理健康膳食显得尤为重要。

食物营养价值及其评价

第一节 食物营养价值及其评价

食物的来源可分为植物性食物（及其制品）、动物性食物（及其制品）以及由上述两类天然食物为原料加工制作而成的加工食品。在中国居民平衡膳食宝塔中将食物分为五大类，即谷薯类、蔬菜水果类、动物性食物（包括鱼、禽、肉、蛋等）、乳类和大豆坚果类以及烹调油和盐。不同食物所蕴含的能量以及营养素的种类和含量不尽相同，其营养价值也相差各异。

食物的营养价值（nutritional value）是指某种食物所含营养素和能量能满足人体营养需要的程度。食物营养价值的高低不仅取决于食物中营养素种类是否齐全，数量是否充足，还取决于各营养素之间的比例是否适宜，以及是否易被人体消化吸收和利用。另外，食物的营养价值还会受到多种因素的影响，如食物的产地及气候、品种、加工工艺和烹饪方式等。

一、食物营养价值的评价

食物营养价值的评价主要从食物所含的营养素种类和含量，以及营养素的质量两个方面进行。但是食物营养素含量和质量在不同的加工处理、烹饪过程中会发生改变。另外随着对食物中营养素以外的活性成分的研究不断深入，食物中活性成分的种类和含量也可以作为食物营养价值评价的依据。特别是食物组学的研究为发现食物中次级代谢产物来评价食物营养价值提供了新的思路和途径。

（1）营养素的种类及含量　食物中所提供的营养素种类和含量是评价食物营养价值的重要指标。当食物中所提供营养素的种类和含量越接近人体需要时，该食物的营养价值就越高。当食物中营养素种类不全或某些营养素含量很低时会直接降低其营养价值。例如在植物蛋白中，大米和面粉中赖氨酸含量相对较低，导致其他必需氨基酸在体内不能被充分利用，故而影响其蛋白质营养价值。食物的品种、部位、产地及成熟程度都会影响食物营养素的种类和含量。自然界中没有任何一种食物可以满足我们人体对所有营养素的需要。所以在对食物营养价值进行评价时，首先应对营养素的种类和含量进行分析比较，并将不同食物进行合理搭配，增加食物的营养价值。例如将大米和豆类食物进行混合烹调食用，或者用豆浆水煮米饭都可以实现蛋白质互补，从而增加蛋白质的营养价值。

各类食物为人体同时提供能量和营养素，如能量摄入过多会导致肥胖和各种慢性病发病率增加，而营养素摄入过少也会带来营养缺乏的风险，因此在评价某种食物时，常常需要把食物中营养素含量和该食物所提供的能量结合进行综合评价。而营养质量指数（index of nutrition quality，INQ）是食物营养价值评价常用的指标，它是指某食物中营养素能满足人体营养需要的程度（营养素密度）与该食物能满足人体能量需要的程度（能量密度）的比值。营养质量指数的大小，可以很直观地看出某食物提供能量的能力和提供营养素能力的高低，以反映该食物营养价值。其计算公式如下：

$$\mathrm{INQ}=\frac{\text{营养素密度}}{\text{能量密度}}=\frac{100\mathrm{g}\ \text{食物某营养素含量/该营养素摄入量}}{100\mathrm{g}\ \text{食物提供能量/能量参考摄入量}}$$

若 INQ=1，表示该食物的营养素供给与能量供给达到平衡；INQ>1 时，表示该食物营养素的供给量高于能量的供给量，一般认为 INQ≥1 的食物营养价值高。INQ<1 时，表示该食物中营养素的供给低于能量的供给，长期食用 INQ<1 的食物，可能发生该营养素不足或能量过剩，因此该食物营养价值低。营养质量指数可以根据不同人群的需求来分别进行计算，由于不同人群的能量和营养素参考摄入量不同，所以同一食物不同人群食用其营养质量指数是不同的。

以轻体力劳动水平的成年男子的参考摄入量为例，计算出鸡蛋、大米、大豆中蛋白质、维生素 A、维生素 B_1和维生素 B_2的营养质量指数，见表 3-1。

表 3-1　　不同食物的参考摄入量以及 INQ

	能量/kcal	蛋白质/g	维生素 A/μg	维生素 B_1/mg	维生素 B_2/mg
参考摄入量	2250	65	800	1.4	1.4
鸡蛋	144	13.3	234	0.11	0.27
鸡蛋 INQ		3.20	4.57	1.23	3.01
大米	347	8.0	—	0.22	0.05
大米 INQ		0.80	—	1.02	0.23
大豆	359	35.0	37	0.41	0.20
大豆 INQ		3.37	0.29	1.84	0.90

注：1kcal=4.186kJ。

资料来源：中国营养学会《中国居民膳食指南（2022）》。

（2）营养素的质量　在评价某食物或某营养素的营养价值时，营养素的质与量同等重要。质的优劣体现在营养素可被人体消化吸收和利用的程度，消化吸收率和利用率越高，该食物的营养价值就越高。例如，蛋、乳、肉、鱼等动物性蛋白质以及大豆蛋白质中由于各种必需氨基酸构成比例与人体蛋白质氨基酸模式较接近，被机体利用的程度高，故这些动物性食物和大豆中蛋白质的营养价值比其他植物性食物高。

（3）营养素在加工烹调过程中的变化　不同的食物所蕴含的营养价值各不相同，采用正确、科学的加工烹调方式能够避免食物中的营养成分过度丢失和破坏。另外，不同的烹调方式赋予了食物不同的色、香、味，并且使得食物更容易被消化吸收。例如，在豆类中存在不能被人体小肠消化吸收的棉子糖和水苏糖，而这两种物质能够在大肠中被肠道细菌代谢，产生气体和其他产物，造成胀气，若将豆类适当加工为豆制品，可以减少其不良影响，提高蛋白质的消化吸收率。但不同的烹调方式对食物营养价值的影响存在差异，应依据食物的特点，采用科学合理的烹调方式来保护食物的营养价值。如谷类淘洗次数越多，水温越高，浸泡时间越长，其营养素的损失就越多，特别是水溶性维生素和矿物质；面食在焙烤时，蛋白质中赖氨酸的 ε-氨基与羰基化合物（特别是还原糖）发生美拉德反应，产生的褐色物质在消化道中不能水解，使赖氨酸失去营养价值；畜、禽、鱼等肉类经过炒、焖、蒸、炖、煮等烹调后，蛋白质的含量变化不大，但蛋白质变性后更有利于人体的消化吸收；蔬菜中维生素会受烹调过程中洗涤方式、切碎程度、用水量、pH、加热温度和时间、烹饪方式的影响，对大多数蔬菜而言，蒸制是一种保存食物中维生素最好的烹调方式。所以结合食物自身特点，从切配方式、加工处理及烹调方式等多角度出发，选择最为适宜的料理方式将有效保护食物的营养素，优化食物烹饪口感，保障食物的新鲜度，以提高人体对食物中营养素的消化吸收和利用程度。

（4）食物抗氧化能力　食物抗氧化是指食物中的抗氧化活性成分清除体内过多自由基或抑制自由基活动的作用。食物抗氧化能力也是评价食物营养价值的重要部分。食物中的抗氧化成分除了常见的具有抗氧化活性的营养素（维生素 C、维生素 E、硒等）外，还包括了一些植物化学物（类胡萝卜素、多酚类物质、植物雌激素、花青素等）。目前研究发现，癌症和心血管疾病的发病机制与活性氧分子及自由基的存在有关，通过摄取抗氧化活性物质可以减少体内产生自由基并提高清除自由基的能力，从而有助于增强机体抵抗力，并且在一定程度上降低因自由基导致的疾病风险。在所有植物性食物的抗氧化活性成分中，多酚类物质无论在数量上还是在抗氧化作用上都是最高的，虽然多酚类物质不是人体必需的营养素，但因其具有超强的抗氧化能力可防止机体氧化损伤，抑制致癌物质的活性。同样蓝莓、紫薯和葡萄因含有大量的花青素而被视为高营养价值的食物，深受广大消费者的喜爱。所以含有较多抗氧化营养成分的食物通常被认为是营养价值高的食物。

（5）食物血糖指数　血糖指数（glucose index，GI）是指某食物与相同量的葡萄糖相比，在一定时间内（一般为餐后 2h）引起体内血糖应答水平的百分比值。可用血糖指数来评价食物碳水化合物对血糖的影响，从而反映食物碳水化合物营养价值的高低，但该指数只能反映食物中碳水化合物吸收的速度及其对血糖影响的幅度，不能反映食物中碳水化合物的总量对血糖的影响。

若某食物 GI<55，可认为该食物为低血糖指数食物；血糖指数在 55～75 时，该食物为中等血糖指数食物；GI>75 时，该食物为高血糖指数食物。高血糖指数食物进入胃肠道后消化吸收率高，葡萄糖入血快、引起的血糖峰值高，而低血糖指数食物则相反。血糖指数低的食物具有预防超重和肥胖进而预防营养相关慢性病的作用，例如糖尿病患者在选择食物时建议选择血糖指数低的食物。

（6）食物中抗营养因子　抗营养因子主要是指一些食物中能影响人对营养素消化和吸收的物质，如豆科作物中的一些蛋白质抑制剂、脂肪氧化酶、植酸等。植酸是豆类主要抗营养因子之一，含量为 1%～2%，植酸的存在严重影响钙和磷的吸收，同时植酸可以与金属离子、蛋白质以及消化酶结合形成不溶性复合物，从而降低这些营养素的消化吸收率，同样植物性食物中的草酸也可以影响矿物质的吸收。所以在进行食物营养价值评价时，不仅要关注食物中的有益营养成分，还要考虑其存在的抗营养因子，从而更全面了解和评价食物的营养价值。

二、评价食物营养价值的意义

食物是人类日常获取机体所需各种营养素和能量的主要来源，全面了解和评价食物营养价值对维护人体健康尤为重要。

（1）食物种类繁多，其中包含的成分也不尽相同，全面了解食物各种成分组成和含量，包括七大营养素、生物活性成分和抗营养因子等，通过分析比较可以发现各种食物的优缺点，为食物间的互补作用提供了有效证据，也为食品的改造和开发提供依据，同时通过分析解决食物的抗营养因子问题，帮助人们充分利用食物资源。

（2）通过了解各种食物的特性及在加工处理过程中各种营养素的变化，帮助人们在日常加工处理、烹调菜肴时选择合适、科学的处理方法，在赋予食物各种口感和增加色、香、味时，保持食物的新鲜度，同时最大限度减少各种营养素的损耗，提高人体的消化吸收和利用率。

（3）根据食物营养价值评价，结合自身特点，人们可以科学、自主选购食物并为日常的膳食提供合理、平衡的搭配，以达到平衡膳食和增强体质，提高免疫力及预防疾病的效果。

第二节　食物营养价值的影响因素

人类从食物中摄取营养，维持正常生理活动，满足人体生长发育的需求，而食物的基本来源主要是动物和植物。一方面，不同种类食物的营养素成分、含量、营养价值不同，即使是同种食物，它们的品种、产地、栽培方式、可食用部位、成熟度同样存在着较大的差异。另一方面，食物原材料在食用前，通常会经过多道工序的加工处理，蕴含的营养素在加工和贮藏过程中会发生不必要的降解和损失，对食品的营养价值及其生理效应产生负面影响。不同的加工技术将导致不同的食品结构，从而也影响生物可利用性、生物利用度和总体营养价值。因此，面对食品在贮藏加工过程中营养价值的不稳定变化，需要全面系统地掌握营养学知识，降低食品中营养成分的损失，提升食品的营养价值。

食物营养价值的影响因素

一、加工对食物营养价值的影响

（一）加工前处理对食物营养价值的影响

在对食品进行加工之前须对食品原料进行清理、漂洗、切分、干燥、腌制等一系列处理。不同种类的食品其加工前处理方式也各有不同。

水果和蔬菜在加工前处理过程中会损失某些营养成分，控制一些影响因素会有效减少这种情况。例如，在削皮的过程中会除去果蔬的外皮和皮下组织，但是这些外皮和皮下组织往往是果蔬代谢活动最为旺盛的部位，这就造成了果蔬中的维生素等营养物质的大量损失。而削皮、切分后，果蔬肉质持续暴露在空气中，由于酶促褐变导致营养素氧化，同时水洗会加速水溶性营养素的流失。部分果蔬在罐装之前需要进行烫漂，该过程中维生素的损失与食品的单位质量表面积成正相关。维生素 C 和维生素 B_1 在烫漂过程中极不稳定，而维生素 K、维生素 B_2、烟酸、生物素等物质通常损失较少。

谷类的前处理方式主要为适当碾磨并除去糠麸，以获得更好颜色和性状，同时便于烹调且利于消化。谷粒中维生素、矿物质、蛋白质等成分主要集中在谷粒的外部，向胚乳内部则逐渐降低。因此谷物的加工精度越高，营养成分损失也就越严重，其中矿物质和维生素的损失最大。同时，烹调前的清洗也会使单糖、多糖、B 族维生素受到损失，清洗次数越多，损失越大。

对于肉类，由于其含有丰富的蛋白质和脂肪，易被微生物污染而导致腐败变质，所以一般会采用腌制的方法来延长保存时间。一般的盐腌对肉类中的 B 族维生素和烟酸类营养物质的影响较小，但为了抑制肉毒梭菌的生长，减少肉类食物中毒情况，同时保证新鲜、稳定的颜色，肉类食品在腌制过程中经常加入亚硝酸盐。亚硝酸盐极易在烹调中或在人体内通过与胺类物质发生反应，生成有致癌作用的亚硝胺和亚硝酰胺类物质（图 3-1），一般可以通过在腌制时加入维生素 C 等抗氧化剂以抑制致癌物质的生成。

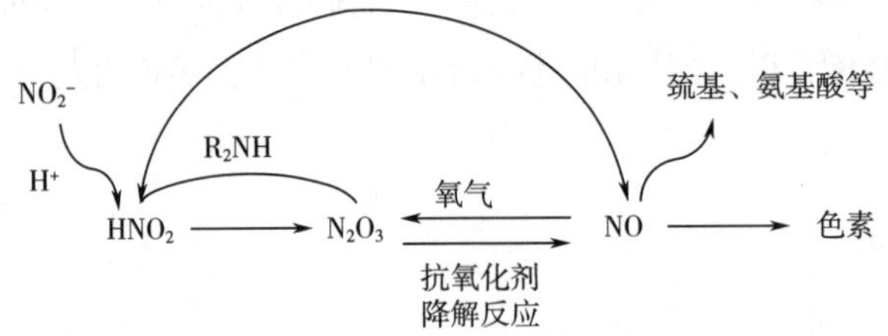

图 3-1　肉类食品中亚硝酸盐转化途径

（二）热处理对食物营养价值的影响

食品工业中的热处理环节除了前文提到的烫漂之外，还包括高温消毒、超高温杀菌、烹调等。热处理常用于杀灭食品中的微生物、改善食品的感官形态、钝化与食品氧化变质相关的酶、提高食品的消化率和营养素利用率、延长食品的保质期，以及破坏食品中有害的天然抗营养素等成分。但同时热处理也会导致食品中的蛋白质、脂肪等营养素被破坏，其破坏程度取决于热处理的温度、时间和传热速率以及食品的 pH、氧含量、相关氧化反应的内源性金属催化剂以及食品和维生素的种类。

食物蛋白质加热变性后，原来被包裹有序的蛋白质结构显露出来，便于蛋白酶发挥作用，因此加热可提高蛋白质消化率。大豆中含有的抗胰蛋白酶可使大豆难以被胰蛋白酶分解为人体可吸收利用的多肽和氨基酸，经过加热煮熟后，抗胰蛋白酶即失活，进而使蛋白质消化率提高。类似地，生鸡蛋、胶原蛋白以及某些来自豆类和油料种子的植物蛋白，若不先经加热使蛋白质变性则难以消化吸收，如生鸡蛋蛋白质消化率仅有约 50%，生蛋清中含有抗生物素和抗胰蛋白酶，能影响生物素的吸收并抑制胰蛋白酶的活力。但长时间高温加工则会使蛋白质严重变性从而导致赖氨酸、胱氨酸、色氨酸和精氨酸等必需氨基酸被破坏，尤其是赖氨酸的 ε-NH_2 在美拉德反应（Maillard reaction）中与还原糖产生反应，不能被人体吸收利用，从而造成蛋白质生物价值降低。过度加热也会导致蛋白质过分凝固、变硬，影响食欲和消化吸收。同时维生素也会遭受损失，煎蛋和烤蛋中维生素 B_1 和维生素 B_2 的损失分别约 15% 和 20%，而叶酸可损失约 65%。

加热可杀灭食物中的微生物和钝化引起食品败坏的酶，使营养物质免遭氧化分解和损失，因此高温消毒是处理鲜乳必不可少的处理步骤。由于微生物失活所需温度大于维生素被破坏所需的温度，超高温瞬时杀菌（ultra-high temperature instantaneous sterilization，UHT）对于杀菌和保存食品中的营养成分最有利。而降低杀菌温度、延长杀菌时间也能有效地杀灭微生物而尽可能少地破坏营养成分，例如巴氏杀菌法（pasteurization）。研究表明，巴氏杀菌（63℃，30min）或高温瞬时杀菌（120~140℃，1~2s）对牛乳中营养成分损失的影响不大，仅造成部分 B 族维生素和维生素 C 的损失。乳制品超高温杀菌对蛋白质的营养价值没有显著影响，且有利于提高蛋白质消化率。牛乳不同加工处理后维生素的损失见表 3-2。

表 3-2　　牛乳不同加工处理后维生素的损失

杀菌方式	维生素 B_1	维生素 B_6	维生素 B_{12}	叶酸	维生素 C
巴氏杀菌	<10%	0~8%	<10%	<10%	10%~25%
超高温瞬时杀菌	0~20%	<10%	5%~20%	5%~20%	5%~30%

果蔬和谷类的热加工，除了能够软化纤维素等多糖以改善口感，也提高了蛋白质的消化率。同时，加热可使淀粉颗粒膨胀，易于消化酶对其发挥作用，进而提高消化率。果蔬和谷类在热加工过程中营养成分的损失主要表现在维生素C的破坏和矿物质的流失，尤其是在中性和碱性的水溶液下。水烫、炖炒等工序都会导致营养成分的损失，引起水溶性维生素的流失和氧化。果蔬的热杀菌也是导致营养素损失的关键因素之一。

油脂在长时间加热过程中，甘油酯和脂肪酸被进一步氧化，其中亚油酸、亚麻酸等不饱和脂肪酸损失较大，其次是脂溶性的维生素，包括类胡萝卜素、维生素A、维生素E等。因此，对于油脂含量较高且富含亚麻酸、亚油酸等多不饱和脂肪酸的食物，如大豆和坚果类食物，应尽量避免高温加热。同时，短时高温比长时低温损失少一些，热处理后迅速冷却可降低营养素的损失。

（三）脱水干燥对食物营养价值的影响

脱水干燥是食品加工贮藏过程中所采用的主要方法，主要目标包括通过减少含水量和水分活度来保存食物和延长保质期；避免使用冷链系统进行运输和贮藏，降低成本；减少贮藏和运输的空间需求；使不同口味和质地的食品供应多样化，从而为消费者在购买食品时提供了一个很好的选择。

由于水在食品中占很大的比重，脱水会很大程度减少食品的重量和体积，因此采用合适的脱水干燥技术对保持食品的感官品质和营养价值尤为重要。对于不同种类的食品，需要采用不同的脱水或干燥方法，如日光干燥、烘房干燥、道式干燥、滚筒干燥、喷雾干燥以及冷冻干燥等。不同的干燥方法有各自的优点，也有相应的局限性。因此，将两种或两种以上的干燥方法进行结合逐渐成为现代食品干燥技术的发展趋势。同样地，水果干制过程中营养元素也会有不同程度的变化，维生素C会流失10%～50%，而在酸性条件下损失较少，但是水果中矿物质得到浓缩，杏干、葡萄干、枣干等果干均是矿物质的优质来源。此外，谷物的烘焙与膨化、果蔬的糖渍和盐渍、肉类的腌制和熏制等，都旨在使食品不同程度地脱去一定量水分，使其在适当条件下延长贮藏时间。但是，在食品干燥过程中，也存在食品营养素的损失和感官品质下降，与食品品种和脱水方式有关。

鲜乳杀菌后，经浓缩除去70%～80%的水分，采用不同干燥方法（喷雾干燥法、滚筒干燥法、真空冷冻浓缩法等）最终制成乳粉。喷雾干燥法对营养成分的影响较小，成品中蛋白质的营养价值和感官品质与鲜乳差别不大。滚筒干燥会严重地影响赖氨酸和维生素的含量，降低蛋白质的水合能力而使成品溶解性不佳。真空冷冻浓缩对乳粉品质影响较小，干制成的乳粉溶解性好，对乳的感官品质、营养价值影响较小，且其含水量仅为2%～3%，可以在常温条件下长期保存。若在干燥过程中利用氮气或二氧化碳进行气调保鲜，降低干燥过程中的氧气含量，则可以明显降低干燥过程中维生素C损失量。

脱水温度和脱水速率对食物的质地有很大的影响。迁移到表面的水从食物中携带溶质，引起结构中的张力，根据食物的类型、组成和加工参数而变化。干燥可能导致食品的力学性能、结构、体积、孔隙率和密度发生一些变化。高温会使食物表面发生一定的物理和化学变化，从而形成坚硬的不可穿透的表层，使食物的表面干燥，但内部潮湿。干燥过程的结构变化会根据除水的速率影响最终产品的质地。如果发生收缩，就像在风干食品中，形成一个非常致密的结构，干燥的产品更硬。相反，如果不发生收缩，就像在冻干的食品中一样，就会形成一个高多孔的结构，并且产品具有更平滑的纹理，这也是冷冻干燥被广泛应用的原因。由于脱水过程中，果蔬长时间与空气接触，晒干、风干脱水等传统脱水干燥方法会使一些不稳定的维生素损失率大于真空干燥法。长时间晾晒或烘烤则使其营养成分大大损失，维生素 C 甚至可达 100% 损失，胡萝卜素氧化变色加剧。如杏子用晒干、阴干和人工脱水法制成杏干，其维生素 C 损失分别为 29%、19% 和 12%；β-胡萝卜素损失率分别为 30%、10.1% 和 9.2%。对于肉类食品来说，传统的干燥方法会导致肉类表面的脂肪酸氧化。

(四) 生物发酵对食物营养价值的影响

发酵是世界上最古老、经济的食品制备方法之一，它被定义为一种利用微生物的生长和代谢活动来保存食品的技术。食品发酵可分为两类：好氧发酵，如乙醇发酵；以及厌氧发酵，如乙醇和乳酸。在发酵过程中，微生物将可利用的碳水化合物分解成有机酸、二氧化碳和乙醇等最终产物。发酵还可以延长食物的保质期，尤其是高度易腐烂的食物，并增强食物的感官特性、蛋白质和碳水化合物的消化率以及维生素和矿物质的生物利用度。发酵食品通常具有降低血液胆固醇水平，提高免疫力，抵御病原体，对抗癌症、骨质疏松，减少糖尿病、肥胖、过敏和动脉粥样硬化，以及缓解乳糖不耐症的作用，对健康有益。

由于未经处理的水果和蔬菜容易变质，早期人类就利用发酵这种方式保存水果和蔬菜。发酵的水果和蔬菜，如发酵橄榄、酸菜、泡菜和腌黄瓜，主要是在条件适合的情况下自发发生的乳酸发酵，乳酸菌是此类发酵中的优势微生物。因此含有乳酸菌的发酵水果和蔬菜可以帮助预防某些疾病，例如肝硬化和腹泻。

在米饭、馒头、挂面等传统主食加工中，发酵会降低谷物中碳水化合物和不易消化的多糖和寡糖的含量，并增加某些氨基酸的合成和 B 族维生素的生物利用度。酵母菌中的植酸酶水解了面粉中的大部分植酸，同时，发酵产生的乳酸可与铁、钙等元素结合，形成容易被人体吸收利用的乳酸钙和乳酸铁，从而大大提高了主食中微量元素的吸收率。

微生物发酵是提高木薯类食品营养和安全性的一种有前景的候选方法，该方法显著降低了氰化物含量，增加了蛋白质含量，并改善了感官特性。

豆类通过发酵，其味道、外观、营养消化率、营养价值、质地和保质期都得到改善，而蛋白酶抑制剂、凝集素、低聚糖和植酸盐等非营养化合物减少。将大豆加工为豆制品可以将蛋白质的消化率从 65% 提高到 90% 以上，并除去大豆中的抗营养素和一部分不利于消化的寡糖，此外，豆类发酵还会导致酚类化合物的增加。

乳制品在发酵过程中释放的化合物及其对健康的益处见表 3-3。

表 3-3　　乳制品在发酵过程中释放的化合物及其对健康的益处

微生物种类	受发酵影响的最终产物及其健康益处
乳酸菌属	增加一些有机酸的含量，例如丙酸、乳酸、乙酸和柠檬酸并产生脂解、糖酵解和蛋白水解酶
丙酸杆菌属	表现出 β-半乳糖苷酶（乳糖酶）活性并减轻乳糖不耐受症状
双歧杆菌属	表现出脂肪分解和蛋白质水解活性，并产生游离氨基酸和脂肪酸；通过在小肠中结合胆固醇和甘油三酯，表现出更好地降低胆固醇的活性；通过中和病原体和腐败微生物的毒素并产生抗菌肽，显示抗菌活性

酸乳是以鲜乳、乳粉、炼乳等乳制品为原料接种乳酸杆菌或嗜热链球菌，在一定温度下培养，经发酵制成的。发酵可有效抑制导致腐败的病原体和微生物的增殖，同时释放抗微生物细菌素；同时增加某些B族维生素的含量，特别是植物性食品中缺乏的维生素B_{12}；有益微生物在发酵过程中可以提高食品蛋白质含量和消化吸收率。经发酵后，乳中的乳糖被转化为乳酸，另有约20%的乳糖发生异构。因此，乳糖不耐受人群不会由于喝酸乳而产生肠胃不耐受。酪蛋白等在乳酸作用下凝固，产生细小且均匀的乳状凝块，利于消化吸收。通过摄入酸乳而增加乳酸菌在肠道的定植，可以抑制由有害菌在肠道的繁殖，调节肠道菌群。

发酵食品类型、产品、发酵微生物及其功能特性见表3-4。

表3-4　　发酵食品类型、产品、发酵微生物及其功能特性

发酵食品类型	产品	主要发酵微生物	功能特性
酒类及发酵饮料	白酒、葡萄酒、果酒、果醋等	酵母菌、乳酸菌、醋酸菌等	增强代谢和免疫调节、抗氧化
发酵谷物类	面酱、食醋等	米曲霉、醋酸菌、酵母菌等	抗菌、控制血糖、调节脂质代谢
发酵豆制品	豆酱、纳豆、腐乳等	米曲霉、根霉、毛霉、芽孢杆菌等	改善血糖、预防糖尿病、增强免疫力
发酵蔬菜类	泡菜、酸菜、酵素等	乳酸菌等	降低胆固醇、抗癌、抗衰老
发酵乳制品	酸乳、乳酪等	乳酸菌、酵母菌等	减肥、调节饱腹感、降低血压

（五）烹调对食物营养价值的影响

随着社会和经济的发展，消费者日常接触食物的烹调方式更为多样化，不同国家地区的烹调方式也逐渐为大众所接受，不同的加工方式既可能导致部分营养物质的损失，也会使部分营养物质的利用率上升。

烹调过程中可造成许多营养成分的损失，包括对于食物的清洗和粗加工。例如，淘洗大米可使维生素B_1损伤30%～60%，维生素B_2和烟酸损失20%～25%，矿物质损失约70%。同时，选用非精加工谷物，以减少食用精白米面带来的营养缺陷。择菜是影响蔬菜营养成分保存程度的关键因素之一，丢弃外层叶片或削皮过厚则造成营养物质损失，因为蔬菜外部绿色叶片的营养价值高于中心的黄白色叶片，靠皮的外层部分营养物质浓度高于中心部分。不合理的烹调方法会使营养物质大量损失。蔬菜烹调较好的方式是凉拌、大火快炒、快速蒸煮，保持原汁原味，并减少维生素的损失。另外，烹调时添加适量醋，可提高维生素C对热的稳定性，减少损失。

在传统中餐加工过程中，常采用焙烤、油炸、蒸煮等高温加工方式，既导致了部分营养物质的损失，也使部分有害物质生成。蒸煮会导致大米、白面中B族维生素不同程度地损失，而蒸、烤、烙等方法造成的营养成分的损失较少。高温油炸会导致营养成分较大程度地损失，尤其是油条、油饼制作过程中加入的碱和明矾会大大破坏维生素B_1。烘焙过程中维生素的破坏较少，例如焙烤面包仅导致10%～20%维生素B_1损失，3%～10%维生素B_2损失。烹饪时间和温度

对于熟肉品质特性的形成至关重要，有害物质的形成与加工条件的关系密不可分，例如，在密集的特定熏制过程中易形成多环芳烃，在特定加热/烧烤条件下产生杂环芳胺。相反地，适当的烹调方法也会减少肉制品中有害物质的生成，较长时间的低温烹饪可以减少肉类烹饪过程中多环芳烃、杂环芳胺和丙烯酰胺的形成。其他一些现代技术，如过热蒸汽和红外线烹饪，与传统烹饪方法相比，可以改善肉质和口感，减少营养损失，减少微生物污染，并减少有害化合物的产生。

高温烹饪的另一个目的是减少微生物危害、延长保质期、灭活抗营养酶，提高营养物质的消化率和生物利用率。应用于肉类时，高温会产生理想的风味或香气，还会导致肉类的肌红蛋白氧化。例如焙烤过程中，蛋白质中的赖氨酸与羰基化合物发生美拉德反应产生褐色物质和大量不同风味的中间体分子。

（六）食物的合理加工

对食物进行合理的加工不仅能够提高人体对食物中营养的消化率，而且能够去除食物中的一些有害物质。

许多研究指出，与动物性食物相比，植物性食物富含膳食纤维、碳水化合物、低聚糖、多不饱和脂肪酸和植物化学素。植物性食物的消耗与心血管疾病、2 型糖尿病、肥胖和低密度脂蛋白胆固醇的显著减少有关，而动物蛋白和油脂的消耗往往会增加患有这些疾病的风险。在多数情况下，一些植物虽然富含蛋白质，但由于缺乏一些必需氨基酸，而且存在一些妨碍蛋白质消化的化合物，即所谓的抗营养因子，导致蛋白质消化率相对较低。以热处理为基础的传统技术已经很好地减少或消除了这些化合物，并增加了植物蛋白的消化率。因此，对于富含蛋白质的食品，可以采取适当的加工方法有效地提高其蛋白质的消化吸收率。例如，不同加工和烹调方法对大豆蛋白的消化率有明显的影响，未加工的熟大豆蛋白质消化率仅 65.3%，而加工成豆浆则可达 84.9%，加工成豆腐则可提高到 92%～96%。另外，一些合理的加工处理方式能够延长食品的保质期，可以提高食品的稳定性和耐储藏性。

鱼肉富含蛋白质、水分和不饱和脂肪酸，极易被氧化破坏，在大多数情况下，鱼类在收获后必须立即冷藏甚至冷冻，以抑制微生物生长。目前，鱼类加工行业寻求开发新的鱼类加工（例如高静水压、渗透脱水、高强度脉冲光）和包装（例如气调、活性和智能包装）方法或现有技术的新组合，以追求生产替代产品，延长保质期，减少食物浪费。有些鱼类的内脏含有剧毒物质（例如河豚毒素等），加工时应严格控制其毒素的散出。

由于鲜乳水分含量高，含有丰富的营养素，非常适合微生物的生长繁殖，因此鲜乳须经严格的杀菌以避免变质。消毒方法常用煮沸法和巴氏杀菌法。煮沸法易使大量营养物质损失，而巴氏杀菌法对乳的组成和性质无明显影响，仅对热不稳定的微生物影响较大。另外，有些人先天缺乏乳糖水解酶，或酶活性不高，即通常所说的乳糖不耐症。当患有乳糖不耐症的人群食用乳及其制品时，其中的乳糖不能被分解，进入肠道后被微生物分解发酵，就会产生胀气、腹泻等症状。因此，对于乳糖不耐受人群，可选用酸乳、乳酪或将乳糖水解后的乳制品。

二、贮藏对食物营养价值的影响

（一）常温贮藏对食物营养价值的影响

干燥谷物在常温下贮藏较长一段时间后，由于水分含量较低，生命活动十分缓慢，其品质并不会发生明显的变化。但是当周围环境湿度增加后，空气中增加的水分易使谷物内部呼吸作用增强，从而导致霉菌滋生，谷物腐败霉烂变质而失去利用价值。因此，长时间内谷物应当贮藏于避光、通风、阴凉和干燥的环境中以防止霉变。同时，谷物在贮藏过程中经受的主要营养损失是脂肪酸败和维生素损失，通常采用真空包装、气调贮藏的方式保持产品的营养价值。

植物油脂中含有较多化学稳定性较差的不饱和脂肪酸，长时间贮藏于常温环境中时易发生酸败氧化，产生不利于人体健康的化学物质。动物油脂大部分为饱和脂肪酸，化学稳定性相对较高，长时间常温贮藏后虽然也易发生酸败，但是程度远不如植物油脂。

新鲜果蔬在贮藏过程中，高温环境容易导致维生素 C 损失。绿叶蔬菜在常温条件下贮藏 24h 后，不仅维生素含量大幅减少，亚硝酸盐含量也会明显增加。随着环境温度的增加，维生素损失速率更快，亚硝酸盐产生速率也更快。果蔬中的胡萝卜素难溶于水并且热稳定性较好，但长时间暴露于空气中比较容易氧化。因此，在较短时间内，新鲜果蔬不适合存放于室温中，而应当贮藏在 0~4℃的低温环境中以减少营养物质损失与有害物质滋生。

动物性食品（禽畜肉类、蛋类、水产品、乳制品等）在常温下存放较短时间后易发生腐败变质，因此正常情况下不适合直接贮藏在常温环境中。为了延长动物性食品在室温条件下的保存期限，通常在加工过程中会采用真空、腌制、熏制等工艺。

（二）冷冻及速冻对食物营养价值的影响

新鲜果蔬在-18℃环境中冷冻保存三个月后，其中营养物质含量基本不变。然而在高于-18℃环境中营养物质产生损失并发生质变。而在-5℃的贮藏环境中维生素 C 的降解速率高于在 4℃的贮藏环境中的降解速率。

肉类及水产类的贮藏温度应控制在-18℃以下，过长时间或过高温度易导致肉类蛋白质分解、脂肪氧化等问题。在冷冻存放过程中，肉类食品中的蛋白质易发生变性。当温度逐渐降低，逐渐产生的冰晶造成蛋白质中的水化膜减弱甚至消失，从而导致了蛋白质侧链的暴露。同时，通过冰晶之间不断的相互挤压作用，蛋白质质点不断相互接近并结合，从而导致蛋白质凝聚沉淀。然而，这类蛋白质变性的问题可以通过速冻技术来有效改善。肉类食品的冻结速率越快，短时间内形成的冰晶体积越小，相互挤压作用力越小，从而使蛋白质变性程度减少。水产类中蛋白质含量高，化学稳定性差，在长时间冷冻保存后肌球蛋白易发生变性，并与肌动蛋白产生反应，导致肌肉变硬并且持水性降低。此外，水产类中的脂肪在冷冻保存过程中，仍会不同程度地发生自动氧化作用，其合成的过氧化物会对蛋白质结构产生破坏作用。

（三）罐装贮藏对食物营养价值的影响

罐装贮藏是现代果蔬常用的保存方式之一。在罐装贮藏过程中，随着贮藏时间的增加和贮藏温度的上升，果蔬中的维生素含量逐渐降低。通常情况下，果蔬罐藏过程中会造成 20%～100%维生素 C 的流失。

在罐装加工过程当中，过高的温度易造成肉类食品中 B 族维生素的大量流失。长时间的高温灭菌过程中易产生美拉德反应和蛋白质交联作用，导致肉类食品营养价值大幅降低。罐装肉类食品长时间贮藏在常温下，B 族维生素损失约 50%，但是蛋白质损失相对较少。常温贮藏下的罐装肉类食品中胱氨酸、甲硫氨酸等含硫氨基酸和赖氨酸含量会随着贮藏时间的增加而降低，但是在 0℃的贮藏环境下，罐装肉类食品中的蛋白质损失能控制在 10%以内。因此，罐装肉类食品应尽可能存放于低温环境中。

乳制品是维生素 B_2 的良好来源，但在光照下容易分解。维生素 C 在光照下也易降解。因此，罐装的乳制品可以有效隔光，进而减少维生素在贮藏过程中的损失。

（四）干制对食物营养价值的影响

干制和脱水食品不利于微生物生长，能够有效延长贮藏时间，但是会加速食品中脂质的氧化速度，在贮藏过程中容易发生酸败，产生异味和变色。肉类食品经过风干、烟熏等传统干制方法后，肉类表面的脂肪酸发生氧化。在干制贮藏过程中，蛋白质通过微生物作用被分解生成各种风味物质，不同的风味物质会赋予不同肉干特殊风味。

通过乳制品干制后得到的乳粉也不适合在长时间常温下保存，干燥后的乳制品中富含蛋白质、糖类和脂肪，长时间室温保存条件下易产生非酶褐变而使氨基酸被破坏，并且脂肪类物质易氧化而影响风味，同时也会造成部分脂溶性维生素的损失。因此，可以通过脱脂技术减少乳制品中脂肪含量，干制后的脱脂乳粉保存期限比全脂乳粉更久。

（五）辐射对食物营养价值的影响

辐照是利用原子能射线对食品进行灭菌、杀虫、抑制发芽、延缓采后变化的保藏方式，辐照处理作为先进的现代食品加工技术之一，已被广泛应用于食品贮藏中。辐照处理的主要作用机理为：物质吸收电离辐射后，会形成离子与受激分子，然后受激分子和临近的离子降解或与分子反应引起化学键断裂从而产生游离的自由基和水合电子，使脂肪和蛋白质裂解成游离基团或者正负碳离子。这些活性基团会使食品中的脂肪、蛋白质、维生素等成分发生不同形式的分解和变化，生成各种辐照产物。而这些辐照产物则会进一步发挥其生理作用，起到杀菌、保鲜、调节植物信号等作用。一般认为 10kGy 剂量以下的辐照对于食品是安全无害的，该条件下蛋白质肽键未断裂，营养价值无显著变化。若辐射剂量过高，则会使蛋白质氨基酸发生降解或者聚合，影响生物利用率；不饱和脂肪酸发生氧化反应，脂肪分子进一步降解或者聚合；同时产生辐射异味，失去食用价值。高剂量的辐照处理（10~50kGy）可用于肉类及其制品杀菌；中等剂量的辐照处理（1~10kGy）可延长冷冻肉品和果蔬的货架期；低剂量的辐照处理（<1kGy）可用于抑止马铃薯、洋葱发芽，延迟水果成熟，以及谷物、豆类的杀虫。除此之外，食品中的维生素对于辐照处理较为敏感，其中维生素 E 在 20kGy 剂量的辐照下损失率达到 68%。胡萝卜素、维生素 C、维生素 A、维生素 D，以及 B 族维生素都易受到辐照的影响而降解。

三、营养素的生物利用

人体在生命活动过程中不断从外界环境中摄入食物，并通过摄入的食物为自身补充各类营养素。营养素进而被人体消化吸收，作用于不同代谢活动，参与机体不同生理功能，并为各项生命活动提供必要能量。不同种类的食物都含有特征性的营养素，即使同一种食物，它们对不同生理形态的机体作用是有差异的。对于缺乏某种营养素的群体来讲，摄入富含该营养素的食品能改善其健康状态；而对于摄入过量或因控制疾病需要限制该营养素摄入的群体来讲，摄入该食品可能不利于其健康。因此，根据不同人群的营养需求选择有利于其健康的食品。

存在于食物中的营养素通常不可以直接通过人体被利用，而是需经过消化、吸收和转化等一系列生理过程才能被人体吸收利用，发挥生理作用。所谓营养素的生物利用率（bioavailability）是指营养素吸收进入人体循环利用于代谢活动的速度与程度。对于不同品种的食物，不同的加工烹调方法与人体摄入方式，营养素的生物利用率存在较大的差异。影响食物中营养素的生物利用率的因素主要概括为以下四个方面。

（1）食品的消化率　例如，虽然芝麻中富含钙、铁、锌等元素，然而由于咀嚼过程中难以将其彻底嚼碎，其在人体消化系统中消化率较低，因此其营养素的生物利用率受到限制。但是如果将芝麻打成芝麻酱后食用，其中的营养素的生物利用率就会提升。

（2）食物中营养素的存在形式　例如，海带中的铁主要以溶解度差的三价铁复合物以及与海藻多糖结合形成的复合物形式存在。即使其铁元素含量较高，但由于溶解度差，吸收率低，其生物利用率较差；而红色动物性食品如鸡心、鸭肝、牛羊肉中富含的铁为较易吸收的血红素铁，其生物利用率相对较高。

（3）营养素与其他食物成分共存的状态　例如，草酸和钙、铁等反应会形成草酸钙、草酸铁等难溶物，因此在菠菜中由于草酸的存在，使得钙和铁的生物利用率降低。然而在牛乳中由于维生素 D 和乳糖的存在，则有利于钙的人体吸收。

（4）人体的需要状况与营养素的供应充足程度　在人体对某营养素的生理需求迫切或是食物供应不足时，多种营养素的生物利用率相较于正常状态下会提高，反之在供应过量时则会降低。例如，哺乳期妇女的人体钙吸收率比正常人要高，而普通人每天大量服用钙片将导致人体钙吸收率下降。

因此，客观评价某种食物中的营养素在膳食中的意义时，不仅要看其营养素的绝对含量，更要看其在人体内可利用的数量。否则，就可能做出不利于健康的错误评价，从而影响膳食选择。同时，对于需经过加工和烹调方法制备的食品来说，食物营养价值的正确评价也应当充分考虑到加工烹调过程中带来的各种物理与化学变化，而不能单一地从原料的营养价值出发，来判断最终产品的营养价值。

第三节　谷类、薯类、豆类及坚果的营养价值

谷类、薯类及杂豆类是碳水化合物的主要来源。我国居民膳食中，碳水化合物占膳食构成比较大。大豆是膳食中优质蛋白质的重要来源。坚果的特点是水分少热量高，大部分坚果富含多不饱和脂肪酸和维生素 E，对预防营养相关慢性病有益。

谷类、薯类、豆类及坚果

一、 谷类、薯类及杂豆类

谷类食物包括大米、小麦、玉米、小米及燕麦等，其中我国南方居民以食用大米为主，北方以食用小麦为主。通常我们将大米和小麦称为细粮，而玉米、小米和燕麦等加工程度低，膳食纤维和 B 族维生素保留更多，我们称为粗粮。根据我国居民的膳食特点，谷类食物是膳食能量的主要来源，也是 B 族维生素以及矿物质的重要来源。薯类包括马铃薯、甘薯、山药、芋头和木薯等。杂豆类包括赤小豆、绿豆、花豆、芸豆、豌豆和蚕豆等。我国居民所称的杂粮通常包括粗粮和杂豆类。

（一）谷类

1. 谷类结构和营养素分布

谷粒由谷皮、糊粉层、胚乳和胚四部分构成。尽管不同谷类种子形态大小不一，但结构相似，最外层为起保护作用的谷皮（有内颖、外颖、护颖、芒和小穗轴结构），谷皮内为糊粉层，再内为胚乳和位于一端的胚。各部分占谷粒的比重不同，其营养素的含量也不尽相同。

（1）谷皮　为谷粒外面的多层被膜，占谷粒重量的13%~15%，主要由纤维素、半纤维素等膳食纤维组成，其次矿物质和脂肪在谷皮中含量也较高。

（2）糊粉层　糊粉层介于谷皮与胚乳之间，占谷粒重量的6%~7%，含丰富的蛋白质、脂肪、矿物质和B族维生素，但在碾磨加工时易与谷皮同时混入糠麸中而丢失，导致营养价值下降。

（3）胚乳　胚乳是谷类的主要部分，占谷粒重量的83%~87%，其中含有大量的淀粉、蛋白质、少量脂肪和矿物质。

（4）胚　位于谷粒一端，包括盾片、胚芽、胚轴和胚根四部分。胚芽富含脂肪，所以常加工成胚芽油。胚芽还富含蛋白质、矿物质、B族维生素和维生素E。胚芽柔软且韧性强，不易粉碎，在加工过程中易与胚乳脱离，与糊粉层一起混入糠麸，所以精加工谷类经常因缺失胚芽造成营养价值降低。小麦制粉时，如采取合适工艺，可得到小麦胚芽。小麦胚芽是各种营养素最集中的部位，蛋白质、维生素和矿物质的含量明显高于小麦粉，尤其富含维生素E、维生素B_1、维生素B_2、钙、锌、硒等，其中硒的含量约为小麦粉的10倍，脂肪酸多为不饱和脂肪酸。

2. 谷类的营养成分及特点

谷类食物中的营养素种类和含量因谷物的种类、品种、产地、施肥以及加工方法的不同而有差异。

（1）碳水化合物　谷类中碳水化合物含量高达70%~80%，主要为淀粉，其他为糊精、戊聚糖、葡萄糖和果糖等。另外，谷皮中含有丰富的膳食纤维，加工越精细膳食纤维丢失越多，故全谷类食物是膳食纤维的重要来源。

（2）蛋白质　谷类蛋白质含量为7.5%~15.0%，根据溶解度不同，可将谷类蛋白质分为四类，即清蛋白（albumin）、球蛋白（globulin）、醇溶蛋白（prolamin）和谷蛋白（glutelin），其中醇溶蛋白和谷蛋白在谷类中含量丰富。小麦的谷蛋白和醇溶蛋白具有吸水膨胀性，可形成具有可塑性和延展性的面筋质网状结构，适宜制作成各种面点。

谷类蛋白质所含的必需氨基酸组成不合理，谷类蛋白质的营养价值低于动物性食物。大部分谷类蛋白质所含的必需氨基酸中赖氨酸、苏氨酸较低，通常第一限制氨基酸为赖氨酸，有些谷类色氨酸、苯丙氨酸、甲硫氨酸也偏低，例如玉米中色氨酸含量较低。但利用蛋白质互补作用，可以将豆类等含丰富赖氨酸的食物与谷类混合食用。也可采用赖氨酸强化提高谷类蛋白质的营养价值。目前通过传统的杂交育种方法已培育出高赖氨酸玉米，其赖氨酸和色氨酸的含量比普通玉米高50%以上。

（3）脂肪　谷类脂肪含量普遍较低，为1%~4%。燕麦脂肪为7%，主要集中在糊粉层和胚芽，但在谷类加工中，易随糠麸一起丢失。小麦胚芽脂肪含量可达10.1%，而玉米胚芽中脂肪含量则更高，一般在17%以上，常用来加工玉米胚芽油。玉米胚芽油中不饱和脂肪酸含量达80%以上，主要为亚油酸和油酸，其中亚油酸占油脂总量的50%以上。

（4）矿物质　谷类也是矿物质的良好来源，矿物质含量为1.5%～3.0%，主要存在于谷皮和糊粉层中，加工过程中容易丢失。此外，谷类中矿物质多以植酸盐的形式存在，主要是磷和钙，消化吸收较差。

（5）维生素　谷类含丰富的B族维生素，是B族维生素摄入的重要来源，如维生素B_1、维生素B_2、烟酸、泛酸和维生素B_6。谷类不含维生素A和维生素C，谷胚含有较多的维生素E。谷类的维生素主要存在于糊粉层和胚芽中，精加工的谷物其B维生素大量损失。玉米中的烟酸为结合型，不易被人体利用，经加碱处理后可转化为游离型烟酸。

3. 谷类食物中的植物化学物

谷类含有多种植物化学物，主要存在于谷皮部位，包括黄酮类化合物、酚酸类物质、植物甾醇、类胡萝卜素、植酸、蛋白酶抑制剂和植物凝集素等，含量也因不同品种有较大差异，在一些杂粮中含量较高。

谷物中的黄酮类化合物大多与糖结合，以配基的形式合成糖苷类化合物，少部分以游离形式存在。在所有谷类食物中，荞麦中黄酮类化合物含量最高，芦丁约占总黄酮的70%。花色苷广泛存在于黑米、黑玉米等黑色谷物中，具有抗氧化、抗癌、抗突变、改善近视、保护肝脏和减肥等生物学作用。酚酸类物质约占植物性食物中酚类化合物的1/3，多为苯甲酸和肉桂酸的羟化衍生物，谷物麸皮中酚酸的含量由高到低的顺序为玉米>小麦>荞麦>燕麦。谷物麸皮中的酚酸绝大多数以束缚型酚酸的形式存在，主要作用于下消化道，通过酶解反应释放出生物活性物质，可以预防结肠癌等慢性病。植酸是种子中磷酸盐和肌醇的主要储存形式，广泛存在于谷类植物中，在麸皮中含量较高。玉米黄素是一种类胡萝卜素，黄玉米中其含量最高，以天然脂的形式存在于玉米胚乳中，营养价值较高。小麦胚芽中的凝集素在抗菌、抗肿瘤、治疗白血病上表现出一定的生物学活性。此外，它还可以作为口服药物的载体用来治疗肿瘤和其他慢性疾病。

4. 加工谷类的营养价值

收获后的谷粒经脱壳形成可食用的粮粒，如糙米、麦粒，经加工制成不同精度的大米和面粉。粮谷类经深加工可以生产出各种产品，如面包、饼干及各类点心等，是目前市场上加工食品（预包装食品）的重要组成部分，其主要成分是碳水化合物。由于加工过程中选取的原料多数为精加工的面粉或米粉，微量营养素和膳食纤维丢失较多。

（二）薯类

薯类包括马铃薯、甘薯、芋头、山药、豆薯等，淀粉含量为8%～29%，蛋白质和脂肪含量较低，含一定量的维生素和矿物质，并富含各种植物化学物。马铃薯中酚类化合物含量较高，多为酚酸物质，包括水溶性的绿原酸、咖啡酸、没食子酸和原儿茶酸，马铃薯中绿原酸的含量可达其鲜重的0.45%。山药块茎主要含山药多糖（包括黏液质及糖蛋白）、胆固醇、麦角甾醇、油菜甾醇、β-谷甾醇、多酚氧化酶、植酸及皂苷等多种活性成分，这些化学成分是山药营养价值和生物活性作用的物质基础。

（三）杂豆类

杂豆类主要有豌豆、蚕豆、绿豆、红豆、豇豆、小豆和芸豆等。《中国居民膳食指南（2022）》中将杂豆类归属于谷薯类。杂豆中碳水化合物占55%～65%，主要以淀粉形式存在。蛋白质仅10%～30%，含量低于大豆；杂豆中赖氨酸含量较高，与谷类食物混合食用，可很好地发挥蛋白质的互补作用。杂豆中脂肪含量也极少，低于5%。此外，杂豆类还含有丰富的维生素和矿物质，其中B族维生素和钙的含量较高。由于杂豆类淀粉含量较高，可以制作成粉条、粉皮、凉皮等，但这些产品大部分蛋白质被去除，故其营养成分以碳水化合物为主，如粉条含淀粉90%以上，而凉粉含水95%，碳水化合物含量为4.5%。

二、大豆类及其制品

大豆按种皮的颜色可分为黄豆、黑豆、青豆；豆制品是由大豆类作为原料制作的发酵或非发酵食品如豆酱、豆浆、豆腐、豆腐干等，是膳食中优质蛋白质的重要来源。

（一）大豆的营养价值

1. 大豆的营养素种类及特点

大豆的蛋白质含量高达35%~50%，如黑豆含50%，黄豆含35%~40%。大豆蛋白质由球蛋白、清蛋白、谷蛋白和醇溶蛋白组成，其中球蛋白含量最多。大豆蛋白质赖氨酸含量较多，氨基酸模式与人体较为接近，具有较高的营养价值，属于优质蛋白质。生大豆中有抗胰蛋白酶因子可影响蛋白质消化，必须充分加热使其破坏后食用。

大豆含碳水化合物20%~30%，其组成比较复杂，多为纤维素和可溶性糖。几乎完全不含淀粉或含量极微，在体内较难消化，其中的低聚糖如木苏糖和棉子糖等在大肠内被细菌发酵产气，易引起肠胀气。

大豆脂肪含量为15%~20%，以黄豆和黑豆较高，可达18%，可用来榨油。大豆油不饱和脂肪酸占85%，其中亚油酸含量为52%~57%，油酸含量为32%~36%，亚麻酸2%~10%，还含有1.64%的磷脂。大豆的卵磷脂在β位上带有不饱和脂肪酸，在卵磷脂胆固醇酰基转移酶作用下，可使游离胆固醇酯化，使胆固醇不易在血管壁沉积或使血管壁上胆固醇经酯化后又移入血浆。故大豆卵磷脂有利于防止动脉粥样硬化的发生。

大豆含有丰富的钙（191mg/100g）、铁（8.2mg/100g）、维生素B_1（0.41mg/100g）和维生素B_2（0.2mg/100g），还富含维生素E（18.9mg/100g）。干豆类几乎不含维生素C，但经发芽成豆芽后，其含量明显提高（8mg/100g）。

2. 大豆中的其他成分

大豆中的其他成分包括植物化学物及抗营养因子。近年来研究表明一些抗营养因子也具有特殊的生物学作用。

（1）大豆异黄酮　大豆异黄酮主要分布于大豆种子的子叶和胚轴中，含量为0.1%~0.3%，分为游离型的苷元和结合型的糖苷两大类，目前发现的大豆异黄酮共有12种。大豆异黄酮具有抗氧化、抗脂肪肝、降血脂、改善认知功能的作用，并且能降低心血管疾病、乳腺癌、前列腺癌和骨质疏松等疾病的发病风险。

（2）大豆皂苷　大豆皂苷在大豆中的含量为0.62%~6.12%，具有广泛的生物学作用。

（3）大豆甾醇　大豆甾醇在大豆油脂中含量为0.1%~0.8%。其在体内的吸收方式与胆固醇相同，但是吸收率低，只有胆固醇的5%~10%。大豆甾醇的摄入能够阻碍胆固醇的吸收，抑制血清胆固醇的上升，因此有降血脂、预防和治疗高血压、冠心病等心血管疾病的作用。

（4）大豆卵磷脂　大豆卵磷脂是豆油精炼过程中得到的一种淡黄色至棕色、无异臭或略带有气味的黏稠状或粉末状物质，不溶于水，易溶于多种有机溶剂。大豆卵磷脂对营养相关慢性病如高脂血症和冠心病等具有一定的预防作用。

（5）大豆低聚糖　大豆中的水苏糖和棉子糖，因人体缺乏α-D-半乳糖苷酶和β-D-果糖苷酶，不能将其消化吸收，在肠道细菌作用下可产酸产气，引起胀气，故称之为胀气因子。近年来发现大豆低聚糖可被肠道益生菌所利用，具有维持肠道微生态平衡、提高免疫力、降血脂、降血压等作用，故被称为“益生元”，目前已利用大豆低聚糖作为功能性食品基料，部分代替蔗糖应用于清凉饮料、酸乳、面包等多种食品生产中。

（6）植酸　大豆中含1%～3%的植酸，是很强的金属离子螯合剂，在肠道内可与锌、钙、镁、铁等矿物质螯合，影响其吸收利用。将大豆浸泡在pH为4.5～5.5的溶液中，植酸可溶解35%～75%，而对蛋白质质量影响不大，通过此方法可除去大部分植酸。但近年来发现植酸也存在有益的生物学作用，如具有防止脂质过氧化损伤和抗血小板凝集作用。

（7）蛋白酶抑制剂　大豆中的蛋白酶抑制剂以胰蛋白酶抑制剂为主，它可以降低大豆的营养价值。但蒸汽加热30min或0.1MPa压力加热10～25min，胰蛋白酶抑制剂即可被破坏。因大豆中脲酶的抗热能力较蛋白酶抑制剂强，且测定方法简单，故常用脲酶实验来判定大豆中蛋白酶抑制剂是否已经被破坏。我国婴儿配方代乳粉标准中明确规定，含有豆粉的婴幼儿代乳品，脲酶实验必须是阴性。

（8）豆腥味　生食大豆有豆腥味和苦涩味，是由豆类中的不饱和脂肪酸经脂肪氧化酶氧化降解，产生醇、酮、醛等小分子挥发性物质所致。日常生活中将豆类加热、煮熟及烧透后即可破坏脂肪氧化酶和去除豆腥味。

（9）植物红细胞凝血素　是能凝集人和动物红细胞的一种蛋白质，集中在子叶和胚乳的蛋白体中，含量随着成熟的程度而增加，发芽时含量迅速下降。大量食用数小时后可引起头晕、头疼、恶心、呕吐、腹痛、腹泻等症状，可影响动物的生长发育，但加热即被破坏。

综上所述，大豆的营养价值很高，大豆中的诸多植物化学物具有良好的保健功能，这使得大豆成为健康膳食模式不可缺少的膳食种类。同时大豆也存在抗营养因素，但在日常烹调加工过程中，我们可以通过浸泡、加热等方式将其去除。

（二）豆制品的营养价值

豆制品包括非发酵性豆制品和发酵豆制品两类，前者如豆浆、豆腐、豆腐干、干燥豆制品（如腐竹等）；后者如腐乳、豆豉及臭豆腐等。

1. 豆浆

豆浆是将大豆用水浸泡后磨碎、过滤、煮沸而成，其营养成分的含量因制作过程中加入水的量不同而不同，易于消化吸收。

2. 豆腐

豆腐是大豆经过浸泡、磨浆、过滤、煮浆等工序而加工成的产品，加工中去除了大量的粗纤维和植酸，胰蛋白酶抑制剂和植物血细胞凝集素被破坏，营养素的利用率有所提高。豆腐中蛋白质含量为5%～6%，碳水化合物为2.8%～3.4%，脂肪为0.8%～1.3%。

3. 豆腐干

由于加工中去除了大量水分，使得营养成分得以浓缩，豆腐丝、豆腐皮和百叶的水分含量更低，蛋白质含量可达20%～45%。

4. 发酵豆制品

豆豉、豆瓣酱、腐乳、酱油等是由大豆发酵制作而成的发酵豆制品。发酵使蛋白质部分降解，消化率提高。还可产生游离氨基酸，增加豆制品的鲜美口味。其中维生素B_2、维生素B_6及维生素B_{12}的含量增高，是素食人群补充维生素B_{12}的重要食物。经过发酵，大豆中的棉子糖和水苏糖被微生物（如曲霉、毛霉和根霉等）分解，故食用发酵豆制品不引起胀气。

5. 大豆蛋白制品

以大豆为原料制成的蛋白质制品主要有以下四种：

（1）大豆分离蛋白　蛋白质含量约为90%，可用以强化和制成多种食品。

（2）大豆浓缩蛋白　蛋白质含量65%以上，其余为纤维素等不溶成分。

（3）大豆组织蛋白　将油粕、分离蛋白质和浓缩蛋白质除去纤维，加入各种调料或添加剂，经高温高压膨化而成。

（4）油料粕粉　用大豆或脱脂豆粕碾碎而成，有粒度大小不一、脂肪含量不同的各种产品。

以上四种大豆蛋白制品，其氨基酸组成和蛋白质功效比值较好，目前已广泛应用于肉制品、烘焙食品、乳制品等食品加工业中。

三、坚果类

坚果又称壳果，属于高能量的食物，包括树坚果类的核桃、栗子、腰果、开心果、扁桃仁、杏仁、松子、榛子、白果，以及种子类中的花生、葵花籽、南瓜籽、西瓜籽等。从营养特点上区分，坚果可分成富含淀粉类和富含油脂类。除了栗子、莲子、白果的淀粉含量较高，大部分坚果都富含油脂。整体上而言，坚果类的食物水分少，能量高矿物质丰富；淀粉类坚果富含淀粉和水溶性维生素，油脂类坚果富含多不饱和脂肪酸和维生素 E 等。尽管很多研究显示多不饱和脂肪酸和维生素 E 具有一定的降血脂作用，但坚果能量较高，不可过量食用以免导致肥胖。

1. 碳水化合物

坚果的碳水化合物含量依不同种类而异，含量较高的如栗子为78.4%，白果为72.6%，莲子为64.2%，其他较低，如核桃为19.1%、榛子为24.3%。此外，榛子、夏威夷果、巴旦木中含有丰富的膳食纤维。

2. 蛋白质

坚果的蛋白质含量为12%~25%，但坚果中有些必需氨基酸相对较低，从而影响蛋白质的生物学价值，如核桃中甲硫氨酸和赖氨酸含量不足。

3. 脂肪

除板栗、莲子和白果外，绝大部分坚果中脂肪含量可高达44%~70%，以不饱和脂肪酸为主。如常见的核桃脂肪含量为60%以上，其中亚油酸为47%~73%，并富含亚麻酸和油酸。

4. 微量营养素

坚果中的维生素含量比较丰富，如核桃、榛子、栗子以及葵花籽、南瓜籽、西瓜籽等富含维生素 E、B 族维生素，葵花籽仁和花生仁中 B 族维生素含量比核桃仁更高。坚果中也含有钾、钙、锌和铁等矿物元素，榛子的钾（1244mg/100g）、钙（104mg/100g）、铁（6.4mg/100g）和锌（5.83mg/100g）等矿物质元素含量高于核桃、花生等，为矿物质的极佳膳食来源。

第四节　蔬菜类、水果类的营养价值

蔬菜和水果能给机体提供丰富的营养，《黄帝内经》中写道“五谷为养，五果为助，五畜为益，五菜为充，所以辅佐谷气，疏通壅滞也”。水果是人类生命活动的营养补助，为满足人体对维生素、矿物质等营养素的需求起到了重要作用；而蔬菜则可以疏通胃肠的壅滞、调节身体机能，使机体代谢平衡保持稳定。因此蔬菜和水果在人们每日的膳食中均占有很重要的位置。

蔬菜水果

蔬菜水果中除了含有人体所必需的维生素和矿物质等营养素外，还含有丰富的膳食纤维。2018 年 *Cell* 子刊的一篇研究将膳食纤维定义为维持肠道生态稳定的“元老级”营养素，并指出日常饮食的工业化、低纤维、高蛋白和糖的消耗，都会导致肠道菌群多样性的降低，而果蔬中的膳食纤维能容纳更多的水分，吸附肠道有害物质，促进肠道蠕动的同时，有助于维持肠道菌群的多样性和功能性。除此之外，水果蔬菜中还含有许多功能活性物质，如黄酮类、酚酸类、有机硫化物、类胡萝卜素、皂苷、硫代葡萄糖苷、单萜类等，对于心脏病、中风、肿瘤等疾病的预防，发挥着重要的抗氧化、抗炎等作用。

一、　蔬菜水果的营养

蔬菜、水果种类繁多，是人们日常生活中不可或缺的辅食，一般含水量在 65%～95%，含糖量为 0.5%～25%。蔬菜、水果中蛋白质和脂类含量一般相对较低，热量较低，合理摄食有利于人体保持理想的活力状态。人类饮食中 90% 的维生素 C 需要从果蔬中获得，蔬菜和水果虽均能提供人体必需营养素，但其营养各有特点。蔬菜中所含维生素和矿物质的含量较水果更丰富，而水果中含有有机酸、芳香物质、酚类等物质，给人带来的益处也是蔬菜不可替代的。

（一）蔬菜的营养特点

蔬菜的营养特点是水分含量高，一般达到 65%～90%，能量低，富含多种营养成分，营养质量指数（INQ）比较高，是人体所需的维生素、矿物质、膳食纤维和天然抗氧化物的重要来源。蔬菜按照其食用部位不同可分为叶菜类、根菜类、瓜茄类、鲜豆类、菌藻类等。

叶菜类的典型代表有油菜、小白菜、空心菜等。叶菜类的营养特点是富含胡萝卜素、维生素 B_2、维生素 C、矿物质和膳食纤维。其中矿物质的含量较多，尤其是钙和铁。绿叶蔬菜和橙色蔬菜中维生素 B_2 和矿物质含量特别丰富，是居民膳食维生素 B_2 的主要来源。但是叶菜类所含的蛋白质、碳水化合物、脂肪含量低。

根茎类蔬菜主要有胡萝卜、芋头、马铃薯、大蒜、洋葱等。根茎菜中的营养特点是碳水化合物含量较高（5%～20%），是某些地区的主食。例如马铃薯中淀粉含量为 20% 左右，而芋头中淀粉含量可高达 70%～80%。另外根菜中的胡萝卜富含胡萝卜素，大蒜、芋头、洋葱、马铃薯中硒元素的含量较高。根茎类蔬菜中也含钙、磷、铁等矿物质元素，但含量不高，膳食纤维含量不如叶菜类高。

瓜茄类常见的品种有番茄、辣椒、南瓜、茄子等。瓜茄类蔬菜营养特点是水分含量高，口感较为鲜美，营养素含量相对较低，但也是人体维生素 C 的良好来源。例如每 100g 苦瓜中的维生素 C 含量大约为 84mg，每 100g 辣椒的维生素 C 含量高达 240mg。辣椒中还含有丰富的硒、铁和锌元素。南瓜、番茄和辣椒是胡萝卜素的良好来源。

鲜豆类蔬菜典型代表有毛豆、豇豆、四季豆、扁豆、豌豆等。与其他蔬菜相比，鲜豆类最大的营养特点是蛋白质（2%~14%）含量丰富，其他营养如碳水化合物、维生素和矿物质的含量也很高，维生素中以胡萝卜素、B 族维生素含量最丰富，矿物质中以钾、钙、铁、锌、硒含量最丰富。鲜豆中维生素 B_2的含量与绿叶蔬菜相似。

菌藻类典型代表有香菇、紫菜、木耳、海带等。营养特点是富含蛋白质，如香菇、紫菜中蛋白质含量可高达 20%以上，且蛋白质的氨基酸组成比较均衡，是膳食中植物蛋白质的良好补充。菌藻中的铁、锌、硒、碘等微量元素非常丰富，比其他食物含量高出几倍甚至十几倍。黑木耳被称为“素菜之荤”，含有均衡的人体必需氨基酸，能与荤菜媲美。另外菌藻类还含有具有保健功能的营养素，如蘑菇、香菇和银耳中的多糖物质，可提高人体免疫力和抗肿瘤作用。

总的来说，一般蔬菜的叶、花和茎部较其他部位含有更丰富的维生素 C；深色蔬菜营养价值一般优于浅色蔬菜；叶菜的营养价值一般高于瓜菜和根菜类。

（二）水果的营养特点

水果不仅含有维生素 C、矿物质元素、膳食纤维，还含有丰富的果糖，糖类含量较蔬菜多，主要以双糖或单糖形式存在，含量达到 12%~22%，热量效应远远超过蔬菜。水果中的有机酸例如果酸、柠檬酸、苹果酸、酒石酸含量比蔬菜丰富，一般水果含酸量为 0.1%~5%，有利于增进食欲，另外水果还含有丰富的黄酮类、芳香类物质等功能活性物质。

柑橘类水果的胡萝卜素含量极高，含糖量较高，还富含有 30 余种人体保健物质，其中主要有维生素 C、类黄酮、单萜、香豆素、类胡萝卜素、类丙醇、甘油糖脂质等，还富含钾元素，有助于调节血压、维持正常心律。柑橘类典型代表有柠檬、柑、橘子等。

浆果类水果的营养特点是维生素 C 含量较高，富含黄酮、多酚等生物活性成分，这些功能营养物质是其他水果不常有的。浆果类水果大多肉多籽小，富有较多果肉与汁液，此类水果有草莓、蓝莓、葡萄、桑葚等。草莓富含抗氧化物质，如鞣花酸、天冬氨酸等。葡萄是唯一含有白藜芦醇的水果。桑葚含有 19 种氨基酸，氨基酸含量比核果类高 4.0~6.5 倍，含有丰富的矿物质，其中钙含量为橙、草莓的 1.5~3.0 倍，为葡萄、杏的 4~5 倍。

仁果类水果的营养成分较为全面，含有膳食纤维、维生素、矿物质、多酚果胶、糖类等各类营养物质。主要代表有苹果、梨子、鲜枣等。苹果营养成分丰富多样，美国癌症协会推荐每日食用。梨含有维生素 C、膳食纤维和钙、磷、铁等，被中医称为百果之宗；枣类维生素 C 含量较高，特别是新鲜大枣维生素 C 的含量高达 540mg/100g，是一般蔬菜和其他水果含量的 30~100 倍；酸枣的含量更高，能达到 830~1170mg/100g，是其他水果的 200 倍，人体内的利用率也相对较高，平均达到 86.3%。

核果类水果富含矿物质，其中铁和钾类微量元素的含量较高，氨基酸类含量也较高，还含有柠檬酸、酒石酸等有机酸。主要代表有樱桃、桃子等。樱桃含有丰富的铁元素，能防治缺铁性贫血，桃子含有多种营养矿物质元素，是补体虚的佳果。

瓜类水果的营养特点是含水量丰富，水溶性维生素、糖类、有机酸含量较高，性质多属寒凉。代表水果有西瓜、哈密瓜、甜瓜、香瓜等。西瓜属于高含水量水果，适宜在夏天食用，清热利尿，可防止中暑。哈密瓜含糖量丰富，热量较高，有“瓜中之王”的美誉。

总的来说，一般颜色较深的水果比颜色浅的营养价值高，气味浓郁的水果比平淡的水果营养价值高。对于同一种水果，味道略带酸涩的品种，维生素和抗氧化成分的含量更高一些。

二、 蔬菜水果的保健功能

我国古人从整体观的角度，认识到蔬菜水果对人体健康的重要性，《素问》中根据人的体质，依照果蔬的特性，将水果和蔬菜分为四性五味，并利用水果蔬菜的性质进行疾病预防和食疗保健。西方科学也认为蔬菜水果在体内的最终代谢产物呈碱性，故称“碱性食物”，对维持体内酸碱平衡和健康养生起重要作用，科学家们还从一些蔬菜、水果中提取到了许多抗氧化物质，认为它们可以清除体内各种自由基，从而预防氧化损伤的所引起的各种疾病、防止衰老。

（一）中医观点

中医认为水果蔬菜可分为四性五味，其中四性是指寒、凉、温、热四种属性，此外寒热偏性不明显的即为平性；五味是指酸、苦、甘、辛、咸五种味道。

1. 寒、凉、温、热四种属性

属性寒凉的果蔬可以消除身体内热气，具有清热解渴和疏肝降火的功效，主要代表果蔬有冬瓜、西瓜等。冬瓜是高钾低钠低热能类蔬菜，具有祛湿消暑、除烦解渴的功效，常食用冬瓜可以帮助人体体型保持健美。西瓜富含钾和瓜氨酸，因此具有较强的清热利尿和解暑生津的作用。此外，西瓜中的蛋白酶能把不溶性蛋白质转化成可溶性蛋白质，促进人体吸收，增加肾炎患者的营养。

属性温热的果蔬则可以驱除身体内的寒气，具有驱寒补虚的作用，主要代表果蔬有南瓜、龙眼等。南瓜具有补中益气、消炎止痛的作用；龙眼具有补脾益胃，补心长智，养血安神的作用，龙眼中的糖类物质能温补身体，使人气色红润，《本草纲目》中记载：“资益则龙眼为良”，指的就是龙眼是珍贵的滋补身体的食物。

性平的果蔬开胃健脾，强壮补虚，容易消化，适合各种体质的人食用，主要代表果蔬有百香果、木瓜等。百香果是维生素 C 之王，具有生津止渴，提神醒脑，清肺润燥和安神止痛的功效。木瓜能平肝舒筋、和胃化湿，《本草新编》记载木瓜“乃入肝益筋之品，养血卫脉之味”，说明木瓜有补虚的功效。

2. 酸、苦、甘、辛、咸五味

中医认为五味入于胃，分走五脏，以对五脏进行滋养，使其功能正常发挥，不同的食物对脏腑的选择性不同。

酸味能生津解渴、帮助消化，归于肝胆，主要代表果蔬有葡萄、柠檬等。葡萄可以消积化痰、下气宽中，去浮肿。此外葡萄含有抗氧化营养物质如白藜芦醇等，能降低体内总的胆固醇，猝灭自由基，防止老化，抗癌。柠檬可以化痰止咳、生津健脾，所含丰富的酸味物质柠檬酸和维生素 C，能有效促进皮肤新陈代谢，消除疲劳，促进消化。

甜味能强健体魄、补虚止痛，归于脾脏，主要代表果蔬有胡萝卜、苹果等。胡萝卜可以利膈宽肠，健胃助消化，其中的胡萝卜素还能转化成维生素 A，提高机体抵抗力，益肝明目。苹果营养丰富，具有消除疲劳、稳定精神、止泻通便、预防中风等功效，还被美国癌症协会评为抗癌水果的首选。谚语说“一天一苹果，医生远离我”，这说明苹果具有良好的保健功能。

苦味能清热泻火、消除烦躁，归于心，主要代表果蔬有苦瓜、葡萄柚等。苦瓜能清热解毒，苦瓜中的类奎宁蛋白不仅可以平肝利胆、消炎退热，还能激活免疫细胞活性，提高免疫功能，及时清除体内不正常的细胞，达到抗氧化抗癌的效果。

辛味能行气活血，加速新陈代谢，归于肺，主要代表果蔬有生姜、辣椒等。生姜具有益脾胃、散风寒、止呕吐、治咳嗽、解药毒等功效，所含的姜辣素能抑制过氧化脂质产生，防止脂褐色色素产生，达到抗衰老的效果。辣椒可以刺激汗腺发汗，促进排毒解毒；还能开胃杀菌，刺激食欲。

咸味能温补肾脏，帮助排便，归于肾，主要代表果蔬有海带、紫菜。海带能预防动脉粥样硬化，降低血管中的胆固醇积聚，疏通血管，其中褐藻酸钠具有降压作用。海带还可用来治疗缺碘性甲状腺肿。紫菜具有补肾养心、清热利水的功效，紫菜多糖能明显增强细胞免疫和体液免疫的功能，提高机体免疫力。

（二）现代医学观点

现代科学同样认为蔬菜和水果与人体的健康密切相关。调查发现，如果水果蔬菜摄入不足会增加人群患心脏病和中风的风险，这一影响在男性和年轻人中尤为明显。

果蔬中含有大量对人体健康具有十分重要作用的功能物质，如苹果和茶叶中的多酚物质可以抑制神经发炎和神经变性，具有保护血管和心脏的作用，还能降低血压，使血中胆固醇含量下降，保持血管的弹性、韧性及通透性，预防心血管疾病。香蕉中富含膳食纤维，能有效降低“三高”和“富贵病”的风险，能改善肠道微生态。香菇中分离出的香菇嘌呤有降血脂作用。木耳多糖可减少血液凝块，防止血栓形成，有助于防治动脉粥样硬化。红枣分离出的多种生物活性物质，环磷酸腺苷能使血管软化，预防各种心血管疾病。番茄中分离出的番茄红素能增强机体氧化应激能力与抗炎作用、保护心脑血管畅通、防止皮肤老化、增强免疫力等。豆科和红枣中富含皂苷，对于调节脂质代谢，降低胆固醇，抗炎、免疫调节、抗肿瘤等具有重要作用。十字花科以及葱蒜类蔬菜中含有的有机硫化物同样具有抗微生物，调节脂质代谢以及抗氧化、防癌抗癌等作用。此外研究发现，食用果蔬还会影响人们的情绪，新西兰研究人员证明生食果蔬可以防止抑郁，提升积极情绪和生活满意度。

三、 科学食用水果和蔬菜

食用果蔬有很多讲究，不同的果蔬品种所含的营养成分差异大，在日常生活中，我们需要经常食用不同种类的果蔬，才可以达到营养均衡。《中国居民膳食指南（2022）》推荐成人每日蔬菜摄入量为 300~500g，而且要多样化的搭配，深绿色蔬菜占 1/2 以上。每日水果推荐摄入量为 200~350g。另外要注意果汁不能代替鲜果。平衡的膳食是保持健康的基础，不能只因为某种食物有益，就只摄入这种食物，摄食的果蔬要搭配得当，才能满足身体需要。

美国癌症协会为降低国人患癌风险，推荐“彩虹饮食法”，这种方法就是把果蔬分成 5 个种类的颜色，红色、橙黄色、绿色、紫黑色和白色，每种颜色代表的植物营养素不同，故每种颜色的果蔬保健作用不尽相同。其倡导的就是在进食推荐摄入果蔬的同时，保证每种颜色的果蔬都能摄食到。

合理摄入蔬菜水果能最大限度发挥其营养价值，中医讲究因时因地因人而为，尽量挑选当季果蔬，根据自身体质不同，顺应节气变化进食。因此，为了均衡营养，选择水果和蔬菜时应注意以下几点。

（一）科学挑选，保障多样化

尽量挑选当季新鲜的果蔬，特别注意不要吃腐烂的蔬菜，尤其是烂白菜。因为白菜中含有大量的硝酸盐，腐烂后经细菌作用，可转变成亚硝酸盐。亚硝酸盐不仅能使血液中的低铁血红蛋白变成高铁血红蛋白，使血液失去载氧能力而引起食物中毒，同时还能促使胺形成亚硝胺，这是一种公认的强致癌物质。

挑选时，一看颜色，颜色深的优于颜色浅的，绿色越深说明叶绿素含量较高，紫色越深说明花青素含量较高，深紫色葡萄中的花青素含量显著高于浅绿色葡萄，抗氧化能力也更强。二闻气味，新鲜的果蔬一般气味宜人，不要购买有异味的水果和蔬菜。气味芳香浓郁的果蔬营养价值也高于气味平淡的果蔬。三看大小，水果大小受种类影响，应根据此类果蔬正常尺寸，挑选中等大小水果和蔬菜，避免购买加了膨大剂的果蔬。

每种果蔬都有自身的营养特点，因此每天应尽量多样化地选择果蔬种类。

（二）合理清洗和加工，避免营养损失

食用前，果蔬最好用流水冲洗三遍，如果蔬菜农残较多，需要浸泡，浸泡时间应在10~15min为宜。蔬菜如果在水中浸泡30min以上，除了会造成营养成分的流失外，还可能产生亚硝酸盐，有害健康。

对于干货，如香菇、海带、木耳等，需要先轻轻揉搓，清洗干净再进行浸泡，浸泡期间需要定时换水，浸泡时间根据不同品种而定，一般在4h之内，浸泡时间过长，水溶性营养物质会流失，营养价值下降，特别注意木耳泡发时间过长会滋生细菌，产生毒素。

蔬菜烹调前，应在较完整的状态下清洗，切忌先切后洗，否则会使大量营养素丢失。凡是能用手掰开或是撕开的都尽量不要用刀切，因为蔬菜中丰富的维生素C非常容易损失，维生素C既怕热，也怕金属。切菜时，蔬菜细胞壁被破坏，金属刀面容易催化维生素C氧化，破坏其活性。烹调时，要尽可能做到急火快炒，减少维生素的损失，试验证明，蔬菜煮3min，其中维生素C损失5%，10min则达到30%。或是加入少量淀粉或者醋保护维生素C不被破坏。

有些蔬菜，如菠菜等，为减少草酸对钙吸收的影响，在烹调时，可先将蔬菜放在开水中煮或烫一下后捞出，使其中的草酸大部分溶留在水中。

（三）科学摄食，为健康添益

生吃蔬菜益处多，水果选在餐前吃。能生吃的果蔬尽量生吃，比如黄瓜、番茄、柿子椒、萝卜、白菜心都可选择生食，这样营养价值更高。水果建议餐前吃，有利于控制进食量，避免餐后过饱。

不同的果蔬营养成分不同，属性也不同，不同体质的人群对果蔬的选择也应不同。例如体质虚寒的人，基础代谢率低，手脚容易发冷，建议食用温热性质的果蔬，如龙眼、樱桃等；体质湿热的人，代谢旺盛，容易“上火”，应多食用凉性果蔬，如番茄、黄瓜等。

每种水果都有其特性，恰当的吃法才有益于身体，否则会对身体有害。如空腹食用柿子容易长结石；食用没煮透的四季豆容易中毒；黄花菜生食危险大；发芽马铃薯毒性大，因此大家食用时注意不要踩到“雷区”。

第五节 畜、禽、水产类的营养价值

畜、禽、蛋及水产

食物是人类赖以生存的物质基础，是各种营养素和有益的生物活性物质的主要来源。禽、鱼和蛋在《中国居民膳食指南（2022）》中属于第四类食物，在为人体提供优质蛋白质、脂肪等营养素方面有着极其重要的地位。

一、畜禽肉类的营养

肉是动物的可食用部分。“肉”可以包括哺乳动物如猪、牛、羊，也可以包括非哺乳动物的家禽和鱼类。各种动物的肉可以在世界各地用作食物。红肉是来自哺乳动物的肉，包括牛肉、小牛肉、羊肉和猪肉。白肉是指来自家禽的肉。对于猪肉是否为白肉的问题，人们发现它的肌红蛋白含量低于牛肉，但明显高于鸡肉或火鸡白肉，因此美国农业部将猪肉视为红肉。

1. 畜肉的基本特性

畜肉通常指猪、牛、羊、马等牲畜的肌肉、内脏及其制品，主要为人体提供优质蛋白质、脂肪、矿物质和维生素，是人类重要的食物资源。表 3-5 所示为一些常见畜肉产品营养素含量。畜体各部分以其骨骼为基础分为头、躯体和四肢。畜肉的食品品质以胴体成熟程度、脂肪花纹、肌肉坚实度和色泽这四个方面为依据，它们在一定程度上可以反映其营养价值特点。

表 3-5 畜肉产品营养素含量

食品名称	能量/(kcal/100g)	蛋白质/(g/100g)	脂肪/(g/100g)	碳水化合物/(g/100g)	视黄醇/(μg/100g)	维生素 B_1/(mg/100g)	维生素 B_2/(mg/100g)
牛肉（后腿）	106.0	20.9	2.0	1.1	3.0	0.04	0.14
羊肉（瘦）	118.0	18.0	4.0	2.4	16.0	—	—
驴肉（瘦）	116.0	21.5	3.2	0.4	72.0	0.03	0.16
猪脊背	155.0	20.2	7.9	0.7	5.0	0.47	0.12
猪小排	295.0	16.8	25.3	0.0	7.0	0.31	0.26
猪肉（腿）	190.0	17.9	12.8	0.8	3	0.53	0.24

注：1kcal=4.186kJ。

资料来源：《中国食物成分表（标准版）（第六版）》。

2. 畜肉的营养价值和特点

（1）蛋白质　肉中的蛋白质具有很高的生物学价值，因为其氨基酸及比例与人肌肉中的氨基酸相似，含有八种人体不能合成的必需氨基酸。

畜肉属于动物的肌肉组织。在肌肉中，蛋白质约占总固形物的 80%。根据蛋白质功能和溶解性，大致可分为肌原纤维蛋白质、肌浆蛋白质和结缔组织蛋白质，分别属于盐溶性、水溶性和不溶性蛋白质。畜肉的蛋白质大多存在于肌肉组织中，含量为 10%～20%。但根据动物的品种、年龄、肥瘦程度及部位的不同，蛋白质含量也有较大差异，如猪肉平均蛋白质含量为 13.8%，兔、马、鹿肉约为 20%，牛肉常超过 20%。动物的内脏器官，如肝、心等蛋白质含量也较高。但皮肤和筋腱由于缺乏色氨酸、甲硫氨酸等必需氨基酸，因此其营养价值较低。表 3-6 中展示了几种主要畜肉产品的必需氨基酸组成情况，畜肉肌原纤维蛋白质和肌浆蛋白质的生理价值较高，必需氨基酸比例较为合理，富含赖氨酸，可与谷类食物发生蛋白质营养互补。然而，结缔组织蛋白质以胶原蛋白为主，其氨基酸组成特点是甘氨酸和脯氨酸含量高，且含有羟脯氨酸和羟赖氨酸，酪氨酸、组氨酸、色氨酸和含硫氨基酸的含量极低，氨基酸组成并不全面。并且富含胶原蛋白的动物皮、筋腱等不是膳食中蛋白质的重要来源。

表 3-6 猪肉、牛肉、羊肉蛋白质的必需氨基酸组成 单位：g/100g

氨基酸种类	牛肉	猪肉	羊肉	氨基酸种类	牛肉	猪肉	羊肉
异亮氨酸	5.1	4.9	4.8	酪氨酸	3.2	3.0	3.2
亮氨酸	8.4	7.5	7.4	苏氨酸	4.0	5.1	4.9
赖氨酸	8.4	7.8	7.6	色氨酸	1.1	1.4	1.3
甲硫氨酸	2.3	2.5	2.3	缬氨酸	5.7	5.0	5.0
胱氨酸	1.4	1.3	1.3	精氨酸	6.6	6.4	6.9
苯丙氨酸	4.0	4.1	3.9	组氨酸	2.9	3.2	2.7

（2）脂肪 畜肉中的脂肪可分为蓄积脂肪和组织脂肪两大类。蓄积脂肪是能量的集中储存场所，包括皮下脂肪、肾周围脂肪、大网膜脂肪和肌肉间脂肪，这些部位含有约 90% 的脂肪。组织脂肪为肌肉及脏器内的脂肪，也就是“瘦肉”中所含的脂肪，含量在 0.4%～25%，因动物品种、部位、年龄和肥育度的不同有很大差异。

猪肉中的脂类主要是中性脂肪和胆固醇。在畜肉中，猪肉的脂肪含量最高，脂肪的组成以饱和脂肪酸为主，熔点较高。猪肉中胆固醇含量肥肉比瘦肉高，内脏中更高，一般为瘦肉的 3～5 倍，脑中胆固醇含量最高，老年动物肉中的脂肪比例比幼小动物的高，肥育动物的瘦肉部分的脂肪含量比瘦肉型动物同部位的瘦肉要高。例如，猪里脊肉含脂肪 7.9%，而肋条肉含脂肪高达 59%。又如，肥育良好的牛肉中脂肪含量可达 18% 左右，肉的横切面呈现大理石样花纹；而肥育不良的牛肉含脂肪仅 4%。血液中的脂肪含量很低，不足 0.5%；骨中脂肪含量为 15%～21%，其中骨髓含脂肪 90% 以上。

畜肉脂肪中含饱和脂肪酸较多，其中又以棕榈酸和硬脂酸居多，不饱和脂肪酸主要为油酸，其次为亚油酸。例如，猪脂肪含有约 40% 的饱和脂肪酸，通常在体温下呈液态，消化率可达 90% 以上。牛和羊是反刍动物，其脂肪中饱和脂肪酸比例达 50% 以上，熔点可达 40℃ 以上，在体温下不液化，因此较难消化。

肌肉所含的脂类中，含有磷脂和胆固醇等类脂。尤其是猪肉脏器中含有较多的胆固醇，如瘦猪肉中含胆固醇77mg/100g，肥猪肉为107mg/100g，而猪肝为368mg/100g，是瘦肉中的4~5倍。肉中的脂肪酸位于脂肪仓库的脂肪组织中或肌肉中的大理石花纹中，以及肌肉中的细胞膜中。人们现在逐渐发现，一些脂肪酸的摄入量与某些疾病的发病率有关，而在肉类动物的生产过程中，通过营养可以改变脂肪酸的组成，以改善人类饮食中肉类的健康。表3-7统计了不同肉类样品中脂肪及脂肪酸的含量。

表3-7　　不同肉类样品中脂肪及脂肪酸的含量　　单位：g/100g

肉类	脂肪	饱和脂肪酸	单不饱和脂肪酸	多不饱和脂肪酸	反式脂肪酸
猪肉					
后腿肉	18.1	7.65	8.98	1.82	0.03
后臀肉	26.6	9.73	12.42	3.34	0.07
里脊肉	3.9	1.39	1.72	0.40	0.01
前腿肉	43.8	15.98	20.99	5.69	0.13
五花肉	47.0	17.70	22.05	5.84	0.19
牛肉					
里脊肉	5.9	2.36	2.10	0.29	0.10
牛腱	9.8	3.27	5.31	0.40	0.22
羊肉					
羊腿	16.0	3.74	4.10	0.49	0.30
鸡肉					
鸡翅	11.5	3.58	3.95	2.53	0.01
鸡腿	6.9	2.43	2.91	1.51	0.02
鸡胸肉	1.5	0.52	0.67	0.27	未检出
鸭肉					
鸭腿	12.5	4.13	5.60	2.71	0.01
鸭胸肉	1.7	0.55	0.57	0.37	未检出

资料来源：赵佳，邢青斌，陆颖，等．不同肉类食物中脂肪酸组成［J］．卫生研究，2018，47：254-259。

（3）维生素　肉是B族维生素的良好来源，主要有维生素B_1，维生素B_2、烟酸，泛酸，维生素B_6，叶酸和维生素B_{12}等，但缺少脂溶性维生素和维生素C。而某些器官如肝脏、肾脏含有一定数量的维生素A、维生素C、维生素D、维生素E和维生素K。例如，猪腿肉的维生素B_1、维生素B_2和烟酸含量分别为0.53mg/100g、0.24mg/100g和4.9mg/100g。不同家畜肉中的维生素B_2含量差异不大，在0.1~0.2mg/100mg。牛肉中的叶酸含量较其他畜肉高。瘦肉中所含维生素A、维生素D、维生素E均很少。

家畜内脏富含多种维生素。其中肝脏是各种维生素在动物体内的储存场所，富含维生素A、维生素 D、维生素 B_2；并且生物素、叶酸、维生素 B_{12} 等维生素的含量也都不同程度地高于畜肉。部分羊肝中的维生素 A 含量高于猪肝。除此之外，肝脏中还含有少量维生素 C 和维生素 E。心、肾等内脏的维生素含量均较瘦肉高。

肉的维生素含量变化很大，这和动物的种类、年龄、脂肪含量及饲料有关。牛肉的叶酸含量比猪肉、羊肉高，而猪肉的 B 族维生素含量是牛肉和羊肉的 5~10 倍。此外，因为脂肪也是个不可忽视的因素。由于水溶性维生素存在于瘦肉中，而脂溶性维生素存在于脂肪组织中。脂肪越多，单位质量的肉含有的维生素也就越少。

（4）矿物质　畜肉中含 1%~2% 的矿物质，是铁、锰、锌、铜、硒等微量元素的重要膳食来源。其中钠和磷含量较高，钾则低于蔬菜、水果、豆类、粗粮等植物性食品。畜肉中钙含量较低，例如，猪肉的含钙量仅为 6mg/100g 左右。畜肉中磷含量较高，达 120~180mg/100g。

肉类中的铁以血红素铁的形式存在，生物利用率高，吸收率不受食物中各种干扰物质的影响。肝脏是铁的储存器官，含铁量为各部位之冠，如猪肝中含铁 22.6mg/100g。血液和脾脏也是膳食铁的优质来源。颜色深红的肉类所含的血红素较颜色淡红的肉类更高。此外，畜肉中锌、铜、硒等微量元素较丰富，且吸收利用率也比植物性食品高。

家畜内脏富含多种矿物质。肝脏、肾脏和脾脏中富含磷和铁，并且铁含量明显高于畜肉，吸收利用率高。肝脏是铁的储存器官，含铁量位居各内脏器官之首。例如，猪肝含铁 25.43mg/100g，是猪肾的 3.2 倍、猪脾的 2 倍。此外，家畜的内脏也是锌、铜、硒等微量元素的良好来源，铜和硒的含量高于畜肉。畜血含有多种矿物质，吸收利用率高，是膳食铁的优质来源。

矿物质元素具有特殊的生物学功能，但元素之间可能存在协同或拮抗作用。例如锌具有促进细胞免疫的功能，并与儿童智力发育有关，但过量摄入锌可以抑制机体对铜的吸收，进而导致铁功能异常（铜是铁代谢中所必需的），造成贫血。因此，通过对膳食中多种矿物元素之间的相关关系进行分析发现，在猪、牛、羊三种畜肉中，镁与钾均有较强相关性，镁和钾均是肌肉细胞内含量较高的元素，表明在摄入高含量钾的同时，也摄入了较高含量的镁；在羊肉及内脏中，镁与磷呈显著强相关性；在猪、羊及内脏中，铜与磷呈显著强相关性；在牛和羊肉及内脏中，铜与铁呈显著强相关性。畜肉的摄入确实存在矿物质元素间的协同或拮抗作用，应合理安排膳食，如在需要补充铁时，应减少铜含量较高的肉类摄入。

3. 禽肉的基本特点

禽肉富含各类矿物质营养元素，作为居民日常饮食中常见的一种肉类食材，其特点在于富含高蛋白、低脂肪、高营养。常见的禽肉主要包括鸡肉、鸭肉和鹅肉等，而我国市场上则以鸡肉较多。

4. 禽肉营养价值及特点（表 3-8）

表 3-8　　常见的禽肉的营养成分

食品名称	能量/（kcal/100g）	蛋白质/（g/100g）	脂肪/（g/100g）	碳水化合物/（g/100g）	视黄醇/（μg/100g）	维生素 B_1/（mg/100g）	维生素 B_2/（mg/100g）
鸡（乌骨鸡）	111.0	22.3	2.3	0.3	—	0.02	0.20
鸭	240.0	15.5	19.7	0.2	52.0	0.08	0.22
鸡腿	146.0	20.2	7.2	0.0	22.0	0.06	0.10

续表

食品名称	能量/(kcal/100g)	蛋白质/(g/100g)	脂肪/(g/100g)	碳水化合物/(g/100g)	视黄醇/(μg/100g)	维生素 B_1/(mg/100g)	维生素 B_2/(mg/100g)
鸭血	56.0	13.2	0.4	0.0	57.0	0.05	0.03
鸡胸肉	118.0	24.6	1.9	0.6	3.0	0.07	0.06
鹅肫	100.0	19.6	1.9	1.1	51.0	0.05	0.06

注：1kcal=4.186kJ。

资料来源：《中国食物成分表（标准版）（第六版）》。

（1）蛋白质　禽肉的蛋白质也是优质蛋白质，其生物价与猪肉和牛肉相当。其中去皮的鸡肉和鹌鹑的蛋白质含量比一般畜肉稍高，约为20%，鸭、鸡的蛋白质含量分别约为16%和22%。从表3-4可得出，同一禽肉的不同部位蛋白质含量也不同，比如鸡腿中蛋白质含量约为16%，鸡胸肉中蛋白质约为19%。

（2）脂肪　禽类所含脂肪因品种不同而出现显著差异，比如鸡肉中脂肪含量仅为2.3%，而鸭中的脂肪含量则接近20%。如表3-9所示，鸡翅和鸡腿在脂肪酸组成上无明显差异，与鸡胸肉相比，鸡翅中含有较高的亚油酸。鸡心的脂肪酸组成与其肉类相似。鸭胸肉与鸭腿脂肪酸组成差异不明显。

表3-9　不同部位禽肉及内脏中的脂肪酸构成

脂肪酸	鸡翅	鸡腿	鸡胸肉	鸡心	鸭腿	鸭胸肉
棕榈酸	23.9[ab]	25.5[a]	25.8[a]	22.3[ab]	20.6[b]	22.0[ab]
硬脂酸	6.2[ab]	5.9[a]	8.2[abc]	7.3[abc]	7.1[ac]	10.2[c]
油酸	38.1[ab]	37.7[ab]	40.6[a]	34.1[a]	43.0[a]	36.1[ab]
亚油酸	22.4[a]	20.6[ac]	16.8[bc]	22.5[ac]	21.8[a]	20.8[ac]
花生四烯酸	1.0[a]	0.9[a]	1.7[a]	1.5[a]	2.2[a]	4.4[a]

注：同行数据肩标字母不同，则表示两种肉脂肪酸含量差异有统计学意义（$P<0.05$）。

资料来源：赵佳，邢青斌，陆颖，等．不同肉类食物中脂肪酸组成［J］．卫生研究，2018，47：254-259.

通过对鸡肉和鸭肉相同部位的脂肪酸组成进行对比可得，鸡肉中饱和脂肪酸的含量略高于鸭，鸭胸肉中的单不饱和脂肪酸低于鸡胸肉，而鸭腿中的单不饱和脂肪酸较鸡腿高。鸡中的棕榈酸略高于鸭，而其亚油酸和花生四烯酸的含量略低。

（3）维生素和矿物质　禽肉的B族维生素含量丰富，特别是富含烟酸。矿物质方面，禽肉中铁、锌、硒等的含量很高，尤其是禽类肝脏，但钙的含量不高。如表3-10所示，鸡肉及内脏中钾、锌和铜含量最高的是鸡心；磷和锰含量最高的是鸡肝；钙含量最高的是鸡蛋；镁含量最高的是鸡胸；钠含量最高的是鸡蛋；铁含量最高的是鸡血。在鸭肉及内脏中磷、锌、铜和锰含量最高的均是鸭肝；钾和镁含量最高的是鸭胸；钠含量最高的是鸭腿；钙含量最高的是鸭蛋；铁含量最高的是鸭血。并且家禽类所含的钙、磷、铁含量普遍高于猪、羊、牛肉。

表 3-10　　鸡肉、鸭肉及内脏矿物元素含量　　单位：mg/100g

食品名称	钙（Ca）	磷（P）	钾（K）	钠（Na）	镁（Mg）	铁（Fe）	锌（Zn）
鸡腿	7.5	326.7	288.4	159.0	41.1	2.0	2.8
鸡胸	4.6	272.3	351.8	71.1	54.7	3.6	0.6
鸡肝	11.0	378.6	265.1	74.8	34.9	11.8	3.3
鸡心	9.7	260.6	471.3	254.1	41.0	10.1	4.7
鸡胗	8.1	166.6	237.9	58.4	18.1	18.1	2.1
鸡蛋	37.7	186.5	245.1	377.4	35.7	6.5	1.6
鸡血	3.7	33.1	117.8	194.1	2.9	23.2	0.2
鸭腿	13.1	227.0	569.4	117.2	33.0	3.1	3.7
鸭胸	7.5	328.9	407.3	105.4	47.4	8.3	1.1
鸭肝	8.9	422.6	305.9	91.2	39.4	28.5	4.4
鸭心	5.2	220.7	132.6	39.3	9.9	2.1	0.6
鸭胗	10.6	224.1	138.3	28.5	7.3	2.1	0.8
鸭蛋	39.2	173.8	23.9	24.8	2.3	0.3	0.1
鸭血	6.5	66.3	126.4	114.4	5.6	29.8	0.2

资料来源：潘晓东，汤鋆，黄百芬，等．畜禽肉及内脏中矿物元素含量分析［J］．预防医学，2018，30：1194-1198.

二、 水产类的营养

（一）水产类的基本特性

水产食用资源与人类饮食关系密切，具有丰富的营养价值（表 3-11），可作为高生物价的蛋白质、脂肪和脂溶性维生素的来源，在人类的营养领域具有重要的作用。水产类的肌肉纤维细短，水分含量高，组织柔软细嫩，比畜禽类易消化吸收。其中包含薄层的结缔组织，因此水产品比哺乳动物或家禽更柔软、更片状。

表 3-11　　常见的水产品的营养成分

食品名称	能量/（kcal/100g）	蛋白质/（g/100g）	脂肪/（g/100g）	碳水化合物/（g/100g）	视黄醇/（μg/100g）	维生素 B_1/（mg/100g）	维生素 B_2/（mg/100g）
海参	78.0	16.5	0.2	2.5	—	0.03	0.04
生蚝	57.0	10.9	1.5	0	—	0.04	0.13
乌贼	84.0	17.4	1.6	0	35.0	0.02	0.06
草鱼	113.0	16.6	5.2	0	11.0	0.04	0.11
大马哈鱼	139.0	17.2	7.8	0	45.0	0.07	0.18
河虾	87.0	16.4	2.4	0	48.0	0.04	0.03
干海带	90.0	1.8	0.1	23.4	0	0.01	0.1

注：1kcal=4.186kJ。

资料来源：《中国食物成分表（标准版）（第六版）》。

（二）水产类的营养价值

1. 常见水产类

在世界范围内，海鲜有几千种，按照目前的加工、保存和销售方式，消费的种类更多。然而，可供人类食用且具有营养价值的主要有鱼类、虾类、贝类、软体类、蟹类和藻类。

2. 水产类的营养价值及特点

（1）蛋白质　大多数水产品含有人体各类必需氨基酸，尤其是富含亮氨酸和赖氨酸，属于优质蛋白质，其中鱼类中蛋白质的含量一般为15%～20%，河蟹、对虾、章鱼的蛋白质含量约为17%，软体动物的蛋白质含量约为15%。食物中蛋白质的营养价值主要取决于其含有的必需氨基酸种类、含量及组成比例，其组成比例越接近人体必需氨基酸组成比例，就说明其质量越优良，蛋白质的吸收利用率及应用价值就越高。从表3-12中可见四类水产品均含有18种氨基酸，其中胱氨酸的含量最低，甲壳类略高。藻类的天冬氨酸、谷氨酸、丙氨酸含量较高。鱼类赖氨酸含量最高。四类水产品中必需氨基酸含量占总蛋白质含量比较接近。鱼类所含赖氨酸，是四类水产品中含量最高的。而赖氨酸是谷物的第一限制氨基酸，人体不能合成，均需从膳食中摄入，故鱼类与谷类搭配食用可起到互补的作用。藻类蛋白价廉质优，其所含亮氨酸和赖氨酸最符合推荐模式，可作为素食人群蛋白质优质来源。

综上所述，水产品是一种优质的，必需氨基酸组成较为均衡合理的，生物利用率高的氨基酸资源，具有较高的营养价值，是人体氨基酸首选来源。不同种类水产品各有其优势氨基酸，各类水产品氨基酸组成含量差异较大，可据此针对不同人群构建合理膳食。

表3-12　四类水产品中各氨基酸的均值及蛋白质总量　单位：g/kg

氨基酸种类	鱼类	贝壳类	甲壳类	藻类
天冬氨酸（Asp）	15.9	7.4	15.3	22.9
苏氨酸（Thr）	7.5	3.4	7	8.7
丝氨酸（Ser）	6.9	3.4	6.1	9.2
谷氨酸（Glu）	23.6	10	26.4	29.7
甘氨酸（Gly）	8.9	5.1	12.8	10.1
丙氨酸（Ala）	10.2	5.5	10.4	17.1
半胱氨酸（Cys）	0.9	0.6	1.4	0.9
缬氨酸（Val）	7.4	3.2	8.6	10.5
甲硫氨酸（Met）	4.9	1.9	5.1	2.6
异亮氨酸（Ile）	6.8	2.8	7.4	6.2
亮氨酸（Leu）	12.7	5.1	13.6	12.5
酪氨酸（Tyr）	5.5	2.7	5.9	5.6
苯丙氨酸（Phe）	6.5	2.8	7.5	7.8
赖氨酸（Lys）	14.5	5.4	11.7	10.2

续表

氨基酸种类	鱼类	贝壳类	甲壳类	藻类
组氨酸（His）	4.2	1.9	4.4	2.5
精氨酸（Arg）	9.4	5.4	7.7	9.7
脯氨酸（Pro）	6.6	2.9	9.4	8.5
色氨酸（Try）	1.9	1.2	1.8	1.7
必需氨基酸含量	62.2	25.8	62.7	60.2
蛋白质含量	154.3	70.7	162.5	176.4
(必需氨基酸/总蛋白质)/%	40.3	36.5	38.6	34.1

资料来源：陈宏靖，李鑫．鲜活水产品氨基酸成分分析及营养评价［J］．海峡药学，2020，32：76-78.

（2）脂肪　水产类的脂肪含量因品种不同而不同，其中藻类和扇贝类脂肪含量很低，鱼类的脂肪含量低，但不同鱼类的脂肪含量差别较大，一般为1%～10%，其中80%为不饱和脂肪酸，水产类脂肪的特点是富含20~24碳的长链不饱和脂肪酸，值得关注的是含量较高的二十碳五烯酸（EPA）和二十二碳六烯酸（DHA）具有调节血脂、防治动脉粥样硬化、辅助抗肿瘤和促进大脑发育作用等。

（3）维生素和矿物质　鱼类肝脏是维生素A和维生素D的重要来源，还是维生素B_2的良好来源，但几乎不含维生素C。贝类中的维生素E含量较高。据文献报道，鱼类是维生素D的重要来源。鱼类矿物质含量为1%～2%，是钙、碘、锌、铁、硒等元素的良好来源，其他水产品的矿物质含量也都较高，可作为饮食中补充矿物质的一个良好食物来源。

①虾类：虾的营养极为丰富，含有丰富的钾、碘等矿物质及维生素A等成分。虾的通乳作用较强，并且富含磷和钙，对婴幼儿、孕妇尤其有补益功效。尤其值得一提的是，老年人常食虾皮，可预防自身因缺钙所致的骨质疏松症。

②贝类：贝类具有高蛋白、高铁、高钙、少脂肪的特点。人们在食用贝类食物后，常有一种清爽宜人的感觉，这对解除一些烦恼症状无疑是有益的。需要注意的是，不要食用未熟透的贝类。

③蟹类：蟹味鲜美，有丰富的钙和维生素，主要用来食用，其营养成分、利用价值极高。蟹的营养丰富，蟹壳中含有丰富的钙盐。而螃蟹性寒、味咸，有滋阴补髓，清热化痰，催产下胎和抗结核、补虚损的作用。此外，潮间带的各种蟹类粉碎后可用作鱼类、家畜和家禽的饲料。

④藻类：藻类是无胚，自养，以孢子进行繁殖的低等植物，供人类食用的有海带、紫菜、发菜等。例如海带的含碘量较高，而且还富含蛋白质、脂肪、膳食纤维、碳水化合物、维生素E、矿物质（如钾、钠、钙、镁、磷、硒等元素）、胡萝卜素、维生素B_1、维生素B_2、烟酸等多种营养素，是一种碱性食品，具有低热量、中蛋白、高矿物质的特点。常吃海带可以预防血管硬化、冠心病、肥胖、白内障等疾病。

第六节 乳及乳制品、蛋及蛋制品的营养价值

为改善我国中小学生的营养状况，由原农业部、教育部等七部委局于2000年联合推广的中国“学生奶饮用计划”正式启动，该项国家营养干预计划旨在通过课间向在校中小学生提供一份优质奶，以提高他们的身体素质并培养他们合理的膳食习惯。2022年5月，新发布的《国家“学生饮用奶计划”推广管理办法（修订版）》，对原奶质量、生产工艺、入校规范操作等提出新要求。《中国学龄儿童膳食指南（2022）》将“天天喝奶”纳入基本准则，将乳及乳制品的摄入量由300g提升至300~500g，把牛乳定义为促进青少年儿童生长发育所需营养的理想食品之一。牛乳是大自然赋予人类最完善的营养食品，被称之为“白色血液”，是补充蛋白质、维生素、矿物质特别是钙的最佳食物。此外，蛋类食物也含有丰富的蛋白质、脂肪、维生素和矿物质等。乳制品和蛋类食物所含必需氨基酸种类齐全，氨基酸模式与人体蛋白质氨基酸模式接近，营养价值较高，是食物中优质蛋白质的重要来源。

一、乳及乳制品的营养价值

乳制品

乳（milk）包括牛乳、羊乳和马乳等，其中人们食用最多的是牛乳。乳是营养素齐全、容易消化吸收的一类优质食品，几乎可以满足新生儿生长发育的全部需要，也是各年龄组健康人群及特殊人群（如婴幼儿、老年人、病人等）的理想食品。每天增加200mL牛乳摄入与心血管疾病、中风、高血压、结直肠癌、代谢综合征、肥胖和骨质疏松的风险降低有关。乳制品（milk products）是以乳为原料经浓缩、发酵等工艺制成的产品，如乳粉、酸乳及炼乳等。

（一）乳的营养价值

鲜乳主要是由水、脂肪、蛋白质、乳糖、矿物质、维生素等组成的一种复杂乳胶体，水分含量为86%~90%，因此其营养素含量与其他食物比较相对较低。牛乳的相对密度一般为1.028~1.034，相对密度大小与乳中固体物质含量有关，乳的各种成分除脂肪含量变动相对较大外，其他成分基本上比较稳定。故比重可作为评定鲜乳质量的简易指标。乳稍有甜味，具有特有的乳香味，其特有的香味是由低分子化合物如丙酮、乙醛、二甲硫、短链脂肪酸和内酯形成的。

1. 乳的营养素种类和特点

（1）蛋白质　牛乳蛋白质含量为2.8%~3.3%，主要由酪蛋白（79.6%）、乳清蛋白（11.5%）和乳球蛋白（3.3%）组成。酪蛋白属于结合蛋白，与钙、磷等元素结合，形成酪蛋白胶粒，以胶体悬浮液的状态存在于牛乳中。乳清蛋白可分为热稳定和热不稳定乳清蛋白两部分，加热时发生凝固并沉淀的属于不稳定乳清蛋白。乳球蛋白与机体免疫有关。乳的蛋白质消化吸收率为87%~89%，属优质蛋白质。

人乳蛋白质较牛乳含量低，且酪蛋白比例低于牛乳，以乳清蛋白为主。利用乳清蛋白改变牛乳中酪蛋白与乳清蛋白的构成比，使之近似母乳的蛋白质构成，可生产出适合婴幼儿生长发

育需要的配方乳粉。

（2）碳水化合物　乳中所含碳水化合物主要为乳糖，含量为3.4%~7.4%，人乳中乳糖含量最高，羊乳居中，牛乳最少。乳糖有调节胃酸、促进胃肠蠕动和促进消化液分泌作用，还能促进钙的吸收和促进肠道乳酸杆菌繁殖，对肠道健康具有重要意义。但有些人缺乏乳糖酶，不能利用乳糖，从而发生腹泻，称乳糖不耐症（lactose intolerance）。

（3）脂类　乳中脂肪含量一般为3.0%~5.0%，主要为甘油三酯，少量磷脂和胆固醇。乳脂肪呈高度乳化状态，以微粒分散在乳浆中，吸收率高达97%。乳脂肪中脂肪酸组成复杂，油酸、亚油酸和亚麻酸分别占30%、5.3%和2.1%，短链脂肪酸（如丁酸、己酸、辛酸）含量也较高，故乳脂肪风味良好并易于消化。

（4）矿物质　乳中矿物质含量丰富，富含钙、磷、钾、镁、钠、硫、锌、锰等元素，钙含量为104mg/100mL，且吸收率高，是钙的良好食物来源。乳中铁含量很低，喂养婴幼儿时应注意其他食物中铁的补充。

（5）维生素　乳中维生素B_2和维生素A含量较多，维生素D含量不高。牛乳中维生素含量与饲养方式和季节有关，如放牧期牛乳中维生素A、维生素D、胡萝卜素和维生素C的含量比冬春季在棚内饲养明显增多。牛乳中维生素D含量较低，但夏季日照多时，其含量有一定的增加。牛乳是B族维生素的良好食物来源，特别是维生素B_2。

2. 乳中其他成分

（1）酶类　牛乳中含多种酶类，主要是氧化还原酶、转移酶和水解酶。水解酶包括淀粉酶、蛋白酶和脂肪酶等，可促进营养物质的消化。牛乳还含有具有抗菌作用的成分如溶菌酶和过氧化物酶。牛乳中的转移酶主要有γ-谷氨酰转移酶和黄素单核苷酸腺苷转移酶。

（2）有机酸　主要是柠檬酸及微量乳酸、丙酮酸及马尿酸等。乳中柠檬酸的含量约为0.18%，除了以酪蛋白胶粒的形式存在外，还以离子态及分子态的柠檬酸盐，主要是柠檬酸钙的形式存在。乳类腐败变质时，乳酸的含量会增加。

（3）生理活性物质　较为重要的有生物活性肽、乳铁蛋白（lactoferrin）、免疫球蛋白、激素和生长因子等。生物活性肽类是乳蛋白在消化过程中经蛋白酶水解产生，包括镇静安神肽、抗高血压肽、免疫调节肽和抗菌肽等。牛乳中乳铁蛋白的含量为20~200μg/mL，具有调节铁代谢、促生长和抗氧化等作用，经蛋白酶水解形成的肽片段具有一定的免疫调节作用。

（4）细胞成分　乳类含有白细胞、红细胞和上皮细胞等，来自奶牛的体细胞。牛乳的体细胞数是衡量牛乳卫生品质的指标之一，体细胞数越低，生鲜乳质量越高；体细胞数越高，对生鲜乳的质量影响越大，并对下游其他乳制品如酸乳、乳酪等的产量、质量、风味等产生较大的不利影响。

（二）乳制品的营养价值

乳制品因加工工艺的不同，导致营养素含量有很大差异。

1. 巴氏杀菌乳（pasteurized milk）、灭菌乳（sterilized milk）和调制乳（modified milk）

巴氏杀菌乳是指仅以生牛（羊）乳为原料，经巴氏杀菌等工序制得的液体产品。灭菌乳包括超高温灭菌乳（ultra-high temperature sterilized milk）和保持灭菌乳（retort sterilized milk）两类。超高温灭菌乳定义为以生牛（羊）乳为原料，添加或不添加复原乳，在连续流动的状态下，加热到至少132℃并保持很短时间的灭菌，再经无菌灌装等工序制成的液体产品。保持灭菌乳是以生牛（羊）乳为原料，添加或不添加复原乳，无论是否经过预热处理，在灌装并密封之后经灭菌等工序制成的液体产品。调制乳是以不低于80%的生牛（羊）乳或复原乳为主要原料，添加其他原料或食品添加剂或营养强化剂，采用适当的杀菌或灭菌等工艺制成的液体产品。这三种形式的产品是目前我国市场上流通的主要液态乳，除维生素 B_1 和维生素 C 有损失外，营养价值与新鲜生牛乳差别不大，但调制乳因进行营养强化的不同而差异较大。

2. 发酵乳（fermented milk）

发酵乳指以生牛（羊）乳或乳粉为原料，经杀菌、发酵后制成的 pH 降低的产品。其中以生牛（羊）乳或乳粉为原料，经杀菌、接种嗜热链球菌和德氏乳杆菌保加利亚亚种发酵制成的产品称为酸乳（yoghurt）。

风味发酵乳（flavored fermented milk）是指以80%以上生牛（羊）乳或乳粉为原料，添加其他原料，经杀菌、发酵后 pH 降低，发酵前或后添加或不添加食品添加剂、营养强化剂、果蔬、谷物等制成的产品。其中以80%以上生牛（羊）乳或乳粉为原料，添加其他原料，经杀菌、接种嗜热链球菌和德氏乳杆菌保加利亚亚种发酵，发酵前或后添加或不添加食品添加剂、营养强化剂、果蔬、谷物等制成的产品称为风味酸乳（flavored yoghurt）。

经乳酸菌发酵后的发酵乳，蛋白质凝固、游离氨基酸和肽增加，脂肪不同程度的水解，形成独特的风味，营养价值更高，如蛋白质的生物价提高，叶酸含量增加1倍。乳糖变为乳酸，更容易消化吸收，还可刺激胃酸分泌，尤其更适于乳糖不耐受的人。发酵乳中的益生菌可抑制肠道腐败菌的生长繁殖，防止腐败胺类产生，对维护人体的健康具有重要作用。

3. 炼乳（condensed milk）

炼乳是一种浓缩乳，有三种不同类型。

（1）淡炼乳（evaporated milk） 以生乳和（或）乳制品为原料，添加或不添加食品添加剂和营养强化剂，经加工制成的黏稠状产品。淡炼乳经高温灭菌后，维生素受到一定的破坏，因此常用维生素加以强化，按适当的比例稀释后，其营养价值基本与鲜乳相同。

（2）加糖炼乳（sweetened condensed milk） 以生乳和（或）乳制品、食糖为原料，添加或不添加食品添加剂和营养强化剂，经加工制成的黏稠状产品。成品中蔗糖含量为40%~45%，渗透压增大。利用其渗透压的作用抑制微生物的繁殖，因此成品保质期较长。因糖分过高，食用前需加大量水分冲淡，造成蛋白质等营养素含量相对较低，故不宜用于喂养婴儿。

（3）调制炼乳（formulated condensed milk） 以生乳和（或）乳制品为主料，添加或不添加食糖、食品添加剂和营养强化剂，添加辅料，经加工制成的黏稠状产品，也有加糖调制炼乳和淡调制炼乳之分。

4. 乳粉（milk powder）

乳粉是指以生牛（羊）乳为原料，经加工制成的粉状产品。以生牛（羊）乳或其加工制品为主要原料，添加其他原料，添加或不添加食品添加剂和营养强化剂，经加工制成的乳固体含量不低于70%的粉状产品称为调制乳粉（modified milk powder）。

根据鲜乳是否脱脂又可分为全脂乳粉（whole milk powder）和脱脂乳粉（skimmed milk powder）。全脂乳粉是将鲜乳消毒后除去70%~80%的水分，采用喷雾干燥法，将乳喷成雾状微粒而成，一般全脂乳粉的营养素含量约为鲜乳的8倍。脱脂乳粉脂肪含量仅为1.3%，脂溶性维生素损失较多，其他营养成分变化不大，适于腹泻的婴儿及要求低脂膳食的人群食用。

调制乳粉一般是以牛乳为基础，根据不同人群的营养需要特点，对牛乳的营养组成成分加以适当调整和改善而成，使各种营养素的含量、种类和比例满足不同人群的生理特点和营养需要。如婴幼儿配方乳粉是改变牛乳中酪蛋白的含量和酪蛋白与乳清蛋白的比例，补充乳糖的不足，以适当比例强化维生素 A、维生素 D、维生素 B_1、维生素 B_2、维生素 C、叶酸和铁、铜、锌及锰等矿物质元素。除婴幼儿配方乳粉外，还有孕妇乳粉、儿童乳粉、中老年乳粉等。

5. 奶油（cream）

奶油是乳经过离心分离后得到稀奶油，经成熟、搅拌、压炼等工艺制成的乳制品。奶油是以乳脂肪为主要成分，营养丰富，可直接食用或用于其他食品如冰淇淋、面包、糕点等的制作。根据奶油的食品安全国家标准，可将其分为稀奶油、奶油和无水奶油。

（1）稀奶油（cream） 以乳为原料，分离出的含脂肪的部分，添加或不添加其他原料、食品添加剂和营养强化剂，经加工制成的脂肪含量 10.0%~80.0% 的产品。

（2）奶油（黄油）（butter） 以乳和（或）稀奶油（经发酵或不发酵）为原料，添加或不添加其他原料、食品添加剂和营养强化剂，经加工制成的脂肪含量不小于 80.0% 的产品。

（3）无水奶油（无水黄油）(anhydrous milk fat) 以乳和（或）奶油或稀奶油（经发酵或不发酵）为原料，添加或不添加食品添加剂和营养强化剂，经加工制成的脂肪含量不小于 99.8% 的产品。

6. 乳酪（cheese）

乳酪是一种营养价值较高的发酵乳制品，是在原料乳中加入适量的乳酸菌发酵剂或凝乳酶，使蛋白质发生凝固，并加盐、压榨排除乳清之后的产品。乳酪中含有丰富的蛋白质、碳水化合物，以及钙、磷等人体必需的矿物质和 B 族维生素等营养成分。由于乳酪制作中需去除乳清，因此，乳酪的生物学价值要低于全乳蛋白质，但比纯酪蛋白高。国际上通常把乳酪划分为天然乳酪、再制乳酪、乳酪食品三大类。

（1）天然乳酪（natural cheese） 未经发酵成熟的产品称为新鲜乳酪；经长时间发酵成熟而制成的产品称为成熟乳酪。国际上将这两种乳酪统称为天然乳酪。

（2）再制乳酪（processed cheese） 乳酪融化、乳化后，添加或不添加奶油、食品添加剂而制成的产品。

（3）乳酪食品（cheese food） 乳酪融化、乳化后，添加食品添加剂和其他食品成分而制成的产品。产品中乳酪含量大于 50%。

另外也可以按照水分含量的不同将乳酪划分为特硬质、硬质、半硬质、半软质和软质乳酪 5 大类。特硬质乳酪的含水量小于 41%，硬质乳酪水分含量为 49%~56%，半硬质乳酪为 54%~63%，半软质乳酪水分含量为 61%~69%，软质乳酪含水量大于 67%。

二、 蛋及蛋制品的营养价值

蛋类主要包括鸡蛋、鸭蛋、鹅蛋、鹌鹑蛋和鸽蛋等，食用最普遍、销量最大的是鸡蛋。蛋制品是以鸡蛋、鸭蛋、鹅蛋或其他禽蛋为原料加工而制成的蛋制品，分为再制蛋类、干蛋类、冰蛋类和其他类。

（一）蛋的结构

各种蛋类大小不一，但结构相似，由蛋壳、蛋清、蛋黄三部分组成。蛋壳在最外层，占全蛋重量的 11%~13%，壳上布满细孔，主要由碳酸钙构成。蛋壳表面附着有霜状水溶性胶状黏蛋白，能有效防止微生物进入蛋内以及蛋内水分及二氧化碳过度向外散失。蛋壳的颜色从白色到棕色不一，蛋壳的颜色由蛋壳中的原卟啉色素决定，该色素的合成能力因蛋的品种而异，而与蛋的营养价值关系不大。蛋清为白色半透明黏性胶状物质，蛋黄为浓稠、不透明、半流动黏稠物，表面包围有蛋黄膜，由两条韧带将蛋黄固定在蛋中央。蛋黄的颜色受禽类饲料成分的影响，如饲料中添加β-胡萝卜素可以增加蛋黄中的β-胡萝卜素水平，而使蛋黄呈现黄色至橙色的鲜艳颜色。

（二）蛋的营养价值

蛋类的宏量营养素含量稳定，微量营养素含量受品种、饲料、季节等多方面的影响。

1. 蛋白质

蛋类含蛋白质一般在10%以上。蛋清中较低，蛋黄中较高，加工成咸蛋或皮蛋后，蛋白质含量变化不大。蛋清中主要含卵清蛋白、卵伴清蛋白、卵黏蛋白、卵胶黏蛋白、卵类黏蛋白、卵球蛋白等。蛋黄中蛋白质主要是卵黄磷蛋白和卵黄球蛋白。鸡蛋蛋白质中必需氨基酸含量丰富，且其比值符合人体需要，是蛋白质生物学价值最高的食物，常被用作参考蛋白质。

2. 脂肪

蛋清中含脂肪极少，98%的脂肪集中在蛋黄中，呈乳化状，且分散成小颗粒易于吸收。甘油三酯在蛋黄中脂肪的占比为62%~65%（所含脂肪中油酸约占50%，亚油酸约占10%），磷脂占30%~33%，固醇占4%~5%，还有微量脑苷脂类。蛋黄是磷脂的良好食物来源，蛋黄中的磷脂主要是卵磷脂和脑磷脂，除此之外还有神经鞘磷脂。卵磷脂具有降低血胆固醇的作用，并能促进脂溶性维生素的吸收。蛋类胆固醇含量较高，主要集中在蛋黄，如鸡蛋中胆固醇含量为585mg/100g，而鸡蛋黄中胆固醇含量为1510mg/100g。但是鸡蛋摄入并不明显影响血清胆固醇水平，与心血管疾病发病风险无关。

3. 碳水化合物

蛋类含碳水化合物较少，蛋清中主要是甘露糖和半乳糖，蛋黄中主要是葡萄糖，多与蛋白质以结合形式存在。

4. 矿物质

蛋类的矿物质主要存在于蛋黄内。其中以磷、钙、钾、钠等元素含量较多，如磷为240mg/100g，钙为112mg/100g。此外还含有丰富的铁、镁、锌、硒等。蛋黄中的铁含量虽然较高，但由于是非血红素铁，并与卵黄高磷蛋白结合，生物利用率仅为3%左右。

5. 维生素

蛋类维生素含量较为丰富，主要集中于蛋黄。蛋类中维生素含量受到品种、季节和饲料的影响，以维生素A、维生素E、维生素B_2、维生素B_6和泛酸为主，也含有一定量的维生素D、维生素K等，维生素种类相对齐全。

（三）蛋制品的营养价值

1. 再制蛋

再制蛋类是指以鲜鸭蛋或其他禽蛋为原料，经由纯碱、生石灰、盐或含盐的纯净黄泥、红泥、草木灰等腌制或用食盐、酒糟及其他配料糟腌等工艺制成的蛋制品。如皮蛋、咸蛋、糟蛋、松花蛋等。

2. 干蛋

干蛋类是指以鲜鸡蛋或者其他禽蛋为原料，取其全蛋、蛋清或蛋黄部分，经加工处理（可发酵）、喷雾干燥工艺制成的蛋制品。如巴氏杀菌鸡全蛋粉、鸡蛋黄粉、鸡蛋白片等。

3. 冰蛋

冰蛋类是指以鲜鸡蛋或其他禽蛋为原料，取其全蛋、蛋清或蛋黄部分，经加工处理，冷冻工艺制成的蛋制品。如巴氏杀菌冻鸡全蛋、冻鸡蛋黄、冰鸡蛋清等。

4. 其他

其他类是指以禽蛋或上述蛋制品为主要原料，经一定加工工艺制成的其他蛋制品。如蛋黄酱、色拉酱。

新鲜蛋类经特殊加工制成风味各异的蛋制品，宏量营养素与鲜蛋相似，但不同加工方法对一些微量营养素的含量会产生影响，如皮蛋在加工过程中加碱和盐，使矿物质含量增加，且会增加铅的含量，B 族维生素损失较大，对维生素 A、维生素 D 的含量影响不大；咸蛋主要是钠含量的增加；糟蛋在加工过程中蛋壳中的钙盐可以渗入蛋内，钙含量比鲜蛋高 10 倍左右。

思考题

1. 食物的营养价值从哪些方面评价？
2. 营养质量指数（INQ）的定义及其意义是什么？
3. 加工、烹调和贮藏对食物的营养价值有何影响？
4. 影响食物中营养素的生物利用率的因素有哪些？
5. 谷类、豆类及其制品的营养价值有哪些？
6. 大豆中的其他非营养成分有哪些？
7. 浆果类、仁果类、核果类和瓜果类主要含有的营养成分是什么？
8. 中医说的“四性五味”具体指什么？
9. 请说明畜肉、禽肉的基本特性和营养价值（不少于三个）。
10. 请说明畜、禽类食用资源和水产类食用资源的相同点和不同点（分别不少于两个）。
11. 乳及乳制品的营养价值有哪些？
12. 蛋及蛋制品的营养价值有哪些？

CHAPTER 4

第四章 公共营养

学习要点

1. 学习并掌握公共营养的概念、膳食营养素参考摄入量（DRIs）的概念，了解公共营养的特点、公共营养工作的具体内容、膳食营养素参考摄入量制定的基本原则和方法；

2. 学习并掌握中国居民平衡膳食宝塔及其应用，了解膳食指南的发展、一般人群膳食指南和特殊人群膳食指南的特点及二者的区别；

3. 了解膳食结构的基本概念，熟悉不同国家和地区的膳食结构的特点，深刻理解各膳食模式与营养健康之间的联系；掌握东方健康膳食模式的基本原则与中国居民目前的膳食结构现状以及今后的变化方向；了解食品标签和营养标签，学习其在健康膳食中的应用；

4. 学习膳食营养调查和评价及营养食谱的编制，理解食品强化的概念、意义和基本原则。

思政点

近年来，我国居民面临着营养缺乏和营养过剩的双重挑战。在国家政策的引领下，我国居民膳食质量显著好转，营养状况和体格得到明显改善。学习研究公共营养、合理营养与膳食的理论及方法，结合自身情况，调整日常饮食，把握好每日的进食量与消耗的平衡，维持均衡的饮食与营养结构，为健康中国行动贡献自己的一份力量，在增强国民身体素质、提高社会生产力、促进经济发展方面发挥积极作用。

第一节　公共营养的概述

一、 公共营养的特点及基本内容

公共营养（public nutrition），又称社区营养（community nutrition），是营养学的重要组成部分。它密切结合社会生活实际，以社会群体的营养与健康为核心，从宏观上研究其合理营养与膳食的理论、方法及相关的制约因素，在增强国民身体素质、提高社会生产力、促进经济发展方面发挥积极作用。

（一）公共营养的特点

公共营养以人群的营养和健康为核心，关注影响人群营养状况的多种因素，涉及社会多个部门，具有鲜明的特点。

1. 实践性

公共营养的突出特点是实践性。公共营养注重将营养学基础理论知识运用于实践中，在人群层面上开展调查研究和营养干预，将营养学的研究成果转化为提高人群营养与健康的社会措施。

2. 宏观性

公共营养的研究对象是特定的社会群体（如来自一个国家、省或地区的人群），需要针对人群的营养状况，制定宏观的国家或地区性营养政策、食品经济政策，才能有效地调整食品生产与消费结构，引导公众平衡膳食。同样，国家的经济实力、政策导向也制约营养政策的制定，影响国民的营养状况。

3. 社会性

人民的饮食行为受社会经济、法律、政策、制度、文化、行为习惯、政治背景和宗教信仰等方面的影响。因此，探索解决人群营养问题的途径，不仅需要研究制定营养改善政策，更需要各部门紧密协作和全社会共同参与，才能保证公共营养目标的顺利实现。

4. 多学科性

尽管公共营养是营养学的一部分，但是其宏观性、实践性和社会性的特点决定了公共营养涉及自然科学和社会科学，自然科学主要包括基础医学、临床医学和预防医学等，社会科学主要包括人类学、社会与行为科学、经济学和政治科学等。

（二）公共营养的工作内容

公共营养的核心目标是追求更高的健康水平，包括延长寿命和提高生命质量。实现这一目标需要有效地运用营养科学知识和方法，阐述人群的膳食及营养问题，并制定相关的营养政策和措施，引导公众形成合理膳食行为。

我国公共营养工作的具体内容：

①开展营养调查，全面了解人群膳食结构和营养状况；

②开展营养监测，从环境与社会经济方面分析影响人群营养状况的因素，探讨改善人群营

养状况的社会措施；

③制定/修订膳食营养素参考摄入量，并应用它评价和计划膳食；

④分析居民的营养状况和膳食结构，制定/修订膳食指南，倡导平衡膳食；

⑤开展公共营养的科学研究，如修订食物成分表、培养与考核营养人才、涉及与评价营养干预项目，以及开展社区营养服务等；

⑥为制定国家食物与营养的政策、法规以及协调公共营养相关部门工作提供技术咨询；

⑦开展营养教育，倡议科学的饮食行为（合理选择食物、科学烹调等）和食品生产加工导向；

⑧高度重视食品安全问题，为加强食源性疾病的管理提供技术咨询。

二、 膳食营养素参考摄入量的制定及应用

为了使人体能从食物中摄取足够的能量和充足的营养素，从而使机体处于适宜的健康状态，世界各国都制定了膳食营养素参考摄入量（DRIs）。

（一）营养素需要量与每日膳食营养供给量

营养素需要量（nutritional requirements）是指维持人体正常生理功能所需要的营养素数量，某营养素摄入量低于该数量时会对机体产生不良影响，或者说能满足机体维持生命、生长、发育、妊娠及哺乳所需营养素的最低量，无安全缓冲限。为满足营养素需要量，人体必须摄入足够的食物以获取能量、蛋白质、矿物质及维生素等。每个健康人体因身高、年龄、性别、生理状态和体力活动等不同而对营养素有不同的需要量，必须考虑个体差异。

每日膳食营养素供给量（recommended dietary allowances，RDA）又称营养素供给标准，是在正常生理需要量的基础上，考虑了人群间个体差异、饮食习惯、应激状态、食物生产、社会发展等多方面因素而制定的、膳食中必须含有的各种营养素的数量。每日膳食营养供给量是由各国政府部门或营养权威团队根据营养科学的发展，结合各自具体情况，提出的对社会各人群一日膳食中应含有的能量和各种营养素种类、数量的建议，是一种为保证正常人群健康而提出的膳食质量指标，是为人群取得良好营养状况而设计的膳食营养准则。膳食营养供给量制定时既要保证人体得到能量和各种营养素的生理需要量，又要保持它们之间的平衡。

（二）膳食营养素参考摄入量

膳食营养素参考摄入量（dietary reference intakes，DRIs）是为了保证人体合理摄入营养素而设定的每日平均膳食营养素摄入量的一组参考值，是在每日膳食营养素供给量（RDA）的基础上发展起来的。随着营养学的发展，DRIs 内容逐渐增加。2000 年，第一版 DRIs 包括 4 个营养水平指标，分别是平均需要量、推荐摄入量、适宜摄入量与可耐受最高摄入量。2013 年，修订版增加了与非传染性慢性病（NCD）有关的 3 个参数，分别是宏量营养素可接受范围、预防非传染性慢性病的建议摄入量和某些膳食成分的特定建议值。

1. 平均需要量（estimated average requirement，EAR）

平均需要量是群体中个体需要量的平均值，是根据个体需要量的研究资料计算得到的。EAR 可以满足某一特定性别、年龄及生理状况群体中半数个体的需要量的摄入水平，即这一摄入水平能够满足该群体中 50% 成员的需要，但不能满足另外 50% 的个体对该营养素的需要。

2. 推荐摄入量（recommended nutrient intake，RNI）

推荐摄入量相当于传统使用的膳食营养素参考摄入量（RDA），是可以满足某一特定性别、

年龄及生理状况群体中绝大多数（97%～98%）个体需要量的某种营养素摄入水平，长期以RNI水平摄入某一营养素，可以满足机体对该营养素的需要，维持组织中有适当的营养素储备和机体健康。

RNI是根据某一特定人群中体重在正常范围内的个体需要量而设定的。对个别身高、体重超过此参考范围较多的个体，可能需要按每千克体重的需要量调整其RNI。

3. 适宜摄入量（adequate intake，AI）

当某种营养素的个体需要量研究资料不足，没有办法计算EAR时，不能求RNI，可以设定适宜摄入量来代替RNI，AI是通过观察或实验获得的健康人群某种营养素的摄入量。RNI和AI都可以作为个体摄入量的目标，满足目标人群中几乎所有个体的需要，但是通常AI准确性不如RNI，且常高于RNI，因此应小心使用。

4. 可耐受最高摄入量（upper level of intake，UL）

可耐受最高摄入量是平均每日摄入营养素的最高限量，这一摄入水平对一般人群中的几乎所有个体都不至于损害健康，但并不表示可能是有益的。当摄入量超过UL进而进一步增加时，损害健康的危险性随之增大，UL不是一个建议的摄入水平，可耐受是指在生物学上大体是可以耐受的。对大多数营养素来说，当前没有足够资料来制定其UL值，所以没有UL值并不意味该营养素过多摄入没有潜在的危险。

5. 宏量营养素可接受范围（acceptable macronutrient distribution ranges，AMDR）

宏量营养素可接受范围指蛋白质、脂肪、碳水化合物理想的摄入量范围，该范围可以提供人体对这些必需营养素的需要，并且有利于降低慢性病的发生危险。通过摄入量上限和下限的设定，预防个体在摄入这些营养素时高于或低于推荐的范围，增加引起罹患慢性疾病的危险或导致这些营养素缺乏现象发生。

6. 预防非传染性慢性病的建议摄入量（proposed intakes for preventing non-communicable chronic diseases，PI-NCD，简称建议摄入量，PI）

膳食营养素摄入量过高或过低导致一些慢性疾病如肥胖、糖尿病、高血压的发生。PI-NCD是以非传染性慢性病（NCD）的一级预防为目标，提出的必需营养素的每日摄入量，当NCD易感人群某些营养素的摄入量接近或达到PI时，可以降低发生NCD的风险。

7. 特定建议值（specific proposed levels，SPL）

研究证明营养素外的某些膳食成分，多数属于植物化合物，具有改善生理功能、预防慢性疾病的生物学作用。特定建议值专用于营养素以外的其他食物成分，一个人每日膳食中这些食物成分的摄入量达到或接近这个建议水平时，有利于维护人体健康。

（三）制定膳食营养素参考摄入量的基本原则

DRIs的制定和修订必须收集充分的、系统的营养科学研究资料，并对资料进行比较、分析和筛选，以获得可靠的科学基础。修订《中国居民膳食营养素参考摄入量（2013）》过程中，应用了循证营养学与风险评估的原则和方法。

1. 制定膳食营养素参考摄入量的基本原则

（1）循证营养学的原则　循证营养学（evidence-based nutrition，EBN）是在循证医学的基础上发展起来，用于营养学研究和评价的一种原则和方法，其核心内容是要求有效利用现有的资料，系统收集最佳证据，以便进行DRIs的制定、营养政策的制定和营养干预行动的指导。

循证营养学消除无效的营养实践可能带来的资源浪费，受到政策制定者的广泛欢迎，国际组织和各国专家均强调合理选择证据和遵循一定原则。为了合理选择证据，2012 年 WHO 专门制定了《指南制定手册》；国际食品法典委员会营养与特殊膳食食品法典委员会（Codex Committee on Nutrition and Food for Special Dietary Uses，CCNFSDU）始终强调循证营养学的基本原则；美国专家强调主要应用 *peer-reviewed*（《同行评议》）杂志发表的研究；日本学者要求使用用于循证营养学的系统检索方法。然而，在循证营养学研究中，如果文献检索方法有误或纳入标准不当，以及研究资料本身设计不合理，循证营养学也可能得出不合理的结论。

①循证营养学的研究资料：循证营养学是按照证据的论证强度将各种来源的研究证据分成不同等级，以便选择利用最佳的研究证据或相对优良的证据进行决策。研究资料按照从强到弱的论证强度进行分类，依次排列为：系统评述和荟萃分析（systematic review and meta-analysis）；随机对照研究（randomized controlled trial，RCT）；队列研究（cohort study）；病例-对照研究（case-control study）；病例系统研究；病例报告；专家的想法、评论、观点；动物实验；体外实验。

②循证营养学的证据等级评价：2003 年 WHO/FAO 联合专家委员会在报告中采用了世界癌症研究基金会（World Cancer Research Fund）的标准，将膳食、营养和慢性病关系的科学证据划分为确信的证据（convincing evidence）、很可能的证据（probable evidence）、可能的证据（possible evidence）、不充分的证据（insufficient evidence）四个不同的等级。

《中国居民膳食营养素参考摄入量（2013）》按照循证营养学的原则，在 WHO 推荐证据等级标准的基础上，对每一项研究的证据强度（试验设计水平、研究质量）、效应量（统计学意义及临床意义）和结局变量的临床相关性进行评价，得出相应的证据等级。然后，再综合评价分析所获得该证据体的证据等级、一致性、健康影响、研究人群及适应性，形成最终推荐意见和强度。

（2）风险评估的原则　风险评估是一种系统的评估方法，用来评价人体暴露于某些危险因素后出现不良健康作用或反应的可能性和严重程度。营养领域涉及的风险问题主要是营养缺乏和营养过量引起的健康危害，而这两个方面都是 DRIs 的基本内容。因此，风险评估也是制定和修订 DRIs 需要遵循的主要原则。

2. 膳食营养素参考摄入量的资料来源

膳食营养素参考摄入量的制定是通过对人体进行全面的生理生化测定而得出的，确定膳食营养素参考摄入量的每一个指标都要做大量的研究工作，如代表性人群、特定年龄组等。以特定年龄组为对象，求出其平均需要量，再按照每个年龄组内的统计学上的个体差异，求出健康人群需要增加的营养素数量。这些数据一般通过以下方法获得。

（1）动物实验研究　利用动物模型严格控制营养素的摄入水平、环境、基因等因素，获得准确数据，再将结果外推到人群。同时还可通过动物的毒理学试验获得最大无作用剂量，作为提出可耐受最高摄入量的基础。但是存在动物与人体营养素需求量有差异，外推不一定适用的问题。

（2）人体代谢研究　代谢研究一般是严格控制受试者营养素的摄入量和排出量，并重复测定血或组织如毛发等中的营养素以及生物标记物的含量，以研究营养素摄入量与营养状态之间的关系。研究者通常通过“营养素平衡试验”来探讨该营养素的适宜营养状况，用耗竭-饱和试验测定受试对象在营养素缺乏或边缘缺乏时的表现，以及通过补充该种特定营养素观察营养改善状况。存在的问题包括试验期限较短，难以确定长期的代谢状况；费用较高；受试者数量也有限，代表性有限。

（3）人群观测研究　对特定人群进行流行病学观测的结果能够比较直接地反映自由生活的人们的情况，表明营养素摄入量与疾病风险的相关性。但是难以控制各种混杂因素，例如，同一个体在不同时间报告的食物摄入量差别很大。另外，由于种族、年龄及体型等的差异，报告者在食物种类和数量的描述中也可能有系统性偏差，如肥胖者倾向于低估自己的能量摄入。

（4）随机性临床研究　即把受试对象随机分组，摄入不同水平的营养素，进行临床试验，可以限制在人群观测研究中遇到的混杂因素的影响。这种研究，如果观测的例数足够，不仅可以控制已知混杂因素，而且可以控制未知的可能有关的因素。此类研究的缺陷在于实验结果不一定适用于一般人群，一个试验只能研究少数营养素或营养素组合。

总之，每一种研究资料都有优势和缺陷。在探讨暴露因素与机体反应的因果关系时要综合考虑各种证据，并对资料的可信性予以评估。

3. 制定膳食营养素参考摄入量的方法

（1）制定营养素平均需要量（EAR）的方法

①制定成年人营养素 EAR 的方法：成年人 EAR 的制定采用平均值计算法。根据某目标群体测定的营养素需要量分布，估计其总体营养素需要量的平均值。研究显示，即使是相同年龄和性别的个体，他们的营养素需要量也不同。但是当样本量足够大时，人群的营养素需要量为正态分布，其平均值就是 EAR。

②制定能量 EAR 的方法：对于体重正常的健康成人来说，其能量的摄入量应与其能量消耗量相等，因此，测定其总的能量消耗量（TEE）即为其能量的需要量。目前直接测定成人自由活动条件下总能量消耗量的方法有双标水法（double labeled water，DLW）（金标准）和要因加算法。要因加算法计算 TEE 的步骤是基础能量消耗（BEE）乘以身体活动水平（PAL），双标水法可对要因加算法计算获得的 TEE 进行验证。儿童能量需要量还包括生长发育需要的能量；孕妇能量需要量还包括胎儿和母体组织生长需要的能量；乳母能量需要量还包括乳汁分泌、机体恢复需要的能量。

（2）制定推荐摄入量（RNI）的方法

①当人群营养素需要量的分布为近似正态分布时，可计算出该营养素需要量的标准差（SD），EAR 值加 2 倍 SD 可计算出 RNI。

$$RNI=EAR+2SD$$

如果资料不充分、不能计算标准差，但数据符合正态分布或对称分布时，则用变异系数（coefficient of variation，CV，一般设定为 10%）代替 SD 进行计算。

$$SD=10\%EAR=0.1EAR$$

$$RNI=EAR+2\times0.1EAR=1.2EAR$$

②当人群营养素需要量呈偏态分布时，可以将数据转换成正态分布，利用转换后的数据计算，用百分数 P_{50}来估算 EAR，用百分位数 $P_{97.5}$来估算 RNI，然后再将这 2 个百分位数换算回原始单位，即得到营养素 EAR 和 RNI。

③与其他营养素不同，能量的推荐摄入量（RNI）就是该人群的能量平均需要量（EAR），不需要增加安全量。由于无法准确测定每一个体所需要的能量，所以我们只能用估计值，将其称为估计能量需要量（EER），简称能量需要量。

（3）制定成年人适宜摄入量（AI）的方法　成年人 AI 是以健康人群为观察对象（无明显

营养缺乏表现），通过营养素摄入量的调查得出，一般采用膳食调查中营养素摄入量的中位数值，也可以是通过实验研究或人群观察确定的估算值。

（4）制定可耐受最高摄入量（UL）的方法　UL 主要通过营养素摄入的剂量-反应关系评估获得。首先确定未观察到有害作用水平（no observed adverse effect level，NOAEL），在该水平不能观察到不良效应。如果没有足够适宜的数据，也可以使用观察到有害作用最低水平（lowest observed adverse effect level，LOAEL）来制定。在危险性评估的所有步骤中都存在资料不充分和推论不确定的问题，通常需要对获得的 NOAEL 进行不确定性系数（uncertainty factor，UF）调整（UL=NOAEL/UF）。当数据资料质量较高、不良作用相对较轻而且可逆时，不确定性系数可适当小些。如使用 LOAEL 计算，则应使用较大的 UF。

如果某营养素的有害作用与摄入总量有关，则该营养素的 UL 值需要依据食物、饮水及补充剂提供的总量而定。影响营养素危害作用的因素包括个体间敏感性的差异、营养素生物利用率、营养素间的相互作用。目前尚未制定 UL 的营养素，是因为有关研究资料不足，并不意味着过量摄入该营养素没有潜在的危险。

（5）确定预防慢性病营养素摄入量的方法　通过对营养流行病学调查、营养干预研究、系统综述（meta 分析）这 3 类研究资料的检索和分析，判别某种营养素或植物化学物与预防和控制慢性病有因果关系。在此基础上，对其有效摄入量进行比较和筛选，作为提出 AMDR（上限）、PI-NCD 或 SPL 的基本依据。由于婴幼儿和儿童少年阶段慢性病的研究资料很少，目前没有提出未成年人的 AMDR、PI-NCD 或 SPL。

第二节　中国居民膳食指南与平衡膳食宝塔

一、膳食指南的发展

中国居民膳食指南和平衡膳食宝塔

膳食指南（dietary guidelines，DG）是指一个国家或地区在一定时期内对所有居民或特殊人群的膳食总指导原则。膳食指南是营养学家根据营养学原则和当地百姓健康需要，结合当地食物生产供应情况以及人群生活实践，由政府或权威机构研究并提出的食物选择和身体活动的指导意见，以指导居民利用平衡膳食原则，达到合理营养促进健康的目的。膳食指南是健康教育和公共卫生政策的基础性文件，是国家实施和推动食物合理消费及改善人群健康目标的一个重要组成部分。

1918 年英国推荐儿童膳食必须包括一定量的牛乳；1947 年美国的 Herteler 和 Anderson 发表了食物指南；1968 年瑞典政府最早提出《斯堪的纳维亚国家人民膳食指南的医学观点》，后来被世界卫生组织（WHO）和联合国粮农组织（FAO）肯定，并建议各国效仿。目前有许多国家制定了适合本国国情的膳食指南，因此膳食指南是由早期的食物目标，历经膳食供给量、膳食阶段目标演变而来的。

美国在 1980 年制定了第一版《美国人口膳食指南》后，在 1992 年又发布了食物指导金字塔，金字塔形象地表达了膳食指南的 3 个关键：多样、平衡和适量，目的是指导美国公民正确地选择饮食，以保持身体健康和减少患慢性病的危险。

中国营养学会根据营养学的原则，借鉴国外的经验，结合我国居民的生活水平和生活习惯，为提高我国居民平衡膳食水平，促进身体健康，于 1989 年制定了我国第一部《中国居民膳食指南》，主要内容有以下 8 条：食物要多样；饥饱要适当；油脂要适量；粗细要搭配；食盐要限量；甜食要少吃；饮酒要节制；三餐要合理。

1997 年中国营养学会与中国预防医学科学院营养与食品卫生研究所组成的《中国居民膳食指南》专家委员会，对 1989 年中国营养学会提出的《中国居民膳食指南》进行修改后颁布了新的《中国居民膳食指南（1997）》，包括以下八项内容：食物多样，谷类为主；多吃蔬菜、水果和薯类；常吃乳类、豆类或其制品；经常吃适量的鱼、禽、蛋、瘦肉，少吃肥肉和荤油；食量与体力活动要平衡，保持适宜体重；吃清淡少盐的膳食；如饮酒应限量；吃清洁卫生、不变质的食物。

2007 年原卫生部委托中国营养学会组织专家对《中国居民膳食指南（1997）》进行修订，制定了《中国居民膳食指南（2007）》，它由一般人群膳食指南、特定人群膳食指南和平衡膳食宝塔 3 部分组成。一般人群膳食指南共有 10 条，适合于 6 岁以上的正常人群：食物多样，谷类为主，粗细搭配；多吃蔬菜、水果和薯类；每天吃乳类、大豆或其制品；常吃适量的鱼、禽、蛋和瘦肉；减少烹调油用量，吃清淡少盐膳食；食不过量，天天运动，保持健康体重；三餐分配要合理，零食要适当；每天足量饮水，合理选择饮料；如饮酒应限量；吃新鲜卫生的食物。

《中国居民膳食指南（2016）》参考了国际组织及其他国家膳食指南制定，汇集了近年来国际国内最新研究成果，考虑了我国营养和社会经济发展现状，结合中华民族饮食习惯以及不同地区食物可及性等多方面因素，对《中国居民营养与慢性病状况报告（2015 年）》中指出的我国居民面临营养缺乏和营养过剩双重挑战的情况，提出了解决方案。其中，一般人群膳食指南适用于 2 岁以上健康人群，共有 6 条核心推荐条目：食物多样，谷类为主；吃动平衡，健康体重；多吃蔬果、乳类、大豆；适量吃鱼、禽、蛋、瘦肉；少盐少油，控糖限酒；杜绝浪费，兴新时尚。

《中国居民膳食指南（2022）》是在《中国居民膳食指南（2016）》的基础上，根据营养学原理，紧密结合我国居民膳食消费和营养状况的实际情况制定。其目标是指导生命全周期的各类人群，对健康人群和有疾病风险的人群提出健康膳食准则，包括鼓励科学选择食物，追求终身平衡膳食和合理运动，以保持良好健康生活状态，维持适宜体重，预防或减少膳食相关慢性病的发生，从而提高我国居民整体健康素质。

二、《中国居民膳食指南（2022）》

《中国居民膳食指南（2022）》由一般人群膳食指南、特定人群膳食指南、平衡膳食模式和膳食编写说明组成。

（一）一般人群膳食指南

一般人群膳食指南共有八项指导准则。八项指导准则如下：

准则一　食物多样，合理搭配　平衡膳食模式是最大程度上保障人类营养需要和健康的基础，食物多样是平衡膳食模式的基本原则。多样的食物应包括谷薯类、蔬菜水果类、畜禽鱼蛋乳类、大豆坚果类等。建议平均每天摄入 12 种以上食物，每周 25 种以上。谷类为主是平衡膳食模式的重要特征，建议平均每天摄入谷类食物 200~300g，其中全谷物和杂豆类 50~150g；薯类 50~100g。每天的膳食应合理组合和搭配，平均膳食模式中碳水化合物供能占膳食总能量的 50%~65%，蛋白质占 10%~15%，脂肪占 20%~30%。

准则二　吃动平衡，健康体重　体重是评价人体营养和健康状况的重要指标，运动和膳食平衡是保持健康体重的关键。各个年龄段人群都应该坚持每天运动、维持能量平衡、保持健康体重。体重过低和过高均易增加疾病的发生风险。推荐每周应至少 5 天中等强度身体活动，累计 150 分钟以上；坚持日常身体活动，主动身体活动最好每天 6000 步；注意减少久坐时间，每小时起来动一动，动则有益。

准则三　多吃蔬果、乳类、全谷、大豆　蔬菜、水果、乳类和大豆及其制品是平衡膳食的重要组成部分，坚果是膳食的有益补充。蔬菜和水果是维生素、矿物质、膳食纤维和植物化学物的重要来源，乳类和大豆类富含钙、优质蛋白质和 B 族维生素，对降低慢性病的发病风险具有重要作用。推荐餐餐有蔬菜，每天摄入不少于 300g 蔬菜，深色蔬菜应占 1/2。推荐天天吃水果，每天摄入 200~350g 新鲜水果，果汁不能代替鲜果。吃各种各样的乳制品，摄入量相当于每天 300mL 以上液态乳。经常吃全谷物、豆制品，适量吃坚果。

准则四　适量吃鱼、禽、蛋、瘦肉　鱼、禽、蛋类和瘦肉摄入要适量，平均每天 120~200g。每周最好吃鱼 2 次或 300~500g，蛋类 300~350g，畜禽肉 300~500g。少吃深加工肉制品。鸡蛋营养丰富，吃鸡蛋不弃蛋黄。优先选择鱼，少吃肥肉、烟熏和腌制肉制品。

准则五　少盐少油，控糖限酒　培养清淡饮食习惯，少吃高盐和油炸食品。成年人每天摄入食盐不超过 5g，烹调油 25~30g。控制添加糖的摄入量，每天不超过 50g，最好控制在 25g 以下。反式脂肪酸每天摄入量不超过 2g。不喝或少喝含糖饮料。儿童青少年、孕妇、乳母以及慢性病患者不应饮酒。成年人如饮酒，一天饮用的酒精量不超过 15g。

准则六　规律进餐，足量饮水　合理安排一日三餐，定时定量，不漏餐，每天吃早餐。规律进餐、饮食适度，不暴饮暴食、不偏食挑食、不过度节食。足量饮水，少量多次。在温和气候条件下，低身体活动水平成年男性每天喝水 1700mL，成年女性每天喝水 1500mL。推荐喝白开水或茶水，少喝或不喝含糖饮料，不用饮料代替白开水。

准则七　会烹会选，会看标签　在生命的各个阶段都应做好健康膳食规划。认识食物，选择新鲜的、营养素密度高的食物。学会阅读食品标签，合理选择预包装食品。学习烹饪、传承传统饮食，享受食物天然美味。在外就餐，不忘适量与平衡。

准则八　公筷分餐，杜绝浪费　选择新鲜卫生的食物，不食用野生动物。食物制备生熟分开，熟食二次加热要热透。讲究卫生，从分餐分筷做起。珍惜食物，按需备餐，提倡分餐不浪费。做可持续食物系统发展的践行者。

（二）特定人群膳食指南

1. 孕妇、乳母膳食指南

（1）备孕和孕期妇女膳食指南　调整孕前体重至正常范围，保证孕期体重适宜增长。常吃含铁丰富的食物；选用碘盐；合理补充叶酸和维生素 D。孕吐严重者，可少量多餐，保证摄入含必需量碳水化合物的食物。孕中晚期适量增加乳、鱼、禽、蛋、瘦肉的摄入。经常户外活动，禁烟酒，保持健康生活方式。愉快孕育新生命，积极准备母乳喂养。

（2）哺乳期妇女膳食指南　产褥期食物多样不过量，坚持整个哺乳期营养均衡。适量增加富含优质蛋白质及维生素 A 的动物性食物和海产品，选用碘盐，合理补充维生素 D。家庭支持，愉悦心情，充足睡眠，坚持母乳喂养。增加身体活动，促进产后恢复健康体重。多喝汤和水，限制浓茶和咖啡，忌烟酒。

2. 婴幼儿喂养指南

（1）0~6 月龄婴儿母乳喂养指南　母乳是婴儿最理想的食物，坚持 6 月龄内纯母乳喂养。生后 1 小时内开乳，重视尽早吸吮。回应式喂养，建立良好的生活规律。适当补充维生素 D，母乳喂养无须补钙。任何动摇母乳喂养的想法和举动，都必须咨询医生或其他专业人员，并由他们帮助做出决定。定期监测婴儿体格指标，保持健康生长。

（2）7~12 月龄婴幼儿喂养指南　继续母乳喂养，满 6 月龄起必须添加辅食，从富含铁的泥糊状食物开始。及时引入多样化食物，重视动物性食物的添加。尽量少加糖盐，油脂适当，保持食物原味。提倡回应式喂养，鼓励但不强迫进食。注意饮食卫生和进食安全。定期监测体格指标，追求健康生长。

3. 儿童膳食指南

（1）学龄前儿童膳食指南　食物多样，规律就餐，自主进食，培养健康饮食行为。每天喝奶，足量饮水，合理选择零食。合理烹调，少调料少油炸。参与食物选择与制作，增进对食物的认知和喜爱。经常户外活动，定期体格测量，保障健康成长。

（2）学龄儿童膳食指南　主动参与食物选择和制作，提高营养素养。吃好早餐，合理选择零食，培养健康饮食行为。每天喝奶，足量饮水，不喝含糖饮料，禁止饮酒。多户外活动，少视屏时间，每天 60min 以上的中高强度身体活动。定期监测体格发育，保持体重适宜增长。

4. 老年人膳食指南

（1）一般老年人膳食指南　食物品种丰富，动物性食物充足，常吃大豆制品。鼓励共同进餐，保持良好食欲，享受食物美味。积极户外活动，延缓肌肉衰减，保持适宜体重。定期健康体检，测评营养状况，预防营养缺乏。

（2）高龄老年人膳食指南　食物多样，鼓励多种方式进食。选择质地细软，能量和营养素密度高的食物。多吃鱼禽肉蛋乳和豆类，适量蔬菜配水果。关注体重丢失，定期营养筛查评估，预防营养不良。适时合理补充营养，提高生活质量。坚持健身与益智活动，促进身心健康。

5. 素食人群膳食指南

食物多样，谷类为主；适量增加全谷物。增加大豆及其制品的摄入，选用发酵豆制品。常吃坚果、海藻和菌菇。蔬菜、水果应充足。合理选择烹调油。定期监测营养状况。

三、 中国居民平衡膳食宝塔

为了方便记忆和理解，中国营养学会制作了膳食指南的宣传图形，包括中国居民膳食宝塔、中国居民平衡膳食餐盘和中国儿童平衡膳食算盘，以阐释平衡膳食的主旨思想和食物组成结构。

（一）中国居民平衡膳食宝塔

“中国居民平衡膳食宝塔”（Chinese Food Guide Pagoda，以下简称“宝塔”）是根据《中国居民膳食指南（2022）》的准则和核心推荐，把平衡膳食原则转化为各类食物的数量和所占比例的图形化表示（图 4-1）。

中国居民平衡膳食宝塔形象化的组合，遵循了平衡膳食的原则，体现了在营养上比较理想的基本食物构成。宝塔共分5层，各层面积大小不同，体现了5大类食物和食物量的多少。5大类食物包括谷薯类、蔬菜水果、畜禽肉蛋乳类、大豆和坚果类以及烹调用油盐。食物量是根据不同能量需要量水平设计，宝塔旁边的文字注释，表明在1600~2400kcal能量需要量水平时，一段时间内成年人每人每天各类食物摄入量的建议值范围。

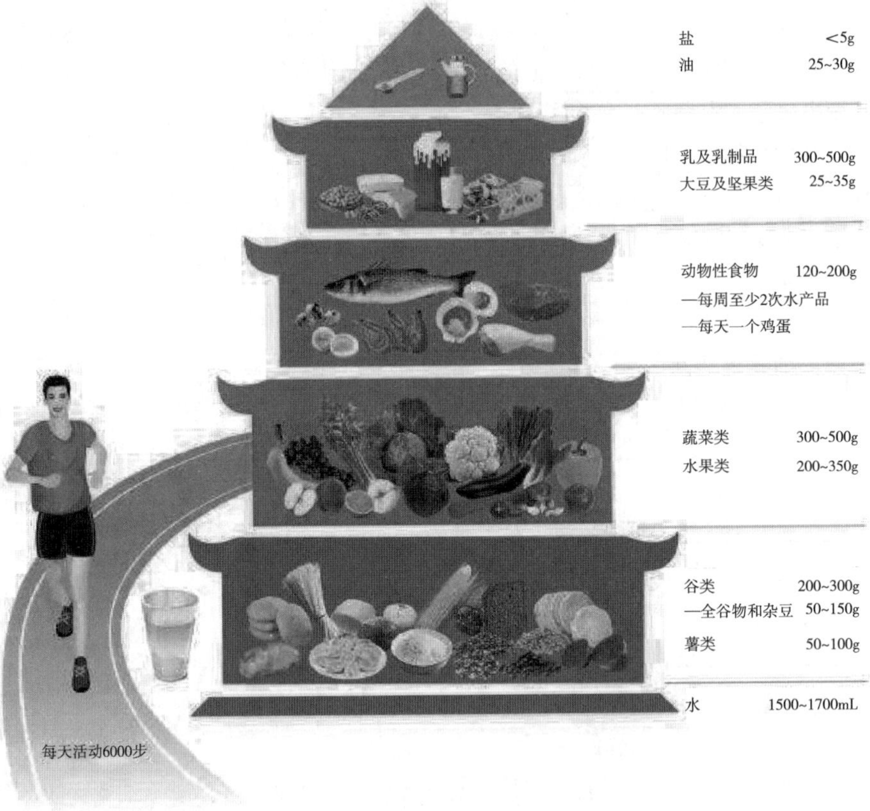

图4-1 中国居民平衡膳食宝塔（2022）

1. 第一层谷薯类食物

谷薯类是膳食能量的主要来源（碳水化合物提供总能量的50%~65%），也是多种微量营养素和膳食纤维的良好来源。膳食指南中推荐2岁以上健康人群的膳食应做到食物多样、合理搭配。谷类为主是合理膳食的重要特征。在1600~2400kcal能量需要量水平下的一段时间内，建议成年人每人每天摄入谷类200~300g，其中包含全谷物和杂豆类50~150g；另外，薯类50~100g，从能量角度，相当于15~35g大米。

谷类、薯类和杂豆类是碳水化合物的主要来源。谷类包括小麦、稻米、玉米、高粱等及其制品，如米饭、馒头、烙饼、面包、饼干、麦片等。全谷物保留了天然谷物的全部成分，是理想膳食模式的重要组成，也是膳食纤维和其他营养素的来源。杂豆包括大豆以外的其他干豆类，如红小豆、绿豆、芸豆等。我国传统膳食中整粒的食物常见的有小米、玉米、绿豆、红豆、荞麦等，现代加工产品有燕麦片等，因此把杂豆与全谷物归为一类。2岁以上人群都应保证全谷物的摄入量，以此获得更多营养素、膳食纤维和健康益处。薯类包括马铃薯、甘薯等，可替代部分主食。

2. 第二层蔬菜水果

蔬菜水果是膳食指南中鼓励多摄入的两类食物。在1600~2400kcal能量需要量水平下，推荐成年人每天蔬菜摄入量至少达到300g，水果200~350g。蔬菜水果是膳食纤维、微量营养素和植物化学物的良好来源。蔬菜包括嫩茎、叶、花菜类、根菜类、鲜豆类、茄果瓜菜类、葱蒜类、菌藻类及水生蔬菜类等。深色蔬菜是指深绿色、深黄色、紫色、红色等颜色的蔬菜，每类蔬菜提供的营养素略有不同，深色蔬菜一般富含维生素、植物化学物和膳食纤维，推荐每天占总体蔬菜摄入量的1/2以上。

水果多种多样，包括仁果、浆果、核果、柑橘类、瓜果及热带水果等。推荐吃新鲜水果，在鲜果供应不足时可选择一些含糖量低的干果制品和纯果汁。

3. 第三层鱼、禽、肉、蛋等动物性食物

鱼、禽、肉、蛋等动物性食物是膳食指南推荐适量食用的食物。在1600~2400kcal能量需要量水平下，推荐每天鱼、禽、肉、蛋摄入量共计120~200g。

新鲜的动物性食物是优质蛋白质、脂肪和脂溶性维生素的良好来源，建议每天畜禽肉的摄入量为40~75g，少吃加工类肉制品。目前我国汉族居民的肉类摄入以猪肉为主，且增长趋势明显。猪肉含脂肪较高，应尽量选择瘦肉或禽肉。常见的水产品包括鱼、虾、蟹和贝类，此类食物富含优质蛋白质、脂类、维生素和矿物质，推荐每天摄入量为40~75g，有条件可以优先选择。蛋类包括鸡蛋、鸭蛋、鹅蛋、鹌鹑蛋、鸽子蛋及其加工制品，蛋类的营养价值较高，推荐每天1个鸡蛋（相当于50g左右），吃鸡蛋不能丢弃蛋黄，蛋黄含有丰富的营养成分，如胆碱、卵磷脂、胆固醇、维生素A、叶黄素、锌、B族维生素等，无论对多大年龄人群都具有健康益处。

4. 第四层乳类、大豆和坚果

乳类和豆类是鼓励多摄入的食物。乳类、大豆和坚果是蛋白质和钙的良好来源，营养素密度高。在1600~2400kcal能量需要量水平下，推荐每天应摄入至少相当于鲜乳300g的乳制品。在全球乳制品消费中，我国居民摄入量一直很低，多吃各种各样的乳制品，有利于提高乳类摄入量。

大豆包括黄豆、黑豆、青豆，其常见的制品如豆腐、豆浆、豆腐干及千张等。坚果包括花生、葵花籽、核桃、杏仁、榛子等，部分坚果的营养价值与大豆相似，富含必需脂肪酸和必需氨基酸。推荐大豆和坚果摄入量共为25~35g，其他豆制品摄入量需按蛋白质含量与大豆进行折算。坚果无论作为菜肴还是零食，都是食物多样化的良好选择，建议每周摄入70g左右（相当于每天10g左右）。

5. 第五层烹调油和盐

油盐作为烹饪调料必不可少，但建议尽量少用。推荐成年人平均每天25~30g，食盐摄入量不超过5g。按照DRIs的建议，1~3岁人群膳食脂肪供能比应占膳食总能最35%；4岁以上人群占20%~30%。在1600~2400kcal能量需要量水平下脂肪的摄入量为36~80g。其他食物中也含有脂肪，在满足平衡膳食模式中其他食物建议量的前提下，烹调油需要限量。按照25~30g计算，烹调油提供10%左右的膳食能量。烹调油包括各种动植物油，植物油如花生油、大豆油、菜籽油、葵花籽油等，动物油如猪油、牛油、黄油等。烹调油也要多样化，应经常更换种类，以满足人体对各种脂肪酸的需要。

我国居民食盐用量普遍较高，盐与高血压关系密切，限制食盐摄入量是我国长期行动目标。除了少用食盐外，也需要控制隐形高盐食品的摄入量。

酒和添加糖不是膳食组成的基本食物，烹饪使用和单独食用时都应尽量避免。

6. 身体活动和饮水

身体活动和水的图示仍包含在可视化图形中，强调增加身体活动重要性。水是膳食的重要组成部分，是一切生命活动必需的物质，其需要量主要受年龄、身体活动、环境温度等因素的影响。低身体活动水平的成年人每天至少饮水 1500~1700mL（7~8 杯）。在高温或高身体活动水平的条件下，应适当增加饮水量。饮水不足或过多都会对人体健康带来危害。来自食物中水分和膳食汤水大约占 1/2，推荐一天中饮水和整体膳食（包括食物中的水、汤、粥等）水摄入共计 2700~3000mL。

身体活动是能量平衡和保持身体健康的重要手段。运动或身体活动能有效地消耗能量，保持精神和机体代谢的活跃性。鼓励养成天天运动的习惯，坚持每天多做一些消耗能量的活动。推荐成年人每天进行至少相当于快步走 6000 步以上的身体活动，每周最好进行 150min 中等强度的运动，如骑车、跑步、庭院或农田的劳动等。一般而言，低身体活动水平的能量消耗通常占总能量消耗的 1/3 左右，而高身体活动水平者可高达 1/2。加强和保持能量平衡，需要通过不断摸索，关注体重变化，找到食物摄入量和运动消耗量之间的平衡点。

（二）中国居民平衡膳食餐盘

中国居民平衡膳食餐盘（Food Guide Plate）是按照平衡膳食原则，描述了一个人一餐中膳食的食物组成和大致比例。餐盘更加直观，一餐膳食的食物组合搭配轮廓清晰明了。

餐盘分成 4 部分，分别为谷薯类、动物性食物和富含蛋白质的大豆及其制品、蔬菜和水果，餐盘旁的一杯奶提示其重要性（图 4-2）。此餐盘适用于 2 岁以上人群，是一餐中食物基本构成的描述。2 岁以上人群都可参照此结构计划膳食，即便是对素食者而言，也很容易将肉类替换为豆类，以获得充足的蛋白质。

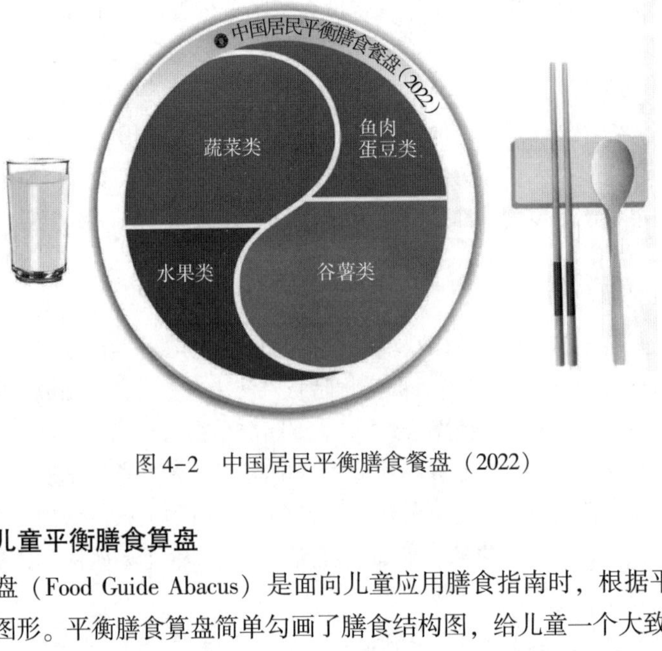

图 4-2　中国居民平衡膳食餐盘（2022）

（三）中国儿童平衡膳食算盘

平衡膳食算盘（Food Guide Abacus）是面向儿童应用膳食指南时，根据平衡膳食原则转化各类食物份量的图形。平衡膳食算盘简单勾画了膳食结构图，给儿童一个大致膳食模式的认识。

跑步的儿童身挎水壶，表达了鼓励喝白开水、不忘天天运动、积极活跃的生活和学习。

与膳食宝塔相比，膳食算盘在食物分类上把蔬菜和水果分别表示，算盘分为 6 层，用不同颜色的算珠表示各类食物，浅棕色代表谷薯，绿色代表蔬菜，黄色代表水果，橘红色代表动物性食物，蓝色代表大豆、坚果和乳类，橘黄色代表油和盐。算盘中的食物份量按 8～11 岁儿童能量需要量平均值大致估算，寓教于乐，与儿童更好沟通，便于记忆一日三餐的食物基本构成和合理的食物量（图 4-3）。

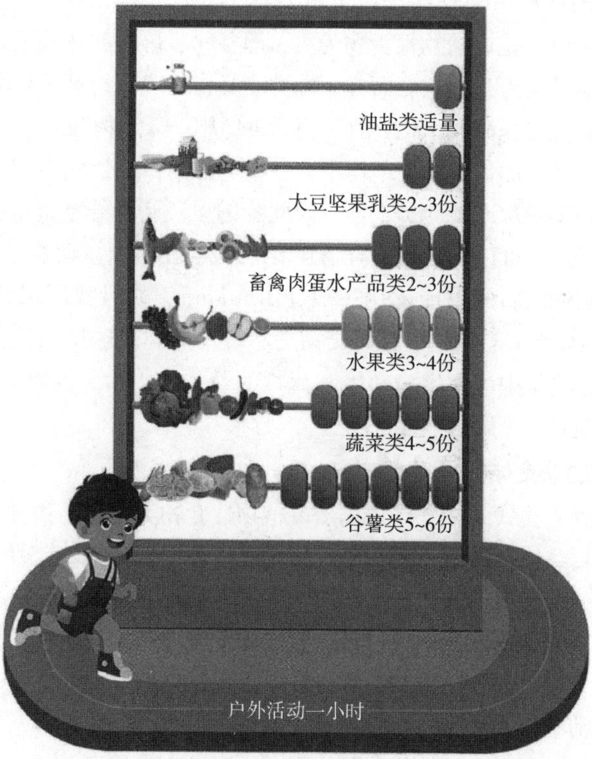

图 4-3　中国儿童平衡膳食算盘（2022）

第三节　不同国家和地区主要的饮食结构及营养

饮食模式（dietary patterns）是指饮食中不同食物、饮料和营养素的数量、比例、种类或组合以及习惯消费的频率。它与每个国家的食物生产加工、饮食习惯、人群经济收入等有关。在漫长的历史长河中，由于物质的丰盈程度和文化底蕴不同，各个国家都形成了与其他国家不同的饮食方式。人们对饮食的要求也逐渐提升，从最基本的填饱肚子到要求美味可口，到如今人们越来越注重营养和健康。本节将介绍世界不同地区主要的膳食模式及其特点，分析如何才能做到均衡饮食。

不同国家饮食特点

一、 中国的饮食结构及营养

我国几千年的饮食文化，形成了“五谷为养、五畜为益、五果为助、五菜为充”的以素食为主的饮食结构。由于我国是一个多民族、多元文化的国家，加之地域辽阔，各地区的经济发展不均衡，居民的饮食模式也存在着较大差别，尤其在经济、文化发达的城市与偏僻落后的农村之间。

（一）我国传统的饮食结构及其特点

中国居民的传统膳食还是以植物性食物为主，即谷物、薯类和蔬菜的摄入量比较高而肉类的摄入量比较低，豆制品摄入量因地区而异，乳类消费在大多数地区都比较低。总的来说这样一种传统饮食模式的特点是：高碳水化合物、高膳食纤维、低动物脂肪。

我国的传统饮食结构中，谷类食物的供能比例占 70% 以上。各类食物和蔬菜中膳食纤维含量丰富，因此我国居民膳食纤维（dietary fiber）的摄入量比较高，可以满足人体对膳食纤维的生理需求。动物性食物的摄入量很少，动物性脂肪的供能比例一般在 10% 以下，并且我国汉族人饮食中的肉制品 80% 以上来自猪肉，这种结构是不合理的。全球疾病负担研究显示，不合理的膳食是中国人疾病发生和死亡的最主要因素。以粤菜为例进行饮食分析，见左侧二维码。

粤菜饮食分析

（二）我国目前的饮食结构及变化方向

目前我国居民的饮食模式（表 4-1）仍然以植物性食物为主，动物性食物为辅。随着社会经济发展，我国的饮食结构逐渐向“富裕型”饮食结构的方向转变。今后的 10~15 年是我国改善国民营养健康、降低疾病负担的关键战略期，抓住机遇，积极采取措施将会事半功倍。

我国城乡居民营养与健康状况明显改善，居民饮食质量明显提高。居民能量及蛋白质的摄入得到基本满足，肉、禽、蛋等动物性食物消费量明显提高，优质蛋白质比例上升。但是，城市居民禽肉类及油脂消费过多，谷类食物消费过低，钙、铁、维生素 A 等营养素摄入不足。在越发达的大城市，谷类食物摄入量越低，而贫困农村则摄入量较高；相反，贫困农村动物性食物的摄入量明显低于其他地区（这种情况近年来差异已有所下降）。中国营养学会推荐的碳水化合物供能比为 55%~65%，据调查，城市居民碳水化合物供能比仅为 51%，明显低于合理范围，尤其是杂粮消费量锐减，再加上米面加工越来越精，导致人们对一些矿物质和维生素 B_1、维生素 B_2 等营养素的摄入严重不足。尽管经济水平发达地区与较为落后地区的饮食结构还存在较大的差距，但总的趋势是中国居民的膳食结构正在从高碳水化合物、高膳食纤维、低动物脂肪的传统饮食结构向高脂肪、高能量、低膳食纤维的方向改变。

与 1985 年相比，2016 年中国人均动物性食物和食糖的消费量分别增加了 4 倍和 42%。近些年来食盐摄取量有所下降但还是高于膳食指南的推荐。2013 年我国 15 岁及以上人口的慢性病发病率为 33.1%，城市地区和农村地区分别为 36.7%、29.5%。与此同时，在 1992—2015 年，超重率从 13% 上升至 30%，肥胖率从 3% 上升到 12%。事实证明，饮食结构与营养状况不仅与急性疾病有关，更重要的是与慢性病的发病及死亡有密切关系。因此，我国居民的饮食结构应在以植物性食物为主的饮食结构基础上，增加蔬菜、水果、乳类和大豆及其制品的消费，强调食物多样化和平衡膳食。在贫困地区还应努力提高肉、禽、蛋等动物性食品的消费。对于特定人群如老年人、孕妇及特殊职业人群应进行广泛的营养教育和分类指导。

表 4-1　中国居民饮食模式

食物类型	年人均摄入量		结果
	城市	农村	
植物性食物	谷薯类 113kg	谷薯类 158.2kg	城乡不均衡，地区性不均衡
动物性食物	畜、禽类 35kg 鱼虾类 11.9kg 蛋类、乳类 24.6kg	畜、禽类 28.9kg 鱼虾类 5.6kg 蛋类、乳类 11.6kg	

资料来源：《中国营养科学全书（第二版）》。

二、欧美国家和地区的饮食结构及营养

（一）法国

法国人的饮食结构属于著名的地中海式饮食（Mediterranean diet），地中海饮食是有利于健康，营养、清淡的一种饮食结构。法国人的主食为米饭或面粉（制成面包），爱吃点心；副食为猪肉、牛肉、羊肉、鱼、鸡、虾、鸡蛋和新鲜的蔬菜。著名的法国悖论讲的是虽然法国人喜欢吃高脂肪、高热量的食物，还喜欢喝酒，吃乳酪和甜品，但法国人却普遍很苗条，很健康，多种慢性病发病率也较低，人们的平均寿命在 80 岁以上。

法国人对汉堡、薯片这些快餐零食嗤之以鼻，他们专注于一日三餐。早餐食物主要是面包、奶油、果酱、咖啡、茶或热巧克力。午餐多是简餐，如三明治、沙拉等轻食，但是也会作为正餐，包括主菜、饮品和甜点等。晚餐是法国人每天重要的一餐，不论是在家还是在餐馆都会准备各种丰富的食物，包括主食、肉类、鱼虾、蛋类、蔬菜、水果和甜点，另外还有酒类，如葡萄酒、玫瑰酒、香槟酒等。法国的葡萄酒享誉全球，也是法国人的骄傲，他们的喝酒方式主要是佐餐。法餐位列世界三大美食之一，是美味、精致、浪漫的代名词，每一道菜都有它独特的烹调方法，善于采用新鲜的季节性材料，法餐讲究仪式感，从餐具选择、摆盘、到食物颜色搭配都很考究。

地中海式饮食结构的代表国家有法国、意大利、西班牙、希腊，都是平均寿命 80 岁以上的国家。地中海式饮食结构主要有以下特点：以种类丰富的植物性食物为基础，包括大量水果、蔬菜、杂粮、豆类、坚果、种子；选用当地的、应季的新鲜蔬果作为食材，对食物的加工较为简单，避免微量元素和抗氧化成分的损失；烹饪时多用植物油代替动物油及人造黄油，尤其提倡选用橄榄油；经常食用鱼和海鲜类食品；适量乳制品摄入，如乳酪、酸乳、鲜乳类，提倡选用低脂或脱脂乳制品；适量摄入禽类和蛋及少量红肉，总量不超过 340~450g，且以瘦肉为主；适量饮用红酒，最好进餐时饮用，避免空腹。男性每天不超过 2 杯，女性不超过 1 杯。该膳食结构的优点颇多，最引人注目的是饱和脂肪酸的摄入量较低，单不饱和脂肪酸、多不饱和脂肪酸和膳食纤维的摄入量则较高，另外葡萄酒摄入习惯也使得花色苷、原花青素、白藜芦醇等抗氧化物质的摄入增加。诸多研究显示地中海式饮食可帮助降低罹患心脏病的风险、预防糖尿病，还可以延年益寿，保护大脑免受血管损伤，降低发生中风、认知障碍如阿尔茨海默病的风险。

（二）北欧

北欧饮食（Nordic diet）主要以丹麦、芬兰、冰岛、挪威和瑞典为代表。经研究发现，北

欧饮食在身体健康方面拥有优势，可以改善血胆固醇指标、预防糖尿病、降低血压、维持健康体重范围等。

北欧人吃得简单清淡，其料理方式也没有那么复杂多样和考究。北欧饮食结构以大量的蔬菜水果为基础，蔬菜一般是生吃或煮熟加少量盐，而且吃盐很少，水果主要是苹果、浆果类。北欧人以马铃薯或黑麦等全麦面包为主食，在北欧人民的日常饮食中，蔬果和全麦食物占比超过60%，所以北欧饮食富含膳食纤维和丰富的维生素。北欧饮食中，肉蛋类占比居第三位，红肉占比很少，主要是以三文鱼、鳕鱼等深海鱼以及少量蛋禽及乳制品为主，不仅提供丰富的蛋白质，而且饱和脂肪酸摄入较少，深海鱼类的摄入提供了丰富的ω-3不饱和脂肪酸，有益心血管健康。在食用油和饮酒方面，北欧饮食与地中海饮食略有不同：地中海饮食鼓励食用橄榄油和适量葡萄酒，而北欧饮食则提倡菜籽油，只允许少量饮酒。菜籽油富含不饱和脂肪酸，且ω-3和ω-6的比例适中，并富含维生素E，是很健康的植物油。甜品和香肠在北欧饮食结构中占比并不高，饮食健康简单的北欧人民就把这些当做调节心情，减缓压力的小食。

（三）美国

在美国，食物供应丰富，但人们平常吃的食物却十分单调。大家最常吃的食物有咖啡、牛乳、面包、三明治、汉堡包、煎牛排等。许多美国人依赖方便食品，且消费量很高，如炸薯条、汉堡包、可乐、甜点或者冰淇淋。这样的一种高热能、高脂肪、高蛋白质的饮食结构属于“营养过剩类型”。特点是谷物消费少，按人平均每年仅60~70kg，动物性食物占很大比例，肉类人均年消费量为100kg左右，乳及乳制品达100~150kg，食糖和水果吃得也比较多，人均年消费量分别达到40~60kg和70~80kg，与植物性为主的饮食结构相比，营养素过剩是此类饮食结构国家人群面临的主要健康问题。这种饮食结构的长期后果是大量美国人超重或肥胖，与此相关的慢性病如心血管疾病、糖尿病等是危害人民健康的主要因素。

根据《美国居民膳食指南（2020—2025)》的指导建议，对全生命周期的各类人群，对健康人群和有疾病风险的人群提出了以下四条健康准则：①在生命每一个阶段都应遵循健康的膳食模式；②优选和享用高营养密度的食物和饮料，同时考虑个人膳食喜好、文化传统和成本；③应特别关注高营养素密度的食物和饮料，以满足食物组需求和能量适宜限制；④减少添加糖、饱和脂肪酸和钠含量较高的食品和饮料，限制酒精饮品。

三、 亚洲国家的饮食结构及营养

（一）日本

日本的饮食模式讲究动、植物性食品并重，既保持了原东方饮食模式的优点，又吸取了西方饮食模式的一些长处。首先，日本料理讲究形式感，日本人对吃饭这件事比较认真和用心，普通一份餐，每种食物分量较小，餐具也都小巧精致。日本人的主食以米饭为主，但搭配其他多种食物。日本料理的食材丰富，餐桌上有非常多的大豆制品以及鱼贝等海鲜，蔬菜水果基本都是当季产品，另外，海藻、海苔、菌菇、茶等在日常餐桌上也非常多见。在日本，主要的烹饪方式是煮、蒸或直接生吃，这样最大限度地保留了食物原本的味道和营养。

日本料理中的特色食物很多，比如纳豆。纳豆起源于中国古代，自秦汉以来开始制作。纳豆是黄豆通过纳豆菌（枯草杆菌）发酵制成的豆制品，看起来黏黏的，闻起来臭臭的，但味道微甜，且营养价值丰富。它不仅含有黄豆全部营养还含有发酵后增加的特殊养分，常吃可以预防便秘、腹泻等肠道疾病，预防骨质疏松，还可以调节血压、血脂，缓解疲劳，溶血栓，综合提高人体免疫力。因此日本食品及医药界开发出一系列纳豆提取物的保健品及药品，可见纳豆是日本引以为傲的民族食物。

2016年日本膳食调查资料显示：日本的饮食构成为每人每日谷类422.1g，薯类53.8g，蔬菜256.9g，水果98.9g，畜禽类95.5g，鱼虾类65.6g，蛋类35.6g，乳类131.8g，油脂类10.9g，食盐9.9g。其中所摄入的动物蛋白质有一半来自海产品，这是日本饮食结构的一大优势，在发达国家中是特有的。能量和脂肪的摄入量低于欧美发达国家，2016年每人每日热能为1865kcal，营养素供能比例分别为碳水化合物占57.8%、脂肪占27.4%、蛋白质占14.8%，比欧美膳食合理，在动物蛋白质中鱼类蛋白质占比例较高，避免了过量摄取脂肪特别是含饱和脂肪酸较多的动物性脂肪。这种动、植物食品并重的膳食结构引起了欧美各国的关注。但是日本人的日常饮食中也有一些对健康不利的因素。如日本人更喜欢吃精制的大米，从而导致麸皮层内贮藏的大量纤维素和维生素等多种人体需要的营养物质的损失。

（二）印度

印度饮食模式在很大程度上受到了经济发展情况和传统文化的影响，以植物性食物为主，动物性食物为辅。印度保存着多种饮食方式，例如北方是面食为主，南方是大米为主；中上层社会人群喜用西餐，平民则保持东方饮食习惯。另外由于宗教信仰，很多人选择食素，基本上不吃或完全不吃动物性食物。印度人的饮食中，谷物的供能比和豆类的消费量较高；肉、蛋的比例很低。牛乳在印度人的饮食结构中，占有很重要的位置，很多印度人的早餐，就是一杯甜牛乳和几块饼干。

2015—2016年印度全国健康调查显示：15~16岁男性和女性每周至少摄入一次该类食物的百分比，最高的是豆类，分别是90.6%和89.9%；其次是蔬菜88.2%和85.5%；乳类是75.0%和68.0%；消费率最低的是肉类，男性和女性分别为40.6%和32.5%；鱼类38.6%和34.0%；蛋类49.6%和41.4%；水果50.5%和45.7%。由此看来，印度居民绝大部分营养素都来自植物性食物。

此种饮食结构的优点是脂肪摄入量低，膳食中热量来源主要是碳水化合物，不易诱发肥胖病、冠心病、糖尿病、脂肪肝等慢性非传染性疾病。其缺点是动物性食物占的比例小，优质蛋白质在饮食结构中所占比例低，因而饮食营养质量差，除热能尚可接近标准外，突出表现在蛋白质和脂肪的摄入不足，某些维生素和矿物质的摄入量也低于标准。饮食营养供给不足是导致“蛋白质-热能营养不良”“佝偻病”“贫血”等营养缺乏病多发的根本原因。

四、非洲国家的饮食结构及营养

非洲大陆拥有广袤的平原、高原、沙漠以及绿茵的热带平原、灌木丛林和赤道雨林地带，它们一起构成了一片与众不同的、引人注目的地域。在非洲土地上繁衍生息的人们由于气候、文化等因素，形成了具有当地特色的饮食结构和饮食习惯，本节中仅向大家介绍位于热带地区的非洲饮食。

非洲有着浓厚的素食传统，即使在过着游牧生活方式的非洲人群中也是这样的，他们虽然以狩猎为生，但是也会采集水果、坚果和植物作为食物。非洲人的主食各有不同，主要依气候而定。在非洲，主要种植的主食作物有小麦、玉米、高粱和木薯。只有少数的地方种植水稻，因为水稻相比于其他作物需要更多的水，而非洲大部分地区的降水量比较低。木薯是一种适应能力很强的作物，在贫瘠的地区也能生长，非洲的木薯产量占世界总产量的一半。非洲人喜欢把主食加水（有时也用牛乳）做成软面团，看上去有点像粗面粉，伴以加有香料煨好的肉和鱼一起吃，这样可以避免单吃主食的乏味。这些主食还被用于制作甜点和小吃。木薯、玉米和高粱做成小甜饼以及西非地区的辣椒粉烤大蕉常被作为快餐供应给客人。在干旱季节持续不太长的乌干达部分地区，香蕉则为主食作物。鱼类在西非国家的饮食中占有重要的组成部分，他们将捕获来的鱼晒干或者盐腌。在中非的刚果民主共和国，人们制作一种称作“比迪亚（bidia）”的食物。这是一种用捣碎的玉米饭做成的稠粥样的东西，有时还在里面加一些木薯粉。

非洲地区居民的饮食以植物性为主，虽然这种饮食结构在热能上基本能满足人体需要，但食物的质量不高，蛋白质和脂肪较少，尤其是动物性食物提供的营养素不足。对于目前非洲许多国家的经济水平来说，首先要解决温饱问题，进而再全面提高营养水平。此外，非洲的许多国家曾经是英国、法国、德国等欧洲国家的殖民地，所以其饮食还受到了欧洲国家饮食习惯的影响，在非洲很多地区的餐馆和饭店都可以看到欧式烹饪法。

五、 平衡饮食模式与人体健康

近年来，我国居民面临着营养缺乏和营养过剩的双重挑战。一方面，一些贫困地区由于食物种类和数量不足导致人群出现营养缺乏。另一方面，在富裕地区，由于饮食过量或不合理饮食导致人群超重肥胖率居高不下，慢性病高发。政府高度重视公众的营养与健康问题，在改善公众营养与健康方面开展了许多工作。近年来，膳食与健康的关系已从单一营养素或单一食物转向膳食模式与整体健康状况或疾病风险关联的研究。

2021年2月25日，中国营养学会组织编写的《中国居民膳食指南科学研究报告（2021）》（以下简称《报告》）正式发布，对我国居民膳食与营养健康现状做出最新总结。《报告》指出：“我国居民营养状况和体格得到明显改善，尤其膳食质量明显改善。”《报告》还特别强调了膳食模式的重要性，第一次提出了“东方健康膳食模式”，较地中海饮食模式、DASH饮食模式、美式健康膳食更适合中国人群。以多蔬菜水果、多鱼虾水产品、经常吃乳类和大豆制品、适量的谷类和肉禽类、烹调清淡少盐为主要特点的江南地区模式，代表了“东方健康膳食模式”。

目前我国的饮食结构正是在传统饮食结构的基础上以传统理论和营养科学为指导，以植物性食物为主，动物性食物为辅，荤素结合，讲究杂食，各种营养素的配比比较平衡。东方健康膳食模式相较于欧美发达国家有这样几个特点：第一，以植物性食物为主，东方饮食的核心是“植物性膳食”。研究表明，以植物性食物为主的膳食结构与以肉类为主的西方饮食相比较，显得更加健康，目前已成为全球推崇的典范。主要表现在脂肪摄入少，胆固醇低、膳食纤维丰富，能够预防高脂血症、结肠癌等疾病。第二，粮食既粗又杂。粗就是以粳米、荞麦等粗粮为主食，粳米、荞麦等粗粮有助于预防特定疾病。杂就是食物多样性，保证“食物多样性”是一种良好的自我保护手段。第三，多吃大豆食品。东方饮食，大豆食品占据重要席位。研究证实，大豆营养成分丰富，含有多种防癌物质，也是理想的优质植物蛋白食物。第四，天天饮茶。东方饮食离不开茶，茶具有抗癌、助消化、降血压、抗氧化、降脂减肥、清肝明目等功能。西方饮食中的咖啡虽然也有健康功效，但咖啡中的咖啡因有负面影响。

解决营养问题的关键就是要有合理的饮食结构，虽然不同的人群有不同的营养需求，但其基本准则是一致的。在平常的生活中我们应注意参考最新版《中国居民膳食指南》，结合自身情况，调整日常饮食，把握好每日的进食量与消耗的平衡，维持均衡的饮食与营养结构。这样才能最大限度地保障人民的健康，既进一步减少营养缺乏病的发生，又能防止许多因营养过剩导致的非传染性慢性疾病发病率的上升。合理的营养结构和饮食营养干预是保持人体健康，防治现代疾病，提高生活质量的积极有效的措施。

第四节　营养评价、配餐与日常食谱制定

运用科学手段对某一个体或者人群的膳食营养水平进行调查，以判断其膳食结构和营养状况是否合理，是营养调查和评价的主要内容。营养状况调查在膳食指南和平衡膳食宝塔的基础上，调查与身体状况有关的营养状况，对人群营养条件、问题、改进措施进行研究分析，从而发现和改善营养不均衡的问题。营养配餐则是根据人体或者人群的营养状况，按照膳食营养平衡理论和身体需要，基于食物中各种营养物质的含量，设计一天、一周或者长期食谱，使个体或者人群的各种营养素摄入充足合理，达到膳食平衡。

营养配餐及食谱的制定

一、膳食营养状况调查和评价

营养状况调查是运用科学手段了解某一人群或个体的膳食摄入量、膳食组成、营养状态等信息，以判别其当前的营养状况，为改善目标群体营养状况、定制营养食谱、保证营养均衡提供科学依据。营养调查工作一般包括膳食调查，人体测量、人体营养水平的生化检验，以及营养不均衡或者缺乏的临床研究。以下主要介绍膳食调查。

（一）膳食调查

膳食调查的一般方法包括称重法、记账法、24h 个人膳食询问法，其各具特点又相互联系，可以较为全面地反映目标人群的营养和健康状况。

1. 称重法

称重法是将被调查者每日每餐各种食物的消耗量都逐项称量记录，统计每餐的就餐人员，一天各餐的结果之和，即为每人每天总摄食量，再按《中国食物成分表》中每 100g 食物可食部分所含各种营养素折算加在一起即为每人每日营养素摄入量。

称重法的调查步骤为：称取每餐食物的生重、熟重和剩余熟重，计算生熟折合率，记录每餐就餐人数，计算每人每天摄入的各种熟食重量和生食重量，最后统计每人每天各项食物消耗量以及所摄入的各种营养素数量。称重法精确可靠，但费时费力，一般不宜大规模使用，适用于集体用餐的单位或家庭，调查时间通常为 3~7d。

2. 记账法

对建有膳食账目的团体人群通过查阅一定时期的食物消耗总量，统计该时期的进餐人数，计算出每人每日各种食物的摄入量，再按《中国食物成分表》计算出各种营养素的摄入量。

记账法的调查步骤为：逐日查对购买食物的发票和账目，把每日的同类食物消耗量累加，得到一定时期内各种食物的消耗量，计算该时期内用膳总人数和每人每日食物消耗量，最终统计出各种营养素的摄入量。记账法所需人力少，可进行全年四季的调查，适用于大样本调查。一般每个季度调查一个月就能较好地反映出全年的营养状况。缺点在于只针对食物中营养素的平均摄入进行分析，难以对个体的膳食摄入状况进行评估。

3. 24h 个人膳食询问法

24h 个人膳食询问法是最常使用的一种膳食调查方法，不管是全国大型膳食摄入量调查还是小型研究，都采用这一方法来估计个人的膳食和营养素摄入量。通过询问被调查对象在 24h 内各种食品的摄入情况，对评估个体的营养素摄入水平进行计算。根据调查目的、条件、环境的不同，24h 个人膳食询问法也有所不同。

24h 个人膳食询问法的调查步骤为：比较详细地了解被调查者的食物构成种类、每日进餐次数和时间、粗细搭配情况。了解食物的加工烹调方法、储存条件和时间等；要求被调查者回顾和描述 24h（调查的前一整天）内摄入的全部食物的种类和数量；一年内对同一个人调查 6 次，对每 2 个月中一日的食物消费进行回顾；营养素摄入量的计算方法与称重法相同。该法简便易行，但是需要通过被调查者的回忆得到资料，得到的消耗量是估计数据，因此准确度较低。

4. 其他方法

食物频率法一般是根据不同调查和研究目的设计的，旨在估计被调查者在指定的一段时期内摄入某些食物的次数和每次摄入量，以便计算出各种食物的消费量和营养素摄入情况。食物频率法一般以问卷形式进行膳食调查，以调查个体经常性的食物摄入种类，经常在膳食与健康关系的流行病学研究调查中使用。食物频率法的优点在于可以快速地获取到各种食物的种类及其平均摄入量，方法简单、方便、价格便宜，可以用于周期性的批量调查。其缺点在于调查对象是根据回忆对过去的食物摄入进行描述，在摄入食物的量化及复杂性上不够准确。

化学分析法经常被用于调查科学研究或严格限制营养的对象。通过实验室的化学分析法，收集调查对象一天内所有摄入食品种类、数量完全相同的一日膳食，测定其能量和营养素的含量及质量，准确得到食品中各种营养素和能量的实际摄入量。其缺点在于方法繁复，成本较高，仅适用于小规模和特定个体调查，以及科学研究的需要。

（二）营养评价

1. 资料整理

根据调查资料，计算调查对象每日的各类食物及各种营养物质的摄入量，整理膳食构成、能量和营养素的调查报告并同我国膳食营养素推荐摄入量比较，根据营养平衡理论对膳食营养价值做出评价。

2. 营养平衡理论

膳食中三种产能营养素需要保持一定的比例平衡。膳食中蛋白质、脂肪和碳水化合物除了各具特殊的生理功能外，其共同特点是提供人体所必需的能量，所以也称为“产能营养素”。在膳食中，这三种产能营养素必须保持一定的比例，才能保证膳食平衡。若按其各自提供的能量占总能量的百分比计，则蛋白质占 10%～15%，脂肪占 20%～30%，碳水化合物占 55%～65%。

膳食中优质蛋白质与一般蛋白质所占比例的平衡。食物蛋白质中所含的氨基酸有20多种，其中有8种是人体必需且不能在体内合成，必须由食物供给的氨基酸，人体对这8种必需氨基酸的需要量需保持一定的比例。动物蛋白和大豆蛋白所含的必需氨基酸种类齐全比例恰当，人体利用率高，称为优质蛋白质。在膳食构成中要注意将动物蛋白和植物蛋白进行适当搭配，并保证优质蛋白质占蛋白质总供给量的30%以上。

饱和脂肪酸、单不饱和脂肪酸及多不饱和脂肪酸之间的平衡。不同食物来源的脂肪酸组成不同，必须保证食物中多不饱和脂肪酸的比例。一般认为，脂肪提供的能量占总能量的30%范围内，饱和脂肪酸提供的能量占总能量的7%左右，单不饱和脂肪酸提供的能量占总能量的比例在10%以内，剩余的能量均由多不饱和脂肪酸提供为宜。动物脂肪相对含饱和脂肪酸和单不饱和脂肪酸较多，多不饱和脂肪酸含量较少。植物油脂主要含不饱和脂肪酸，两种必需脂肪酸，亚油酸和亚麻酸主要存在于植物油中，鱼贝类食物含二十碳五烯酸（EPA）和二十二碳六烯酸（DHA）相对较多。

3. 膳食营养评价

首先，根据中国居民膳食指南和平衡膳食宝塔的规定将食物进行分类并统计摄入量，然后依据营养平衡理论，对膳食结构进行评价。我国膳食以谷类食物为主食，蔬菜为副食，搭配有少量豆制品和动物性食品。这种膳食含有人体所需要的各种营养素，在一般情况下可满足人体的需要。但在特殊生理条件下需要进一步提高，如儿童在生长发育时期应当有充足的蛋白质、维生素和矿物质，并提供多样化的膳食。

其次，在合理的膳食结构的基础上，需要进一步对膳食摄入的能量和营养素进行评价。在各种营养素中，热能摄入量与需要量的差别不大，其他营养素的供给量为需要量的1.5~2倍。热能虽然不是营养素，但它是几种产能营养素的综合表现，对人体影响较大，应当首先考虑。成年人热能的摄入量占膳食营养素推荐摄入量（RNI）的90%以上为正常，低于80%为摄入不足，长时间低于90%就可能发生营养不足；如果长时间低于80%，则可能引发营养缺乏症；如果摄入量长期超过营养素推荐摄入量的110%或更高，则有可能营养过剩，且不利于能量平衡。儿童的热能摄入量占营养素推荐摄入量的90%以上为正常，低于80%为不足。

再次，评价膳食热能的分布和构成：蛋白质供给的热能应当占10%~15%，脂肪占20%~30%（其中饱和脂肪酸的热能不应超过总热能的10%），其余的热能由碳水化合物提供，要求超过总能量的60%，这样的配比较为合理。在生活消费水平低时，动物性食物和豆类摄入少，谷类、薯类摄取量相对较多，占总热能的比例高（>70%），很容易产生蛋白质不足和某些维生素、矿物质的缺乏现象。

最后，需要对膳食的平衡状况进行评价。膳食平衡状况的评价包括调查对象三餐和摄入食物的供能比例，其中早、中、晚三餐的能量适宜的比例依次为：30%、40%和30%；摄入脂肪酸的不饱和程度，以及ω-3和ω-6系列脂肪酸的摄入量和供能比例，一般来说饱和脂肪酸供能不超过脂肪酸总能量的7%，保证摄入的植物油占摄入油脂的50%以上；蛋白质的摄入量以及优质蛋白质的占比。一般来说，动物蛋白和豆类蛋白等优质蛋白质应占全部蛋白质摄入的30%以上，若低于10%则认为蛋白质摄入构成不佳。一般婴幼儿、儿童、青少年、哺乳期和怀孕的妇女所需优质蛋白质应该占全部蛋白质的50%以上。我国膳食中蛋白质的主要来源是谷类，其中赖氨酸、苏氨酸等为限制性氨基酸，应通过摄入动物性食物和豆类，互补搭配提高膳食蛋白质的生物价值。

二、 营养配餐

（一）营养配餐的概念

营养配餐，就是按人们身体的需要，根据膳食营养平衡理论和食物中各种营养物质的含量，设计一天、一周或一个月的食谱，使人体摄入的蛋白质、脂肪、碳水化合物、维生素和矿物质等几大营养素比例合理，即达到平衡膳食。营养配餐是实现平衡膳食的一种措施。平衡膳食的原则通过食谱才得以表现出来，充分体现其实际意义。

（二）营养配餐的目的和意义

通过科学的方法，将各类人群的膳食营养素参考摄入量（DRI）具体落实到调查对象的每日膳食中，满足他们每天所需的能量和各种营养素，防止营养素或能量的过量摄入或者不足。同时根据群体对各种营养素的需要，结合当地食物的品种、生产季节、经济条件和厨房烹调水平，合理选择各类食物，达到平衡膳食。通过编制营养食谱，可指导大型配餐企业有计划地管理餐厅膳食，也有助于家庭有计划地管理家庭膳食，有利于成本核算。

（三）营养配餐的理论依据

营养配餐是一项实践性很强的工作，与人们的日常饮食直接相关，科学合理，需要以一系列营养理论为指导。

1. 中国居民膳食营养素参考摄入量（DRI）

中国居民膳食营养素参考摄入量（DRI）是每日平均膳食营养素摄入量的一组参考值，包括平均需要量（EAR）、推荐摄入量（RNI）、适宜摄入量（AI）和最高可耐受摄入量（UL）等。制定 DRI 的目的在于更好地指导人们膳食实践、评价人群的营养状况并为国家食物发展供应计划提供依据。DRI 是营养配餐中能量和主要营养素需要量的确定依据。DRI 中的 RNI 是个体适宜营养素摄入水平的参考值，是健康个体膳食摄入营养素的目标。编制营养食谱时，首先需要以各营养素的 RNI 为依据确定需要量，一般以能量需要量为基础，制定出食谱后，还需要以各营养素的 RNI 为参考，评价食谱的制定是否合理，如果与 RNI 相差不超过 10%，说明编制的食谱合理可用，否则需要加以调整。

2. 中国居民膳食指南和平衡膳食宝塔

膳食指南本身就是合理膳食的基本规范，为了便于宣传普及，它将营养理论转化为一个通俗易懂、简明扼要的可操作性指南，其目的就是合理营养、平衡膳食、促进健康。因此，膳食指南的原则就是食谱设计的原则，营养食谱的制定需要根据膳食指南考虑食物种类、数量的合理搭配。平衡膳食宝塔则是膳食指南量化和形象化的表达，是人们在日常生活中贯彻膳食指南的工具。平衡膳食宝塔建议的各类食物的数量既以人群的膳食实践为基础，又兼顾食物生产和供给的发展，具有实际指导意义。根据平衡膳食宝塔，我们可以很方便地制定出营养合理、搭配适宜的食谱。

3. 食物成分表

食物成分表是制定营养配餐时重要的参考依据。要做好营养配餐工作，我们必须了解并掌握食物的营养成分。所列食品以原材料为基础，并列出了每种食品的来源和食用部分。“食用部分”是指根据当地的烹饪习惯和饮食习惯，将市售样品中的不可食部分除去后，剩余的可食用部分。通过食物成分表，我们可以在准备食谱时将营养需求转换为食物需求，从而确定食物的种类和数量。在评估配方中所含营养素的摄入量是否满足需求时，还需要参考食物成分表中各种食物的营养成分数据。

4. 营养平衡理论

营养平衡包括三种产能营养素的比例平衡、优质蛋白质与总蛋白质平衡、脂肪酸组成平衡、食品种类搭配平衡等。

三、 食谱编制

（一）营养食谱的编制原则

根据我国膳食指导方针，结合膳食管理的整体要求，在膳食调配过程中应遵循营养平衡、饭菜适口、食物多样、定量适宜、经济合理等原则。

1. 保证膳食营养均衡

膳食调配首先必须确保营养平衡，根据营养平衡理论提供符合营养要求的平衡膳食，在食物充足、多样的基础上，保证用餐者的营养需求且防止过量。

2. 注意饭菜的适口性

饭菜的适口性是营养配餐和食谱编制的另一个重要原则，且重要性不亚于食物的营养价值。我国幅员辽阔，来自不同地区和民族的人们的饮食习惯和习俗也不同。进行营养配餐时，既要做到饮食多样化，又要尊重用餐者的饮食习惯，注意烹饪方法，并确保其色、香、味、形俱佳。提升就餐者的食欲，同时避免因不当烹饪方法导致的营养损失。

3. 强调食物的多样化

食物多样化是膳食调配的重要原则，也是实现合理营养的前提和美味膳食的基础。制定营养配餐时，要选择尽可能多的食物。最好每天吃 20 种以上的食物，并进行定期更改和调整。可以参考当地的气候，季节和饮食习惯来选择不同的食物，并熟悉其营养特性和搭配方法，从而为用餐者提供一系列营养均衡的饮食计划。

4. 控制食物定量适宜

通常情况下，成人每日进食量为 1～2kg（多在 1.2～1.6kg）。一般早餐不超过 400g，午餐 500～800g。若食物原料中包括流质食物，如牛乳、豆浆等，则进食量可适当超出。在各类食物的分配方面，成人每日需进食的谷物粮食量在 350～650g，需进食的蔬菜量应达到 500g 以上（其中 400g 以上应为绿叶蔬菜）。每日膳食中动物性食物量应达到 100g 以上，最好为 150g（牛乳等流质动物性食物除外）。

5. 兼顾经济条件

饮食消费与经济发展水平密切相关，进餐者的营养需求与经济承受能力密切相关。在制定营养食谱时，既要符合营养要求，又应权衡食品的营养价值和价格，使就餐者在经济上负担得起，让食谱具有实际意义。

（二）营养食谱的编制方法

完整的营养食谱应涵盖一日三餐的主食和副食的名称、营养成分的类型、数量和烹饪方法。目前，常用的营养食谱的编制方法包括营养成分计算法、食物交换份法及计算机食谱编制法等。

1. 营养成分计算法

（1）确定就餐对象全日能量供给量　确定人体每日膳食营养目标，通常采用查表法和计算法两种方法。

查表法。通过《中国居民膳食营养素参考摄入量（DRIs）》表，可以直接查出各个年龄段不同人群不同劳动强度的能量需求量。若人员组成复杂，则以平均能量需求量作为全日能量供给量依据。

计算法。即根据标准体重和每千克体重所需能量计算，以达到个体“维持健康”的基本要求，使机体处于营养均衡状态。

①计算标准体重：标准体重（kg）= 身高（cm）－105。

②计算体重指数（BMI），判断体型（消瘦、正常、肥胖）。

③根据就餐对象体力活动强度，确定单位标准体重每日能量（表4-2）。

④计算全日能量供给量：全日能量供给量（kcal）= 标准体重（kg）× 单位标准体重能量供给量（kcal/kg）。

表4-2　成年人每日能量供给量　单位：kcal/kg 标准体重

体型	体力活动量			
	极轻体力活动	轻体力活动	中体力活动	重体力活动
消瘦	30	35	40	40~45
正常	20~25	30	35	40
肥胖	15~20	20~25	30	35

注：1kcal＝4.186kJ。

（2）计算宏量营养素全日应提供的能量　常规膳食配方的制作主要集中在宏量营养素上，而矿物质和某些维生素在烹饪和加工过程中变化很大，因而采用食物频率表的方法，即在三天或一周内保持相对均衡的摄入量以满足需求。三种产能营养素与总能量之比应适当。一般碳水化合物占55%~65%，脂肪占20%~30%，蛋白质占10%~15%。结合前述确定的就餐对象全日能量供给量，可以获得每种常量营养素的需求量，即具体的质量。

（3）计算宏量营养素每日及每餐的需求量　确定了每种宏量营养素应提供的能量，需要将其转换为营养素需求量。这是确定食物种类和数量的重要依据。通常早餐占30%，午餐占40%，晚餐占30%。根据三餐提供的能量比例，可以确定早、中、晚餐各餐所需的宏量营养素摄入量。

（4）确定主、副食品种和数量　已知宏量营养素在三餐中的需要量，根据食物成分表，就可以确定主副食的品种和数量。一般先确定主食的品种和数量，再确定副食的品种和数量。

（5）确定纯能量食物的量　一般指油脂的摄入，主要摄入植物油，并辅以一定量的动物脂肪。因此，应多以植物油作为纯能量食品的来源。从食物成分表中，我们可以知道每餐中各种食物提供的脂肪含量。从所需的脂肪摄入量中减去食物提供的脂肪含量，即为每餐植物油的供应量。

（6）营养食谱的制定

①一餐食谱：一般应选择2种粮谷类食物，1~2种动物性原料，1种豆制品，3~4种蔬菜。

②一日食谱：一般应选择2种粮谷类食物，2种以上的动物性原料，1~2种豆制品，多种蔬菜。

③一周食谱：应了解营养素含量丰富的食物，精心搭配，争取一周营养素平衡。

2. 食物交换份法

食物交换份法是根据营养成分含量的近似值对常用食物进行分类，计算出每类食物的营养成分价值和食物份量，然后将每类食物的内容，每单位数量列表供交换使用。最后，根据不同的热能需求，按照蛋白质、脂肪和碳水化合物的合理分配比例，计算出各种食物的交换份数和实际重量，并按每份食物等值交换表（表4-3至表4-7）选择食物。

表4-3 谷类和薯类食物交换代表量

食物	食物质量/g
大米、小米、挂面、面粉、米粉、高粱米、薏米、通心粉、绿豆、红豆、芸豆、豌豆、油条、油饼、苏打饼干	50
面包、窝窝头、馒头、烧饼、烙饼	75
干粉丝、干莲子	40
马铃薯	250
湿粉皮	150
凉粉	750

注：每份谷薯类食物大约可提供能量756kJ（180kcal）、蛋白质4g、碳水化合物15g。

资料来源：《中国居民膳食指南（2022）》。

表4-4 蔬菜水果类食物交换代表量

食物（食部）	食物质量/g
大白菜、油菜、圆白菜、韭菜、菠菜、芹菜、莴笋、雪里蕻（鲜）、空心菜、西葫芦、番茄、茄子、苦瓜、冬瓜、南瓜、菜花、绿豆芽、茭白、蘑菇（鲜）	500~700
李子、葡萄、香蕉、苹果、桃、橙子、橘子	200~250
柿子椒、萝卜、倭瓜、水浸海带	350
鲜豇豆	250
胡萝卜、蒜苗	200
鲜豌豆	100

注：每份蔬菜类食物大约可提供能量336kJ（80kcal）、蛋白质5g、碳水化合物15g；水果类食物大约可提供能量378kJ（90kcal）、蛋白质1g、碳水化合物21g。

表4-5 动物性食物交换代表量

食物（食部）	食物质量/g
瘦猪肉、瘦牛肉、瘦羊肉、带骨排骨、鸭肉、鸡肉、鹅肉	50
热火腿	20

续表

食物（食部）	食物质量/g
肥瘦猪肉、肥瘦牛肉、肥瘦羊肉	25
牛乳粉	30
牛乳	250
酸乳	200
鱼类、对虾、青虾、鲜贝	80
鸡蛋（500g 约 8 个）	1
午餐肉、叉烧肉	35

注：每份动物性食物大约可提供能量 376kJ（90kcal）、蛋白质 10g、脂肪 5g、碳水化合物 2g。

表 4-6　　豆类及豆制品类食物交换代表量

食物（食部）	食物质量/g	食物（食部）	食物质量/g
豆浆	125	豆腐皮	10
豆腐（南）	70	油豆腐	20
豆腐（北）	42	腐竹	5
千张	14	豆腐干、豆腐丝	25

注：每份豆类食物大约可提供能量 188kJ（45kcal）、蛋白质 5g、脂肪 1.5g、碳水化合物 3g。

表 4-7　　各类食物交换份的分配

热能供给/kcal	总交换/份	谷薯/份	肉蛋制品/份	豆乳类/份	蔬菜水果/份	油脂/份
1600	18	10	3	2	1	2
1800	20	12	3	2	1	2
2000	22	14	3	2	1	2
2200	24	16	3	2	1	2
2400	26	18	3	2	1	2

注：1kcal=4.186kJ。

食物交换份法简单实用，但是数据通常不够准确。在实际应用中，可以将计算法与食物交换份法结合使用。首先，使用计算法确定所需的食物量，然后使用食物交换份法确定食物的类型和数量。通过食物的同类互换，可以将一日食谱用作设计每周和一个月食谱的模板。在进行食谱编制时，可依据配餐对象的能量需求量，并按照食物的份额，选择食物的种类和数量。一般以每产生 376kJ（90kcal）热量的食物为“一份”，不同食物每份的重量不同。

3. 计算机食谱编制法

随着计算机技术的发展，营养食谱的确定和评价也可以通过计算机来实现。目前，有很多膳食营养管理系统软件。只要用户掌握基本的计算机技能，就可以快速轻松地确定营养配方并获得营养成分。饮食营养管理系统软件种类繁多，一般具有以下功能：

①可供自动选择食物类型，并自动为所选食物编写替代食谱，计算各种食物的用量，并自动且合理地将它们分配到每日三餐中。

②进行食谱营养成分的分析计算，并根据计算结果进行调整。

③分析膳食的食物结构，计算和分析各种营养素的摄入量、能量和蛋白质的食物来源等。

许多软件采用开放的计算机管理方法，可以随时扩展食品种类和营养。一些软件还可以对个人和群体的饮食和营养状况进行综合评估，还可以评估儿童和青少年的生长发育状况。此外，特殊的营养饮食应用软件还具有减肥饮食的设计功能和常见病患者的食谱设计功能。

4. 食谱的评价和调整

（1）食谱的评价　根据上述步骤设计营养食谱后，应进行评价，以确定所制定的食谱是否科学合理。配方提供的能量和各种营养素的含量应参考食物成分表进行计算，并与 DRIs 进行比较。如果差异在±10%之内，则可以认为满足要求。否则，需要调整食物的类型或数量。

评价内容一般包括：五大类食物是否齐全，是否做到了种类多样化；各类食物的量是否充足；全天能量和营养素的摄入是否适宜；三餐能量摄入分配是否合理；优质蛋白质占总蛋白质的比例是否恰当；三种产能营养素的供能比例是否适宜。

（2）评价步骤

①首先按类别将食物归类排序，并列出每种食物的数量，看食物种类是否齐全。算出每种食物所含能量和营养素的量。

②将所用食物中的各种营养素分别累计相加，计算出一日食谱中三种能量营养素及其他营养素的量。

③将计算结果与中国营养学会制定的《中国居民膳食营养素参考摄入量（DRIs）》中同年龄同性别人群的水平比较，进行评价。

④根据蛋白质、脂肪、碳水化合物的能量折算系数，分别计算出蛋白质、脂肪、碳水化合物三种营养素提供的能量及占总能量的比例。

⑤计算出动物蛋白及豆类蛋白占总蛋白质的比例。

⑥计算三餐提供能量的比例。

（3）食谱调整　通过上述的评价方法，可以发现食谱中存在的问题并进行对应的调整。必须根据个人年龄、性别、身高、体重、劳动强度和季节进行调整。从事轻微体力劳动的成年男性，可以参照适度的能量来安排食物摄取；从事适度或身体劳动的人，需要参考高能量饮食进行安排；不参加劳动的老年人，可以参照低能量来安排食物摄取。

烹饪方法的调整关键在于掌握特定的食物中特定的营养成分。烹饪方法的调整包括：①能量调整。主要指粮谷类和油脂类食物的调整，包括食物多样性、数量、水分、烹饪方法等的调整。②能量-价格调整。主要考虑了食品价格与食用部分的关系，加工度，价格营养指数，食品营养质量指数（INQ）的调整。③脂肪调整。主要包括调整料理种类，减少烹饪油，改变烹饪方法。④蛋白质调整。高质量蛋白质的比例和饮食蛋白质的互补性。⑤主要调整。主要指从颜色、气味、味道等因素，改善食物的感觉，改善其营养价值。

（4）食谱的总结、归档管理　编制好后，应该将食谱进行归档保存，并及时收集就餐者及厨师的反馈意见，总结食谱编制经验，以便今后不断改进。

第五节　食品标签与营养标签

食品标签与营养标签

生活中的标签种类很多，例如衣服的标签、机器的铭牌等可以提供给我们一些关于这个物品的重要信息。预包装食品也就是预先定量包装或者制作在包装材料和容器中的食品，需要附有食品标签。食品标签包括食品包装上的文字、图形、符号及一切说明物。预包装食品的标签对于食品安全和食品营养都有着非常重要的意义，可以对食品生产厂家做出一定的约束，也可以指导人们选择符合自己需要的食品。

一、 食品标签相关的法律规定

2021 年修正的《中华人民共和国食品安全法》（后简称《食品安全法》）第三十四条、六十七条、七十一条、第一百二十五条都涉及食品标签等问题。此外，食品标签涉及的标准有 GB 7718—2011《食品安全国家标准　预包装食品标签通则》、GB 28050—2011《食品安全国家标准　预包装食品营养标签通则》，对于特殊膳食用食品还有 GB 13432—2013《食品安全国家标准　预包装特殊膳食用食品标签》。

《食品安全法》第六十七条规定，预包装食品的包装上应当有标签。标签应当标明下列事项：①名称、规格、净含量、生产日期，生产日期指形成最终销售单元的日期；②成分或者配料表，配料指在制造或加工食品时使用的，并存在（包括以改性的形式存在）于产品中的任何物质，包括食品添加剂；③生产者的名称、地址、联系方式；④保质期，保质期指预包装食品在标签指明的贮存条件下，保持品质的期限；⑤产品标准代号；⑥贮存条件；⑦所使用的食品添加剂在国家标准中的通用名称；⑧生产许可证编号；⑨法律、法规或者食品安全标准规定应当标明的其他事项。

合规的食品标签对于企业生产者及消费者都十分重要。依据《食品安全法》第一百四十八条，消费者因为不符合食品安全标准的食品受到损害的，可以向经营者要求赔偿损失，也可以向生产者要求赔偿损失。生产不符合食品安全标准的食品或者经营明知是不符合食品安全标准的食品，消费者除要求赔偿损失外，还可以向生产者或者经营者要求支付价款十倍或者损失三倍的赔偿金；增加赔偿的金额不足一千元的，为一千元。但是，食品的标签、说明书存在不影响食品安全且不会对消费者造成误导的瑕疵的除外。

作为一名消费者，可以依据不当的食品标签标注对生产者或经营者索赔。例如，《食品安全法》第三十四条规定，标注虚假生产日期、保质期或者超过保质期的食品、食品添加剂；或无标签的预包装食品、食品添加剂；以及其他不符合法律、法规或者食品安全标准的食品、食品添加剂、食品相关产品都属于违法行为。此外，《食品安全法》第七十一条规定，食品和食品添加剂的标签、说明书，不得含有虚假内容，不得涉及疾病预防、治疗功能。

《食品安全法》的规定，在企业角度，若是被抽查或举报经营无标签的预包装食品、食品添加剂或者标签、说明书不符合本法规定的食品、食品添加剂；生产经营转基因食品未按规定进行标示；生产经营的食品、食品添加剂的标签、说明书存在瑕疵但不影响食品安全且不会对消费者造成误导的，由县级以上人民政府食品安全监督管理部门责令改正；拒不改正的，处二千元以下罚款。

二、 普通预包装食品标签要求

GB 7718—2011《食品安全国家标准 预包装食品标签通则》是食品标签设计和使用的主要依据。食品配料表是食品标签的重要组成部分。从食品营养角度来看，配料表反映了食物的原料成分，也决定了食品的性质。各种配料按照制造或加工食品时加入量的递减顺序一一排列；加入量不超过 2% 的配料可以不按递减顺序排列。如果某种配料是由两种或两种以上的其他配料构成的复合配料（不包括复合食品添加剂），应在配料表中标示复合配料的名称，随后将复合配料的原始配料在括号内按加入量的递减顺序标示。当某种复合配料已有国家标准、行业标准或地方标准，且其加入量小于食品总量的 25% 时，不需要标示复合配料的原始配料。若符合 GB 2760—2014《食品安全国家标准 食品添加剂使用标准》规定的带入原则且在最终产品中不起工艺作用的，不需要标示。例如面对不同类型的标有果汁字样的饮料，我们可以依据配料表中的原料顺序判断其属于哪种类型的饮料。如果水和糖排在了果汁的前面那就可能这款果汁属于调配的果汁或果味饮料。再比如，我们可以依据“酸乳”配料表中是否含有乳酸菌、嗜热链球菌等微生物判断这是发酵型酸乳或乳饮料还是单纯的调配型酸味乳饮料。配料表所包含的背后信息十分丰富，可以推断这种食物的营养素含量及能量密度。例如某种零食的第一配料是植物油，后面紧跟着小麦粉等原料，证明这款食物的含油量极高。有些饮料配料表中在后面列出了人工甜味剂例如阿斯巴甜、三氯蔗糖等，必然会降低蔗糖或果葡糖浆的使用量。还可以根据配料表成分，推断此食物的价值，对比其购买的性价比。

预包装食品的生产日期和保质期是食品标签中的重要信息，同时食品标签上一般还需要注明贮藏条件，例如室温、阴凉通风、冷藏、冷冻等贮藏条件。不同贮藏条件下的食品的保质期也不一样，主要是因为食品中的微生物增殖、氧化、吸潮、降解等过程可能产生的食品安全性、营养、风味及色泽等方面的品质下降。当然也有一些预包装食品可以免除标示保质期，例如酒精度大于等于 10%（体积分数）的饮料酒、食醋、食用盐、固态食糖类、味精等。配料表之后还需要标注可能的过敏原信息，一般在配料表中或在配料表邻近位置有额外提示包括含有麸质的谷物及其制品、甲壳纲类动物、鱼类、蛋类、花生类、大豆类、乳类、坚果类等，幼儿或有过敏史的人食用时应当注意。

预包装食品标签还有很多其他的要求和指引，例如食品标签应清晰、醒目、持久，应使消费者购买时易于辨认和识读。应通俗易懂、有科学依据，不得标示封建迷信、色情、贬低其他食品或违背营养科学常识的内容。应真实、准确，不得以虚假、夸大，不得使消费者误解或用欺骗性的文字、图形等方式介绍食品，也不得利用字号大小或色差误导消费者。不应直接或以暗示性的语言、图形、符号，误导消费者将购买的食品或食品的某一性质与另一产品混淆。不应标注或者暗示具有预防、治疗疾病作用的内容，非保健食品不得明示或者暗示具有保健作用。不应与食品或者其包装物（容器）分离。应使用规范的汉字（商标除外）。具有装饰作用的各种艺术字，应书写正确，易于辨认。可以同时使用拼音或少数民族文字，拼音不得大于相应汉字。可以同时使用外文，但应与中文有对应关系（商标、进口食品的制造者和地址、国外经销者的名称和地址、网址除外）。所有外文不得大于相应的汉字（商标除外）。预包装食品包装物或包装容器最大表面面积大于 35cm^{2}时，强制标示内容的文字、符号、数字的高度不得小于 1.8mm。一个销售单元的包装中含有不同品种、多个独立包装可单独销售的食品，每件独立包装的食品标识应当分别标注。若外包装易于开启识别或透过外包装物能清晰地识别内包装物（容器）上的所有强制标示内容或部分强制标示内容，可不在外包装物上重复标示相应的内容；否则应在外包装物上按要求标示所有强制标示内容等，其他细节参照 GB 7718—2011《食品安全国家标准　预包装食品标签通则》。对于特殊膳食食品，专供婴幼儿的主辅类食品按照 GB 13432—2013《食品安全国家标准　预包装特殊膳食用食品标签》执行。

三、 营养标签

如果要进一步从营养角度评价食品的构成和价值，那就要依据营养标签。营养标签是预包装食品在标签上向消费者提供食品营养信息和特性的说明，包括营养成分表、营养声称和营养成分功能声称。

根据国家营养调查结果，我国居民既有营养不足，也有营养过剩的问题，特别是脂肪和钠（盐）的摄入较高，是引发慢性病的主要因素。通过实施营养标签标准，要求预包装食品必须标示营养标签内容，一是有利于宣传普及食品营养知识，指导公众科学选择膳食；二是有利于促进消费者合理平衡膳食和身体健康；三是有利于规范企业正确标示营养标签，科学宣传有关营养知识，促进食品产业健康发展。

（一）GB 28050—2011《食品安全国家标准　预包装食品营养标签通则》规定的营养标签的强制标示内容

（1）所有的预包装食品（豁免标示的食品除外）均应强制标示能量和四个核心营养素蛋白质、脂肪，碳水化合物和钠的信息。

（2）对除能量和核心营养素外的营养成分进行营养或营养成分功能声称时，还应标示出该营养成分的信息，“欲声称、先标示”。

（3）若使用了营养强化剂时，还应标示强化后食品中该营养素的信息，“如强化、须标出”。

（4）食品配料中含有或生产过程中使用了氢化和（或）部分氢化油脂时，还应标示出反式脂肪（酸）的含量，“用氢化、标反式”。

（5）营养标签应标在向消费者提供的最小销售单元的包装上。

营养标签包括能量、4 种核心营养素的含量值及其占营养素参考值（NRV）的百分比的标示。能量和营养成分的含量应以每 100g 或每 100mL 或每份食品可食部中的具体数值来标示。当用份标示时，应标明每份食品的量。“份”是企业根据产品特点或推荐量而设定的，每包、每袋、每支、每罐等均可作为 1 份，也可将 1 个包装分成多份，但应注明每份的具体含量。我们在阅读营养标签的时候一定要清楚了解到每份的概念，例如一罐饮料 500mL，上面标识的是每 100mL 的碳水化合物含量为 11.2g，如果这瓶饮料的配料中只有蔗糖属于碳水化合物的来源，那么其含糖量即为 11.2%，一瓶饮料的含糖量已经超过了 50g。而《中国居民膳食指南（2022）》建议，每天摄入的添加糖的量要小于 50g，最好在 25g 以下。

中国食品标签营养素参考值（nutrient reference values，NRV，以下简称营养素参考值）是食品营养标签上比较食品营养素含量多少的参考标准，是消费者选择食品时的一种营养参照尺度。营养素参考值专用于食品营养标签，用于比较食品营养成分含量的参考值。其规定了能量和 32 种营养成分参考值，是依据我国居民膳食营养素推荐摄入量（RNI）和适宜摄入量（AI）

制定的。能量参考值为8400kJ，相当于2000kcal。蛋白质、脂肪、碳水化合物供能分别占总能量的13%、27%与60%。在营养标签中，需要标识的是营养成分含量占营养素参考值的百分数（NRV%），指定的修约间隔为1，如1%、5%、16%等。从食品营养角度，NRV%可以提供一些食物选择的依据。然而，NRV%并不能很好的指导人们去选择食物，我们每天会摄入很多种、大量的、不同的食物，所以除了特殊需求，可以优先选择低脂、低糖以及低钠的食物。

（二）营养标签的基本要求

（1）预包装食品营养标签标示的任何营养信息，应真实、客观，不得标示虚假信息，不得夸大产品的营养作用或其他作用。

（2）预包装食品营养标签应使用中文。如同时使用外文标示的，其内容应当与中文相对应，外文字号不得大于中文字号。

（3）营养成分表应以一个“方框表”的形式表示（特殊情况除外），方框可为任意尺寸，并与包装的基线垂直，表题为“营养成分表”。

（4）食品营养成分含量应以具体数值标示，数值可通过原料计算或产品检测获得。

（5）营养标签的格式依照GB 28050—2011《食品安全国家标准　预包装食品营养标签通则》，食品企业可根据食品的营养特性、包装面积的大小和形状等因素选择使用其中的一种格式。

与食品标签类似，也有如下食品豁免强制标示营养标签的预包装食品，例如生鲜食品，如包装的生肉、生鱼、生蔬菜和水果、禽蛋等；乙醇含量≥0.5%的饮料酒类；包装总表面积≤100cm^2或最大表面面积≤20cm^2的食品；现制现售的食品；包装的饮用水；每日食用量≤10g或10mL的预包装食品，法律法规标准规定可以不标示营养标签的其他预包装食品。

随着中国食品产业的迅速发展，包装食品的种类和数量在不断攀升，同时中国居民也面临着众多慢性代谢性疾病高发的挑战，生产企业和消费者都需要应用好食品标签及营养标签，对民众的健康作出促进。

第六节　营养强化

人类生存及繁衍后代所需的营养素主要来源于食品。然而，几乎没有一种完整的天然食品能满足人体对各种营养素的需要，特别是在食品的烹调、加工、贮藏等过程中往往会有部分营养素的损失。因此，许多国家的政府和营养学家都提倡在国民膳食食物种类多样化的基础上，通过部分食品中强化其缺乏的营养素，开发和生产居民需要的各种营养强化食品。目前，食品营养强化已成为世界各国营养学和食品科学的主要研究内容。今后也必将成为食品工业发展的重要方向。

营养强化

根据营养需要向食品中添加一种或多种营养素或者某些天然食品以提高食品营养价值的过程称为食品营养强化，或简称食品强化。这种经过强化的食品称为营养强化食品。它既是具有重大社会效益的公共营养措施，又是具有重大经济效益的食品深加工业。

（一）食品营养强化的意义

1. 弥补天然食物的营养缺陷

以米、面为主食的地区，除了可能缺乏多种维生素外，还存在蛋白质的质和量的不足，特别是赖氨酸等必需氨基酸的不足。新鲜果蔬含有丰富的维生素，但其蛋白质和能量物质欠缺。因此，通过营养调查有针对性地进行食品营养强化，增补天然食物缺少的营养素，便可大大提高食品的营养价值，改善人们的营养和健康水平。

2. 补充食品在加工、贮藏等过程中营养素的损失

许多食品在工厂化生产、家庭烹调、贮藏及运输过程中，由于机械、化学、生物的因素均会引起部分营养素的损失，有时甚至造成某种或某些营养素的大量损失。例如在碾米和小麦磨粉时有多种维生素损失，而且加工精度越高，这种损失越大。又如在生产水果、蔬菜罐头时，很多水溶性和热敏性维生素均有损失。此外，用小麦粉烤制面包时，其中赖氨酸损失约10%；当用小麦粉烤制饼干时，其赖氨酸的损失更大，甚至可高达50%以上。新鲜果蔬含有丰富的维生素C，由于其本身存在的氧化酶系统的作用，如抗坏血酸氧化酶、过氧化物酶、多酚氧化酶、细胞色素氧化酶等，在贮运过程中可造成果蔬中的维生素C不同程度的破坏。因此，为了弥补营养素在食品加工、贮藏等过程中的损失，满足人体的营养需要，在上述食品中适当增补一些营养素是很有意义的。

3. 简化膳食处理，方便摄食

由于天然的单一食物不能全面满足人体的营养需要，因此，人们为了获得全面的营养就必须同时进食多种食物。例如，我国饮食以谷类为主，谷类能满足机体能量需要，但其蛋白质含量低，而且质量差，维生素和矿物质也不足，必须混食肉类、豆类、水果、蔬菜等。为了适应现代化生活的变化，满足人们的营养和嗜好要求，现已涌现出许多方便食品与快餐食品。

4. 适应不同人群生理及职业的需要

对于不同年龄、性别、工作性质以及处于不同生理、病理状况的人来说，他们所需营养的情况是不同的，对食品进行不同的营养强化可分别满足他们的营养需要。例如，人乳化配方乳粉就是以牛乳为主要原料，以类似人乳的营养素组成为目标，通过添加和提取出某些成分，使其组成成分不仅在数量上而且在质量上都接近母乳，更适合于喂养婴儿。

5. 防病、保健及其他

从预防医学的角度看，食品营养强化对预防和减少营养缺乏病，特别是某些地方性营养缺乏病具有重要的意义。例如对缺碘地区的人采取食盐加碘可大大降低当地甲状腺肿的发病率（下降率可达40%~95%），用维生素B_1防治脚气病和用维生素C防治坏血病等早已人所共知。实践证明，食品营养强化是控制微量营养素缺乏的一种有效措施，既可以覆盖众多的消费者，又有见效快的优点。

此外，某些食品强化剂尚可提高食品的感官质量和改善食品的保藏性能。例如β-胡萝卜素和维生素B_2既具有维生素的作用，又可作为食品着色剂使用，达到改善食品色泽的目的。

（二）食品营养强化的基本原则

营养强化食品的功能和优点是多方面的，但其强化过程必须从营养、卫生及经济效益等方面全面考虑，并与各国的具体情况相适应。

1. 有明确的针对性

进行食品营养强化前必须对本地区的食物种类及人们的营养状况做全面细致的调查研究，从中分析缺少哪种营养成分，然后根据本地区人们摄食的食物种类和数量选择需要进行强化的食品载体以及强化剂的种类和用量。

2. 符合营养学原理

人体所需要的各种营养素在数量之间有一定的比例关系，因此，所强化的营养素除了考虑其生物利用率之外，还应注意保持各营养素之间的平衡。这些平衡关系有必需氨基酸之间的平衡，产能营养素之间的平衡，维生素 B_1、维生素 B_2、烟酸与能量之间的平衡，以及钙、磷平衡等。

3. 易被机体吸收利用

食品强化用的营养素应尽量选取那些易于吸收和利用的强化剂。例如，氯化钙、碳酸钙、磷酸钙、磷酸二氢钙、柠檬酸钙、葡萄糖酸钙和乳酸钙等，其中人体对乳酸钙的吸收最好。在钙强化时也可使用某些含钙的天然物质，如骨粉及蛋壳粉。

4. 符合国家标准

食品营养强化剂的安全和质量应符合国家标准，同时还应严格进行安全管理，切忌滥用。特别是对于那些人工合成的衍生物更应通过一定的卫生评价方可使用。食品中使用的营养强化剂有 10 余种，其强化剂量各国多根据本国人民摄食情况以及每日膳食中营养素供给量标准确定，由于营养素为人体所必需，往往易于注意到其不足或缺乏，而忽视过多时对机体产生的不良作用。但是，每个营养素的适宜剂量和过量的倍数都是不相同，因此强化剂量的制定应该参照各国的营养素摄入量参考数值和最高耐受量。

5. 尽量减少营养强化剂的损失

许多食品营养强化剂遇光、热和氧等会引起分解、转化而遭到破坏。因此，在食品的加工及贮藏等过程中会发生部分损失。为减少这类损失，可通过改善强化工艺条件和贮藏方法，也可以通过增加强化剂的稳定性或添加稳定剂、保护剂来实现。

6. 保持食品原有的色、香、味等感官性状

食品大多有其美好的色、香、味等感官性状。而食品营养强化剂也多具有本身特有的色、香、味。食品强化的过程，不应损害食品原有感官性状而影响消费者的接受性。根据不同强化剂的特点，选择好强化对象（载体食品）与之匹配，可提高食品的感官质量和商品价值。例如人们可以用 β-胡萝卜素对奶油、人造奶油、乳酪、冰淇淋、糖果、饮料等进行着色。

7. 经济合理、有利于推广

食品的营养强化需要增加一定的成本。但应注意价格不能过高，否则不易推广，起不到应有的作用。要使营养强化食品经济上合理且便于推广，科学地选择载体食品是关键。

（三）强化剂及其添加量

不同的食品应根据其实际营养成分缺乏程度或食用对象的不同强化特定的营养素。

1. 载体与强化剂

强化剂是指为提高营养成分而加入食品中的天然的或人工合成的属于天然营养范围的食品添加剂。被强化的食品称为载体，添加到载体中的营养素称为强化剂。

（1）载体　一般选择适用范围广、消费量大、适合强化工艺处理、易于保存运输的食品，如米面等食品、乳制品、儿童食品、饮料、罐头、酱油、食盐等调味品。

（2）强化剂　GB 14880—2012《食品安全国家标准　食品营养强化剂使用标准》对强化剂做了规定。我国正式许可使用的食品营养强化剂主要包括氨基酸和含氮化合物、维生素、矿物质和脂肪酸、用于营养强化的天然食物及其制品。

2. 强化剂添加量

强化剂添加量视载体种类、强化剂种类及强化工艺而定。氨基酸、微量元素、脂溶性维生素强化剂添加量应从严；天然强化剂和水溶性维生素可放宽。

（四）强化食品的种类

食品营养强化，可根据强化目的、食用对象、食用情况、强化剂种类等划分。

1. 按强化目的划分

按强化目的的不同，强化食品可分为四类。

（1）营养素的强化　向食品中添加原来含量不足的营养素，如谷类中添加赖氨酸。

（2）营养素的恢复　补充食品加工中损失的营养素，如向出粉率低的面粉中加维生素。

（3）营养素的标准化　使一种食品尽可能满足食用者全面的营养需要而加入各种营养素，如母乳化乳粉、航天食品等。

（4）维生素化　向原来不含某种维生素的食品中添加该种维生素，如极地探险或职业性毒害威胁下，食品中要强化某种维生素。

2. 按食用对象分类

食用对象的不同，强化食品可分为普通食品、婴幼儿食品、孕妇、乳母食品、老人食品及其他各特殊需要的食品。其中强化婴幼儿食品就是在牛乳和米粉中强化婴幼儿生长发育所需的必需营养素，如氨基酸、牛磺酸、微量元素、维生素等，产品有强化乳粉、母乳化乳粉、强化米粉等。

3. 按食用情况分类

按照食用情况的不同，强化食品有强化主食品（强化谷物食品）和强化副食品之分。

（1）强化主食品（强化谷物食品）　主要在营养素损失较多的精白面粉、大米中强化，所用的强化剂有维生素 B_1、维生素 B_2、烟酸、铁、钙、赖氨酸、甲硫氨酸等。目前，许多国家对面粉、面包、大米等都进行人工强化。有的国家是自由添加，有的国家则是在法令中强制添加。我国规定在谷类及其制品中可强化 3~5mg/kg 维生素 B_1 和维生素 B_2，烟酸或烟酰胺 40~50mg/kg，L-盐酸赖氨酸 1~2g/kg，以及一定量的钙、铁、锌等。

（2）强化副食品　在以面包为主食的国家，奶油及人造奶油的消费量很大。我国规定在芝麻油、色拉油、人造奶油中可强化维生素 A 4000~8000μg/kg，维生素 E 100~180μg/kg，而在人造奶油中尚可强化维生素 D 125~156μg/kg，对于乳制品可进行维生素 A、维生素 D、维生素 E，以及某些矿物质元素如铁、锌、铜、镁、锰等的营养强化。全球缺碘地区和国家大都在食盐中加碘，用以防治缺碘性地方性甲状腺肿。我国规定可在食盐中强化一定量的维生素 B_2，以及铁、锌、硒、氟等。

4. 按强化剂种类分类

按照强化剂种类的不同，强化食品可分为维生素强化食品、矿物质强化食品、蛋白质和氨基酸强化食品。

（1）维生素强化食品　维生素是调节人体各种新陈代谢过程必不可少的营养素，它几乎不能在人体内产生，必须从体外不断摄取。当膳食中长期缺乏某种维生素时，就会引起代谢失调、生长停滞，以致进入缺乏和病理状态，因此维生素在人体营养上有重大的功用。面粉和面包是较早的维生素强化食品。

（2）矿物质强化食品　在对食品进行营养强化时常用的矿物质有钙、铁、锌、碘和锰等。以钙为例，大致可分为无机和有机类两种。如葡萄糖酸钙、乳酸钙、骨粉等为有机钙；碳酸钙、磷酸氢钙等为无机钙。

（3）蛋白质和氨基酸强化食品　蛋白质中各氨基酸之间的平衡与该蛋白质在人体吸收利用的比例直接有关。在营养学中衡量蛋白质质量常用的指标是蛋白质功效比值，即 PER，牛乳中酪蛋白的 PER 是 2.5，而谷类蛋白质的 PER 还不足 1，但很多实例已证明，如在质量较差的蛋白质中强化缺乏的氨基酸，则可大大提高其功效比值，甚至可以超过酪蛋白。

氨基酸的强化，不但具有营养意义，而且还具有经济意义。例如在谷物类食品中强化所缺乏的氨基酸，以提高蛋白质的生物效价，这样就等于增产了粮食。

氨基酸强化应注意以下几点：

①如果在食品中增加一种氨基酸（第一限制），则会发生第二种氨基酸的减少。

②如果增加第二限制氨基酸，则会加剧第一限制性氨基酸的缺乏症状。

③过量增加任何一种氨基酸，均会导致其他氨基酸生理价值的降低，甚至会出现氨基酸缺乏症。

④过量增加一种氨基酸会使其他营养素的需求量增加。总之，必须避免杂乱增补氨基酸，仅在某些氨基酸显著缺乏时才给予合理强化。

5. 按富含营养素和天然食物分类

按照富含营养素和天然食物分类，强化食品有酵母（B 族维生素）、脱脂乳粉和大豆粉（富含蛋白质）等。

6. 混合型强化食品

这是将具有不同营养特点的天然食物混合配成的一类食品，也可视为一种强化食品。混合型强化食品的营养学意义在于各种食物中营养素的互补作用。这大多是在主食品中混入一定量的其他食品以弥补主食品中营养素的不足。其中主要的是补充蛋白质的不足，或增补主食品中的某种限制氨基酸。其他则有维生素、矿物质等。主要作为增补蛋白质、氨基酸用的天然食物有乳粉、鱼粉、大豆浓缩蛋白、分离蛋白、各种豆类，以及可可、芝麻、花生、向日葵等榨油后富含蛋白质的副产品等。主要作为维生素增补用的有酵母、谷胚、胡萝卜干以及各种富含维生素的果蔬和山区野果等。海带、鸡蛋壳、骨粉等则可作为矿物质增补用。

7. 其他强化食品

为了防治职业病以及对于一些非传染性、慢性病预防的需要，人们可根据其特点配制成一定的强化食品，如高维生素食品、高蛋白质食品、高纤维食品等。对高寒地区工作人员供给高热能食品，以及对从事其他特殊工作的人员、孕妇、老人，甚至长期慢性病患者等均可根据其各自的特点配制各种不同的强化食品。

食品营养强化是增进人体健康的基础，也是人类文明、社会发展的必然产物。我国已先后颁布了《食品安全法》、GB 2760—2014《食品安全国家标准　食品添加剂使用标准》《食品添加剂新品种管理办法》《食品营养强化剂使用标准》等法律法规和国家标准。因此，在加工过程中，严格执行有关规定，将食品营养强化纳入科学化轨道，从而保证人们的身体健康。

思考题

1. 公共营养的特点有哪些?
2. 膳食营养素相关的名词解释：RDA、DRI、EAR、RNI、AI、UL、AMDR及SPL。
3. 《中国居民膳食指南（2022)》中一般人群膳食指南适用于哪一阶段人群?其核心推荐条目具体内容是什么?
4. 如何根据中国居民平衡膳食宝塔确定并调配适合自身的膳食需要?
5. 地中海饮食方式为什么如此备受推崇?对于中国居民来说有怎样的借鉴意义?
6. 健康膳食模式的特点和原则是什么?
7. 膳食调查的方法及其优缺点是什么?
8. 如何通过营养成分计算法制定食谱?
9. 营养标签上的强制标识内容包括哪些?
10. 如何合理利用食品标签及营养标签的内容选择较为适合糖尿病病人食用的零食?
11. 食品强化的概念、意义和基本原则是什么?
12. 食品强化剂的种类有哪些?

CHAPTER 5

第五章 特殊人群营养

学习要点

1. 学习妊娠期、哺乳期、婴幼儿时期、学龄前儿童、青少年、老年人、运动员、特殊环境工作者的生理代谢特点及其营养需求；

2. 掌握特殊人群如何合理摄入营养，满足营养健康需求；

3. 了解运动过程中不同营养素的作用及营养补充对运动能力、运动员健康改善的作用；

4. 了解机体主要的解毒器官和机制。

思政点

注重各个特殊时期及特殊人群的营养，对于全面提升我国人口的健康素质有着举足轻重的作用。通过现实案例分析使学生关注健康，培养科学合理的生活方式，培养学生的专业认同感。

第一节　孕妇营养

孕妇营养

妊娠是孕育新生命的重要时期。妊娠期对营养的需求，不仅要提供满足胎儿生长发育所必需的各种营养素，而且还要满足自身的营养需要，从而达到预防可能出现的母体、胎儿和婴幼儿营养缺乏及某些并发症的目的。

“成人疾病的胎儿起源学说”就是著名的都哈理论，都哈理论认为：除了遗传和环境因素，如果生命在发育过程的早期（包括胎儿和婴幼儿时期）经历不利因素，如营养或环境不良等，将会增加其成年后罹患肥胖、糖尿病、心血管疾病等慢性疾病的概率，这种影响甚至会持续好几代人。妊娠期是胎儿1000d 机遇窗口期的第一个阶段，在此期间合理营养对胎儿的生长发育和母体的健康有着重要的意义。

一、 妊娠期的生理代谢特点

妊娠期间，为适应和满足胎体在子宫内生长发育的需求，母体自身会发生一系列的生理性变化，主要表现在以下几个方面。

（一）内分泌系统

（1）人绒毛膜促性腺激素（human chorionic gonadotropin，HCG） 受精卵着床后 HCG 水平开始升高，在妊娠第 9 周分泌达到高峰。其主要生理作用，一是刺激母体黄体孕酮分泌；二是通过降低淋巴细胞的活力，防止母体对胎体的排斥反应。

（2）人绒毛膜生长素（human chorionic somatomammotropin，HCS） HCS 是胎盘产生的一种糖蛋白，其功能为降低母体葡萄糖利用，促进脂肪分解，促进蛋白质和 DNA 的合成。

（3）雌激素（estrogen） 妊娠 3 个月，胎盘分泌大量的雌激素，主要包括雌酮、雌二醇和雌三醇，可增加子宫和胎盘的血流量，并可促进母体乳房发育。

（4）孕酮（progesterone） 妊娠 8 至 10 周，孕酮由胎盘分泌，并持续增加，其功能为促进子宫内膜和乳腺的发育。

（二）血液系统

（1）血容量 血容量从妊娠第 6~8 周开始增加，至妊娠第 32~34 周达高峰。与非妊娠妇女相比，血浆容积增加 45%~50%，红细胞数量增加 15%~20%，使血液相对稀释，容易导致生理性贫血。妊娠期贫血的诊断标准为血红蛋白<100g/L，而普通女性贫血诊断标准为血红蛋白<110g/L。

（2）血浆总蛋白 由于血液稀释，妊娠早期血浆总蛋白就开始下降，至妊娠晚期由约 70g/L 降至 60g/L，主要是因为清蛋白水平从 40g/L 降至 25g/L。

（三）肾脏

由于母体和胎儿代谢产物的排泄量增多，导致肾脏负担加重。由于肾小球滤过率的增加，而肾小管的吸收能力又不能相应增高，可导致部分妊娠期妇女尿中的葡萄糖、氨基酸、水溶性维生素的排出量增加。

（四）消化系统

由于雌激素的影响，孕期易患牙龈炎和牙龈出血，牙齿易松动。由于孕激素影响，肠蠕动减弱，胃排空时间延长，易出现食欲不振、恶心、呕吐、消化不良等妊娠反应。胃液分泌减少，胃酸减少，可影响铁的吸收，易患贫血。

（五）体重

妊娠 12 周前，孕妇体重无明显增加，妊娠 13 周开始，体重平均每周增加 350g，至足月平均增加约 12kg。孕前体重以及妊娠期体重增长是母婴健康的一项关键指标。孕期 BMI 过高，孕妇会出现肥胖、糖尿病和高血压等疾病，危害母亲和胎儿的健康。

（六）其他

妊娠期还有其他比较显著的生理学变化，例如基础代谢率变化，乳房变大，子宫体积变大，脊柱弯曲增加，心率增加，脂肪蓄积等。

二、 孕妇的营养评估

妊娠 12 周后胎儿形体迅速增长，孕妇体重开始明显增加。孕妇体重的合理增加是保障母婴健康的必要条件，孕妇膳食中合乎需要的能量和蛋白质供给是充分利用各种营养素的基础。由于身高及体重的个体差异，以及在孕前体格状况各不相同，判断孕妇体重增值时要考虑原来的基础状况，通常以体重指数（BMI）作为分析参数。体重指数的计算式为：BMI＝体重（kg）/［身高（m）］^{2}，正常范围为：18.5~23.9。不同 BMI 妇女孕期适宜增重范围见表 5-1。

表 5-1　　不同 BMI 妇女孕期适宜增重范围

BMI/（kg/m^2）	孕期体重适宜增长值/kg	BMI/（kg/m^2）	孕期体重适宜增长值/kg
低（BMI<19.8）	12.5~18.0	高（BMI 26.0~29.0）	7.5~11.5
正常（BMI 19.8~26.0）	11.5~16.0	肥胖（BMI >29.0）	6.0~6.8

三、 妊娠期的营养需要

（一）能量

适宜的能量对孕妇机体及正在发育的胎儿都很重要。能量摄入不足，会影响孕妇的健康和胎儿的生长发育；能量摄入过多，孕妇容易出现糖耐量异常，胎儿过度生长，成为巨大儿。妊娠期的能量需求要根据孕妇的年龄、身高、体重以及劳动情况确定。中国营养学会建议妊娠膳食能量需要量（EER）（轻身体活动水平）在妊娠早期不增加，妊娠中晚期在非孕妇女能量 EER 基础上每日分别增加 1.26MJ（300kcal）、1.88MJ（450kcal）。

（二）蛋白质

孕妇必须摄入足量的蛋白质，一方面用于子宫、胎盘和乳房组织的增长，另一方面用于满足胎儿的氨基酸需要，胎儿不能合成多种必需氨基酸，需要从食物中获得。孕妇蛋白质推荐摄入量（RNI）为：妊娠早期不增加，妊娠中期和妊娠晚期分别增加 15g/d 和 30g/d。妊娠期膳食中优质蛋白质至少占蛋白质总量的 1/3 以上。

（三）脂类

孕期必需脂肪酸的摄入有利于胎儿神经系统和视网膜的发育。孕妇膳食中应有适量脂肪，包括饱和脂肪酸，ω-3 和 ω-6 系列多不饱和脂肪酸以保证胎儿和自身的需要，也为优质的哺乳做好准备。中国营养学会推荐妊娠期膳食脂肪的供能百分比为 20%~30%，其中要求亚油酸达到总能量的 4%，α-亚麻酸达到总能量的 0.6%，EPA+DHA 达到 250mg/d。

（四）矿物质

1. 钙

为满足母体自身和胎儿的需要，并为产后泌乳作准备，妊娠期对钙的需要量显著增加。妊娠期钙摄入不足，会影响到自身和胎儿骨骼健康。当妊娠妇女钙摄入量轻度或短暂性不足时，母体血清钙浓度降低，会加速母体骨骼和牙齿中钙盐的溶出。当缺钙严重或长期缺钙时，血钙浓度下降，母亲可能发生小腿抽筋或手足抽搐，严重时导致骨质软化症，胎儿也可诱发先天性佝偻病。研究发现，妊娠期高血压、轻重度子痫前期患者的钙摄入量普遍低于正常孕妇，孕期补钙不仅能显著降低妊娠期高血压和轻重度子痫前期的发病率，还能降低子代高血压的患病风险。妊娠期膳食钙 RNI 在非孕妇女 800mg/d 的基础上：妊娠早期不增加，妊娠中期和妊娠晚期均增加 200mg/d。

2. 铁

妊娠期，母体出现生理性贫血，还要储存相当数量的铁，以备分娩时失血造成铁的流失，胎儿也需要储存一部分铁在肝脏，供出生后 6 个月的消耗，因此，妊娠期对铁的需要量显著增加。妊娠期应注意补充适量的动物肝、血、瘦肉等食物，必要时可在医生指导下加服铁剂，妊娠期膳食铁 RNI 在非孕妇女 20mg/d 基础上：妊娠早期不增加，妊娠中期和妊娠晚期分别增加 4mg/d 和 9mg/d，UL 为 42mg/d。

3. 锌

孕妇摄入足量的锌，有利于胎儿发育和预防先天性缺陷。近年来，流行病学调查表明，胎儿畸形发生率的增加与妊娠期锌营养不良及血清锌浓度降低有关，妊娠期膳食锌 RNI 在非孕妇女 7.5mg/d 基础上整个妊娠期均增加 2mg/d。

4. 碘

妊娠期妇女甲状腺功能亢进，对碘的需求量也增加。缺碘可能导致胎儿甲状腺功能低下，甚至呆小症。妊娠期膳食碘的 RNI 在非孕妇女 120μg/d 基础上整个妊娠期均增加 110μg/d。

（五）维生素

1. 维生素 A

妊娠期缺乏维生素 A，可能会导致胎儿宫内发育迟缓，低出生体重和早产。但是，维生素 A 摄入过量，可能也会导致自发性流产和胎儿先天畸形。中国营养学会及世界卫生组织（WHO）均建议孕妇通过摄取富含类胡萝卜素的食物来补充维生素 A。妊娠中期和晚期在非孕妇女 700 μg RAE/d 基础上均增加 70μg RAE/d，UL 为 3000μg RAE/d。

2. 维生素 D

妊娠期缺乏维生素 D，会导致孕妇骨质软化症及新生儿低钙血症和手足抽搐；但是，维生素 D 摄入过量，也可导致婴儿发生高钙血症而产生维生素 D 中毒。妊娠期维生素 D 的 RNI 与非孕妇女相同，为 10μg/d，UL 为 50μg/d。

3. B 族维生素

妊娠期缺乏维生素 B_1，孕妇可能不会出现明显的脚气病症状，但是新生儿却有明显脚气病表现。妊娠期维生素 B_1 的 RNI 在妊娠早期不增加，妊娠中晚期在非孕妇女 1.2mg/d 基础上分别增加 0.2mg/d 和 0.3mg/d。

妊娠期维生素 B_2 缺乏，会导致胎儿生长发育迟缓和缺铁性贫血。妊娠期维生素 B_2 的 RNI 同维生素 B_1。

4. 叶酸

妊娠早期缺乏叶酸，会导致神经管畸形及其他的先天性畸形和早产。因为膳食中叶酸的生物利用度只有 50%，而叶酸补充剂与膳食混合时生物利用率可以提高 1.7 倍，所以应从准备怀孕前 3 个月开始，每天补充 400μg DFE 叶酸，并持续整个妊娠期。妊娠期叶酸的 RNI 在非孕妇女 400μg DFE/d 的基础上，整个妊娠期均增加 200μg DFE/d，UL 为 1000μg DFE/d。

四、 营养对母体和胎儿的影响

（一）妊娠期营养不良对母体的影响

1. 营养不良性贫血

包括缺铁性贫血和缺乏叶酸、维生素 B_{12} 引起的巨幼红细胞贫血，妊娠期贫血以缺铁性贫血为主。贫血会降低孕妇抵抗力，易并发产褥感染，甚至危及生命。

2. 骨质软化症

缺乏维生素 D 可影响钙的吸收，导致血钙浓度下降。为了满足胎儿生长发育所需要的钙，必须动用母体骨骼钙，导致脊柱、骨盆骨质软化，甚至造成难产。

3. 营养不良性水肿

妊娠期蛋白质摄入不足可致营养不良性水肿。蛋白质缺乏轻者仅出现下肢水肿，严重者可出现全身水肿。此外，维生素 B_1 严重缺乏者也可出现水肿。

4. 妊娠合并症

妊娠期营养与妊娠合并症有关。孕妇营养不良，如贫血、低蛋白血症、缺钙以及 BMI>24 均是妊娠高血压综合征的易患因素。

（二）妊娠期营养不良对胎儿健康的影响

1. 胎儿生长发育迟缓

妊娠中期和晚期，各种营养素摄入不足，可导致胎儿生长发育迟缓，生产出低体重儿。而胎儿生长发育迟缓与成年期的许多慢性病有关，如心脑血管疾病、高脂血症、糖尿病等。

2. 先天性畸形

妊娠早期孕妇因某些微量元素、维生素摄入不足或过量，常可导致各种各样的先天畸形儿，例如叶酸缺乏可能导致神经管畸形，主要表现为无脑儿和脊柱裂；维生素 A 缺乏或过多可能导致无眼、小头等先天畸形。

3. 脑发育受损

胎儿的脑细胞数量的快速增殖期是从孕 30 周至出生后 1 年，随后脑细胞不再增长数量，只是细胞体积增大。妊娠期的营养状况关系到胎儿的大脑细胞数量的多少，关系到胎儿大脑的发育，影响孩子的智力。

4. 低出生体重

低出生体重是指新生儿出生体重小于 2500g。妊娠期能量及蛋白质摄入量不足、贫血的孕妇生产低体重儿的概率较高。低出生体重与成年后慢性病（如心血管疾病、糖尿病等）的发生率增加有关。

5. 巨大儿

巨大儿是指新生儿出生体重大于 4000g。妊娠期孕妇营养摄入大于消耗，体重增加过多，会导致胎儿生长过度。巨大儿不仅在分娩中易造成产伤，给分娩带来困难，还和婴儿成年后慢性病（如肥胖、高血压和糖尿病）的发生密切相关。孕妇要在合理膳食的基础上，注意参加适当的运动，也可以做一些强度不大的家务劳动，促使孕妇体内新陈代谢，消耗多余的脂肪，避免生产巨大儿。

五、 孕妇如何合理地摄入营养

胎儿生长发育所需要的营养，都是从孕妇身体内摄取的，孕妇每天吃的食物，不仅要维持其自身需要，而且还要满足胎儿的生长，以及为哺乳作储备。孕妇的营养状况非常重要，但是孕期每个时间段的营养补充都是不同的。

妊娠早期，孕妇大多受妊娠反应困扰，胃口不佳，可以多选择自己喜欢的食物，以增进食欲，少吃多餐，能吃就吃。妊娠早期的膳食以清淡、易消化吸收为宜，可适当补充乳类、蛋类、豆类、硬果类食物。早孕反应在早起和饭后最为明显，可在起床前吃些含水分少的，含碳水化合物丰富的食物。要注意摄入叶酸，比如各种绿色蔬菜，动物肝、肾等都富含叶酸。

妊娠中期，早孕反应消失，孕妇食欲增加，要补充足够的热能和营养素，以保证母婴的需要，但对碳水化合物类食物不要摄入过多 。荤素兼备、粗细搭配，食物品种多样化，比如牛乳、鸡蛋、动物、肝脏、瘦肉、鱼虾类、豆制品、新鲜蔬菜水果等。孕妇要充分吸取营养物质，充分保证钙、磷、铁、蛋白质、维生素的摄入量，并适当增加粗粮及含钙食品。避免挑食、偏食，防止矿物质及微量元素的缺乏。避免进食过多的油炸、油腻的食物和甜食。

妊娠晚期，胎儿发育很快，孕妇的膳食要保证质量、品种齐全。有些体重增长过快的孕妇要开始控制饮食，防止胎儿长得过大。孕妇根据自身体重的增加调整食谱，为分娩储存必要的能量。妊娠晚期若出现水肿，应限食含钠盐多的食物。

第二节　乳母营养

乳母营养

中国营养学会于2022年发布了《中国孕妇、乳母膳食指南（2022）》，该指南提到母乳喂养有利于母婴健康。母乳是婴儿最理想的天然食物，含有丰富的营养素、免疫活性物质和水分，能够满足0~6个月婴儿生长发育所需全部营养，任何配方奶、牛羊奶等无法替代。同时，母乳喂养能够降低母亲产后出血、体重滞留及乳腺癌发病风险。

哺乳期是指产后产妇用自己的乳汁喂养婴儿的时期，就是开始哺乳到停止哺乳的这段时间，一般长为10个月至1年。

母亲在哺乳期的营养状况对自身和婴儿来说都非常重要。哺乳期保证母亲充足的能量和营养摄入，既可弥补母体在妊娠和分娩时的大量消耗，有利于其自身健康的恢复，更能分泌充足的乳汁来供给婴儿生长发育。如果乳母营养不足，将会影响乳母的健康，减少乳汁分泌量、降低乳汁质量，影响婴儿健康成长，而且对乳母和婴儿健康状况产生长期持续影响。

一、 哺乳期的生理代谢特点

产后一个月称产褥期（坐月子）。在哺乳期间，产妇的生理代谢发生了明显的变化。主要表现在以下几个方面。

（1）基础代谢率增高　一般基础代谢比未哺乳妇女高20%。为了保证自身机体的恢复和哺乳的顺利完成，保证分泌优质的乳汁，母体对营养的需求量增加。此外，产后皮肤排泄功能旺盛，出汗量多，尤以睡眠时更明显。由于产后卧床较多，腹肌和盆底肌松弛，易发生便秘，同时进食高蛋白、高脂肪食物，故易发生产后肥胖。

（2）母体的子宫及其附件将逐渐恢复孕前状态，乳房开始分泌乳汁 母乳分为三期：产后第1周分泌的乳汁为初乳，呈淡黄色，质地黏稠，富含免疫蛋白，尤其是分泌型免疫球蛋白A和乳铁蛋白等；乳糖和脂肪较成熟乳少。产后第2周分泌的乳汁称为过渡乳，过渡乳中的乳糖和脂肪含量逐渐增多。第2周以后分泌的乳汁为成熟乳，呈乳白色，富含蛋白质，乳糖和脂肪等多种营养素。

（3）血中激素水平急剧降低 胎盘生乳素在1d内，雌激素、孕激素在1周内降到妊娠之前正常水平。随着胎盘的剥离排出，雌激素水平急剧下降，体内呈低雌激素、高泌乳激素水平，乳汁开始分泌。以后的乳汁分泌则依赖于哺乳时的吸吮刺激。婴儿吸吮乳头可刺激乳母垂体产生催乳素，引起乳腺腺泡分泌乳汁，同时，吸吮动作反射性地引起脑神经垂体释放催产素。使乳腺腺泡周围的肌上皮细胞收缩，即出乳汁。

母乳分泌的过程见图5-1，影响乳汁分泌的因素见图5-2。

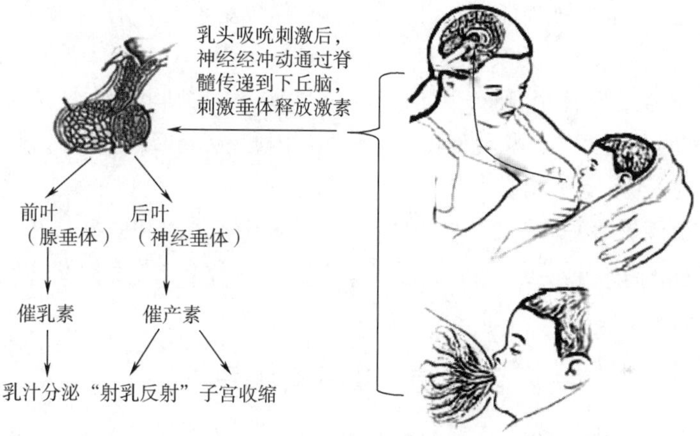

图5-1 母乳分泌的过程

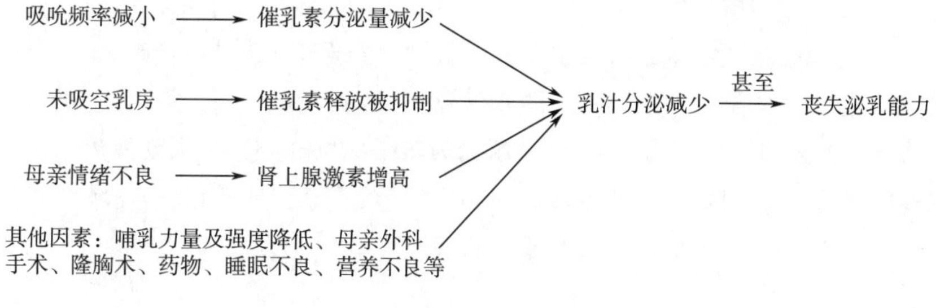

图5-2 影响乳汁分泌的因素

二、乳母的营养评价

评价乳母营养状况可以结合微型营养评定简表（MNA-SF），包括膳食情况，人体测量指标计算体重指数（BMI），上臂皮皱厚度，主观评价，综合评估等。结合体内营养状况的生化检查，比如血液的血清总蛋白、清蛋白、血红蛋白、球蛋白等水平进行评价。通过膳食调查，可以了解乳母食物摄入量和营养素摄入量。通过生化指标，可以了解乳母体内微量元素和矿物质的含量以及是否贫血。

三、 哺乳对母亲健康的影响

（一）近期影响

（1）促进产后子宫恢复　由于哺乳过程中婴儿对乳头的不断吸吮，刺激母体催产素的分泌而引起子宫收缩。有助于促进子宫恢复到孕前状态。

（2）哺乳可以促进母体乳房中乳汁的排空，避免发生乳房肿胀和乳腺炎。

（3）延长恢复排卵的时间间隔　母乳喂养能够延长分娩后至恢复排卵的时间间隔，延迟前一致认为婴儿吸吮乳汁的过程抑制了下丘脑促性腺激素释放激素的规律性释放，而促性腺激素对垂体黄体生成素的规律释放是必需的，黄体生成素对卵泡的成熟以及排卵又是必需的。

（二）远期影响

（1）哺乳与肥胖的关系　乳母在哺乳期分泌乳汁每天要消耗约 2.8MJ（670kcal）的能量，这将促使孕期所储存的脂肪被消耗。有利于乳母体重尽快复原，预防产后肥胖。

（2）哺乳与骨质疏松症的关系　按每天泌乳 750mL 计算，持续 6 个月哺乳的妇女乳汁中的钙丢失量约为 50g，约占母体全身总钙量的 5%。虽有研究表明哺乳期女性钙的吸收率可能有所增加，但仍有约 30g 钙通过乳汁从乳母转运至婴儿，因此重新构建乳母的钙储存，对于降低乳母患骨质疏松症的危险性具有潜在意义。

（3）哺乳与乳腺癌的关系　哺乳可降低乳母以后发生乳腺癌和卵巢癌风险。研究表明，通过对 5 万例乳腺癌病例的分析可以得知，母亲每喂养 12 个月，乳腺癌的发生概率就降低 4.3%，对于卵巢癌的发病率，母乳喂养也能相应减少。

四、 哺乳期的营养需求

乳母营养状况也会影响泌乳量。乳母对营养的需求，不仅满足恢复母体健康的需要，而且也为泌乳提供物质基础。乳母的营养状况好坏将直接影响乳汁的营养素含量，从而影响婴儿健康状况，乳母膳食蛋白质质量差且数量严重不足时，将会影响乳汁中蛋白质的含量和组成，母乳中脂肪酸、磷脂和脂溶性维生素含量也受乳母膳食营养素摄入量的影响。除为满足母体恢复健康的需要外，更重要的是，产后第一天的乳汁分泌量约为 50mL/d，第二天约分泌 100mL/d，到第二周增加到 500mL/d 左右，正常乳汁分泌量为 700～800mL/d，每天泌乳量不足是母亲营养不良的一个表现特征，可根据婴儿体重增长率评价乳量是否足够。因此，哺乳期间女性要保持充足和适宜的营养素的摄入来保证自身和婴儿的营养需要。

（一）能量

乳母的能量需要，除了满足自身身体的需求，还要提供分泌乳汁所需要的能量和乳汁本身所含有的能量。乳汁的能量来源有 1/3 是孕期体内储存的脂肪，还有 2/3 是从膳食中摄取的。

哺乳期每日泌乳量 700～800mL（平均 750mL），每 100mL 乳汁含有能量 280～320kJ（67～77kcal），母体内的能量转化为乳汁所含的能量的效率以 80% 来计算的话，母体为分泌乳汁应增加能量约 2.8MJ（670kcal）。由于乳母在孕期储存了一些脂肪，可用以补充部分能量。考虑到哺育婴儿的操劳及乳母基础代谢的增加，推荐的乳母每日膳食能量需要量较非妊娠期妇女增加 2.09MJ（500kcal）。

衡量母乳是否充足的指标包括婴儿的大便（如果婴儿喂养适当，则应在出生后约 3d 内排空胎便，并逐渐转为正常大便，胎便排出延迟表明乳汁生成延迟或无乳汁生成、哺乳管理不佳、乳汁排出不畅，罕见情况下可能有囊性纤维化相关的肠梗阻）、小便（一般出生后第1个24h中排尿1次，之后24h中增加至2~3次，第3日和第4日为4~6次/d，第5日及之后为6~8次/d。排尿次数减少，尿液呈深黄或橙色，或尿布中有砖红色尿酸盐晶体时，通常表明婴儿的液体摄入量不足）、体重增长（在3~4月龄时达到出生体重的2倍）等。

（二）蛋白质

蛋白质的摄入量，直接影响乳汁分泌的数量和质量。由于泌乳，乳母的新陈代谢加快，蛋白质的需要量也相对增加，如果摄入不足，便可能出现负氮平衡，乳汁分泌量将大为减少，并动用乳母组织蛋白以维持乳汁中蛋白质含量的恒定。正常情况下，每天从乳汁中排出的蛋白质约为10g，母亲摄入的蛋白质变成乳汁中蛋白质的转换率约为70%，蛋白质质量较差时转化率较低，考虑到我国膳食构成以植物性食物为主，膳食蛋白质的生物学价值不高，其转化率较低。乳母蛋白质的RNI，在非孕妇女基础上每日增加25g，建议乳母多吃蛋类、乳类、瘦肉类、豆类及制品。

（三）脂类

新生儿中枢神经系统发育及脂溶性维生素吸收需要脂类，必需脂肪酸供给和补充不足，会影响脑发育和功能，使婴幼儿脑重量减轻。必需脂肪酸也有增加乳汁分泌的作用。因此，乳母膳食中必须有适量的脂肪，尤其是亚麻酸、亚油酸、EPA和DHA等不饱和脂肪酸，不饱和脂肪酸的食物来源包括坚果、鱼类、植物油等。每日总脂肪的摄入量以占总能量的20%~25%为宜。

（四）矿物质

人乳中主要矿物质（钙、磷、镁、钾、钠）的含量一般不受膳食的影响。微量元素中，碘和硒的膳食摄入量增加，乳汁中的含量也会相应增加。

1. 钙

人乳中钙的含量较为稳定，每天从乳汁中排出钙的量约为300mg。如乳母的钙供给不足就会动用自身骨骼中的钙来满足乳汁中钙含量。乳母缺钙可导致乳母出现腰腿酸痛，抽搐，严重会发生骨质软化症。为保证乳汁中正常的钙含量，并维持母体钙平衡，应增加乳母钙的摄入量。乳母钙的RNI为在非妊娠期800mg/d基础上增加200mg/d。除多食用富含钙的食物（如乳及乳制品）外，也可以在医师或营养师的指导下合理选用钙剂。

2. 铁

铁不能通过乳腺输送到乳汁，人乳中铁含量极低。但为预防乳母发生缺铁性贫血，乳母的膳食中应注意铁的补充。乳母铁的RNI在非妊娠期20mg/d基础上增加4mg/d。

3. 碘和锌

乳汁中碘和锌的含量受乳母膳食的影响，且这两种微量元素与婴儿神经系统的生长发育及免疫功能关系较为密切。乳母碘的RNI在非妊娠期120μg/d基础上增加120μg/d，锌的RNI在非妊娠期7.5mg/d基础上增加4.5mg/d。

（五）维生素

维生素A可以少量通过乳腺进入乳汁，尤其是产后2周内的初乳富含维生素A，随着成熟乳汁的产生，维生素A含量逐渐下降，平均为60μg/100mL，所以乳母维生素A的摄入量可影响乳汁中维生素A的含量。但膳食中维生素A转移到乳汁中的数量有一定限度，超过一定限度则乳汁中的维生素A含量将不再按比例增加。维生素D几乎不能通过乳腺，故母乳中几乎不含有维生素D。维生素E具有促进乳汁分泌的作用。乳母维生素A、维生素D的RNI分别为1300μg RAE/d、10μg/d，维生素E的AI为17mg α-TF/d。水溶性维生素大多可通过乳腺，但乳腺可调控其进入乳汁的含量，达到一定水平时不再升高。乳母维生素B_1、维生素B_2、烟酸和维生素C的RNI分别为1.5mg/d、1.5mg/d、15mg NE/d和150mg/d。

（六）水

乳母摄入的水量与乳汁分泌量有密切的关系，如果水分摄入不足会直接影响乳汁的分泌量。乳母平均每日泌乳量为750mL，故每日应从食物及饮水中比非孕期多摄入约1L水。可以通过多摄入水和流质食物来补充。

五、乳母的合理膳食

母乳是婴儿最理想的天然食品，其质量的优劣，完全决定于母体的健康与营养状况，为了保证能够分泌优质的乳汁，母体的营养需求均相应地增加，那么乳母如何合理地摄入营养呢？

（一）产褥期膳食

产褥期指从胎儿胎盘娩出至产妇全身器官，除乳腺外恢复到正常未孕状态的一段时间，一般为六周。

正常分娩后，产妇稍稍休息后即可进第一餐，可进食适量、比较热、易消化的半流质食物。若产妇的胃肠消化功能较好，从第二餐便可开始进食普通饮食。做剖腹手术的产妇，手术后约24h胃肠功能恢复，应再用术后流食1d，情况好转后改用半流食1~2d，再转为普通膳食。

产褥期食物应是富含优质蛋白质的平衡膳食，增加鱼、禽、蛋、瘦肉及海产品摄入，适当增饮乳类，适当多喝汤水。少食多餐，蔬菜、水果不能少。预防生育性肥胖，产后尽早活动，循序渐进。坚持母乳喂养，均衡饮食，避免节食减肥。

（二）乳母的合理膳食

（1）食物种类齐全，不偏食、挑食，粗细搭配，保证摄入全面足够的营养素，每天4~5餐为宜。

（2）供给充足的优质蛋白质　乳母每天摄入蛋白质，应保证1/3以上是来源于动物性食物的优质蛋白质。

（3）多吃含钙和含铁丰富的食物　乳及乳制品，豆类，小鱼小虾含有丰富的钙质。动物的肝脏、肉类、鱼类、某些蔬菜（如油菜、菠菜等），大豆及其制品等含有丰富的铁。

（4）要摄入足够的新鲜蔬菜水果　新鲜蔬菜水果中含有多种维生素、矿物质、膳食纤维等，可促进食欲，促进乳汁分泌，防止便秘。

（5）要少吃盐和盐渍食品，刺激性大的食品，以免有些不良成分，通过乳汁进入婴儿体内，对婴儿产生不利影响。

（6）注意烹饪方式　烹调方法应多用炖、煮、炒，少用油煎油炸，动物性食物以煮最好，较多汤水为宜。

哺乳期的合理膳食，要定时定量，也可根据乳母的具体情况作出适当的调整，忌烟酒，避免喝浓茶和咖啡，勿滥用滋补品及药物，以免影响乳汁质量，产后要生活规律，心情舒畅，保证睡眠，科学活动和锻炼，保持健康体重。

第三节　婴幼儿营养

婴幼儿是婴儿和幼儿的统称，出生1～12个月为婴儿期，1～3岁为幼儿期。新生儿出生之后一直到2岁（720d），依然属于“生命早期1000d”，是人生长发育的“机遇窗口期”。这段时期不仅影响婴幼儿的体格发育和脑发育，也关系到个体成人后的健康。我国近些年在妇幼保健方面采取了一系列措施，取得了卓有成效的成绩，2020年，全国婴儿死亡率下降到5.4‰，优于全球中高收入国家平均水平。但是注重婴幼儿营养对于全面提升我国人口的健康素质依然有着举足轻重的作用。

婴幼儿营养与膳食

0～6月龄是一生中生长发育的第一个高峰期，对能量和营养素的需要高于其他任何时期。营养作为最主要的环境因素对其生长发育和后续健康持续产生至关重要的影响。母乳中适宜数量的营养既能提供婴儿充足而适量的能量，又能避免过度喂养，使婴儿获得最佳的、健康的生长速率，为其一生的健康奠定基础。因此，对6月龄内的婴儿应给予纯母乳喂养。

对于7～36月龄婴幼儿，母乳仍然是重要的营养来源，但单一的母乳喂养已经不能完全满足其对能量以及营养素的需求，必须引入其他营养丰富的食物。同时，随着7～36月龄婴幼儿胃肠道等消化器官的发育、感知觉以及认知行为能力的发展，也需要其有机会通过接触、感受和尝试，逐步体验和适应多样化的食物，从被动接受喂养转变到自主进食。父母及喂养者的喂养行为对这一阶段的婴幼儿营养和饮食行为有显著的影响。顺应婴幼儿需求喂养，有助于健康饮食习惯的形成，并具有长期而深远的影响。

一、婴幼儿的生理代谢特点

（一）婴儿期是母体到母体外的过渡期

婴儿期是人类生命从母体内生活到母体外生活的过渡期。刚出生的婴儿完全依赖母乳营养，随着成长，婴儿逐渐开始适应母体外的生存方式，饮食范围也逐渐从液态向半固态、固态发展。

（二）生长发育迅速

婴幼儿期体格发育迅速，是人类生长发育的第一个高峰时期。婴儿出生12个月后，体重约增加2倍，身高约增加0.5倍。婴儿出生36个月后，体重约为刚出生的4.5倍，身高为刚出生时的2倍。婴儿期也是大脑发育的关键时期。刚出生时婴儿脑重约370g，6月龄时增加1倍；2岁时达900～1200g，达到成人脑重的80%；脑神经细胞的主要分化增殖在3岁时已基本完成。

（三）消化系统不成熟

婴幼儿对热能和营养素的需求相对成人较大，但消化器官的功能发育不完善。婴幼儿咀嚼能力弱、胃容量小、消化液分泌相对较少，若喂养稍有不慎易引起消化紊乱和营养缺乏。

二、婴幼儿营养评估

体重、身高（身长）是评估婴幼儿营养与发育最常用的指标，24 月龄内的婴幼儿采用身长进行生长发育评价，满 2 周岁以后采用身高进行评价。利用测定体重、身长/身高数据，参考世界卫生组织（WHO）推荐的婴幼儿生长标准的相应数据，描绘生长发育曲线，可对婴幼儿生长发育情况做出评价。除此之外，也可以 Z 评分法和婴幼儿喂养指数（infant and child feeding index，ICFI）进行婴幼儿的营养评估。

三、婴幼儿的营养需要

（一）能量

婴儿的生长发育需要大量的能量。月龄越小的婴儿生长速度越快，因此月龄越小，代谢越旺盛，需摄入大量热能。幼儿的能量需要包括基础代谢、身体活动、食物的特殊动力作用、能量储存、排泄耗能以及生长发育所需。我国推荐婴幼儿能量的需要量见表 5-2。

表 5-2　婴幼儿能量需要量

年龄/月	能量/[MJ/(kg·d)]		能量/[kcal/(kg·d)]	
	男	女	男	女
0	0.38	0.38	90	90
6~	0.33	0.33	80	80
12~24	3.77	3.35	900	800
24~36	4.60	4.18	1100	1000

（二）蛋白质

对于婴儿，蛋白质不仅用于日常代谢的供给消耗，而且用以供给生长中不断增加的新组织的需要，故这一时期应保持正氮平衡，需要提供充足而且优质的蛋白质。幼儿对蛋白质的需要量相对比成人多，而且质量要求也比成人高，一般要求蛋白质所供应能量应占膳食总能量的 12%~15%，其中有一半应为优质蛋白。

除异亮氨酸、亮氨酸、甲硫氨酸、苯丙氨酸、苏氨酸、赖氨酸、色氨酸、缬氨酸 8 种必需氨基酸，组氨酸也为婴儿所必需。人类婴儿早期体内半胱亚磺酸脱羧酶活性较低，牛磺酸合成不足，有必要从饮食补充。

（三）脂肪

婴儿对脂质的需要量高于成人，每日新生儿需要约 7g/kg，2~3 个月婴儿需要约 6g/kg，6 个月后的婴儿需要约 4g/kg，以后随着年龄的增长而逐渐减轻至（3~3.5）g/kg。婴儿期对必需脂肪酸的需求较大，一般来说，6 月龄以下的婴儿亚油酸和 α-亚麻酸提供的热量不应低于总热量的 7.3%和 0.87%，6~12 月龄后分别下降到 6.0%和 0.66%，12 月龄后再次下降到 4.0%和 0.60%。

（四）碳水化合物

幼儿的活动量较大，跟婴儿相比，碳水化合物的需要量很多。2 岁以后，应适当增加来自淀粉类食物的能量，占总量的 50%～55%。尽量避免选择含有太多膳食纤维和碳酸盐食物。

（五）矿物质

（1）钙 人乳中含钙量约为 350mg/L，以 800mL/d 人乳计，能提供 300mg 左右的钙。由于人乳中钙吸收率高，出生后前 6 个月的全母乳喂养的婴儿并无明显缺钙。尽管牛乳中钙量是母乳的 2～3 倍，但是钙磷比例不适合婴儿需要，且吸收率较低。

（2）铁 足月新生儿体内约有 300mg 的铁储备，通常可防止出生后 4 个月内的铁缺乏。早产儿及低体重儿的铁储备相对不足，在婴儿期容易出现铁缺乏。牛乳中铁含量约 0.45mg/L，低于人乳，且吸收率也明显较低。婴儿在 4～5 个月后急需从膳食中补充铁。因此，建议 6 月龄婴儿的辅食需为高铁的食物，例如高铁米粉、肝泥、肉泥等。

（3）锌 足月新生儿体内也有较好的储备。婴儿期每日需锌为 3mg。人乳中锌含量相对不足，成熟乳约为 1.18mg/L。母乳喂养基本能够保证前 4 个月婴儿的锌需求，不易缺乏。在 4～5 个月后也需要从膳食中补充。肝泥、蛋黄、婴儿配方食品是较好的锌来源。

（4）碘 婴儿期碘缺乏可引起智力低下，体格发育迟缓为主要特征的不可逆性智力损害。我国大部分地区天然食品及水中含碘较低。如果孕妇和乳母不注意补充碘，则新生儿及婴儿较容易出现碘缺乏病。

（六）维生素

母乳中的维生素尤其是水溶性维生素含量受母乳的膳食和营养状态的影响。膳食均衡，其乳汁中的维生素（除维生素 D）一般能满足婴儿的需要。维生素 D 对预防佝偻病和骨骼健康非常重要。我国膳食指南是建议在 14d 内就要补充维生素 D。婴幼儿维生素参考摄入量见表 5-3。

表 5-3 婴幼儿维生素参考摄入量（RNI 或 AI）

年龄/月	维生素 A RNI/ μgRAE	维生素 D RNI/ μg	维生素 E AI/ mg α-TE	维生素 B_1 RNI/ mg	维生素 B_2 RNI/ mg	维生素 B_6 RNI/ mg	维生素 C RNI/ mg	泛酸 AI/ mg	叶酸 RNI/ μgDFE
0	300	10	3	0.1	0.4	0.2	40	1.7	65
6～	350	10	4	0.3	0.5	0.4	40	1.9	100
12～36	310	10	6	0.6	0.6	0.6	40	2.1	160

四、婴幼儿合理营养

“生命早期 1000d”是指从女性怀孕的胎儿期（十月怀胎 280d），到婴儿出生之后的 2 岁（720d），这 1000d 被世界卫生组织定义为一个人生长发育的“机遇窗口期”，是决定个体营养与健康状况的关键时期，也是预防成年慢性疾病的窗口期。

（一）6 月龄内婴儿喂养指南

1. 产后尽早哺乳，坚持新生儿第一口食物是母乳

开奶通常是指新生儿降生后开始的第一次喂奶。婴儿出生后第一口食物应是母乳，有利于

预防婴儿过敏，并减轻新生儿黄疸、体重下降和低血糖的发生。初乳富含营养和免疫活性物质，有助于肠道功能发育，并提供免疫保护。母亲分娩后，应尽早开奶，让婴儿开始吸吮乳头，获得初乳并进一步刺激泌乳、增加乳汁分泌。此外，让婴儿尽早反复吸吮乳头，是确保成功纯母乳喂养的关键。婴儿出生时，体内具有一定的能量储备，可满足至少 3d 的代谢需求；开奶过程中不用担心新生儿饥饿，可密切关注婴儿体重，体重下降只要不超过出生体重的 7% 就应坚持纯母乳喂养。温馨环境、愉悦心情、精神鼓励、乳腺按摩等辅助因素，有助于顺利成功开奶。

2. 坚持 6 月龄内纯母乳喂养

母乳是婴儿最理想的食物，纯母乳喂养能满足婴儿 6 月龄以内所需要的全部液体、能量和营养素。此外，母乳有利于肠道健康微生态环境建立和肠道功能成熟，降低感染性疾病和过敏发生的风险。母乳喂养营造母子情感交流的环境，给婴儿最大的安全感，有利于婴儿心理行为和情感发展；母乳是最佳的营养支持，母乳喂养的婴儿更健康。母乳喂养经济、安全又方便，同时有利于避免母体产后体重滞留，并降低母体乳腺癌、卵巢癌和 2 型糖尿病的风险。应坚持纯母乳喂养 6 个月。

3. 顺应喂养，建立良好的生活规律

母乳喂养应顺应婴儿胃肠道成熟和生长发育过程，从按需喂养模式到规律喂养模式递进。婴儿饥饿是按需喂养的基础，饥饿引起哭闹时应及时喂哺，不要强求喂奶次数和时间，特别是 3 月龄以前的婴儿。婴儿出生后 2~4 周就基本建立了自己的进食规律，家长应明确感知其进食规律的时间信息。随着月龄增加，婴儿胃容量逐渐增加，单次摄乳量也随之增加，哺喂间隔则会相应延长，哺喂次数减少，逐渐建立规律哺喂的良好饮食习惯。如果婴儿哭闹明显不符平日进食规律，应该首先排除非饥饿原因，如胃肠不适等。非饥饿原因哭闹时，增加哺喂次数只能缓解婴儿的焦躁心理，并不能解决根本问题，应及时就医。

4. 婴儿出生后数日开始补充维生素 D，不需补钙

人乳中维生素 D 含量低，母乳喂养婴儿不能通过母乳获得足量的维生素 D。适宜的阳光照射会促进皮肤中维生素 D 的合成，但鉴于养育方式的限制，阳光照射可能不是 6 月龄内婴儿获得维生素 D 的最方便途径。婴儿出生后数日就应开始每日补充维生素 D 10μg（400IU）。纯母乳喂养能满足婴儿骨骼生长对钙的需求，无须额外补钙。推荐新生儿出生后补充维生素 K，特别是剖宫产的新生儿。

5. 婴儿配方乳是不能纯母乳喂养时的无奈选择

由于婴儿患有某些代谢性疾病、乳母患有某些传染性或精神性疾病，乳汁分泌不足或无乳汁分泌等原因，不能用纯母乳喂养婴儿时，建议首选适合于 6 月龄内婴儿的配方乳喂养，不宜直接用普通液态乳、成人乳粉、蛋白粉、豆乳粉等喂养婴儿。任何婴儿配方乳都不能与母乳相媲美，只能作为纯母乳喂养失败后无奈的选择，或者 6 月龄后对母乳的补充。6 月龄前放弃母乳喂养而选择婴儿配方乳，对婴儿的健康是不利的。

当母亲因各种原因不能哺喂婴儿时，可选用牛、羊乳等，或其他代乳品喂养婴儿，这些统称为人工喂养。人工喂养所需要的乳量可根据婴儿的能量需要量来计算。新生儿第 1 周的能量需要量为 252kJ/(kg · d)，第 2 周以后新生儿及婴儿的能量约为 400kJ/(kg · d)，再根据代乳品每 100mL（直接喂养的浓度）提供的能量来确定每天所需的乳量。开始每天分 6~8 次喂养，较大婴儿可逐渐减少喂养次数。由于代乳品营养丰富，容易滋生细菌，特别是开封后应盖好，并

注意低温保藏。喂养前将乳液温度调至接近体温，并排除奶嘴里的空气，以免烫伤和吸入空气。婴儿代乳品配好后应立即喂养。

在确定母乳不足的情况下，以其他乳类或代乳品来补充喂养婴儿，这种母乳喂养和人工喂养同时进行的方式，称为混合喂养。混合喂养时应注意：充分发挥母乳的作用；每次先喂母乳，吸空乳房中的乳汁后再考虑是否需要喂代乳食品；每天母乳喂养应不少于 3 次，否则乳房会因得不到婴儿的吸吮刺激，而使乳汁分泌量很快减少；乳粉不要额外加糖；代乳食品内不可加太多的糖，否则会使婴儿感到母乳淡而无味，不愿吸母乳；根据宝宝体重增长情况分析判断母乳是否满足宝宝，如果一周体重增长低于 200g，可能是母乳量不足了，可添加 1 次牛乳，一般在下午四五点钟吃 1 次牛乳，加多少，可根据婴儿的需要；特别注意：如果选择混合喂养，那么在最初的几个星期尽量不要使用奶瓶，可以先用小勺喂奶，等母乳喂养稳定后再考虑。太早使用奶瓶容易使有些婴儿只吃奶瓶而不吃母乳。

6. 监测体格指标，保持健康生长

身长和体重是反映婴儿喂养和营养状况的直观指标。疾病或喂养不当、营养不足会使婴儿生长缓慢或停滞。6 月龄前婴儿应每半月测一次身长和体重，病后恢复期可增加测量次数，并选用世界卫生组织（WHO）的《儿童生长曲线》判断婴儿是否得到正确、合理喂养。婴儿生长有自身规律，过快、过慢生长都不利于儿童远期健康。婴儿生长存在个体差异，也有阶段性波动，不必相互攀比生长指标。母乳喂养婴儿体重增长可能低于配方乳喂养儿，只要处于正常的生长曲线轨迹，即是健康的生长状态。婴儿生长有自身规律，不宜追求参考值上限。

（二）7~24 月龄婴幼儿喂养指南

1. 继续母乳喂养，满 6 月龄起添加辅食

母乳仍然可以为满 6 月龄（出生 180d）后婴幼儿提供部分能量，优质蛋白质、钙等重要营养素，以及各种免疫保护因子等。继续母乳喂养也仍然有助于促进母子间的亲密连接，促进婴幼儿发育。因此 7~24 月龄婴幼儿应继续母乳喂养。不能母乳喂养或母乳不足时，需要以配方乳粉作为母乳的补充。

婴儿满 6 月龄时，胃肠道等消化器官已相对发育完善，可消化母乳以外的多样化食物。同时，婴儿的口腔运动功能，味觉、嗅觉、触觉等感知觉，以及心理、认知和行为能力也已准备好接受新的食物。此时开始添加辅食，不仅能满足婴儿的营养需求，也能满足其心理需求，并促进其感知觉、心理及认知和行为能力的发展。

2. 从富含铁的泥糊状食物开始，逐步添加达到食物多样

7~12 月龄婴儿所需能量 1/3~1/2 来自辅食，13~24 月龄幼儿 1/2~2/3 的能量来自辅食，婴儿最先添加的辅食应该是大米粉，大米蛋白不容易引起食物过敏。此外，由于乳类缺铁，4 个月婴儿需要补充铁。强化铁的米粉有助于预防缺铁性贫血。在此基础上逐渐引入其他不同种类的食物以提供不同的营养素。

辅食添加的原则：每次只添加一种新食物，由少到多、由稀到稠、由细到粗，循序渐进。从一种富铁泥糊状食物开始，如强化铁的婴儿米粉、肉泥等，逐渐增加食物种类，逐渐过渡到半固体及固体食物，如烂面条、肉末、碎菜、水果粒等。每引入一种新的食物应适应 2~3d，密切观察是否出现呕吐、腹泻、皮疹等不良反应，适应一种食物后再添加其他新的食物。

3. 提倡顺应喂养，鼓励但不强迫进食

随着婴幼儿生长发育，父母及喂养者应根据其营养需求的变化，感知觉，以及认知、行为和运动能力的发展，顺应婴幼儿的需要进行喂养，帮助婴幼儿逐步达到与家人一致的规律进餐模式，并学会自主进食，遵守必要的进餐礼仪。

父母及喂养者有责任为婴幼儿提供多样化，且与其发育水平相适应的食物，在喂养过程中应及时感知婴幼儿所发出的饥饿或饱足的信号，并做出恰当的回应。尊重婴幼儿对食物的选择，耐心鼓励和协助婴幼儿进食，但绝不强迫进食。

父母及喂养者还有责任为婴幼儿营造良好的进餐环境，保持进餐环境安静、愉悦，避免电视、玩具等对婴幼儿注意力的干扰。控制每餐时间不超过 20min。父母及喂养者也应该是婴幼儿进食的好榜样。

4. 辅食不加调味品，尽量减少糖和盐的摄入

辅食应保持原味，不加盐、糖以及刺激性调味品，保持淡口味。淡口味食物有利于提高婴幼儿对不同天然食物口味的接受度，减少偏食挑食的风险。淡口味食物也可减少婴幼儿盐和糖的摄入量，降低儿童期及成人期肥胖、糖尿病、高血压、心血管疾病的风险。

强调婴幼儿辅食不额外添加盐、糖及刺激性调味品，也是为了提醒父母在准备家庭食物时也应保持淡口味，既为适应婴幼儿的需要，也为保护全家人的健康。

5. 注重饮食卫生和进食安全

选择新鲜、优质、无污染的食物和清洁水制作辅食。制作辅食前须先洗手。制作辅食的餐具、场所应保持清洁。辅食应煮熟、煮透。制作的辅食应及时食用或妥善保存。进餐前洗手，保持餐具和进餐环境清洁、安全。

婴幼儿进食时一定要有成人看护，以防进食意外。整粒花生、坚果、果冻等食物不适合婴幼儿食用。

6. 定期监测体格指标，追求健康生长

适度、平稳生长是最佳的生长模式。每 3 个月一次定期监测并评估 7~24 月龄婴幼儿的体格生长指标有助于判断其营养状况，并可根据体格生长指标的变化，及时调整营养和喂养。对于生长不良、超重肥胖，以及处于急慢性疾病期间的婴幼儿应增加监测次数，达到健康生长的需要。

第四节　儿童和青少年营养

一、 学龄前儿童营养

儿童和青少年营养

2019 年，联合国儿童基金会发表有关儿童营养评估的报告，目前全世界约有 1.49 亿名 4 岁以下的儿童营养不良，影响脑部及身体发育。一方面，半数儿童因为缺乏必要的维生素及矿物质，形成“隐性饥饿”。另一方面，发展中国家在过去 30 年出现大量儿童体重超重的现象，属于另一种营养不良的情况。

学龄前儿童指的是3~6岁入小学前的儿童，该阶段的生长发育速度减慢，脑及神经系统发育持续并逐渐成熟，这个阶段的儿童仍处于迅速生长发育，需要更多营养的时期。这个年龄段的孩子受到外界影响很多，会出现挑食、厌食、不爱吃饭等不良饮食习惯，该时期也是培养良好饮食习惯的重要阶段。这个阶段的营养状况和生长发育情况对儿童未来的身体健康等各方面都会产生重要的影响。

（一）学龄前儿童生理特点

1. 身高、体重稳步增长

与婴幼儿相比，学龄前儿童的体格发育速度相对较慢，但仍保持稳步增长，这一时期每年体重增长约2kg，每年身高增长5~7cm。学龄前儿童生长发育的水平在一定范围内波动，儿童身高、体重的正常参考值是群体儿童的平均水平。在评价个体儿童生长时需考虑影响因素，如遗传、性别等内在因素，还有营养、教育、训练等环境因素等。

2. 神经系统发育逐渐完善

儿童3岁时神经系统的发育已基本完成，但大脑细胞体积的增大和神经纤维的髓鞘化仍然在继续。神经冲动的传导速度明显快于婴幼儿期。该阶段儿童会好奇、好学和好动。

3. 咀嚼及消化能力仍有限

3岁儿童20颗乳牙已出齐，6岁时恒牙已萌出，但其咀嚼及消化能力仍然有限，仍低于成人，尤其是对固体食物需要较长时间适应，不能过早地食用成人膳食，以免造成消化功能的紊乱。

4. 心理发育特点

3~6岁的儿童，注意力分散，无法专心进食，进餐时间延长，食物摄入不足而导致营养缺乏。该阶段儿童在食物选择上有自我做主的倾向，且模仿能力极强，因此，应特别注意培养儿童良好的饮食习惯。

（二）学龄前儿童营养评估

评价学龄前儿童营养不良可以结合微型营养评定简表（MNA-SF），包括膳食情况，人体测量指标计算体重指数（BMI），生化检查，主观评价，综合评估等。体格生长常用指标包括体重、身高、头围、胸围和上臂皮皱厚度等。通过生化检查，检查血液的电解质、总蛋白质、血红蛋白和血糖。微量元素和维生素检查包括铁、锌、铜、硒、钙等和各种维生素。

（三）学龄前儿童的营养需要

学龄前儿童正在生长发育期，活动能力和活动量均增大，热能消耗增多，其需要量仍相对高于成人。中国营养学会推荐的学龄前儿童每日能量的RNI为5.4~7.1MJ（1300~1700kcal），男童高于女童。学龄前儿童的肌肉发育较快，再加上内脏器官增长、酶和激素等合成机能的成熟，均需要大量蛋白质，每日能量需要男童高于女童，学龄前儿童蛋白质的RNI为30~35g/d，其中优质蛋白质应占到一半以上。

儿童生长发育所需的能量、免疫功能的维持、脑发育和神经髓鞘的形成都需要脂肪，尤其是必需脂肪酸。学龄前儿童脂肪提供的能量由婴幼儿时期的35%~40%，减少到30%~35%，但仍高于一般成年人。

经过婴幼儿期的适应，学龄前期儿童的膳食基本完成了从以乳及乳制品为主到以谷类为主的过渡。谷类所含的碳水化合物是学龄前儿童能量的主要来源，其供能比为50%~65%，以淀粉类食物为主，避免糖和甜食的过多摄入。适量的膳食纤维是学龄前儿童肠道所必需的，粗粮、蔬菜水果是膳食纤维的主要来源，但过量的膳食纤维会引起胃肠胀气和消化吸收不良。

学龄前儿童的骨骼生长需要充足的钙，中国营养学会建议，4~6 岁儿童钙铁锌和碘的 RNI 分别为 800mg/d，10mg/d，5.5mg/d 和 90μg/d，维生素 A 的 RNI 为 360μgRAE/d，维生素 D 的 RNI 为 10μg/d（400IU/d）。维生素 B_1、维生素 B_2 和烟酸的 RNI 分别是 0.8mg/d、0.7mg/d 和 8mgNE/d。在铁和锌的营养方面主要是注意选择含量高、吸收利用率好的食物来供给，含铁丰富的食物主要为动物肝脏、动物全血、畜禽肉类、鱼类等，锌的主要食物来源是海产品如牡蛎，肉类和动物内脏如肝脏等。儿童维生素 A 及维生素 B_2 往往因食物关系而易摄入偏低，应予以注意。

（四）学龄前儿童如何合理地摄入营养

学龄前儿童正处在生长发育的关键阶段，营养缺乏可导致体格矮小、生长发育迟缓、记忆力下降、免疫力下降等；营养过剩可导致体重超标、肥胖、早熟、反应迟钝等。科学、合理、均衡的营养，是保障学龄前儿童正常生长发育和身心健康的物质基础。那么，学龄前儿童如何合理地摄入营养呢？

（1）食物多样，搭配合理　各种食物所含的营养素的种类及数量各不相同，只有摄取多种食物，才有可能获得机体所需的各种营养素。从小培养儿童不挑食、不偏食的习惯非常重要。每日除主食外，应保证一定量的乳制品的摄入，同时，供给一定量的优质蛋白质，如鱼、肉、蛋等。还应摄取适量的蔬菜及水果。学龄前儿童胃容量小，一日三餐不能满足机体对能量及各种营养素的需要，可在两餐之间增加点心。但应避免因零食、甜食摄入过多而影响正餐。

（2）合理烹调　学龄前儿童的咀嚼功能及胃肠道的消化功能均不完善，故不宜进食与成人相同的食物，需单独烹制。食物加工应切细、煮软，并注意色香味美，促进食欲，烹制中应避免过咸，避免使用辛辣调味品等。

（3）培养良好的饮食习惯　学龄前儿童活泼好动，模仿能力强，故应注意培养好的饮食和卫生习惯。不挑食、偏食和暴饮暴食，正确选择零食，并注意零食的食用安全。

二、学龄儿童营养

学龄儿童指的是 6~12 岁进入小学阶段的儿童，此期儿童体格仍维持稳步的增长，但个体差异较大，与性别、活动状况和进入青春期早迟有关。此期儿童智力发育迅速，除生殖系统外的其他器官和系统，逐渐接近成人水平，而且独立活动能力逐步加强，可以接受成年人的大部分饮食。

（一）学龄儿童的生理特点

学龄期儿童的身高和体重的发展处于比较稳定的阶段，身高平均每年可增加 4~5cm，体重每年平均增加 2~3kg，身高在该阶段的后期增长较快，但各系统器官的发育快慢不同，神经系统发育较早，生殖系统发育较晚，皮下脂肪年幼时比较发达，肌肉组织到学龄期才加速发育。

（二）学龄儿童的营养需要

学龄期儿童活泼好动，大脑活动量激增，应保证热能供给充足，虽然学龄儿童的生长发育速度及活动量存在个体差异，但热能需求比成人高的这种倾向性是一致的。学龄儿童每日能量的 RNI 为 7.2~11.2MJ（1700~2400kcal）。由于学龄儿童学习任务繁重，思维活跃，认识新生事物多，必须保证供给充足的蛋白质，增加优质蛋白质的比例，学龄儿童蛋白质的 RNI 为 60~

80g/d。学龄儿童每日脂肪的摄入量为总能量的20%~30%，碳水化合物为总能量的50%~65%为宜。学龄儿童骨骼生长迅速对矿物质尤其是钙的需要量很大，钙的每日适宜摄入量（AI）从800mg/d增加至1000mg/d。有关能量代谢、维持正常视力和智力的维生素必须保证充足供给，尤其要重视维生素A和维生素B_2的供给。

（三）学龄儿童如何合理地摄入营养

学龄儿童进入小学，有纪律约束和作业负担，情绪和行为的变化容易影响食欲，其胃容纳量小，消化能力未完全成熟，如不加以适当照顾，可能影响热能、营养素的充足摄入。据调查学龄儿童最突出的问题是早餐摄入不足，导致因饥饿而注意力不能集中，学习效率降低和影响生长发育。那么，学龄儿童如何合理地摄入营养呢？

（1）合理的平衡膳食　应摄入粗细搭配的多种食物，保证鱼、禽、蛋、畜、乳类及豆类等食物的供应。

（2）安排好一日三餐　特别要保证吃好早餐，早餐所摄取能量应占全日总能量的30%。如果早餐营养不足，就会影响儿童上午精力集中，影响听课效率。

（3）培养良好的饮食习惯　饮食要定时定量，进食要细嚼慢咽，少吃零食，不挑食、偏食和暴饮暴食。

三、青少年营养

青少年期是指12~18岁的生长发育阶段，包括青春发育期及少年期，是孩子进入初中和高中学习阶段。

（一）青少年的生理特点

（1）身高和体重的第二次突增期　此期体格发育速度加快，尤其是在青春期，身高、体重的突发性增长是其重要特征，青春发育期被称为生长发育的第二高峰期。12岁是青春期开始，随之出现第二个生长高峰，身高每年可增加5~7cm，个别的可达10~12cm；体重年增长4~5kg，个别可达8~10kg。

（2）身体成分发生变化　肌肉、脂肪等身体成分的分布发生明显变化。在青春期以前男生和女生的脂肪和肌肉占体重的比例是相似的，分别为15%和19%；进入青春期以后，女性脂肪增加到22%，男性仍为15%，而此时男生增加的瘦体重（即去脂体重）约为女生的2倍。

（3）性发育成熟　青春期生殖系统迅速发育，第二性征表现逐渐明显。

（4）心理发育成熟　青少年的思维能力活跃，记忆力强，心理发育成熟，独立意识加强。

（二）青少年的营养需要

青少年时期是学知识和长身体的重要时期，其生长速度、性成熟程度、学习能力、运动成绩和劳动效果都受营养状况的影响。因此，充足的营养是青少年体格及性征迅速生长发育、增强体魄、获得知识的物质基础。

青少年对能量的需要与生长速度成正比，生长发育需要的能量为总能量供给的25%~30%，青春期不同性别、年龄的能量需求不同。一般男性能量需求要高于女性，年龄越大，所需能量越多。

青少年对蛋白质的需要量也大大增加，青少年摄入蛋白质的目的主要是用于合成机体蛋白质，如肌肉迅速生长的需要。供给的蛋白质中来源于动物和大豆的蛋白质应达50%，以提供较丰富的必需氨基酸，提高食物蛋白质利用率，满足其生长发育的需要。

青少年处于生长发育的高峰期，脂类可以提供能量和必需脂肪酸，脂肪的摄入量占总能量的20%~30%。碳水化合物的适当摄入将能保证稳定的血糖水平和能量供应，碳水化合物的摄入量占总能量的50%~65%。

青少年时期体格生长迅速，矿物质尤其是钙、铁的需求量很大。充足的钙摄入有助于提高骨密度峰值，11~13岁钙的RNI为1200mg/d，14~17岁钙的RNI为1000mg/d。铁供给不足时可引起缺铁性贫血。伴随第二性征的发育，女生出现月经初潮，铁丢失增加，铁的供应量应高于男性，铁的AI为：女性18~25mg/d，男性16~20mg/d。

锌对男子生殖系统的正常结构和功能维持有着重要的作用，需要增加锌的摄入量，肉类、海产品、蛋类等都是锌的良好来源。锌的RNI为：女性15.0~15.5mg/d，男性18.0~19.0mg/d。随着甲状腺机能的增强，碘的供应也应注意增加，常吃海带、紫菜、淡菜等含碘量较高的食物，能够预防和治疗青春期甲状腺肿大。

（三）青少年如何合理地摄入营养

青少年生长发育迅速，活动量大，用脑多，对能量和营养素的需要量高于成年人，充足的营养是他们智力和体格正常发育，乃至一生健康的重要保障。那么，如何合理地安排膳食，以保证营养均衡，提高青少年的健康水平呢？

1. 多吃谷类和薯类

谷类和薯类是我国膳食中能量的主要来源，可以提供丰富的碳水化合物和充足的能量。青少年的能量需要量大，每日需要400~500g谷类食物，可因活动量大小而有所增减，宜选用加工较为粗糙，保留大部分B族维生素的谷类，适当选择杂粮及豆类。

2. 食物多样化，保证优质蛋白质供给量

食物多样性，注意主副食搭配，每餐有荤有素。在热能供给充分的前提下，注意保证蛋白质的摄入量和提高利用率，膳食中应有充足的动物性食物，肉、禽、鱼、虾类交替选用。要供给充足的有色蔬菜瓜果，以保证各种维生素、无机盐及膳食纤维供给。

3. 多参加体力活动，避免盲目节食

青少年时期如果摄入过量的高热密度食物，其导致的后果就是肥胖，对于那些超重或肥胖的青少年，应通过合理控制饮食，少吃高能量的食物，如肥肉、糖果和油炸食品等，同时增加体力活动，逐步减轻体重。避免盲目节食和过量运动。避免暴饮暴食、偏食挑食，并少吃零食。

第五节　老年人营养

老年人营养

随着社会经济和医药卫生等行业的不断发展，人类的平均寿命不断延长，包括中国在内的许多国家的老龄化都在加剧。WHO将年满60岁及以上的人群划分为老年人，老年人口占总人口比例超过10%则为老龄化社会。2021年5月11日，我国第七次人口普查结果公布，60岁以上的老年人口2.64亿，占总人口18.7%，65岁以上老年人口约1.91亿人，占总人口13.5%。老年化程度加重，营养健康问题也需要尤为关注。老年人普遍存在营养不良状况，据调查显示生活自理的老年人营养不良的发生率为5.7%，而生活完全依赖的老年人营养不良的发生率高达74.3%。合理营养是加强老年保健，延缓衰老进程，防治各种老年常见病，达到健康长寿和提高生命质量的必要条件。

一、老年人的生理代谢特点

（一）消化吸收功能减退

随着年龄的增加，老年人的器官功能出现逐渐性的衰退，如牙齿脱落，消化液分泌减少，消化吸收能力下降，视觉和听觉及味觉等感觉器官逐渐衰退，肌肉萎缩等，这些改变均可以明显影响老年人的食物咀嚼和吞咽能力，消化和吸收的能力，使得老年人营养缺乏、体重减轻和慢性非传染性疾病的发生风险增加。老年人的肝肾功能也逐渐下降，导致体内的某些营养素的吸收及合成能力下降，例如1，25-(OH)$_2$D$_3$ 因为肾脏或甲状腺功能衰退可引发水平过低，从而影响钙的吸收。

（二）自身基础代谢下降

基础代谢率（basal metabolic rate，BMR）随年龄的增长而降低，从20~90岁每增加10岁，BMR下降2%~3%，75岁时BMR较30岁下降26%。40岁以后的能量供给每增加10岁就应该下降5%，因此老年人的能量供给应适当减少。

（三）脂质代谢能力降低

人们随着年龄的增加，易出现血甘油三酯、总胆固醇和低密度脂蛋白胆固醇（low density lipoprotein cholesterol，LDL-C）升高，高密度脂蛋白胆固醇（high density lipoprotein cholesterol，HDL-C）下降的现象，而且这些脂质代谢紊乱在校正了其他混杂因素之后与年龄呈正相关。

（四）体成分改变

随着年龄的增长，体内脂肪组织逐渐增加，而去脂体重逐渐减少；此外，脂肪在体内储存部位的分布也有所改变，有一种向心性分布的趋势，即由肢体逐渐转向躯干。体成分改变的具体表现：①骨骼肌细胞数量减少，肌肉组织的重量减少而出现肌肉萎缩；②体水分减少，主要为细胞内液减少，含水较多的肌肉组织比例降低；③骨矿物质减少、骨质疏松，尤其是女性更加明显，40~50岁骨质疏松发生率为15%~30%，60岁以上可达60%。

（五）其他系统退化

人体衰老过程是多器官细胞或组织结构、功能等方面的退化。例如神经系统退化，可发生神经退行性疾病，如阿尔茨海默病、帕金森病等。运动系统因为肌肉、骨骼、神经等组织的退化，让老年人的运动能力减弱，能量消耗减缓。免疫系统的调节能力也在衰老过程中减弱，食物中的活性物质，尤其是抗氧化物质可以调节免疫力，减少某些疾病的发生。

（六）肠道微生物稳态改变

衰老过程中也伴随着肠道微生物的菌群改变，而这种改变与诸多慢性疾病相关。首先，微生物的多样性会减少。肠道微生物种类复杂，其中就有一些微生物承担了进一步消化分解营养素，包括三大供能营养素以及无法直接吸收的膳食纤维。肠道微生物还可以代谢营养素，产生一些例如B族维生素和维生素K等有益代谢产物。其次，某些有害菌会增加。肠道中益生菌和有害菌形成抗衡的模式，有害菌增加会导致脂多糖、氧化三甲胺、有害气体等有害物产生，最终影响健康。

二、 老年人营养评估

评价老年人营养不良的方法较多，使用较多的有营养风险筛查评分简表（NRS2002），老年营养风险指数（GNRI）以及微型营养评定简表（MNA-SF）完成评估。NRS2002 主要评估的是老年人的摄食量及体重是否有减轻，GNRI 主要评估血清白蛋白水平推断是否有营养不良风险。而 MNA-SF 的评估包括膳食情况，人体测量指标计算体重指数（BMI），上臂皮皱厚度，主观评价，综合评估等。老年人的 BMI 最好不要低于 20，不要超过 26，否则可能加大营养不良风险或慢性代谢性疾病风险。此外，如果没有主动采取减重措施，自身体重在 1 个月降 5% 以上或 6 个月降 10% 以上，需要引起高度注意到医院进行体格检查。除了以上评价方法中涉及的膳食调查及肥胖程度调查，还需结合血液的血清白蛋白、前清蛋白、血红蛋白水平等营养健康标志物进行评价。

三、 老年人的营养需要

（一）能量

老年人对能量的需要降低，所以膳食能量的摄入主要以体重来衡量。老年人需要调整能量摄入水平使体重维持在正常水平，不应过度苛求减重，体重过高或过低都会影响健康。

（二）蛋白质

老年人容易出现负氮平衡，然而由于老年人肝脏和肾脏功能降低，摄入蛋白质过多可增加肝脏和肾脏的负担。按照《中国老年人膳食指南（2022）》建议，老年人蛋白质摄入量每日每千克体重应为 1~1.2g，日常进行抗阻训练的老年人蛋白质摄入量每日每千克体重应不少于 1.2~1.5g，优质蛋白质应占总蛋白质摄入量的 50% 以上。

（三）脂肪

由于老年人胆汁分泌减少和酯酶活性降低，对脂肪的消化功能下降。因此脂肪的摄入不宜过多，脂肪供能占膳食总能量的 20%~30% 为宜。此外，还要注意脂肪酸的摄入比例要合理。我国建议其中的亚油酸达到总能量的 4%，α-亚麻酸达到总能量的 0.6%，亚油酸与 α-亚麻酸的比例为（4~6）∶1。亚油酸是典型的 ω-6 脂肪酸，α-亚麻酸是典型的 ω-3 脂肪酸。糖尿病、高血脂、动脉粥样硬化、心脑血管疾病、肿瘤等慢性病的脂肪细胞中，ω-6 脂肪酸的含量也都比较高，ω-6 脂肪酸与 ω-3 脂肪酸的比例也很高。然而有研究表明西方的 ω-6 脂肪酸与 ω-3 脂肪酸的比例约 18∶1，中国人的甚至达 40∶1。所以建议中国人提高 ω-3 脂肪酸，主要是 α-亚麻酸的摄入比例，α-亚麻酸含量较高的有豆油、花生油、玉米油、向日葵籽油、亚麻籽油等。

（四）碳水化合物

老年人的糖耐量降低，血糖的调节能力减弱，容易引发血糖升高。过多的糖在体内还可转变为脂肪，引起肥胖、高脂血症等疾病，建议碳水化合物供能比为 50%~65% 为宜。而且，老年人应降低单糖、双糖和甜食的摄入量，增加膳食中膳食纤维的摄入，例如全谷类食物、富含果胶的果蔬等。

（五）矿物质

1. 钙

老年人的钙吸收率低，一般小于 20%；对钙的利用和储存能力低、容易发生钙摄入不足或缺乏，导致骨质疏松症。但是不能过量补钙，自行加大钙制剂的服用或多种钙制剂合用可能造成软组织钙化，影响磷、锌、镁、铁等矿物质的生物利用率等副作用。中国营养学会推荐老年人膳食钙的 RNI 为 1000mg/d，UL 为 2000mg/d。

2. 铁

老年人对铁元素的吸收利用率下降且造血功能减退，血红蛋白含量减少，易出现缺铁性贫血，铁摄入过多对老年人的健康也会诱发氧化应激、肝损伤等，带来不利影响。老年人铁的 RNI 男女均为 12mg/d，UL 为 42mg/d。

3. 钠

钠盐摄入量过高可加重高血压、脑卒中、免疫力降低、水肿、肾脏负担、钙摄入失调等。老年人钠盐摄入每天<6g 为宜，高血压、冠心病病人以<5g/d 为宜。

此外，微量元素硒、锌、铜和铬在每天膳食中也需有一定的供给量以满足机体的需要。

（六）维生素

老年人的维生素缺乏现象较为普遍。部分老年人户外活动减少可使皮肤合成维生素 D 的功能下降，加之肝脏和肾脏功能衰退导致活性维生素 D 生成减少。因为消化能力减弱，老年人的食谱也普遍较为单一，不够均衡，因而也容易出现维生素 A、维生素 B_2、叶酸、维生素 B_{12}及维生素 C 等缺乏。维生素 D 的补充有利于防止老年人的骨质疏松症；维生素 E 的补充有延缓衰老的作用；维生素 B_6和维生素 C 对保护血管壁的完整性，改善脂质代谢和预防动脉粥样硬化方面有良好的作用。叶酸、维生素 B_6和维生素 B_{12}等 B 族维生素能促进红细胞的生成、预防贫血、预防消化道肿瘤、降低血中同型半胱氨酸水平从而防治动脉粥样硬化等作用。因此，应该保证老年人各种维生素的摄入量充足，以促进代谢、延缓机体功能衰退、增强抗病能力。然而维生素的摄入也不能过量，应当参照推荐摄入量（表 5-4）。

表 5-4　老年人维生素参考摄入量（RNI 或 AI）

年龄/岁	维生素 A RNI/μgRAE	维生素 D RNI/μg	维生素 E AI/mg α-TE	维生素 B_1 RNI/mg	维生素 B_2 RNI/mg	维生素 B_6 RNI/mg	维生素 C RNI/mg	泛酸 AI/mg	叶酸 RNI/μgDFE
男 65~	800	15	14	1.4	1.4	1.6	100	5.0	400
女 65~	700	15	14	1.2	1.2	1.6	100	5.0	400
男 80~	800	15	14	1.4	1.4	1.6	100	5.0	400
女 80~	700	15	14	1.2	1.2	1.6	100	5.0	400

四、老年人如何合理地摄入营养

不均衡的膳食会导致营养素摄入不足，一般来说，钙、锌、维生素 A、维生素 B_1、维生素 B_2、维生素 C 在众多老年人群中明显摄入不足。大量研究表明老年人营养加强有助于减少疾病发生或促进身体康复。例如可以提高老年人的免疫力，降低医院内感染率；可以延缓老年慢性心力衰竭，改善心脏功能；营养支持可以减少肺炎、尿路感染的发生率；加强营养也可以改善血红蛋白、血小板、中性粒细胞情况，减少严重贫血发生率；围手术期进行营养支持可以使老年患者营养状况得到改善，同时显著降低其术后并发症的发生率；营养支持对重症胰腺炎的疗效显著，对机体的炎症和氧化应激具有缓解作用，病人并发症少、恢复快；营养状况的改善可有效促进患者慢性阻塞性肺疾病康复，提高氧代谢、血气分析指标及运动耐量。此外，肠内营养支持可改善放化疗老年患者营养状况，降低不良反应，提高治疗依从性及生存质量。

（一）合理摄入营养的方法

《“健康中国2030”规划纲要》明确要求采取多种措施满足老年人群营养改善需求，促进“健康老龄化”。下面是结合《中国居民膳食指南（2022）》并根据老年人现在的生理特点，健康状况，营养需求所提出的合理营养的方法。

1. 用餐少量多次

老年人每天进餐次数可用三餐两点制或三餐三点制，且每天用餐应定时定量。合理安排饮食，预防营养缺乏。根据老年人吞咽咀嚼情况，合理选择食物和适宜的烹调方法，促进食欲，保证食物摄入充足。日常膳食中如果食物摄入不足，要合理利用营养强化食品进行弥补。80岁以上有吞咽障碍的老人可选择软食，进食中要细嚼慢咽以预防呛咳和呼吸阻塞。

2. 烹调方法做出调整

将食物切小切碎或延长烹调时间。肉类食物可切成肉丝或肉片后烹饪，也可剁碎成肉糜，制作成肉丸食用，鱼虾肉类可做成鱼片、鱼丸、鱼羹、虾仁等。坚果、粗粮等坚韧食物可碾碎成粉末或细小颗粒食用。多选用嫩叶蔬菜，质地较硬的水果或蔬菜可榨成汁食用。蔬菜可以做成馅儿或碎菜与其他食物一同烹饪，做成可口的饭菜，如菜粥、饺子、包子、蛋羹等混合食用。多采用炖、煮、蒸、烩、焖、烧等烹调方法，少采用煎、炸、烘、烤等。咀嚼能力下降严重的高龄老人，饭菜应煮软、烧烂，如软饭，稀粥细饮面食等，对于有咀嚼能力的老人要可以选择软食半流食或糊状的食物，液体食物应适当地增稠。

3. 少饮酒和浓茶，避免影响营养素的吸收

主动足量饮水，每天主动饮水，不要在感到口渴时才饮水，养成定时主动饮水的习惯，少量多次饮水每次50~100mL，每天饮水量不低于6杯水1200mL，以7~8杯水1500~1700mL为宜。清晨可饮一杯温开水，睡前1~2h最好也能喝上1杯。运动前要饮水，首选温热的白开水，根据个人情况，也可以选择淡茶水。

4. 注意食谱的选择

老年人每天至少要摄入12种食物。保证每天获得足够的优质蛋白质，例如禽肉、鱼虾类、猪牛羊肉。天天喝奶，有高脂血症和超重肥胖者，或者倾向选择低脂乳、脱脂乳或者其他制品，乳糖不耐受的老年人可以考虑饮用低脂乳、舒化乳或酸乳。每天吃大豆及豆类制品，老年人每天应吃15g大豆或等量的豆制品。采用多种方法增加食欲和进食量吃好三餐，早餐有1~2种以上的主食，一个鸡蛋一杯奶。有水果加餐。午餐有两种以上的主食，1~2种荤菜，1~2种蔬菜，一种豆制品。晚饭应量少，少油盐，少辛辣。食物可以通过自然风味材料来调味，例如加入肉桂、胡椒、薄荷等天然香料，而不靠多加糖和盐来提高口感。此外要注意食物温度适宜，忌过冷或过烫。

（二）适当地运动以配合营养的吸收

积极参加户外活动，每天户外锻炼1~2次，每次30~60min。每天活动量，折合应达到至少6000步。运动量应根据自己的体能健康状况随时调整，量力而行，循序渐进，强度不要过大，运动持续时间不要过长。可以分多次运动，每次不少于10min，最好要有热身运动前的热

身准备和运动之后的整理活动，避免运动不当造成的伤害。以轻度的有氧运动如散步、慢走、太极拳等为主。身体素质较好者，可适当地提高运动强度，如快走、广场舞、球类等活动，其强度以轻微出汗为宜。延缓肌肉衰老，维持适宜体重。吃动结合，延缓老年肌肉衰减，常吃含优质蛋白质的动物性食物和大豆制品，多吃水产品。注意蔬菜水果等含抗氧化与营养素的食物的摄取，增加户外活动时间多晒太阳。适当选择维生素 D 含量较高的食物，如动物肝脏，蛋黄等，适当增加日常身体活动量，减少静坐或卧床，如条件许可，还可以进行弹力绳，举沙袋，举哑铃等阻抗性运动 20~30min，每周三次以上进行活动时应注意量力而行，动作舒缓，避免碰伤跌倒等事件发生。

（三）关注老年人心理健康

鼓励老年人积极交往愉悦生活，积极主动参与家庭和社会活动，主动参与烹饪，鼓励和家人一起进餐。独居老年人可以去集体用餐店或与朋友们一起用餐活动，以便摄入更多丰富的食物；生活自理没有困难的老人家人应多陪伴，采用辅助用餐送餐上门等方法，保障食物摄入和营养状况。社会和家人应对老年人更加关心照顾，陪伴交流，注意老人的饮食和体重变化，及时发现和预防疾病的发生和发展。

五、 老年人营养相关商品

除了家庭日常的饮食搭配，在一些情况下也需要科学选用商品化的老年食品。铁、钙、维生素 C、维生素 D、维生素 A、维生素 E 等营养缺乏的老人应在营养师和医生的指导下，选择适合自己的营养补充剂。现阶段我国老年食品还处于刚起步阶段，未来可以在丰富产品品种、提升食品营养的均衡性、加强针对老年人不同咀嚼消化能力对食物进行的软硬分级，丰富针对不同老年人疾病状态的具体产品，谨防某些打着老年食品的旗号但不适合老年人食用的产品。此外，可以在食品包装的开启和食用方便性方面考虑老年人的需求，达到简便适口。社区应加强优质的老年餐馆建设，满足老年人的特殊就餐需求。除了老年食品、老年餐馆，还要注意加强营养宣教、家庭护理培训，综合提升老年人的营养健康状态。

第六节　运动人群营养

运动营养

健身人群的营养搭配

运动营养是指人体根据不同的运动项目特点从外界摄入各种营养素，以满足由于运动而对各种营养素的特殊需求。运动可以调节营养代谢，合理营养也可以促进运动能力。20 世纪末期运动营养学逐渐成为一门专门的学科，目前所涉及的人群已经不限于专业的耐力型运动员还包括对于健康具有需求的人群。

一、 运动的益处

在现今社会，脑力劳动逐渐成为主要工作形式，运动锻炼也显得尤为重要。运动可以强健人体的骨骼，促进肌肉的生长，同时也可以增强心肺的功能，改善血液循环。运动也利于人体的生长发育，同时也可以有效地改善情绪，避免抑郁、焦虑等情况的发生，有效地陶冶情操，保持健康的心态。运动也可以起到增强记忆力、免疫力的作用，同时也可以起到排毒的作用。运动更可以促进营养代谢，增加摄入率，提高生活质量。有研究表明，肥胖病人在运动过程中就算没有明显的体重减轻，代谢状况仍然会改善。对于超重人群来说，适量的运动配合以饮食控制，可能会更大程度地加速机体新陈代谢。对于正常体重的人群来说，他们没有减重需求，但营养和运动也是强健体魄、均衡膳食的一种绝佳搭配。

二、 运动营养消耗的基本规律

ATP 可以在短时间内为运动提供能量，而在高强度运动 20s 以后 ATP-磷酸肌酸供能就会出现危机，此时糖的酵解供能参与到运动中，通过无氧酵解产生能量。长时间运动则需要有氧氧化人体内储存的糖和糖原提供能量，包括血液中的葡萄糖、肌糖原和肝糖原。碳水化合物供能不足时才会启动脂肪消耗功能，蛋白质也可以通过脱氨基作用后分解提供能量。

三、 日常运动过程中膳食的基本原则

对于低强度的运动来说，其饮食结构与普通人群相比没有特别的要求，还是可以依据《中国居民膳食指南（2022）》进行食材的选择以及摄入量的控制。运动的能量消耗可以依据运动量的大小做适当食物补充。通常，碳水化合物所提供的热能占总能量的 50%～60%，脂肪提供的热能占食总能量的 25%～30%，蛋白质提供的热能占总能量的 12%～15%，其中优质蛋白质不能低于 30%。此外，注意合理地摄入维生素、矿物质以及水分。若要减肥，需要达到较高强度的运动。研究发现，中等运动强度即负荷为最大耗氧的 55%左右的运动，减脂效果最佳。若强度过大，即最大耗氧量超过 80%，则会抑制脂肪组织中脂肪酸的释放，还会使得肌肉氧化脂肪的能力降低；若强度过小，即最大摄氧量低于 20%，机体的热能消耗不足以达到热能负平衡状态，同样也起不到减肥的作用。

而对于中高强度运动的运动员来说，营养的支持完全影响着他们的运动能力。运动员经常会出现一些营养摄入的问题，例如早餐摄入过少，晚餐摄入过多；碳水化合物摄入过少，脂肪摄入过多；维生素和矿物质摄入不足，尤其是 B 族维生素缺乏。对于高强度的耐力型运动，例如马拉松，运动员的碳水化合物摄入量可适当增加到 65%。马拉松运动员饮食中的脂肪摄入量可高于其他运动项目，因为脂肪是维持持久运动的能源物质，其达到总能量的 25%左右。在日常饮食中也要保证每日 12%左右的蛋白质摄入量，优质蛋白质在 50%以上，从而满足机体对蛋白质的需要。

四、 支持运动的营养素需求

（一）碳水化合物

日常食物摄入可以满足一般健身计划的碳水化合物需求，参加中等或者高强度训练的运动员需要更大量的碳水化合物与其他营养素以满足营养需求。每周 5～6d，每天 2～3h 中等强度训练的运动员（50～150kg）一般需要摄入 5～8g/(kg·d) 或者 250～1200g/d 的碳水化合物来维持肝糖原和肌糖原储备。每周 5～6d，每天 3～6h 高强度训练的运动员（50～150kg），需要摄入 8～10g/d 或者 400～1500g/d 的碳水化合物来维持。碳水化合物的主要来源应该是全谷物，蔬菜，水果。碳水化合物的胃排空比较快，精制糖、淀粉以及运动营养产品可以在需要加速糖原重新

合成的情况下补充。不同种类的碳水化合物供给的能量不同，需要根据不同人群进行调整和完善。

（二）蛋白质

关于运动员饮食中所需蛋白质量的讨论争论很多。最初，建议运动员摄取的蛋白质不需要超过 RDA［即儿童，青少年和成人的摄取量为 0.8~1.0g/(kg · d)］。但是，过去 30 年的研究表明，进行严格训练的运动员可能会从饮食中摄取蛋白质 RDA 的 2 倍左右［1.4~1.8g/(kg · d)］来保持蛋白质平衡。如果消耗的蛋白质量不足，运动员将发展并保持负氮平衡，表明蛋白质分解代谢和恢复缓慢。随着时间的流逝，这可能会导致肌肉浪费，受伤，疾病和训练不耐。

对于那些参与一般健身计划或对优化自己的健康感兴趣的人，最近的研究表明蛋白质的需求可能也超过 RDA。目前的证据表明蛋白质的最佳摄入量为 1.2~2.0g/(kg · d)。建议参加中等强度训练的运动员每天消耗 1.2~2.0g/(kg · d) 的蛋白质（50~150kg 运动员每天消耗 60~300g/d），而进行大量剧烈训练的运动员则消耗 1.7~2.2g/(kg · d) 的蛋白质（50~150kg 运动员为 85~330g/d）。

（三）脂肪

运动员的脂肪摄入建议与非运动员促进健康的饮食建议相似或者略高。保持能量平衡，补充肌内甘油三酯和必需脂肪酸对运动员很重要。根据运动员的训练状态或目标，建议每日摄入的饮食脂肪量可能会不同。睾酮水平对运动能力的维系、肌肉的增加、脂肪组织的控制及骨密度的维持等都有非常重要的作用。研究表明，高脂饮食比低脂饮食能更好地维持循环睾酮浓度，而且饱和脂肪酸及单不饱和脂肪脂肪酸比多不饱和脂肪酸的睾酮提升效果好。通常，建议运动员食用适量的脂肪（约占其每日能量摄入量的 30%），而运动员在高强度训练期间可以安全地摄取脂肪高达 50% 的总能量。

（四）维生素

维生素是人体必需的化合物，可调节代谢、能量合成并防止细胞破坏。脂溶性维生素包括维生素 A，维生素 D，维生素 E 和维生素 K，水溶性维生素包括 B 族维生素、维生素 C 等，都可在体内产生不同的代谢影响。运动员可能出于各种原因而希望多摄入一些维生素。烟酸可提高高密度脂蛋白胆固醇水平并降低患心脏病的风险，维生素 E 为潜在抗氧化剂，维生素 D 可以保持肌肉骨骼的功能，维生素 C 可以促进和维持健康的免疫系统，B 族维生素可以参与氧化还原代谢，与运动能力也息息相关。然而研究表明，人体在各种组织中可以储存脂溶性维生素，如果食用过量会导致毒性。摄入过多水溶性维生素虽然能通过尿液代谢，但是若超过一定限度，则可能会对运动训练的反应产生的细胞内适应性产生负面影响。

（五）矿物质

在持续进行中度至高强度运动的过程中，钠、钾和镁的急性变化是相当大的。在这些情况下，运动员必须及时摄取食物，以弥补这些损失。像维生素一样，当矿物质状态不足时，运动能力可能会降低，补充缺乏的矿物质后运动能力就会得到改善。易患骨质疏松症的运动员通过补钙可以帮助维持骨量；在容易缺铁和/或贫血的运动员中补充铁可以提高运动能力；摄入磷酸钠可以增加最大摄氧量、无氧阈值，并将耐力运动能力提高 8%~10%；在进行高温运动训练的最初几天，盐（氯化钠）的饮食供应量增加，有助于维持体液平衡并防止脱水；训练过程中补充锌元素可以支持运动训练后免疫状态的变化。因此，在某些条件下，几种矿物质可以增强运动员的运动能力或训练适应性。

五、 运动全过程的营养支持方案

运动对于营养的主要需求包括碳水化合物、蛋白质、脂肪、维生素和矿物质。运动前后都应该注意营养支持，一方面是调节身体机能，另一方面是为了更好的运动表现。日常情况下，不能空腹运动过久，这样可能导致心律不齐，出现头晕眼花的现象，易患肠胃疾病等。所以建议在晨练之前吃一些早餐，可以喝一些糖盐水或运动饮料保持体力。运动饮料一般含有合适的碳水化合物、电解质及一些维生素，比较适合于运动过程中的能量及脱水补充。运动前饮食切勿过于饱腹，一般认为用餐结束后，休息 2.5~3h 再进行运动比较合理，消化期间剧烈运动会严重影响消化，可能引发胃痉挛，心动过速，气喘。运动后建议休息半小时再饮食，首先应注意补充水分，其次是摄入容易消化的碳水化合物，最后是进食蛋白质食品。

（一）运动补水方案

在训练比赛前、中、后，要根据个人情况，适时、适量补水，以减少体液流失，保持体能，降低运动心率。具体的补水建议包括：运动前 2h，饮用 2 杯约 450mL 运动饮料；运动前 30min，再次饮用 2 杯饮料；如在炎热潮湿的环境中运动，应每 15min 饮用 150~200mL 约 10℃的普通饮用水或运动饮料。对于适宜温度的环境中连续训练或比赛不到 1h 的运动员，10℃左右的普通饮用水最为合适。对于在极限环境中或者运动时间在 1h 以上的运动员，则需饮用含糖 4%~8%的电解质的运动饮料。运动后建议补充体重减少量的 150%的运动饮料，以充分弥补运动中所流失的汗液和产生的尿液。

（二）运动能量补充方案

大负荷的训练以糖为主要的能量来源，糖储备不足会导致运动性疲劳的提前发生，降低运动速度、耐力以及爆发力水平，影响训练的效果；同时足够碳水化合物的摄入也有助于减少在大负荷训练下的肌肉蛋白的分解，保持良好的身体状态；在赛前或运动前 2~6h 内，建议运动员应摄入 85~200g 的碳水化合物，食物应选择复合碳水化合物为主的低脂和低蛋白质的食物。在赛前或运动前 5~10min，选择摄入含有少量碳水化合物的液态运动补剂保持血糖水平。运动中，如果运动时间持续在 1h 以上，少量摄入碳水化合物可以延迟疲劳。研究建议每 30min 摄入 24g 左右碳水化合物。运动后摄入碳水化合物则可以促进肌糖原的重新合成。运动后葡萄糖和蔗糖对于促进肌糖原合成比果糖更为有效。研究证明，葡萄糖、葡萄糖聚合物或者蔗糖和少量钠的低渗或等渗的运动饮料可被肠胃较快的吸收并可维持运动中的血糖水平。而以果糖为主的饮料容易引起肠胃不适。

不同类型的运动需要的能量及蛋白质供给方法不同。速度型运动员，比如短跑运动员，这类人群以中高度缺氧特征为主，能源提供依赖于高能磷酸部分以及糖原无氧酵解。对于此类运动员，其对碳水化合物、维生素 C、B 族维生素等营养有着较高的需求；耐力型运动员每日应摄入 1.2~1.4g/kg 体重蛋白质以维持氮平衡，力量训练运动员应每日摄入 1.4~1.7g/kg 体重蛋白质，优质蛋白质的占比应达总蛋白质摄入量的 50%以上，需要根据情况额外补充蛋清或蛋白粉；力量型运动员强调爆发力和肌肉力量。在大量的训练后，需要及时补充蛋白质以及维生素类营养素，蛋白质应补充到 2g/kg 体重。其他营养素的摄入也要注意，例如注意保证多不饱和脂肪酸及单不饱和脂肪酸摄入量。饱和脂肪酸、多不饱和脂肪酸及单不饱和脂肪酸比例为 1∶1∶1~1.5，但总脂肪摄入量占总能量比例不可以超过 30%。此外，B 族维生素、维生素 A、维生素 C、维生素 D 对于运动的机能、体力恢复及身体的强健都很重要。

六、 营养补充剂的认识和注意事项

营养补充剂，又称营养补充品、营养剂、饮食补充剂等，是作为饮食的一种辅助手段，用来补充人体所需的氨基酸、维生素、矿物质等。营养补充剂可以是由氨基酸、不饱和脂肪酸、矿物质与维生素组成，或仅由一种或多种营养素或膳食成分组成，除氨基酸、维生素、矿物质等营养素之外，还可以有草本植物或其他植物成分的浓缩物、提取物或组合物。目前运动营养补充剂大多是补充蛋白、脂肪等营养素，也包括一些具有保健成分的产品。营养补充剂根据其有效性和安全性可分为三类：强而有力的证据支持其有效性和安全性、有限或者混合的证据去支持其有效性和安全性、很少或者没有研究去支持其有效性和安全性。第三类产品目前还不被建议使用。对于运动员来说，各个因素都在影响着训练成果，尤其是营养供给显得尤为重要。现今市场，营养补充剂层出不穷，越来越多的产品生产出来，但还是缺乏一定的法律法规约束。营养强化剂的生产需符合 GB 14880—2012《食品安全国家标准　食品营养强化剂使用标准》的标准，与保健食品不同，只能作为营养素补充剂，不可声称产品目的为补充能量。

服用合理配比的富含多种糖类、矿物质、维生素的运动饮料，对消除乳酸，延缓疲劳，提高运动能力具有重要意义。蛋白质补充具有增肌效果，缓解运动性疲劳，提升免疫功能等作用。蛋白营养食品主要分为蛋白粉、多肽、氨基酸类食品。目前市场上多见的是乳清蛋白和大豆蛋白，可以通过标签查看是否添加其他辅料以及蛋白粉的蛋白质含量，一般来说蛋白粉的蛋白质含量为 80% 左右。此外，蛋白质水解产物多肽或氨基酸口服液更容易被人体消化吸收，运动后在消化系统还未完全恢复正常的情况下补充多肽和氨基酸是不错的选择。肌酸在肌肉收缩中能够快速提供能量。补充肌酸可以提高肌肉的肌酸和磷酸肌酸含量，增强肌肉质量和力量外，还可以改善一些代谢性疾病。

深海鱼类、亚麻油、果蔬类活性小分子提取物对抗氧化和提高免疫力有较好的效果，可以很好地消除运动过程中产生的代谢废物或氧化损伤。β-丙氨酸、硝酸盐等多组分运动补充剂等在提高运动能力、降低氧耗、减少肌肉损伤、缓解疲劳等方面有益处。补充适量左旋肉碱可抑制葡萄糖分解，节约肌糖原消耗，防止血液乳酸堆积，延缓运动疲劳的发生。另外，研究表明酪氨酸、牛磺酸，咖啡因、绿茶提取物、甜菜碱、皂苷、黄酮类提取物，辣椒素、二十八醇等具有增强脂肪分解的作用，从而提高耐力及运动能力。

运动膳食营养，可以保持体育人群健康的体质，增强运动专项的能力。坚持科学的运动营养膳食不仅可以满足运动的需求，而且对于运动人群掌握运动技能、更好地发掘运动潜力具有重要意义。

第七节　特殊环境及职业暴露人群营养

特殊环境人群是指处在特殊的自然环境或者工作环境（如高温环境、低温环境、高原环

境、有毒有害作业环境等）中的各类人群。特殊生活和工作环境的人群，与处于一般生活和工作环境的健康成人比较，这些人群因机体经常处于生理应激状态或长期受到物理或化学因素的不良刺激，机体代谢过程与普通人群相比有一些差异，故其营养需要和膳食供给方面应该有其特殊要求。

一、高温环境

（一）高温环境中的生理状态

高温环境是指35℃以上的生活环境和32℃以上的生产劳动工作环境。这类人群主要包括：炼焦、炼铁、炼钢，机械工业的铸造，玻璃等工业的炉前作业，印染、造纸厂的蒸煮场所，各种工厂的锅炉间，农业、建筑、运输业、夏季露天作业等的人群。

高温环境使体温与环境温度之间温差很小，很难通过体表辐射来散发热量。处于高温环境下人们的生理感受包括食欲减退、消化不良、注意力和协调性变差、出汗多。此时人体代谢和生理状况发生一系列变化，如机体代谢增加，体内蓄热，体温升高，中枢神经系统兴奋性降低等。

（二）高温环境下的营养消耗

目前认为，高温环境下能量代谢增加。高温环境一方面引起机体代谢率增加及ATP酶活性升高，另一方面在高温刺激下的应激和适应过程中，通过大量出汗、心率加快等调节方式可以引起机体能量消耗增加。

高温环境下对营养物质的消耗和代谢有其独特的特点。①蛋白质代谢：高温环境下由于失水和体温增高的相互作用引发蛋白质的分解增加，使尿氮排出增加；此外，由于大量出汗也可引起氮和氨基酸的丢失。②水和无机盐：高温环境下，人体通过出汗以调节热平衡，机体损失的水分增加。随着汗液损失的最主要的是钠盐，出汗多时每天随汗丢失的氯化钠可达15~25g。另外钾、钙、镁、铁等多种元素也有不同程度的丢失。③水溶性维生素丢失：以每日5L汗液计，汗液中维生素C丢失可达到50mg/d，其他维生素如B族维生素等也有相应的丢失。

（三）高温环境下的营养需求

高温下的机体不可能像常温下通过简单的体表辐射来散发代谢所产生的热，而必须通过生理上的适应性改变，来维持体温的相对恒定，这种适应性改变导致机体对营养的特殊要求。

1. 能量供给

当环境温度在30~40℃时，应按照环境温度每增加1℃能量供应增加0.5%的原则作为高温环境作业者的能量供给标准。

2. 蛋白质

蛋白质的供应量可稍高于常温条件下的供给量，占总能量的12%，且建议补充蛋白质中优质蛋白质占总蛋白质比例不低于50%。

3. 脂肪和碳水化合物

脂肪供应量以不超过总能量的30%为宜，碳水化合物占总能量的比例不应低于58%。

4. 水和无机盐

水的补充以保持体内水的平衡为原则。氯化钠的补充在高温环境开始的几天应该偏多一些。对于无机盐，日出汗量小于 3L，补充盐量约为 15g，超过 5L 日补盐量为 20~25g，其他无机盐以多食各种蔬菜、水果、豆类食物为宜。随汗流失的其他矿物质，也应该得到及时的补充。其中，钙的供给量应为 600~800mg/d，镁为 200~300mg/d，钾为 3~6g/d，锌不应低于 15mg/d。

5. 维生素

主要是增加高温作业者几种水溶性维生素供给量，具体为：维生素 C 150~200mg/d，维生素 B_1 2.5~3.0mg/d，维生素 A 1500μgRE/d，维生素 B_2 应比常温作业时增加 1.5~2.5mg/d。

总之，高温环境中的膳食营养重点是增加水和矿物质的摄入，也应适量增加蛋白质、碳水化合物和维生素的摄入量，并控制脂肪的摄入量；同时，应注意选择清淡易消化的食物。

二、低温环境

(一) 低温环境中的生理状态

低温环境是指 10℃以下的生活环境和 5℃以下的生产劳动工作环境。这类人群主要包括：寒带生活人群及海拔较高地区的冬季及冷库作业人群等。

低温环境下的主要生理代谢特点：①人体消化液和胃酸分泌增多，食物的消化吸收充分，此时人的食欲增加，消化功能增强；②神经中枢和周围神经系统以及肌肉和关节的功能受到影响，使机体容易感到疲劳；③甲状腺素分泌增加，促进体内物质的氧化代谢，由此释放的能量以热的形式向体外发散，机体耗能增加；④人体局部由于皮肤散热速度快，耗能增加。同时体温下降，长时间的局部体温下降，会造成冻伤、冻僵等。

(二) 低温环境下的营养消耗

低温环境下生活或作业人群能量需要增加包括如下因素：寒冷刺激使甲状腺素分泌增加，机体散热增加，以维持体温的恒定，这需消耗更多的能量，故寒冷常使基础代谢增高 10%~15%；低温下机体肌肉不自主的寒战，以产生热量，这也使能量需要量增加；笨重的防寒服也增加身体的负担使活动耗能更多，也是能量消耗增加的原因。

营养素的消耗对比普通人群也有差异：

1. 碳水化合物和脂肪

寒冷环境下机体对碳水化合物和脂肪的利用增加。研究发现，碳水化合物被优先利用。

2. 蛋白质

某些氨基酸能提高机体的耐寒能力，如甲硫氨酸经过甲基转移作用后可以提供寒冷适应所需要的甲基，酪氨酸也能提高寒冷环境下的作业能力。

3. 水和电解质

寒冷环境下，机体内水、电解质的代谢发生特殊的改变。据报道，研究人员到北极工作的前 3~4 个月会出现多尿，昼夜排尿可达 3.5L，由此引起相对的轻度脱水和失盐，同时血液容积减少，血中锌、镁、钙、钠含量下降。

4. 维生素

低温环境下人体内水溶性维生素的代谢变化较大，维生素 C 对暴露于寒冷环境下的机体有保护作用。此外，由于低温环境下，碳水化合物的代谢增加，因此其代谢过程中所必需的维生素 B_1 需要量也增加。

(三) 低温环境下的营养需求

低温人群能量供给较常温下增加 10%~15%。能量源的比例关系为：蛋白质为 13%~15%、脂肪为35%～40%、碳水化合物为45%～50%。

寒带地区居民极易缺乏钙和钠，钙缺乏的主要原因是由于膳食钙供给不足，加上日照短维生素D合成不足，导致钙吸收率和利用率降低，故应尽可能增加寒冷地区居民高钙食物，如乳及乳制品的供给。每日应当补充钙600～1200mg。根据调查，寒冷地区居民为了适应其产热功能需要，食盐摄入量应是温带地区的1～15倍，建议量为15～20g/d，日常需保证平衡膳食中这些元素充足的供给量。

同时低温环境下人体对维生素的需要量增加，与温带地区比较，增加量为30%～35%。随低温下能量消耗的增加，与能量代谢有关的维生素B_1、维生素B_2及烟酸需要量增加，以中等强度劳动为例，建议低温环境作业人员每人每日供给维生素A 1500μg，维生素B_1 2mg，维生素B_2 2.5mg，烟酸1.5mg，维生素B_6 2mg，维生素D 10μg。寒冷地区蔬菜及水果供给不足，需要另外补充维生素C。维生素C每日供应70～120mg，且应尽量从新鲜蔬菜和水果中摄取，必要时可从强化食品中提供。

三、高原环境

（一）高原环境中的生理状态

海拔在3000m以上的地区为高原。此地区由于大气氧分压的降低，人体血氧饱和度急剧下降，常出现低氧症状。

缺氧环境下供氧不足，干扰机体内营养物质的代谢，损害大脑功能，加之缺氧引起的食欲减退、胃肠功能紊乱更加重了缺氧环境能量供给的不足。急性缺氧时，不但消化、吸收功能降低，营养物质的代谢转化和利用也受到广泛影响。

（二）高原环境下的营养消耗

（1）生理与代谢特点　高原环境中人脑组织耗氧量大，代谢率高，氧和ATP储存少，对低氧耐受性差；有氧代谢降低，能量产生障碍；低氧刺激呼吸加深加快，肺血管收缩加快；消化液分泌减少，儿茶酚胺和糖皮质激素分泌增加等。

（2）对能量和营养素代谢的影响

①低氧时，能量需要量增加；②初到高原，蛋白质代谢以合成减弱而分解增强为特点，因而出现不同程度的负氮平衡。缺氧还可产生其他的一些应激效应，如酪氨酸氧化增强，与合成儿茶酚胺有关的酶活性增强等，致使人体对缺氧的耐力降低；③高原缺氧条件下脂肪分解加速，脂肪分解大于合成，脂肪储存量减少，血脂成分增高；④糖的有氧代谢减弱，血糖降低，糖酵解增强，糖原异生受阻，糖原贮备量减少；⑤高原缺氧初期，铁的吸收率显著增加，这时骨髓生成红细胞增加，铁的需要量增高，促进了铁的吸收。

（三）高原环境下的营养需求

凡有利于少消耗氧、多摄取氧和有效地调用氧的营养因素都有利于高原环境。凡能提高缺氧耐力和减轻急性高原反应症状的营养因素也有利于加速高原环境的习服过程。

1. 碳水化合物

在三大营养素中，碳水化合物代谢最能适应高原代谢变化。因为碳水化合物氧化供能时消耗的氧最少。同时容易消化，有利于维持正常的进食量。选食首先考虑富含葡萄糖的粮谷类和其他植物性食品以及富含果糖的蜂蜜。

2. 脂肪

高脂肪膳食不利于高原环境的能量供给，其理由与碳水化合物基本相反。

3. 蛋白质

一方面，某些氨基酸能够提高缺氧耐力，如色氨酸、酪氨酸、赖氨酸和谷氨酸等。另一方面，因为蛋白质氧化时耗氧最多，其特殊生热作用最强，高蛋白质膳食不易消化并可能引起组织胺等在体内聚积。根据这些情况，可以认为在缺氧习服过程中并不需要增加食物蛋白质的供给量，但重要的是应该选用优质蛋白质，如豆类蛋白和动物蛋白等。

4. 维生素

高原缺氧初期食欲减退易使维生素摄入量不足，而机体对缺氧的代偿和适应反应可使维生素的消耗量增加，所以容易发生维生素不足或缺乏。有研究证明，在4700m高度上，每日补充维生素A 6000IU，维生素B_1 20mg，维生素B_2 2mg，维生素B_6 5mg，维生素C 300mg，烟酸20mg，泛酸钙5mg，维生素E 60mg和芦丁50mg，不但能保持充裕的营养水平，而且可提高缺氧适应能力。

5. 矿物质

建议急速进入高原的人应进食含钾多的食品或适当补充钾盐，同时也应适当限制钠的摄入量。

总的来说，能量供给比非高原增加10%，能量源占比为：蛋白质为12%～13%，脂肪25%～30%，碳水化合物55%～65%。并适量增加微量营养素的摄入。

四、 接触有毒物质人群

（一）接触有毒物质人群

有害有毒的化学物质，如农药、粉尘、铅、汞、苯、一氧化碳、二氧化硫等，就算只有少量进入身体，长时间积累也会引起各种毒性反应，破坏身体生理功能，甚至发生严重病变，有些有毒物质也会影响胚胎发育，导致畸变或死亡。在生产环境中接触有毒化学物质作业人员如果缺乏劳动防护，可能发生职业中毒，出现神经系统、血液系统、消化系统等多种症状。职业接触有毒有害化学物质种类繁多，主要有重金属铅、汞、镉等，卤烃类四氯化碳、三氯甲烷、氯化氢等，芳香类苯、苯胺、硝基苯等，有机磷及有机氯等杀虫剂以及矽尘、煤尘、棉尘等。

（二）机体主要的解毒器官和机制

毒物在体内生物转化主要包括两个过程：第一步是通过氧化、还原、水解反应使毒物减毒、解毒或活化增毒；第二步是结合反应使毒物分子结构改变从而达到减毒灭活的目的。

很多毒物进入体内后可引发自由基的产生和脂质过氧化，体内清除自由基的物质有维生素E、维生素C、巯基化合物如半胱氨酸、谷胱甘肽（glutathione，GSH）、辅酶Q、超氧化物歧化酶（superoxide dismutase，SOD）等，胡萝卜素也有消除自由基的作用。

有毒、有害化合物进入机体后，在肝脏经肝微粒体混合功能氧化酶代谢，其中绝大多数经代谢减毒后经胆汁或尿液排出体外，部分有毒有害化学物质可直接被还原性谷胱甘肽还原而达到解毒目的。

（三）营养素与毒物的相互影响

良好的蛋白质营养状况，既可提高机体对毒物的耐受能力，也可调节肝微粒体酶活性到最佳状态，增强机体解毒能力。尤其是含甲硫氨酸充足的优质蛋白质供给，可提高谷胱甘肽还原酶的活性，增加机体解毒作用。对于接触有毒物质的人群来说，建议补充含硫氨基酸的优质蛋白质，蛋白质供给量占总能量的14%~15%，其中动物蛋白宜占总蛋白质的50%。

维生素C具有良好的氧化还原作用，被认为是体内重要的自由基清除剂之一，能清除毒物代谢时所产生的自由基，保护机体免受大多数毒物造成的氧化损伤。维生素E及其他抗氧化营养素如β-胡萝卜素等可直接参与清除自由基的反应，也可保护生物膜免受自由基的攻击，维持膜的稳定性。对于接触有毒物质的人群来说，大多数专家建议职业接触有毒物质人群应供给150~2000mg/d的维生素C。除每日500g蔬菜外，至少还应补充维生素C 100mg/d。

另外高脂肪膳食使脂溶性毒物在肠道的吸收及体内蓄积增加。如高脂肪膳食会引起铅在小肠吸收增加，同时苯对脂肪的亲和力强，高脂肪摄入可增加苯在体内的蓄积，甚至导致体内苯排出速度减缓。因此应适当限制膳食脂肪的供给。另外，对于铅作业人群，成酸性食品与成碱性食品应交替食用。谷类、豆类和含蛋白质较多的成酸性食品的摄入，有利于骨骼内沉积的铅引入血液经尿液排出，常用于慢性铅中毒时排铅治疗。而含钙、镁、钾等较多的蔬菜、水果和乳类等成碱性食物的供给有利于血中铅进入骨骼组织，以缓解铅的急性毒性。由于苯对造血系统的毒性，在苯中毒的预防和治疗时，要在平衡膳食的基础上适当补充铁元素、维生素B_{12}及叶酸，以促进血红蛋白的合成和红细胞的生成。

五、 接触辐射人群

（一）接触辐射对身体的影响

辐射可引起生物体内物质分子的电离和激发，对于含水分较多的组织，辐射导致一系列的病理生理变化，最终发展为放射损伤。当人体受到长时间的超过最大允许量的照射，损伤得不到及时恢复时，就可能发展为慢性放射病。

（二）接触辐射人群对营养代谢的影响

（1）对能量代谢的影响　机体代谢情况与辐射敏感程度相关。电离辐射可以抵制脾脏和胸腺线粒体的氧化磷酸化，也影响三羧酸循环。

（2）对蛋白质的影响　长期电离辐射后出现负氮平衡，尿氮排出增加，尿液中出现氨基酸。

（3）对脂肪代谢的影响　电离辐射产生的自由基可能引发脂质过氧化。在接受大剂量照射后，出现高脂血症，总脂含量中以中性脂肪增加最多，其次是磷脂与胆固醇。

（4）对维生素代谢的影响　辐射产生大量的自由基，对有抗氧化作用的维生素影响较大，维生素C和维生素E损失较多，同时维生素B_1消耗增加，造成血液中维生素B_1下降。

（5）对矿物质元素代谢的影响　电离辐射的全身反应涉及无机盐代谢，从而影响无机盐的生理作用。放射损伤时伴有呕吐和腹泻，而使水盐代谢发生紊乱。

（三）接触电离辐射人员的营养需要

我国提出从事放射性工作人员每日营养素供给量为：能量11.72~12.55MJ，其中碳水化合物占总能量的60%~70%，脂肪占20%~25%，蛋白质80~100g/d。

（1）能量　长期受到小剂量照射的放射性工作人员应适当多摄取能量，防止能量不足造成辐射敏感性增加。急性放射病患者应适当增加能量供给，使体重显著增加，有助于恢复身体。

（2）蛋白质　补充利用率高的蛋白质可以减轻放射损伤，促进恢复。膳食中提供优质蛋白质，以牛乳、蛋、肉、酸乳为主。

（3）脂肪　辐射可引起血脂升高，放射性工作人员可增加必需脂肪酸的摄入量。膳食中选择富含亚油酸的油脂如大豆油、玉米油、橄榄油等。

（4）碳水化合物　碳水化合物供给能量比例应占总能量的60%～65%，多食用对辐射防护效果较好的富含果糖和葡萄糖的水果。

（5）矿物质　电离辐射的全身效应影响矿物质的代谢，需要适当补充矿物质。

（6）维生素　接受照射后应大量补充维生素C、维生素E、β-胡萝卜素以及维生素K和B族维生素减轻自由基带来的损伤。选用富含维生素、无机盐和抗氧化剂的蔬菜如圆白菜、马铃薯、番茄和水果，改善维生素缺乏的症状。

供给从事放射性工作人员的食物，除主食外，可多选用蛋类、乳类、瘦肉、大豆及豆制品、圆白菜、胡萝卜、海带、紫菜、柑橘及茶叶等食物。另外，肌腱、皮肤等动物组织是胶原蛋白含量较多的食物，我国研究发现，这类食物可能有抗放射损伤效果。

我国发布的《"健康中国2030"规划纲要》中明确提出要实施职业健康保护行动，对于不同职业人群要落实预防和控制职业病危害。特殊环境及职业暴露人群因其所暴露环境的特殊性应是职业健康保护行动中的重点对象，故该人群的营养改善意义重大。而特殊环境及职业暴露人群由于其所处的环境的不同，其机体所需的营养需求也不一样，应该根据相应的情况有的放矢，尊重该环境下的机体的变化，适当调整营养比例，增加相应营养元素的摄入，为机体更好地适应环境，维持正常工作提供营养支持。

思考题

1. 妊娠期营养不良对母体和胎儿的影响是什么？
2. 孕妇如何合理地摄入营养？
3. 哺乳对母亲健康的远期影响是什么？
4. 乳母的合理膳食是什么？
5. 婴幼儿配方乳粉是否可以完全代替母乳，为什么？
6. 6月龄内婴儿喂养指南是什么？
7. 学龄前儿童如何合理地摄入营养？
8. 青少年如何合理地摄入营养？
9. 老年人的营养吸收代谢特点及特殊营养素的需求有哪些？
10. 如何让老年人的日常膳食更合理，更容易被接受？
11. 专业运动队的营养师可能会做哪几个方面的工作？
12. 高强度有氧运动前应当如何补充营养？
13. 哪些食物成分有解毒作用？
14. 接触有毒物质的人群其膳食原则是什么？
15. 如何保障低温环境作业人员的营养供给？

CHAPTER 6

第六章

营养与相关疾病

学习要点

1. 了解营养与糖尿病、营养与非酒精性脂肪肝病、营养与心血管疾病、营养与肥胖、营养与痛风、营养与自身免疫性疾病、营养与呼吸系统疾病、营养与癌症、营养与视力、营养与两性生殖的关系与防治措施，掌握预防以上疾病的营养需求及饮食原则；

2. 正确认识和理解肥胖的定义和病因，掌握合理膳食与适量运动促进正常体重的要点。结合社会现状，了解肥胖的危害及对慢性病的影响，讨论治疗肥胖的正确方式；深刻理解免疫系统如何保护人体健康，自身免疫力与饮食结构的关系，营养对自身免疫疾病的影响；

3. 掌握不同皮肤状态下，饮食调节的原则及其原理，了解皮肤与膳食营养的关系；

4. 了解围手术期的营养评价方法、营养评估和营养补充原则、营养补充方法等，重点学习围手术期营养补充的核心依据及方式；

5. 了解食物过敏与食物不耐受症的概念及区别，掌握易引发食物过敏或不耐受的食物种类。

思 政 点

通过生活中的案例，培养学生科学的生活方式，合理的膳食习惯，了解食品营养学与生命安全、公众健康之间的联系，通过社会层面引导大众饮食健康，激发学生作为未来食品营养倡导者的使命感和责任感。

营养与糖尿病

第一节　营养与糖尿病

糖尿病（diabetes mellitus，DM）是由多种环境因素和遗传因素联合作用而导致的一种慢性全身代谢性疾病，已成为第三大严重危害人类健康的疾病，其患病人数和死亡人数在全球范围均呈增加趋势。根据国际糖尿病联盟数据显示，2019 年全球成人糖尿病患者人数已达 4.63 亿（患病率 9.3%），推测 2030 年全球成人糖尿病患者人数将增至 5.78 亿（+24.8%），2019 年中国糖尿病患者有 1.164 亿人。

糖尿病是一组以慢性血浆葡萄糖（简称血糖）水平增高为特征的代谢性疾病，是由于机体胰岛素分泌缺陷和（或）胰岛素作用缺陷所引起的。胰岛素抵抗（insulin resistance，IR）是血糖上升的主要原因之一，在糖尿病病情发展中起着很重要的作用。胰岛素抵抗是指胰岛素作用的靶器官对胰岛素作用的敏感性下降，即正常剂量的胰岛素产生低于正常生物学效应的一种状态，被认为是 2 型糖尿病（T2DM）的发病基础。

根据病因不同，糖尿病可分为：①1 型糖尿病（T1DM），主要由于胰岛 B 细胞被破坏，导致胰岛素分泌绝对缺乏所致；②2 型糖尿病（T2DM），以胰岛素抵抗为主伴胰岛素分泌不足，或胰岛素分泌不足为主伴胰岛素抵抗；③妊娠糖尿病（GDM），一般发生在妊娠中期，大部分患者分娩后血糖可恢复正常；④其他类型糖尿病，由某些内分泌疾病、胰腺疾病、感染、药物及化学制剂引起。

糖尿病的危险因素主要包括 6 个方面：①遗传因素，糖尿病具有家族遗传易感性，有糖尿病家族史，糖尿病发病率也明显升高；②肥胖，大量的研究表明，体重指数（BMI）与 2 型糖尿病的发病率呈正相关；有 60%～80% 的糖尿病成年患者在发病前均为肥胖者，肥胖的程度与糖尿病的发病率呈正比；③体力活动不足，运动可使 2 型糖尿病患者的体重减轻、血脂水平和血压下降，加强体力活动，可有效减少糖尿病的发生；④生理因素，糖尿病发病率随年龄的增长上升，与年长者内脏脂肪沉积，导致血糖调节异常和代谢紊乱有关；⑤社会环境因素，不良生活方式，如吸烟、过量饮酒，社会和心理压力大等也成为糖尿病发生和发展的危险因素；⑥营养因素，以高蛋白质、高脂肪、高胆固醇饮食为主的西方人患糖尿病风险明显高于低热量、高纤维食物、体力活动较多的其他地区人群。

当代年轻人的一些不良生活习惯也会导致糖尿病，平常大量喝饮料、奶茶等，几乎很少喝水，摄入高热量膳食会导致肥胖，随着体重的增加及缺乏体育运动，胰岛素分泌能力及身体对胰岛素的敏感性逐渐降低，血糖升高，导致患上糖尿病。

大多数糖尿病患者的典型临床表现为“三多一少”，即多饮、多食、多尿、体重减轻等。糖尿病的危害很大，如不及时治疗和有效控制血糖，糖尿病患者会合并心血管、眼、肾、神经系统、皮肤等多组织损伤或疾病。《中国 2 型糖尿病防治指南（2020）》中明确指出了我国糖尿病的诊断标准（表 6-1）。糖化血红蛋白（HbAlc）作为筛查糖尿病高危人群和诊断糖尿病的一种方法，国内一些研究显示，中国成人中 HbAlc 诊断糖尿病的最佳切点为 6.2%～6.5%。为了与 WHO 诊断标准接轨，推荐在采用标准化检查方法具有严格质量控制的医疗机构，可以将 HbAlc≥6.5% 作为糖尿病的补充诊断标准。但 HbAlc<6.5% 也不能排除糖尿病，需进一步进行糖耐量检查。糖尿病前期（prediabetes）是介于糖尿病和正常血糖之间的一种状态，被认为是糖尿病的必经阶段，是糖尿病的预警信号，判断标准是 6.1mmol/L≤空腹血浆葡萄糖<7.0mmol/L，或 7.8mmol/L≤2h 血浆葡萄糖<11.1mmol/L。

表 6-1　　糖尿病的诊断标准

诊断标准	静脉血浆葡萄糖水平/(mmol/L)
①典型糖尿病症状（多饮、多尿、多食、不明原因的体重下降）	—
②空腹血糖检测	≥7.0
③葡萄糖负荷后 2h 血糖检测无糖尿病症状者，需改日重复检查	≥11.1

一、 营养与糖尿病的关系

目前对于糖尿病发病的营养相关机制研究主要集中在营养物质代谢过程中对胰岛素分泌的影响，尤其是碳水化合物和脂肪的代谢。

（一）碳水化合物

糖尿病代谢紊乱的主要标志是高血糖，并可引起全身性的代谢紊乱。长期高碳水化合物膳食，使血糖水平处于较高状态，促使胰岛素分泌持续增加，胰腺因过度刺激引起功能障碍，导致胰岛素分泌得绝对或相对不足，最终出现糖尿病。糖尿病患者碳水化合物代谢异常主要表现为肝脏中葡萄糖激酶和糖原合成酶下降，肝糖原合成减少，磷酸化酶活性加强，糖原分解增加。

食物中碳水化合物的分子质量和结构不同，影响餐后血糖升高的快慢及幅度也不同，其影响程度可用血糖指数（glycemic index，GI）来衡量。血糖指数是表示某种食物升高血糖效应与标准食品（通常为葡萄糖）升高血糖效应之比，指的是人体食用一定食物后会引起血糖反应的程度。低血糖指数食物对血糖升高的反应小，可有效控制餐后血糖，有利于保持血糖浓度稳定。

（二）脂肪

膳食脂肪在消化道内可被分解为甘油和脂肪酸，多余的脂肪以甘油三酯的形式储存于脂肪组织中。膳食脂肪水解产生的脂肪酸主要在骨骼肌内被利用，与葡萄糖的利用存在着竞争关系。如果游离脂肪酸的浓度较高，肌肉摄取脂肪酸进行氧化供能的作用则增强，从而使葡萄糖的利用减少，出现胰岛素抵抗，导致糖尿病的发生。

（三）蛋白质

目前尚无确切证据表明膳食蛋白质含量与糖尿病患病有直接关系，但是蛋白质代谢与碳水化合物和脂肪代谢密切相关。当碳水化合物和脂肪代谢出现紊乱时，蛋白质代谢也必然处于不平衡状态，同样可以引起胰岛素分泌量的变化，促进糖尿病的发生。

（四）矿物质和维生素

铬是葡萄糖耐量因子的主要组成元素，具有增强胰岛素的作用，膳食补充三价铬对糖尿病有积极的预防和辅助治疗作用。硒具有清除自由基的作用，它能防止胰岛 B 细胞被氧化破坏，有助于促进葡萄糖代谢、降低血糖和尿糖，改善糖尿病患者的症状。硒也可以通过改善糖尿病血液黏滞性增高状态，延缓糖尿病并发症发生。此外，硒具有类似胰岛素的作用，能增强组织细胞吸收血糖的能力，促进血糖在细胞中转化为糖原，补硒可以降低糖尿病患者的血糖水平。

二、 糖尿病的营养防治

糖尿病发病与遗传和营养因素密切相关，尤其是营养不平衡。糖尿病的防治应采取综合措施，主要包括健康教育、营养治疗、合理运动、药物治疗及自我监测等，其中饮食治疗是控制血糖最基本、最有效的措施之一。

（一）健康教育

健康教育包括生活方式教育、药物治疗教育以及后期随访教育。生活方式教育主要包括饮食和运动两方面，饮食方面主要是合理膳食，运动方面是每天要进行适量的有氧运动。药物治疗教育包括定期到专科医生进行就诊，调整药物剂量，根据血糖值进行治疗方案的调整。后期随访教育主要是定期到医院进行血糖、血脂、糖化血红蛋白、尿常规等指标检测，同时也要尽早地发现及治疗并发症。

（二）营养治疗

营养治疗糖尿病的总目标是帮助病人制定营养计划和形成良好的饮食习惯，通过良好的营养供给改善病人的健康状况，减少急性和慢性并发症发生的风险，合理地控制饮食，有利于控制糖尿病患者的病情发展，尤其是对于轻型病人（空腹血糖<11.1mmol/L）而言，单纯采用营养治疗即可达到控制血糖的目的。

1. 能量

合理控制总能量摄入是糖尿病患者营养治疗的首要原则，糖尿病患者应接受个体化能量平衡计划，目标是既达到或维持理想体重，又满足不同情况下的营养需求。能量供给与血糖、尿糖、年龄、身高、体重、劳动强度等因素有关。能量摄入的标准：成年人以能够达到或维持理想体重为标准，儿童青少年则保持正常生长发育为标准，妊娠糖尿病患者则需要同时保证胎儿与母体的营养需求。

2. 碳水化合物

糖尿病患者必须摄入一定比例的碳水化合物，供给量占总能量的45%~60%为宜。糖尿病患者摄入碳水化合物的种类有一定的要求，碳水化合物的来源以粮谷类为主，选用时应遵循粗粮为主的原则，注意粗细搭配，如玉米、燕麦和荞麦等。

也可选血糖生成指数低的谷类、豆类及其制品。蔬菜类含少量碳水化合物，含膳食纤维较多，吸收较慢，可适量多食用。水果类含果糖较高，因其吸收较快，空腹血糖控制不理想者应慎食，可酌情选用含果糖较低、酸度高的水果，如猕猴桃、苹果和李子等。

3. 脂肪

糖尿病患者体内脂肪分解加速，脂肪代谢紊乱，多伴有脂代谢异常、脂肪肝和动脉粥样硬化。为了防止和延缓心脑血管并发症的发生与发展，必须限制摄入脂肪。

糖尿病患者，每日脂肪摄入量不应过多，应控制在25%~35%，肥胖或超重患者的脂肪供能比应更严格，一般不超过25%。要合理选择脂肪的种类，要严格控制饱和脂肪酸和反式脂肪酸的摄入量，饱和脂肪酸一般不超过总能量的10%，或低于脂肪总摄入量的1/3。

单不饱和脂肪酸是较好的膳食来源，可改善患者的血压和血脂代谢，可取代部分饱和脂肪酸供能，宜大于总能量供给的12%。多不饱和脂肪酸可显著降低突发性心脏病的死亡率和总致死性心血管疾病的风险。

4. 蛋白质

糖尿病患者因体内糖异生旺盛，蛋白质分解和代谢增加，常呈负氮平衡，因此，应保证蛋白质的摄入量。糖尿病患者蛋白质摄入量，通常不超过总能量的20%。尽量选择优质蛋白质，如肉类、禽类、鱼类，蛋类、牛乳、乳酪和大豆，动物蛋白不低于蛋白质总量的30%。如有肾功能不全时，应限制蛋白质摄入，具体要根据肾功能损害程度而定，一般按照每千克体重0.5~0.8g/d供给。

5. 维生素和矿物质

糖尿病患者因主食和水果摄入量受限制，且体内物质代谢相对旺盛，较易发生维生素和矿物质缺乏。调节维生素和矿物质摄入，有利于纠正糖尿病病人代谢紊乱，防治并发症，因此供给足够的维生素和矿物质也是糖尿病营养治疗的原则之一。维生素比较重要的有维生素C、维生素E、β-胡萝卜素等。

锌与胰岛素的合成、分泌、储存、降解生物活性及抗原性有关，锌缺乏常伴有胰岛素分泌减少，组织对胰岛素的敏感性下降，导致葡萄糖耐量降低。三价铬复合物在人体内被称作“葡萄糖耐量因子”，有利于改善糖耐量。硒参与谷胱甘肽过氧化物酶的构成，后者可降低机体脂质过氧化反应，有保护心肌细胞、肾小球及视网膜免受氧自由基损伤的作用。锰可改善机体对葡萄糖的耐受性。锂能促进胰岛素的合成和分泌，改善外周组织对胰岛素的敏感性。

6. 饮酒

酒精是高能量食物，饮酒的同时，往往会摄入高油脂的食物而导致能量摄入过多。饮酒还可使糖负荷后的胰岛素分泌增加，对接受胰岛素降糖药治疗的患者而言容易引发低血糖。因此，血糖控制不佳的糖尿病患者不宜饮酒，对血糖控制良好的患者可适量饮酒，但需严格制定饮酒计划，建议女性饮酒的酒精量不超过15g/d，男性不超过25g/d。糖尿病患者不建议饮用白酒，可适当选择啤酒或红酒。

7. 饮食分配及餐次安排

糖尿病患者每天至少保证三餐，早、中、晚餐能量安排，按25%、40%、35%的比例分配。在身体活动量稳定的情况下，饮食尽量定时定量，每餐要主副食搭配，餐餐有碳水化合物、蛋白质和脂肪。注射胰岛素或者容易发生低血糖者，可在三餐之间加餐，加餐量应从正餐的总量中扣除，做到加餐不加量，在总能量范围内适当增加餐次，有利于改善糖耐量，并可预防低血糖的发生。糖尿病患者也可用少食多餐，分散进食的方法，减轻单次餐后高血糖对胰腺的负担。

8. 食物的多样化与烹饪方法

糖尿病患者的健康饮食，一般来说每天主食200~350g，蔬菜500g，水果150~200g，乳及乳制品100~200g，肉、鱼、虾和蛋150~200g，豆制品100~200g，烹调油20~30g，食盐3~5g。

糖尿病患者的营养治疗需要长期坚持，在限制总能量和合理搭配的前提下，饮食计划可以包括患者喜欢的各种食物。在烹调方法上多采用蒸、煮、烧、烤和凉拌的方法，避免食用油炸的食物。

9. 糖尿病患者的科学饮食

（1）定时定量和化整为零　定时定量是指正餐，推荐一日三餐，规律进食，每顿饭进食量基本保持平稳。化整为零是指零食，在血糖控制良好的情况下，糖尿病患者可以吃水果，以补充维生素。但吃法与正常人不同，一般不要饭后立即进食，可以选择饭后2h食用水果。吃的时候将水果分餐，如：一个苹果分2~4次吃完，而不要一口气吃完。分餐次数越多，对血糖影响越小。

（2）吃干不吃稀　建议糖尿病人尽量吃“干”的，如：馒头、米饭、饼。不要吃面糊、粥、面片汤、稀面条等。越稀的饮食，经过烹饪的时间越长，食物越软越烂，意味着越好消化，则血糖升高越快，所以不宜吃粥。

（3）吃绿不吃红　食物太多，糖尿病患者怎么选择呢？一般绿色的，多是含有叶绿素的植物，如：青菜。而红色的含糖相对较高，不宜食用。如吃同样重量的黄瓜和番茄，番茄可以明显升糖。所以，在不能确定的情况下，“绿色”的一般比较保险。

（三）合理运动

合理运动可促使肌肉组织对葡萄糖的摄取和利用，提高胰岛素和受体的结合力，从而使血糖降低。另外，运动可降低血糖，减轻体重，改善血液循环，有助于防治糖尿病的血管并发症。糖尿病患者可根据自己的身体状况选择合适的运动方式。糖尿病患者的运动应因人而异，对于比较年轻的患者，可以进行一些相对剧烈的活动，比如打球、跳舞等。对于一些年龄稍大的患者，则可以采用比较舒缓的运动方式，比如太极拳、散步等。运动要有规律，每周至少 3 次，运动时间一般在饭后的 30min 到 1h 为宜。

1. 糖尿病患者的运动项目

（1）做家务　做家务也是很好的锻炼方式，比如养花种菜、打扫房间、洗车、遛狗等，有助于消耗热量和降低血糖。

（2）散步　散步简单易行，如果糖尿病患者之前没有参加过锻炼，可以从每天散步 10~15min 开始，之后逐渐增加到每天散步 30~45min，争取实现每天步行 1 万步的目标。

（3）太极拳　练习太极拳有助于缓解压力、改善平衡能力和提高身体灵活性，有助于降低血糖水平。新研究发现，糖尿病患者每周参加 2 次太极拳训练，每次练习 1h，每周再在家练习 3 次，每次 20min，可以使血糖水平明显降低，提高生活质量。

（4）水中运动　糖尿病患者参加游泳、水中健美操和水中漫步等强度较低的有氧运动有助于消耗热量和改善身体灵活性。

2. 糖尿病患者的运动原则

（1）糖尿病患者运动治疗忌空腹运动　空腹运动时，体内能量主要靠脂肪分解，肌肉还会分解肌糖原以供需要，由此消耗肌肉，造成肝脏负担。所以，糖尿病患者最佳运动时间，应在进食 1h 后进行，应避免空腹运动及注射胰岛素 60min 内运动，以免发生低血糖。运动时记得随身携带糖果，以便出现低血糖时能够及时缓解。

（2）糖尿病患者运动治疗忌盲目运动　很多糖尿病患者认为只要做运动就可以降血糖，其实这种看法是非常片面的。对于有严重并发症者来说，盲目地运动很有可能加重病情。应该随时监测血糖，有计划地合理做运动。

（3）糖尿病患者运动治疗忌运动不足　有些糖尿病患者认为平时做家务就等于运动。可事实上，做家务虽然具有运动的部分特点，但与糖尿病治疗意义上的运动还是有区别的。

（四）糖尿病自我监测

糖尿病是一种难以根治的疾病，所以糖尿病患者的自我管理十分重要。日常生活中，糖尿病患者应避免焦虑紧张的情绪，还应建立规律、良好的生活和饮食习惯，不吸烟、不饮酒、少吃食盐和富含碳水化合物、油脂以及热量的食物。

糖尿病患者由于体内代谢紊乱，体质弱，抵抗力差，极易合并多部位、多器官感染。一旦感染，不仅难治，而且还会使糖尿病病情恶化，因此糖尿病患者应特别注意个人卫生。

自我监测血糖，可以使糖尿病患者及时掌握血糖水平的变化，进而作为调整胰岛素剂量和饮食份量的依据，使糖尿病病情得到良好的控制，以减少高血糖和低血糖的危险，预防长期合并症的发生。血糖控制良好的人，每周 1~2 次测空腹、饭后、睡前血糖。控制不好的人，每天测空腹、饭前、饭后和睡前血糖，并随时调整治疗。生病或剧烈运动时，要增加测量次数。

为了解糖尿病患者血糖是否得到良好控制，必须经常监测血糖等项目，以便及时调整治疗方案，早发现和防治并发症。自我监测应做到：①每周或每天测血糖血压；②每月测体重、尿常规、腰围腰臀比值；③每季测血脂、糖化血红蛋白、肾功能、查眼底及心电图。

第二节　营养与非酒精性脂肪肝病

营养与非酒精性脂肪肝病

非酒精性脂肪肝病（non-alcoholic fatty liver disease，NAFLD）是一种无过量饮酒史及其他导致脂肪肝的特定因素所引起的，以甘油三酯为主的脂质在肝细胞中蓄积为主要病理改变的肝脏代谢性疾病。非酒精性脂肪肝病与代谢综合征、2 型糖尿病、动脉硬化性心血管疾病以及结直肠肿瘤等疾病的高发密切相关。

非酒精性脂肪肝病疾病谱包括非酒精性脂肪肝（non-alcoholic fatty liver，NAFL）、非酒精性脂肪性肝炎（non-alcoholic steato hepatitis，NASH）、肝硬化和肝细胞癌（hepato cellular carcinoma，HCC）。非酒精性脂肪肝，又称单纯性脂肪肝，是非酒精性脂肪肝病的早期表现。组织病理学显示以大泡性或大泡为主的脂肪变，并累及 5% 以上肝细胞，可以伴有轻度非特异性炎症。非酒精性脂肪性肝炎是非酒精性脂肪肝病的严重类型，5% 以上的肝细胞脂肪变合并小叶内炎症和肝细胞气球样变性。不合并肝纤维化或仅有轻度纤维化（F0~1）为早期非酒精性脂肪性肝炎；合并显著肝纤维化或间隔纤维化（F2~3）为纤维化性非酒精性脂肪性肝炎；合并肝硬化（F4）为非酒精性脂肪性肝炎肝硬化。非酒精性脂肪肝病相关肝硬化有肥胖症、代谢综合征、2 型糖尿病和（或）非酒精性脂肪肝病病史的隐源性肝硬化。

随着人们生活方式的改变以及代谢综合征的流行，非酒精性脂肪肝病全球发病率高达 25%，亚洲发病率约为 27%。现代流行病学研究发现非酒精性脂肪肝病发病率与性别有关，男性高于女性。另外，年龄每增长 10 岁非酒精性脂肪肝病患病率约增加 10%。近年来非酒精性脂肪肝病患病率呈低龄化发展，中国成人非酒精性脂肪肝病的患病率约为 15%，中老年中非酒精性脂肪肝病患病率为 22. 05%。非酒精性脂肪肝病已经取代慢性乙型肝炎成为中国的第一大慢性肝病。非酒精性脂肪肝病的流行给人民健康和社会经济带来沉重负担，已成为全球范围内的重要公共卫生问题。但是，非酒精性脂肪肝病的发病机制复杂且有多种因素共同作用，因此只有全面探索研究其发病机制，才能更好地进行早期诊断和治疗干预。

一、非酒精性脂肪肝病的病因

非酒精性脂肪肝病的发病与遗传因素有关。例如某些参与脂代谢相关基因多态性改变，基因缺失可引起非酒精性脂肪肝病发病，或是母亲孕期营养不良或营养过剩都可增加子代罹患非酒精性脂肪肝病的发病风险。肥胖症、高脂血症、T2DM 患者中非酒精性脂肪肝病患病率分别高达 60%~90%，27%~92% 和 28%~70%。而非酒精性脂肪肝病患者通常合并肥胖症、高脂血症和血糖升高。另外，BMI 正常人群非酒精性脂肪肝病患病率也达 10% 以上，腰围所提示的腹型肥胖更能预测代谢综合征和非酒精性脂肪肝病。此外，高尿酸血症、红细胞增多症、甲状腺功能减退、垂体减退、睡眠呼吸暂停综合征、多囊卵巢综合征也是非酒精性脂肪肝病发生和发展的独立危险因素。除了上述疾病因素外，富含饱和脂肪酸和果糖的高热量膳食、久坐少动等生活方式与非酒精性脂肪肝病的发病密切相关。

二、 非酒精性脂肪肝病的发生发展机制

（一）非酒精性脂肪肝病发生发展的细胞学基础

肝脏脂质代谢（脂肪的合成、分解或运输）的障碍导致脂肪在肝细胞中过度堆积形成脂肪肝。同时，脂质毒性、炎症、氧化应激、内质网应激等促使过度荷载脂肪的肝细胞发生损伤和死亡。组成肝脏的细胞除了肝细胞外，还包括肝巨噬细胞、肝星状细胞、肝血窦内皮细胞等。肝细胞的死亡可以促进肝巨噬细胞和肝星状细胞等免疫细胞的激活，导致肝脏的炎症和纤维化。肝脏的炎症又可以进一步促进肝细胞的损伤和死亡以及肝星状细胞的激活。细胞之间的相互影响和相互作用所形成的恶性循环促进了非酒精性脂肪肝病的进展。目前非酒精性脂肪肝病发病机制尚未明确，存在“二次打击”“三次打击”和“多重打击”学说。在遗传易感个体中，多个并行因素会产生协同作用，参与非酒精性脂肪肝病的发生发展。

（二）脂质代谢失衡

非酒精性脂肪肝病患者肝脏脂肪主要以甘油三酯的形式积聚。甘油三酯是由甘油和游离脂肪酸经酯化反应生成的。游离脂肪酸的主要来源为饮食、脂肪组织脂类分解以及肝脏的脂肪从头合成。研究表明，非酒精性脂肪肝病患者肝脏脂质含量的增加，很大程度归因于脂肪从头合成。流行病学研究显示，过多摄入含糖饮料如蔗糖或果糖和葡萄糖的混合物，能够促进脂肪从头合成，导致氧化应激和肿瘤坏死因子 α（TNF-α）上调，增加脂肪变性和非酒精性脂肪性肝炎的风险。细胞自噬能够调节脂质代谢，肝脏发生脂肪变性时，细胞自噬功能降低，导致脂质积累，而这将进一步抑制自噬功能，形成恶性循环。目前研究认为肝脏游离脂肪酸蓄积是非酒精性脂肪性肝炎发病的核心机制。游离脂肪酸进入肝细胞后在脂酰辅酶 A 合成酶催化下，形成脂酰辅酶 A，进而发生酯化反应或参与线粒体 β-氧化。

（三）胰岛素抵抗

胰岛素抵抗是导致非酒精性脂肪肝病发生的重要机制之一，对脂肪毒性、氧化应激和炎症级联激活起重要作用。研究发现，脂肪组织和肝脏存在代谢相互作用。脂肪细胞肥大或胰岛素抵抗导致脂肪因子失衡，不仅可以影响脂肪组织本身，还可影响肝脏功能。

（四）氧化应激和炎症

小鼠研究表明，非酒精性脂肪性肝炎中肝细胞炎性小体的激活可能是初始代谢应激、肝纤维化甚至肝细胞死亡的重要介质。游离脂肪酸、氧化应激以及炎性代谢物可激活炎症小体，生成白细胞介素 1β（IL-1β）和白细胞介素 18（IL-18），并抑制过氧化物酶体增殖物激活受体 α，间接促进肿瘤坏死因子 α 诱导的细胞死亡。研究表明，核苷酸结合寡聚化结构域样受体蛋白 3 炎症小体功能丧失的小鼠，经高脂饮食诱导后，不会形成非酒精性脂肪性肝炎。此外，炎性小体也可直接作用于肝星状细胞，促进肝纤维化。

（五）饮食习惯的改变和抗生素的滥用

饮食习惯的改变和抗生素的滥用导致的人类微生物组的演变是非酒精性脂肪肝病重要危险

因素。有研究表明，肠道菌群可通过干扰肠-肝轴和肠道屏障功能影响肝脂肪代谢，从而导致非酒精性脂肪肝病。人体肠道上皮的吸收面积达300~400m^2，定植约1014种细菌，其多为共生微生物，依赖于饮食中的营养物质，同时处理难消化的物质，产生必需的代谢物，形成适应性免疫，抵抗病原微生物的入侵和定植，但这种相互影响的关系可能会因疾病表型而被破坏，进而导致肠道生态失调。因此，肠道菌群失调被认为是非酒精性脂肪肝病发病的关键因素。

（六）遗传学和表观遗传学变化

遗传学和表观遗传学改变在非酒精性脂肪肝病中的作用越来越受到重视。遗传学和表观遗传学变化及其两者间的动态相互作用，可能影响着非酒精性脂肪肝病的发病易感性。脂代谢、胰岛素抵抗、氧化应激、细胞因子和纤维化相关的基因多态性都能增加非酒精性脂肪肝病/非酒精性脂肪性肝炎的易感性。研究发现在代谢综合征和非酒精性脂肪肝病的基因突变中，存在大量基因重叠，提示与代谢综合征相关的基因可能引起非酒精性脂肪肝病。表观遗传学修饰主要包括 microRNAs（miRNAs，miRs）、DNA 甲基化及组蛋白修饰。作为一种基因变异及环境信号改变的适应性机制，表观遗传学是在不改变 DNA 原始序列的情况下对基因表达进行微调，这对维持细胞内环境的稳态是必须的，其平衡的打破会导致非酒精性脂肪肝病等一系列的疾病。

三、非酒精性脂肪肝病的诊断

非酒精性脂肪肝病的诊断需要有弥漫性肝细胞脂肪变的影像学或组织学证据，并且要排除乙醇（酒精）滥用等可以导致肝脂肪变的其他病因。非酒精性是指无过量饮酒史（男性饮酒折合乙醇量<30g/d，女性<20g/d），以及排除酒精性肝病、基因3型丙型肝炎病毒感染、自身免疫性肝炎、肝豆状核变性等可导致脂肪肝的特定肝病，并除外药物（他莫昔芬、胺碘酮、丙戊酸钠、甲氨蝶呤、糖皮质激素类药物等）、全胃肠外营养、炎症性肠病、麦胶性肠病、甲状腺功能减退症、库欣综合征、β-脂蛋白缺乏血症、脂质萎缩性糖尿病、莫里亚克综合征（Mauriac syndrome）等导致脂肪肝的特殊情况。

（一）脂肪变诊断

B 型超声是临床应用范围广泛的影像学诊断工具，根据肝脏前场回声增强（“明亮肝”）、远场回声衰减，以及肝内管道结构显示不清楚等特征诊断脂肪肝。B 型超声的优点是无创，但缺点是对轻度脂肪肝诊断的敏感性低，特异性也有待提高。受控衰减参数（CAP）是一项基于超声的肝脏瞬时弹性成像平台定量诊断脂肪肝的新技术，它的优点是能够检出5%以上的肝脂肪变，准确区分轻度肝脂肪变与中-重度肝脂肪变。但缺点是易高估肝脂肪变程度，不适用于过度肥胖患者，BMI>30kg/m^2时，准确性下降。X 射线计算机断层摄影术（CT）和磁共振成像（MRI）诊断脂肪肝的准确性不优于B 型超声，主要用于弥漫性脂肪肝伴有正常肝岛以及局灶性脂肪肝与肝脏占位性病变的鉴别诊断。磁共振波谱分析（MRS）能够检出5%以上的肝脂肪变，准确性很高，缺点是花费高和难以普及。虽然肝组织活检是有创的，但它仍然是诊断肝脂肪变的金标准。肝脏组织病理学分级如果遵循 Kleiner 的非酒精性脂肪肝病活动度（NAS）评分系统，脂肪变分级按照脂肪变性占整个小叶的比例分为4个等级：<5%为0级，5%~33%为1级，33%~66%为2级，>66%为3级。

（二）脂肪性肝炎

现有影像学技术和实验室检查等无创方法不能准确诊断非酒精性脂肪性肝炎。对于非酒精性脂肪肝病初诊患者，详细了解 BMI、腰围、代谢性危险因素、并存疾病和血清生物化学指标，可以综合判断是否为非酒精性脂肪性肝炎高危人群。代谢综合征、血清谷丙转氨酶和细胞角蛋白-18（CK-18）（M30 和 M65）水平持续增高，提示非酒精性脂肪肝病患者可能存在非酒精性脂肪性肝炎，要进一步的肝组织活检结果证实。肝组织检查至今仍是诊断非酒精性脂肪性肝炎的金标准。肝脏组织病理学分级如果遵循 Kleiner 的 NAS 评分系统，炎症分级按照 200 倍镜视野下观察到的炎症细胞聚集的堆数分成 3 个等级：未观察到炎症聚集的为 0 级，<2 个为 1 级，2~4 个为 2 级，>4 个为 3 级。如果 NAS<3 为单纯性脂肪肝，3$\leqslant$NAS<5 为边界性肝炎，NAS$\geqslant5$ 的可诊断为非酒精性脂肪性肝炎。

（三）肝纤维化

在非酒精性脂肪肝病患者中诊断显著肝纤维化和肝硬化对预后判断的价值非常大。基于 FibroScan 的振动控制瞬时弹性成像（VCTE）对纤维化的诊断效率高于其他预测模型，有助于区分无/轻度肝纤维化（F0，F1）与进展期肝纤维化（F3，F4），但其缺点是易受其他因素影响，例如肥胖症、重度肝脂肪变、明显的肝脏炎症（血清氨基酸转移酶>5×正常值上限）、肝脏淤血和胆汁淤积等。当无创方法检测结果高度疑似存在进展期肝纤维化时需要肝组织活检来验证。肝脏组织病理学分级如果遵循 Kleiner 的 NAS 评分系统，则纤维化分级为：未观察到纤维化的为 0 级，窦周或门静脉周纤维化为 1 级，窦周和门静脉周纤维化为 2 级，桥接纤维化为 3 级，出现肝硬化为 4 级。

四、 非酒精性脂肪肝病的营养防治

非酒精性脂肪肝病的治疗主要包括饮食、运动、药物以及减肥手术治疗等综合措施，其中通过饮食和营养治疗降低体脂是非酒精性脂肪肝病综合治疗的基础和核心，也是防治非酒精性脂肪肝病伴随的代谢性疾病最为有效和安全的治疗方法。肝脏是营养代谢的主要器官，具有脂质代谢、蛋白合成、糖原储存以及解毒等功能。非酒精性脂肪肝病患者通常合并超重/腹型肥胖、血脂紊乱、高血压、高尿酸血症以及糖耐量异常/糖尿病等代谢性疾病，其膳食特点为能量摄入长期超过能量消耗。这些患者平时往往过多摄入富含单糖、饱和脂肪以及胆固醇的饮料和食品，这些食物往往缺乏纤维素、维生素和矿物质。这些饮食习惯会影响患者肝脏的脂质代谢，进而诱发脂肪性肝病。因此，减少热量摄入并调整饮食结构的营养治疗对于非酒精性脂肪肝病的防治至关重要。

（一）能量

随着肥胖和胰岛素抵抗为主要特征的代谢综合征患者的增多，非酒精性脂肪肝病已经成为肥胖最常见的并发症之一。摄入过多的能量可增加体重，加重肝脏的负担，加重病情，延缓恢复。研究发现，通过限制能量摄入可改善胰岛素抵抗并减少超重者肝脏脂质蓄积。通过适当地控制能量摄入或者是增加体力活动消耗能量达到减重的目的，不仅可以改善患者体内脂肪的储存情况，而且有助于改善非酒精性脂肪肝病。在明确饮食方案之前，脂肪肝患者应明确自己的标准体重和肥胖程度。我国居民可以采用以下的算式计算标准体重：身高 160cm 以上人群，标准体重（kg）= 身高（cm）-105；身高 160cm 以下人群，标准体重（kg）= 身高（cm）-100。判断是否肥胖可以根据{[（实际体重-标准体重）/标准体重]×100%}来计算。该值在-10%~10%都属正常，小于-10%属消瘦，10%~20%属超重，大于 20%为肥胖。合理控制能量摄入需要了解自身对能量的需要量，而这与体型和劳动强度有关（表 6-2）。每日所需总能量可按照标准体重结合下表进行计算，即每日摄入总能量=每千克体重所需的能量×标准体重。

表 6-2 不同体型/劳动强度每日能量需要表 单位：kcal/kg

劳动强度	体型消瘦	体型正常	超重和肥胖
卧床休息	20~25	15~20	15
轻体力劳动	35	25~30	20~25
中体力劳动	40	35	30
重体力劳动	40~45	40	35

注：1kcal=4.186kJ。

资料来源：《中国脂肪肝防治指南（科普版）(第二版)》。

（二）脂类

非酒精性脂肪肝病的主要病理改变是以甘油三酯为主的脂质在肝细胞中聚集，非酒精性脂肪肝病患者中肝脏脂肪代谢出现障碍，使得大量脂肪类物质蓄积于肝细胞。目前认为过量的脂肪摄入导致肝中游离脂肪酸增加，是导致非酒精性脂肪肝病的危险因素之一。降低膳食脂肪的摄入量，主要是减少胆固醇、饱和脂肪酸和反式脂肪酸的摄入，增加单不饱和脂肪酸及多不饱和脂肪酸的摄入有利于防治非酒精性脂肪肝病。因此，总脂肪摄入所提供的能量不应超过总能量的30%，饱和脂肪酸不超过10%，反式脂肪酸不超过1%。单不饱和脂肪酸、ω-3 多不饱和脂肪酸各占10%以上，ω-6 多不饱和脂肪酸不超过10%（5%~10%）。

（三）碳水化合物

虽然低碳水化合物饮食能够有效地降低体重并改善由肥胖引起的代谢相关危险因素，但是在短期内（6个月）减重效果显著，1年后与其他减重饮食相比效果无差异，长期对防治非酒精性脂肪肝病无益。而且低碳水化合物饮食可能导致矿物质和维生素缺乏，膳食纤维摄入不足，并增加肾负担和水电解质紊乱的风险。因此，每天也需要摄入适量的碳水化合物，其提供的能量应占总能量的50%~60%。脂肪肝患者的碳水化合物的食物最好来源于富含复合糖的主食，并合理进行粗细搭配，例如米、面、全谷类、薯类、山药、马铃薯等，以及豆类、乳类、蔬菜和水果。少吃富含简单糖的食物，例如精制糖、糕点、蜂蜜、果汁、饮料等。

（四）蛋白质

蛋白质中含有必需氨基酸，例如甲硫氨酸、胱氨酸、赖氨酸等，适量摄入具有抗脂肪肝和减少肌少症的作用。但是蛋白质过量摄入不仅会增加肾脏的负担，而且特别是过量摄入动物蛋白质的同时也会增加动物脂肪的摄入，增加高脂血症和冠心病的风险。因此，蛋白质提供的能量一般占总能量的10%~20%，动物蛋白质与植物蛋白质各占50%。鱼虾、瘦肉、牛乳、蛋清、黄豆及其豆制品是脂肪肝患者首选的蛋白质来源食物。

（五）维生素

有关维生素和非酒精性脂肪肝病之间的相关性研究主要以维生素 E 和维生素 D 为主。维生素 E 具有抗氧化、抑制肿瘤坏死因子、白细胞介素 6（IL-6）、白细胞介素 8（IL-8）的作用，能够显著改善非酒精性脂肪肝病的病理进展。2012 年美国《非酒精性脂肪肝病诊疗指南》中提到，维生素 E（800IU/d）可作为无糖尿病的非酒精性脂肪性肝炎成人患者的一线治疗药物，具体适宜非酒精性脂肪肝病的干预剂量尚未明确。但维生素 E 有可能增加全因死亡率和糖尿病的发病率，并可能增加前列腺癌的发病。维生素 D 在非酒精性脂肪肝病疾病的发生发展中可有效减轻肝脏组织和外周组织的胰岛素抵抗，同时还能提高血液中载脂蛋白水平的表达，提高肝脏清除脂肪的能力，从而减少肝脏中的脂肪沉积。维生素 D 还能在肝脏中发挥免疫调节作用，有效抑制肝脏胶原与肝脏细胞纤维化的生成。此外，维生素 D 对炎性反应因子具有轻度抑制作用，从而减少炎性因子的产生。故在非酒精性脂肪肝病的营养防治中，及时补充维生素 D，对提高治疗效果、控制病情具有积极的临床意义。

（六）膳食纤维

膳食纤维是植物性食物中不被人消化和吸收的成分，具有很高的持水力，且可以改善肠道菌群。在高膳食纤维低脂肪饮食干预脂肪肝患者的研究中发现，该饮食显著降低了患者的总胆固醇、甘油三酯和谷丙转氨酶水平。膳食纤维干预可以改善肠道的通透性，减少胆固醇吸收，促进胆固醇排泄，降低血浆中胆固醇水平；增加食物在肠道中的停留时间，延缓胃排空，减缓脂肪吸收，从而降低血浆中的甘油三酯水平。膳食纤维还可以经肠道生态系统调节脂质代谢，促进益生菌生长，增加肠道微生物的多样性。肠道菌群发酵产生的短链脂肪酸可以增强肝对胰岛素的敏感性，改善机体胰岛素抵抗，进而防止脂肪在肝中堆积。通过调整肠道菌群，改善肠-肝轴功能紊乱或成为治疗非酒精性脂肪肝病的新策略。

（七）食物添加成分

食物添加成分是非酒精性脂肪肝病防治研究中具有重大研究潜力的方向之一。胆碱是一种重要的营养成分，胆碱缺乏膳食可诱发实验动物脂肪性肝炎和肝纤维化。饮食中胆碱摄入减少与绝经后非酒精性脂肪肝病妇女肝纤维化增加相关。甜菜碱广泛存在于动植物体内，其作为营养添加剂不仅被广泛应用于各种动物配合饲料中，而且用于动物及临床改善非酒精性脂肪肝的研究中。甜菜碱参与机体的脂代谢，具有减少体内脂肪，抑制体脂沉积的功能。国内外临床及动物实验已证实甜菜碱干预具有改善脂代谢紊乱和非酒精性脂肪肝病的功能。但是，目前将甜菜碱作为食品添加剂直接用于临床改善非酒精性脂肪肝病尚缺乏基础的理论支持，甜菜碱改善非酒精性脂肪肝病的作用机制研究也鲜有报道。氧化应激被认为是非酒精性脂肪肝病患者肝细胞损伤的重要机制，导致非酒精性脂肪肝发展为脂肪性肝炎。研究资料表明，绿茶和咖啡对非酒精性脂肪肝病具有保护作用。绿茶含有丰富的茶多酚，具有抗氧化、降血脂、产热及抗炎作用，故可能对非酒精性脂肪肝病有防治作用。饮用咖啡是非酒精性脂肪肝病甚至肝硬化和肝癌的保护因素，可减轻非酒精性脂肪性肝炎患者肝纤维化程度。近来研究发现，肥胖、代谢综合征、糖尿病以及非酒精性脂肪肝病都与肠道微生态失调有关。肠道菌群改变参与非酒精性脂肪肝病/非酒精性脂肪性肝炎的发病。膳食中适当补充益生元或益生菌可调节肠道菌群，改善非酒精性脂肪性肝炎患者血液生化指标以及脂肪性肝炎病变程度。

饮食治疗是非酒精性脂肪肝病综合防治的重要组成部分，推荐非酒精性脂肪肝病患者坚持个体化的饮食方案，有效管理体重。纠正不良行为并节制饮食和辅以补充营养要素的饮食治疗在非酒精性脂肪肝病/非酒精性脂肪性肝炎以及糖脂代谢紊乱的预防和治疗中至关重要，可有效减重、提高胰岛素敏感性、改善血液生化指标，并减轻肝脂肪变和炎症损伤程度。超重、腹型肥胖以及近期体质量增长过快的非酒精性脂肪肝病患者应通过控制饮食总能量摄入、平衡膳食、纠正不良饮食行为并增加锻炼以减轻体重和腰围。忽视饮食和运动等基础治疗的任何药物治疗，效果均不可能理想。当前，国内外就非酒精性脂肪肝病患者饮食和营养治疗指南尚未达成共识，主要是缺乏以肝组织病理学改变为试验终点的大规模临床随机对照试验。另外，目前也缺乏膳食构成对非酒精性脂肪肝病患者自然史影响的研究。因此，非酒精性脂肪肝病饮食治疗的临床和转化医学研究任重而道远。

第三节 营养与心血管疾病

营养与心血管疾病

心血管疾病（cardiovascular diseases，CVD）是心脏和血管疾病的总称，心血管疾病的发生发展虽具有一定的遗传因素，但后天的因素，特别是饮食习惯和营养摄入情况也是心血管疾病发生发展的重要原因，而且在心血管疾病的治疗中，饮食控制也起到了一定的辅助作用。2019 年全球疾病负担研究（Global Burden of Disease Study 2019，GBD）专题报告指出，心血管疾病位列全球死因之首，2019 年全球 19.2% 的死亡病例（1080 万人）由高收缩压引起。有研究发现，心血管重症营养不良患者的并发症发生情况、死亡率均远高于营养状况良好的患者，由此可见，适当的营养干预在心血管疾病的预防与治疗中都是很有必要的。

一、常见的心血管疾病

（一）冠心病

冠心病是冠状动脉粥样硬化性心脏病的简称，具有多种表现形式，主要包括稳定性心绞痛、不稳定心绞痛、急性心肌梗死和猝死等。临床上，以慢性稳定性心绞痛为多见，无心绞痛的慢性稳定性冠心病患者偶尔在查体时发现。临床表现为典型胸痛、心绞痛、心前区不适、心悸乏力、猝死等。目前主要的治疗手段仍然是药物治疗，包括硝酸酯类药物、抗血栓药物等。

（二）高血压

高血压病是指在静息状态下，动脉收缩压或舒张压增高（≥140/90mmHg），常伴有脂肪和糖代谢紊乱以及心、脑、肾和视网膜等器官功能性或器质性改变，以器官重塑为特征的全身性疾病。高血压分为原发性高血压和继发性高血压，90%～95% 的病例为原发性高血压。高血压是中风、心肌梗死（心梗）、心力衰竭及外周动脉疾病等重症的主要危险因素之一。目前，我国的高血压患者已超 3 亿，高血压的治疗目标是血压达标，主要采取的是生活行为方式的改善和药物治疗。其实高血压是一种可控可防的疾病，养成良好的饮食习惯，合理的营养摄取有利于减少高血压的发生。

（三）心律失常

心律失常是由于窦房结激动异常或激动产生于窦房结以外，激动的传导缓慢、阻滞或经异常通道传导，即心脏活动的起源和传导障碍导致心脏搏动的频率和节律异常。心律失常是心血管疾病中的一种常见疾病，既可单独发病又可伴随其他心血管疾病发生。在日常生活中，规律生活，劳逸结合，注重饮食营养丰富，少食多餐等可在一定程度上预防心律失常。

（四）心力衰竭

心力衰竭是各种心脏结构或各种功能性疾病导致心室充盈或射血功能受损，心排血量不能满足机体组织代谢需要，以肺循环或体循环淤血，器官组织血量灌注不足为临床表现的一组综合病征，主要表现为呼吸困难，体力活动受限和体液潴留。心力衰竭的基本病因主要包含原发性心肌损害和心脏负荷过量两大类。日常中合理锻炼强健体魄，养成良好的生活习惯对心衰均有改善作用。

（五）心肌梗死

心肌梗死是指急性、持续性缺血、缺氧（冠状动脉功能不全）所引起的心肌坏死，常伴随心力衰竭和心律失常。在家庭治疗中，除了按时用药外，还应该注重适当运动，合理膳食（低脂肪、低胆固醇饮食）。

二、 营养评估与心血管疾病

研究表明，在心血管疾病患者中营养不良普遍存在，营养状态在心血管疾病患者的治疗和预后方面都具有重要价值。因此，对心血管疾病患者进行营养评估十分必要。目前，常用的评估方法主要分为主观和客观两种。其中，主观营养状态评估需要专业医务人员的介入，涉及主观问题，所以临床使用受到限制。因此，常用主观综合性营养评估法（subjective comprehensive nutrition assessment，SGA），对患者以往病史情况进行了解和记录，并对患者入院前后体重情况、是否存在消化系统症状实行分级。①营养良好：体重下降在5%以内，无消化不良症状或乏力、肌肉消耗程度不明显；②重度营养不良：体重下降10%以上，饮食显著减少超过2周，出现持续或频繁地消化不良，肌肉明显消耗；③轻中度营养不良：居于轻度和重度之间。当前有袖珍营养评价表（mini nutrient assessment-short form，MNA-SF）作为主观营养评价方法的一种，营养状态评估表见表6-3。客观营养状态评估的工具较多，控制营养状态评分（controlling nutrition standards，CONUT）因简易、低廉、较全面而应用于临床，见表6-3。CONUT包括3个方面：血清白蛋白（g/dL）、血清总胆固醇（mg/dL）、血液总淋巴细胞计数（个/mL），涉及体内蛋白质储备、能量消耗及免疫防御。营养不良是一种机体状态，涉及的指标众多，不同的营养评估方法侧重点不同，所以得到的结果也不尽相同，但都可反映心血管疾病患者的整体营养状态。而心血管疾病具有复杂的发病机制，牵扯到人体的各个组织器官，无论是在临床治疗与预后上，还是在家庭康复治疗上，饮食营养控制都能起到相当重要的作用。特别是早期的营养评估和营养干预对临床结果有积极作用，对改善生活质量也有一定的帮助。

表6-3 营养状态评估表

营养状态评估工具	评分及营养状态			
袖珍营养评价简表（MNA-SF）				
近3个月有无食欲减退、咀嚼、吞咽困难	严重（0）	轻度（1）	无（2）	
近3个月体重丢失/kg	>3（0）	不知道（1）	1~3（2）	无（3）
活动能力	卧床（0）	不愿活动（1）	外出活动（2）	
近3个月有无应激或急性疾病	无（0）		有（2）	
神经精神疾病	严重（0）	轻度（1）	无（2）	

续表

营养状态评估工具	评分及营养状态			
体重指数/(kg/m²)	<19（0）	19~21（1）	21~23（2）	>23（3）
营养状态（总分）	正常（≥11）		营养不良（<11）	
控制营养状态评分（CONUT）				
血清白蛋白/(g/dL)	3.5~4.5（0）	3.0~3.49（2）	2.5~2.9（4）	<2.5（6）
血清总胆固醇/(mg/dL)	>180（0）	140~180（1）	100~139（2）	<100（3）
血液总淋巴细胞计数/(个/mL)	>1600（0）	1200~1599（1）	800~1199（2）	<800（3）
营养状态（总分）	正常（0~1）	轻度（2~4）	中度（5~8）	重度（9~12）

资料来源：杨珍珍，彭瑜，张钲．营养状态评估与心血管疾病关系的研究进展［J］．心血管康复医学杂志，2018，27（5）：599-602。

三、 营养需求与心血管疾病

（一） 平衡膳食

高脂高糖的膳食模式会让人们摄入过多的能量，而这些多余的能量会转化为脂肪储存在人体的各组织器官中，长此以往会给肝、胆、胰腺等器官造成负担，从而引发肥胖。而心血管疾病是肥胖的常见并发症，尤其与高血压、冠心病等心血管疾病之间关系密切，是肥胖患者致死的主要原因。所以平衡膳食，坚持食物多样化对心血管疾病患者尤为重要。

（二） 规律饮食

由于科技进步且工作生活压力过大，现在有部分人群长期保持着暴饮暴食或者是饮食不规律的不良饮食习惯，而饮食不规律的人更容易单次摄入过多的热量，增加肥胖风险，加大心血管负担，增加患心血管疾病风险。

（三） 低饱和脂肪酸和限制反式脂肪酸膳食

饱和脂肪酸是构成脂质的基本成分之一，饱和脂肪酸摄入量过高是导致血胆固醇、甘油三酯、低密度脂蛋白胆固醇升高的主要原因之一，进而引起动脉粥样硬化，增加心血管疾病风险。美国国家脂质协会（National Lipid Association，NLA）关于以患者为中心的血脂异常管理建议书支持用不饱和脂肪和瘦肉蛋白质替代饱和脂肪。另有报道，将饱和脂肪中5%的能量替换为从全谷物中获取，可降低25%的冠心病风险。而反式脂肪酸对心血管的危害更为严重。据报道，反式脂肪在膳食总能量中比例每升高2%，大约每天多吃4g反式脂肪，就会增加25%的冠心病风险。因此，在心血管疾病患者日常膳食中，应控制脂肪摄入占总能量20%~25%为宜；饱和脂肪摄入量应少于总能量10%；而反式脂肪应尽量避免，每天摄入量不超过2g。

（四） 低胆固醇膳食

在血胆固醇中，有1/4是膳食胆固醇，3/4是自身肝脏合成的。膳食胆固醇主要来源于肉类、蛋类、内脏、海鲜等动物性食物，通常胆固醇高的食物也富含饱和脂肪酸。大量研究表明，每日 300mg 总胆固醇摄入量与冠心病发病率和死亡率的关系不确定。因此美国、中国陆续取消每日 300mg 胆固醇摄入上限。但只可适当放宽，而非无节制、无限制摄入胆固醇。对本身血脂异常，患有心血管疾病的人，适当限制胆固醇的摄入是很有必要的。对于大多数健康人而言，机体有维持血液胆固醇稳定的机制，但有 15%～25% 的人群对膳食胆固醇敏感，维持血浆胆固醇平衡能力较差，若饮食摄入胆固醇增多，会使体内血液总胆固醇显著升高，增加罹患心血管疾病的风险。

（五）摄入适量的多不饱和脂肪酸

根据双键的数量，不饱和脂肪酸可分为单不饱和脂肪酸和多不饱和脂肪酸。最常见的单不饱和脂肪酸是油酸。多不饱和脂肪酸可分为 ω-3 和 ω-6 型两大类。亚油酸和 α-亚麻酸是人体重要的必需脂肪酸。多不饱和脂肪酸具有众多的生理功能，在预防心脑血管疾病方面表现出良好的营养学作用。ω-6 多不饱和脂肪酸对动脉血栓形成和血小板功能有明显影响，例如，亚油酸被誉为“血管清道夫”，对高甘油三酯血症病人效果较显著。且国外流行病学和临床数据显示，ω-3 多不饱和脂肪酸的摄取量与冠心病的发病率呈负相关。同时，多不饱和脂肪酸也和机体的胆固醇代谢息息相关，参与体内胆固醇的转运和代谢，减少其在血管壁沉积，降低动脉粥样硬化的发生。一般深海鱼（沙丁鱼、金枪鱼等）体内 ω-3 型多不饱和脂肪酸含量较多，而植物油（橄榄油、葵花籽油等）中含有较多的 ω-6 型多不饱和脂肪酸。值得注意的是，饮食中保持适宜的多不饱和脂肪酸 ω-6/ω-3 比值也尤为重要。世界卫生组织（WHO）建议 ω-6/ω-3 二者比值为（5~10）：1，中国建议为（4~6）：1，瑞典建议为 5：1，日本建议为（2~4）：1。

（六）低钠饮食

钠是人体不可或缺的常量元素，在维持人体血压正常中起重要作用。大量研究表明，高钠膳食会增加高血压发病的风险。我国“第四次居民营养与健康调查”显示，平均每人钠盐摄入量为 12.0g/d，远超 WHO 建议的每人低于 6.0g/d 的水平。根据《中国居民膳食指南（2022）》，限盐目标较过去更加严格，建议每日盐摄入量低于 5g，除了减少烹饪用盐，也要减少味精、酱油等含钠盐的调味品用量，以及少食钠盐量高的食品，如火腿、香肠等。

（七）维生素

维生素是促进人体生长发育和调节生理功能所必需的一类有机化合物，在体内含量较少，但在体内调节代谢中起着十分重要的作用。维生素种类繁多，不同的维生素对机体的生理作用也不相同。维生素 E 作为具有抗氧化作用的脂溶性维生素，在动脉粥样硬化性心血管疾病的防治中起积极作用。流行病学资料显示，维生素 E 的摄入量与心血管疾病的风险呈负相关。有研究发现，大剂量补充维生素 E 有预防动脉粥样硬化或延缓其病理进程的作用。中国营养学会 2013 年制定的中国居民膳食营养素参考摄入量（dietary reference intakes，DRI）提出成年人对维生素 E 的适宜摄入量为 14mg α-TE/d。维生素 C 具有多种生理功能，其抗氧化功能在防治动脉粥样硬化方面起重要作用。维生素 C 作为肝脏胆固醇代谢的关键酶 7-α-羟化酶的辅助因子参与胆固醇代谢，有利于肝脏清除胆固醇。维生素 C 的推荐摄入量为 100mg/d。B 族维生素在抗血栓、抑制氧化应激、延缓吞噬细胞泡沫化中有重要作用。特别的，叶酸（又称维生素 B_{12}）缺乏会使血液中同型半胱氨酸水平升高，形成高同型半胱氨酸血症，诱发动脉硬化和其他心血管疾病，根据《中国居民膳食营养素参考摄入量（2013）》，成人叶酸的推荐摄入量为 400μg DFE/d。

（八）膳食纤维

膳食纤维按照在水分中溶解性可分为可溶性膳食纤维和不溶性膳食纤维，日常生活中的蔬菜水果是膳食纤维的主要来源。它们的主要区别在于不同的消化方式。可溶性膳食纤维可以被大肠内的微生物吸收利用，而不溶性膳食纤维既不能溶解于水又不能被大肠中微生物吸收利用。从对人体健康的功能来看，可溶性膳食纤维可以结合胆酸促进胆酸排泄，并且经过肠道菌群作用可分解成短链脂肪酸，这些短链脂肪酸可以阻断中性脂肪和胆固醇的吸收过程，起到降低血总胆固醇的作用，特别是降低低密度脂蛋白胆固醇，对饮食性高脂血症有预防作用。不溶性膳食纤维虽然不溶于水也不与肠道菌群作用，但其可增加粪便体积和重量，促进大肠蠕动，预防便秘、可有效减轻体重。可见，膳食纤维对人体健康是非常重要的，WHO 提出成年人的总膳食纤维摄入量为 27～40g/d，建议日常生活多摄入蔬菜、水果、五谷杂粮等富含膳食纤维的食物。

（九）矿物质

除了一些常见的营养成分外，心血管疾病患者也应该注意矿物质的摄取，它们对心血管疾病的预防及预后调理也十分重要。有研究表明钾的摄入量与高血压水平呈负相关，膳食补充钾对高钠饮食引起的高血压效果显著，同时钾在维持心肌的正常功能和体液平衡调节中有重要意义。膳食中钙摄入不足可使血压升高，据美国全国健康膳食调查显示，每日钙摄入低于 600mg 与高血压的发生有关，同时钙可以抑制血小板聚集，也参与脂肪酶的活性调节，在降低血胆固醇中也有一定作用。镁具有降低血胆固醇、增加冠状动脉血流的功能，通过调节血管弹性调节血压，流行病学资料显示镁的摄入水平与心血管疾病的发生呈负相关。硒是谷胱甘肽过氧化物酶的组成部分，有调查发现硒缺乏可引起脂质过氧化反应增强，导致心肌小动脉和毛细血管损伤，诱发心血管疾病。铬与脂质代谢密切相关，其可提高高密度脂蛋白和载脂蛋白水平，降低血清胆固醇含量，预防动脉粥样硬化。

四、 心血管疾病患者的膳食建议

（一）心血管疾病患者膳食选择

由于心血管疾病患者的机体有损，不能按正常的膳食建议进行日常的饮食，合理的膳食选择很有必要。对于心血管疾病患者，低脂、低糖和低热量的饮食模式的建立尤为重要。而要做到低脂低热量饮食，就应该限制饱和脂肪酸占总能量不超过 10%，以碳水化合物作为主要能量来源，保证碳水化合物供能占比为 55%～65%。适当摄入动物的优质蛋白质，并搭配足量的绿色果蔬，以鱼肉、牛肉、鸡鸭肉作为主要的肉食，尽量少食用动物的内脏。食用油以玉米油和菜籽油作为首选，也推荐橄榄油、葵花籽油等。而对于含糖量高的水果，比如大枣、甘蔗等，不宜过多食用。

（二）心血管病患者饮食注意事项

对于心血管病患者，在家庭饮食烹饪中也应注意油脂和盐的用量。建议建立日常膳食食物多样、谷物为主，高膳食纤维、低糖低脂肪的模式。

（三）养成良好的饮食习惯

长期不良的饮食习惯会给身体带来损害，增加罹患心血管疾病的风险，而科学的饮食习惯在于长久的坚持。所以，可通过膳食指导建议卡片的形式来让患者了解更多的关于心血管疾病的营养学知识，也可予以一定的心理辅导，有利于建立长期科学良好的膳食结构。同时，也要注意饮食的安全干净卫生，特别是老年的心血管病患者要多多注意，以免引起肠胃不适。养成良好的饮食习惯，每日按时进食，少食多餐，注重饮食的营养搭配，戒烟限酒，心理平衡，充足睡眠，拥有好的体魄有益于心血管疾病的治愈。

（四）保持适量运动

生命在于运动，大量研究表明，定期锻炼有助于身体健康。WHO 建议每周至少进行 150min 中等强度的有氧运动或每周 75min 剧烈强度的有氧活动或其他组合可以实现实质性的健康上的益处，有氧运动是促进全身血液循环最有效的运动方式，而血液循环在实现体内物质运输以及维持内环境中起着重要作用。健康的生活方式可以降低或避免患病风险，研究表明久坐不动对心血管系统有害，是产生和加重心血管疾病的重要因素。不同强度的体育锻炼对心血管疾病因素的影响也不同，适量中等强度的体育锻炼，一周 3 次，每次 30~40min，可有效降低心血管疾病发生的概率。所以，适当强度的体育锻炼可以通过改善血压、血糖、胆固醇、体脂、体重指数和心肺功能等因素来预防心血管疾病的发生。

五、我国心血管疾病的现状分析和营养预防

居民营养与慢性病状况是反映国家经济社会发展、卫生保健水平和人口健康素质的重要指标。为落实“健康中国”行动，促进由疾病治疗向健康维护转变，国家心血管病中心将 2005 年以来每年组织全国相关领域的专家编撰的《中国心血管病报告》改版为《中国心血管健康与疾病报告》，增加了心血管健康行为、康复、基础研究等相关内容。

《中国心血管健康和疾病报告 2021》数据调查显示，中国居民心脑血管病患者已经达到了 3.3 亿人，心血管病健康防控形势不容乐观。目前，心血管病死亡占城乡居民总死亡原因的首位，农村为 46.74%，城市为 44.26%。中国心血管病负担日渐加重，已成为重大的公共卫生问题，防治心血管病刻不容缓。中国的高水平心血管基础研究从 2005 年开始起步，而有影响力的论文主要发表在 *Circulation* 和 *Circulation Research* 两大期刊。早期建立的研究团队以海外归国的科学家为主，年均论文发表量逐步增加；2015 年以后，我国团队的研究论文数量迅速增加，并且在 2018 年双双突破两位数。

2019 年我国居民因心脑血管疾病、癌症、慢性呼吸系统疾病和糖尿病四类重大慢性病导致的过早死亡率为 16.5%，与 2015 年的 18.5% 相比下降了 2 个百分点，降幅达 10.8%，提前实现 2020 年国家规划目标。健康的膳食模式可以帮助婴儿、青少年身体成长，成人获得和保持健康的体重，减少发生心血管疾病的风险，促进身体健康。对于心血管疾病的预防，健康饮食是最直接且负担得起的可取途径，具体的膳食建议前面已作出详细的阐述。

第四节　营养与肥胖

营养与肥胖

由于生活水平的提高，肥胖问题成为威胁人类健康的又一难题。据《中国居民营养与慢性病状况报告（2020）》显示，各年龄阶段超重肥胖率持续增长，有超过一半的成年居民超重或肥胖，特别注意的是 6~17 岁的青少年中超重肥胖率达到 19%，而 6 岁以下儿童超重肥胖率达到了 10.4%。目前中

国肥胖人口呈现低龄化，快速增长的态势，重视肥胖问题不仅对控制个人体态保持身体健康有重大意义，更是预防由肥胖问题引起的其他相关疾病导致更为严重的社会公共卫生问题的重要举措。在《“健康中国2030”规划纲要》中，把2030年要有效控制威胁健康的危险因素列为目标。其中肥胖、高血压、心脑血管疾病、中风、2型糖尿病、骨质疏松症和肝硬化等都是与饮食和营养摄入密不可分的非传染性疾病，这类疾病已经极大地威胁到我国居民健康，成为我国经济发展的潜在威胁。

一、肥胖概述

（一）肥胖的定义

肥胖（obesity）是指人体脂肪的过量储存，表现为脂肪细胞增多和（或）细胞体积增大，即全身脂肪组织增大，与其他组织失去正常比例的一种状态。

（二）肥胖的类型

根据脂肪堆积位置的不同，可将肥胖分为腹型肥胖、外周型肥胖和混合型肥胖。腹型肥胖又称向心型肥胖、内脏型肥胖和苹果型肥胖，常用腰围作为评判腹型肥胖人群的标准。我国提出男性腰围≥90cm和女性腰围≥85cm应视为成人腹型肥胖，而外周型肥胖常表现为四肢健壮。

肥胖还可分为先天性肥胖和获得性肥胖，先天性肥胖常是因为这类肥胖人群先天体内物质代谢速度就较慢，导致脂肪细胞逐渐累积到全身。获得性肥胖往往是因为饮食过量、食用过多含有大量碳水化合物和油脂的食物引起的。此外还有病理性肥胖，此类肥胖多是因为肾上腺皮质供能亢进、内分泌紊乱或胰岛素分泌过多所造成的。

二、肥胖的诊断方法

为了对肥胖人群进行更为标准的区分，国际上已经建立了许多诊断方法，可分为人体测量法、物理测量法和化学测量法3种。在现实生活中最常用的是人体测量法，测量指标包括体重指数（body mass index，BMI）、腰臀比（waist-to-hip ratio，WHR）和体脂比（body fat ratio，BFR）等。

（一）体重指数（BMI）

$$\text{体重指数(BMI)} = \frac{\text{体重(kg)}}{[\text{身高(m)}]^2}$$

WHO推荐的判断标准为：BMI<18.5为慢性营养不良；BMI在18.5~24.9范围内为正常体重；BMI≥25为超重，BMI≥30为肥胖。由于WHO制定这一标准时主要针对的是欧美人群，所以亚太地区标准与这一标准略有区别。我国根据实际情况，对这一标准进行了细化，不同之处主要是：BMI在18.5~23.9范围内为正常；BMI在24~27.9范围内为超重；BMI≥28为肥胖。

（二）腰臀比（WHR）

先测量腰围和臀围的尺寸，再用腰围数字除以臀围数字，得到的比值就是腰臀比。世界卫生组织对腰臀比法判断腹型肥胖的标准是：男性≥0.9为肥胖；女性≥0.8为肥胖。依靠腰臀比判断肥胖的优势在于能随时了解自己的健康状态，一旦腰臀比过大就意味着健康风险增大，容易患上糖尿病、高血压、高血脂等慢性病。另一方面，脂肪堆积在腰腹部比堆积在大腿和臀部对身体的危害大得多，腰腹部肥胖很容易导致心血管疾病和脂肪肝等病症。所以凭借腰臀比这一指标，更能帮助我们掌握自己的健康状况。

（三）体脂比（BFR）

体脂比又称体脂率、体脂百分数，是指人体内脂肪重量在人体总体重中所占的比例，反映了人体内脂肪含量的多少。测量人体体脂比常用的方法有仪器测量法和计算法。仪器测量法如体脂秤、手握式体脂仪是通过测定人体电阻率得到人体体脂率。腰围体重计算法是常用的测得体脂率的计算方法之一，其计算方法如下：

$$\text{身体脂肪总重量} = [\text{腰围(cm)} \times 0.74] - [\text{体重(kg)} \times 0.082 + \text{系数}\, a]$$

$$\text{体脂比} = \frac{\text{身体脂肪总重量}}{\text{体重}} \times 100\%$$

该公式用于计算男性身体脂肪总重量时，系数 a 为 44.74，计算女性身体脂肪总重量时系数 a 为 34.89。关于成年人的体脂率正常范围说法不一，一般认为男性体脂率 12%～20%，女性体脂率 20%～30% 属于正常范围。

三、导致肥胖的因素

我国一些传统饮食有重油重辣的特点，炸鸡、奶茶等高热量食品也在当今社会较为常见。随着经济发展，我国居民的饮食结构发生了很大变化，总体呈现出高热量的特点。同时由于整个社会科学技术自动化水平提高、生活的便捷更是减少了人们热量的消耗。在多方面因素的作用下，导致肥胖人群数量逐步上升，而在所有导致肥胖的因素中，饮食是最主要的因素，其次还包括遗传因素、社会因素、运动因素等。

（一）遗传因素

人的肥胖与遗传有关，这一观点已经得到许多研究的证明。父母为体重正常者，其子女肥胖的概率约为 10%；父母中一方肥胖，其子女肥胖概率约为 40%；双亲均肥胖，其子女肥胖率可达 70% 及以上。通过基因学研究，有学者已在人体内找到了与脂肪代谢密切相关的基因，其决定身体是否会肥胖。虽然肥胖与遗传的关系已经得到了多方面的证实，但是有一部分学者认为家族肥胖还与其饮食结构密切相关。

（二）饮食因素

1. 能量

摄食总量过多、摄入高热量食品、常喝饮料、经常吃零食等不良饮食习惯都会导致机体摄入能量过多，产生过剩的能量在体内会以脂肪的形式储存下来，日积月累就会导致肥胖。食物的能量密度是指平均每克食物可以提供的能量，我们常见的供能营养素中 1g 碳水化合物约提供 16.74kJ（4kcal）能量，而 1g 酒精能提供约 29.30kJ（7kcal）能量，这也是饮酒人群更易肥胖的原因之一。另外，进食过快、睡前进食等也是导致容易肥胖的饮食特点。

根据能量密度的不同，我们可以将食物大致分为零能量密度食物、低能量密度食物和高能量密度食物三类，其分类标准和代表食物见表 6-4。

表 6-4 食物能量密度分类表

食物类型	分类标准	代表食物	热量/（kcal/100g）
零能量密度食物	每 100g 固体或 100mL 液体食物所含能量≤4kcal	灵蜜瓜	4.0

续表

食物类型	分类标准	代表食物	热量/(kcal/100g)
低能量密度食物	每100g固体食物所含能量大于4kcal但≤40kcal，或每100mL液体食物所含能量大于4kcal但≤20kcal	番茄	15.0
		黄瓜	16.0
高能量密度食物	每100g固体或100mL液体食物所含能量>400kcal	方便面	472.0
		牛肉干	550.0
		巧克力	589.0

注：1kcal=4.186kJ。

资料来源：《中国食物成分表（标准版）（第六版）》。

2. 饮食清淡

《中国居民膳食指南（2022）》指出，我们每人每日摄入食盐量应少于5g，烹饪油约25~30g，足量饮水，少量多次。在我国传统菜肴中，盐是必不可少的调味品，盐的咸味，能刺激人的味觉，增加口腔唾液分泌，从而增进食欲，各种重口味的菜肴很容易使我们食欲大增，不禁摄入了过量食物。同时摄入过多盐分还会增加患上高血压、高血脂的风险。多喝水有利于增加人体新陈代谢，还具有饱腹感，所以肥胖人群一定要饮用足量的水，少喝或不喝饮料。

3. 食物成分

除了之前提到的少吃高油高脂食物、饮食清淡之外，摄入营养素的种类与比例也对健康体重有重要影响。

（1）碳水化合物　碳水化合物是人体所需能量的主要来源，与蛋白质、脂肪等能量物质相比，碳水化合物在机体内消化和供能更为迅速、彻底。在所有糖类中，简单糖类与肥胖的关系最为密切。这是因为单糖、双糖与淀粉等大分子糖类相比吸收速率更快，而且这些糖能够促进脂肪生成酶的活性，刺激人体分泌大量的胰岛素。

我们所摄入的糖类主要来源于谷物、根茎类、薯类食物，以及它们的加工制品如面包、糕点等。但是与精加工后的谷物制品相比，粗杂粮中因富含膳食纤维，所以被倡导为更优质的碳水化合物来源。膳食纤维吸水后产生膨胀，体积增大还能产生饱腹感，而且同质量的膳食纤维与其他营养素相比热量更低，所以建议肥胖人群的膳食中可以适量用粗杂粮替代精细粮。

（2）蛋白质　蛋白质最主要的功能是构成人体组织和参与机体代谢，其次还能提供能量。但蛋白质供能是在碳水化合物或脂肪供能不足的情况下。人体每日必须摄入一定量的蛋白质以维持机体的正常生长发育，但摄入过多的蛋白质会以脂肪的形式储存在人体内，中国营养学会的建议是蛋白质供能应占总能量的10%~15%为宜。另一方面从摄入蛋白质的种类来说，应该合理摄入适量比例的动物蛋白与植物蛋白，对于嘌呤代谢异常的肥胖患者而言，摄入过多的蛋白质尤其是动物蛋白会增加患上痛风、冠心病和高血压的风险。

（3）脂类　1g脂肪约能产生37.67kJ（9kcal）的能量，远高于每克碳水化合物和蛋白质所能提供的能量。另外脂肪在机体内的氧化分解速率也远比碳水化合物和蛋白质慢，还会抑制葡萄糖氧化影响供能。同时，因为高脂肪的膳食风味佳、口感好，很容易造成过量饮食。如果摄入过量高油高脂类的食物，多余的能量会不断变为脂肪储存在脂肪细胞内，而现在的研究还未发现脂肪细胞储存脂肪的上限。

(4) 维生素和矿物质　合理摄入膳食维生素和矿物质也可以促进身体代谢、维持健康体重。维生素和矿物质这两类营养素，在人体内虽然不提供能量，但对于维持机体正常生理代谢具有重要作用。摄入足量和不同种类的维生素和矿物质有利于避免人体脂代谢和糖代谢紊乱，对维持健康体重有重要意义。

(三) 社会因素

肥胖和其他非传染性代谢疾病已经成为很多国家面临的主要的公共卫生问题。受我国传统文化的影响，古人往往认为胖是一种“福气”的象征，长辈也认为孩子“胖”会比“瘦”更健康，这种文化观念会对儿童和青少年的肥胖产生重大影响。发达国家的居民肥胖率远远高于发展中国家，这是因为发达国家的温饱问题已经基本解决，饮食需求逐渐多样化，总体膳食结构呈现高蛋白质、高脂肪、谷物和新鲜果蔬摄入量少或是不足的特点，使得摄入能量过多。

不良进食行为也会影响肥胖发病率，在我们的传统观念中，辛苦工作了一天，晚上一定要好好吃一顿犒劳自己，这就会导致晚上进食过多。过多的能量往往得不到消耗，还会加重肠胃的负担。此外，进食过快、进食时间过长、咀嚼太少、不吃早餐、经常吃夜宵也是肥胖人群多有的饮食特征。

(四) 运动因素

因为交通越来越便利，互联网、物联网的发达以及机械自动化水平的提高，人们从事体力劳动的机会大大减少。工作之余，很多人都喜欢坐着看电视或手机，而不愿进行额外的运动，缺乏体力活动或运动，也是导致肥胖的主要原因之一。

对于想要减肥的人群而言，合理的运动与饮食的搭配是非常重要的。运动应该以有氧运动为主，运动中适量补充水分，可以饮用一些含有电解质的运动饮料补充体内流失的一些营养素；运动后有一定的时间间隔后再饮食，避免运动后饥饿引起报复性饮食。减肥的前提是消耗能量大于摄入能量，对成年人来说每消耗约 29. 30MJ (7000kcal) 能量能减掉 1kg 脂肪，因此应该制定合理的运动方案科学减重。

总之，肥胖人群想要通过控制饮食来抑制肥胖，要尽量选择能量密度低的食物，饮食时间要合理，饮食不过量，注意吃动平衡，合理运动以保持健康体重。此外，除了上述因素与肥胖密切相关外，肥胖还会受到环境、心理、身体内分泌等因素的影响。

四、肥胖与疾病

(一) 肥胖与慢性病

肥胖已成为诱发糖尿病、高血压、冠心病等慢性病的危险因素之一。世界糖尿病日就曾将口号定为“糖尿病与肥胖”，可见人们早已认识到肥胖与糖尿病的关系。统计表明，长期持续肥胖者糖尿病的发病率明显高于普通人群，体重超过正常体重的 20%，糖尿病发病率可增长 2%。而且腹型肥胖的人患糖尿病的危险性远远大于臀型肥胖的人，腰臀比与糖尿病的发病率呈正相关。

肥胖与糖尿病关系密切，是因为肥胖人群常有饮食过量的饮食特点。过度进食会刺激人体内分泌大量胰岛素，使得胰腺必须分泌出比正常值高出 5~10 倍的胰岛素，这也就是说肥胖患者比普通人群需要更多的胰岛素，导致所谓的“高胰岛素血症”。长此以往，会导致胰腺过度工作，分泌胰岛素的功能逐渐不能满足肥胖人群维持正常的血糖浓度的需求，从而在进入中年后引起糖尿病等疾病。

研究显示，在中老人群中体重指数（BMI）与高血压发病率也呈正相关。肥胖症患者脂肪组织大量增加，必须增加血容量和心排血量才能满足机体需要，长期心脏负荷过重会使左心室肥厚，血压升高。此外，肥胖人群体内脂肪组织分泌旺盛，促使炎症反应多发，血脂代谢异常，心血管疾病的发病率也增加。

（二）肥胖与呼吸系统疾病

肥胖易造成胸壁和腹部脂肪组织堆积，使得膈肌运动受限和胸腔顺应性下降，损伤人体的呼吸功能。有研究表明肺功能受损与多种代谢并发症有关，还推测腹型肥胖是影响肺功能的最显著因素。肥胖还会增加哮喘的发病率和严重程度，肥胖人群患上哮喘往往比普通人群更难以治愈。

（三）肥胖与癌症

肥胖还可能会诱发食管癌、肠癌、结肠癌等，增加女性患上子宫内膜癌、宫颈癌、卵巢癌等的风险，肥胖人群的前列腺癌发病率也高于普通人群。肥胖与癌症的关系较为复杂，如脂肪组织会分泌大量甘油三酯，造成甘油三酯的合成与分泌不平衡而产生脂肪肝。肝内脂肪堆积程度与体重成正比，重度肥胖者脂肪肝发生病变导致肝癌的概率更高。肥胖导致女性患上子宫内膜癌的可能原因是肥胖人群体内的脂肪组织会产生过量的雌激素，高水平的雌激素使子宫内膜长期处于增生状态，使得子宫内膜癌的发病率增加。另外，由于肥胖人群摄入脂肪过多使得体内脂肪代谢紊乱，从而导致肠道中脂肪堆积过多且胆酸分泌过多，在一些肠道微生物的作用下，容易转变成致癌物从而诱发结肠癌。尤其是中、老年肥胖人群，受到肥胖影响患上癌症的风险更大。

（四）肥胖与其他疾病

肥胖除了与上述疾病具有密切关系外，还可能会导致一些精神及心理障碍疾病等。肥胖女性的内分泌易出现紊乱，从而导致月经失调、不孕症等生殖系统疾病。而调查显示，肥胖人群比普通人更易出现自卑、焦虑、抑郁等情绪，常表现为产生心理障碍、社会适应能力下降等。体重增加还会增加人体骨骼、关节的负担，所以关节痛也是肥胖人群的常见病症。

五、肥胖人群注意事项

针对肥胖人群的治疗应长期、有效，要维持消耗能量高于摄入能量的状态，使体重逐步接近标准体重。为了纠正不良饮食习惯，维持健康体重，在日常生活中我们也应该对以下几方面多加注意。

（一）合理的膳食搭配

1. 限制每天的食物摄入总量

每天摄入食物热量以维持人体生命活动所需的最低热量为界限，一般成年男性每日所需热量为 9.21～10.05MJ（2200～2400kcal），成年女性每日所需热量为 7.95～8.79MJ（1900～2100kcal）。饮食不过量、过晚不食、不吃零食，这些都有助于避免摄入能量过多。

2. 膳食原则

肥胖人群的膳食应遵循低脂、低碳水化合物的原则，食物种类要多样，选择营养密度高的食物以保证每天的营养素摄入量。

营养密度高的食物有三文鱼、贝类、蛋黄等。肥胖人群每日蛋白质的摄入量应至少占总能量的 50%，食物来源为肉类、蛋类、乳类、豆制品等，以杂粮取代精米面类的主食，每日摄入足量新鲜果蔬以保证每日膳食纤维的摄入量。此外烹调方法应该要注意，应该使用煮、炖、拌的方法，少用油炸等方式，严格限制食盐和油的用量。

3. 具有减肥作用的功能物质

除了通过控制饮食以及合理运动的方式来控制体重外，辅助使用一些具有减肥作用的功能物质对于保持适当体重也有积极意义。如黑茶、乌龙茶等茶叶因富含各种茶黄素、儿茶素等活性物质，能够抑制脂肪合成酶活性或是降低甘油三酯和胆固醇来达到减肥的目的。此外，伴随着肥胖人群的需要，开发代餐、代糖取代传统膳食也具有广泛的研究前景。如魔芋中含有的葡甘露聚糖是一种优良的低热量、低脂肪、高纤维素的可溶性膳食纤维，如今魔芋及魔芋制品也已成为开发应用新型健康食品的热点。

（二）制定科学的减肥计划

1. 制定合理的减肥目标

比较合理的减重目标应该是每个月减重 2～4kg 且无不良反应，并坚持长期减重，一年减重总量保持在减重前体重的 10%～15% 较为合适。定期在空腹状态下测体重，保持积极的心态。

2. 制定合理的运动计划

每周至少 5 次中等强度的有氧运动，选择的运动种类可以是快走、游泳、慢跑等。

随着经济的不断发展，人们的饮食模式也在不断变化。其中不良饮食习惯、过量进食造成的营养过剩以及缺乏运动都是肥胖的成因，肥胖已经成为威胁人体健康的主要危险因素之一。因此，针对肥胖人群的营养建议在已有的科学判断方法基础上，应与合理膳食、适当运动相搭配，建立长期的针对肥胖的营养防治措施，降低慢性病风险并保持健康。

第五节　营养与痛风

营养与痛风

痛风是一种单钠尿酸盐（monosodium urate，MSU）沉积在关节所致的晶体相关性关节病。其与嘌呤代谢紊乱和/或尿酸排泄减少所致的高尿酸血症直接相关，属于代谢性风湿病的范畴。除关节损害，痛风患者还可伴发肾脏病变及其他代谢综合征的表现，如高脂血症、高血压、糖尿病及冠心病等。

痛风的临床特征为高尿酸血症及尿酸盐结晶、沉积所致的特征性急性关节炎、痛风石、间质性肾炎，严重者见关节畸形及功能障碍，常伴尿酸性尿路结石。多见于体形肥胖的中老年男性和绝经期后妇女。

改革开放以来，我国综合国力和国民经济高速发展，居民的生活水平快速提高，饮食结构发生了重大变化。肉类、海鲜等高嘌呤食品和酒精的摄取量的不断增加导致我国痛风患者比例逐年提升、并呈现低龄化趋势。注意日常饮食和加强痛风患者的营养干预对于预防和治疗疾病，减少患者痛苦和国家医疗负担都具有重要作用。

一、 痛风的症状

(一) 无症状高尿酸血症

血清尿酸盐浓度随年龄而升高，有性别差异，在儿童期男女无差别，性成熟期后男性高于女性，至女性绝经期后两者又趋接近，因此男性在发育年龄后即可发生高尿酸血症，而女性往往发生于绝经期后。不少高尿酸血症患者甚至可以终生不出现症状，称为无症状高尿酸血症，只有在发生关节炎时才称为痛风。血清尿酸盐浓度越高，时间越长，则发生痛风和尿路结石的机会越多。痛风的发病年龄在 40 岁左右达最高峰。

(二) 急性痛风性关节炎

急性痛风性关节炎是原发性痛风最常见的首发症状，好发于下肢关节，典型发作为起病急骤，数小时内症状发展至高峰，关节及周围软组织出现明显的红肿热痛，痛感剧烈，甚至不能忍受被褥的覆盖。大关节受累时可有关节渗液，并可伴有头痛、发热、白细胞计数增高等全身症状。多数患者在发病前无前驱症状，但部分患者于发病前有疲乏、周身不适及关节局部刺痛等先兆。

痛风发作持续数日至数周后可自然缓解，关节活动可完全恢复，仅留下炎症区皮肤色泽改变等痕迹，而后是无症状的阶段，即所谓间隙期，历时数月。多数病人于一年内复发，此后每年发作数次或数年发一次，偶有终生仅发作一次者。相当一部分病人有越发作越频繁的趋势，受累关节也越来越多，引起慢性关节炎及关节畸形，只有极少数病人自初次发作后没有间隙期，直接延续发展到慢性关节炎。

(三) 慢性关节炎

未经治疗的病人，尿酸盐在关节内沉积增多，炎症反复发作，进入慢性阶段后不能完全消失，引起关节骨质侵蚀、缺损及周围组织纤维化，使关节发生僵硬、畸形、活动受限。在慢性病变的基础上仍可有急性炎症反复发作，使病变越来越加重，畸形越来越显著，严重影响关节功能。个别患者急性期症状轻微不典型，待出现关节畸形后才被发现。少数慢性关节炎可影响全身关节，包括肩、髋等大关节及脊柱。

(四) 肾脏病变

临床所见历时较久的痛风病人约 1/3 有肾脏损害，表现为两种形式。

1. 痛风性肾病

尿酸盐结晶沉积于肾组织引起间质性肾炎，早期仅有蛋白尿和显微镜血尿，且呈间隙出现，故易被遗漏。随着病程进展，蛋白尿转为持续性，肾功能尤其浓缩功能受损，出现夜尿增多，尿比重偏低等现象，病情进一步发展，由慢性氮质血症发展到尿毒症。17% ~25% 痛风患者死于肾功能衰竭。由于痛风患者常伴有高血压、动脉硬化、肾结石、尿路感染等疾患，所以痛风性肾病可能是综合因素的结果。

2. 急性肾功能衰竭

由于大量尿酸结晶广泛阻塞肾小管腔，导致尿流梗阻而产生急性肾功能衰竭症状。此时如给予积极治疗，如多饮水、碱性药物、降低血尿酸等，病情常可好转。

(五) 尿路结石

原发性痛风患者 20% ~25% 并发尿酸性尿路结石，部分病人肾结石的症状早于关节炎的发作。继发性高尿酸血症者尿路结石的发生率更高。细小泥沙样结石可随尿液排出而无症状，结石较大者常引起肾绞痛、血尿及尿路感染症状。纯尿酸结石能被 X 射线透过而不显影，但混合钙盐较多者，可于尿路平片上被发现。在年长患者的死亡原因中，心血管因素远远超过肾功能不全的因素。关于痛风与上述疾病之间的关系，一般认为无直接的因果关系，而可能与肥胖、饮食、饮酒等共同因素有关。

二、 痛风的病因

痛风的病因和发病机制尚不清楚，但高尿酸血症是痛风最重要的生物化学基础。正常情况下，人体组织中含有嘌呤物质，许多食物中也含有嘌呤，体内与食物中的嘌呤被人体分解后会产生尿酸，当体内尿酸过多时，尿酸结晶会在体内的关节、体液和组织中积聚，从而引起痛风。

（一）基本病因

痛风与高尿酸血症密切相关，但高尿酸血症并不一定会引起痛风，临床上仅 5%～15% 高尿酸血症患者会发展为痛风。

大部分患者是由于尿酸排泄障碍，有约 10% 的患者因尿酸生成过多导致，还有因嘌呤代谢相关酶缺陷而导致代谢障碍，这些病因导致的称为原发性痛风。

某些遗传性疾病、糖原贮积病 1 型等可导致尿酸代谢异常；血液病及恶性肿瘤化疗或放疗后，尿酸生成过多；慢性肾脏病，因肾小管分泌尿酸减少而使尿酸增高；某些药物，如呋塞米、吡嗪酰胺、阿司匹林等抑制尿酸排泄而导致高尿酸血症。这些因素导致的称为继发性痛风。

（二）诱发病因

1. 诱发因素

噻嗪类利尿剂、环孢素、吡嗪酰胺、乙胺丁醇、烟酸、华法林、小剂量阿司匹林等药物可影响肾脏的尿酸排泄功能，从而导致血尿酸水平升高。

2. 摄入富含嘌呤的食物

肉类、动物内脏及部分海鲜（如贝类）饮食中嘌呤含量过高，可被身体分解为尿酸，大量摄入导致血尿酸水平升高。

3. 饮酒

摄入过量的酒精是痛风发作的危险因素之一。啤酒中含有大量嘌呤成分，其诱发痛风的风险最高。

4. 其他疾病

患有肾脏疾病、心血管疾病、代谢综合征、银屑病、肥胖、糖尿病、甲状腺功能减退、胰岛素抵抗等，这些疾病均与高尿酸血症相关，叠加其他危险因素时更容易导致痛风发作。

三、 营养治疗原则

对于痛风患者，在限制总热量前提下，三大营养素的分配原则是高碳水化合物、中等量蛋白质和低脂肪。

（一）保证碳水化合物的摄入

碳水化合物可防止组织分解代谢并产生酮体，还有增加尿酸排泄的可能，故应是热量的主要来源。患者可食用富含碳水化合物的米饭、馒头、面食等，碳水化合物的摄入应占总热量的

55%~60%。需要注意的是，单糖和部分双糖（主要是蔗糖）可增加尿酸的生成，应减少其摄入量。

（二）适量限制蛋白质供给

蛋白质供给量应控制在0.8~1.0g/(kg·d）或50~70g/d，并以含嘌呤少的谷类为主要来源，优质蛋白质可选用乳类、鸡蛋等。尽量少用肉类、鱼类、禽类等，或经煮沸弃汤后食少量。在痛风性肾病时，应根据尿蛋白的丢失和血浆蛋白质水平适量补充蛋白质；但在肾功能不全，出现氮质血症时，应严格限制蛋白质的摄入量。

（三）控制脂肪来源

主张用中等或较低的脂肪量，尤其是在急性痛风发作期需避免高脂饮食，这是因为高脂饮食会抑制尿酸排泄。痛风并发高脂血症者，脂肪摄取应控制在总热量的20%~25%。总热量的其余部分，则以脂类补充，通常为40~50g/d。

（四）控制能量摄入

病人多伴有超重或肥胖，应控制能量摄入尽量达到或稍低于理想体重，体重最好能低于理想体重10%~15%。能量供给平均为105~126kJ/(kg·d）［25~30kcal/(kg·d)］。超体重者应减重，减少能量应循序渐进，切忌猛减，否则引起体脂分解过快会导致酮症，抑制尿酸的排除，诱发痛风症急性发作。

（五）充足的维生素和矿物质

多供给富含矿物质的蔬菜和水果等碱性食物，有利于尿酸的溶解与排出。尤其是B族维生素和维生素C应足量供给。但由于痛风病人易患高血压、高脂血症和肾病，应限制钠盐摄入。

（六）多饮水

饮水应保持2000~3000mL/d以维持一定的尿量，促进尿酸排泄，防止结石生成。可在睡前或半夜饮水，以防止夜尿浓缩。可多选用水分含量高的水果和食品，并尽量使尿液呈碱性。但若伴有肾功能不全，水分应适量。

（七）限制刺激性食物

乙醇可使体内乳酸增多，抑制尿酸排出，并促进嘌呤分解使尿酸增高，诱发痛风发作，故不宜饮酒。此外，强烈的香料和调味品，如辛辣调味品也不宜食用。茶、可可和咖啡可适量食用。

（八）禁用高嘌呤，限用中嘌呤，可用低嘌呤

患者应长期控制嘌呤摄入，根据病情，限制膳食中嘌呤的含量。在急性期应严格限制嘌呤摄入每天少于150mg，可选择嘌呤含量低的食物。摄入蛋白质以牛乳、鸡蛋、谷类为主要食物来源，脂肪不超过50g，以碳水化合物补足热量的需要。禁用高嘌呤食物，中等嘌呤食物也应控制。在缓解期，视病情可限量选用嘌呤含量中等的食物。给以正常平衡饮食，以维持理想体重。禁用高嘌呤食物，中等嘌呤食物有限量地选用，其中的肉类、鱼类、禽类每日可用60~100g，还可将肉类煮熟弃汤后食用。低嘌呤食物可自由选用，其中新鲜蔬菜每日250~500g，水果每日100~200g。如果患者坚持服用降尿酸药物，血尿酸长期保持在较理想的水平，饮食控制相对可以放松。反之，如果血尿酸居高不下，饮食控制就相对严格。根据食物嘌呤含量将食物分为四类，第一类是含嘌呤最高的，之后依次降低。

（1）第一类为含嘌呤最多的食物（每 100g 含嘌呤 150～1000mg）　肝、脑、肾、牛羊肚、沙丁鱼、凤尾鱼、鱼子、胰脏、浓肉汤、肉精、浓肉汁。

（2）第二类为含嘌呤较多的食物（每 100g 含嘌呤 75～150mg）　扁豆、干豆类、干豌豆、鲤鱼、大比目鱼、鲈鱼、贝壳类水产，熏火腿，猪肉、牛肉、牛舌、小牛肉、野鸡肉、鸽肉、鸭肉、野鸭肉、鹌鹑、鹅肉、绵羊肉、兔肉、鹿肉、火鸡、鳗鱼、鳝鱼、淡鸡汤、淡肉汤、淡肝汤。

（3）第三类为含嘌呤较少的食物（每 100g 含嘌呤<75mg）　芦笋、菜花、龙须菜、四季豆、青豆、鲜豌豆、菜豆、菠菜、蘑菇、麦片、青鱼、鲱鱼、金枪鱼、白鱼、龙虾、鳝鱼、鸡肉、火腿、羊肉、淡牛肉汤、花生、麦麸面包。

（4）第四类为含嘌呤很少的食物（每 100g 含嘌呤<30mg）　乳类、蛋类，水果类，可可、咖啡、茶，海参，果汁饮料、豆浆、糖果、蜂蜜、精制谷类如富强粉、精磨稻米、玉米，蔬菜类如紫菜头、圆白菜、胡萝卜、芹菜、黄瓜、茄子、冬瓜、马铃薯、山芋、莴笋、番茄、洋葱、白菜、南瓜、果酱。

四、特殊人群痛风注意事项

（一）儿童

儿童的血尿酸水平与肥胖密切相关，随着肥胖的增加而显著升高，儿童时期体重偏高是痛风的危险因素。不同年龄都可以罹患痛风，只是少年儿童发病率很低，但也要引起注意。儿童要合理膳食，适当运动，控制体重，应注意经常监测血尿酸水平，一旦血尿酸升高，应积极治疗，降低痛风发病的风险。

（二）老年人

痛风病多发于中老年脑力劳动者，是由于体内嘌呤代谢发生紊乱而引起的疾病。嘌呤是一种含氮有机物，广泛存在于动植物组织的核酸中，主要由摄入的动物蛋白中的核蛋白分解而产生。所以，老年痛风患者生活保养主要注意：①避免受冷、过度疲劳、感染、外科手术、进餐过饱、饮酒等诱发因素；②控制摄入含嘌呤的食品，适当限制蛋白质的摄入，以减轻肾脏排泄蛋白质代谢产物的负担；③脂肪具有阻碍肾脏排尿酸的作用，故应限制饮食中的脂肪摄入；④禁酒，尤其是啤酒；⑤尽量多饮水，必须使每天尿量至少保持在 2000mL 以上，以利尿酸的排泄，保护肾脏。

（三）孕妇

孕妇群体容易患上痛风，主要是由于饮食上盲目进补、运动量缺乏所导致的。由于营养过剩，尿酸在体内过量堆积，最终造成了孕期痛风。

饮食建议：①孕妇的菜少放盐，以清淡为主；②主食以米饭、馒头、面食为主；③减少摄取高脂肪、高嘌呤的食物；④每日饮水量要达到 3000mL，按照少量多次的方式饮用。

除了要注意以上事项外，为了保证胎儿的健康，还需到正规医院接受专业治疗，切不可盲目服用药物以免对其造成不良的影响。

第六节　营养与自身免疫性疾病

一、 概述

营养与自身
免疫性疾病

免疫是指机体识别和清除抗原性异物，维持自身稳定和平衡的一种生理功能。

（一）人体免疫系统的构成

机体承担免疫功能的物质基础是免疫系统，由免疫组织和器官、免疫细胞和免疫分子等组成。

1. 免疫器官

根据功能，免疫器官可分为中枢免疫器官和外周免疫器官。

（1）中枢免疫器官　人体中枢免疫器官主要有胸腺和骨髓，是免疫细胞分化、发育、成熟的场所。

①骨髓：位于骨髓腔内。含造血干细胞，几乎为所有免疫细胞的发源地，是 B 细胞分化、发育、成熟的场所，也是体液免疫应答发生的场所之一。

②胸腺：位于胸腔纵隔上部、胸骨后方。是 T 细胞分化、发育、成熟的器官。

（2）外周免疫器官　包括脾、淋巴结、扁桃体、黏膜和皮肤相关淋巴组织。是成熟 T 细胞和 B 细胞定居的部位，也是发生免疫应答的主要场所。

2. 免疫细胞

免疫细胞是指参与免疫应答及与免疫应答有关的细胞，是免疫器官中具体执行免疫功能的各类细胞，均源于骨髓造血干细胞。根据功能，免疫细胞分为固有免疫细胞和适应性免疫细胞。固有免疫细胞主要有：自然杀伤细胞、树突状细胞、单核巨噬细胞、中性粒细胞、嗜碱性粒细胞、嗜酸性粒细胞、肥大细胞等，适应性免疫细胞主要有 T 细胞（T 淋巴细胞）和 B 细胞（B 淋巴细胞）。

3. 免疫分子

免疫分子主要包括由活化的免疫细胞产生的效应分子，如抗体、补体、细胞因子（主要有白细胞介素、干扰素、肿瘤坏死因子、集落刺激因子等）等，以及免疫细胞表面表达的各类膜分子等。

（二）免疫系统的功能

1. 免疫防御

机体防御疾病和清除病原体的功能。针对外来抗原（微生物及其毒素、寄生虫等），机体免疫系统被诱导产生免疫应答。免疫防御功能异常时，可能发生超敏反应或免疫缺陷病等。

2. 免疫自稳

免疫系统清除体内衰老、凋亡、损伤、坏死的细胞或其他成分，以维持免疫系统相对稳定的功能。此功能异常时可导致自身免疫性疾病。

3. 免疫监视

免疫系统识别、监视并清除体内异常细胞的功能。若该功能异常，可能导致肿瘤或持续的病毒感染。

（三）免疫应答

免疫系统行使的三大功能是通过免疫应答完成的。免疫应答是机体对抗原产生的反应过程，是多种免疫细胞和免疫分子间相互作用的结果。根据应答的特异性可分为固有免疫应答和适应性免疫应答。

1. 固有免疫应答

固有免疫应答又称天然免疫应答或非特异性免疫应答，是人体免疫防御的第一道防线。参与固有免疫应答的主要有皮肤、黏膜等屏障结构，还包括固有免疫细胞如吞噬细胞、自然杀伤细胞等，以及固有免疫分子。

2. 适应性免疫应答

适应性免疫应答也称为获得性免疫应答或特异性免疫应答，包括由 T 细胞介导的细胞免疫和 B 细胞介导的体液免疫。

二、膳食营养与免疫

免疫系统的发育、维持和功能的实现需要充足的能量和营养素。除遗传因素外，许多环境因素也会影响免疫系统的功能，其中就包括营养因素。越来越多的证据表明，除宏量营养素（游离脂肪酸、葡萄糖、核苷酸和氨基酸）外，微量营养素（矿物质和维生素）在维持免疫功能方面起着重要作用，有利于疾病预防和促进健康。

（一）能量、蛋白质与免疫

能量和蛋白质长期缺乏，引起机体抵抗力明显下降，免疫器官重量减轻，免疫细胞活力低下、分化发育受阻、数量减少，抗体、补体、黏附分子和细胞因子等不能正常合成等。

蛋白质是免疫系统形成的重要物质基础，缺乏时对免疫器官、免疫细胞及免疫分子的生成都会造成不良影响，如胸腺及外周淋巴器官明显萎缩，淋巴细胞生成减少，自然杀伤细胞对靶细胞的杀伤力下降等。

氨基酸对体液免疫功能影响显著，尤其是支链氨基酸（缬氨酸、亮氨酸、异亮氨酸等）和芳香族氨基酸（苯丙氨酸和酪氨酸）。

（二）碳水化合物与免疫

除了能为机体提供能量的碳水化合物以外，还有其他不能被人体消化吸收的碳水化合物如低聚糖和某些功能性多糖等。近年来，功能性多糖对于免疫系统的影响是免疫药理学研究的热点之一。许多此类物质如灵芝多糖、茯苓多糖、银耳多糖、香菇多糖、人参多糖、黄芪多糖、枸杞多糖等，都具有一定的免疫调节作用。这些功能包括促进 T 细胞的成熟、增殖，促进细胞因子的产生，增强巨噬细胞的吞噬功能，调节体液免疫，影响免疫系统信号转导等。

（三）脂肪与免疫

高脂饮食可增加内脏脂肪组织中促炎细胞因子的表达。多不饱和脂肪酸摄入量在适量或稍高剂量时，可促进体液免疫应答，增强淋巴细胞增殖、分化，增强细胞毒性，并能促进细胞因子的产生。在高剂量时，可抑制适应性免疫和炎症反应，降低对传染病和癌症的易感性。

（四）维生素与免疫

1. 维生素 A 与免疫

维生素 A 及其代谢产物可影响多种人群的固有免疫和适应性免疫。维生素 A 对呼吸道、消化道、泌尿生殖系统、眼部的上皮组织的完整性起到关键作用，因此对黏膜免疫至关重要。维生素 A 及其代谢产物视黄酸能够促进多种免疫反应，如产生抗体、细胞因子，促进淋巴细胞增殖，维持 T 细胞效应功能，提高巨噬细胞、自然杀伤细胞活性。因此，维生素 A 缺乏会导致免疫反应失调，从而降低机体的抗感染能力。

2. B 族维生素与免疫

B 族维生素对于维持正常的甲基化功能是必需的，甲基化功能失调会导致慢性神经系统紊乱。维生素 B_1、维生素 B_2、烟酸、维生素 B_6 和泛酸具有抗炎特性，在免疫反应中起着关键作用，它们的缺乏会导致免疫紊乱。

（1）维生素 B_1　维生素 B_1 缺乏会导致肠上皮紧密连接缺陷，抗氧化酶减少，炎症加剧。研究表明，慢性扁桃体炎患者的淋巴细胞功能和吞噬功能较低，与低维生素 B_1 水平有关，补充维生素 B_1 或可改善这类患者的免疫反应。

（2）维生素 B_2　维生素 B_2 有抗炎和抗氧化作用，可以对抗细菌感染，增强抵抗力。研究表明，给小鼠服用维生素 B_2 会增加中性粒细胞、单核细胞和巨噬细胞的数量，从而提高其对大肠杆菌感染的抵抗力。巨噬细胞感染金黄色葡萄球菌可刺激促炎反应，补充维生素 B_2 可增强吞噬功能。维生素 B_2 缺乏会损害巨噬细胞吞噬单核细胞增生李斯特氏菌的烟酰胺腺嘌呤二核苷酸磷酸（NADPH）氧化酶的活性，通过补充维生素 B_2 可迅速恢复。因此，补充维生素 B_2 可减轻炎症以及增强巨噬细胞的吞噬活性。

（3）烟酸　烟酸可修复 DNA 损伤，有利于巨噬细胞的形成。烟酸缺乏导致溶菌酶和酸性磷酸酶活性降低，抗炎细胞因子的生成减少，会引起结肠炎症。高剂量烟酸可促进大脑、胃肠道、皮肤和血管组织产生抗炎作用。

（4）维生素 B_6　维生素 B_6 促进免疫器官如胸腺的发育，并且影响免疫分子如抗体、细胞因子的合成。维生素 B_6 在淋巴细胞转运中起重要作用。有研究显示，维生素 B_6 缺乏 20d 会导致淋巴细胞数量减少，补充维生素 B_6 可增加危重病人的 T 细胞的数量。动物实验发现，膳食维生素 B_6 缺乏会导致幼龄草鱼抗炎细胞因子减少，促炎细胞因子增加。维生素 B_6 缺乏也与自身免疫性疾病有关，如 1 型糖尿病、类风湿性关节炎和多发性硬化症。但是，高剂量维生素 B_6 饮食可能导致感觉神经病变、细胞因子失衡。

（5）叶酸和维生素 B_{12}　叶酸和维生素 B_{12} 在免疫系统的健康平衡中起着至关重要的作用。叶酸和维生素 B_{12} 缺乏会显著改变免疫反应。高同型半胱氨酸血症是由于缺乏叶酸和维生素 B_{12} 引起的全身性和血管性炎症，导致其他许多疾病的发病，如心血管、肾脏和神经系统疾病、骨质疏松症和癌症。适量的叶酸和维生素 B_{12} 有一定的预防炎症、免疫功能障碍的作用。

叶酸和维生素 B_{12} 缺乏导致的恶性贫血，其特征是免疫异常，免疫细胞功能紊乱，包括淋巴细胞数量减少，自然杀伤细胞活性降低，巨噬细胞合成细胞因子（肿瘤坏死因子和白细胞介素）增加。

（6）泛酸（维生素 B_5）　具有抗炎特性，在体内转化为辅酶 A，参与乙酰胆碱的合成，乙酰胆碱是副交感神经系统的主要神经递质，因此泛酸缺乏后会加剧交感神经的炎症反应。

3. 维生素 C 与免疫

维生素 C 是免疫调节剂，通过对固有免疫系统和适应性免疫系统的各个方面来调节免疫系统的功能，包括上皮屏障功能、吞噬细胞的趋化性和抗菌活性、自然杀伤细胞功能以及淋巴细胞增殖和分化。严重缺乏维生素 C 与免疫力受损和感染增强易感性增加，而补充维生素 C 可能有助于预防和治疗感染。

补充维生素 C 可以改善免疫反应，如增强自然杀伤细胞活性、促进淋巴细胞增殖和迟发型超敏反应，减少某些促炎细胞因子生成。特别是对老年人群，维生素 C 已经证明可以通过增强各种免疫细胞功能来减少感冒症状的持续时间和严重程度。在已知维生素 C 水平较低的老年人中补充维生素 C 可促进 T 细胞增殖，细胞因子和免疫球蛋白生成增加。

4. 维生素 D 与免疫

补充维生素 D 能够增强固有免疫应答能力，可调节免疫细胞如 T 细胞、B 细胞、单核巨噬细胞的激活、分化和增殖，提高巨噬细胞的吞噬能力，通过快速识别和清除入侵病原体，防止感染。维生素 D 缺乏被认为是导致各种健康问题的因素之一，包括肌肉骨骼疾病、感染、自身免疫性疾病、心脏代谢疾病、癌症等病症。

5. 维生素 E 与免疫

维生素 E 对免疫的作用一方面是通过抑制前列腺素、凝血素和促细胞生长素的合成，另一方面与其抗氧化作用有关。维生素 E 可促进免疫器官的发育，增强细胞免疫，也可增加体液免疫反应，如抗体生成、巨噬细胞活性和吞噬功能。一项对老年人的研究显示，血浆 α-生育酚水平越高，感染风险越低。

6. 维生素 K 与免疫

关于维生素 K 对固有免疫系统影响的研究较少。维生素 K 可以作为一些血浆蛋白的辅助因子，影响免疫参数，特别是由 T 细胞介导的免疫和炎症反应，低水平的维生素 K 与炎症性疾病有关。另外，有报道称维生素 K 的衍生物可以抑制活化 T 细胞的增殖反应和细胞因子如肿瘤坏死因子 α、白细胞介素 4、白细胞介素 6 和白细胞介素 10 的产生。

（五）矿物质与免疫

矿物质是参与人体免疫过程的重要物质，其缺乏或过多都可引起机体免疫器官损伤、免疫细胞分化、增殖，从而影响机体的免疫功能。

1. 锌与免疫

缺锌会对免疫系统造成不良影响，如自身免疫性疾病、过敏、感染易感性增加等。缺锌会导致免疫功能严重受损，引起固有免疫和适应性免疫功能障碍。

锌缺乏可诱导胸腺萎缩和淋巴细胞减少。锌是所有免疫细胞正常发育和功能的关键，对锌缺乏特别敏感的免疫细胞有 T 细胞、B 细胞、自然杀伤细胞、单核细胞和巨噬细胞、肥大细胞、中性粒细胞和树突状细胞等。锌缺乏可引起抗体生成减少，杀伤活性降低，吞噬功能降低，肥大细胞激活减少，中性粒细胞数量减少。

许多缺锌的负面影响可通过补锌来逆转。补锌有助于预防感染，对儿童来说，补充锌能有效减少呼吸道感染。

2. 铁与免疫

铁与维持正常免疫功能关系密切，缺铁可引起免疫力下降。铁对于维持免疫器官的结构和功能非常重要。铁缺乏时胸腺萎缩、质量减轻，影响 T 细胞的分化、增殖，致其数量减少，从而影响T细胞介导的细胞免疫，使免疫力下降。需注意的是，有细菌感染的缺铁患者所补充的铁可能大量地被感染病原体摄取，有加重病情的风险。

3. 硒与免疫

作为硒蛋白的成分，硒是中性粒细胞、巨噬细胞、自然杀伤细胞和T细胞发挥正常功能所必需的。硒对固有免疫和适应性免疫都有重要作用，尤其是对淋巴细胞增殖、中性粒细胞功能和抗体产生都很重要。适量补硒可以增强细胞介导和体液反应，可帮助缓解氧化应激和炎症，预防细菌性和病毒性感染的发展，降低癌症风险。过量补硒会导致免疫功能下降，氧化应激水平升高。

4. 其他矿物质与免疫

铜对于细胞免疫、体液免疫、抗感染有不同程度的影响。铜缺乏可致胸腺萎缩、免疫细胞活性降低。

其他矿物质如钙、镁、锰也可通过影响免疫细胞和免疫分子而影响机体免疫力。

三、 自身免疫性疾病与营养

自身免疫性疾病（autoimmune disease，AID）已经成为除心血管疾病和癌症外的第三大慢性病。人类已经发现超过80种自身免疫性疾病，全球5%～8%的人群受到各种类型自身免疫性疾病的影响。此类疾病给患者带来了巨大的痛苦，女性的患病率高于男性。

正常机体对非己抗原产生免疫应答，而对自身组织细胞不产生免疫应答，称为免疫耐受。自身免疫性疾病是指在某些内因和外因诱发下，免疫耐受被破坏，免疫系统对自身抗原产生免疫应答，造成自身组织和器官损伤或功能异常产生的疾病。较为常见的自身免疫性疾病有系统性红斑狼疮、风湿性关节炎、多发性硬化症、1型糖尿病、重症肌无力、炎症性肠病、强直性脊柱炎、风湿性心脏病等。

自身免疫性疾病的病因和发病机制尚未完全明确。一般认为是自身抗原方面、免疫系统功能异常、遗传因素、环境因素等多种因素共同作用的结果。环境因素有紫外线、化学因素、饮食营养因素、感染因素和过敏原等。

维生素D与自身免疫性疾病的发生发展有着密切的联系，如类风湿关节炎、系统性红斑狼疮、原发性干燥综合征、贝赫切特综合征等。同时，由于免疫抑制剂的使用，可以加重自身免疫性疾病患者维生素D的缺乏。研究发现，类风湿关节炎、系统性红斑狼疮患者体内维生素D水平低。增加维生素D的摄入，可延缓类风湿关节炎的发生。而系统性红斑狼疮患者在补充维生素D后，可改善疾病活动度及炎性指标。

研究表明，自身免疫性脑炎患儿体内的维生素A和维生素E相对于健康儿童处于较低水平。维生素A和维生素E可影响自身免疫性脑炎患儿的神经系统功能，适当补充后有利于缓解临床症状。

在抑制肾小球肾炎并延长患有系统性红斑狼疮小鼠的寿命方面，DHA是最有效的ω-3脂肪酸。研究表明鱼油可减缓类风湿关节炎的发展，降低疾病的严重程度，包括减少疼痛，延长晨僵时间，这和鱼油中的EPA和DHA的作用有关。

钠摄入量影响了某些自身免疫性疾病的发展和恶化，如类风湿性关节炎、系统性红斑狼疮、多发性硬化症和炎症性肠病，这和钠抑制调节性T细胞和促进促炎辅助性T细胞有关。

某些食物过敏原和诱发过敏症状的食物，如苜蓿种子，被证明会影响系统性红斑狼疮疾病活动度。研究发现，富含乳酸杆菌的未加工素食膳食可减轻类风湿性关节炎的主观症状。而多环芳烃暴露是类风湿性关节炎的危险因素。

第七节　营养与呼吸系统疾病

自然界的任何生物，包括植物、动物、微生物都普遍存在呼吸现象。人体时刻进行着生命赖以生存的新陈代谢活动，必须利用大量的氧气，把淀粉、脂肪、蛋白质等营养物质经过一系列化学反应转化为可供人体直接吸收的物质，同时，产生二氧化碳、水和其他代谢产物。这个过程需要强大的呼吸系统支撑，因此，呼吸系统成为维持人体正常生理活动的八大系统之一。美国健康指标与评估研究所（Institute for Health Metrics and Evaluation，IHME）在2017年的研究显示，慢性呼吸系统疾病是全球第三大死因，其中空气污染是造成呼吸系统疾病最重要的环境风险因素，近年来随着空气污染的不断加剧，呼吸系统疾病呈逐年上升态势。在我国，呼吸系统疾病是常见病多发病，在城乡居民的死亡原因中占第四位，严重威胁着人类健康。由于多发生于中青年，传染性强，病死率高，又缺乏针对性的药物，因而引发群众恐慌，同时给国民经济造成巨大损失。为了打赢这场没有硝烟的战争，除了做好个人防护及对症治疗，通过合理膳食使机体保持良好的免疫力也是防治疾病的重要环节。如果将呼吸系统疾病的病因看成入侵机体的敌人，机体的免疫细胞就是抗击它的士兵，只有通过合理膳食给士兵提供丰富适宜的营养素，同时配合适量的运动、足够的睡眠和良好的心态，才能让士兵保持最佳战斗状态，提高战胜疾病的概率。

营养与呼吸系统疾病

一、　呼吸系统疾病概述

（一）呼吸系统的功能

呼吸系统（respiratory system）是人体与外界进行气体交换的一系列器官的总称，包括鼻、咽、喉、气管、支气管及由大量的肺泡、血管、淋巴管、神经构成的肺，还有胸膜等组织。上呼吸道是气体进入人体的通道，防止气体外其他异物吸入。主要由鼻腔、咽、喉组成。下呼吸道是指气管以下的气体通道，包括气管、总支气管、叶、段支气管及各级分支，直到肺泡（图6-1）。

（1）鼻腔　鼻腔是呼吸道的门户。鼻腔被鼻中隔分为左右两腔，前鼻孔与外界相通，有鼻毛，起到过滤空气的作用。后鼻孔与咽相连。鼻腔可以使吸入气体加温加湿，当鼻腔接受有害气体或异物时出现的打喷嚏、流鼻涕等应激反应，属于保护性反射动作。除上述呼吸作用外，鼻腔还有嗅觉功能。

（2）咽　咽是一个前后略扁的漏斗形管道，由黏膜和咽肌组成。上连鼻腔，下与喉相连，可分鼻咽、口咽及喉咽三部分，是呼吸系统和消化系统的共同通道。咽具有吞咽和呼吸的功能，并具有丰富的淋巴组织，可防御细菌对咽部的侵袭。此外咽也是重要的发声器官。

（3）喉　喉上与咽相接，下与气管相连，既是呼吸通道也是发声器官。喉的支架主要由会厌软骨、甲状软骨和环状软骨组成，喉腔内左右各有一条声带。当呼吸或发声时，会厌打开，

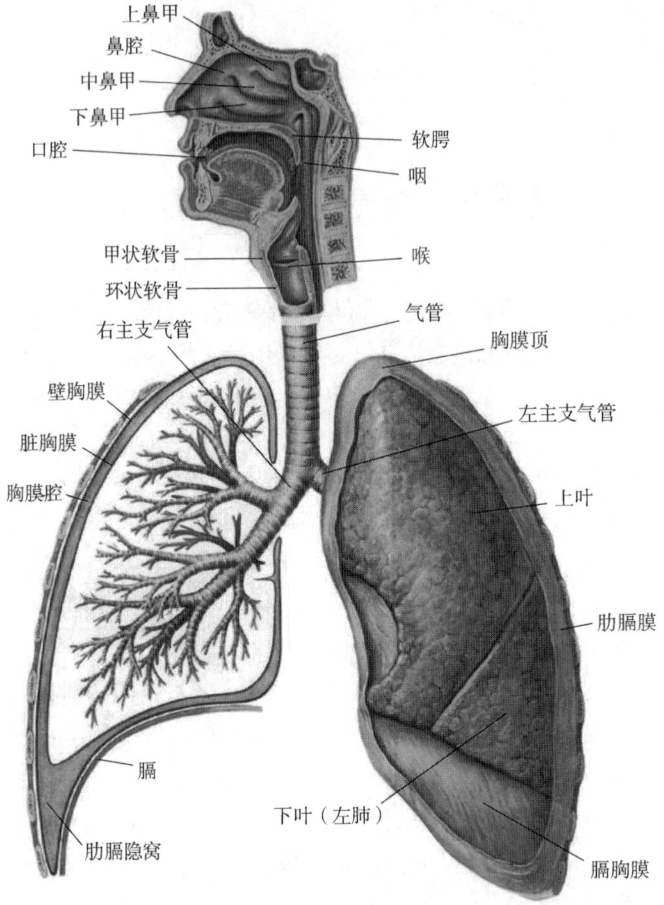

图 6-1 呼吸系统结构示意图

空气可以自由出入，而当吞咽时，会厌自动关闭，避免食物进入气管。

(4) 气管 喉与气管杈之间的管道，位于食管前方，呈后面略扁的圆筒形。上与喉相接，下入胸腔分为左右支气管。气管的上皮和腺体分泌各种免疫球蛋白，具有抑菌和抗病毒的作用，防止尘埃入肺，是机体防御系统的一部分。软骨起支架作用，支撑管腔开放以维持呼吸功能的正常进行。平滑肌和弹性纤维可使管壁有一定的舒缩性，适于其后方的食管腔内食团顺利下行及颈的俯仰动作。

(5) 支气管 是由气管分出的一级支气管，左主支气管细而长，经左肺门入左肺。右主支气管粗而短，经右肺门入右肺，临床上气管内异物多坠入右主支气管。支气管最后的小枝称小叶细支气管，穿入独立的肺小叶中。末入肺的支气管，其结构与气管相同。

(6) 肺 肺位于胸腔呈圆锥形，是进行气体交换的场所。肺分为上叶与下叶，右肺另有水平裂使之分为上、中、下 3 叶。两肺各有肺尖、肺底和两个侧面。肺底与膈肌上部的隔膜相接。肺内侧的肺门与纵隔相依附。肺门是支气管、肺动脉、肺静脉、神经和淋巴管进出的通道。

在呼吸系统中，各器官都有一定的分工，在人类生理活动过程中吸入氧气，排出二氧化碳，发挥着气体交换的功能。此外还有发声、嗅觉、神经内分泌、协助静脉血回心和参与体内某些物质代谢等功能。

（二）常见的呼吸系统疾病

呼吸系统疾病主要病变在气管、支气管、肺部及胸腔，病变轻者多咳嗽、胸痛、呼吸受影响，重者呼吸困难、缺氧，甚至因呼吸衰竭致死。由于大气污染、吸烟、人口老龄化及其他因素造成的疾病人数逐年剧增，肺部感染等疾病的发病率、死亡率都有增无减，呼吸系统疾病变成了世界范围内需要攻克的难题。

呼吸系统的疾病种类比较多，生活中最常见的是由于呼吸道的感染引起的疾病，如感冒、肺炎、支气管炎、咽炎、支气管扩张、肺脓肿、胸膜炎。对于从事的工作需要长期暴露在污染的空气中的人群，也较容易引发慢性阻塞性肺炎、肺间质纤维化、硅肺病、肺尘埃沉着病等职业性肺病。除此之外，生活中的不良习惯和其他多种因素也会导致肺结核、肺癌、肺心病等呼吸道相关疾病。下面列举人群中最为常见、发病率最高、死亡率最高的几种病例进行剖析。

1. 流行性感冒

流行性感冒简称流感，我国每年发病率为 10%～30%，其侵入体内的主要靶器官也是肺。流感是由 RNA 病毒引起的急性呼吸道传染病。流感病毒分为甲、乙、丙三型，再根据抗原性的差异分为不同亚型。甲型、乙型流感病毒极易发生变异，丙型流感病毒一般不发生变异。流感的发病症状是：起病急，高热、头痛、乏力、眼结膜炎和全身肌肉酸痛等。主要传播途径是接触和空气飞沫传播。由于变异率高，发病率高，人群普遍易感，严重危害人类生命安全。禽流感病毒（AIV）属甲型流感病毒某亚型中的一些毒株引起的急性呼吸道传染病，可引起肺炎和多器官功能障碍，该病毒是对人类潜在威胁最大的疾病之一。

2. 支气管炎

支气管炎分为急性气管炎和慢性支气管炎。急性支气管炎是由生物、理化刺激或过敏原等因素引起的急性支气管黏膜炎症。无流行倾向，高发于季节交替或急性上呼吸道感染迁延不愈所致。症状主要为咳嗽和咳痰。慢性支气管炎是支气管黏膜及其周围组织的慢性非特异性炎症。临床上以咳嗽、咳痰为主要症状，特点是发病期长，甚至连续数年以上，并且易引发支气管哮喘，近年来患病率出现明显增高。

3. 慢性阻塞性肺疾病

慢性阻塞性肺疾病（COPD）简称慢阻肺，该病患病率居高不下，所致肺功能损害导致患者劳动能力甚至生活自理能力缺失。主要特征是持续气流受限，与气道和肺组织对香烟烟雾等有害气体或有害颗粒的异常慢性炎症反应有关。慢阻肺与慢性支气管炎和肺气肿有密切关系。当慢性支气管炎、肺气肿患者肺功能检查出现持续气流受限时，则诊断为慢阻肺。

4. 肺结核

肺结核在我国目前仍属于高发传染病。90% 以上的致病菌为结核分枝杆菌。结核分枝杆菌对干燥、冷、酸、碱等抵抗力强。在干燥的环境中可存活数月或数年。结核分枝杆菌对紫外线比较敏感，太阳光直射下 2～7h 可被杀死，实验室或病房常用紫外灯消毒。结核病主要传播途径是通过结核病患者咳嗽、喷嚏、大笑、大声谈话等方式把含有结核分枝杆菌的微滴排到空气中而传播。

5. 肺炎

肺炎指终末气道、肺泡和肺间质的炎症，可由病原微生物、理化因素、免疫损伤、过敏原及药物所致。细菌性肺炎是最常见的感染性疾病之一。近年来尽管应用强力的抗生素和有效的疫苗，肺炎的病死率却不降反增。肺炎的种类很多，根据不同病原体感染造成的肺炎进行分类有：肺链球菌肺炎、葡萄球菌肺炎、肺炎支原体肺炎、肺炎衣原体肺炎、病毒性肺炎、传染性非典型肺炎、高致病性人禽流感病毒性肺炎、肺真菌病等。2002 年首次暴发的传染性非典型肺炎是由 SARS 冠状病毒引起的一种具有明显传染性、可累积多个器官系统的特殊肺炎。中东呼吸综合征（MERS）和新型冠状病毒肺炎（COVID-19）也是由于冠状病毒引发的呼吸系统传染病，是一种急性感染肺炎，人体感染冠状病毒后常见体征有呼吸道症状、发热、咳嗽、气促和呼吸困难，临床特征变现为白细胞不高或降低、肺部浸润和抗生素治疗无效。人群普遍易感，易聚集性发病。在较严重病例中，感染可导致肺炎、严重急性呼吸综合征、肾衰竭，甚至死亡。

6. 肺癌

近年来，肺癌发病的年递增率居各种恶性肿瘤之首，原发性支气管肺癌，是最常见的肿瘤之一，病人年龄大多在 40 岁以上。目前较明确的致病因素中，吸烟为首要，其次是大气污染和理化致癌因素。肺癌早期最常见的症状是刺激性干咳，随着肿瘤的增大而加重，常伴咳痰，痰中带血、胸闷、胸痛、气急、发热、消瘦等症状。

7. 呼吸衰竭类疾病

呼吸衰竭类疾病分为急性呼吸衰竭和慢性呼吸衰竭。呼吸衰竭是指各种原因引起的肺通气或换气功能严重障碍，使静息状态下也不能维持足够的气体交换，导致低氧血症，进而引起一系列病理生理改变和相应临床表现的综合征。完整的呼吸过程由相互衔接且同时进行的外呼吸、气体运输和内呼吸三个环节组成。参与外呼吸（即肺通气和肺换气）任何一个环节的严重病变都可导致呼吸衰竭。例如，气道阻塞性病变、肺组织病变、肺血管疾病、心脏疾病、胸廓与胸膜病变、神经肌肉疾病等。

二、 影响呼吸系统疾病的饮食因素

呼吸系统疾病的高发性和普遍性使人们不得不重视疾病的预防和治疗，其中营养治疗也是不可或缺的一部分，如何从饮食方面预防和缓解呼吸系统疾病呢？首先我们需要了解营养和呼吸系统疾病千丝万缕的联系。

（一）呼吸系统疾病的营养代谢特点

1. 胃肠道功能障碍，进食活动受限

呼吸系统疾病会伴随着机体呼吸功能下降或衰竭，长期会致使胃肠道淤血、供氧不足，并且会影响胃肠功能，消化酶的活性受影响，摄入营养物质的吸收代谢减缓，使人食欲不振，营养摄入和吸收长期不足。

2. 呼吸系统疾病会造成内分泌紊乱，能量需求增加

呼吸系统疾病的患者机体分解代谢和能量消耗普遍增高，机体处于高度应激状态，体内激素水平异常造成内分泌紊乱，并且生理活动需要消耗更多能量，对蛋白质等营养物质需求上升。

3. 能量效率降低

呼吸系统疾病会伴随着机体呼吸功能下降机体供氧不足，人体缺氧情况下会抑制体内三羧酸循环和氧化磷酸化作用，降低相关酶的活动，导致能量利用效率降低、营养物质消化、吸收和利用产生障碍。如果长期患低氧血症或高碳酸血症，会导致电解质紊乱和消化功能紊乱，同时营养物质的消化吸收及氧化利用均受影响。并且一些呼吸道疾病患者的常用药物如皮质醇激

素会影响患者机体的代谢状态，进而影响患者对营养素的吸收和利用。

（二）营养不良对呼吸系统的影响

慢性呼吸系统疾病患者常伴有不同程度的营养不良，营养不良包括营养摄入不足、营养代谢障碍、营养过剩。其中营养摄入不足影响呼吸系统各环节的能量、营养素供给、工作效率、组织修复、免疫能力和抗疲劳能力等。呼吸系统疾病患者营养不良造成的后果是患病率、死亡率升高；延缓创口愈合；增加并发症的发生率；一些重症病人如呼吸衰竭病人更是因为多种机制导致营养不良的发生。根据全球营养专家制定的营养不良专业共识，如果重症患者无法进食或只能吃流食超过 1~2d，或轻症患者饮食减少 1/3~1/2 以上超过 1~2 周，伴随 3 个月内体重下降大于 5%或消瘦，则可诊断为重度营养不良或营养风险，会对机体免疫力及疾病的康复造成不良影响，此类患者需要尽早进行营养支持治疗，即在医师或临床营养师指导下，通过口服补充特殊医学用途配方食品，或肠内、肠外营养支持等手段补充营养。

一般情况下产生营养不良的原因有：呼吸系统疾病患者的胃肠功能障碍导致组织缺氧、应激条件下消耗能量增加供不应求、营养素摄入不足或不均衡。营养素缺失对呼吸系统的负面影响有以下几点。

1. 损害呼吸系统结构

蛋白质和碳水化合物的缺乏是导致呼吸肌结构功能下降的主要因素，营养不良会影响慢收缩的白肌纤维，造成呼吸过程中做功最大耗能最多的膈肌萎缩、肌力减弱，呼吸肌疲劳、衰竭、呼吸肌无力和缺乏低磷血症、低镁血症、低钾血症。

2. 通气驱动下降

通气驱动来自大气与肺泡之间的压力差，呼吸运动是肺通气的原动力。摄入的能量和营养素降低会造成能量供给不足，导致通气驱动力下降，易出现呼吸不畅等症状。

3. 肺结构功能改变

由于营养不良导致气道生长受抑制、肺部弹性纤维重构，肺泡腔扩大，肺泡壁表面积减少，肺泡表面活性物质分泌减少。蛋白质合成能力降低影响肺泡和支气管上皮细胞的再生和修复，使肺通气调节反射减弱、肺结构改变，功能性降低。

4. 肺免疫防御功能减弱

免疫系统的降低主要有以下几个方面：①体内抗氧化机制受损，呼吸系统在自身代谢和气体交换过程中产生的氧化剂如不及时清除，会损害呼吸道上皮、肺泡上皮及基膜；②肺泡表面活性物质分泌型免疫球蛋白（sIgA）浓度下降导致杀菌作用降低，气道细菌黏附，致使患肺炎的风险提高；③支气管纤毛运动功能减弱，细菌对支气管上皮细胞的附着性增强；④由于营养不良，蛋白质合成能力降低影响肺泡和支气管上皮细胞的再生和修复，还会导致补体系统活性和吞噬细胞功能降低；⑤体内细胞免疫和体液免疫功能下降。

呼吸肌力下降、通气驱动不足、肺结构功能改变、肺免疫功能受损导致呼吸功能不全，呼吸道感染加重，全身性代谢和多脏器功能衰竭，这些负面影响对呼吸系统疾病的患者存在很大的风险，因此保证足够的营养合理膳食是治疗疾病的基础。

（三）增强呼吸功能的营养素

1. 碳水化合物

碳水化合物能快速被机体利用产生能量，是很好的供能物质，但对于呼吸系统疾病的患者来说，碳水化合物摄入过多，其呼吸商>1，碳水化合物被利用的过程中必然产生更多的二氧化碳，再度加重肺通气负担。

2. 蛋白质

呼吸功能不全病人常发生蛋白质-能量营养不良，适当增加氨基酸、多肽与蛋白质的摄入量可改善呼吸肌的收缩力。并且机体免疫细胞最需要的营养物质就是蛋白质。蛋白质是机体细胞、多种酶和激素的主要组成成分，可以为免疫细胞、抗体和黏膜组织的再生修复提供原料。

3. 脂肪

脂肪可提供较多的能量，其呼吸商最低，较少增加呼吸负担，并且可防止必需脂肪酸的缺乏，对改善肺组织结构以及免疫功能有益。

4. 矿物质

由于呼吸肌做功负担加重，能量消耗大，磷和镁的消耗增加，呼吸肌疲劳，易发生低磷血症和低镁血症，磷是合成 ATP 的重要成分，低钙和低钾血症都影响膈肌的力量。一些微量元素和维生素的缺乏使肺对氧化损伤的发生和呼吸道感染的易感性增加，从而影响肺病感染的恢复和抗生素治疗。

5. 维生素

维生素 A 对维持黏膜组织的健康及正常更新非常重要，维生素 A 严重不足时，黏膜就会发生异常变化，黏液分泌受阻，黏膜的清除作用就会减弱，死细胞就会异常堆积。维生素 A 充足时，这些黏膜组织会不断地、正常地分泌黏液和生长。维生素 C 对增强免疫系统有好处，它能形成一种天然的保护屏障，防止季节性呼吸道疾病。维生素 D 在肺部发育、呼吸肌力、炎症和免疫活动中发挥重要作用。维生素 E 和类胡萝卜素可以清除体内的自由基，增强肺部功能，减少因肺功能弱而导致慢性疾病的概率。

6. 其他营养活性成分

其他营养活性成分包括一些植物源和动物源中提取的生物活性物质，例如植物中的多酚类化合物如黄酮类、单宁类、酚酸类以及花色苷类等都是具有潜在促进健康作用的化合物。酚类化合物有一定的抗氧化能力，不少制品已列入天然抗氧化剂范畴。动物源中的生物活性物质包括海洋动物鱼油中的 DHA 以及一些多糖类、多肽类、糖脂类、固醇类、皂苷类化合物也同样具有抗氧化、抗癌的效果。这些营养活性成分可以起到防治慢性病（如心血管病、癌症、糖尿病）的作用。

（四）优化热量供给的分配比例

在饮食方面，日常食谱既要包括比例适当且营养全面的食物成分，又要注意热量的合理分配。呼吸系统疾病的患者应当适当调整饮食中热量的分配比例，碳水化合物供能占总能量的 40%～55% 为宜，蛋白质占 15%～20%，脂肪占 25%～45%。不同呼吸系统疾病类型的营养素配比有一定差异，根据不同疾病所需的营养物质或禁忌的食物类型有所不同。患者应以自身情况为标准制定合理的膳食标准。

三、 掌握呼吸系统疾病的膳食指导

（一）日常膳食原则

健康的体魄离不开科学合理的膳食营养，合理膳食也能辅助治疗呼吸系统疾病，预防呼吸系统疾病的六大膳食营养原则“三适两高一低”：适量蛋白质、适量矿物质、适量维生素、高热量、高脂肪、低碳水化合物。

摄入一定量的蛋白质可缓解负氮平衡状态，但是过量摄入蛋白质，将加重低氮血症及高碳酸血症，从而会增加每分通气量及氧的消耗。另外，蛋白质产热时需要消耗的水分比糖和脂肪多，且蛋白质摄入过多将导致尿钙增多，造成钙需要量增加和体液失衡，故每日给予1～1.5g/kg体重即可。

维生素和矿物质的缺乏，会造成氧自由基对机体的损伤或影响各种物质的能量代谢，进一步加重呼吸肌无力。因此呼吸系统疾病的患者饮食治疗中要注意各种矿物质和维生素的补充。

脂肪供能较高，呼吸商较低，产生二氧化碳较少，尤其有利于高碳酸血症及通气受限的患者，因此，可以提高脂肪在供能中的比重。但是在高脂膳食时要注意调整脂肪酸的结构，合理摄入易消化吸收的多不饱和脂肪酸或单不饱和脂肪酸，例如深海鱼、橄榄油、坚果等有利于脂质代谢的平衡，少食饱和脂肪酸及高胆固醇的肥肉、内脏等，防止高脂血症的发生或网状上皮系统的损害。

过高的碳水化合物会代谢产生更多二氧化碳，不利于血碳酸水平的降低，从而加重肺的负荷。应降低碳水化合物在总热量供应中的占比。对无明显通气障碍或高碳酸血症的患者，无须对碳水化合物进行严格限制。

少量多次进食，每餐不宜过饱，胃体积变大会导致膈肌上抬，肺舒张受限，呼吸负担加重。烹调方式宜清淡，保证食物软烂易消化吸收，不会对呼吸道造成刺激。多补充流食和易咀嚼的食物纤维促进胃肠道活动。

（二）忌用食物

1. 免疫原性强的食物

花生、虾、蟹易导致支气管及黏膜急性炎症，造成咳嗽和多痰，加重呼吸系统病症，还容易演变为哮喘。

2. 辛辣刺激性的食物

辣椒、花椒、胡椒、葱、蒜、酒精、浓茶、咖啡、辛辣和过咸的食品是诱发哮喘反复发作的一个重要原因，会刺激到气管和支气管，造成呼吸系统紊乱，加重肺的负担。并且还易引起腹泻，对于呼吸系统疾病患者饮食应以清淡、温软为宜。

3. 产气食物

萝卜、韭菜、豆类、薯类等，对肺气宣降不利，还易引起腹胀，腹泻、消化不良。不吃冷饮和含气的饮料防止呼吸系统负担加重。

4. 油炸、烧烤、腌制的食品

高油盐调味品食物，易引发呕吐，食物过多粉尘颗粒物会刺激呼吸道。尤其是肺癌患者应减少过度加工食物的摄入。

5. 过甜、咸、油腻、黏滞食品

甜点、肥肉、奶油、油炸花生等，会影响呼吸道和肠胃的健康，造成黏膜损伤，口渴痰多。

另外，有体液潴留、肺水肿、肺动脉高压、肺心病的患者应该严格控制水的摄入量。

（三）改善呼吸系统疾病的饮食

呼吸道感染急性期患者会出现发热、乏力、食欲不振、呼吸不顺畅等症状，是由于免疫细胞正在和体内的病毒等病原体进行激烈对抗。此时，首先要补充水分，保证机体血液循环及细胞代谢正常进行，其次，建议选择营养丰富又易于消化的半流质或软食，宜清淡饮食，多食用新鲜蔬菜如小青菜、刀豆、山药、银耳、丝瓜，可常食蜂蜜、麦芽糖。烹饪选用高蛋白优质脂肪酸的食材如瘦肉、鸡肉、深海鱼肉、豆制品等。若患者痰多清稀、气短喘息，可吃些带温补的食物，如富有营养的鸡汤、肝汤、瘦肉、乳制品、蛋羹等，烹调方法建议选择蒸、煮、氽、炖、浇汁等，并且避免暴饮暴食。

此外，机体免疫系统正常发挥功能还需要多种微量营养素的参与，常见富含免疫营养素的食物包括多种深色蔬果、蘑菇、柑橙、小麦胚芽、全谷类、动物肝脏、坚果等，可以制作成肉菜粥、八宝粥、五谷米糊、混合果蔬汁等利于消化吸收的形式。

重症及营养不良患者，重症急性期患者的免疫系统一般处于急性应激状态，而消化系统处于抑制状态，因此，医生通常会建议患者吃一些流食等易于消化的食物，如米汤、米粥、鸡蛋羹、酸乳、豆腐脑、果蔬汁等。食疗推荐冰糖雪梨糖水、银耳莲子粥、蜂蜜柚子茶、胖大海菊花等果茶饮品，对呼吸道保健具有一定功效。

但是，康复期患者如果体温已恢复正常，食欲明显改善，体力明显好转，表明已进入康复期。此时，机体急需大量的蛋白质及抗氧化营养素帮助机体修复受损的细胞组织，因此，患者的饮食应尽快由半流食过渡至软食、普食，并在平衡膳食的基础上，适量增加富含优质蛋白质及抗氧化营养素的食物，包括蛋类、乳类、瘦肉、大豆制品、动物肝脏、海产品及全谷类、豆类、多种新鲜蔬果、坚果等，也可增加一些养生汤剂如冬虫夏草炖鹌鹑、姜烧猪肉、核桃仁炒韭菜、羊肉山药汤、羊骨汤、淮山药枸杞子牛骨汤等，以帮助机体免疫功能尽快恢复正常。

通过膳食搭配，可以在日常饮食过程中规避患呼吸道疾病的风险，加强营养能够提高自身免疫力以抵抗呼吸系统疾病的传播。对于呼吸系统疾病的患者，需要合理的膳食缓解呼吸系统疾病对身体带来的损伤，饮食要减少呼吸系统负担，才能有利于病情的恢复。

第八节　营养与癌症

一、癌症概述

营养与癌症

肿瘤（tumor）是机体在致癌因素作用下，局部组织细胞在基因水平上对其失去正常调控，导致克隆性异常增生而形成的新生物。肿瘤是一类常见病和多发病，分良性肿瘤和恶性肿瘤。恶性肿瘤是目前对人类健康和生命威胁最大的疾病之一，常见的恶性肿瘤分为癌（cancer）与肉瘤。人们通常所称的“癌症”泛指所有的恶性肿瘤。

由国际抗癌联盟（Union for International Cancer Control，UICC）于 2000 年发起，将每年的 2 月 4 日定为世界癌症日，旨在倡导合作，加快癌症研究，以促进癌症的预防及治疗。癌症是当前人类第二大死因，国际癌症研究机构（International Agency for Research on Cancer，IARC）于 2020 年 12 月发布了全球癌症统计最新数据，估计 2020 年全球癌症新病例约为 1929 万，近 996 万人死于癌症。全球发病率和死亡率居前十位的癌症见图 6-2。男性发病率最高的癌症是肺癌，其他依次为结直肠癌、前列腺癌、胃癌和肝癌，女性发病率最高的癌症是乳腺癌，其他依次为结直肠癌、肺癌、宫颈癌和甲状腺癌。2020 年中国癌症新病例近 457 万，约有 300 万人死于癌症。中国发病率和死亡率居前十位的癌症见图 6-3。男性发病率最高的癌症是肺癌，其他依次为胃癌、结直肠癌、肝癌和食管癌，女性发病率最高的癌症是乳腺癌，其他依次为肺癌、结直肠癌、甲状腺癌和胃癌。

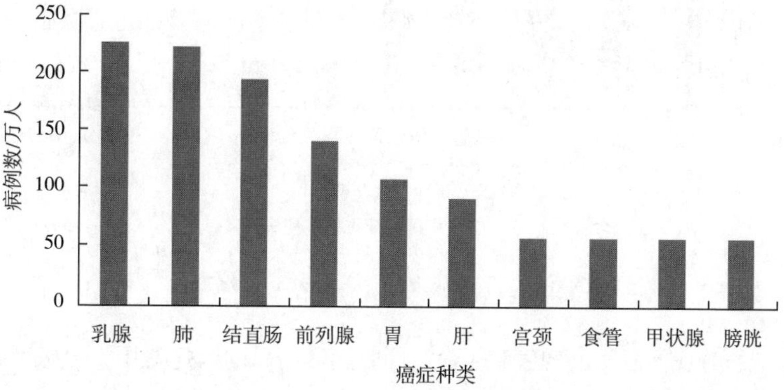

（1）全球高发病率癌症病例数

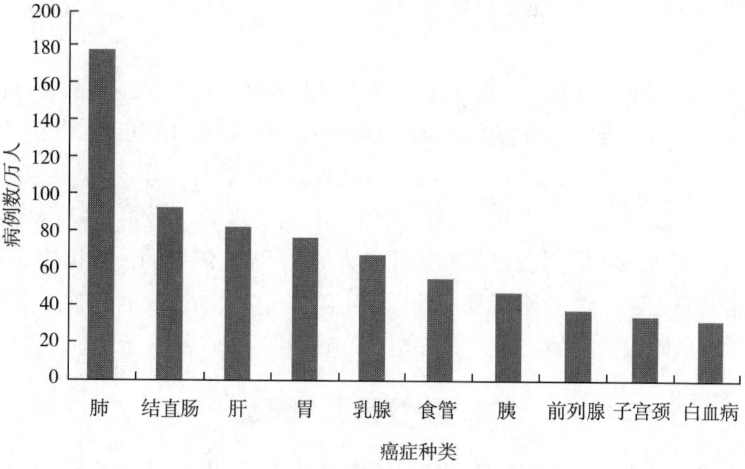

（2）全球高死亡率癌症病例数

图 6-2 全球高发病率和高死亡率癌症

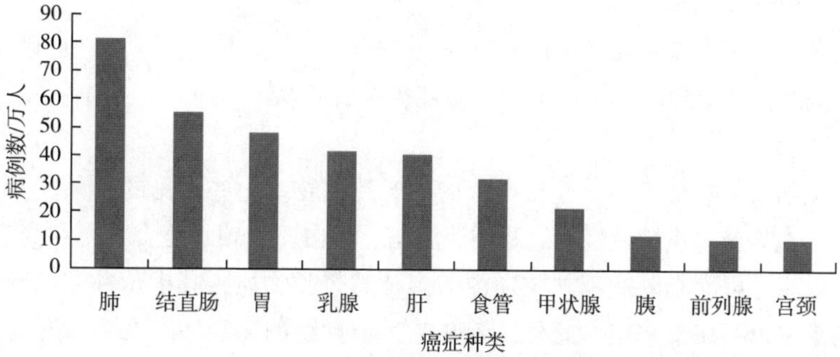

（1）中国高发病率癌症病例数

图 6-3

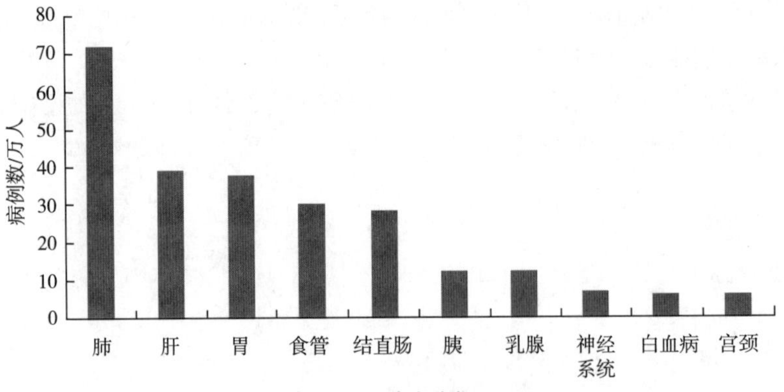

（2）中国高死亡率癌症病例数

图 6-3　中国高发病率和高死亡率癌症

癌症严重威胁着我国居民的健康和生命，同时因其高昂的治疗费用，给患者家庭及全社会都造成了很大的经济负担。2016 年制定的《“健康中国 2030”规划纲要》中提出，针对高发地区重点癌症开展早诊早治工作，推动癌症等的机会性筛查；到 2030 年，实现总体癌症 5 年生存率提高 15%。

引起癌症的原因复杂，一般与外部因素与内部因素有关。其中最主要的外部因素是环境中的化学致癌物（多环芳烃类、芳香胺类、偶氮类及亚硝胺类等）。IARC 在 2021 年公布的致癌物有 1000 余种，其中属于 1 类、2A 类和 2B 类的致癌物为 500 余种，多与环境污染有关，也包括食物加工过程中产生及污染的化学致癌物。其他还有生物因素（病毒、幽门螺杆菌、寄生虫等）与物理因素（紫外线、电离辐射、放射性元素等）。导致癌症的内部因素包括遗传、机体免疫状态及其他自身因素（内分泌紊乱、性别、年龄等）。大约 1/3 的癌症患者死亡主要与以下几种行为和饮食危险因素有关：高体重指数、低果蔬摄入量、缺乏运动、使用烟草及饮酒。

二、 膳食因素与癌症

膳食因素在癌症的发生、发展阶段起着极为重要的作用，膳食中的致癌物及营养素不平衡对于癌变的启动、发展起促进作用，而食物中的某些生物活性成分及合理营养可起到抑制或预防癌症的作用。

（一）食物中的致癌物

食物中的致癌物多为食品在加工贮藏过程中产生的，如多环芳烃类、*N*-亚硝基化合物及某些重金属等，或是食品受到污染后产生的，如某些霉菌毒素等。

1. 多环芳烃类

多环芳烃类物质是数量最多、分布最广的一类致癌物。一些常见的食品（如熏鱼、熏肉、烤肉、烤鸭等）在烟熏、烘烤或烧烤过程中，脂肪、蛋白质和碳水化合物等在高温下发生热裂解或热聚合等反应，可形成包括苯并芘在内的多环芳烃类物质，其中苯并芘的致癌作用最强，在烧烤产生的烟中也存在苯并芘。此外，苯并芘污染食物的途径还有在沥青马路上晾晒粮食、加工机械润滑油泄漏、通过不合格食品包装等。苯并芘可通过吸入、食入和经皮肤吸收，与乳腺癌、肺癌的发生密切相关，其致癌机制是通过在体内转化为环氧化物，进一步形成终致癌物而损伤 DNA，引起细胞癌变。

2. *N*-亚硝基化合物

N-亚硝基化合物为前致癌物，与食物中的胺类物质结合转化为终致癌物亚硝酰胺，与人类胃癌、食管癌、肝癌、鼻咽癌的发生密切相关。食物亚硝酸盐的主要来源有：腌渍类蔬菜和经盐腌、烟熏的肉类可产生亚硝酸盐；肉制品在加工过程中添加的亚硝酸盐；食物在长期存放时，某些霉菌和细菌及其酶会促使其中的硝酸盐还原为亚硝酸盐，如剩饭菜、收获后久置的蔬菜等。

3. 霉菌毒素

流行病学研究表明，食物中黄曲霉毒素污染严重和人群实际摄入量高的地区，原发性肝癌的发病率高。黄曲霉毒素也是胃癌、胰腺癌、肾癌、乳腺癌的致癌因素，主要污染粮油及其制品，如花生、花生油、玉米、杏仁等。

4. 其他

饮酒、吸烟可增加食管癌、结直肠癌患病风险。饮酒可能通过促进肝硬化和酒精性肝炎的形成，进而成为肝癌的危险因素。饮酒与某些类型的胃肠道癌症有明显的正相关关系。大量饮酒同样会增加乳腺癌的患病风险。高碳水化合物的食物（薯片、油炸面制品和咖啡等）在高温烹调过程中产生的丙烯酰胺，该物质被国际癌症研究机构列为可能致癌物。槟榔可致口腔癌，可能与其含有的亚硝基化合物和咀嚼过程中对于口腔黏膜的机械损伤有关。

（二）不良饮食行为与癌症

一些不良的饮食行为习惯可能会增加患癌风险。如进食速度过快，食物未经充分咀嚼咽下时，对消化道黏膜造成机械损伤；长期偏食导致的某些营养素缺乏或过量，含抑癌生物活性物质的食物摄入量少，长期摄入含致癌食物等；常食用过烫食物，好饮滚烫的热茶、热饮、热粥等习惯会增加罹患食管癌的风险，国际癌症研究机构将温度高于 65℃ 的热饮归类为 2A 类致癌物。

（三）营养因素与癌症

膳食中的营养素不但在癌症的启动、发展进程中起着重要作用，而且营养支持对于癌症患者的术后恢复也同样具有积极意义。

1. 能量

慢性能量摄入过多和/或能量消耗减少所导致的能量失衡，可引起超重、肥胖，此类人群的乳腺癌、结直肠癌、前列腺癌、胰腺癌和甲状腺癌的患病概率高于体重正常者。

2. 脂质

流行病学调查发现，高脂肪、高反式脂肪酸摄入会增加结直肠癌、乳腺癌、前列腺癌、卵巢癌的患病风险。过多脂肪摄入引起胆汁中某些初级胆汁酸水平升高，进一步转化为可能致癌物，并且高脂有利于肾上腺皮质激素转化为雌酮，从而促进绝经后乳腺癌的发生。

3. 糖类

单糖、双糖可增加癌症的患病风险。有研究显示，含糖饮料的摄入与癌症之间有显著相关性，该项研究对 10 万名调查者进行了长达 9 年的观察，含糖饮料摄入越多，乳腺癌、前列腺癌、结直肠癌患病风险明显上升，这可能与内脏脂肪堆积和血糖指数过高有关。而某些多糖（如多种植物多糖、食用菌多糖、海藻多糖等）可降低患癌风险。

4. 蛋白质

膳食蛋白质摄入量与癌症死亡率之间的关系尚不十分明确。但有研究发现，摄入大量乳制品蛋白质可能增加前列腺癌风险。也有学者认为，乳中的乳清蛋白富含胱氨酸和半胱氨酸，可促进抗氧化物谷胱甘肽的合成，从而促进致癌物的排出。

5. 维生素

流行病学研究发现，缺乏维生素 A 或胡萝卜素，可增加肺癌患病风险。适量补充维生素 A 可降低乳腺癌、黑色素瘤、皮肤癌的发病风险，但持续大量摄入时会增加肺癌、前列腺癌、卵巢癌的发病风险。有研究表明，α-胡萝卜素不仅能抑制肿瘤细胞的生长，而且能促使其转变成正常细胞。

维生素 B_2缺乏可能会增加食管癌、胃癌、结直肠癌和宫颈癌等恶性肿瘤的发病风险。流行病学研究发现，维生素 B_2和烟酸可有效降低食管癌的发病风险。

研究发现，补充叶酸可降低胃癌发生率，叶酸通过影响 DNA 甲基化，以延缓慢性萎缩性胃炎进程，通过抗炎和抗氧化作用抑制黏膜炎症，预防胃癌。缺乏叶酸和维生素 B_{12}可引起高同型半胱氨酸血症，从而导致许多其他疾病的发病，如心血管疾病、肾脏和神经血管疾病、骨质疏松症，以及癌症如肺癌、女性结直肠癌及雌激素诱发的激素性癌症等。

有证据表明，摄入大剂量维生素 C 可降低食管癌、口腔癌、胰腺癌、宫颈癌、胃癌和乳腺癌以及非激素性癌症的风险。其作用机制包括抗氧化作用、抑制亚硝胺的形成、增强免疫反应和表观遗传调控。体外研究发现，药理剂量的抗坏血酸不仅显著抑制肿瘤细胞的生长与转移，同时还具有细胞毒性作用，加速肿瘤细胞凋亡。但也有研究提示服用维生素 C 可能会降低抗癌治疗时化疗或放疗的效果，因为其作为抗氧化剂可中和化疗引起的氧化应激。

维生素 D 可抑制乳腺癌细胞活力，诱导乳腺癌细胞凋亡。血液中高浓度的维生素 D 与结直肠癌发病率降低相关，但也可能掺杂了其他因素，如参加体育活动。适当补充维生素 D 有助于结直肠癌患者的术后恢复。

增加膳食维生素 E 摄入量可以降低乳腺癌、鼻咽癌、宫颈癌、胰腺癌、皮肤癌、前列腺癌等的发病风险，这与其抗氧化、清除自由基的作用机制有关。

维生素 K 能够抑制癌细胞的增殖，可通过促使细胞凋亡和自噬抑制白血病和结肠癌细胞的生长。研究显示，维生素 K_2可通过破坏 DNA 诱导膀胱癌细胞凋亡，并对肺癌、卵巢癌、肝癌、前列腺癌和骨髓癌具有抗肿瘤作用。

6. 矿物质

在钙与镁的摄入比为 1.7~2.5 时，高钙摄取量可能与结直肠癌发生率的降低有关。钙在肠腔中与次级胆汁酸和血红素形成复合物，可能起到一定的保护作用。高钾摄入量与结直肠癌的发生呈负相关，适当提高钙、镁摄入量也可降低胃癌的风险。但也有研究结果显示从乳制品中摄取大量蛋白质或钙可能增加前列腺癌风险。而饮食中铁的高摄入量与结直肠癌的升高呈正相关。

流行病学研究表明，硒摄入水平与肝癌、肺癌、前列腺癌等多种癌症的风险呈负相关，在美国高硒作物的地区，癌症死亡率比低硒作物的地区要低。硒对肿瘤的作用是通过其对细胞周期、细胞凋亡、DNA 损伤修复和免疫功能的影响来实现的。

高盐饮食可增加胃癌、鼻咽癌的患病风险。动物实验研究显示，碘过量与甲状腺癌的发病率存在正相关性。

7. 膳食纤维

有研究显示，膳食纤维与结直肠癌、乳腺癌发病风险呈负相关，膳食纤维每日摄入总量每增加 10g，结直肠癌患病风险平均降低 10%。

（四）抗癌食物及其生物活性成分

1. 十字花科类蔬菜

十字花科类蔬菜（西蓝花、白菜、圆白菜等）含有的硫代葡萄糖苷的衍生物异硫氰酸盐类化合物（萝卜硫素、苯乙基异硫氰酸酯）、吲哚化合物等，通过调控细胞信号通路与表观遗传变异，诱导细胞保护酶、抑制炎症反应，抑制癌症形成。其中萝卜硫素被认为是蔬菜中抗癌效果最好的植物性活性物质之一。

2. 大豆

大豆中的活性成分具有预防癌症的作用。大豆异黄酮具有抗氧化及修复 DNA 损伤等作用，并可通过竞争结合雌激素受体，诱导癌细胞凋亡，抑制癌细胞增殖或转移，起到预防乳腺癌和前列腺癌等癌症的作用。大豆皂苷可降低肝癌、结肠癌、卵巢癌发病风险。此外，大豆蛋白及其酶解物、大豆低聚糖、植酸等对癌细胞的增殖均有抑制作用。

3. 葱属蔬菜

葱属蔬菜（大蒜、洋葱、大葱、小葱等）含有多种有机硫化合物，包括蒜氨酸等风味前体化合物、硫代亚磺酸酯和硫醚类挥发性有机硫化合物。这些物质对于预防胃癌、结肠癌、脑癌、肾癌等多种癌症都具有积极的作用。新鲜大蒜破碎后，激活自身的蒜氨酸酶，可将蒜氨酸转化为大蒜素等含硫化合物。有研究表明，大蒜素能够诱导多种肿瘤细胞的凋亡，其机制可能是通过影响细胞活性氧自由基、细胞信号传导系统、抑制细胞生长和诱导细胞凋亡等方式来实现的。

4. 茶叶

动物实验发现，茶叶中的功能成分能够较好地抑制许多种肿瘤的形成和发展。其作用机制与茶叶中的茶多酚有关，此类物质具有强抗氧化活性，可抑制关键酶的活性和信号传导途径，促进肿瘤细胞的凋亡，抑制肿瘤细胞的增殖、转移等。

5. 其他

具有抗癌功能的其他生物活性成分还有番茄红素、花青素、多糖等。

番茄红素可抑制癌细胞增殖、促使其凋亡，降低皮肤癌、子宫内膜癌、前列腺癌等的患病风险。其食物来源有番茄、木瓜、西瓜、草莓等。

花青素及原花青素可保护细胞 DNA 免受自由基的氧化损伤，预防导致癌症的基因突变。其在葡萄、蓝莓、紫薯等食物中含量较为丰富。

此外，某些食物中的多糖也具有抗癌作用，其作用机制主要包括两方面：一是细胞毒作用，直接杀死肿瘤细胞；二是具有免疫调节作用，通过增强机体免疫功能而抑制或杀死肿瘤细胞。其来源包括牛膝、茯苓、银耳、香菇、海藻、枸杞等多种食物。

三、 癌症的饮食预防

近年来，随着研究人员对流行病学和临床医学更广泛深入的研究，人们对于癌症的形成、发展有了更为深刻的认识，除了外部环境及一些不可控的内部因素外，人类的生活方式和饮食行为习惯也和癌症的发生、发展密切相关。对这些方面进行适当的干预，更有利于癌症的防控。

（一）膳食结构合理，热能平衡

动植物食物均衡摄入，营养素种类齐全、比例适宜。食物种类多样，《中国居民膳食指南（2022）》提出，每日食物种类应至少 12 种，每周应至少 25 种；控制添加糖的摄入量，每天不超过 50g，最好控制在 25g 以下。每日摄入一定的粗杂粮，可以薯类替代部分主食；适当多摄入富含蛋白质的食物，并保证优质蛋白质的摄取；避免能量摄取失衡，注意合理运动，减少超重和肥胖的发生，对于癌症的预防可起到积极的作用。

（二）控制红肉、加工肉的摄入，脂肪摄取应适量

未加工的红肉已被国际癌症研究机构列为可能致癌物，据称每日红肉摄入量若增加 100g，结直肠癌的患病风险增加 18%。因此应适当减少红肉摄取，以鱼类、禽类为主；减少加工肉类的摄取，以新鲜肉类为主，可从一定程度上降低患癌风险。

脂肪摄入应适量，占总能量的 20%～30%。控制红肉可有效减少动物脂肪及饱和脂肪酸的摄取，应以植物油为主。此外，煎炸食物、酥性点心等高油脂食物摄入量也应限制。

限制胆固醇的摄入，高胆固醇主要有动物的内脏（心、肝、肾等）、鱼籽、禽蛋蛋黄等。限制反式脂肪酸的摄入，膳食中反式脂肪酸的主要来源有氢化植物油、含氢化植物油的人造奶油、精炼植物油、煎炸油等。

（三）多食用新鲜果蔬和保护性食物

研究结果表明，水果和蔬菜摄入量低的人患结肠直肠癌的风险可能会增加。新鲜果蔬可为人体提供丰富的维生素、矿物质、膳食纤维及其他有益成分，尤其是维生素 C、维生素 E、β-胡萝卜素、花青素等具有抗氧化作用的物质。

常食用保护性食物，这些食物中含有的生物活性成分，可起到抑癌、抗癌作用，如前所述的十字花科蔬菜、葱蒜类、大豆、茶叶、香菇等多种植物性、食用真菌类食物。

（四）限盐、忌烟限酒

限制食盐摄入，避免摄入高盐的腌制食品，烹饪使用酱油时应减少食盐添加量，每日食盐摄入量不超过 5g。

避免吸烟及被动吸烟。儿童青少年、孕妇、乳母以及慢性病患者限制饮酒。成年人如饮酒，每天饮用的酒精量不超过 15g。

（五）合理储存、加工食物

选用新鲜食物原料进行烹饪，不食用不新鲜食物，如久置的剩饭菜、存放过久的蔬菜、水果，已发生氧化或霉变的食品（玉米、花生、瓜子等）、腌渍的各类食品、发生焦煳的食品等。可直接食用的食物尽可能减少烹调。

注意烹调方式，避免煎、炸、烤、熏等过高温烹调，可采用蒸、煮、炖等方式烹饪。

（六）注意饮食行为

进餐定时定量，避免摄入过烫的汤汁类食品，进食时细嚼慢咽，忌暴饮暴食。

营养与视力

第九节　营养与视力

眼睛是心灵的窗户，作为人体中非常精密灵敏的器官之一，眼睛的健康也尤为重要，特别是学生时期，视觉系统的发育处于敏感阶段，营养状况的

好坏将对视力产生直接的影响。譬如，缺乏维生素 A 易导致夜盲症，缺乏维生素 C 易患晶状体浑浊所致的白内障，缺钙眼部易疲劳等。那么，如何通过饮食来保证眼睛的健康？食品中有哪些营养物质对视力起着至关重要的作用呢？本章节介绍合理营养膳食对视力的保护和调节作用。

一、 有益视力的营养物质

（一）维生素对视力的影响

现代营养学认为，摄入充足的维生素 A、维生素 B_1、烟酸、维生素 B_2、维生素 C 及维生素 E 对视力有很大的益处。

1. 维生素 A

维生素 A 是眼睛所不可缺少的物质，它直接参与视网膜内一种感弱光物质——视紫红质的形成。维生素 A 的活性代谢物视黄酸（retinoic acid，RA）与核激素受体结合，从而调节各种细胞中的基因转录程序。维生素 A 还具有保障眼睛角膜润泽不干燥的作用，若缺乏维生素 A，会使泪腺上皮细胞组织受损，停止分泌泪液，从而引起干眼病。严重缺乏还会造成角膜软化症、夜盲症、角膜溃疡，导致严重的视力下降。胡萝卜素是维生素 A 生成的物质基础，可通过人体物质转化生成维生素 A，富含胡萝卜素或类胡萝卜素的食品主要有胡萝卜、南瓜、番茄等蔬菜。想要体内不缺乏维生素 A，除了以上蔬菜，也可多摄入动物肝脏等食物。

2. 维生素 B_1 和烟酸

体内缺乏维生素 B_1 和烟酸易出现眼球颤、视觉迟钝等症状。有研究表明维生素 B_1 联合维生素 B_{12} 可以治疗视神经炎相关疾病。富含维生素 B_1 和烟酸的食物主要有小麦、玉米、花生米、胡桃、蚕豆、鱼、肉等。

3. 维生素 B_2

维生素 B_2 能保证视网膜和角膜的正常代谢，如果缺乏就容易出现流泪、眼红、发痒、眼睑痉挛等症状。维生素 B_2 也能维持神经、消化器官和视觉器官的健康。人体缺少了它，易产生口角溃烂、唇炎、舌炎和眼内干燥、角膜炎等症状。维生素 B_2 主要在蛋黄、乳制品、肝脏、瘦肉、菠菜、扁豆、圆白菜中含量丰富。

4. 维生素 C 和维生素 E

维生素 C 和维生素 E 是体内重要的抗氧化营养素，可以抵抗自由基对眼部组织、视网膜的损伤，有助于预防白内障、老年性黄斑变性等。缺乏维生素 C 和维生素 E 会减少眼球中的自由基，从而降低了对外来刺激的抵抗力，常见的水果如猕猴桃、柠檬、橙子、杏仁、葵花籽等都富含维生素 C 和维生素 E。

（二）蛋白质是视力发育的基础

眼睛的正常功能和眼组织的更新离不开蛋白质，巩膜含有多种必需氨基酸以构成眼球的坚固外壳，这些氨基酸的来源都是膳食摄入的蛋白质。视网膜上杆体细胞的功能主暗视，锥体细胞则主明。杆体细胞对微弱光线之所以敏感，是因为它含有一种特殊的视素质，视素质是由蛋白质和维生素 A 合成的，因此蛋白质的补充十分关键，缺乏蛋白质不仅影响正常的身体发育，也会使巩膜的弹性降低，容易拉长形成轴性近视。如果蛋白质长期处于缺乏状态，会引起眼睛功能衰退、视力下降，进而引起夜盲症、白内障等各种眼疾甚至失明。猪肉、鱼肉、蛋类、乳类等动物性食物不仅含有丰富的蛋白质，而且含有全部必需氨基酸。但摄入过多动物蛋白会影响钙等矿物质的吸收和利用，同样会对视力的健康造成影响。合理饮食控制优质蛋白质的摄入量是保证视力健康的基础。

（三）钙、磷、锌、硒、铬、铜等微量元素

钙和磷有助于维持眼球壁的硬度、保证巩膜坚韧，并参与视神经生理活动。钙磷缺乏时，眼球壁易失去弹性、影响眼压，造成视力疲劳，注意力分散，引起近视的发生。锌参与维生素A的代谢，主要功能是保持视网膜色素上皮正常组织形态。胚胎期缺锌会导致胎儿视神经变性，造成先天性视力不良。而对于成年人，锌与眼部的黄斑病变有较大联系。硒对视觉器官的功能是极为重要的，支配眼球活动的肌肉收缩、瞳孔的扩大和缩小、保证眼辨色力的正常均需要硒的参与。若人体长期硒缺乏，就会发生视力下降和许多眼疾如白内障、视网膜病、夜盲症等。铬是人体代谢的主要微量元素，缺铬会导致血浆渗透压升高，从而使晶状体屈光度增加造成近视。铜参与巩膜内胶原分子的联结。铜缺乏可引起巩膜脆弱易扩张，造成近视。此外，丰富的钙质具有消除眼部肌肉紧张的作用，微量元素如镉、钼等，也都参与眼睛内各种代谢酶的合成，调节眼睛的生理功能，同样不可忽视。因此，日常膳食中应注意摄入富含微量元素的食物，如动物肝脏、瘦肉、玉米、洋葱、大蒜、牡蛎、海鱼、淡菜。但微量元素如果摄入过多，就会在体内积聚，导致急、慢性中毒，甚至成为潜在的致癌物质，所以微量元素的摄入也不宜过量。

（四）其他营养成分

除了以上营养物质，还有一些对视力发育和保护尤为重要的营养成分。

1. 二十二碳六烯酸

二十二碳六烯酸（docosahexaenoic acid，DHA）是一种 ω-3 多不饱和脂肪酸，是视网膜和视神经的重要组成成分，可以促进视网膜感光细胞的成熟，增强视觉敏感度，提高暗环境下的视力，并且还具有延缓视力减退的功能。DHA 是构成动物生物膜的重要组成部分以及动物体内一些激素的主要前体，其主要以磷脂形式存在，游离脂肪酸很少。DHA 在人体内不能自行合成，必须从食物中摄取，富含 DHA 的食物包括深海鱼油、紫苏籽、亚麻籽或藻类等。

2. 花色苷

花色苷（anthocyanins），是自然界一类广泛存在于植物中的水溶性天然功能色素，其不含糖苷的苷元被称为花色素或花青素。花色苷可促进视网膜中视紫红质的再生成，而视紫红质是保证正常视力的关键物质。花色苷可以稳定眼部的微血管，维系血管的完整性，强化微血管的弹性、增强微血管循环从而促进血液循环、维系正常眼球压力，有效抑制破坏眼部细胞的色素。此外，花色苷还可以提高视力的敏感性，提高暗视力，从而使人们在昏暗的灯光下能更清楚地看清周围情况。花色苷是一种强抗氧化剂，可以有效减少自由基对眼睛的伤害，能起到预防白内障的作用。富含花青素的食物有蓝莓、黑莓、樱桃、茄子、红石榴、紫米等。

3. 叶黄素及玉米黄素

在类胡萝卜素家族里，只有玉米黄素（zeaxanthin）和叶黄素（lutein）存在于眼睛的视网膜中，太阳光中的紫外线及蓝光进入眼睛会产生大量自由基，导致白内障、黄斑区退化甚至癌症。紫外线一般能被眼角膜及晶状体过滤掉，但蓝光却可穿透眼球直达视网膜及黄斑区。叶黄素及玉米黄素发挥了过滤蓝光的作用，使视网膜黄斑区免受伤害，避免蓝光对眼睛的损害，保持视觉灵敏与清晰。叶黄素发挥着抗氧化剂和光保护作用，和花青素共同促进视网膜细胞中视

紫质的再生成，可预防重度近视及视网膜剥离，并可增进视力、保护视力。另外，叶黄素及玉米黄素还可以缓解视疲劳症状，例如视物模糊、眼干涩、眼胀、眼痛、畏光等，达到延缓眼睛的老化及防止病变的作用。叶黄素无法由人体自行合成，必须来源于食物或营养辅助剂。叶黄素存在于深绿色蔬菜和黄色食物中，日常膳食中增加玉米黄素与叶黄素的摄取，能降低白内障的风险。富含叶黄素的食物有菠菜、菜花、洋葱、红苋菜、芦笋、油菜等。富含玉米黄素的食物有玉米、南瓜、橙子、菠菜、芥蓝等。

二、 不同人群保护视力的营养膳食需求

（一）胎儿

每个新生儿的视力其实是受遗传及后天两方面的因素决定的。胎儿眼睛发育关键期是6~22周，这段时间是保证胎儿视力不受影响的关键时期。22周后，胎儿就可以睁开眼睛到处看。等到孕妇32~33周的时候，胎儿的视力已经发育得较为完善，可以分辨光的强度，胎儿出生几分钟后就能看到整个世界。怀孕期间孕妇的营养摄入需求比平时大得多，所有营养素都需要充足供给，为了保证胎儿视力的健康发育，维生素A、维生素D、维生素C和维生素B_1的补充量需要大大增加，同时DHA能帮助胎儿视力发育。30~36周至出生前后的胎儿如果严重缺乏DHA，会出现视神经炎、视力模糊，甚至失明。

（二）幼儿

儿童的眼睛在6岁以前生长发育最快，眼睛的组织结构比较精细，对营养条件要求甚高。儿童各种眼病的发生和演变与营养状况密切相关，一般来说，儿童眼病及视力发育问题由维生素、微量元素和蛋白质缺乏引起的比较多。在儿童成长过程中，保证各类营养素摄入均衡是视力良好发育的基础。食用深海鱼和鱼肝油、新鲜的绿叶蔬菜、水果、豆制品和动物肝脏，都有助于幼儿视力的发育。

（三）青少年

据调查显示，中国青少年患近视的年龄在不断提前，人数在不断增加。这除了与学习压力加大，长时间看电视、用电脑、玩游戏机等有关外，日常活动也不同程度地加重孩子的用眼负担。孩子视力不好，与饮食营养不平衡也有很大关系。视觉疲劳和近视眼是青少年群体最常见的视力问题。日常饮食中多补充维生素A、B族维生素和钙、铬、锌等微量元素，多吃富含叶黄素的食物，提高维生素的摄入，促进微量元素的吸收利用，多食动物的内脏、乳制品和深色蔬菜、新鲜水果以降低近视患病率的发生。正常饮食中有两类食物可以适当增加，第一类是含β-胡萝卜素比较多的食物，这类食物在体内能转化成维生素A，如胡萝卜、黄玉米、南瓜、绿色蔬菜、青豆、番茄、杏、菠菜、韭菜、油菜、荠菜、甘薯、芒果等；第二类是本身富含维生素A的食物，因为维生素A是脂溶性维生素，吃时需控制一定的量。另外维生素C含量高的食物和含钙的食物对眼睛也有一定益处，青少年平时的饮食中也需要适当补充。除了饮食均衡全面适度外，保护视力还需要劳逸结合，缓解眼疲劳。如果青少年长期食用精制食品和大量的糖制品，会促进体内铬的排出，因此造成铬的缺乏。高油、高盐、高蛋白、高磷饮食，如炸鸡、汽水、可乐等，会妨碍钙的吸收并增加钙的排出。因此，青少年应少吃糖果和含糖高的食物，少吃精米精面，多吃糙米粗面，少吃油炸食品，限制高蛋白食物、动物脂肪和糖制品的摄入。

（四）成年人

对于成年人，信息时代手机电脑的使用十分普遍，长时间注视电子屏幕、用眼过度，会对视力造成影响，轻者会视力疲劳、近视散光等，重者则会引发眼部疾病。对长期熬夜加班用眼过度的上班族来说，补充富含维生素A的食物十分关键。猪肝含有丰富的维生素A，能保护眼睛，维持正常夜视力，防止眼睛干涩及疲劳。猪肝含铁丰富且容易吸收，是补血常用的食物。枸杞猪肝汤中枸杞子补血养肝明目，生姜温中和胃，中和枸杞叶的凉性，适合眼睛干涩，视力下降，经量过多，经常熬夜的人食用，一般人群也可食用。

（五）老年人

随着年龄的增长，老年人眼部机能越来越差，老年人对视力的保护主要从预防眼部疾病入手。老花眼、白内障、青光眼等眼疾困扰着大部分老年人，护眼注重保证眼睛的营养，从饮食上摄入必需的营养素。营养素中除了蛋白质具有延缓眼组织衰老和功能减退的作用外，钙、铬、硒、锌、铜以及多种维生素与眼部疾病也息息相关。近年一些研究注意到在老年性白内障患者中，普遍存在膳食中镁摄入不足的问题。虽然目前尚无足够的证据证明镁缺乏与老年性白内障有直接的关系，但是一些营养学家仍建议老年人注意通过膳食途径补充镁。镁的食物来源主要为一些植物性食物，包括粗粮、干豆、坚果、绿叶蔬菜等。深加工的食品、动物性食品和油脂中的镁含量较少。除此之外，西蓝花和菠菜含有的叶黄素具有抗氧化作用，也会使视网膜黄斑上的叶黄素增加，会减少“老年性黄斑退化”的概率。而玉米黄质对眼睛的晶状体有保护作用，可以减少体内自由基对眼睛的伤害。这两类营养物质能减少紫外线对眼睛的伤害，延缓眼睛的老化，预防视网膜黄斑部病变和白内障等眼疾。蛋黄同时含有叶黄素与玉米黄素，甚至含有蛋白质、脂肪、卵磷脂等多种营养素。人体必须补充绿色蔬菜，才能摄取到维生素B_2和β-胡萝卜素。维生素B_2充足的时候，眼睛不容易出现红血丝；β-胡萝卜素可以在体内转变成维生素A，预防干眼症等。绿色蔬菜如西蓝花、菠菜等，不但能提高视力，而且具有预防白内障的作用。

保护好视力，从每日膳食营养入手，每一种营养元素都和视力的健康发展环环相扣，因此多种食物要合理搭配，还要改正日常的不良用眼习惯，保持健康的生活方式是建立良好视力水平的基础。

第十节　营养与男性生殖健康

营养与男性生殖健康

众所周知，孩子是父母生命的延续，更是人类的希望。根据《“健康中国2030”规划纲要》和《关于优化生育政策促进人口长期均衡发展的决定》具体内容，优生优育作为计划生育具体内涵的延伸，进一步优化生育政策有利于改善我国人口结构、落实积极应对人口老龄化国家战略、保持我国人力资源禀赋优势。但目前数据显示15%育龄夫妇存在不育问题，而发展中国家某些地区可高达30%，男女双方原因各占50%。不孕不育已成为一种常见疾病，正摧毁着许多家庭拥有孩子的梦想。优生优育更是所有家庭追求的目标。近40年来，男性精子数量和浓度已下降了50%，间接导致优生优育率降低，成为重大的个人、家庭甚至社会负担。临床治疗在男性不育中的接受度较低，而日常摄入食物中的特定功能因子可调节或提高精子质量，预防男性不育，因此通过膳食调节是促进优生优育的重要手段之一。本章节介绍男性生殖系统、精子发生过程、男性不育症，并着重介绍了膳食营养调节男性生殖中的作用。

一、男性生殖系统

男性生殖系统包括内生殖器和外生殖器两个部分。内生殖器由生殖腺（睾丸）、输精管道（附睾、输精管、射精管和尿道）和附属腺（精囊腺、前列腺、尿道球腺）组成（图6-4）。外生殖器包括阴囊和阴茎。其中睾丸和附睾是主要的生殖器官。

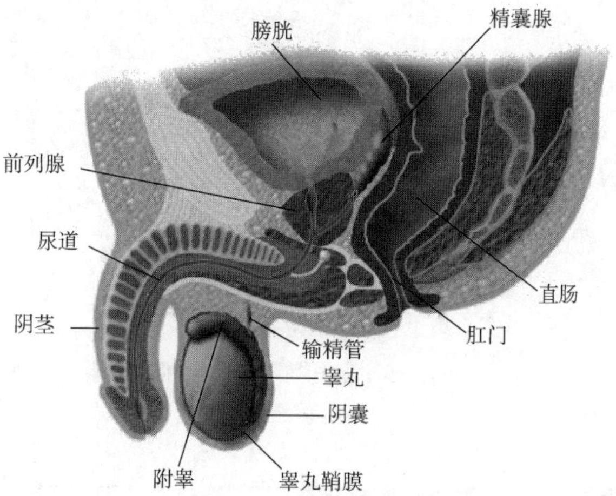

图6-4　男性生殖器官

睾丸位于阴囊内，左右各一。呈微扁椭圆体，分为上下两端，内外两侧，前后两缘。睾丸内含有间质细胞，可分泌男性激素，其间穿行着大量弯曲的生精小管，生精小管是产生精子的组织，是减数分裂特定位置并继而制造配子（即精子）。

附睾位于睾丸的上端和后缘，可分为头、体和尾三个部分。头部由输出小管盘曲而成，输出小管的末端连接附睾管，附睾管的末端可直接延续成为输精管。附睾管一侧连接着输精管，一侧连接着睾丸的生精小管。当精子在生精小管中产生、发育后将离开睾丸，进入附睾中继续生长成熟。附睾利用其分泌物如激素、酶和特异物质等为精子提供生长成熟的营养，并提供精子储存、发育成熟和获能的场所（图6-5、图6-6）。

二、精子发生过程

精子发生是一个高度复杂的细胞分裂分化过程，在男性的睾丸中完成，主要包括精原干细胞的分化增殖、精母细胞的减数分裂和精子变形3个阶段，最后精子会在附睾尾获能，成为可运动的成熟精子（图6-7）。具体来说，由精原干细胞分化得到B型精原细胞可通过有丝分裂生成初级精母细胞并通过第一次减数分裂生成次级精母细胞，次级精母细胞直接进入第二次减数分裂而得到单倍体圆形精子，最后通过精子变形生成精子。精子移动至附睾尾中并获能，成为可运动的成熟精子。这就是精子的简要形成过程。

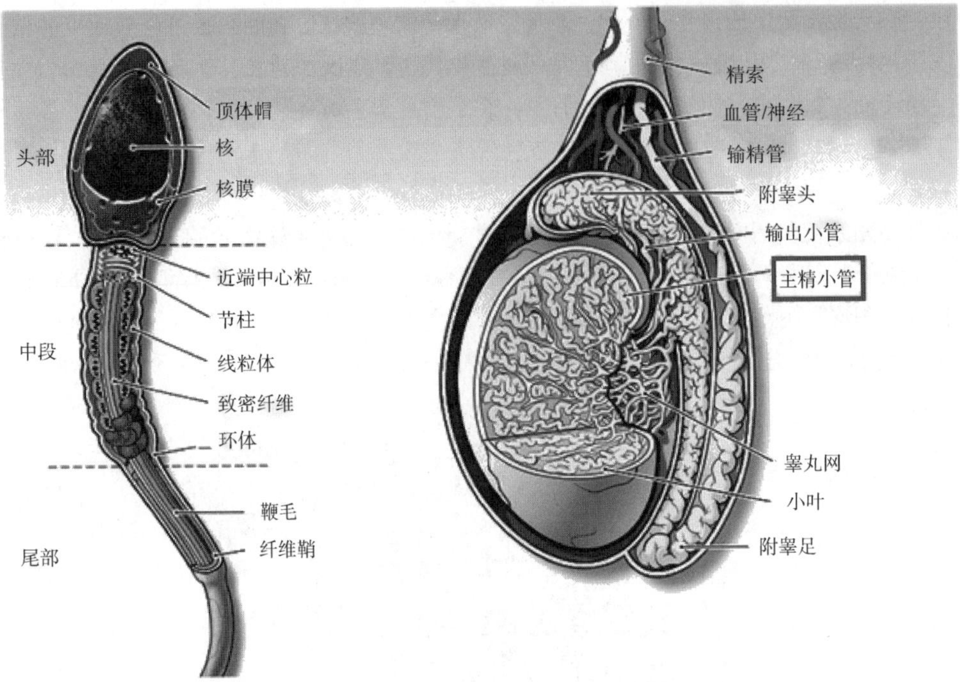

图 6-5　睾丸与附睾解剖图

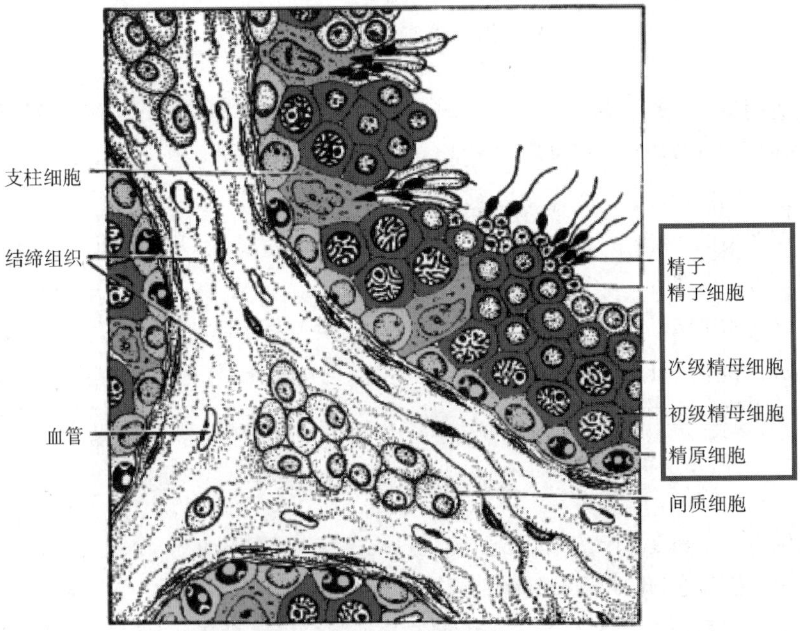

曲细精管各级生精细胞及间质细胞（高倍）

图 6-6　生精小管结构图

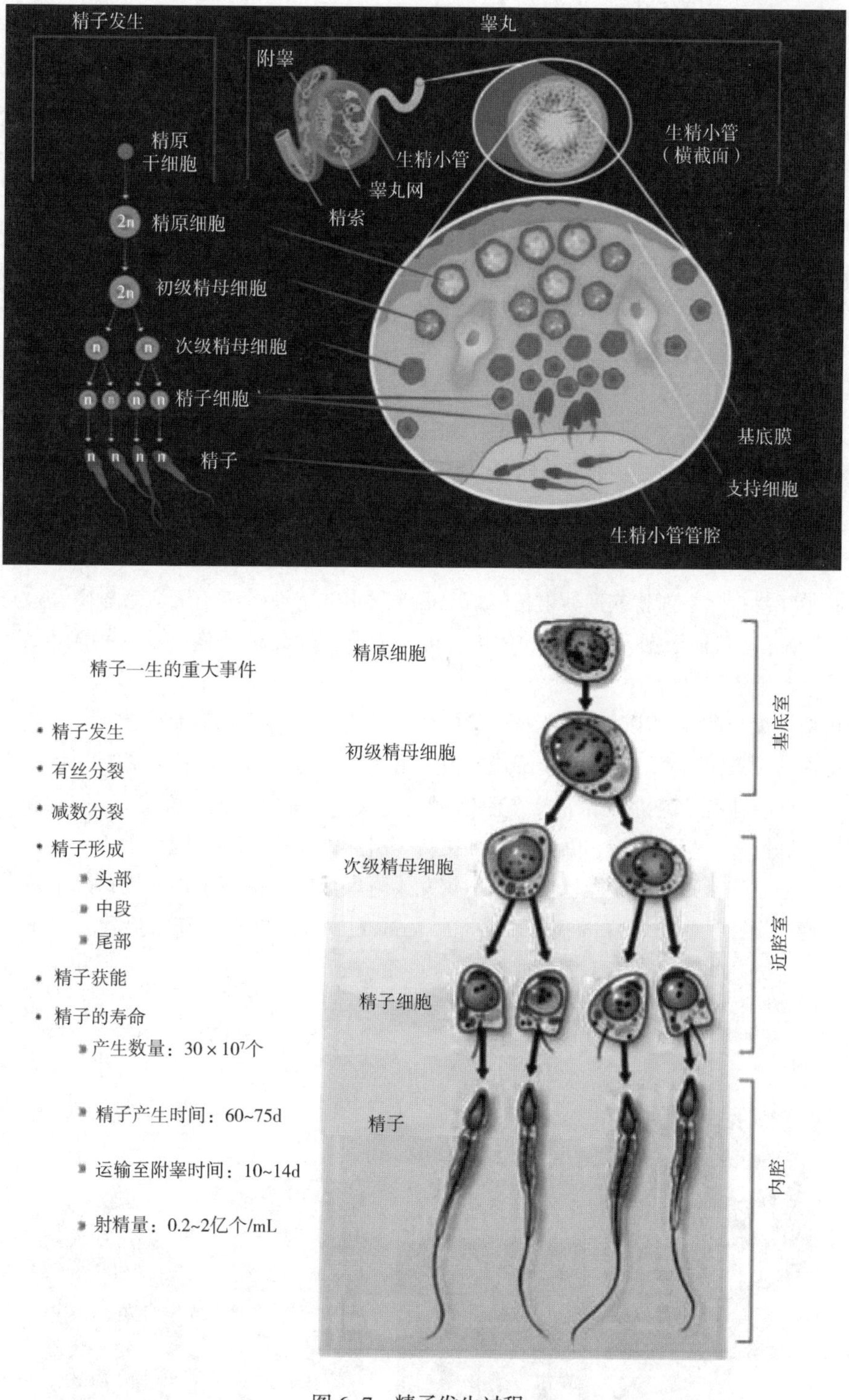

图 6-7　精子发生过程

不同种属的精子发生周期不同，即从 A 型精原细胞开始，经过增殖、有丝分裂、减数分裂和精子变形所需的时间不同。在同一种属内，整个精子发生过程中细胞发育速度是恒定的，且所有 A 型精原细胞用同样的时间完成发生的过程。一般而言，激素或外界各种有害物能够影响精子发生，但不能改变精子发生的速率。其中小鼠的生精周期是 35d，大鼠的生精周期是 48d，而人的生精周期为 64d。

三、 男性不育症

世界卫生组织规定，夫妇未采用任何避孕措施同居生活 1 年以上，由于男方因素造成女方不孕者，称为男性不育症。除先天性遗传因素，现代式生活习惯如久坐、吸烟、酗酒、熬夜、爱穿紧身裤、桑拿浴、泡澡以及营养不良等会影响精子发生与成熟，进而导致男性生殖能力下降。流行病学调查显示我国男性的精液整体质量正以每年 1% 的速度下降，这提示我们必须关注这个日益严重的问题。

引起男性生育力下降的原因包括先天性和获得性泌尿生殖道畸形，生殖道感染，阴囊温度升高（精索静脉曲张），内分泌紊乱，基因缺陷和免疫因素等。然而目前大约 75% 的患者找不到原因如特发性男性不育，一般通过精液分析可发现无精子、少精子、弱精子或畸形精子的现象。因此，目前男性不育症关注热点主要集中在无精子症、少精子症、弱精子症和畸形精子症。

（一）无精子症

无精子症指排除不射精或逆行射精的情况后，射出的精液经离心沉淀后显微镜检查，连续 3 次未发现精子。目前根据无精子症的病因，可分为原发性无精子症（或非梗阻性无精子症）和梗阻性无精子症。

目前根据无精子症的病因可将无精子症的治疗分为内科治疗，手术治疗，显微授精技术和供精人工授精。具体而言，对于无精子症，内分泌疾病引起的给予内分泌激素治疗，比如低促性腺激素性性腺功能减退，可给予人绒毛膜促性腺激素（human chorionic gonadotrophin，HCG）；对于精索静脉曲张、鞘膜积液、隐睾及睾丸扭转等引起的无精子症，则考虑手术治疗。同时针对梗阻性无精子症，则利用显微取精技术如睾丸或附睾穿刺获得精子再利用辅助生殖技术如卵胞浆内单精子显微注射技术（intracytoplasmic sperm injection，ICSI）获得后代，而非梗阻性无精子症一般也分几类，显微镜下睾丸取精（microsurgical testicular sperm extraction，m-TESE）有机会得到精子（图 6-8）。但目前显微取精技术只能解决患者的生育问题，但无法改变睾丸的生精状况。

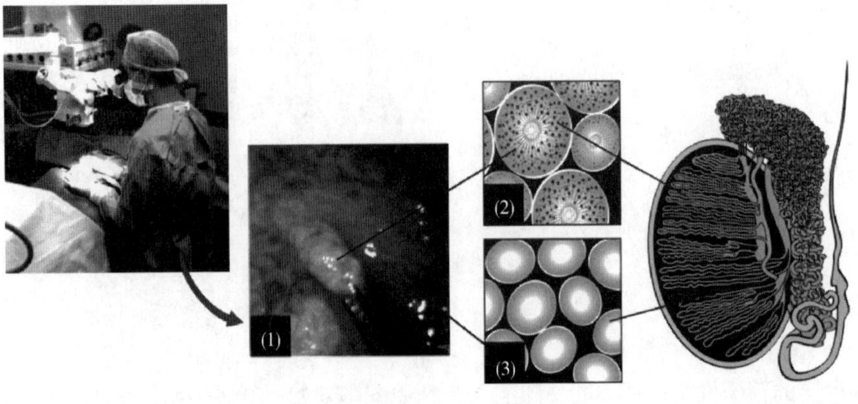

图 6-8　显微镜下睾丸取精技术（m-TESE）

（二）少精子症

少精子症指射出精液中的精子数目低于正常生育男性的一种病症，可以导致男性不育。根据第五版《WHO 人类精液检查与处理实验室手册》提供的正常精液参考值，可将精子浓度低于 15×10^6个/mL 视为少精子症。

对于少精子症，可根据病因制定相应的治疗手段，如内分泌引起的原发性/继发性低促性腺激素性性腺功能减退症者可利用激素疗法进行调节，包括 HCG、促黄体素释放激素（luteinizing hormone releasing hormone，LHRH）和人尿促性腺激素（human menopausal gonadotrophin，HMG）。溴隐亭用于原发性的高催乳素血症患者。泼尼松或地塞米松可用于治疗先天性肾上腺增生症和抗精子抗体阳性者，同时伴有一定的抗感染治疗。然而对于部分隐睾、鞘膜积液者，现在主要是通过手术治疗改善其生殖环境（图 6-9）。同时对于缺乏营养，不利于生精功能的工作环境和不良习惯者，应针对性补充适量微量元素、氨基酸和维生素，并调整工作岗位和纠正不良生活习惯。目前来说，克罗米芬和他莫昔芬是治疗少精子症的常选药物，但仍存在一定的争议。

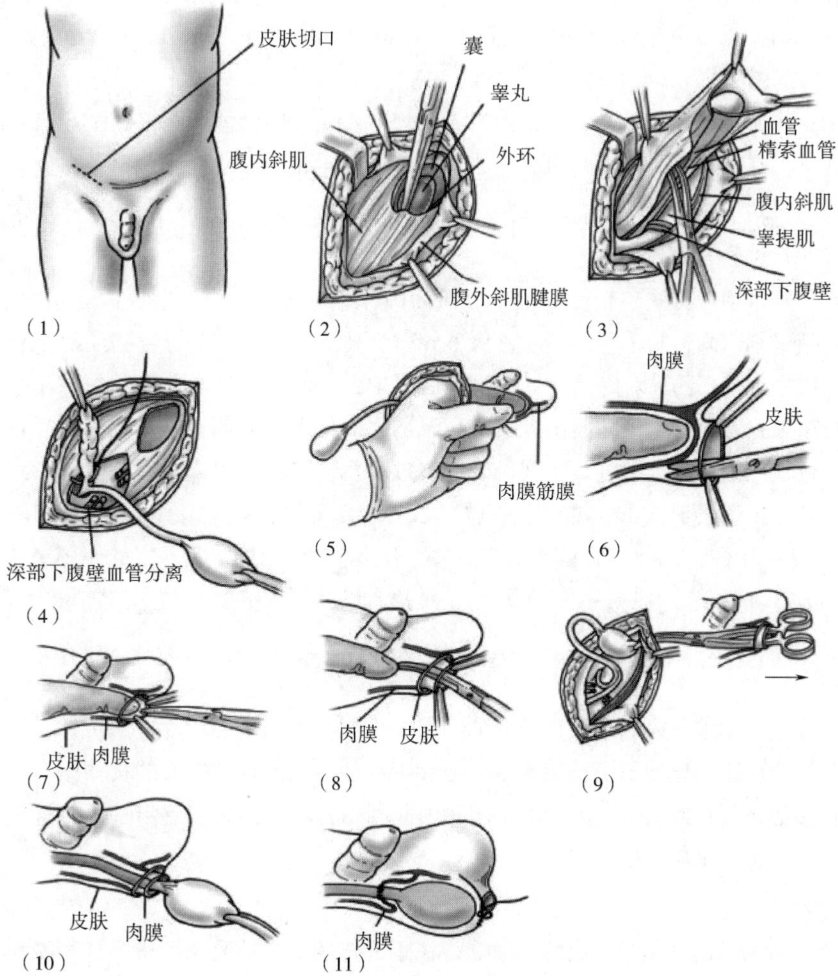

图 6-9　隐睾及睾丸固定术

（三）弱精子症

弱精子症指射出精液中前向运动精子的百分率<32%，又称精子活力下降。精子的运动功能正常与否及其强弱程度可直接关系到人类的生殖，只有正常向前运动的精子才能确保精子与卵子结合生成受精卵。精子离体后由于精液液化可表现出良好的运动能力，若其功能受到某些因素的影响，可导致受精失败，影响生殖能力。目前，弱精子症已占男性不育症的30%，需引起重视。

在弱精子症的治疗中，一般而言是改正抽烟、喝酒等不良生活习惯，并补充锌、硒、精氨酸和辅酶Q10等营养素。临床上常使用左卡尼汀（左旋肉毒碱）、尿激酶型纤溶酶原激活因子（urokinase-type plasminogen activator，uPA）、胰缓激肽释放酶等药物启动精子运动并提高精子受精能力，对弱精子症患者具有较好的疗效。针对不同的病因，还可采用特定的治疗方式，比如生殖道感染可采用阿奇霉素等抗生素，伴有精液液化不良现象可服用维生素C进行抗感染治疗，抗精子抗体阳性者可采用地塞米松等免疫抑制剂进行调节。此外，右归丸、龟龄集和五子衍宗丸等中医治疗的中成药也在弱精子症中发挥着积极的治疗作用。若以上手段无法有效缓解或解决弱精子症症状，则需考虑辅助生育技术进行治疗，如ICSI、宫腔内人工授精（intrauterine insemination，IUI）或体外人工授精-胚胎移植（in vitro fertilization-embryo transfer，IVF-ET）。

（四）畸形精子症

世界卫生组织指出畸形精子症是正常形态的精子<4%，即精液中畸形精子超过96%。精子的形态与精子运动、受精能力紧密相关。正常形态的精子越多，受精率越高，反之越低。畸形精子症常常与少精子症和弱精子症同时存在，当三者并存时又称少弱畸精子症或少弱畸综合征，是男性不育的常见原因之一。

畸形精子症的治疗方法包括一般治疗、对因治疗、抗氧化治疗、营养治疗以及中医治疗。一般治疗包括戒烟戒酒，防止睾丸高温，从事放射、高温和接触化学有毒物品的职业劝其更换岗位，停止服用致畸药物；对因治疗针对生殖道感染引起的，可根据药物敏感试验结果选用正确且广谱抗生素，若是精索静脉曲张等睾丸高温诱因而导致的畸形精子，可采取高位结扎手术进行改善；抗氧化治疗是服用抗氧化剂，以抵抗过氧化物等不利因素引起的精子畸形，如左卡尼汀、花色苷、维生素E、维生素C及谷胱甘肽等；营养性治疗主要是服用复方精氨酸、锌、辅酶Q10等营养因子；知柏地黄丸、无比山药丸等中药也在治疗中有一定的作用。若以上方法均未发挥功效，则可采用IUI或ICSI等辅助生殖技术以满足生殖需求。

四、营养与男性不育症

男性不育症是由多种疾病和因素造成的结果，根据目前采用的治疗方法可知，抗氧化治疗可有效改善氧化应激诱导的弱精子症等多种男性不育症。我们日常摄入的食物中含有多种功能性成分，且多数都具有抗氧化、抗炎等作用。因此利用营养干预在改善男性不育症方面具有一定的潜力，值得进一步深入的探究。

（一）蛋白质类

精氨酸是蛋白质的基本组成成分，广泛存在于人体的多个器官系统中，也是精子形成的必要成分，可影响男性生殖功能并应用于男性不育症治疗方面。精氨酸可有效参与精子的生成，在精子变形阶段，赖氨酸型的组蛋白可转变为精氨酸型的鱼精蛋白，有效抑制DNA的转录和基因表达，若此时的组蛋白向鱼精蛋白转换出现异常或缺陷将引起男性不育。同时精氨酸参与一氧化氮（NO）的合成，一氧化氮可影响睾酮分泌，调节精子发生过程，且磷酸精氨酸可作为精子运动的能源。因此人体内精氨酸缺乏或含量不足可引起精子蛋白质改变，精子发生异常，影响后续的受精过程和生育能力。精氨酸是一种潜在的男性不育症的有效治疗营养因子，利用富含精氨酸的食物进行膳食调节可有效提高精子质量。富含精氨酸的食物有海参、鳝鱼、山药、豆腐皮、花生仁、葵花籽、榛子等。

（二）矿物质

人体内的微量元素与精液质量息息相关，对男性生殖系统产生一定的影响，其中锌、硒等元素与男性不育密切相关。锌作为人体必需的微量元素之一，主要分布在睾丸、附睾、精囊腺和前列腺，富集于精液中，含量为血浆中的100倍左右。锌可有效调节睾丸中多脱氢酶的活性，参与精子发生、成熟、激活、获能和凋亡的过程，可调节雄性激素代谢，影响男性性腺发育。锌还参与睾丸合成相关酶的构成，精浆锌缺乏可导致睾酮合成能力下降。此外，锌含量较低或缺乏可直接影响精子代谢，使睾丸功能下降，精子数量减少，活力下降，精子发生停滞。富含锌的食物包括瘦肉，动物内脏和贝壳类的海产品如生蚝、牡蛎等，适量摄取有利于改善男性不育。

硒作为人体必需的微量元素之一，是谷胱甘肽过氧化物酶和硫氧还蛋白还原酶等氧化还原酶的重要组分，参与体内硒蛋白的组成。硒蛋白是成熟精子的重要组分，可改善精子活力、维持精子正常形态和功能，具有抗氧化性，在精子成熟过程中抵御氧化应激损伤。在精子发生过程中，硒的含量需维持在一个平衡状态，适量的硒可起到促进精子发生的作用。一般而言，硒不足可引起精子畸形，硒浓度过高可导致精液质量下降。富含硒的食物有蛋类、猪肉、坚果等。

（三）类黄酮化合物

类黄酮化合物广泛存在于自然界的植物中，属植物次级代谢产物，具有抗自由基和抗氧化作用。花色苷是一类具有苯并吡喃结构的类黄酮化合物，广泛存在于植物的花、果实、茎、叶和根器官的细胞液中，是一种抗氧化剂，可有效清除体内自由基，抑制脂质过氧化。氧化应激可增加体内ROS的形成，影响精子发生过程，导致男性不育症的发生。目前相关研究表明花色苷可有效改善氯丙醇以及重金属暴露引起的生殖损伤，提高精子的数量、形态以及活力。因此，增加花色苷的摄入可有效改善氧化应激损伤在睾丸发育的异常，富含花色苷的食物有蓝莓、葡萄、紫甘薯、桑葚、黑米等。

（四）维生素

维生素是人体不可或缺的营养素之一，有研究表明维生素缺乏可导致精子质量下降，且利用抗氧化剂对氧化应激引起的弱精子症或畸形精子症进行抗炎和抗氧化治疗，已成为男性不育症治疗的常用手段之一。目前少弱畸精子症是男性不育症主要研究热点之一，活性氧过高对精子的结构和功能尤其是精子膜具有强大的损伤作用，导致精子膜上多不饱和脂肪酸过氧化，继而由膜损伤引发精子DNA的完整性受损。内分泌、抗氧化和微量元素治疗都可以在一定程度上提高精子的质量。维生素C和维生素E作为抗氧化剂和自由基清除剂，可作为生殖系统中的最基本抗氧化物质和必需营养成分，并可与其他常规药物联用，有效降低氧化应激引起的精子损伤，改善精子的质量如数量与形态。维生素C和维生素E作为蔬菜、水果和油脂中常见的营养素，容易通过日常食物摄取中获得，如猕猴桃、柠檬、大豆、鱼肝油、芝麻等。

(五) 其他营养素

果糖是精子供能的主要来源，直接参与精子获能和授精，其在精囊内的含量与精子的活力、数量密切相关，也可通过精浆果糖含量判定精囊腺功能是否正常，可用于辅助无精子症类型的诊断。同时果糖参与 ATP 的合成与利用，故精浆果糖浓度下降可直接导致精子活力降低。在精子线粒体鞘内，果糖在酶的作用下可利用三羧酸循环进一步降解，释放能力，以供精子获能。因此精子运动能力与精浆果糖含量呈正相关，即果糖含量越高，精子运动能力越强，精子活率越高。总的来说，精浆果糖的含量与男性生殖能力紧密相关。果糖作为常见的糖类，可在日常食物中摄取到，以补充人体对果糖的需求。果糖主要存在于蜂蜜及各种水果，如梨、苹果、葡萄、菠萝、甜橙，以及河虾、牛肉、鱼鳔、核桃、韭菜、枸杞等。

番茄红素是异戊二烯类化合物，是一种天然类胡萝卜素，具有抗氧化性。番茄红素的摄入可防止前列腺增生，并清除活性氧自由基，有效降低氧化应激引起的精子质量的变化，提高精子的浓度和活力，增强男性生育能力。番茄红素广泛存在于番茄中。

优生优育作为我国的一项基本政策，和男性有着密切的联系。男性不育症的发生往往可直接影响社会优生优育率，因此关注男性生殖健康是积极贯彻国家优生优育政策，落实《“健康中国 2030”规划纲要》的重要举措之一。而食品功能营养因子对男性生殖健康的营养干预机制明确，量效关系清晰，配方比例合适，是解决男性生殖健康的关键。随着生活节奏加快，不良的膳食和生活习惯会影响男性精子质量，因此我们应通过健康积极的生活习惯和合理的膳食，提高自身身体素质以及有目的地摄取有益成分，来改善精子质量以保持男性生殖系统健康。

第十一节 营养与女性生殖健康

营养与女性生殖健康

女性是人类生命孕育的主体，随着女性生育年龄的延后、环境污染、工作压力等因素，导致部分女性拥有健康的孩子成为奢望，严重影响了女性的身心健康与家庭和睦，造成很多社会问题。现代研究证明，对于部分女性生殖障碍、胚胎停育等问题，调节食物营养物质的摄入可以起到很好的干预辅助效果。本节介绍女性生殖系统，卵泡发育过程和受精与胚胎着床过程及常见的女性不孕症，并介绍膳食营养调节女性生殖健康的相关知识。

一、 女性生殖系统与受精过程

女性生殖系统由内、外生殖器官及相关组织构成，内生殖器包括卵巢、输卵管、子宫、阴道、阴蒂。卵巢具有产生卵母细胞和分泌性激素的功能。输卵管，连于子宫底两侧，是受精的场所，并且发挥着输送受精卵的功能。子宫是受精卵着床的场所，是孕育胎儿的器官。

卵巢，呈卵圆形，左右各一，位于盆腔内子宫的两侧，是产生成熟的卵子和分泌女性激素（雌激素和孕激素）的器官。其表面附有单层扁平或立方体的表面上皮，上皮深部为薄层致密的结缔组织构成的白膜。卵巢结构会随着年龄变化发生器质性变化，主要发生在皮质层中的卵泡发育。正常女性一生中排卵 400 余个，其余绝大部分卵泡在不同阶段形成闭锁卵泡。绝经之后不再发生排卵。

卵泡，由一个卵母细胞、周围的颗粒细胞和膜细胞组成。卵泡的发育是一个连续的过程，其结构发生一系列的变化，大致经过原始卵泡、初级卵泡、次级卵泡和成熟卵泡四个阶段。卵巢结构图见图 6-10。

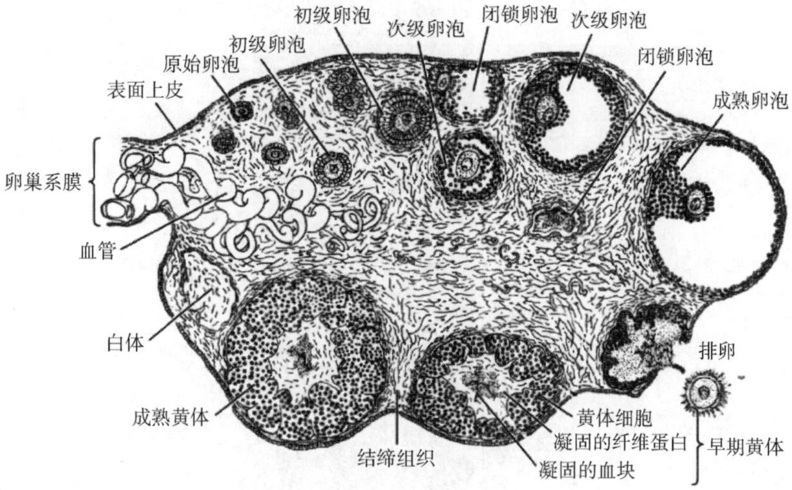

图 6-10　卵巢结构图

随着成熟卵泡的卵泡液剧增，使得卵泡壁、白膜和上皮变薄，卵泡壁脱落的次级卵母细胞连同透明带、放射冠与卵泡液一起从卵巢排出。这个过程称为排卵（图 6-11）。卵子和精子结合受精便形成受精卵，而未受精的卵子会排出，变成黄体、白体。

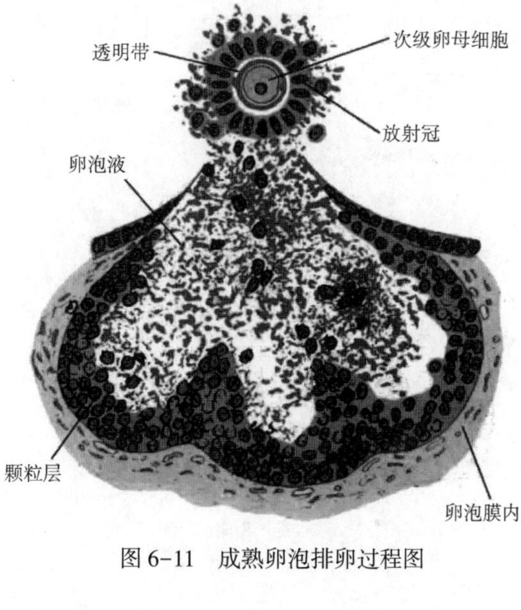

图 6-11　成熟卵泡排卵过程图

子宫为肌性器官，腔小壁厚，位于盆腔中央，膀胱与直肠之间，下端接阴道，两侧有输卵管和卵巢。子宫壁的结构由内向外可分为内膜、肌层和外膜（浆膜）3 层，结构见图 6-12。子宫内膜随着年龄和功能状态的不同而发生结构和厚薄改变，由单层柱状上皮和固有层组成。肌层由平滑肌束与束间接结缔组织细胞组成；结缔组织中有血管和各组结缔组织细胞，其中未分化间充质细胞尤为丰富。大部分子宫底和体部为薄层结缔组织和间皮组成的浆膜，宫颈处为纤维膜。

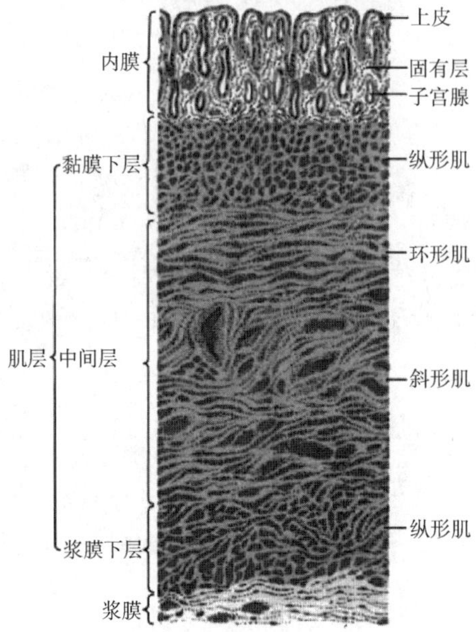

图 6-12　子宫壁结构图

二、受精和胚胎着床过程

受精指的是精子和卵子结合形成受精卵的过程。受精的过程大致分为 3 个阶段（图 6-13）。第一阶段，大量获能的精子接触到卵子周围的放射冠时，即释放顶体酶，解离放射冠的卵泡细

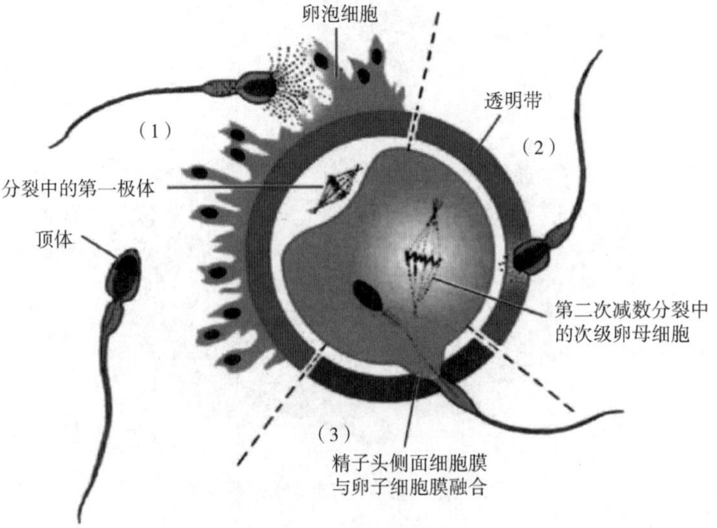

图 6-13　受精过程示意图

（1）第一阶段　（2）第二阶段　（3）第三阶段

胞，部分精子可直接接触透明带。第二阶段接触到透明带的精子与透明带上的精子配体蛋白结合，后者进一步介导顶体反应，顶体继续释放顶体酶，在透明带中溶出一条孔道，使精子头部接触到卵子表面。第三阶段，精子头侧面的细胞膜与卵子细胞膜融合，随即精子的细胞核及细胞质进入卵子内，精子与卵子的细胞膜融合为一体。

受精完成后，形成的受精卵就开始往子宫方向移动，并进行细胞分裂。受精卵有丝分裂的过程中称为卵裂，卵裂产生的子细胞称为卵裂球。到第 3d 的时候，卵裂球数目达到 12~16 个，称为桑葚胚。在第 4d 时，桑葚胚进入子宫腔，细胞继续分裂至 100 个时，透明带溶解，此时称为胚泡（图 6-14）。胚胎着床（植入）过程是指胚泡进入子宫内膜的过程。植入于受精后第 5~6d 开始，第 11~12d 完成。胚泡全部植入子宫内膜后，缺口修复，植入完成。

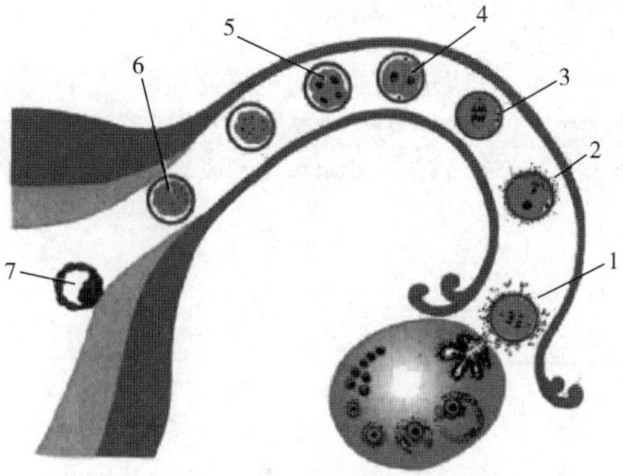

图 6-14　排卵、受精与卵裂过程模式图

1—排卵　2—受精　3—第一次卵裂　4—2 细胞　5—4 细胞　6—桑葚胚　7—胚泡

三、 女性不孕症

据《中国不孕不育现状调研报告》显示，我国育龄人群中不孕不育率已高达 15%。从 20 年前的 3% 快速增长至 15%，这一趋势令人忧虑。我国大城市的女性不孕症的同比增长率已经高于全球平均水平。目前，1/4 的欧美国家育龄夫妇无法怀孕，生育难题已成为欧美“通病”。中国这一问题也越来越严重，成为当代年轻夫妇面临的问题。

不孕症的高发病率，影响着相当多生育年龄夫妇的生活。除了身体疾病外，大部分患者还承受着极大的精神压力，严重影响到生活质量。除了年龄、疾病等病理生理因素外，紧张的工作压力、环境污染，不良的生活习惯，如吸烟、酗酒等都将降低生育力。

不孕症通常指的是，育龄夫妇双方同居一年以上，没有采用任何避孕措施的情况下，未能成功怀孕者。不孕不育又分为女性不孕症和男性不育症。女性不孕的病因包括卵泡发育和质量异常、输卵管因素、子宫因素、宫颈因素、免疫因素和感染性不孕。不孕不育的原因十分复杂，任何影响排卵、受精、着床的因素都可以致病，而且常常有多个因素相互影响（表 6-5）。目前女性不孕症关注的热点在于排卵功能障碍及黄体功能障碍性不孕、输卵管性不孕症、子宫性不孕、内分泌性不孕这 4 个方面。

表 6-5　　不孕不育病因及其比例情况

病因	比例/%	病因	比例/%
总体病因		女性病因	
男性	25~40	排卵异常	30~40
女性	40~55	输卵管及腹膜	30~40
男女双方	10	其他各种因素	10~15
原因不明	10	原因不明	10~15

（一）排卵功能障碍及黄体功能障碍性不孕

排卵异常中常见的排卵障碍见表 6-6。

表 6-6　　排卵异常中常见的排卵障碍

排卵障碍	百分比/%	排卵障碍	百分比/%
多囊卵巢综合征	70	卵巢功能早衰	10
下丘脑闭经	10	肥胖	20
高催乳素血症	10		

1. 多囊卵巢综合征

多囊卵巢综合征（PCOS）是高雄激素体征、排卵异常及卵巢呈多囊性改变为特征的一组疾病。病因尚不明确，主要由家族遗传，肥胖、高胰岛素血症、肾上腺功能异常和长期精神紧张、药物及疾病所引起。多囊卵巢综合征病人常伴有胰岛素抵抗，出现代偿性高胰岛素血症及血脂异常。

2. 下丘脑性排卵异常

各种导致促性腺激素释放激素的脉冲频率或幅度改变，使得促性腺激素分泌异常。

3. 黄体功能不全

黄体功能不全是指卵巢能够排卵，但黄体不能分泌足够孕酮，子宫内膜准备不足，无法让受精卵着床。黄体功能不全导致子宫内膜黄体期缺陷，出现不孕和反复流产。目前根据排卵功能障碍及黄体功能障碍性不孕，如考虑临床上无排卵和稀发排卵，需进行全面体检以及选择性实验室检查以查找病因。在药物选择上一般使用枸橼酸氯底酚（克罗米芬）及联合用药。

（二）输卵管性不孕症

输卵管及其周围腹膜因素占女性不孕症病因的 30%~40%。输卵管性不孕症多由盆腔感染性疾病、盆腔及输卵管手术和多次流产手术引起。由于输卵管过长或狭窄，管腔闭塞、积水或者是粘连，导致阻碍了精子、卵子或受精卵的运行而不孕。目前输卵管治疗一般采用输卵管疏通术和输卵管矫治术。此外不孕的病人常见腹膜疾病包括子宫内膜异位症及盆腔粘连。

（三）子宫性不孕

子宫性不孕是由于子宫疾病导致不孕症的一类疾病总称，在女性不孕症中约占 15%。子宫先天性病变和后天获得性病变都可能影响胚胎着床，从而导致不孕症。可能影响生育的子宫异常包括子宫先天性发育异常、内膜息肉、黏膜下肌瘤、宫颈粘连等。

（四）内分泌性不孕

内分泌性不孕，是指女性因内分泌失调与情绪因素出现女性下丘脑垂体-卵巢性腺轴激素分泌过多或过少，导致新陈代谢功能紊乱，长期严重的内分泌失调而导致的不孕。内分泌系统通过分泌各种激素与神经系统一起调节人体的代谢和生理功能，如因某种原因使平衡打破（某种激素过多或过少），可造成内分泌紊乱。诱发内分泌紊乱的原因有多种，如垂体瘤、缺乏运动、肥胖、精神压力过大、无节制饮食等。内分泌性不孕的病因复杂繁多，但是其主要还是卵巢不能正常排卵和黄体功能紊乱等导致不孕。

四、营养与女性不孕症

女性不孕症是由多种因素和疾病造成的，目前在临床上对于不孕症的一线治疗手段主要是以药物治疗为主，手术治疗并行，饮食治疗辅助为原则。切记乱用药，谨遵医嘱，结合生活方式干预，其中饮食干预是治疗女性不孕症中重要的一环。

而针对不同的病因，治疗手段也不尽相同。

（一）针对内分泌紊乱导致的不孕

在临床上内分泌治疗方法比较多，以过多则抑制，不足者补充为原则。在生活中要注意多参加各种运动，增强体质。生活要有规律，不要经常熬夜，以免造成激素分泌失衡进而引发其他疾病。平时注意休息，保证充足睡眠。而在饮食方面，要注意养成良好的饮食习惯，多吃新鲜果蔬，多吃高蛋白质类食物，多喝水，补充身体所需的水分，多摄取富含维生素 E 的食物，如莴笋、油菜、菜花、玉米等，尽量减少动物性脂肪摄入，多摄取不饱和脂肪酸，有利于人体内分泌调节。值得注意的是，大豆及豆制品富含大量植物雌激素以及深色水果中的花青素有平衡雌激素的作用，可以调节体内雌激素平衡，可多食用。

（二）针对妇科炎症导致的不孕

在临床治疗上一般选择药物治疗。在饮食方面，除了少吃甜腻食物、海产品、辛辣食物、腌制品等食物之外，要适当补充降低炎症的食物，比如蓝莓、草莓、樱桃等水果。

（三）子宫性不孕

明显的共同特点就是器质性炎症的发生和机体氧化应激状态的失衡。在日常饮食中，很多食物成分具有抗炎和抗氧化应激的作用。对于饮食干预而言，子宫性不孕患者要注意营养均衡，多吃新鲜蔬菜和水果，多吃含叶酸、钙、维生素的食品，帮助提高身体免疫力。另外可以多喝新鲜的牛乳。多吃一些鸡肉、牛肉、鱼肉等瘦肉和豆类以及乳类等含蛋白质的食品，考虑炎症因子的清除可以适当摄入富含黄酮类物质、维生素 C 和维生素 E 等食物。同时结合特异性的矿物质和维生素的调整，注意避免吃辛辣、油腻的食物，避免刺激炎症发生，加重病情。

（四）卵巢性不孕

多囊卵巢综合征最为常见。在临床治疗上，会根据不同的情况服用不同的药物治疗：①降低高雄激素血症的药物治疗；②促排卵药物治疗；③胰岛素增敏剂（ISD）治疗；④手术治疗；⑤辅助生育技术。而饮食调整是多囊卵巢综合征重要的辅助治疗，在饮食干预调节上要限制含饱和脂肪酸与反式脂肪酸的食物，多吃鱼肉、蛋清、豆类、坚果。增加富含膳食纤维、维生素 C、维生素 E、胡萝卜素、多酚、大豆异黄酮等的食物的摄入。同时为免控制饮食造成吸收不足，可视情况每天补充 500~1500mg 钙片和 400mg 叶酸的复合维生素。黄酮类化合物是一种广泛存在于食品中的化合物，具有较好的抗炎和抗氧化功能。黄酮类化合物主要通过抗脂质过氧化、清除活性自由基等发挥作用，比如山柰酚、儿茶素、花青素等。因此可以通过食用富含花青素的食物如蓝莓、黑豆、葡萄等，以改善机体生殖系统的应激水平。同时，黄酮类化合物具有一定的雌激素类似作用，可以预防一些与雌激素水平失调的相关疾病，如更年期综合征等。研究发现，肥胖人群中多囊卵巢综合征发生率显著高于非肥胖人群，黄酮类化合物可以调节脂质代谢，改善肥胖，具有预防甚至治疗多囊卵巢综合征的巨大潜力。另外还要辅助运动，健康地减脂，控制体重指数，才能使身体恢复平衡的状态。

饮食对生育力有较显著的辅助作用，在饮食结构方面，多摄入鱼肉、禽肉、全谷物、蔬菜、水果。多补充叶酸，可以提高受孕概率、维持妊娠、减少流产率，并且可预防胎儿神经管缺陷。多摄入富含 ω-3 脂肪酸的食物及富脂鱼类可提高生育力，但需要避免食用受污染的鱼类。多食用豆类食品，有平衡雌激素的作用，对自然受孕及体外受精结局均有利。且可多食用红色、紫色的富含花青素的蔬果，具有抗炎、抗氧化功效，对生殖系统有利。

女性不孕的复杂性决定了要将治疗和日常饮食相结合，才能更好地达到治愈的效果。从食品营养学的角度来说，最重要的是膳食均衡，同时适当地增加特定食物成分的摄入，不仅可以改善机体健康，而且可以减少某些药物带来的副作用。改变自身的饮食习惯，保持好的心情，积极治疗和生活，才是治愈女性不孕疾病的根本。

第十二节　皮肤营养

皮肤营养

皮肤是人体外层的器官，覆盖于人体外表面，起着天然屏障作用。皮肤也反映着身体内部的问题，皮肤健康是人体健康的一项重要指标。皮肤的美容与后天的营养和保养有着很大的关系，拥有美丽而健康的肌肤是许多人不懈的追求。有的人天生拥有好的肌肤，也有人被各种皮肤问题困扰，临床上对各种皮肤疾病有不同的治疗方法。本节内容主要从营养的角度，给予想要保持美丽肌肤或改善皮肤状况的人群一些膳食建议。

一、皮肤的结构

皮肤覆盖在人的整个体表，质地柔软富有弹性，不仅与人的外貌密切相关，而且是人对外界环境的第一道防线。不同国度、地区的人皮肤颜色可能不同，主要存在白色、黄色、黑色以及棕色皮肤。皮肤总重量占体重的 14% ~ 16%，总面积为 1.5~2m^2。

人体的皮肤分为三层，由外到内依次是表皮、真皮和皮下组织，还有存在于其中的各种皮肤附属器官，如皮脂腺、毛囊等，每一层都有各自不同的特征和功能。

（一）表皮

表皮与外界直接接触，参与保湿以及肤色的形成。人的表皮由角化的复层扁平上皮组成，分为角质层、透明层、颗粒层、有棘层和基底层 5 层。细胞不断从基底层产生，由内向外转变成不同的细胞，最后到达角质层并脱落。表皮中没有血管，但有很多细小的神经末梢，能产生冷、热、痛等感觉。

（二）真皮

真皮在表皮下层，厚度为表皮的10倍。真皮是维持皮肤弹性、调节体温、直接关系到皮肤老化的重要部位。真皮主要由纤维、基质、细胞等构成。其中，纤维由胶原纤维和弹性纤维构成。胶原纤维由胶原蛋白分子构成，占真皮的95%，能使皮肤具有柔韧性、抵抗外界牵拉，但缺少弹性。弹性纤维赋予皮肤弹性，位于胶原纤维之间，二者共同构成了真皮的弹性网络。如果真皮中纤维老化、基质减少，皮肤就会缺水，同时弹性、韧性下降，出现皱纹。基质为无定形均质状物质，充填于细胞和纤维之间，主要成分为黏多糖（透明质酸），起保持组织水分的作用。真皮是皮肤中最重要的结构，包含毛细血管、淋巴管、感应神经末梢、汗腺与汗管、皮脂腺、毛囊和立毛肌等附属器官。

（三）皮下组织

皮下组织位于真皮的下层，厚度为真皮层的5倍。皮下组织由大量的脂肪细胞和疏松的结缔组织构成，含有丰富的血管、淋巴管、神经、汗腺和深部毛囊等。皮下脂肪层具有保暖、分解供能、缓冲外力、保护皮肤等作用。皮下脂肪过多可造成弹性纤维折断，过少易产生皮肤松弛、皱纹等问题。另外，皮下脂肪的厚薄对人的形体有很大的影响。

二、常见的皮肤问题及临床治疗

衰老是机体自然发生的过程，皮肤作为人体外层的器官，会先体现出来。因此皮肤抗衰老是人们首要关注的肌肤问题。除此之外，美白、青春痘和敏感性肌肤也是大家比较关注的皮肤热点问题，临床上有相对应的治疗方法。

（一）皮肤衰老

皮肤衰老表现为皮肤变薄、干燥、脱屑、松弛，皱纹、色斑及各种良性赘生物。皮肤弹性在10岁最好，胶原/弹力纤维合成高峰在30岁，更年期后加速衰老。衰老是自然发生的过程，无法逆转，只能通过皮肤护理来延缓衰老。

（二）美白

美白也是人们的不懈追求，各种色斑是烦恼所在。有的色斑是皮肤在抵御紫外线时自发产生的黑色素从而保护皮肤，有的却是代谢产生的色素沉着，我们都不希望它们出现在我们的脸上，但黑斑、黄褐斑、雀斑等往往十分顽固，一些生活在南方的人群还有晒斑的苦恼。临床上的治疗以药物为主，外用药物有氢醌、维A酸、壬二酸等，口服药物有氨甲环酸、维生素C、维生素E等；其他治疗方案有果酸换肤、光子嫩肤、激光祛斑等。

（三）痤疮

青春痘学名痤疮，是一种发生于毛囊皮脂腺的慢性炎症皮肤病，主要与雄激素、皮脂腺分泌、痤疮丙酸杆菌、毛囊皮脂腺开口角化过度、炎症反应及遗传有关。痤疮多发于面部、胸背上部等皮脂溢出部位，其表现包括粉刺、丘疹、脓疱、结节、囊肿及瘢痕。每年都有大量的痤疮患者进行治疗，临床治疗首先建议选择控油护肤品，严重时选择维A酸类药物、抗生素类药物及抗雄激素药物及激素等，或采用点阵激光、光子、果酸、水光注射等医美手段。

（四）敏感性肌肤

敏感性肌肤特指皮肤受到精神、物理、化学等因素刺激时皮肤易出现阵发性灼热、发红、刺痛、瘙痒、紧绷感的一种高反应状态。伴有或不伴有红斑（暂时性）、鳞屑、毛细血管扩张等客观体征。对普通化妆品不耐受。敏感肌的皮肤结构受到破坏，容易失水，出现发热、干痒、发红。医美技术的光电治疗可修复敏感肌肤红血丝情况。敏感肌需要长期使用修复皮肤屏障功能的产品来增加角质层厚度。

三、 皮肤与膳食营养

皮肤的护理在于日常，除了使用日常护肤品，更重要的是注意日常饮食对肌肤的影响，可以通过合理膳食由内而外给肌肤提供营养，达到健康美肤的目的。

（一）皮肤衰老

皮肤的衰老表现为皮肤老化，皮肤老化分为内源性老化和外源性老化。皮肤的各种细胞和成分一直都在更新，但随着年龄增长，其更新速度会减缓。皮肤老化的内在表现为皮肤的“砖墙”结构受到破坏，因此出现皮肤松弛、皱纹。内源性老化是机体不可避免的过程，外源性老化则是由外界各种因素和刺激引起的加快皮肤衰老的过程，80%～90%的光老化是光照辐射引起的。因此，阻隔紫外线对皮肤的辐射是抗衰老的第一步。除此之外，从营养摄入的角度来延缓肌肤衰老也是有效的方法。富含抗皮肤衰老营养素的食物如下。

1. 富含抗氧化剂的食物

维生素 C 和维生素 E 是公认的抗氧化剂，近年来也有很多科学研究表明花青素、茶多酚等黄酮类化合物也有较强的抗氧化性。因此蓝莓、桑葚、黑豆等富含花青素的深色果蔬或谷薯类也是有益于抵抗光老化从而抗衰老的食物。

2. 富含蛋白质的食物

富含蛋白质的食物有瘦肉、鱼类、贝类、蛋类、乳类以及大豆制品。高蛋白的食物可促进皮下肌肉生长，使肌肤柔软而富有弹性，防止皮肤松弛，延缓衰老。

3. 富含维生素的食物

富含维生素的食物可增强皮肤弹性，使皮肤更加柔韧，光泽度好。富含维生素的食物有新鲜的果蔬，如菠菜、萝卜、番茄、苹果、柑橘、西瓜、大枣、芒果等。

4. 富含矿物质的食物

富含矿物质的食物与人体健美关系密切，缺乏或过量均会导致疾病，引起早衰。钠、钾离子参与人体神经、肌肉活动，血液中过多过少都会引起肌肉松弛。铁能使皮肤恢复美丽的红润色，缺铁时可引起贫血、皮肤苍白、嘴角裂口等。锌可维持皮肤黏膜的弹性、韧性、致密度和使其细嫩滑润。富含矿物质的食物有芦笋、洋葱、豆腐、樱桃、海产品等。

5. 富含异黄酮的食物

大豆富含大豆异黄酮，在女性体内雌激素含量偏低时，大豆制品可以代替雌激素富含大豆异黄酮的食物有豆腐、豆芽、大豆、豆豉、豆浆等。

6. 富含硫酸软骨素的食物

软骨素是真皮中黏多糖基质的成分之一，是构成真皮弹性纤维最重要的物质。25 岁以后，弹性纤维的生产能力逐渐衰退，45 岁以后几乎完全消失。因此，在发育期开始即应注意经常进食一定量富含硫胺软骨素的食物，例如鲑鱼罐头、牛、猪、鸡以及小鱼的软骨。

7. 富含核酸的食物

核酸在蛋白质的合成过程中起重要作用，可促进皮肤细胞的新陈代谢。每日摄取一定量的富含核酸食品，可以消除细小浅纹，光滑皮肤。富含核酸的食物有兔、动物肝脏、牡蛎、鱼虾、酵母、蘑菇、银耳、木耳、蜂蜜、花粉。

8. 水分

人体组织液中含水量可达72%，成人体内含水量为58%～67%。当人体水分减少时，会使皮肤干燥，皮脂腺分泌减少，从而使皮肤失去弹性，没有光泽，甚至出现皱纹。因此，为保证水分摄入，成人每日饮水应不少于1.2L。

（二）美白

皮肤受遗传因素的影响可表现为白色、黄色、黑色等。不同人种有着不同的肤色，同一人种不同个体肤色也不尽相同。决定肤色主要有三大因素，分别是：皮肤内各种色素的含量与分布，皮肤血液内氧合血红蛋白与还原血红蛋白的含量、皮肤的厚度及光纤在皮肤表面的散射。皮肤白皙营养膳食建议如下。

1. 多摄入富含维生素C的食物

维生素C可抑制皮肤内酪氨酸酶的活性，有效减少黑色素的形成，使皮肤白皙，有利于面部色斑的淡化和消除。富含维生素C的食物大多为果蔬类，如番茄、柠檬、猕猴桃、黄瓜、草莓等。

2. 多摄入富含乳清蛋白和乳酸的食物

乳清蛋白的分解产物有美白作用，乳酸具有洁肤、保湿、祛斑作用。鸡蛋蛋白质和牛乳中的乳清蛋白含硫丰富，每日适量摄入有滋润和洁白皮肤的作用。

3. 多摄入富含矿物质的食物

部分矿物质具有抗氧化等功效，可使皮肤白皙。芦笋富含硒，具有抗衰老和预防与脂质过氧化有关的疾病，使皮肤白嫩。冬瓜富含锌和镁，锌可促进人体生长发育，镁可使人肤色红润、精神饱满。

4. 多摄入碱性食物

皮肤粗糙的原因往往是由于血液酸性偏高，日常饮食中的鱼、肉类、蛋类、粮食类等均为生理酸性。生理酸性食物会使体液和血液中的乳酸、尿酸含量增高。未能及时排出体外的有机酸会侵蚀敏感的表皮细胞，使皮肤失去细腻和弹性。新鲜果蔬中碱性无机盐如钙、钠、钾等含量较高，可将体内酸性物质中和后排出体外。

5. 少摄入富含酪氨酸的食物

酪氨酸是黑色素的基础物质，减少酪氨酸的摄入可减少黑色素的生成。甲壳类食物如蛤、蟹、螺、牡蛎等，豆类、硬壳坚果、水产品等均富含氨基酸，经常食用可致肤色稍深。

（三）痤疮

痤疮形成的皮损可破坏皮肤的正常颜色和质地，影响人的容貌和美感，下面从营养膳食角度为这类人群提出饮食建议。

1. 保持适量的能量摄入

能量摄入保持8.4MJ/d（2000kcal/d）左右，脂肪控制在50g/d，脂肪摄入过多会导致皮脂腺分泌加重，加重病情。

2. 保证充足的蛋白质摄入

建议100g/d或占总能量的20%左右。充足的蛋白质可维持正常的表皮细胞代谢，有助于维持毛囊皮脂腺导管的畅通。

3. 增加膳食纤维的摄入

膳食纤维可减少食物中脂肪的吸收，富含膳食纤维的食物有茎叶蔬菜及新鲜水果。

4. 增加锌的摄入

痤疮患者相对缺乏锌，血锌水平可能低于正常人群。锌缺乏可影响维生素 A 的代谢和利用，维生素 A 的利用障碍会引起和加重毛囊皮脂腺导管的异常角化。富含锌的食物有牡蛎、禽畜肉、蛋类等。

5. 适当补充维生素

在营养缺乏引起的皮肤问题中，维生素占比很大，详情见表 6-7，应当重视维生素的日常摄入。富含维生素 A 的食物有动物肝脏、乳制品，以及南瓜、菠菜、油菜、豌豆苗、苋菜、番茄等富含胡萝卜素的红、绿、黄色蔬菜和水果。富含 B 族维生素的食物主要有粗杂粮、酵母、麦片、猪瘦肉等。

6. 其他

其他饮食建议包括多饮水，减少高脂高糖、辛辣食物的摄入，避免咖啡、浓茶的摄入。另外，有研究表明，牛乳中亲水性蛋白质组分可增加胰岛素、促生长因子的信号转导，可能会加重痤疮。目前尚无证据表明巧克力会加重痤疮，但其血糖指数值高，想控痘应尽量少吃巧克力。油腻食物不会直接引起痤疮，但低热量食物可以降低皮脂分泌率。辛辣刺激的食物和尼古丁也不会直接引起痤疮，但是会加重痤疮。

表 6-7 营养素缺乏与对应的皮肤问题

营养缺乏	皮肤症状
蛋白质	粗糙、松弛、变薄、暗淡、水肿
多不饱和脂肪酸	粗糙、皮疹
维生素 A	干燥、枯黄、角化、丘疹
维生素 B_1	暗淡、麻木
维生素 B_2	粗糙、皮炎、红斑、分泌物增多
泛酸（维生素 B_5）	粗糙、皮炎、皮肤色素沉着、脱屑、日晒斑
维生素 B_6	粗糙、皮炎、干裂
维生素 C	松弛、出血点、瘀斑
维生素 E	干燥、松弛、老年斑、日晒斑

（四）敏感性肌肤

敏感性肌肤和红血丝是皮肤角质层受损而易受到外界刺激，红血丝是皮肤毛细血管扩张的结果。现代医学美容技术的光电治疗可修复敏感肌肤红血丝情况，但可能治标不治本，饮食干预是保护敏感性肌肤的重要手段。

1. 多摄入富含钙的食物

钙能降低血管的渗透性和神经的敏感性，可增强皮肤对各种刺激的耐受力。富含钙且不易致敏的食物有牛乳、豆浆、芝麻酱等。

2. 多摄入富含有维生素的食物

维生素 C 含量高的食物，可增强皮肤免疫力，日常摄入新鲜的水果蔬菜可以让皮肤角质层变厚一些，增加对外界刺激的抵御能力。B 族维生素是各种皮炎的克星，但要注意摄入量，不可过量。

3. 少摄入水产品和刺激性食物

对于大多数敏感性皮肤人群来说，海鲜容易致敏，某些动物蛋白含量丰富的食物以及姜、葱、蒜、胡椒、辣椒等辛辣刺激性食物，也会引起皮肤过敏。

4. 光敏感者少摄入光敏物质多的食物

光敏感者食用灰菜、紫菜、苋菜、莴苣等食物易引起光敏反应，如色素沉着、皮肤潮红、丘疹、水肿等，尤其是在阳光下活动时应尽量避免。

从食品营养学的角度来说最重要的是膳食均衡，当皮肤出现问题的时候，药物和仪器治疗纵然能起到短期效果，但也可能伴随着一定的副作用或是不能从根本解决问题。因此在遇到肌肤问题的时候，通过日常膳食、作息调节和运动往往是简便、健康且有效的。同时在治疗期间，也可以通过合理的膳食来加强治疗效果。均衡的饮食再加上有目的性地增加某些成分的摄入，吃出好肌肤也是可以实现的。

第十三节 围手术期营养

外科手术患者营养不良患病率为 20% ~ 80%，这与不同人群及所采用的营养评定方法和标准有关，其中年龄>65 岁、恶性肿瘤、胃肠道疾病、重症及病理性肥胖患者营养不良风险更高。外科手术患者营养不良的原因主要是各类急、慢性疾病所致的进食不足，手术创伤应激，胃肠功能不全及各种治疗的不良反应等，这些因素均可引起机体分解代谢增加、自身组织消耗，从而产生营养不良。

营养不良不仅损害机体组织、器官的生理功能，而且可增加手术风险、提高手术后并发症发生率及病死率。大量临床研究结果显示，营养不良患者术后并发症（包括感染、吻合口瘘等）发生率、病死率升高，重症监护病房（ICU）停留时间及住院时间延长，医疗费用增加，从而影响患者的临床结局及生活质量。

营养支持是围手术期处理的重要组成部分，围手术期是指从患者决定需要手术治疗开始至康复出院的全过程，包括术前、术中和术后 3 个阶段。围手术期合理的营养支持能减轻患者分解状态和瘦组织丢失，有助于患者早期下床活动并尽快恢复，明显降低术后并发症发生率，缩短住院时间和重症监护病房停留时间，改善临床结局。

一、 营养风险筛查及营养评估

住院患者的营养风险和营养状态是临床结局的一项独立预后因素，进行营养风险筛查和营养评定也是制定营养干预方案的首要条件。营养风险指现存或潜在的与营养因素相关的导致患者出现不良临床结局的风险，其与生存率、病死率、并发症发生率、住院时间、住院费用、成本-效益比及生活质量等临床结局密切相关。通过营养风险筛查可发现存在营养风险的患者，术前营养干预可使这部分患者获益。营养评定是通过膳食调查、体重丢失量、人体测量学指标、实验室检查和评估量表等多项主观或客观的手段和指标，判定机体营养状况，确定营养不良的类型和程度，监测营养支持的疗效。

理想的营养风险筛查工具和营养评定方法应当能够准确判断机体营养状况，预测营养不良患者并发症发生率和病死率是否会增加，从而提示预后。营养风险筛查 2002（nutritional risk screening 2002，NRS2002）建立在较强的循证证据基础上，因此被多个国家和国际营养学会推荐为住院患者营养风险筛查的首选工具。围手术期营养筛查工具（perioperative nutrition screen，PONS）是针对围手术期患者特定的营养风险筛查方法，简单实用，易于操作。美国加速康复协会推荐使用 PONS 进行临床围手术期营养风险筛查。微型营养评定简表（mini nutritional assessment short-form，MNA-SF）和 NRS2002 与经典营养指标有良好的一致性，更适用于外科老年患者的营养风险筛查。

临床上常用的营养评定工具有多种，均存在一定局限性。常用营养评定方法包括体重丢失量、体重指数、去脂肪体重指数、主观整体评估（subjective global assessment，SGA）、患者主观整体评估（patient-generated subjective nutrition assessment，PG-SGA）、微型营养评定（mini nutritional assessment，MNA）等。近些年，国际上又推出了一种新的营养评估方法——全球营养不良领导倡议（global leadership initiative on malnutrition，GLIM）标准。主要评估量表说明如下。

（一）主观整体评估（SGA）

SGA 是一种通用营养评估工具，广泛适用于不同疾病、不同年龄的门诊和住院患者，其信度和效度已得到大量检验，是营养评估的金标准。

（二）患者主观整体评估（PG-SGA）

PG-SGA 是专门为肿瘤患者设计的营养评估方法，得到美国营养师协会等机构的大力推荐，目前已经成为我国卫生行业标准，定量评估是 PG-SGA 的最大亮点。

（三）微型营养评定（MNA）

MNA 是专为老年人群开发的营养筛查与评估工具，第一步为营养筛查，第二步为营养评估。MNA 较 SGA 更适用于 65 岁以上老人，主要用于社区居民，也适用于住院患者和家庭照护患者。

（四）全球营养不良领导倡议（GLIM）

GLIM 是由欧洲、亚洲、拉丁美洲等地区和美国肠外肠内营养学会牵头联合制定的一种通用型营养评估工具，评估内容（条目）较少，因而更加简便，其信度和效度正在接受多方面的验证。

评价营养状况的最佳指标或方法尚存在争议，迄今为止尚无一项或一组营养评定方法能对营养不良做出既灵敏又特异的诊断。

二、 术前营养支持

（一）能量和蛋白质的目标需要量

围手术期患者能量目标需要量首选间接测热法实际测量，无法测定时可采用体重公式计算法或能量预测公式法。能量摄入量是影响营养疗效和临床结局的重要因素，能量缺乏或摄入不足可造成不同程度的蛋白质消耗，影响器官的结构和功能，从而影响患者预后。近年来多项研究结果证实，应用间接测热法指导营养支持较使用公式能避免过度喂养或喂养不足。

临床上大多数情况下无法直接测量患者的能量消耗值，此时可采用体重公式计算法估算机体的能量需要量。目前认为，105~126kJ/(kg·d) 或 25~30kcal/(kg·d)能满足大多数非肥胖患者围手术期的能量需求，而体重指数≥30kg/m^2的肥胖患者，推荐的能量摄入为目标需要量的70%~80%。此外，还有许多能量预测公式可以用来估算机体的静息能量消耗值，常用的公式有哈里斯-本尼迪克公式（Harris-Benedict formula）、Mifflin-St. Jeor 公式、Schofied 公式、Ireton-Jones 公式等，这些预测公式的总体准确性为 40%~70%，任何一种公式都没有明显优势。临床上在使用这些公式估算机体能量目标需要量时还应考虑患者的具体情况。疾病状态下机体能量代谢率通常有所升高，择期手术约增加 10%，严重创伤、多发性骨折、感染时可增加 20%~30%，大面积烧伤时能量消耗增加最明显，最大可增加 100%左右。

围手术期患者蛋白质的目标需要量为 1.5~2.0g/(kg·d)。足量蛋白质供给对患者的预后十分重要。相比单纯提供目标需要量的能量，当能量和蛋白质均达到目标需要量时，危重患者的死亡风险可明显降低。蛋白质摄入不足会导致机体瘦组织群丢失，损害生理功能，在提供足够能量的前提下，适当的氮补充可起到纠正负氮平衡、修复损伤组织、合成蛋白质的作用。当机体处于应激、创伤或感染状态时，患者的蛋白质分解增多，急性期蛋白质合成增加，必需氨基酸需求量会相应增加，充足的蛋白质摄入能增加肌肉蛋白、肝脏急性期蛋白、免疫系统蛋白的合成，减少机体蛋白质的净丢失。

（二）术前营养支持途径的选择

对于存在营养风险或营养不足的患者，推荐首选口服营养补充（oral nutritional supplement，ONS），当患者不能通过 ONS 的方式获取足够的营养时，应放置肠内营养管，给予肠内营养（enteral nutrition，EN）支持，EN 无法实施或 EN 无法提供充足的能量和蛋白质时应补充或选择肠外营养（parenteral nutrition，PN）。

围手术期营养支持有 ONS、EN 和 PN 3 种方式，各有其适应证和优缺点，应用时往往需互相配合、取长补短。一般来说，消化道功能正常或具有部分消化道功能患者应优先使用 ONS 或 EN，如果 EN 无法满足能量和蛋白质的目标量时，可使用 PN 补充。无法实施 EN、营养需要量较高或希望在短时间内改善患者营养状况时，则应选用 PN。

EN 管饲途径有鼻胃管、鼻十二指肠管、鼻空肠管、胃或空肠造瘘等多种方式，具体途径的选择取决于疾病情况、喂养时间长短、患者精神状态及胃肠道功能，临床上应根据具体情况进行选择。鼻胃管或鼻肠管留置时间超过 4 周会发生一系列并发症，包括鼻部糜烂、鼻窦炎、食管溃疡或梗阻等。因此，围手术期 EN 的首选方式是经鼻胃管或鼻肠管喂养；如预期喂养时间超过 4 周，建议使用胃或空肠造瘘置管。对于胃、食管吻合手术患者推荐将喂养管放置于吻合口远端。对于经肠喂养患者，管饲在肠道内的位置越低，反流误吸风险越低。

管饲喂养应根据肠道耐受性从低流速开始（20~30mL/h），当患者耐受时逐渐增加流速及用量，同时应密切监测患者的胃肠功能及管饲耐受性。对耐受良好者，喂养量应该在 72h 内达到目标需要量，以优化营养支持的疗效。对胃肠道耐受性较差的患者，喂养量应在 7d 内逐渐谨慎地达到目标需要量。

凡是需要进行围手术期营养支持但又不能或不宜接受 EN 均为 PN 的适应证。EN 绝对禁忌证包括消化道机械性梗阻、不受控制的腹膜炎、肠缺血及重度休克。对于这些无法使用 EN 的围手术期营养不良患者，应进行 PN 支持。尽管近年来许多研究结果显示，以前被认为是 EN 禁忌证的某些情况如非机械性肠梗阻、腹腔开放、早期肠瘘、胃肠道出血、肠壁水肿或使用升压药维持血压稳定的患者，通过适宜并谨慎的方法应用 EN 也有提高临床结局的可能，但对营养不良患者或高风险患者，虽然能够接受 EN，然而由于疾病等原因 EN 无法提供机体对能量及蛋白质的目标需要量时仍需要补充或联合应用 PN。对于 EN 联合 PN 的患者，随着 EN 耐受性增加、PN 需要量减少，两者间的转换需谨慎进行以防止过度喂养。通常来说，当 EN 提供的能量和蛋白质>60% 目标需要量时即可停用 PN。围手术期营养支持应持续 7~10d，更短时间的营养支持则难以达到预期效果。

（三）术前营养支持对象及时间

营养不良不仅损害机体组织、器官的生理功能，而且可增加手术风险、手术后并发症发生率及病死率。围手术期营养支持的目的是改善患者的营养状况或减轻营养不良程度，维持机体有效的代谢和机体器官、组织功能，提高其对手术创伤的耐受性，减少或避免术后并发症和降低病死率。

中度和重度营养不良患者建议术前使用营养支持。存在营养不良的患者术前使用 ONS 应≥7d。重度营养不良患者、中度营养不良而需要接受大手术的患者，尤其是重大、复杂手术后预计出现严重应激状态的危重患者，往往不能耐受长时间营养缺乏。欧洲肠外肠内营养学会指南推荐对中、重度营养不良患者予以 7~14d 的术前营养支持，部分患者可延长至 4 周。为避免严重营养不良患者发生再喂养综合征等并发症，肠外营养能量应逐渐增加。

另外，预计围手术期不能经口进食时间超过 7d 或无法摄入能量和蛋白质目标需要量的 60%~75% 超过 10d 的患者，围手术期需要明显提升营养状况或存在严重代谢障碍风险的患者，应给予营养支持。存在严重代谢障碍风险尤其是重症患者，包括创伤、重症急性胰腺炎、腹腔开放、腹膜炎及各种情况导致的休克患者，会发生一系列代谢及免疫反应导致机体组织消耗、切口愈合不良、活动能力下降、易患感染及认知能力受损等负面影响。营养支持对具有严重代谢障碍的重症患者的临床结局具有潜在的积极影响。

（四）术前进食推荐

传统观点认为择期手术患者应术前 12h 禁食、4h 禁饮，其目的是使胃充分排空，避免麻醉期间反流误吸导致急性呼吸道梗阻、吸入性肺炎、胃酸吸入性肺炎（Mendelson 综合征）。事实上，在没有胃流出道梗阻的情况下，饮水 1h 后 95% 的液体被排空，成年择期手术患者禁食时间超过 2h，胃内液体量和 pH 主要由胃本身分泌量所决定，长时间禁饮并不能改善胃内环境，相反饮水能刺激胃排空。迄今为止，尚无证据支持手术前长时间禁食可避免反流误吸的发生。相反，长时间禁食、禁饮可导致机体糖代谢紊乱、内环境稳态失衡，对手术反应性及顺应性降低，手术期间及术后机体应激反应增强，导致儿茶酚胺、糖皮质激素、生长激素、胰高血糖素等分泌增加，拮抗胰岛素生物学效应，引起机体分解代谢增加、糖原分解加速、糖异生增加、负氮平衡、糖耐量下降、病理性高血糖。

1999 年美国麻醉师协会首先在指南中规定，任何年龄患者术前 2h 可摄入不含酒精、含少许糖的透明液体。研究结果表明，术前 12h 饮 800mL、术前 2~3h 饮 400mL 含 12.5% 碳水化合物的清亮饮料，可以缓解术前口渴、饥饿及烦躁，并且明显降低术后胰岛素抵抗发生率，患者将处于一个更适宜的代谢状态，降低了术后高血糖及并发症发生率。目前许多国家的麻醉学更新指南时均推荐无胃肠动力学障碍者麻醉前 6h 允许进软食，前 2h 允许进食清流质。

大多数外科手术患者无须从手术前夜开始禁食。《加速康复外科围手术期营养支持中国专家共识（2019）》推荐在术前 10h 和 2h 分别口服 12.5% 碳水化合物的饮品 800mL 和 400mL。因某些原因无法进食或进水的患者，术前静脉输注葡萄糖［5mg/(kg·min)］也能减少术后胰岛素抵抗和蛋白质丢失，有利于患者康复。对于存在胃排空延迟或误吸风险患者，应由麻醉医师进行相应的个体化评估。

三、术后营养支持

（一）术后早期恢复经口进食

术后早期恢复肠内营养的重要性不仅是提供营养底物，更重要的意义在于降低机体高分解代谢反应和胰岛素抵抗，减少炎症因子释放，促进合成代谢和机体恢复，维护肠黏膜屏障及免疫功能，防止肠道细菌移位。大量临床研究结果显示，术后早期 EN 有助于改善营养状态、促进切口愈合、减少并发症、缩短住院时间。多项加速康复外科（ERAS）指南推荐各种类型手术患者术后应鼓励早期经口饮食，并根据患者耐受程度逐渐加量。

无法自主经口进食的高营养风险患者，应该在术后 24h 内开始 EN 支持。该领域迄今为止有多项 Meta 分析结果表明术后 24h 内进食较禁食患者吻合口破裂、误吸等并发症发生率不仅不会增加，临床结局反而能够获益。

（二）术后营养支持途径的选择

当患者经口进食摄入量超过营养目标需要量的 50% 时，首选 ONS，以此满足蛋白质及能量需要量；当经口摄入不足营养目标需要量的 50% 时，需要通过管饲 EN 进行营养支持；具有营养支持指征但不宜或不能耐受 EN 患者应及早给予 PN；如果 EN 摄入的能量和蛋白质小于目标需要量的 60%，应联合应用 PN。

尽管术后早期肠内营养支持对临床结局的益处已经被证实，但值得注意的是，许多范围广泛、操作复杂的手术后早期，患者血流动力学不稳定、内环境紊乱、胃肠道功能严重受损，早期肠内营养往往难以实施，或者单纯肠内营养难以满足机体对能量和蛋白质的需求，而长时间的能量和蛋白质负平衡将会增加并发症发生率和病死率，此时联合应用 PN 可改善临床结局。

（三）术后营养支持对象及时间

大量的证据表明，营养不良特别是严重营养不良患者可以从合理的营养支持中获益。围手术期手术后营养支持指征：①术前因中、重度营养不良而接受营养支持的患者；②严重营养不良由于各种原因术前未进行营养支持的患者；③严重创伤应激、估计术后不能进食时间超过 7d 的患者；④术后出现严重并发症需长时间禁食，或存在代谢明显增加的患者。

对于营养不良的患者，术后营养支持应当持续实施 4 周或更长时间，具体持续时间应根据手术情况和患者营养不良的程度决定。

第十四节　食物过敏与不耐受

食物过敏与不耐受

在日常生活中一些人会对某些食物产生过敏反应，甚至连接触也会产生过敏。近年来，因食物过敏而患病的概率在逐年增长，这主要是物流便捷，食品没有了季节和地域之分，人们可以食用各地产的食物，有些人就出现了对某些食物过敏的病症。此外，随着食品科技的发展，食品含有的某些添加剂也可能导致过敏反应。据报道，在工业化国家有多达20%的人都受到过食物不良反应的困扰。根据2014年美国卫生调查问卷显示，18岁以下青少年有5.4%的人患有各类食物过敏。虽然食物过敏在西方国家比较常见，但近几年数据显示中国的食物过敏发生率也在上升，2017年对全国31个城市337560名0~14岁儿童的食物过敏问卷调查结果显示，儿童食物过敏家长自我报告率为5.83%，其中华东及东北最高（分别为7.38%和7.03%），西北地区较低（4.35%）。因此，为了维护个人和家人的健康，有必要了解食物过敏的机制及预防措施。

食物过敏是非毒性食物不良反应中的一类。食物不良反应又称为食物异常反应，指人体接触或摄入某种食物时，机体对该食物成分或添加剂作出免疫反应（免疫球蛋白E介导和非免疫球蛋白E介导的免疫反应）和非免疫性副反应（如食物不耐受，代谢性、中毒性、药理性和特异性体质的反应及由于精神心理因素而引起的异常反应等）。食物不良反应可分为毒性和非毒性的。任何人只要食用足够量被毒物污染或其本身就具有毒性的食品和食品添加剂，其靶部位积累到一定的限值时就会引发全身性的疾病，也称为食物中毒。而非毒性的食物不良反应则涉及个体的遗传易感性，也就是摄入相同的食物时，有些人会发生不良的反应，有些人则不会。根据发病机制非毒性食物不良反应进一步分为食物过敏和食物不耐受。

（一）食物过敏

食物过敏（food allergy，FA）又称为食物变态反应，即摄入某种食物或食品添加剂时，会引起机体的免疫球蛋白E介导和非免疫球蛋白E介导免疫反应，导致某些组织损伤或功能障碍。

血清免疫球蛋白E（IgE）又称为反应素，是一类免疫球蛋白，占血清总量的0.001%。IgE介导的食物过敏主要受到遗传因素和环境因素的影响。食物过敏原在Th2细胞因子的作用下进入人体后，使得浆细胞产生大量的IgE抗体，这些抗体会结合肥大细胞中的IgE受体，如果再次接触同种过敏原，抗原就会与肥大细胞表面抗体结合，可造成组胺、白三烯等免疫炎症介质释放的肥大细胞脱颗粒过程，从而引起过敏反应。这种IgE介导的过敏反应包括急性全身过敏反应、不同器官系统的过敏症状、口腔过敏综合征和乳胶-食物综合征等。发生此类过敏时，患者会立即出现皮肤发红、瘙痒、皮疹、血管性水肿等症状，严重时可能导致过敏性休克。引起儿童这种过敏反应的常见食物有牛乳、鸡蛋、花生、坚果和大豆等，而成年人食用鱼类、甲壳类水产品、羊肉、花生、坚果和小麦等也可能导致这种过敏反应的发生。

非IgE介导的过敏发病机理尚不明确。这种过敏反应包括食物蛋白源性肠病、麦胶蛋白过敏症等，过敏症状通常在人体的皮肤和肠道上表现，包括湿疹、呕吐、腹泻和便秘。引起非

IgE 介导的过敏常见的食物有牛乳、小麦、大豆、巧克力以及食品添加剂等。常见的食品添加剂有卵磷脂、胡萝卜素、淀粉、变性淀粉、水解植物蛋白、麦精、黄原胶、槐树豆胶等。此外，IgE 与免疫细胞共同介导混合型反应也可引起过敏反应。

食物过敏发病率不断升高，预防和保护人体受过敏反应危害的唯一有效方法是避免接触食物过敏原，所以要准确识别致敏食物避免人体接触食物过敏原。目前国内外广泛应用的过敏原体内试验诊断方法是过敏原皮肤点刺试验，还常用酶联免疫吸附技术（enzyme linked immunosorbent assay，ELISA）、免疫层析技术和生物传感器技术等免疫学方法检测食物过敏原。近年来还有用靶向蛋白组学质谱技术对食物过敏原进行定量检测。某些食物通过深加工可除去、破坏或减少食物中过敏原，也可向食品中添加某种成分改善其理化性质、物质成分从而除去过敏原。对于一些营养价值高、需经常食用的日常食物，也可通过食物脱敏法进行改善，将过敏原食物稀释至千分之一或万分之一后食用，若无过敏症状发生，可增加食用量以达到脱敏。

食物过敏原是指能引起人体免疫反应的食物抗原分子。几乎所有的食物过敏原都属于蛋白质，且大部分是水溶性糖蛋白。一种食物可能含有几种不同的过敏原，如小麦中可分为麦醇溶蛋白、麦谷蛋白、清蛋白和球蛋白，其中麦醇溶蛋白种类多达 40~60 种，而麦谷蛋白至少也含有 15 种，小麦中的多种蛋白具有致敏性。有研究数据表明，全球约有 170 种食物可造成食物过敏反应，近 90% 的食物过敏是由 8 大类过敏原引起的，包括牛乳、鸡蛋、大豆、小麦、花生、坚果、甲壳类与鱼类。表 6-8 为我国容易引起过敏的常见食物。食物过敏原的特点有：①任何食物可诱发过敏反应，例如牛乳、鸡蛋、花生和小麦摄入时就会出现过敏现象；②食物中仅部分成分具有过敏原性，例如牛乳中的酪蛋白和乙种乳球蛋白过敏原性最强，鸡蛋蛋清中的卵白蛋白和卵类黏蛋白为常见的过敏原，而蛋黄中的过敏原很少；③食物过敏原性的可变性，食物可通过加热减低过敏原性，还有胃中的酸度增加和消化酶的存在也可使食物的过敏原性减少；④食物间存在交叉反应性，不同种的蛋白质可能有共同的抗原决定簇，从而使得过敏原性具有交叉反应性，例如对于鸡蛋过敏的人可能对其他的鸟类蛋也过敏，对大豆过敏的人可能也会对豆类植物扁豆等过敏，对桦树花粉过敏的人也可能对苹果、榛子、桃、杏、樱桃、胡萝卜等发生反应；⑤对食物中间代谢产物过敏，即可能在刚进食时患者并无过敏症状，但经代谢 2~3h 后会出现过敏症状。

表 6-8　　中国容易引起过敏的常见食物

类别	食物名称
富含蛋白质类	牛乳、鸡蛋
海产类	鱼、虾、蟹、海贝、海带
有特殊气味类	洋葱、蒜、葱、韭菜、香菜、羊肉
有刺激性类	辣椒、胡椒、酒、芥末、姜
生食类	生番茄、生花生、生栗子、生核桃、桃、葡萄、柿子等
富含细菌类	死虾、鱼、蟹及不新鲜肉类
真菌类或含真菌类	蘑菇、酒糟、米醋
不易消化类	鱿鱼、乌贼、蛤蚌类
种子类	各种豆类、花生、芝麻

资料来源：何韶衡．食物过敏系列问答［M］．北京：科学出版社，2018.

(二) 食物不耐受

食物不耐受（food intolerance）是一种复杂的变态反应疾病。某些物质进入人体后，体内免疫系统会产生过度保护性免疫反应，它能引起全身各系统的慢性症状，可重复出现对特定食物或食物成分产生的不良反应。由于食物不耐受导致的症状比较隐蔽，一般情况下人们难以发觉它的存在，但是它在人群中发生率极高，婴儿与儿童的发生率高于成人。多数的食物不耐受症状表现为肠胃道症状和皮肤症状，还会表现为神经系统、呼吸系统乃至肌肉骨骼系统症状。不同的人对于同一种食物不耐受也可能出现不同的症状。例如消化道的症状有腹部绞痛、恶心、呕吐、口臭、口腔溃疡等；再如口唇水肿、荨麻疹、血管性水肿、紫癜、支气管哮喘、过敏性鼻炎和低血压等都可能是食物不耐受引起的；皮肤症状包括皮炎、湿疹、原发性皮肤淀粉样变、皮肤瘙痒、痤疮及头皮屑等；还有焦虑、忧郁、注意力涣散、暴躁易怒、坐立不安、头疼、头晕等症状都有可能是食物不耐受所引起的，这些往往都不易被人察觉。

食物不耐受主要是由于免疫反应、代谢功能障碍、药理学反应、激惹反应及毒理反应引起的。目前公认的发病机制为免疫球蛋白 G（IgG）抗体介导的免疫反应，即是人体内的免疫系统将进入机体内的某一种或多种食物视为外来物质，产生过度的保护性免疫反应，对这些食物产生特异性 IgG 抗体，该抗体可与食物颗粒结合形成免疫复合物。长期食用不耐受的食物，抗体会在体内积累，抗原抗体复合物沉积在器官组织中，可使人体出现不适症状或疾病，若不及时改变饮食结构，不耐受的食物将会继续刺激免疫系统产生大量的抗体，虽然一般的常规检测显示正常，但这将会危及人体的健康，还可能带来一系列的疾病症状。人体摄入食物后，经消化道转换成氨基酸、甘油和单糖，最后才能完全转换为能量以供人体需要，但有些人体内缺乏某些酶，进食需要这些酶作用的食物后不能被完全消化吸收，通常以多肽或者其他分子的形式进入肠道，这将会被机体识别为外来物质，从而导致免疫系统做出反应产生食物特异性 IgG 抗体。这些抗体食物分子形成的免疫复合物可被人体从肾脏排出，但有的免疫复合物不能通过肾小球滤膜而堵塞了肾脏的过滤结构，导致肾小球的滤过压升高，继而引发血压升高、血管壁扩张和胆固醇沉淀，人体废液不能正常通过肾脏排出而滞留在组织中会导致水肿和肥胖。食物不耐受是剂量相关的，也就是引发食物不耐受的剂量越高其症状就越严重。一般情况下，若刺激性饮食因素水平足够高，任何个体都会发生食物不耐受反应。

常见的食物不耐受如乳糖不耐受，主要是人体内缺乏乳糖酶，乳糖消化和吸收不良时就会产生乳糖不耐受症状。母乳中含有 6% 的乳糖，牛乳中含有 4% 的乳糖，若新生儿在母乳喂养或喂养含乳糖牛乳后，出现水样大便的情况则可能患有先天性乳糖酶缺乏。乳糖是一种双糖，必须分解成单糖如葡萄糖和半乳糖才能够通过消化道上皮细胞，然后进入机体内的血液循环以补充各种生理活动需要的能量。乳糖酶是消化道上皮的刷状缘细胞产生的一种 β-半乳糖苷酶，可将乳糖分解为葡萄糖和半乳糖。若机体缺乏乳糖酶，则不能将所有乳糖分解完全，未被消化的乳糖会留在肠道中最后进入大肠。大肠中的微生物会利用这些未被消化的乳糖并迅速繁殖产生大量的副产物，副产物多数是气体和有机酸等，会导致人体产生胃肠胀气、腹胀、腹痛、稀便或腹泻。因此乳糖不耐受最常见的症状包括腹痛、腹泻以及过度的胃胀气，还有可能出现腹胀、腹部膨隆、恶心等情况，这些症状可能不会在进食后立即出现，需要数分钟乃至数小时。其他食物不耐受反应中最常见的要素见表 6-9。

表 6-9　　食物不耐受反应中最常见的要素

不耐受要素	作用部位	不耐受伴随症状	所代表的食物类型
碳水化合物双糖（乳糖、蔗糖、麦芽糖）和单糖（果糖）	消化道	腹胀、腹痛、腹泻、稀便、偶发恶心、呕吐、排气过多等	糖、淀粉、多糖
生物胺（组胺、酪胺）	全身，但伴有局部症状	皮肤瘙痒红肿、荨麻疹、黏膜水肿瘙痒、头疼、消化道功能失调等	发酵食品、含酒精的饮料、醋、真菌提取物、某些防腐剂、某些人工色素、鸡肝、某些蔬菜和水果
水杨酸盐类	全身	荨麻疹、血管神经性水肿、哮喘等	某些水果、蔬菜和色素
人工色素（柠檬黄和其他偶氮染料）	全身	哮喘、荨麻疹、恶心、皮疹、头疼等	加工后的食品
苯甲酸酯	未知	荨麻疹等	加工食品中的抗菌性防腐剂、保色剂、增白剂、某些天然食物如浆果、肉桂等
亚硝酸盐	全身、肺部	哮喘等	加工食品的抗菌性防腐剂、保色剂、增白剂、调制剂、用于酒精饮料制造中的发酵控制剂
谷氨酸钠	全身	影响中枢神经系统，如面部麻木、刺痛感、手足麻木、胸闷、眩晕、视力障碍和哮喘等	加工食品的增味剂、乳酪、蘑菇、番茄

资料来源：Boyce JA，Assa’ad A，Burks AW，et al. Guidelines for the diagnosis and management of food allergy in the United States：report of the NIAID-sponsored expert panel［J］. J Allergy Clin Immunol，2010，126（6）：S1-S58.

检测人体中不耐受食物一般采用酶联免疫吸附试验，检测人体血清中蛋清、蛋黄、蟹、牛乳、虾、鳕鱼、玉米、大米、大豆、蘑菇、番茄、牛肉、猪肉、鸡肉等 14 种食物的特异性 IgG 抗体。由于食物不耐受引起的症状比较隐匿且缓慢，容易被忽略，目前在治疗上通常以调整饮食为主，避免进食不耐受的食物及其食物成分，待症状完全消退后可添加少量的不耐受食物，达到逐步适应和耐受。

（三）食物过敏与食物不耐受的区别

食物过敏与食物不耐受的区别主要在于过敏反应是由 IgE 介导的 I 型变态反应，是以肥大细胞和嗜碱性粒细胞等效应细胞释放生物活性介质参与的反应，引发的是速发型免疫反应，在接触到过敏原后几分钟至数小时内就会出现过敏症状，发病急且症状明显，但经治疗消退也快，有较明显的个体差异与遗传倾向。过敏常表现为生理功能紊乱，而不会造成严重的组织损伤，当二次接触过敏原时，少量也可迅速引发严重的过敏反应。食物不耐受则是自身的过度保护性免疫反应，一般发生在进食后的数小时甚至数天，对某种食物或多种食物成分产生特异性 IgG 抗体，再与食物颗粒结合形成免疫复合物最终引发炎症反应等，表现为全身系统症状和疾病。食物不耐受导致的体内的免疫反应较弱，不易被人们察觉，常被称为人体健康的“隐形杀手”。

（四）婴幼儿食物过敏

婴幼儿时期的食物过敏发生率最高，过敏途径一般有胃肠道、呼吸道、皮肤、人乳和胎盘。相比于成人，婴幼儿尤其是 1 岁以内的婴儿免疫系统虽然已经形成，但还不具备保护机体对抗各种感染与过敏的能力，加之新生儿消化道黏膜柔嫩、血管通透性高且消化道屏障功能差，更易发生食物过敏反应，且病情易反复发作，已经严重影响到儿童的生长发育与其生活质量。但随着年龄的增长，食物过敏症的发病率会下降。

有研究表明母亲的免疫系统可影响到婴儿的免疫系统，致使婴儿对过敏原的致敏。值得注意的是，有家族过敏史的女性可在孕期第三个月开始，避免接触过敏原和高过敏的食物，在妊娠后期孕妇可适当补充脂质、抗氧化剂和维生素 A 以促进胎儿的特异性免疫发育。婴儿出生后应进行至少六个月的纯母乳喂养，因为母乳中包含最适合婴儿的富有营养、免疫功能和生理功能的物质，可加强婴儿的自然防御能力并可加快免疫功能的成熟，在哺乳期间母亲也要避免食用高过敏的食物。若母亲无法母乳喂养或婴儿对牛乳过敏时，可用水解蛋白婴儿配方乳粉来代替母乳或普通婴儿牛乳，其中深度水解蛋白婴儿配方乳粉比部分水解蛋白婴儿配方乳粉效果更好。婴幼儿六个月后可添加辅食，若婴儿已适应了低致敏性的食物，最初应该添加富含铁的易吸收的肉类辅食，然后可逐步添加稍高致敏性的食物如小麦、蛋类及乳类等，开始只可少量添加一种致敏食物，耐受后可逐步从少量到多量、一种至多种添加，辅食添加速度可适当加快，以便婴儿能够快速适应从流质食物到固体食物的转变。随着婴幼儿的生长，其消化道与免疫系统发育成熟后，有些过敏反应会逐渐消退，但对于花生、坚果以及海洋食品等的过敏很可能持续一生。

随着科技的发展，食物种类的丰富，食物过敏和食物不耐受已成为全球范围内影响食品安全和公众健康的问题。它们不仅影响生活质量，甚至会危及生命，对消费者的健康造成极大影响。目前，我国临床上还没有彻底的脱敏治疗方法，大多采用避免接触过敏原的方法来预防食物过敏。因此，对于食品中的致敏物质进行标示非常重要。目前，除了美国单独颁布了《食品过敏原标签和消费者保护法 2004（FALCPA）》外，中国、国际法典委员会、欧盟、美国、加拿大、澳大利亚、新西兰以及日本皆把食品中致敏原的标签标示要求列入与食品或食品标签统一的法律、法规或标准管理。目前，我国食品中致敏物质标示的管理主要参照GB 7718—2011《食品安全国家标准　预包装食品标签通则》执行，相关致敏物质的标签标示要求为推荐性条款，不要求强制执行。而上述提到的其他国家和地区均将食品致敏物质纳入了强制性标签标示要求。对于食物过敏，最直接有效的预防方式就是避免食用会引发个人食物过敏的食品，而食品标签作为向消费者传达食品信息最直观的方式，在标签上正确标示食品中含有或可能含有的致敏物质，可以对消费者起到警示作用，从而极大程度地降低食品过敏风险。但若完全由企业自主选择是否对食品致敏物质进行产品标签标示，对于消费者来说将过于被动，大大增加了消费者接触致敏物质的风险。因此，强制食品过敏物质标示对保障消费者的食品安全意义重大，希望能纳入国家食品法律、法规的考虑范畴。

思考题

1. 营养与糖尿病的关系是什么?
2. 糖尿病的营养防治方式有哪些?
3. 非酒精性脂肪肝病的发生发展机制有哪些?
4. 非酒精性脂肪肝病的营养防治理念是什么?
5. 膳食结构与心血管疾病之间的关系是怎样的?
6. 人们应如何将心脏病和卒中的风险降到最低?
7. 简述肥胖的定义及成因。
8. 论述肥胖对人体的危害以及可采取的治疗措施。
9. 低嘌呤、中嘌呤、高嘌呤食物的判断标准是什么?
10. 对痛风患者的膳食建议有哪些?
11. 免疫的三大功能和三大特点分别是什么?
12. 如何通过饮食提高自身免疫力?
13. 列举呼吸系统相关疾病患者的忌用食物及原则。
14. “多喝热水”是否万能，对预防呼吸系统疾病有帮助吗?
15. 引发癌症的病因有哪些?
16. 癌症预防的主要策略都有哪些?如何通过饮食降低癌症发生率?
17. 查询文献资料并运用所学知识，分析被称为“飞行员的早餐”的蓝莓富含哪些利于眼部护养的营养素?
18. 请结合所学知识，为用眼过度人群如学生、白领搭配营养三餐及健康零食。
19. 天然色素大多具有抗氧化、抗炎等作用，请查询文献并列举已有研究报道中哪些天然色素有保护精子的作用。
20. 据文献报道，在过去的40多年世界范围内尤其是西方国家的男性精子数目下降超过50%。请为正在备孕的男士提供保健品搭配方案。
21. 合理的饮食干预有助于女性积极备孕，请问日常有哪些不当的生活或饮食方式会影响生育能力?
22. 随着年龄增长，女性生育力呈下降趋态，“高龄产妇”应当如何积极备孕?请列举3~5条日常保健建议。
23. 对于“过敏肌”或“激素脸”的饮食建议有哪些?
24. 请思考胶原蛋白的口服或外抹是否可以改善皮肤状态。
25. 术前营养评估有哪几个方面?
26. 消化道手术后如何保证患者充足的营养?
27. 食物过敏和食物不耐受有什么区别?
28. 婴幼儿是食物过敏的高发人群，如何预防婴幼儿时期的食物过敏?

CHAPTER 7

第七章 食品营养与新型食品开发

学习要点

1. 掌握转基因食品、代餐食品、特殊医学用途配方食品的定义、分类、作用以及安全性评价原则；

2. 了解健康快餐的要求以及与传统快餐的不同点，学会根据营养要求科学选择快餐食品；

3. 了解以大豆蛋白为代表的植物肉的营养组成、性质、作用及制作方法；

4. 掌握天然食品功能因子的定义、分类及生理活性，同时了解天然食品功能因子的安全性评价方法，学会对天然食品功能因子进行加工与应用；

5. 了解保健食品的开发，学习保健食品的功能分类、评价方法、加工技术及通用标准和标识。

思 政 点

我国社会经济水平的提高推动居民对健康食品提出更高的要求，新型天然功能因子及相关食品的开发可以推动我国食品行业向高科技领域进军，促进食品营养摄取更加精确化，为普通人群提供健康的食品，预防疾病发生；为患病人群提供恢复性食品，辅助治疗。此外，通用标准和标识的建立进一步规范了保健食品的开发和生产，对我国居民的健康水平的提高和食品营养的改善有重要的帮助作用。

第一节 转基因食品

科学技术发展飞快，给人类生活带来了极大的便利，越来越丰富的食物种类摆上了货架，品种更多、价格实惠、更符合大众口味、营养价值更丰富。转基因食品就这样悄然步入我们的日常生活。但是转基因食品是什么？转基因食品究竟如何影响我们的生活？我们在挑选的时候将会如何选择?

一、概述

(一) 基因工程技术

基因工程技术(genetic engineering)又称基因拼接技术或DNA重组技术,是以分子遗传学为理论基础,应用分子生物学和微生物学的现代技术,将不同来源的基因按预先设计的蓝图,将外源基因经过剪切后导入相同缺口的载体上进行拼接,成为体外基因重组体,然后导入活细胞,以改变生物原有的遗传特性、获得新品种、生产新产品的遗传技术。基因工程技术为基因的结构和功能的研究提供了有力的手段。

(二) 转基因技术发展历程

1982年,世界上第一个转基因动物(小鼠)诞生,随后转基因农作物烟草和马铃薯问世。在之后的数年,转基因植物后来者居上,1992年在中国诞生了第一个抗黄瓜花叶病毒(CMV)的转基因黄瓜和抗烟草花叶病毒(TMV)的转基因烟草,1996年首批转基因抗虫棉培育成功,并成功地进行商业化大规模种植。1994年,美国研发的转基因番茄批准上市,美国成为第一个消费转基因食品的国家。从此之后,实验室诞生了大批量的转基因植物,转基因农作物商品化进入了迅猛发展的时期,许多品种转基因农作物快速投入生产,并逐渐走向人们的餐桌。

1996—2019年,转基因作物种植面积从170万公顷增加至1.904亿公顷,年复合增长率22.8%,种植国家也拓展到29个,各国获批的转基因作物品种也达到100多种,其中最主要的转基因农作物是大豆、玉米、棉花和油菜,并且产品的产量和质量也在逐步优化。中国的种植面积达到世界第四,主要以转基因棉花种植为主。利用转基因的方法改良农作物是农业革命的一大突破,转基因技术已经改善了全球范围内很多的饥饿、贫穷、环境污染、生态灾害等问题。可见,转基因农作物在现代农业发展领域占据着十分重要的地位。

近年来,转基因技术的发展速度减缓,转基因技术作为一种新兴的生物技术手段,还是存在一定的不成熟和不确定性。因此,转基因食品仍旧是人们关注的焦点问题。

(三) 转基因食品的定义

人们为了满足农业生产的需要,利用现代基因工程技术对生物进行改造,将某个生物部分基因片段作为目的基因转移到其他物种中,从而改造了生物的遗传物质,使其在性状、营养品质、消费品质等方面向人类所需要的目标转变。这一技术不需要有性杂交就可以将所需的新性状转移到某个生物上,应用该技术得到的转基因生物为直接食品或为原料加工生产的食品就是转基因食品(genetically modified food,GMF),也称为基因工程食品或基因修饰食品,简称GM食品。

二、生产转基因食品的目的

(一) 增加产量

运用基因工程技术可以改变植物本身的遗传性状,增强其适应环境的能力,从而优化了农作物的生长状态,并且转基因的方法大大降低了植物的育种周期,提高产品的生产效率,进而降低生产成本。因其具有精准、高效的特点,已成为近现代育种史上发展最快、效率最高的品种改良技术。

根据市场调查，转基因作物的成本与产量的优势使其价格常低于同类非转基因食品，转基因食品的大规模发展，对提高粮食作物产量，解决人类粮食短缺问题等具有重要作用，创造了明显可观的经济效益。

（二）抗病、抗虫、抗除草剂

传统农业中利用种子消毒、使用农药杀死昆虫防治病毒、除杂草等方法不仅费时费力，而且对环境造成污染。常规的抗病育种工作量大、育种周期长、缺乏种质资源，不易获得稳定遗传的抗性基因。使用农药使得农作物的产量和品质受到影响逐渐下降，大量投放农药不仅耗时费力，还增加了成本，残留农药也对人体存在危害。

转基因技术将外源抗病、抗旱、抗倒伏、抗虫害等多种特征的复合性状基因转入农作物内，使其具有多种抗逆性状。有些转基因作物有耐除草剂性状、抗病毒等多种性状，有效地提高杂草和病害的防治效率，降低生产成本。同时，人们担心蔬果食品农药残留对身体造成伤害的问题也得到解决，转基因技术培育出抗虫农作物不需要再喷洒农药，减少了农药残留风险。

（三）提升食品品质

转基因技术可以改变食品的遗传信息，拼组新基因，提升食品的营养价值。例如提高食品中必需脂肪酸、必需氨基酸、多种微量元素和其他植物功能性成分等营养素的含量，从而满足多元化需求。例如猪用重组牛生长激素可以增强猪肉肌肉比率；大豆转基因处理得到更具有营养价值的高异黄酮大豆与高不饱和脂肪酸转基因大豆。通过转基因技术可以剔除对于人类健康有害的物质，降低油料作物中的饱和脂肪酸和反式脂肪酸。

（四）开发功能性食品

人体内所必需的营养成分常只存在于特定的植物中，转基因技术能将控制该植物营养成分合成的基因片段转移至较为常见的作物上，使其他作物也具有该营养成分，基因整合后的作物含有大量人类所需的营养成分。例如转基因稻富含维生素 A 和铁，可以降低维生素 A 缺乏症和缺铁性贫血的发病率。转基因技术使人们在不需要摄取更多食物的前提下，营养更加均衡健康。

（五）对于特殊人群，转基因技术可以解决过敏问题及其他病症

针对乳糖不耐症的人群，转基因技术使奶牛生产的牛乳不含乳糖；对于高胆固醇高脂人群，转基因技术可产生低胆固醇或低脂肪乳制品。因此，转基因食品作为特殊膳食食品具有很好的应用前景。

（六）控制成熟期

在食物的销售和运输过程中，保质期是衡量食品新鲜度与质量的标准。目前的蔬果保鲜技术局限于冷藏和气调保鲜，保鲜效果和保鲜时长都存在不足，易造成食物腐败和变质，对果农和消费者造成巨大的损失。通过基因改良可以延缓果蔬成熟、软化及根系形成的过程，将季节、气候等的影响降至最小。使水果的色泽、口感、风味都有所改善，还延长了食品的货架期。不仅有利于生产销售，还有利于消费者储存，也为果蔬的深加工提供了有利条件。

（七）保护环境

转基因作物可以减少农药污染，减少食品和环境的有害成分残留，还可以减少化肥的使用，节约农民大量的劳动力和时间，降低成本。作物产量的增加可以减少土地的占用，某些转基因食品采用免耕种植的土壤，增加土壤的碳储存量。土地、燃料、电力、水等资源的浪费情

况也相对减少，从而带来了更多积极的气候影响，减缓了全球变暖效应。有些转基因植物可以分解工业废物，对工业污染有一定治理作用。

（八）药用价值和工业原料

转基因技术在医疗保健领域也起到了关键性作用，克隆动物为人类科学研究提供了模型，利用转基因动植物生产药用蛋白治疗疾病也成为目前研究发展最迅速、效益最显著的热点之一，例如疫苗、人血清蛋白、抗体等。

在食品工业领域，转基因植物被当作生物工厂，产出大量生产生活中所必需的原料，如蛋白质、防腐剂、乳化剂、增稠剂、甜味剂、着色剂等。在其他工业生产中也被用于生产工业酶、生物燃料、清洁剂等材料。

三、转基因食品类别

（一）植物类转基因食品

利用转基因技术生产的植物性食品。已经批准商业化种植的品种包括大豆、玉米、油菜、甜菜、木瓜、南瓜、苹果。

（二）动物类转基因食品

利用转基因技术改造动物得到的动物本身或动物副产物。2015 年，美国食品与药物管理局批准了世界上第一种食用转基因动物——转基因大西洋鲑鱼（俗称三文鱼）。

（三）微生物类转基因食品

利用转基因技术改造微生物生产使用酶及生物制剂，提高酶活力和产量。例如转基因酵母。

（四）特殊转基因食品

科学家利用转基因技术将普通的蔬菜、水果、粮食等农作物转入抗病基因，使其变为能预防疾病的“疫苗食品”，具有预防疾病的作用。例如预防霍乱的苜蓿植物，能激发人体对霍乱的免疫能力。越来越多的抗病基因正在被转入植物，期望使人们在品尝鲜果美味的同时，达到防病的目的。

四、转基因食品的安全性评价

随着转基因技术在农业和食品领域的不断发展，转基因食品的安全管理备受关注，为了消除消费者对转基因食品安全性的疑虑并保证其健康，对转基因植物食用安全性进行评估非常必要。国际权威机构如世界卫生组织（WHO）、联合国粮农组织（FAO）、国际生命科学学会（ILSI）、国际食品法典委员会（CAC）、经济合作与发展组织（OECD）等出台了多部指导转基因植物食用安全性评估的相关条例，已经形成一套较为科学、较完善的转基因植物食用安全性评估体系。

我国对转基因生物安全管理和评价最为权威的法律条例是国务院于 2001 年颁布的《农业转基因生物安全管理条例》（以下简称《条例》）。农业转基因生物涵盖了转基因动植物（含种子、种畜禽、水产苗种）和微生物；转基因动植物、微生物产品；转基因农产品的直接加工品及含有转基因动植物、微生物或者其产品成分的种子、种畜禽、水产苗种、农药、兽药、肥料和添加剂等产品。

依照《条例》规定，我国农业农村部自2002年先后发布了《农业转基因生物安全评价管理办法》《农业转基因生物安全进口管理办法》及《农业转基因生物标识管理办法》。2017年，农业农村部修订的《农业转基因生物标识管理办法》指出，转基因生物标识应当醒目、清晰，旨在保护消费者的知情权。2022年，农业农村部修订的《农业转基因生物安全评价管理办法》根据农业转基因生物的安全等级和产品的生产、加工活动对其安全等级的影响类型和影响程度，对转基因生物进行分级管理。

此外，我国还设立了国家农业转基因生物安全委员会、农业转基因生物安全管理办公室，负责农业转基因生物的安全评价工作。

转基因食品在进入市场前要经过十分全面系统的安全性评价，包括营养学评价、毒理学评价、致敏性评价等方面，从而保障转基因食品的安全性。在推动转基因食品发展的同时，保障人类的健康和生态环境的安全。

（一）安全性评价原则

转基因食品安全评价的原则有：科学原则、实质等同性原则、预先防范原则、个案分析原则、逐步评估原则和熟悉原则。

1. 科学原则

对转基因食品评价首先要考虑的是某种新食品与现有食品是否有显著差异。从科学的角度分析食品的生产来源、途径和工艺，主要的研究内容包括：供体、被修饰基因及插入的外源DNA介导物、受体三部分。

2. 实质等同性原则

实质等同性评价需要比较的主要内容有：生物学特性的比较，包括形态、生长、产量、抗病性、分类学特性、生长发育特性、繁殖、健康特性等。营养成分比较，包括主要营养因子、抗营养因子、毒素、过敏原等。如果转基因食品与传统食品比较除植入基因外没有差别就是实质等同，如果转基因食品未满足实质等同要求也不意味其不安全，还需要进行更广泛的安全性评价。

3. 预先防范原则

虽然转基因生物及其产品尚未对环境和人类健康产生危害，但是从生物安全的角度来考虑，必须将预先防范的原则作为风险评价的指导原则，必须以科学原理为基础，采用对公众透明的方式，结合其他的评价原则，对转基因生物及其产品进行风险分析。

4. 个案分析原则

由于转基因生物及其产品中导入的基因来源、功能各不相同，受体生物及基因操作也可能不同，因此必须针对性地逐个进行评价，即个案评价原则，目前世界上大多数国家的立法部门都采取个案评价的原则。

5. 逐步评估原则

逐步评价原则要求每一种转基因食品需要经过实验室研究、中间试验、环境释放最终才能进入商业化生产送至消费者，每个环节都不可或缺，并以前一步实验积累的相关数据和经验作为评价基础，确定是否进入下一开发阶段。

6. 熟悉原则

转基因生物及其产品的风险评价工作主要取决于人们对转基因生物及其产品的有关性状、同其他生物或环境的相互作用、预定用途等背景知识等的熟悉程度。

（二）基本内容

转基因食品在进入市场前要经过十分全面系统的安全性评价，评价内容包括营养学评价、毒理学评价、致敏性评价和非期望效应评价。

1. 营养学评价

传统作物在不同育种模式和培养条件下食品的营养成分也会存在明显差异，因此转基因作物进行营养学评价是必要的。转基因食品营养学评价主要包括碳水化合物、脂肪、蛋白质、维生素等人类所需营养素，以及单宁、植酸等植物中的抗营养因子。营养学评价应遵从个案分析原则，将转基因食品制作的饲料以全食品的方式饲喂动物，通过与非转基因植物对照组对比，观察转基因食品对动物采食量、消化率水平、器官病理改变以及健康状态等影响，并测定实验动物的血液与脏器质量等指标，为转基因产品是否适合人类食用提供参考。

2. 毒理学评价

毒理学评价主要包括全食品毒理检测和外源基因表达产物检测。后者通常要分析生物信息是否与已知毒性蛋白核酸及氨基酸序列有同源性，通过胃肠道模拟消化及热稳定性试验可确定新蛋白质的耐热性与抗消化能力。对非蛋白质类表达产物，需提供相关理化特性及生物学功能数据。目前用于试验的动物主要有牛、猪、鱼、大鼠、小鼠等，喂养试验能反映转基因食品的毒理和营养。

3. 致敏性评价

与传统食品相比，转基因食品中含有外源基因和特定表达蛋白质，因此与传统食品一样可能引起部分人群过敏反应。外源基因供体是否包含过敏原遗传物质、新表达的蛋白质与已知蛋白质的氨基酸序列是否同源、外源蛋白质的热稳定性、体外模拟蛋白消化能力以及动物模型实验等方面是致敏性评估的主要内容。为保证消费者权益，转基因食品外源基因产生的新蛋白质的致敏性评估可以确保转基因食品和衍生食品的安全性。

4. 非期望效应评价

非期望效应是当环境、条件相同时，与非转基因植物相比，转基因的该种植物在环境反应、成分、表型上与非转基因植物有明显差异，但已经排除目的基因插入引起的预期效应。目前代谢组学、蛋白质组学、功能基因组学是该研究的主要领域。该技术在转基因植物研究中应用较多，例如通过微阵列分析技术发现褪黑激素水平较高时能改变转基因大米基因表达，反映褪黑激素对植物生长发育的生理作用。

（三）转基因食品检测技术

近年来，相关食品卫生监督部门对于转基因食品的检测越发重视，其安全评价体系和相关标准也逐渐完善，加强对转基因食品的分析检测研究，制定一套完善的检测和监管体系，规范转基因食品市场，确保转基因食品的安全性，才能保障人们的身体健康。目前的检测手段分为以下几种。

1. 酶联免疫吸附试验检测技术

酶联免疫吸附试验（ELISA）检测技术主要原理是抗体和抗原的反应特异性与酶对底物的高效催化作用进行有机结合，通过所产生的显色反应鉴定转基因成分。其最大的优势就是检测方便、快速。但是这种检测技术只能进行未加工的农产品检测，因此一般作为转基因食品的初筛。

2. 聚合酶链式反应技术

聚合酶链式反应（PCR）通常只能针对一个 DNA 片段加以扩增，由于其试验的对象是遗传物质 DNA，相比较蛋白质来说，DNA 的分子更加稳定，在检测过程中难以被破坏。复合扩增 PCR 技术，不仅可以获取更多的基因序列信息并提高检测效率，还可以同时快速检测多个靶位点，进一步提高检测结果的准确率。该方法节约成本、检测速度快、效率高，该技术在转基因食品分析检测中得到了广泛应用。

3. 光谱分析技术

光谱分析技术主要是利用近红外线的穿透能力进行检测分析，从而获取转基因食品分子结构信息。在检测过程中，通过计算机模拟软件绘制光谱图，分析转基因食品和非转基因分子结构的不同，再根据对比结果开展非期望效应分析，为转基因食品的评价提供相应依据。

4. 基因芯片检测技术

基因芯片检测技术主要以转基因生物体为检测目标，对基因组序列进行测定，按照一定的规律将转基因食品的 DNA 以微矩阵排列在玻片或硅片上，这个基因载体称为“基因芯片”，经过扩增、标记待检测的 DNA，将其与基因芯片杂交，通过计算机软件计算处理基因序列，进而了解转基因食品的相关信息。该种检测方式优点在于结果准确、可信度高。缺点在于检测过程复杂、成本高，因此仍然无法成为当前的主流转基因食品分析检测技术。

5. 环介导等温扩增反应技术

目前，环介导等温扩增反应（LAMP）技术已经被应用于 SARS、禽流感、HIV 等病毒的检测。不同于常规 PCR 技术，该技术可以直接在常温条件下进行检测，因此将温度对检测结果的影响降至最低。由于该技术不受温度影响，因此现场检测应用前景较好。

6. 组学分析技术

组学分析技术主要由转录组学分析技术和蛋白质组学分析技术两部分组成，在操作过程中，通过转录组学分析技术对 mRNA 进行检测，能够获得外源基因在转基因生物体中的转录表达信息。而通过蛋白质组学分析技术，能够了解生物在一定阶段内和某些环境条件下蛋白质的表达情况，通常用于定性检测分析或者定量检测分析。

五、 转基因食品的管理体系

转基因食品的管理体系包含自然科学意义和社会科学意义两部分。基本要素分为以下几个方面。

1. 技术规范

转基因食品商品化之前必须经过一系列研究，评估其对人体健康、生态系统、农业生产的潜在危害，在各方面均保证安全的情况下才可以进入商业化生产。

2. 法规建设

转基因食品的安全评价与管理必须按照国家相关法规进行。除了严格遵守法规标准，还需要进一步完善生物安全相关的管理制度。国家相应职能部门依照规定监管转基因生物的生产、包装、标识、运输、销售、环境释放和出入境等相关方面。

3. 能力建设

构建转基因食品的管理技术体系，完善转基因食品的管理体系，建立档案制度和跟踪制度，完善转基因食品检测体系，培养生物安全技术管理人才，加强安全管理的科学研究等，都属于转基因食品管理能力建设范畴。

4. 公众参与

政府需要及时科普现代生物技术相关信息，让公众全面认识转基因食品，提高转基因食品安全性评价的透明度，尊重消费者的知情权有利于转基因食品的发展。

转基因技术可以给我们带来更优质的土壤，节约大量的自然资源，转基因作物也能与传统作物的生物多样性更好地结合，帮助更多的人走出贫穷和饥饿的困境。针对消费者对转基因食品的担忧，为了保障转基因食品安全问题，我国的转基因食品安全管理系统也在逐步完善，随着各国基因成分标签法的成熟，对基因成分检测方法已经提出了更高的要求。食品安全已经跨越了国界，各国之间需要继续保持长远的交流合作，让具有安全保障的转基因食品走进人们的生活。

第二节　普通营养代餐

国家卫健委发布的《中国居民营养与慢性病状况报告（2020 年)》数据显示，城乡各年龄组居民超重、肥胖率继续上升，中国成年居民超重率和肥胖率分别为 34.3% 和 16.4%。肥胖是糖尿病、心血管疾病及其他代谢性疾病和肿瘤的潜在危险因素。减重治疗包括生活方式（膳食和体育运动）调整、内科药物及外科手术治疗等多种手段。科学合理的营养治疗结合运动干预仍是目前最有效、最安全的基础治疗方式。研究认为采用营养代餐方法能够兼顾体重减轻和营养均衡。国际食品法典委员会（Codex Alimentarius Commission，CAC）分别于 1991 年和 1995 年颁布了《CODEX STAN 181-1991 控制体重用配方食品法典标准》和《CODEX STAN 203-1995 减轻体重用低能量配方食品标准》。欧盟根据 CAC 法典，于 1996 年制定了《96/8/EC 减重用途能量控制食品》欧盟指令，并于 2013 年发布了《EU 609/2013 婴幼儿食品、特殊医学用途食品和体重控制全代餐食品》，用以替代《96/8/EC 减重用途能量控制食品》，2016 年发布了《EU 2016/1413》，对控制体重用代餐食品的营养和健康声称做出相关规定，上述标准规范了代餐食品配方的技术要求、原料和食品添加剂使用依据、污染物和卫生标准、包装技术要求和标签标示规定。加拿大、澳大利亚、新西兰等也发布了相关代餐标准。

近年来，我国代餐食品行业快速发展，为了代餐食品的规范化生产和使用，由中国营养学会发布的首个用于控制体重的代餐食品团体标准 T/CNSS 002—2019《代餐食品》于 2020 年 1 月 1 日起正式实施。

一、 代餐食品的定义和分类

根据代餐食品可以满足一餐或两餐的营养需要或部分营养需要，分为代餐食品和部分代餐食品。

1. 代餐食品

代餐食品是为了满足成人控制体重期间一餐或两餐的营养需要，代替一餐或两餐，专门加工配制而成的一种控制能量食品。代餐食品不需搭配其他膳食食用。

2. 部分代餐食品

部分代餐食品是为了满足成人控制体重期间的一餐或两餐部分营养需要，代替一餐或两餐中部分膳食，专门加工配制而成的一种控制能量食品。部分代餐食品不可代替一餐食用，需要与牛乳、果蔬等其他食物搭配食用，保证均衡营养。

二、代餐食品的营养成分要求

代餐食品和部分代餐食品是以乳类、乳蛋白制品、大豆蛋白制品、粮谷类及其制品为主要原料，加入膳食纤维、维生素、矿物质和（或）其他成分生产加工制成的食品。

1. 能量

参考 CAC、欧盟标准限量，《代餐食品》标准规定代餐食品每餐提供能量应大于等于200kcal，不高于400kcal，用于代替一餐或两餐的营养；部分代餐产品，每份所提供的能量应大于等于80kcal，小于200kcal，搭配其他膳食，每餐所能提供的能量应大于等于200kcal，不高于400kcal。国内外代餐食品标准的能量要求如表 7-1 所示。

表 7-1　国内外代餐食品标准的能量要求

标准来源	CAC	欧盟	加拿大	澳大利亚和新西兰	中国
能量（以每日计）/kcal	800~1200	—	—	—	—
能量（以每餐计）/kcal	200~400	200~250	225	≥200	200~400

注：1kcal=4.186kJ。

加拿大关于代餐食品的规定中还指出，代餐食品需要满足直接食用或者按照产品说明搭配水、纯牛乳、低脂乳或脱脂乳，每份代餐食品能量达到 942kJ（225kcal）。

我国肥胖蓝皮书指出肥胖平衡膳食方案的制定，每日能量一般总体控制在 4.2~6.3MJ（1000~1500kcal）的范围内。我国成人超重和肥胖症预防与控制指南中推荐低能量减重膳食，女性为 4.2~5.0MJ/d（1000~1200kcal/d），男性 5.0~6.3MJ/d（1200~1500kcal/d），避免用极低能量膳食［即能量总摄入低于每天 3.3MJ（800kcal）的膳食］。参考国际控制体重用配方食品或代餐标准中全日代餐能量低限值及国内外肥胖共识指南，为了避免用极低能量膳食，长期使用代餐食品或部分代餐食品，每日最低摄入能量不低于 3.3MJ（800kcal）。

2. 蛋白质

参考 CAC 和欧盟标准中规定体重控制用配方食品提供蛋白质占能量的 25%~50%，结合我国市场代餐产品现状，T/CNSS 002—2019《代餐食品》建议代餐食品每餐提供蛋白质供能占比 25%~50%；部分代餐产品，每份所含的蛋白质提供的能量占总能量的 25%~50%且不低于 8g。国内外代餐食品标准的蛋白质要求见表 7-2。

表 7-2　国内外代餐食品标准的蛋白质要求

标准来源	CAC	欧盟	加拿大	澳大利亚和新西兰	中国
蛋白质（以每餐计）	供能占比 25%~50%	供能占比 25%~50%	供能占比 15%~40%	≥12g/份	供能占比 25%~50%

由联合国粮农组织（FAO）、世界卫生组织（WHO）和联合国组织（UNO）组成的国际委员会关于蛋白质安全需要量的观点指出，应以优质蛋白质和充足的能量供应为先决条件。考虑到代餐食品的适用人群为控制体重的成年人群，应保证摄入蛋白质的质量，因此《代餐食品》规定蛋白质质量应符合以牛乳或鸡蛋蛋白质为参考蛋白质，蛋白质消化率校正的氨基酸评分（protein digestibility corrected amino acid score，PDCAAS）或可消化必需氨基酸评分（digestible indispensable amino acid score，DIAAS）不低于 80%。

（1）蛋白质消化率校正的氨基酸评分　即蛋白质吸收率校正后的氨基酸评分，用来评价蛋白质质量。该指标是 FAO/WHO 联合专家评估小组在 1991 年提出的蛋白质质量评估方法，其数值接近 1，表明该蛋白质为优质蛋白质。

（2）可消化必需氨基酸评分　2013 年 FAO 推荐的一种新的膳食蛋白质质量评估指标，其反映小肠末端氨基酸消化率，能更准确地测量人体吸收的氨基酸量及蛋白质对人体氨基酸和氮养分需求的贡献。

3. 脂肪

代餐食品中来源于脂肪的能量不应超过总能量的 30%，来源于饱和脂肪酸的能量不应超过总能量的 10%，不得使用氢化油脂。代餐食品亚油酸供能比不低于 3.0%。考虑到我国居民亚油酸摄入充足，部分代餐食品还需要搭配其他膳食食用，代替一天中的一餐或两餐，亚油酸可以从其他膳食中获取，因此 T/CNSS 002—2019《代餐食品》标准对部分代餐食品的脂肪要求中没有规定亚油酸最低限，其他要求和代餐食品保持一致。国内外代餐食品标准的脂肪要求见表 7-3。

表 7-3　国内外代餐食品标准的脂肪要求

标准来源	CAC	欧盟	加拿大	澳大利亚和新西兰	中国
脂肪（以每餐计）	脂肪供能占比≤30%，亚油酸供能占比≥3%	脂肪供能占比≤30%，亚油酸供能占比≥1g（甘油酯形式）	脂肪供能占比≤35%，每份代餐亚油酸供能占比≥3%，ω-3 亚油酸（甘油酯形式）供能占比≥0.5%，亚油酸和ω-3 亚油酸的比值范围在（4~10）:1	—	脂肪供能占比≤30%，饱和脂肪酸供能比≤10%，不得使用氢化油脂，亚油酸供能占比≥3%（代餐食品）

4. 膳食纤维

我国居民膳食纤维适宜摄入量 25g/d，相当于每餐需要提供膳食纤维 8.3g；代餐食品代替一天中的一餐或两餐，膳食纤维可以从其他膳食中获取，T/CNSS 002—2019《代餐食品》标准推荐每餐提供膳食纤维最低限量为 5g，最高限量 12g；部分代餐食品每份提供膳食纤维最低限量为 2g。

5. 维生素和矿物质

综合考虑固体饮料等相关食品类型允许强化的营养素、我国居民存在摄入不足风险的营养素、能量代谢中不可缺少的营养素、与肥胖相关的营养素，确定了代餐食品和部分代餐食品维生素和矿物质的必需成分。

代餐食品必需成分指标包括维生素 A、维生素 B_1、维生素 B_2、维生素 C、烟酸、叶酸、钙、镁、铁和锌，考虑到代餐食品用于代替一天中的一餐或两餐，将维生素 D、维生素 E、维生素 B_6、维生素 B_{12}、钾、磷和钠作为代餐食品可选择性成分指标，如不添加，可以从其他膳食中获取。除表 7-4 规定的必需成分外，如果在代餐食品中选择性添加或标签标示含有表 7-5 中的一种或多种成分，其含量应符合表 7-5 的规定。

表 7-4　　我国代餐食品维生素和矿物质必需成分指标

种类	代餐食品（以每餐提供量计）	
	最低限量	最高限量
维生素 A/μg RE	260	580
维生素 B_1/mg	0.4	N. S.
维生素 B_2/mg	0.4	N. S.
维生素 C/mg	30	N. S.
烟酸/mg	4.6	N. S.
叶酸/μg DFE	110	N. S.
钙/mg	260	N. S.
镁/mg	50	N. S.
铁/mg	5	9
锌/mg	3	7

注：N. S. 为没有特别说明。

表 7-5　　我国代餐食品维生素和矿物质可选择性成分指标

种类	代餐食品（以每餐提供量计）	
	最低限量	最高限量
维生素 D/μg	0.5	N. S.
维生素 E/mg α-TE	4.5	N. S.
维生素 B_6/mg	0.4	N. S.
维生素 B_{12}/μg	0.8	N. S.
钾/mg	100	1200
磷/mg	N. S.	420
钠/mg	N. S.	1000

注：N. S. 为没有特别说明。

部分代餐食品必需成分指标包括维生素 B_1、维生素 B_2、钙、铁和锌，考虑到部分代餐食品用于代替一天中的一餐或两餐的部分膳食，将维生素 A、维生素 D、维生素 E、叶酸、维生素 B_6、维生素 B_{12}、维生素 C、烟酸、镁、钾、磷和钠作为部分代餐食品可选择成分，如不添加，可从其他膳食中获取。除表 7-6 规定的必需成分外，如果在部分代餐食品中选择性添加或标签标示含有表 7-7 中的一种或多种成分，其含量应该符合表 7-7 的规定。

表 7-6　我国部分代餐产品维生素和矿物质必需成分指标　单位：mg

种类	部分代餐食品（以每份提供量计）	
	最低限量	最高限量
维生素 B_1	0.2	N. S.
维生素 B_2	0.2	N. S.
钙	80	N. S.
铁	2.5	N. S.
锌	1.5	N. S.

注：N. S. 为没有特别说明。

表 7-7　我国部分代餐产品维生素和矿物质可选择性成分指标

种类	部分代餐食品（以每份提供量计）	
	最低限量	最高限量
维生素 A/μg RE	120	400
维生素 D/μg	0.25	N. S.
维生素 E/mg α-TE	2	N. S.
叶酸/μg DFE	50	N. S.
维生素 B_6/mg	0.2	N. S.
维生素 B_{12}/μg	0.4	N. S.
维生素 C/mg	15	N. S.
烟酸/mg	2.3	N. S.
镁/mg	20	N. S.
钾/mg	40	1200
磷/mg	N. S.	420
钠/mg	N. S.	1000

注：N. S. 为没有特别说明。

三、 适用人群

代餐食品是为了满足成人控制体重的需要而专门加工配制的食品，适用于有控制体重需要、年龄大于等于18岁小于65岁的成年人。不适用于孕妇、哺乳期妇女、儿童、婴幼儿及老人。有控制体重需要的成年人主要有以下两类。

（一）单纯超重/肥胖人群

体重指数（body mass index，BMI）是目前最简单、应用最广泛的诊断和评估肥胖严重程度的指标，通过体重除以身高的平方（kg/m^2）得到。2011年《中国成人肥胖症防治专家共识》建议BMI在24~28kg/m^2为超重、BMI≥28kg/m^2为肥胖。但BMI也有其局限性，尤其是对肌肉特别发达的个体不适用。《中国成人肥胖症防治专家共识》指出适度的减轻体重（减少原有体重的5%~10%）、营养干预和适当的体力活动可减少肥胖相关健康风险并促进健康。

（二）有超重/肥胖相关并发症的人群

研究证实，有肥胖相关并发症，如糖尿病、代谢综合征、血脂异常、非酒精性脂肪性肝病等也适用于代餐减重。美国临床内分泌医师学会/美国内分泌学会《肥胖症综合管理临床实践指南》减重治疗使有肥胖相关并发症者获益，在生活及行为方式治疗上可考虑配方饮食进行膳食替代。我国代餐食品尚处于起步阶段，正逐渐走向科学化、规范化，关于代餐食品的研究有待进一步开展。

四、 科学使用

近年研究认为采用营养代餐方法能兼顾体重减轻和营养均衡，且代餐产品依从性较好，有助于长期坚持。Wadden等对Look AHEAD研究（纳入5145例肥胖合并糖尿病的患者）进行了后续分析，发现配合营养代餐的强化生活方式干预比单纯的膳食支持和教育能更有效地降低患者的体重（强化生活方式干预组37.7%的患者在干预第一年结束时达到了减重10%的目标，而膳食支持和教育组只有3.3%的患者达到此目标）。那么，到底该如何科学使用代餐食品达到更理想的效果呢？

（一）选择符合标准的代餐食品

近年代餐产品数量日益增多，代餐食品多数是以普通食品形式生产加工，在产品销售中多宣称通过饮食替代方式帮助消费者控制体重，产品配方不科学、产品使用不规范、产品质量良莠不齐、企业夸大宣传、消费者无从选择等问题日益凸显。

消费者购买产品时，学会认识“营养标签”，在代餐食品和部分代餐食品的团体标准指导下，科学选择代餐食品，或者在营养医师或专业人员指导下购买。要注意的是，由于维生素和除钠的矿物质外，不属于营养标签强制标示内容，大多数代餐食品没有标示相关数值。

（二）在营养师指导下使用

代餐食品目前还缺乏强制性标准，市面上的代餐产品参差不齐。在不清楚消费者个人身体状况的情况下，销售人员盲目推荐，并不能保证消费者科学使用代餐食品。特别是合并慢性肾脏病患者，不能盲目选择代餐食品。

中国肥胖蓝皮书指出肥胖平衡膳食方案的制定，每日能量一般总体控制在1000~1500kcal

的范围内。代餐食品的不科学食用，可能存在极低能量膳食［即能量总摄入每天低于 3.4MJ（800kcal）的膳食］、长期维生素和矿物质摄入不足等情况，导致或加重营养不良。研究发现，营养师指导的代餐饮食干预组减重效果较好，且膳食摄入较充分。关于糖尿病合并肥胖患者的代餐干预的一项研究表明，营养师在患者减重治疗过程中，与患者的有效沟通和全程的随访指导可提高患者的依从性，在专业医师或营养师的指导下，使用合适的医学营养产品进行代餐治疗是肥胖患者减重和改善糖代谢的新型治疗手段。

基于上述情况，代餐食品的合理使用建议咨询营养师或相关专业人员。

五、展望

近几十年，肥胖症的患病率快速增长，已成为全球范围内共同面临的重大公共卫生危机。《2017—2022 年互联网+减肥产业行业运营模式及市场前景研究报告》调查显示，目前我国肥胖、体重超重人数已达 3.25 亿人。

近年多项研究证实使用营养代餐模式更有助于减轻体重。面对庞大的需求，我国代餐产品虽近几年发展迅速，但仍处于起步阶段，存在产品配方、产品质量、使用方法、相关宣传销售方式等参差不齐的问题，有待相关部门制定代餐食品强制性标准，明确代餐食品营养素含量、营养标签要求、宣传内容范围、注意事项、禁忌等，促进代餐食品的科学合理使用。代餐食品在控制体重或改善肥胖相关并发症的作用以及如何更科学地使用等问题，尚需更深入的研究提供更多证据支持。

第三节　特殊医学用途配方食品

随着人们生产和生活方式的改变、全球环境的不断恶化，我国乃至世界各国的慢性病患者数量急剧上升，全球范围内存在营养风险或营养不良的患者越来越多。如何保障这些患者的营养需求成为全球范围内探讨和研究的共同话题。由此，特殊医学用途配方食品（以下简称特医食品）应运而生。

一、特殊医学用途配方食品的概念和背景

特殊医学用途配方食品（food for special medical purpose，FSMP）是为了满足进食受限、消化吸收障碍、代谢紊乱或特定疾病状态下人群对营养素或膳食的特殊需要，专门加工配制而成的配方食品，需要在医生或临床营养师的指导下使用。

从全球范围来看，特医食品经历了由“药品”向“食品”的过渡。20 世纪 60 年代，FSMP 开始进入我国，目前在我国已经有几十年的使用历史。20 世纪 80 年代开始按照药品进行注册管理，但其实质是食品，主要为患者提供营养支持作用，因此按照药物注册的许多要求无法满足，致使国外已经有很长使用历史并且使用效果良好的产品无法服务我国消费者。而国内产品面临没有标准无法监管和生产的问题，极大地限制了该类产品的发展。为了满足国内临床营养的需求，指导和规范我国特殊医学用途配方食品的生产和使用，保障产品适用人群的营养需求

和食用安全。2010年由卫生部发布GB 25596—2010《食品安全国家标准　特殊医学用途婴儿配方食品通则》，2013年由国家卫生和计划生育委员会发布GB 29922—2013《食品安全国家标准　特殊医学用途配方食品通则》和GB 29923—2013《食品安全国家标准　特殊医学用途配方食品良好生产规范》等食品安全国家标准，形成了覆盖所有年龄组和不同疾病情况，并配以产品生产规范的一套完整的特殊医学用途配方食品标准，为特殊医学用途配方食品的规范生产奠定了坚实的基础。

国务院食品安全委员会于2014年7月召开专题会议，明确特医食品按照食品管理。2015年4月，修订的《中华人民共和国食品安全法》（以下简称《食品安全法》）进一步明确“国家对保健食品、特殊医学用途配方食品和婴幼儿配方食品等特殊食品实行严格监督管理”“特殊医学用途配方食品应当经国务院食品药品监督管理部门注册”。

为贯彻落实《食品安全法》，规范特殊医学用途配方食品注册方式，2016年3月7日，原国家食品药品监督管理总局发布《特殊医学用途配方食品注册管理办法》（以下简称《办法》），《办法》规定申请特定全营养配方食品注册，需要进行临床试验，并提交临床试验报告。继《办法》发布以后，原国家食品药品监督管理总局陆续发布《特殊医学用途配方食品临床试验质量管理规范（试行）》等6个《办法》配套文件，并开展特医食品的注册工作。

二、国际和各国特殊医学用途配方食品标准情况

目前许多国家和组织已经制定了针对特殊医学用途配方食品的法规和标准，如国际食品法典委员会（Codex Alimentarius Commission，CAC）、欧盟、美国、澳大利亚和新西兰等，且这类产品在过去30年内在世界各国的应用越来越广泛。

（一）国际食品法典委员会（CAC）

CAC于1981年发布了CODEX STAN 72—1981《婴儿配方及特殊医用婴儿配方食品标准》，该标准B部分专门针对特殊医学用途婴儿配方食品，规定其营养成分应以正常婴儿配方食品的要求为基础，根据疾病情况进行调整；另外，CAC于1991年发布了CODEX STAN 180—1991《特殊医学用途配方食品标签和声称法典标准》，对特殊医学用途配方食品的定义、标签要求进行了详细规定。在CAC标准基础上，主要发达国家纷纷制定或发布了对于特殊医学用途配方食品的相关法规，用于指导本国的生产、销售和监督。

（二）欧盟

1999年，欧盟正式颁布了COMMISSION DIRECTIVE 1999/21/EC《特殊医学用途食品指令》（Dietary Foods For Special Medical Purpose），该指令中直接采用了CAC对这类产品的定义，并将产品分为全营养配方、特定全营养配方和非全营养配方食品。标签标识方面，欧盟也直接采纳了CAC的规定。各成员国在欧盟指令的基础上制定本国的相应规定。

（三）美国

美国食品与药物管理局（FDA）1988年出台了特殊医学用途配方食品生产和监管的指导原则，包括生产、抽样、检验和判定等多项规定。

（四）澳大利亚和新西兰

2012年6月，澳大利亚和新西兰食品管理局发布了“特殊医学目的用食品”标准，于2014

年6月正式实施，该标准主要规定了特殊医学用途配方食品的定义、销售、营养素含量、标签标识四部分内容。

三、 特殊医学用途配方食品的作用

根据我国标准体系，特殊医学用途配方食品属于特殊膳食用食品。当目标人群无法进食普通膳食或无法用日常膳食满足其营养需求时，特殊医学用途配方食品可以作为一种营养补充品，起到营养支持作用。针对不同疾病的特异性代谢状态，特殊医学用途配方食品对相应的营养素含量提出了特别规定，能更好地适应特定疾病状态或疾病某一阶段的营养需求，为患者提供有针对性的营养支持。该类产品必须在医生或临床营养师指导下，单独食用或与其他食品配合食用。

大量研究证明，特殊医学用途配方食品可以维护和改善患者的营养状态，有效地降低医疗成本，提高康复速率，减少营养不良导致的并发症和住院率。

四、 特殊医学用途配方食品的分类

我国的特殊医学用途配方食品主要分为适用于0至12月龄的特殊医学用途婴儿配方食品和适用于1岁以上人群的特殊医学用途配方食品。

（一）特殊医学用途婴儿配方食品

我国每年新出生婴儿约1600万名，其中部分婴儿由于各种疾病影响，不能用母乳或普通婴儿配方食品喂养。特殊医学用途婴儿配方食品是这部分婴儿生命早期或出生后相当长时间内赖以生存的唯一或主要食物来源。

特殊医学用途婴儿配方食品是指针对患有特殊紊乱、疾病或医疗状况等特殊医学状况婴儿的营养需求而设计制成的粉状或液态配方食品。在医生或临床营养师的指导下，单独食用或与其他食物配合食用时，其能量和营养成分能够满足0~6月龄特殊医学状况婴儿的生长发育需求。常见的6类特殊医学用途婴儿配方食品见表7-8。

表7-8　常见的6类特殊医学用途婴儿配方食品

产品类别	适用的特殊医学状况	配方主要技术要求
无乳糖配方或低乳糖配方	乳糖不耐受婴儿	配方中以其他碳水化合物完全或部分代替乳糖； 配方中蛋白质由乳蛋白提供
乳蛋白部分水解配方	乳蛋白过敏高风险婴儿	乳蛋白经加工分解成小分子乳蛋白、寡肽和氨基酸； 配方中可用其他碳水化合物（不能使用果糖）完全或部分代替乳糖
乳蛋白深度水解配方或氨基酸配方	食物蛋白过敏婴儿	配方中不含食物蛋白质； 所使用的氨基酸来源符合国家标准规定； 可适当调整某些矿物质和维生素的含量

续表

产品类别	适用的特殊医学状况	配方主要技术要求
早产/低出生体重婴儿配方	早产/低出生体重儿	能量、蛋白质及某些矿物质和维生素的含量应高于足月儿配方食品； 早产/低体重婴儿配方应采用容易消化吸收的中链脂肪作为脂肪的部分来源，但中链脂肪不应超过总脂肪的 40%
母乳营养补充剂	早产/低出生体重儿	可选择性地添加国家标准中的必需成分和可选择性成分，其含量可依据早产/低出生体重儿的营养需求及公认的母乳数据进行适当调整，与母乳配合使用可满足早产/低出生体重儿的生长发育需求
氨基酸代谢障碍配方	氨基酸代谢障碍婴儿	不含或仅含有少量与代谢障碍有关的氨基酸，其他的氨基酸组成和含量可根据氨基酸代谢障碍做适当调整； 所使用的氨基酸来源应符合国家标准的规定； 可适当调整某些矿物质和维生素的含量

（二）特殊医学用途配方食品

借鉴国际食品法典委员会和欧盟对该类产品的分类，根据不同临床需求和适用人群，将特殊医学用途配方食品分为 3 个类别：全营养配方食品、特定全营养配方食品和非全营养配方食品。

第一类，全营养配方食品适用于需对营养素进行全面补充且对特定营养素没有特别要求的人群。

第二类，特定全营养配方食品是在相应年龄段全营养配方食品的基础上，依据特定疾病的病理生理变化而对部分营养素进行适当调整的一类食品，单独食用时即可满足目标人群的营养需求。符合特定全营养配方食品技术要求的产品，可有针对性地适应不同疾病的特异性代谢状态，更好地起到营养支持作用。特定全营养配方食品的适用人群一般指单纯患有某一特定疾病且无并发症或合并其他疾病的人群。对于伴随其他疾病或并发症的患者，均应由医生或临床营养师根据患者情况决定是否可以选用此类食品。根据国内外的科学证据、我国疾病现状和临床需求、国内外产品使用经验进行了分类，常见的有 13 种，目前科学证据充分、应用历史较长的特定全营养素配方食品有 8 种。

1. 糖尿病患者全营养配方食品

糖尿病患者由于遗传、环境等因素原因引发碳水化合物、蛋白质、脂肪、水和电解质等一系列代谢紊乱。针对上述情况，可采用的配方设计有以下几点：低血糖指数 GI≤55，目前上市的糖尿病专用配方多在 40 以下；“缓释型”碳水化合物；碳水化合物与脂肪有一定比例：用多不饱和脂肪酸代替以适当降低碳水化合物水平；适当添加铬；适当添加可溶性膳食纤维。

2. 慢性阻塞性肺疾病患者全营养配方食品

慢性阻塞性肺疾病（COPD）是呼吸系统疾病的一种，为减少肺二氧化碳潴留、降低呼吸性酸中毒危险，患者需要适当的营养支持，并需要适量添加中链甘油三酯（MCT）以减轻胃肠负担。可采用的配方设计有适当提高脂肪水平；添加迅速供能的中链脂肪酸。

3. 肾病患者全营养配方食品

肾病患者用全营养配方食品适用于成人慢性肾脏病（CKD）患者，配方根据透析或非透析慢性肾脏病患者对营养素的不同需求，通过调整蛋白质及电解质水平，以满足其营养需要。可采用的配方设计有：对于慢性肾脏病（非透析）患者应采用高能量、低蛋白、低盐、低磷的配方（表7-9）；对于透析治疗的患者应采用低磷，优质蛋白质“少而精”，适当提高钙、铁、维生素D，控制钾、钠、磷含量的配方（表7-10）。

表7-9　　非透析慢性肾脏病患者用全营养配方食品营养素调节的范围　　单位：mg

营养素	每100kJ 能量		每100kJ 能量	
	最小值	最大值	最小值	最大值
钾	5	32	20	133
钠	5	40	20	168
磷	3.3	16.0	14.0	67.0
镁	1.0	6.0	4.0	25.0
钙	87	30	30	127
维生素A/μg RE	N.S.	53.8	N.S.	225.0

注：N.S. 为没有特别说明。

表7-10　　透析慢性肾脏病患者用全营养配方食品营养素调节的范围　　单位：mg

营养素	每100kJ 能量		每100kJ 能量	
	最小值	最大值	最小值	最大值
钾	10	64	41	267
钠	7	40	30	168
磷	6.0	16.0	26.0	68.0
镁	1.8	N.S.	7.5	N.S.
钙	8	32	35	133
维生素A/μg RE	N.S.	53.8	N.S.	225.0

注：N.S. 为没有特别说明。

4. 肿瘤患者全营养配方食品

“恶病质”是一种以脂肪和瘦肉组织丢失为特征的进行性营养恶化，主要表现为厌食、进行性体重下降、贫血、低蛋白血症。为改善营养不良，降低并发症，提高抗肿瘤治疗顺应性，改善生活质量，可采用的配方设计为：适当提高热量密度和蛋白质水平；添加免疫营养素如精氨酸、核苷酸、EPA（鱼油）、谷氨酰胺；添加亮氨酸以维护肌肉。

5. 炎性肠病患者全营养配方食品

溃疡性结肠炎不同于克罗恩病，溃疡性结肠炎主要表现为腹泻、吸收障碍、进行性体重下降、低蛋白血症。可采用的配方设计为：多采用水解蛋白（短肽、氨基酸），在脂肪中提高中链甘油三酯（MCT）并适量增加水溶性纤维素。

6. 食物蛋白质过敏患者全营养配方食品

该类配方食品作为GB 25596—2010《食品安全国家标准　特殊医学用途婴儿配方食品通则》中适用于食物蛋白质过敏婴儿的配方食品的一个延续，适用于1岁以上的食物蛋白质过敏患者。此类食品的配方应为食物蛋白质深度水解配方或氨基酸配方，即采用一定的工艺将引起过敏反应的食物蛋白质水解成短肽和游离氨基酸，或者直接采用单体氨基酸代替蛋白质。其所使用的氨基酸来源应符合GB 14880—2012《食品安全国家标准　食品营养强化剂使用标准》的规定。

7. 难治性癫痫患者全营养配方食品

生酮饮食是难治性癫痫病人的主要营养支持途径。该类全营养配方食品采用高脂肪、低碳水化合物和适量蛋白质的配方（即生酮饮食配方），在提供营养的同时为大脑提供必要的能量，缓解癫痫的发作。难治性癫痫患者用全营养配方食品中脂肪与（蛋白质+碳水化合物）的质量比范围应在（3~5）：1。

8. 肥胖、减脂手术患者全营养配方食品

肥胖、减脂手术患者由于代谢紊乱易导致蛋白质和微量营养素摄入不足，该类特定全营养配方食品的特点是在提供较低能量的同时可以保证充足的蛋白质和微量营养素（维生素、矿物质等）的供应，适用于肥胖、减脂手术患者。其产品配方应满足如下技术要求：根据产品使用说明，每日摄入的能量为2.5~5.0MJ（600~1200kcal）；为保证蛋白质和微量营养素的摄入，每419kJ（100kcal）产品中应适当增加某些营养的含量。

另外5种特定全营养配方食品证据尚不充分，有待继续完善，包括肝病患者全营养配方食品，肌肉衰减综合征患者全营养配方食品，创伤、感染、手术及其他应激状态患者全营养配方食品，胃肠道吸收障碍、胰腺炎患者全营养配方食品，脂肪酸代谢异常患者全营养配方食品。

第三类，非全营养配方食品则适用于需要补充单一或部分营养素的人群。按照其产品组成特征，主要包括了营养素（蛋白质、脂肪、碳水化合物）、电解质配方、增稠剂、流质配方、氨基酸代谢障碍配方食品。

五、 特殊医学用途配方食品的实施流程

（一）营养筛查与评估

2002年，ESPEN发表了基于128个随机对照研究的营养筛查工具——“营养风险筛查2002”（Nutritional Risk Screening 2002，NRS2002），已被ESPEN和中华医学会肠外肠内营养分会（CSPEN）推荐为住院患者营养风险筛查的首选工具。90岁以下的成人均可采用NRS2002进行营养风险筛查：若NRS2002评分≥3分，制定营养支持计划，或进入营养评估、营养干预的程序；若评分<3分，则每周复筛。针对老年人，也可考虑用微型营养评定简表（short-form mini-nutritional assessment，MNA-SF）进行营养风险筛查。

营养评估应综合膳食调查、体格检查、实验室检查，以及营养评估量表等进行综合评价。对于存在营养风险或能量-蛋白质缺乏型营养不良的患者进行下一步营养干预。

（二）营养支持目标的确定及特殊医学用途配方食品的使用

对于存在营养风险或营养不良的患者，结合患者的疾病状态，确定营养需要量。首先，应

给予患者饮食咨询和建议，若是仍存在摄入不足，再给予补充性经口摄入特殊医学用途配方食品。根据患者的膳食及疾病情况，选择适宜的特殊医学用途配方食品。研究发现，每天通过口服营养补充提供的能量大于 1.7~2.5MJ（400~600kcal）才能更好地发挥口服营养补充的作用。

第四节　健康快餐

“快餐”一词源于英文“fast food”，是指由商业机构分销的可即刻食用的食品。在现代社会，快餐作为一种新型的生活饮食观念和现代服务方式的商品已深入到世界餐饮市场的每个角落，快餐的出现是社会经济发展到一定阶段、社会生活节奏加快的重要标志。在我国，快餐从20世纪80年代后期起步以来，得到了快速发展。目前，快餐业市场形成了海内外、高中低、传统与现代并存，互为补充、互相竞争、共同发展的市场格局，已成为现代餐饮业市场不可分割的重要组成部分。

一、快餐的概念

（一）快餐几个相关概念的比较

美国是现代新型快餐店的发源地，快餐业作为社会经济高速发展阶段的产物，在不同的发展阶段，其理解和解释不同，快餐（fast food）、方便食品（convenience food）、零食、休闲食品（snack 或 snack food）、速溶食品（instant food），它们的中文释义虽然都有“快速”“方便”食品的含义，但内容却有实质上的区别。

1. 快餐

快餐是指由商业机构分销的可即刻食用的食品。其特征是在点餐和供餐间只需很短的等候时间或无须等候。其产品不易储存，一般在较短时间内必须售出。

2. 方便食品

方便食品是指部分或完全的预制食品。由生产厂合成加工或由零售处熟制。由于方便食品是由生产厂的预加工过程来代替家庭厨房中的食品预处理，对于家庭，其优点是便捷性，对于大型供应机构而言节省了人力。产品清洁卫生，易于储存，其中部分品种可作为快餐原材料，只需简单烹调加工处理，即可作为快餐出售。

3. 零售、休闲食品

零食、休闲食品是指即食的，用来缓解暂时饥饿需要，介于三餐之间的食品，如点心、饼干、糖果以及以乳类、肉类、水果、马铃薯等为原料的加工食品。产品易于储存，其中部分品种可作为快餐的配餐用料，它虽不能作为完整的一餐，但可以调节口味、丰富饮食。

4. 速溶食品

速溶食品是指一种商业产品，通过脱水、精碾、细压和研磨等制备过程而形成的预混合、预烹调食品。这类产品有速溶咖啡、速溶乳制品、淀粉速溶食品等。产品易于储存，其中部分品种可作为快餐饮品。

（二）现代中式快餐的概念

《中国快餐业发展纲要》对快餐作出以下定义："快餐"是为消费者提供日常基本生活需求服务的大众化餐饮，其具有制售快捷、食用便利、质量标准、营养均衡、服务简便、价格低廉的特点；快餐经营主要采取店堂加工销售和集中生产加工、现场出售或送餐服务等形式。快餐企业既包括以标准化、工厂化和连锁经营为主要特征的现代快餐企业，也包括以手工操作、现场加工和单店经营的传统快餐企业。

二、快餐的分类

快餐作为满足人们日常基本生活需求的大众化餐饮，从供求关系的层面上看包括生产者和消费者两个方面。生产者即指快餐企业或快餐经营者；消费者即指消费市场或消费人群。

从生产者供给方面来看有：按生产经营方式，可分为以手工操作、现场加工和单店经营为主的传统快餐和以标准化、工厂化和连锁经营为主要特征的现代化快餐；按品种形式，可分为单一品种快餐和组合品种（套餐）快餐；按配送方式，又可分为本企业集中配送连锁直销式的快餐企业，外企业供应商配送连锁销售式快餐企业，本（外）企业集中生产配送、分散销售式快餐企业。

从消费者需求方面来看有：按市场风格，可分为中式快餐（传统快餐、机械化快餐）、西式快餐、中西合璧式快餐；按消费者流动性，可分为流动人群的快餐消费、固定人群的快餐消费、流动和固定人群两者兼有的快餐消费；按消费人群，又可分为休闲和家庭快餐、差旅快餐、职工快餐和学生快餐。快餐分类方法见表 7-11。

表 7-11 快餐的分类

分类方法		类型
生产者	生产经营方式	传统快餐、现代快餐
	品种形式	单一品种快餐、组合品种（套餐）快餐
	配送方式	本企业集中配送连锁直销式、外企业供应商配送连锁直销式、本（外）企业集中生产配送分散销售式
消费者	市场风格	中式快餐、西式快餐、中西合璧式快餐
	消费者流动性	流动人群、固定人群、流动和固定人群两者兼有的
	消费人群	休闲和家庭快餐、差旅快餐、职工快餐、学生快餐

三、健康快餐的营养合理搭配要求

（一）平衡膳食

平衡膳食模式，指一段时间内膳食组成中的食物种类和比例可以最大限度地满足不同年龄、不同能量水平的健康人群的营养和健康需求。其特点主要包括以下几方面。

1. 食物多样化

食物多样化是平衡膳食模式的基本原则。不同食物中的营养素及有益膳食成分的种类和含量不同。除 6 月龄内婴儿的母乳外，没有任何一种食物可以满足人体所需的能量和全部营养素。

因此，只有多种食物组成的膳食才能满足人体对能量和各种营养素的需要。多样化的食物应当包括以下几类：

第一类为主食，即谷薯类。是人体最经济的能量来源。谷类包括米面、全谷物和杂豆，薯类包括马铃薯、甘薯、芋头等，主要提供碳水化合物、蛋白质、膳食纤维以及B族维生素。薯类食物的营养价值介于蔬菜和粮食之间，其含有维生素C和丰富的钾，替代部分谷类作为主食是有益于营养平衡。

第二类为动物性食物。包括鱼类、禽类、肉类、蛋类、乳类及乳制品，主要提供优质蛋白质、脂肪、矿物质、脂溶性维生素和B族维生素。

第三类为豆类及豆制品。主要提供蛋白质、脂肪、膳食纤维、矿物质和B族维生素。

第四类为蔬菜水果类，包括鲜豆类、根茎、叶类、茄果类等，主要提供膳食纤维、矿物质、维生素C和胡萝卜素，还能提供多种有益的植物化学物质。

2. 植物性食物为主

谷薯类提供能量占总能量的50%左右，是能量的主要来源。目前我国广泛食用的主食为精白大米和精白面粉，稻米和小麦被研磨得太精，所含维生素、矿物质和膳食纤维流失严重。同时，碾磨得过细的粮食血糖反应较高，不利于控制血糖。经常吃一些杂粮杂豆、薯类替代精白米面等作为主食，可以得到更多的维生素、矿物质、膳食纤维和植物化学物质，并有利于预防肥胖和多种慢性疾病。

新鲜蔬菜水果是平衡膳食不可或缺的组成部分。大量食用蔬菜，特别是绿叶蔬菜，也是我国传统膳食的重要特点之一。蔬菜水果能量低，是维生素、矿物质、膳食纤维和植物化学物质的重要来源。在蔬菜中，以深绿色蔬菜营养价值最高。富含蔬菜、水果的膳食，能帮助人们保持身体健康，维持肠道正常功能，提高免疫力，降低肥胖、糖尿病、高脂血症、高血压、癌症等疾病风险。

大豆含有丰富的优质蛋白质、必需脂肪酸、B族维生素和膳食纤维，且含有磷脂、低聚糖，以及异黄酮、植物甾醇等多种植物化学物质。豆腐中钙含量较高，多吃豆制品对于乳类摄入较少的人群来说，是一个重要的膳食补钙途径。增加豆制品摄入，既能提高素食者和低收入者的蛋白质摄入量，又能预防富裕居民过多消费肉类对血脂控制和癌症预防等带来的不利影响。

3. 动物性食物为辅

动物性食物所占比例应较小，属于辅助性食物。动物性食物摄入应适量，既保障优质蛋白质摄入，并且弥补植物性食物中的脂溶性维生素、维生素B_{12}、锌、硒等微量营养素的不足；又可预防因动物性食物摄入过多所导致的心脑血管疾病以及某些癌症发生风险的增加。

目前我国城市居民的肉类摄入总量已达到较高水平，尤其是猪肉摄入量过多。适当摄入鱼类、禽类、蛋类，有利于改善营养平衡，《中国居民膳食指南（2022）》强调，每周至少摄入2次水产品。

在动物性食物中，乳类食品具有重要的地位，乳类不仅容易消化吸收，能提供优质蛋白质，而且富含我国居民膳食中普遍供应不足的钙、维生素B_2和维生素A等营养素。从乳类摄取钙的利用率较高，数量较大，且十分方便。

4. 少油盐糖

脂肪是人体能量的重要来源之一，也是必需脂肪酸的来源。膳食中含有适量脂肪有利于脂溶性维生素的消化吸收。但是，随着生活水平的提高，我国居民摄入脂肪过多，是引起肥胖、高血脂、动脉粥样硬化等多种慢性疾病的危险因素之一。

盐过多则与高血压的高发有密切关系。除了盐，还有酱油、鸡精、味精、腐乳等，都是钠的主要膳食来源。在膳食中控盐的同时也应将它们纳入控制范围。其中发酵调味品含有较多的B族维生素，并含有一定量的蛋白质和矿物质，用于替代盐来调味有一定的营养价值。

糖包括白砂糖、绵白糖、红糖、玉米糖浆等，是能量的密集来源，不能提供其他营养素。主要用于生产加工食品如饮料、果汁、甜点和糖果等。甜味剂不含能量，但也没有营养价值。

（二）保持各种营养素之间的合理比例

膳食能量来源分布是评价膳食结构合理性的基本指标。中国居民膳食参考摄入量建议的能量来源：碳水化合物占50%~65%，脂肪占20%~30%（1~3岁为35%），蛋白质占10%~15%。

四、现代快餐常见问题

（一）食物种类较简单，搭配欠均衡

按照食物多样化的原则，每日食物原料的品种越多越好，《中国居民膳食指南（2022）》推荐每日摄入12种以上食物，这里所说的12种不包括使用量非常少的各种香辛料和油盐酱醋，也不包括糖和淀粉。目前，市面上大部分快餐使用的原材料多选择易于储存的品种，且较为单一。只注重肉类、谷类、油脂类的供应，缺乏富含维生素、膳食纤维、矿物质的蔬菜、水果、全谷物和薯类。所以长期食用此类快餐易导致营养素缺乏。

（二）热量供应过量

快餐在烹调方式上多选择煎炸方法，且炒菜油脂用量较大；主食选择上，以精白米面为主，且为了满足能量需求，主食分量较充足。若是选择套餐，可能还会搭配一杯含糖饮料。这种高脂高糖的膳食结构，很轻易地超过我们每日所需的能量，增加肥胖症、高脂血症、心脑血管疾病、糖尿病等慢性疾病的风险。

（三）盐分供应过量

食盐是食物烹饪或加工食品的主要调味品。我国居民食盐摄入量过多，平均值是世界卫生组织建议量的2倍以上。为迎合大众口味，大部分快餐中的钠含量都较高，而过多的盐摄入与高血压、胃癌和脑卒中有关。

五、科学选择

面对市面上琳琅满目的快餐，该如何选择？最重要的是要有平衡膳食的意识。

（一）合理的搭配

作为一餐，它需要提供一天约1/3的营养物质，其中要有富含淀粉的主食、蔬菜、富含蛋白质的肉蛋乳和（或）豆制品。尽可能选择添加了部分全谷物、杂豆或薯类、蔬菜分量有保证的快餐。

（二）合理的烹调方式

对食物进行任何处理都会影响其营养成分和保健效果，因此，烹调方式应在保证食品安全性的基础上尽量简单。

1. 主食的烹调方式

主食尽量清淡，少加油和盐，避免一日中的脂肪和盐摄入量过多。尽量不要选择煎炸食

品。深度煎炸会大幅度提高食物的能量密度，提高脂肪供能比例，破坏必需脂肪酸和B族维生素。煎炸高温中会产生反式脂肪酸，还会产生丙烯酰胺、苯并芘等有毒物质，不利于食品安全性。

2. 菜肴的烹调方式

选择少油的烹调方法。动物性食品，多选择清蒸、炖煮、不加油的烤制等制成的；植物性食品，可多选择凉拌、白灼、清炒、蒸煮等烹调方法制成的。动物性食品加热时间和温度应充足，以便杀死寄生虫和致病菌。

（三）合理选择饮品

饮品的选择不同，可能会对营养平衡造成影响。特别是甜饮料中含有一定量的糖分，大量摄入会造成能量超标，妨碍营养平衡和体重控制。经常饮用含糖饮料不利于健康。汤类要节制，避免摄入过多油盐，饮用时可将表面的油脂去除。

水分的补充，优先选择白开水、淡茶、花果茶等。乳制品和纯果汁中含有一定量的营养素和有益膳食成分，可适量选择。

第五节 植物肉与大豆蛋白

肉食是人类膳食重要的组成部分，然而有些人由于信仰或观念的不同选择素食。近些年也有诸多研究表明，肉类摄入量尤其是红肉摄入量与心血管疾病、癌症、肾病等慢性病的发病率呈正相关，有些人也因为健康的追求选择了素食。那么具有肉类口感及类似营养的植物肉就有很大的市场和发展空间。

一、 定义

以植物蛋白经过一定加工而制成的，具有和动物肉制品相似的口感、风味、质构等性质的食品称为植物肉。常见的植物肉是由大豆蛋白合成的，当然也有其他植物蛋白的应用，包括豌豆蛋白、花生蛋白等都可以通过加工成为植物肉。但由于大豆蛋白具有代表性，研究较多，所以本节内容主要围绕大豆蛋白展开。

二、 大豆蛋白

大豆蛋白是植物完全蛋白质，而且具有少脂肪、低胆固醇、低成本等特点。而且大豆蛋白价格低廉、异味较小、营养价值高、特性优良、加入肉制品可以提高质量等优点使得大豆蛋白广泛应用在肉制品中。

大豆蛋白根据蛋白质含量的不同分为大豆分离蛋白（soy protein isolated ，SPI）（蛋白质含量90%以上）、大豆浓缩蛋白（soy protein concentrate，SPC）（蛋白质含量65%以上）、大豆组织蛋白（textured soy protein，TSP）（蛋白质含量50%左右）、大豆全粉（soya bean meal，SBM）（蛋白质含量30%左右）等几种。不同的大豆蛋白具有不同的加工功能特性，可应用于不同的产品。

（一）大豆蛋白特性

1. 乳化性

大豆蛋白是典型的表面活性剂，在实际应用中则表现为乳化性质，这是大豆蛋白最基本的性质之一。它能降低水和油的表面张力，形成稳定乳浊液。乳化的油滴可被其表面的蛋白质所保护，构成稳定的乳化结构。在肉类产品中，大豆蛋白的乳化性提高了脂肪的稳定性，使产品质量提高，出品率提高。

2. 凝胶性

大豆蛋白的分离物通过加热、渗析等处理可形成网状凝胶结构。当加热温度超过60℃时，黏度急剧上升，加热至80~90℃时冷却，就会形成光滑的凝胶结构。这种特性，使大豆蛋白进入肉的组织时会改善肉的口感，对提高肉制品品质有很大的作用。蛋白质含量越高，越容易产生韧性强、弹性好的凝胶。此外，大豆11S球蛋白含量高制成的是硬质凝胶，当蛋白质含量低于70%则只能制成软质凝胶。大豆蛋白凝胶性质是其本身具有优良的黏度、可塑性与弹性。大豆分离蛋白蛋白质含量一般为50%，所以若要制备出凝胶强度更高的凝胶，则需大豆浓缩蛋白。

3. 发泡性

大豆蛋白在处理加工过程中体积的增加为发泡性。由于空气比油滴具有更强的疏水性，使蛋白质在气泡表面形成了薄膜。显然蛋白质的亲水性和疏水性、柔软性和坚固结构对蛋白质发泡能力和形成泡沫的稳定性起着重要作用。发泡性要求蛋白质分子快速进入内表面并可以迅速均匀分布，利用这种性质可以给予加工食品疏松的结构，达到酥松多孔的口感。增强发泡性可采用降解剂，聚合度越低，发泡性越强。在肉制品加工中，大豆蛋白可以形成薄膜保持乳化状态，防止出油现象。

4. 结膜性

大豆蛋白与水适度混合后，然后高压蒸煮，可在表面形成一层薄膜，这层膜是水与含水剂之间的屏障。将分离蛋白与鸡蛋蛋白的混合物涂抹在碎肉纤维表面，形成薄膜，容易烘干，可以防止风味褪去，利于再水化产品维持良好的状态。

（二）大豆蛋白的发展

1. 国外的应用及现状

大豆蛋白产业化的历程在美国已经持续了近百年，从20世纪20年代中期开始，经过进一步研究，美国、日本等国家将大豆蛋白生产应用到了食品加工领域。在当代，随着现代工艺的发展和机械化的普及，大豆蛋白及其相应的再加工产品几乎遍及食品的每个领域。由于大多数人摄入过多大豆蛋白易过敏，且为了防止掺假，对于大豆蛋白添加食品有了更严格的要求。政府立法明确大豆蛋白质添加标准、配料表标注规则甚至为某些食品制定了最高添加量。

美国对于香肠中大豆全粉和大豆浓缩蛋白添加量要求不能超过3.5%，大豆分离蛋白添加量不能超过2%；牛肉饼和肉丸中大豆全粉、大豆浓缩蛋白和大豆分离蛋白添加量不能超过12%。在色拉米香肠中，许多国家对大豆蛋白的添加量进行了严格的限制，西班牙要求大豆蛋白添加量小于1%；法国食品法律要求其添加量小于2%。日本在食品生产加工技术领域不亚于美国，尤其是在大豆蛋白纤维、低温脱脂豆粕等方面的生产和应用。

2. 我国的情况及机遇

我国大豆蛋白生产和应用较前几年有了很大的提高。之前，我国主要是以大豆为原料的初级产品，而现在各种深加工产品的出现，增加了大豆蛋白应用的可能性。在应用方面，主要在乳化型香肠、大豆饮料、肉丸及肉馅等产品上，目前也有大豆蛋白应用到冰淇淋等乳制品中。在生产方面，我国起步较晚，大豆蛋白的生产并未充分发挥。然而，当前我国已成为了世界上最大的大豆消费国和进口国，近年来进口大豆的数量一度超过 9000 万 t。大豆的大量使用，也促进了大豆蛋白在食品中的应用。

3. 大豆蛋白的营养价值

大豆蛋白作为优质的植物蛋白质，蛋白质含量极高，营养成分均衡，富含人体必需的 8 种氨基酸，在机体内的消化利用率高，适当添加可提高食品的蛋白功效比值。大豆蛋白中的异黄酮活性物质，有助于降低胆固醇。

临床研究表明大豆蛋白有如下保健功能：①显著降低胆固醇；②脂质、亚油酸的含量极为丰富，防止心血管疾病；③清除血液中多余的卵磷脂。添加大豆蛋白的食品适合不同年龄段的人群，对高胆固醇、肥胖症、心脏病、高血压等患者更是一类帮助恢复身体机能的食品。

（三）肉品中加入大豆蛋白质的作用

1. 口感以及产品质量需求

肉制品中不仅要加入动物素肉还会为了口感适宜加入高脂肪配料，例如鸡皮和肥膘。但是肉制品会由于高脂肪含量，导致流油现象。大豆蛋白具有很强的乳化性，可以防止出油现象，提高产品质量、出品率。

2. 健康需求

专家认为低脂肉制品更健康，而且会成为肉制品的新趋势。因为脂肪对肉制品的多汁、口感、结构都有着重要作用，所以肉制品中还会加入脂肪原料。为了达到低脂又要保持口感，为其中加入脂肪替代品，比如蛋清粉、大豆蛋白等。

3. 成本低

由于大豆蛋白比动物蛋白价格更低廉，对于肉制品而言制作成本低且健康。

（四）各类大豆蛋白的加工工艺

1. 大豆组织蛋白

（1）挤压法　以脱脂大豆为原料，用挤压机形成的剪切力进行组织化。此法生产的蛋白质，也称挤压蛋白，可用作人造肉的基料或肉制品的增量。榨油后的豆饼用机械磨粉碎，磨成豆粉，混合不同比例的辅料，充分搅拌混合均匀。拌好的原料放入植物蛋白肉膨化机，加压加热使豆粉团熟透，压制为人造肉带条。产品质量取决于机械的温度。最后进行干燥、包装处理。

（2）纺织法　以大豆蛋白为原料，采用类似人造丝的制造工艺，制成的大豆蛋白丝状纤维，称为纺丝蛋白。可用作高级仿肉制品的肌纤维材料。此种方法尚未大规模工业化生产。

2. 大豆浓缩蛋白

大豆浓缩蛋白是指以大豆为原料，经过粉碎、去皮、浸提、分离、洗涤、干燥等加工工艺，去除大豆中的油脂、低分子可溶性非蛋白质组分（主要是可溶性糖、灰分、醇溶蛋白质和各种气味物质等）后，所制得的含有 70%（干基）以上蛋白质的大豆蛋白产品。

（1）湿热浸提法　湿热浸提法提取出的大豆浓缩蛋白风味、色泽和功能性质差已被淘汰。

（2）稀酸沉淀法　利用豆粕粉浸出液在等电点（pH 4.3~4.5）状态，蛋白质溶解度最低的原理，用离心法将不溶性蛋白质、多糖与可溶性碳水化合物、低分子蛋白质分开，然后中和浓缩并进行干燥脱水，即得浓缩蛋白粉。

（3）醇法　利用乙醇体积分数为60%~65%时可溶性蛋白质溶解度最低的原理，将乙醇与低温脱溶粕混合，洗涤粕中的可溶性糖类、灰分和醇溶蛋白质等。再过滤分离出醇溶液，并回收乙醇和糖，浆液经干燥后得到浓缩蛋白粉。目前还有对此法改进，利用改性醇溶法来完成生产。色泽与风味较好，蛋白质损失少，但其中留有乙醇，这种方法目前研究较多，可有待提高。

（4）超滤法　超滤法是一种新方法，其生产的大豆浓缩蛋白产品功能特性好，蛋白质得率较高，但产品无法干燥处理。

（5）膜分离法　膜分离法是用超滤膜脱糖获得浓缩蛋白，反渗透膜脱水回收水溶性低分子蛋白质与糖类，生产中不需要废水处理工程，产品氮溶指数（NS）高。

3. 大豆分离蛋白

从脱脂大豆粕中提取的一种粉状，粒状或纤维状产品。大豆分离蛋白的提取率约为78%。主要提取的是7S、11S和15S具有4级结构的球蛋白。

碱溶酸沉法提取工艺流程如下：

低温脱脂豆粕→混合精细均质泵→过筛→加水→调pH碱萃取（氢氧化钠）→离心分离取上清液→加酸沉淀→离心分离→取蛋白凝聚物（凝乳）→水洗→中和pH→杀菌→喷雾干燥

（五）不同大豆蛋白的特性应用

大豆分离蛋白和浓缩蛋白主要应用在乳化型香肠、注射型肉制品中。大豆分离蛋白和浓缩蛋白用在注射型肉制品时，可以用来提高产品口感、出品率等。大豆浓缩蛋白中棉子糖和水苏糖等寡聚糖含量比大豆分离蛋白高。人体缺乏棉子糖与水苏糖的消化酶，不能被消化、吸收，棉子糖与水苏糖在肠内经细菌发酵产生气体，从而易导致胀气。在肉丸和饺子馅加工中，通常使用组织蛋白。在肉丸与饺子馅中充当素肉且无异味，在香肠中还可作为黏着剂。大豆全粉由于豆腥味较重，口感不佳，在加工特性方面也不如大豆浓缩蛋白和分离蛋白。

（六）大豆蛋白在肉制品中的鉴定技术

目前关于大豆蛋白在肉制品中的鉴定，还没有成熟的快速检测技术。检测蛋白质含量使用较广泛的方法还是测氮法，但是很难鉴定出动物蛋白与植物蛋白。对于肉制品鉴定的快检技术还需要更为完善的研究。在肉制品中可以采用高效液相色谱-串联质谱（HPLC-MS/MS）实现高灵敏度的同时检测肉制品中的羽扇豆（*Lupinus micranthus* Guss.），豌豆（*Pisum sativum*）和大豆［*Glycine max*（Linn.）Merr.］蛋白。通过选择合适的和特征性的标记肽（8~18个氨基酸），并针对性地优化蛋白质提取和胰蛋白酶消化的条件，每个豆类蛋白质至少使用3个标记肽，每个标记肽具有3个质量转变，可以有效地检测出肉制品中的羽扇豆、豌豆和大豆蛋白含量。

另外，可以利用高光谱成像技术对牛肉糜中大豆分离蛋白进行检测。高光谱成像技术是将光谱技术与成像技术相结合，同时提供光谱和空间信息的新型分析检测技术。该技术具有快速、无损、无污染、可同时检测多个指标等优点，已被广泛研究用于食品质量安全检测方面，如食品成分的检测、新鲜度的检测以及食品产地溯源等。近年来，也被用于食品掺假研究，并且效果良好。通过研究表明，此技术可以与化学计量算法相结合，检测900~1700nm范围内目标物的光谱信息与浓度的关系。通过实验证明此方法可以有效检测，但是由于其易受外界环境影响数据出现偏差，还有待通过建模、数据运算进行完善。

三、 植物肉的发展现状及展望

在国内，主要还是以大豆蛋白为原料进行植物肉的生产。然而，大豆蛋白的提取方法和加工技术这两方面仍然具有挑战，原料的稳定性不高，植物肉的品质还是无法完全媲美肉类。近些年，有些素肉公司加工技术已经达到了相对较高的水平，国内有公司已经可以做出与“东坡肉”的形状、口感、风味都非常相似的植物肉。大豆蛋白会引起某些人产生过敏，经研究发现，蚕豆蛋白可以更好地替代大豆蛋白，且能够比大豆蛋白发挥更好的效应。我国香港特别行政区某家素肉公司还利用了豌豆蛋白、大米等原料做成素肉进行销售。

在国外，主要利用豌豆蛋白为原料，也有以蚕豆、扁豆的蛋白质为原料。由于饮食习惯不同，国外的素肉还会加入大豆血红蛋白来模拟生牛肉中的血红素，使肉制品更加接近动物肉。豌豆蛋白中的活性物质还具有降低胆固醇、降血压的作用，可以作为功能食品开发的重要原料。豌豆蛋白也需要先处理成豌豆分离蛋白，再通过与大豆蛋白类似的加工方式进行应用。

此外，植物肉的调配不光是口感上，还需要将有价值的营养成分也加入才能真正代替肉类。例如可以加入必需脂肪酸的油脂、加入血红蛋白、辅酶 Q10，复合矿物质等，完全模拟甚至是改善肉类的营养组成。

从消费市场来看，中国国内市场对于植物肉的消费还有待提高，主要是由于消费者接受程度较低、产品链也不是很完善。研发团队可以从产品以及针对消费群体出发对这种状况进行改善。在产品方面，可以提高与动物肉的相似程度，比如多汁水、更多纤维口感等，多类蛋白通过相互结合生产植物肉可能效果会更佳。产品所针对消费人群可以集中在素食主义者、健康饮食爱好者群体中。另外，还可以与第三方的食品公司进行合作，比如快餐店的肉饼、包装食品中的部分肉制品。总体来讲，植物肉在国内市场还有很大的发展前景，但还需要进一步完善产业链、产品研发、开拓消费人群、提高大众的接受程度，仍需要更多的努力。

第六节 天然食品中功能因子的开发利用

功能因子，又称功效成分，是指能通过激活酶的活性或其他途径，调节机体生理功能的天然营养成分。功能因子是功能食品中发挥作用的活性成分。正确认识并科学利用功能因子是功能食品研制与开发的关键前提。

一、 天然食品功能因子的分类及生理活性

功能因子种类丰富，根据化合物结构的不同，天然食品功能因子主要包括：活性氨基酸、肽与蛋白质类、活性油脂类、活性碳水化合物类、活性维生素类、活性化学元素类、活性菌类以及其他植物活性成分等。

（一）活性氨基酸、肽与蛋白质的生理功能

活性氨基酸、肽与蛋白质广泛分布于天然食品资源中，具有良好的功能性以及生物活性，在功能性/保健食品、医药、化妆品等领域开发潜力巨大。

1. 活性氨基酸和氨基酸衍生物

目前已经报道的活性氨基酸主要包括赖氨酸、色氨酸、半胱氨酸、甲硫氨酸、*S*–腺苷甲硫氨酸、褪黑素、5–羟基色氨酸、精氨酸、牛磺酸等。活性氨基酸广泛分布于各种动植物食品资源中，功能各异，如抗氧化、促进新陈代谢、促进婴幼儿骨骼发育、抗抑郁、改善睡眠、解毒护肝等。

2. 活性肽

生物活性肽来源广泛、功能多样，是天然食品功能因子领域研究的热点之一。目前研究认为生物活性肽的分子质量在5000Da以下。按照来源不同，活性肽可以分为：动物源活性肽、植物源活性肽和微生物源活性肽。生物活性肽具有降血糖、降血压、降血脂、调节机体免疫力、抗菌和抗氧化等功效。

3. 活性蛋白质

食品中的蛋白质资源丰富，是制备功能保健食品和药物的良好来源。目前已经报道的主要活性蛋白质包括乳铁蛋白、金属硫蛋白、免疫球蛋白、酶蛋白、大豆蛋白、胶原蛋白、超氧化物歧化酶等。活性蛋白质的生理功效包括抗氧化、抗病毒、抗癌、防衰老、增强机体免疫力、降低胆固醇等。

（二）活性油脂的生理功能

活性油脂又称功能性油脂，除作为机体内供能物质和结构物质外，还具有多种生理活性，对维持机体健康具有重要意义。活性油脂种类繁多，目前研究报道比较多的活性油脂包括多不饱和脂肪酸、磷脂、固醇等。

1. 多不饱和脂肪酸

多不饱和脂肪酸是指含有两个或两个以上双键的直链脂肪酸，如亚油酸、亚麻酸、花生四烯酸、二十碳五烯酸、二十二碳六烯酸等。多不饱和脂肪酸具有多种生理活性，例如预防心脑血管疾病、抗癌、抗氧化、促进智力发育、降血糖、抗炎症等。

2. 磷脂

磷脂是构成生物膜的主要成分，对维持人体正常生命活动有着重要的作用。磷脂主要分布于坚果、谷物、植物种子以及动物的脑、肾、肝等器官中，可用于预防心血管疾病、降低血清胆固醇、改善肝功能障碍、促进脂肪及脂溶性维生素的吸收利用等。

3. 固醇

固醇广泛分布于生物体的组织中，按其来源不同，可分为动物固醇和植物甾醇。动物固醇主要是指胆固醇，是构成细胞膜的重要成分，能够促进人体性激素和肾上腺皮质素等的合成。植物甾醇在人体内不能合成，必须从食物中摄取，主要存在于植物油、谷物及坚果中。植物甾醇具有降低胆固醇、预防心脑血管疾病、抗炎、抗癌、抗氧化、免疫调节等多种生理活性。

（三）活性碳水化合物的生理功能

活性碳水化合物除可为机体提供能量外，还具有丰富的生理活性功能，对维持机体健康、

调节机体生理生化反应发挥重要作用。

1. 活性单糖

活性单糖主要包括果糖、L-阿拉伯糖、D-塔格糖、木糖等，存在于水果、蔬菜、发酵乳制品等食物中。研究表明，活性单糖具有降血糖、降血脂、抗氧化、调节肠道菌群等多种生理功能。

2. 活性低聚糖

目前已知的活性低聚糖有1000多种，如低聚果糖、低聚木糖、低聚半乳糖、低聚甘露糖等，主要存在于一些天然植物原料中。低聚糖的功能活性包括降低胆固醇、增强机体免疫力、抗氧化、抗肿瘤、调节肠胃功能、防止便秘等。

3. 活性多糖

天然活性多糖按照来源可分为五类：植物多糖、动物多糖、藻类多糖、真菌多糖和细菌多糖。多糖的功能特性包括抗凝血、抗辐射、抗肿瘤、免疫调节、抗病毒、降血糖、调节血脂等。

（四）活性维生素的生理功能

活性维生素包括脂溶性的维生素A、维生素D、维生素E、维生素K，水溶性的B族维生素和维生素C，是维持人体生命活动必需的一类微量化学成分，谷物、水果、蔬菜、畜产品中均有分布且含量丰富。活性维生素的生理功能包括抗氧化、预防癌症、增强免疫力、促进骨骼发育、抗炎、降低胆固醇等。

（五）活性化学元素的生理功能

活性化学元素包括常量元素和微量元素，如铁、镁、锌、硒、钙等，广泛存在于各种动、植物资源中。活性化学元素的作用和功效包括参与机体代谢过程、参与调节机体内的酸碱度、维持体液渗透压平衡等。

（六）活性菌的生理功能

活性菌是指能调节人体健康的微生物，包括某些双歧杆菌、放线菌、酵母菌、乳酸菌等，主要存在于发酵制品如酸乳中。活性菌可以帮助营养物质消化吸收、改善肠道功能、预防和治疗呼吸道感染等。

（七）其他植物活性成分的生理功能

食用植物资源中的其他活性成分包括皂苷、生物碱、黄酮类、含硫化合物等，涉及的生理功能有抗氧化、抗癌、抗病毒、抑菌、抗辐射、调节血脂、调节血糖、降血压、减肥等。

天然食品功能因子的分类及生理功能见表7-12。

表7-12　天然食品功能因子的分类及生理功能

功能因子	种类划分	生理功能
活性氨基酸、肽与蛋白质	活性氨基酸和氨基酸衍生物	抗氧化、促进新陈代谢、促进婴幼儿骨骼发育、抗抑郁、改善睡眠、解毒护肝等
	活性肽	降血糖、降血压、降血脂、调节机体免疫力、抗菌和抗氧化等
	活性蛋白质	抗氧化、抗病毒、抗癌、防衰老、增强机体免疫力、降低胆固醇等

续表

功能因子	种类划分	生理功能
活性油脂	多不饱和脂肪酸	预防心脑血管疾病、抗癌、抗氧化、促进智力发育、降血糖、抗炎症等
	磷脂	预防心血管疾病、降低血清胆固醇、改善肝功能障碍、促进脂肪及脂溶性维生素吸收利用等
	固醇	降低胆固醇、预防心脑血管疾病、抗炎、抗癌、抗氧化、免疫调节等
活性碳水化合物	活性单糖	降血糖、降血脂、抗氧化、调节肠道菌群等
	活性低聚糖	降低胆固醇、增强机体免疫力、抗氧化、抗肿瘤、调节肠胃功能、防止便秘等
	活性多糖	抗凝血、抗辐射、抗肿瘤、免疫调节、抗病毒、降血糖、调节血脂等
活性维生素	脂溶性的维生素 A、维生素 D、维生素 E、维生素 K，水溶性的 B 族维生素和维生素 C	抗氧化、预防癌症、增强免疫力、促进骨骼发育、抗炎、降低胆固醇等
活性化学元素	常量元素和微量元素	参与机体代谢过程、参与调节机体内的酸碱度、维持体液渗透压平衡等
活性菌	双歧杆菌、放线菌、酵母菌、乳酸菌等	助消化、改善肠道功能、预防和治疗呼吸道感染等
其他植物活性成分	皂苷、生物碱、黄酮类、含硫化合物等	抗氧化、抗癌、抗病毒、抑菌、抗辐射、调节血脂、调节血糖、降血压等

二、天然食品功能因子的功效及安全性评价

天然食品大多是由多种化学成分共同构成的复杂统一整体，分离纯化其有效成分，构建特定生物学功能与安全性评价技术体系，研发功效明确且安全可靠的保健食品，有助于为消费者提供科学合理的指导，提升天然食品资源的利用价值。

（一）天然食品功能因子的功效评价

功能因子的生理活性评价是功能食品设计开发的基础，主要通过细胞试验、动物试验和人体试验揭示活性成分的功效与其分子结构、组合和剂量的关系，即量效关系、组效关系和构效关系。

在我国，功能因子的功效评价主要按照《保健食品功能学评价程序和检验方法》进行，适用于评价免疫调节、延缓衰老、改善记忆、促进生长发育、抗疲劳、减肥、耐缺氧、抗辐射、抗突变、抑制肿瘤、调节血脂、改善性功能等作用。

活性成分功效评价技术体系的构建可以借助多组学、系统生物学、网络药理学、病理学等

技术，解析功能因子在生物体内的代谢途径、作用靶点和通路，阐明其发挥作用的分子机制。国外功能因子的功效评价主要是通过整合生理学、遗传学、分子生物学和细胞学等研究数据，综合考察活性物质的构效、量效关系及作用机理，识别筛选与活性成分特定生物学功能相关的标志物，揭示其现代科学内涵。美国、日本等国家的研究人员建立了功能因子生理效应评价新技术，包括XYZ评价系统、功能评价数据库以及DNA芯片分析评价技术等。

（二）天然食品功能因子的安全性评价

功能因子的安全性是指在规定的剂量范围和使用方式下对服用者的身体健康不造成任何损害，既不引起急性、慢性中毒，也不会对接触者及其后代产生潜在危害。

天然食品功能因子的安全性评价包括卫生学检验和毒理学检验。其中，卫生学检验包括感官指标、理化指标和微生物指标，各项指标应符合GB 16740—2014《食品安全国家标准 保健食品》的要求；毒理学检验包括急性毒性试验、慢性毒性试验、遗传毒性试验和致癌试验、致畸试验等，各项检验应符合GB 15193.1—2014《食品安全国家标准 食品安全性毒理学评价程序》的有关规定和要求。

对功能因子进行安全评价检测检验后，应当综合考虑试验的局限性、社会经济发展状况和人们的生活习惯等因素，对评价结果进行合理性分析，为功能食品安全卫生标准的制定提供具有实际指导意义的参考。

三、天然食品功能因子的加工与应用

随着科技的发展和社会经济发展水平的提高，天然产物来源的新型功能因子不断被挖掘，并应用于高附加值功能食品的生产，极大地推动了我国大健康产业的发展。天然食品功能因子开发的主要技术内容包括：高效提取分离技术、生物活性稳态化技术及分析检测与真伪鉴别技术。

（一）功能因子高效提取分离技术

功能因子的高效提取分离是对功能因子进行开发利用的基础和前提。目前，功能因子提取分离常用的技术包括溶剂提取法、水解提取法、大孔树脂吸附法、超临界流体萃取法、超声波辅助提取法、微波辅助提取法、高速逆流色谱法等。

1. 溶剂提取法

溶剂提取法是分离活性多糖、磷脂、黄酮类化合物和脂溶性维生素等的传统方法。根据天然食物中各成分溶解性质的差异，选用适当溶剂，达到将目标成分提取分离的目的。该方法操作简单、设备费用低，但存在耗时长、溶剂残留等问题。

2. 水解提取法

水解提取法包括化学水解法和生物酶水解法。化学水解法是指利用酸/碱试剂将活性成分解离，经济简便，但对活性成分有一定的破坏。生物酶水解法是在比较温和的条件下进行，专一性强、提取效率高。活性多肽、功能性碳水化合物等均可通过水解提取法提取制备。

3. 大孔树脂吸附法

大孔树脂是一类不含离子基团的高分子聚合物，具有吸附容量大、易解吸、可重复利用等优点，适用于大规模生产，目前该技术已广泛应用于黄酮类、生物碱类、苷类成分的分离纯化。

4. 超临界流体萃取法

超临界流体萃取（supercritical fluid extraction，SFE）是将超临界状态下的溶剂与待分离物质接触，通过改变温度或压力有选择性地依次把极性、沸点和分子质量不同的成分进行分离，适用于热敏性强、易氧化分解成分（如功能性油脂、天然维生素 E、黄酮类化合物）的分离提取。

5. 超声波辅助提取法

超声波辅助提取（ultrasound-assisted extraction，UAE）是借助超声波产生的空化效应和机械效应，加速活性成分进入溶剂，能缩短萃取时间和提高萃取效率，在生物碱、苷类、黄酮类、蒽醌类活性成分的提取方面均有应用。

6. 微波辅助提取法

微波辅助提取（microwave-assisted extraction，MAE）具有高效节约、应用面广等优点，主要是借助高频微波在短时间内产生的大量热量，加速溶剂对样品材料的渗透，从而提高萃取效率。

7. 高速逆流色谱法

高速逆流色谱（high-speed counter-current chromatography，HSCCC）是一种液-液分离技术，不需要固体载体，具有溶剂选择范围广、用量少、分离效率高、样品损耗小等优点，已被广泛应用于氨基酸、多肽、植物黄酮、生物碱等多种活性成分的分离提取中。

8. 其他方法

其他用于天然食品功能因子分离纯化的方法有制备型高效液相色谱法、分子蒸馏法（适用于高沸点和热敏性物质）、膜分离（微滤、纳滤、超滤、反渗透等）法、超高压提取法、柱层析联用法等。

（二）功能因子生物活性稳态化技术

功能因子在应用体系中的稳定性直接影响其对健康的积极促进效果。有些功能因子的分子结构和性质极不稳定，容易受到外界环境因素（如重金属离子、温度、光照、辐射、酸碱度等）的影响而导致活性下降甚至完全丧失，因此必须采取相应的措施来最大限度地提高功能因子的稳定性，保持其生物活性。

1. 提取过程中的生物活性稳态化技术

提取制备过程中可通过添加适宜的保护剂（山梨糖醇、苹果酸、丁二酸等）、水解酶抑制剂、缓冲溶液体系等措施来提高功能因子的稳定性。

2. 加工过程中的生物活性稳态化技术

加工过程中较常用的生物活性稳态化技术包括微胶囊壳、凝胶、膜包埋、脂质体、纳米乳液制备等。微胶囊化、凝胶化和膜化技术可形成性能可控的空间网络结构，掩盖功能因子的不良感官品质特性、降低损失，但需要较高的设备投入和生产成本。脂质体技术能够有效改善功能因子的溶解性、分散性，提高生物利用度，但产品稳定性相对较低。纳米乳液制备技术可以达到靶向释放、减轻毒副反应、提高稳定性的目的，但所采用的溶剂大多为非食品级。

3. 包装过程中的生物活性稳态化技术

包装过程中可以采用蜡纸包装、薄膜包装、软管包装、真空及充氮包装等方式，使功能因子不受外界不利环境因素的影响，从而有效地保持其稳定性和生物活性。

（三）功能因子分析检测与真伪鉴别技术

功能因子分析检测与真伪鉴别对于保证功能因子的品质和真实性具有重要意义。目前常用的分析技术包括现代分子生物学技术和现代仪器分析技术。

1. 现代分子生物学技术

现代分子生物学技术，包括酶联免疫吸附（enzyme linked immunosorbent assay，ELISA）快

速检测技术、实时定量聚合酶链式反应（real-time quantitative polymerase chain reaction，qRT-PCR）技术、PCR-单链构象多态性（PCR-single strand conformation polymorphism，PCR-SSCP）技术、双向电泳技术、基因芯片技术等，已成功应用于黄酮类、活性多糖类、活性多肽类、不饱和脂肪酸类功能因子的分析检测以及燕窝、鹿茸、鱼翅、蜂胶等高附加值功能食品的原料来源和真伪鉴别。

2. 现代仪器分析技术

随着现代分析仪器设备的进步，越来越多的检测技术逐渐发展成熟并被应用到功能因子的分析检测及真伪鉴别研究中。

（1）基于高效液相色谱-串联质谱（high performance liquid chromatography-mass spectrometry，HPLC-MS）的代谢组学、蛋白质组学技术　具有全面系统、高通量、高灵敏性的特点。组学技术及多组学联合分析技术已成功应用于天然食品中活性成分指纹图谱的建立以及天然食品原料的品质、产地、掺假鉴别。

（2）气相色谱-串联质谱（gas chromatography-mass spectrometry，GC-MS）技术　常用于食用植物油中多不饱和脂肪酸、亚油酸、亚麻酸等活性脂质成分的分析检测，也可用于建立名贵食用植物油的脂质轮廓谱，为功能食品的掺假打假研究提供新的思路和方法。

（3）高效毛细管电泳（high performance capillary electrophoresis，HPCE）技术　属于液相分离技术的一种，特色之处是以石英毛细管作为分离通道，以高压直流电场作为驱动力。高效毛细管电泳技术已被应用于功能食品中酪蛋白磷酸肽指纹图谱库的建立以及燕窝中活性蛋白质成分的真伪鉴别。

（4）其他技术　除上述分析仪器和检测方法外，红外光谱（infrared spectroscopy，IR）、拉曼光谱（Raman spectroscopy）、核磁共振光谱（nuclear magnetic resonance spectroscopy，NMR）等光谱技术在天然食品功能因子的分析检测及真伪鉴别领域的应用也有报道。例如，红外光谱、拉曼光谱被应用于食用植物油的掺假鉴别，而核磁共振光谱已被成功用于人参皂苷类天然产物的分析测定。

第七节　保健食品的开发利用

食品是人类赖以生存的物质基础，食品的营养水平与人类的身体健康、智力发展是密不可分的。研究食物的功能成分、营养成分，为健康人群提供科学性的食品，预防疾病发生；为病症人群提供恢复性食品、辅助治疗，这是食品科学的任务。注重饮食的科学性，合理选择饮食，可以防止疾病的发生。开发功能性食品成为我国食品领域研究的热点和发展趋势。

20世纪90年代，我国卫生部发布《保健食品管理办法》，定义保健（功能）食品（functional food）系指调节人体生理功能，适宜特定人群食用，不以治疗疾病为目的的一类食品。此类食品“除了具有一般食品皆具备的营养功能和感官功能（色、香、味、形）外，还具有一般食品所没有或不强调的调节人体生理活动的功能”。

东方文化体系中，古代众多的医学名著中有关“药食同源”的主张以及最古老形式的保健性食品——“药膳”很早就有记载，流传至今已有上千年的历史。现代各个国家对保健食品的定义和范围不尽相同，但基本要求是一致的：①无毒、无害，符合应有的营养要求；②功能明确、具体，经过科学验证是肯定的；③针对特殊需要人群研制的；④不以治疗为目的，不能取代药物。

（一）保健食品理论基础

（1）中医饮食营养学　阴阳平衡、药食同源、人的整体观念。

（2）生物化学　生物体组成、组成成分的功能。

（3）现代营养学　营养素的种类，功能、需求量、平衡膳食的构成。

（二）保健食品常用原料

保健食品新素材应有的基本要素：生物能力（bio-ability）、生物活性（activity）、安全性（safe）、有效性（efficient）、获得政府的食品使用许可。我国对用于开发保健食品的原料有严格的要求，明确划分保健品原料和中药原料，对用量作出了明确的要求，当保健食品原料是中草药时，其用量应控制在临床用量的1/2以下，并公布了药食同源目录（表7-13）。

表7-13　药食同源目录

类别	明细
药食同源目录	丁香、八角、茴香、刀豆、小茴香、小蓟、山药、山楂、马齿苋、乌梢蛇、乌梅、木瓜、火麻仁、代代花、玉竹、甘草、白芷、白果、白扁豆、白扁豆花、龙眼肉（桂圆）、决明子、百合、肉豆蔻、肉桂、余甘子、佛手、杏仁、沙棘、芡实、花椒、红小豆、阿胶、鸡内金、麦芽、昆布、枣（大枣、黑枣、酸枣）、罗汉果、郁李仁、金银花、青果、鱼腥草、姜（生姜、干姜）、枳子、枸杞子、栀子、砂仁、胖大海、茯苓、香橼、香薷、桃仁、桑叶、桑葚、橘红、桔梗、益智仁、荷叶、莱菔子、莲子、高良姜、淡竹叶、淡豆豉、菊花、菊苣、黄芥子、黄精、紫苏、紫苏籽、葛根、黑芝麻、黑胡椒、槐米、槐花、蒲公英、蜂蜜、榧子、酸枣仁、鲜白茅根、鲜芦根、蝮蛇、橘皮、薄荷、薏苡仁、薤白、覆盆子、藿香、人参、山银花、芫荽、玫瑰花、松花粉、粉葛、布渣叶、夏枯草、当归、山柰、西红花、草果、姜黄、荜茇、党参、肉苁蓉、铁皮石斛、西洋参、黄芪、灵芝、天麻、山茱萸、杜仲叶
可用于保健食品的中药名单	人参、人参叶、人参果、三七、土茯苓、大蓟、女贞子、山茱萸、川牛膝、川贝母、川芎、马鹿胎、马鹿茸、马鹿骨、丹参、五加皮、五味子、升麻、天门冬、天麻、太子参、巴戟天、木香、木贼、牛蒡子、牛蒡根、车前子、车前草、北沙参、平贝母、玄参、生地黄、生何首乌、白及、白术、白芍、白豆蔻、石决明、石斛、地骨皮、当归、竹茹、红花、红景天、西洋参、吴茱萸、怀牛膝、杜仲、杜仲叶、沙苑子、牡丹皮、芦荟、苍术、补骨脂、诃子、赤芍、远志、麦冬、龟甲、佩兰、侧柏叶、制大黄、制何首乌、刺五加、刺玫果、泽兰、泽泻、知母、罗布麻、苦丁茶、金荞麦、金缨子、青皮、厚朴花、姜黄、枳壳、枳实、柏子仁、珍珠、绞股蓝、葫芦巴、茜草、荜茇、韭菜子、首乌藤、香附、骨碎补、党参、桑白皮、桑枝、浙贝母、益母草、积雪草、淫羊藿、菟丝子、野菊花、银杏叶、黄芪、湖北贝母、番泻叶、蛤蚧、越橘、槐实、蒲黄、蒺藜、蜂胶、墨旱莲、熟大黄、熟地黄、鳖甲

续表

类别	明细
保健食品禁用中药名单	八角莲、八里麻、千金子、土青木香、山莨菪、川乌、广防己、马桑叶、马钱子、六角莲、天仙子、巴豆、水银、长春花、甘遂、生天南星、生半夏、生白附子、生狼毒、白降丹、石蒜、关木通、农吉痢、夹竹桃、朱砂、米壳（罂粟壳）、红升丹、红豆杉、红茴香、红粉、羊角拗、羊踯躅、丽江山慈姑、京大戟、昆明山海棠、河豚、闹羊花、青娘虫、鱼藤、洋地黄、洋金花、牵牛子、砒石（白砒、红砒、砒霜）、草乌、香加皮（杠柳皮）、骆驼蓬、鬼臼、莽草、铁棒槌、铃兰、雪上一枝蒿、黄花夹竹桃、斑蝥、硫黄、雄黄、雷公藤、颠茄、藜芦、蟾酥
非普通食品名单	西洋参、鱼肝油、灵芝（赤芝）、紫芝、冬虫夏草、莲子芯、薰衣草、大豆异黄酮、灵芝孢子粉、鹿角、龟甲
普通食品名单	白毛银露梅、黄明胶、海藻糖、五指毛桃、中链甘油三酯、牛蒡根、低聚果糖、沙棘叶、天贝、冬青科苦丁茶、梨果仙人掌、玉米须、抗性糊精、平卧菊三七、大麦苗、养殖梅花鹿其他副产品（除鹿茸、鹿角、鹿胎、鹿骨外）、梨果仙人掌、木樨科粗壮女贞苦丁茶、水苏糖、玫瑰（重瓣红玫瑰 Rose rugosacv. Plena）、凉粉草（仙草 *Mesona chinensis* Benth.）、酸角、针叶樱桃果、菜花粉、玉米花粉、松花粉、向日葵花粉、紫云英花粉、荞麦花粉、芝麻花粉、高粱花粉、魔芋、钝顶螺旋藻、极大螺旋藻、刺梨、玫瑰茄、蚕蛹、耳叶牛皮消

（三）保健食品功能分类

保健食品按照功能分为辅助降血脂、降血糖、降血压、调节肠道菌群、促进消化、增加骨密度、减肥、增强免疫力、缓解体力疲劳、对化学性肝损伤有辅助保护功能、对胃黏膜损失辅助保护、抗氧化、辅助改善记忆、缓解视疲劳、促进排铅、清咽功能、改善睡眠、促进泌乳、提高缺氧耐受力、对辐射危害有辅助保护功能、改善生长发育、改善营养性贫血、祛痤疮、祛黄褐斑、改善皮肤水分、改善皮肤油分、通便功能。

（四）保健食品评价方法

保健食品的评价对生产、销售、食用具有重要意义，评价包括毒理学评价、功能评价、卫生学评价。卫生学评价与其他食品相同，而毒理学评价和功能学评价则是保健食品评价的关键内容。评价方法涉及生物学、病理学、实验动物学、解剖学、微生物学、生物化学、统计学等多学科的知识。

1. 实验动物

毒理学的动物实验是以实验动物作为研究对象的，正确地选用实验动物是保证获得可靠的研究成果的先决条件。常用实验动物有大鼠、小白鼠、豚鼠、金仓鼠、狗、家兔、猕猴、纯系动物。

2. 受试物的处理

受试物进行不同的试验应针对试验的特点和受试物的理化性质进行相应的样品处理：选择适合于受试物的溶剂、乳化剂或助悬剂；对推荐量较大的受试物可允许去除既无功效作用又无安全问题的辅料部分（淀粉、糊精等）后进行试验；袋泡茶类受试物可用水提物进行试验，将提取液合并浓缩至所需浓度，并标明该浓缩液与原料的比例关系；应考虑受试物的膨胀系数对受试物给予剂量的影响；液体保健食品需要进行浓缩处理时，应采用不破坏其中有效成分的方法；推荐量较大的含乙醇保健品，可以进行浓缩；含有毒性较大的人体必需营养素的保健食品，应考虑增加去除该物质或降低该物质剂量的受试物剂量组，以便对保健食品中其他成分的毒性作用及该物质与其他成分的联合毒性作用作出评价；益生菌等微生物类保健食品进行试验时，应将微生物灭活后进行；以鸡蛋等食品为载体的特殊保健食品，需按动物的营养需要调整饲料配方后进行试验。

3. 表示毒性损失的指标

（1）剂量-反应关系　剂量-反应关系（或剂量-效应关系）的研究是毒理学试验的重要目的，在一个实验群体中，剂量-反应关系的研究基本概念是有害效应的发生率和严重度与剂量相关。固定剂量的染毒随染毒期限增加引起效应的发生率增加时，也可见到时间-反应关系。

（2）毒性参数和安全限值　毒性参数的测定是毒理学试验剂量-反应关系（或剂量-效应关系）研究的重要内容，在实验动物体内试验可以得到毒性上限参数、毒性下限参数。常见的毒性参数有：致死剂量或浓度；观察到的有害作用的最低剂量；未观察到的有害作用剂量；未观察到的作用剂量；阈值；安全限值；不确定系数和安全系数。

4. 毒理学评价内容

（1）急性毒性试验　了解受试物的毒性强度、性质和可能的靶器官。

（2）遗传毒性试验　是否具有潜在的致癌作用。

（3）致畸试验　了解受试物对胎仔是否具有致畸作用。

（4）短期喂养试验　在急性毒性试验的基础上，通过30d喂养试验，进一步了解其毒性作用，并可初步估计最大无作用剂量。

（5）亚慢性毒性试验（90d喂养试验、繁殖试验）　观察受试物以不同剂量水平经较长时间喂养后的毒性作用性质和靶器官，并初步确定最大无作用剂量，了解受试物对动物繁殖及对后代的致畸作用，为慢性毒性和致癌试验的剂量选择提供依据。

（6）代谢试验　了解受试物在体内的吸收、分布和排泄速度以及蓄积性，寻找可能的靶器官；为选择慢性毒性试验的合适动物种系提供依据，了解有无毒性代谢产物的形成。

（7）慢性毒性试验（包括致癌试验）　了解经长期接触受试物后出现的毒性作用，尤其是进行性和不可逆的毒性作用以及致癌作用；最后确定最大无作用剂量，为受试物能否用于保健食品的最终评价提供依据。

(五) 保健食品加工技术

在保健食品加工制造过程中最大限度地保留功效成分的活性，对保健食品中功效成分定性、定量分析，并对其调控人体功能进行科学评价是研发保健食品的技术关键。传统的食品加工技术难以满足研发保健食品的技术要求，迫切需要采用先进技术进行加工。目前认可的技术主要有生物技术、膜分离技术、超临界流体萃取技术、分子蒸馏技术、微胶囊技术、冷杀菌技术和超微粉碎技术等。

1. 生物技术

生物技术（biotechnology）是在20世纪70年代由DNA重组、细胞融合等分子技术发展起来的。国际上对生物技术的定义是应用自然科学及工程学原理，依靠微生物、动物、植物体作为反应器将物料进行加工以提供产品来为社会服务的技术。基因工程、细胞工程、酶工程和发酵工程是生物技术重要的4个部分。

（1）基因工程　基因工程（genetic engineering）又称分子克隆（molecular cloing）或DNA重组技术（recombinant DNA technology），通过微生物质粒、噬菌体、病毒等载体，将重组子转入受体细胞，使异源基因在其中复制表达，大量产生人类所需要的产物或创建新的生物类型。可利用基因工程方法生产保健食品功能因子，如借助基因工程法，已成功使产朊假丝酵母（*Candida utilis*）合成类胡萝卜素。但转基因食品也可能存在致敏性、抗生素的抗性或毒性物质，从而引起人们对转基因食品采取保守态度。转基因食品需要进行安全性评价，总原则为：①促进而不是限制基因工程的发展，同时保障人类健康和生态环境；②考虑到基因、转基因植物种类及环境多样性，应采取个案分析原则；③逐步完善的原则；④在积累数据和经验的基础上，使监督管理趋向宽松化和简单化。目前普遍公认的转基因食品安全性评价方法是“实质等同性”原则。

（2）细胞工程　细胞工程是指在细胞水平上研究、开发、利用各类细胞的工程，科学设计改变细胞的遗传基础，并通过无菌操作，大量培养细胞、组织甚至完整个体的技术。细胞工程包括动物细胞工程、植物细胞工程、微生物细胞工程。

动物细胞工程主要从细胞生物学和分子生物学的层次，根据人类的需要，应用技术，大量培养细胞或动物本身，以期收获细胞或其代谢产物及可供利用的动物。动物细胞大量培养技术已逐渐成熟，培养规模不断扩大，生产过程实现连续化、自动化，如生长激素、促红细胞生成素已可通过动物细胞大量培养而获得，这些具有重要药用价值的生理活性物质为保健食品提供了基料。

植物中含有丰富的次级代谢产物，其对人体具有意想不到的功效，植物细胞工程在保健食品上应用的一个重要方面是利用植物细胞培养生产需要的次级代谢产物。

对有些微生物的遗传背景已经研究得相当深入，因此微生物在保健食品的生产上起到重要作用。微生物细胞工程在保健食品中的应用主要体现在可产生保健食品因子的微生物的菌种选育中，如氨基酸生产菌的育种选育。

（3）酶工程　酶工程包括自然酶的开发及应用，固定化酶、固定化细胞、多酶反应器、酶分子的修饰改造及酶传感器等，可应用于保健食品开发及成分制备。

（4）发酵工程　发酵工程是生物技术产业化的重要环节，它是将微生物学、生物化学和化学工程的基本原理系统地结合起来，利用微生物的生长和代谢活动来生产各种有用物质的工程技术。在保健食品中的应用有3种方式：微生物菌体发酵以获得具有多种用途的微生物菌体细胞为目的的产品，如活性乳酸菌；微生物酶发酵；微生物代谢产物（初级、次级代谢产物）。

2. 膜分离技术

膜分离技术是用天然/人工合成的高分子薄膜，以外力或化学位差为推动力，对多组分的溶质和溶剂进行分离、分级、提纯和富集的方法。膜分离技术有微滤、超滤、反渗透、纳滤、透析、电渗透。膜分离技术在保健食品开发中具有广泛的应用，如低聚糖的分离和精制。

3. 超临界流体萃取技术

超临界流体萃取技术（superctritical fluid extraction，SFE），也称为气体萃取（gas extraction）或稠密气体萃取（dena gas extraction），是根据超临界状态下的流体具有与气相、液相相似的特性，利用超临界流体作为萃取剂从混合物中萃取可溶性组分的一项分离技术。在应用中，作为萃取剂的气体，必须处于高压或高密度下才具有足够大的萃取能力。超临界萃取技术操作温度低，在高压、密闭、惰性环境下，选择性萃取分离天然物质精华，萃取工艺简单，效率高且无污染。目前，超临界萃取技术在保健食品功能因子如植物化学物质（多酚、黄酮等）的提取中得到广泛应用。

4. 分子蒸馏技术

分子蒸馏温度远低于常规蒸馏的温度，且受热时间短，系统基本隔绝氧气。既能达到高提取率，又保证提取物的活性不被破坏，能有效保留热敏性物质的天然品质，极好地保证了有效成分免受破坏。广泛应用于高纯物质的提取，特别是天然产物功能因子的提取分离。

5. 微胶囊技术

微胶囊是由天然/人工合成高分子制成的微型容器，将固体颗粒、液体微滴或气体作为胶囊的芯材料，在其外形成一层连续而薄薄的包囊的过程。微胶囊外壳材料称为“壁材”或“包衣”，包在微胶囊内部物质称为“囊合”或“芯材”。微胶囊一般在微米至毫米范围内，直径$<1\mu m$的颗粒称为纳米颗粒或纳米胶囊，直径$>1000\mu m$的颗粒称为微粒或大胶囊。微胶囊制备方法大致可分为化学法、物理化学法和机械法。化学法主要包括界面聚合法、原位聚合法和锐孔法；物理化学法主要包括水相相分离法、油相相分离法、干燥浴法、熔化分散法、冷凝法和粉末床法；物理法主要包括空气悬浮法、喷雾干燥法、真空蒸发沉积法、静电结合法和多孔离芯法。在保健食品工业中常用的微胶囊制作方法有：喷雾干燥法、喷雾冻凝法、分子包接法、相分离法和界面聚合法。微胶囊的应用，改善物质物理性质；缓释控制；改善稳定性，保护囊芯物免受环境影响；降低对健康危害、减少毒副作用；屏蔽味道和气味；减少复方制剂配伍禁忌，有效提高物质外观及其性质的能力。

6. 冷杀菌技术

冷杀菌过程中食品温度并不明显升高，有利于保持食品中功能成分的生理活性，也有利于保持食品的色香味及营养成分，特别是对热敏性功能成分的保存更有利。冷杀菌技术包括超高压杀菌、辐照杀菌、紫外线杀菌、臭氧杀菌、磁力杀菌、高压脉冲电场杀菌和脉冲强光杀菌。

（1）超高压杀菌　压力对微生物有致死作用，高压导致微生物的形态结构、生物化学反应、基因机制以及细胞壁膜发生多方面的变化，从而影响微生物原有的生理活性，使微生物原有功能被破坏或发生不可逆变化。

（2）辐射杀菌　辐射利用原子能射线的辐射能对食品进行杀菌、抑制发芽、延缓成熟，处理过程食品内部不会升温，也不会引起色、香、味等方面的变化，能最大限度地保存食品原有的品质和风味。

（3）臭氧杀菌　臭氧常温、常压下很不稳定，会自行分解为氧气（O_2）和单个氧原子（O），而单个氧原子具有极强的氧化作用，可以氧化分解细菌等微生物体内葡萄糖代谢所必需的酶，可与细菌繁殖体、细胞芽孢、病毒、真菌、原虫发生氧化作用，破坏其细胞组织，以达到杀菌的目的。

（4）磁力杀菌　在磁场强度的作用下，电磁诱导作用，产生电动势，对细菌起到搅拌作用从而在常温下对食品进行杀菌处理。

（5）高压脉冲电场杀菌　高压脉冲能使病毒失去活性，微生物细胞膜破坏，病毒失去活性，酵母菌也能被杀灭，耗能只是热杀菌耗能的千分之一，而食品营养、风味、色泽不变。但其高压设备限制了其应用范围。

（6）脉冲强光杀菌　采用强烈白光闪照的方法进行灭菌，光谱与太阳光相近，但强度却高出数千倍至数万倍，此技术只处理食品的表面，故对食品的风味和营养成分影响较小。

7. 超微粉碎技术

根据物料的性质和要求的粉碎程度来选择粉碎方法，粒度较大或中等的坚硬物料采用压碎、冲击方式；粒度较小的坚硬物料采用压碎、冲击、碾磨方式；粉末或泥状物料采用剪切、压碎、碾磨方法；韧性物料采用剪切/快速打击的方式。常用的超微粉碎机有气流粉碎机、振动磨、搅拌磨、机械冲击式粉碎机、胶磨机、均质机。超微粉碎产品颗粒粒径$<10\mu m$，能够有效提高原料中保健成分的溶出，提高原料中保健成分的生物利用度。

（六）保健食品通用标准和标识

为了规范保健食品市场，维护消费者利益，国家技术监督局标准化司于 1997 年发布了 GB 16740—1997《保健（功能）食品通用标准》。2014 年国家卫生和计划生育委员会发布了 GB 16740—2014《食品安全国家标准　保健食品》，于 2015 年 5 月 24 日正式实施。此标准适用于在我国境内生产或销售的所有保健食品。

（七）保健食品的审批

根据《中华人民共和国食品安全法》制定《保健食品注册与备案管理办法（2020 年修订版）》，此办法由国家食品药品监督管理总局自 2016 年 2 月发布，于 2016 年 7 月 1 日施行，2020 年 11 月 3 日修订。凡是声称具有保健功能的食品必须经审查确认，对审查合格的保健食品发放《保健食品批准证书》，批准文号为“卫食健字（）第　号”。获得《保健食品批准证书》的食品准许使用规定的保健食品标志。

（八）保健食品的生产经营

生产保健食品前，企业必须向所在地的省级卫生行政部门提出申请，提交有效食品生产经营卫生许可证、《保健食品批准证书》、生产企业制定的保健食品企业标准/生产企业卫生规范及制定说明、生产条件/生产技术人员/质量保证体系的情况介绍、三批产品的质量与卫生检验报告等材料，得到审查同意并在申请者的卫生许可证上加注“XX 保健食品”的许可项目后方可进行生产。

只有获得“蓝帽子”的保健食品方可在外包装做保健食品标识（图 7-1）。保健食品的销售标签、说明书和广告宣传必须符合国家市场监督管理总局发布《保健食品标注警示用语指南》（2020 年 1 月 1 日正式实施）的规定，做到不夸大保健食品功效、不宣传疾病治疗功能。

图 7-1　保健食品标识

思考题

1. 转基因改造食物的优缺点有哪些？
2. 转基因育种与传统育种的区别？
3. 减肥代餐产品的设计理念是什么？
4. 代餐产品是否适合长期甚至永久食用？
5. 特殊医学用途配方食品对于健康的定位是什么？
6. 特殊医学用途配方食品相对于保健食品的开发难点在哪里？
7. 健康快餐营养合理搭配的要求有哪些？请简要说明。

8. 现代快餐存在的营养问题有哪些？如何科学选择快餐食品？
9. 大豆蛋白能做出肉类口感的原因有哪些？
10. 大豆蛋白做成的植物肉相对于真正的肉还有哪些方面可以提升？
11. 天然功能因子的主要来源分为哪几大类？
12. 举例说明开发和利用某一类功能因子的主要流程。
13. 保健食品常用的评价方法有哪些？
14. 如何科学选用保健食品？

CHAPTER 8

第八章 食品营养与健康

学习要点

1. 了解进食方式对人体健康的影响；

2. 掌握素食与健康，冷热餐与健康，辛辣与健康，酒与健康，调味品与健康，休闲食品与健康，茶与健康，早餐、加餐与健康的关系，了解以上食品对特殊人群健康的建议；

3. 学习合理膳食和膳食模式，了解新型膳食模式、生酮饮食模式和轻断食膳食模式的特点和区别；

4. 了解酒的发展史及分类，重点了解酒精对人体健康的危害；

5. 学习并了解茶叶的分类与特征、成分与营养功效、科学饮茶的方法、饮茶的不适宜人群以及贮藏茶叶的方法。

思政点

《“健康中国2030”规划纲要》提出要完善食品安全标准体系，实现食品安全标准与国际标准基本接轨，加强食品安全风险监测评估。学习和研究饮食习惯和新型膳食模式与健康的关系，帮助人们摆脱传统饮食观念，建立科学的膳食观念，提高现代营养知识储备，学会科学调整自身膳食结构，达到提升生活和健康水平的目的。学习调味品及其与人体健康关系的相关知识，可以帮助人们提高食品品质，满足人们的食品风味和健康需求。

第一节　进食方式与健康

进食方式与健康

进食方式是指将食物放入口内，然后加以咀嚼、吞咽的一系列过程。不当的进食方式将直接或间接影响人体健康状况，譬如进食速度过快或过慢、在外进食、饭菜温度过高、说话或走路时进食等。

一、 进食速度对健康的影响

（一）进食速度过快

现代社会，无论城市和乡村，不分年龄和职业，人们的工作和生活节奏日渐加快，很多人由于忙碌，出现进食过快等现象。进食速度过快，会给人体带来弊处。

1. 扰乱消化系统稳态

食物经适当咀嚼可分解成更小块并与唾液混合，以加速分解膳食中的营养成分，促进食物在胃部的消化。但吃饭过快会因咀嚼食物的时间过短，使大量没有充分咀嚼的食物直接进入胃。大块食物迫使胃蠕动力度加大，分泌过多胃酸，加重肠胃负担，易造成消化不良。此外，越来越多的食物进入胃后，机体接收到饱腹感信号后会分泌与抑制食欲相关的激素，如胆囊收缩素（cholecystokinin）、胰高血糖素样肽 1（glucagon-like peptide 1）和肽 YY（peptide YY）以降低食欲。但吃得过快会使信号呈现较弱的致瘦胃肠激素肽（anorexigenic gut peptide hormones）反应，干扰饱腹感信号，并造成食物摄入过量甚至暴饮暴食。

2. 胰岛素抵抗

胃大约需要 20min 才能向大脑发出饱腹信号。当人们吃得过快时，往往不会有饱腹感，但更有可能吃得过饱。过去十年的几项横断面研究发现，进食速度与肥胖和胰岛素抵抗呈正相关性。其中机制阐明可能有以下 4 种：①脂肪组织产生的游离脂肪酸和脂肪因子会降低胰岛素敏感性并增加胰岛素需求，引起血糖快速波动，从而导致血清胰岛素抵抗；②进食过快，可能导致没有足够的时间来分泌负责在快速食用食物时发出信号的激素，因此饱腹感延迟，导致食物摄入量增加，从而升高餐后血糖水平；③快速进食会减少咀嚼时间，从而导致体内葡萄糖浓度显著升高；④快速进食会触发特定的细胞因子，如白细胞介素 1β 和白细胞介素 6 水平，最终增加胰岛素抵抗。

3. 能量代谢失衡，代谢综合征的发生

代谢综合征是指人体的蛋白质、脂肪、碳水化合物等物质发生代谢紊乱的病理状态，是一组复杂的代谢紊乱症候群，是导致糖尿病和心脑血管疾病的危险因素。其临床表现为腹部肥胖或超重、脂代谢异常、高血压、糖尿病、胰岛素抵抗及/或葡萄糖耐量异常。研究表明，进食速度快与成年人糖尿病、超重肥胖、酒精性脂肪肝等发生发展有关，也会增加低/高密度脂蛋白、胆固醇等心血管代谢性危险因素的发生。研究显示，肥胖人群比非肥胖者进食速率更快，因而控制进食速率可能会是较为简单有效的控制肥胖的方法之一。

（二）进食速度过慢

吃饭时应该细嚼慢咽，但并不是越慢越好。消化食物所需的消化酶有分泌高峰期，一般进餐的十几分钟内，在分泌高峰中的消化酶能够最有效对体内食物进行消化处理，有利于营养素的分解吸收。如果吃饭过慢，时间过长，超过消化酶的分泌高峰期反而会无法充分消化食物，不利于健康。同时易失去对饭菜的兴趣，在最佳的味觉温度范围内食物色、香、味俱佳，易引起食欲。进食速度过慢而错过最佳的味觉温度则食欲降低。特别是儿童，自控力差，若总是一边吃一边玩，长此以往可能会出现厌食状况。

一般来说，一口食物在嘴里至少经过 20~30 次咀嚼，才能充分被唾液充分混匀和溶化，达到理想的消化效果，这样的咀嚼方式最为健康。此外，还应该做到以下几点：①每次用餐时间至少保持在15min以上；②每次只吃一小口食物，不要过量，有利于食物在口中充分咀嚼；③选择耐嚼或是高纤维食物如全谷物、豆类、水果、蔬菜及马铃薯，让细嚼慢咽成为一种习惯；④吃饭时认真专心，尽量不要看手机或电脑等电子产品。细嚼慢咽可帮助食物消化吸收，避免上消化道损伤，控制体重，预防与代谢有关疾病如高血糖、高血压、高血脂等。

二、在家进食与在外进食对健康的影响

经济发展带动消费形式的变化，由于便利、快捷、美味等优势，外出就餐越发成为常态，在家进食反而越来越少。据中国人民大学农业与农村发展学院学者分析发现，从2004年至2011年的7年间，我国城市居民的外出就餐率由16.03%上升到18.30%，农村居民由6.05%上升到11.09%。

在外进食与在家进食，最大的区别在于烹饪者是餐馆厨师还是家人亲友。因此本小节主要讨论不同的烹饪者给餐食健康带来的影响，其中在外进食与外卖属一类，在家进食为另一类。综合卫生问题、营养摄入和心理需求等多方面考量，我们更为提倡在家进食，主要体现在以下几点。

1. 食品安全风险差异大

食品安全（food safety）指食品无毒、无害，符合应当有的营养要求，对人体健康不造成任何急性、亚急性或者慢性危害。民以食为天，食以安为先。据统计，每年约共有6亿例食源性疾病。不安全食品对人类健康和经济发展构成严重威胁，而经常性在外进食，使得食品安全风险明显提高，包括但不限于原料变质、加工环境差、食物贮藏不当等导致一系列的食品安全问题。因此相关部门建议，在重大考试期间，广大考生应尽量在家或到学校食堂用餐，其中最重要的一点便是考虑到食品安全。尤其是夏季气温较高，食品更易发生变质腐败，应谨慎购买路边摊贩出售的食物，特别是自制凉拌菜、生食水产品、生食蔬菜水果等风险较高的食品。少选择生食或未彻底煮熟的食物。而家庭饮食更为注重食物的安全、卫生、营养、健康，能有效减少“病从口入”的隐患。

2. 在外进食易出现能量摄入过高与营养不均

在外进食的食物选择，油多盐多成为老生常谈的问题。中国营养学会建议每天食盐摄入量不宜超过5g（钠2200mg），而在外进食更容易超过此上限。其次，畜禽肉类摄入过多，造成动物性食品摄入总量较高。此外，主食相对较少且过于精细，更加偏爱精细制作的点心和面食，使碳水化合物供能比偏低。据报道，经常外出就餐与肥胖、糖尿病及其他慢性病的风险增加有关。美国心脏学会2015年公布的一项对近10万人追踪36年的研究显示，与每周在家吃饭不够6d的人相比，每天回家吃2顿饭或者每周至少回家吃11次饭的人可降低13%的糖尿病罹患风险。究其原因，或与餐厅吃饭让人发胖有关，尤其是那些高糖高脂的快餐食品。总结而言，民众在外进食倾向于摄入更多的能量、饱和脂肪、糖和更少的维生素和膳食纤维。

3. 在家进食更能维护人的精神需求和心理满足

结伴吃饭，特别是与家人一起吃饭，营养摄入相对更好。相对于餐厅饭店，家庭饮食更注重营养搭配、食材选择、控盐控油，更为健康。在家烹饪，增加了家庭成员互动交流的时间与空间，增进社交能力，有利于家庭和谐及提升幸福感。

三、 其他进食方式对健康的影响

①饭前还是饭后喝酸乳：饭前喝酸乳易增加机体饱腹感，若是影响了正餐进食，建议饭后喝酸乳；②饭菜温度过高：易损伤黏膜，将对上消化道造成不同程度的烫伤，尤其是味蕾，严重者出现口腔或食道溃疡；③狼吞虎咽：狼吞虎咽是上班族的通病，易造成能量摄入过多，增加肠胃负担；④说话或走路时进食：易使空气进入胃中，后续可能出现不同程度胃胀气、打嗝或排矢气。

第二节 素食与健康

一、 素食人群发展的必然性

素食与健康

"素食"一词最早出自《仪礼·丧服》中"既练，舍外寝，始食菜果，饭素食"。中国的素食文化可以追溯到西汉时期豆腐的发明，北魏贾思勰所撰《齐民要术》第九卷的"素食"篇介绍了 11 种素食，是我国目前最早发现的素食食谱。随着宋、元、明、清历代发展，素食与佛教、道教、儒教的哲学思想、医家的养生理论相融合，产生了多种多样的素食新品种。我国的现代素食主要与各类寺庙宗祠、素食馆、素食企业等的持续发展相关，中国烹饪协会素食厨艺委员会、饮食文化研究院素食研究分院也相继成立。素食主义作为一种健康、环保、保护动物权利和动物福利并实现人与自然和谐相处的饮食理念，逐渐在世界各国流行。素食文化的盛行改变了人们的饮食结构，也影响了人体的营养素摄入情况。

二、 素食主义类型

（一）纯素食主义者（vegan）

纯素食主义者不食用任何肉蛋乳类，甚至蜂蜜，意味着只靠植物类食品维持生命，凡来源于动物的食品一律不吃。

（二）乳蛋素食主义者（ovo-lacto）

此类素食主义者会食用部分源于动物的食品，如蛋乳类，又可分为乳素（lacto），即不吃肉，但会食用乳类和其相关产品，像乳酪、乳油或酸乳；蛋素（ovo），即不吃肉，但食用蛋类和其相关产品。

（三）生食主义者（raw foodism）

这种食用方法是将所有食物保持在天然状态，即使加热也不超过 47℃。生食主义者认为烹调会使食物中的酶或营养被破坏。部分生食主义者称作活化生食主义者，在食用种子类食物前，会将食物浸泡在水中，使酶类活化。还有部分生食主义者仅食用有机食物，追求返璞归真。

三、素食的好处

从营养角度来看素食的好处包括：①素食含有大量膳食纤维、ω-6脂肪酸、维生素C、叶酸、维生素E、镁、钾、类胡萝卜素、植物甾醇和其他许多植物化学物质，这些通常对人体带来积极影响；②降低慢性疾病的发生风险。素食中的未加工食品已被证明可以降低患心血管疾病、糖尿病、慢性肾病等慢性疾病的风险。值得注意的是罐装水果等加工食品，由于添加糖或钠含量高等因素，相应风险反而增加。

四、素食的缺点

由于长期缺乏肉类食物，素食主义者可能会出现动物类营养素的缺乏。素食者需要考虑的营养缺乏包括蛋白质、ω-3脂肪酸、维生素D、维生素B_{12}、铁、钙和锌等。若不加以补充调整，则会对身体带来一系列消极影响。譬如纯素食者更容易出现贫血，是由于植物中的非血红素铁的生物利用度较低，而且植物饮食含有丰富的植酸和多酚或单宁等物质，也会影响矿物质的吸收。维生素B_{12}是造血过程和神经系统所必需的，但维生素B_{12}在动物体内含量高，而大多植物缺乏。

五、素食主义者如何吃得更健康

不同以往，健康素养的提升使素食主义者也更加注重均衡营养。那么素食主义者如何吃得更健康呢？

（1）增加全谷物食物摄入比例　谷类食物含有丰富的碳水化合物等多种营养成分，是提供人体能量、维生素、矿物质和膳食纤维的重要来源。为了弥补戒食动物性食物带来的某些营养不足，素食人群更应该注意食物多样化。

（2）合理食用豆制品　大豆蛋白是最接近动物蛋白的一种植物蛋白，是营养价值最高的植物蛋白，可弥补动物性优质蛋白质的摄入不足。发酵豆制品是以大豆为原料，经微生物发酵而成的豆制品，如腐乳、豆豉、豆瓣酱、酱油等。此外，由于微生物的生长繁殖，发酵过程中可以合成少量的维生素B_{12}。

（3）常吃坚果、海藻、菌菇，可补充钙、不饱和脂肪酸，包括DHA和EPA等。

（4）合理选择烹调油　建议选择含ω-3脂肪酸的食用油，如紫苏油、亚麻籽油、菜籽油、豆油等。

（5）根据医生或健康管理师的推荐，服用膳食补充剂，如维生素B_{12}等。

第三节　冷热餐与健康

冷热餐与健康

热餐是现场制作的食物，就热食用；冷餐是非现场制作的或非热法制作的食物。

（一）热处理与健康

食物的加热方式对食物的成分和性质有很大的影响，加热的方式可以改变食物的组成和结构，对食物的本身有很大的影响。热处理时给食物加热，可以使其成熟、发酵等，同时可以杀死一些有害的细菌。

食物加热后可以使很多营养物质和维生素减少或消失，使食物的营养价值大打折扣。在高温下，有机物有可能受热分解，形成一些有害物质，这些物质会直接污染食物，对我们的身体造成危害。

1. 加热对蛋白质的影响

指高温作用下蛋白质分子四级结构改变，空间构象破坏，肽链松散开，酶等特殊蛋白质失去生理功能，氮溶解指数（NSl）下降，保水性下降，易受消化酶作用而有利于在体内消化吸收等。热处理也可使食品蛋白质由溶胶状态变成凝胶状态而改变食品构型，加热也可使食品中游离氨基酸、寡肽、嘌呤、嘧啶、肌酸等增加或溶出，而使食品有悦人的香气与美味。

2. 加热对油脂的影响

油脂经160~180℃以上加热，特别是达250℃时，将产生过氧化物，以及低分子分解产物、脂肪酸的二聚体和多聚体、羟基和环氧基等，以致油脂变色、黏度上升、脂肪酸氧化，且有一定毒性并破坏氨基酸等营养素。

这些结果在国内已得到一定验证，主要呈现于反复加热的煎炸油中。为此，我国专门制定了煎炸油卫生标准及卫生管理办法，规定煎炸油除符合食用油要求外，酸价不超过5mg/g，羰基价不超过50meq/kg，煎炸温度250℃以下（应再低些），煎炸后的油须过滤除渣后再用等（GB 2716—2018《食品安全国家标准　植物油》）。最好是少用或不用反复高温处理过的油脂。

3. 加热对氨基酸和维生素的影响

加热的不利作用表现在对氨基酸和维生素的破坏，一些必需氨基酸如赖氨酸、胱氢酸、色氢酸、精氨酸易受热的破坏。赖氨酸受热影响最严重，赖氨酸的ε-氨基在美拉德反应中与还原糖反应，形成的ε-N-去氧酮糖赖氨酸，不能被人体吸收利用，从而使蛋白质的生物效价降低。蔬菜水果罐头热处理时，损失维生素C 13%~16%，维生素B_1 2%~30%，维生素B_2 5%~40%。短时高温的损失比长时低温要少一些，热处理后迅速冷却可减少损失，牛乳在加热时损失最严重的是维生素B_1和维生素C。

（二）冷处理与健康

冷食类食品指的是不需要再次加热，并且在常温或者是低温的情况下就可食用的食物，其中包括卤味，生吃的水果蔬菜等，还有腌菜、咸菜、凉拌菜等，这些都属于冷食类食品。

食品的冷处理主要包括冷藏和冷冻，通过维持低温或冻结状态，抑制微生物生长繁殖并延缓食品中的生化反应，抑制酶的活力，延长了食物的保质期。

据中医描述，冷食的好处有以下几种：

（1）对胃、肠的耐寒锻炼，其功能可在适度的冷刺激下逐渐得到加强，使黏膜功能旺盛。

（2）可延长肠道年龄，为肠内微生态提供良好环境，使有益菌群呈优势生长，并抑制有害菌群，减少毒素的产生。

（3）利于长寿，研究表明，低温可延寿，而冷食是从内部降温。凉开水也是一种冷食。冷食可增强抗疲劳能力、降血脂、降血压、改善便秘。

但冷食习惯不能急于求成，要根据自己的情况循序渐进，且要把握度。冰棍、雪糕、冷饮等虽能消热解暑、止渴提神，但过量食入会使胃黏膜血管收缩，胃液分泌减少，引起患者出现胃部疼痛，引起食欲下降和消化不良，减少正餐的摄入。

另外，冷餐还存在安全性问题，如微生物污染、毒素、寄生虫等，即冷餐加工、运输、储存不当等带来的潜在食品安全风险。由冷冻食品引起的食源性疾病曾在世界各地发生：如1985年美国芝加哥约16000人因食用巴氏杀菌牛乳而引起沙门氏菌食物中毒；美国加利福尼亚因墨西哥奶油面包导致150人发生李斯特菌中毒，造成50人死亡。国外的部分沙拉会添加橄榄油增加其风味，我国也有加入香油、麻油等冷油增香的吃法，若储存不当，油中黄曲霉滋生产生黄曲霉毒素，将对人体产生巨大危害。欧美地区生食牛肉以追求其鲜嫩的口感以及日本等全球范围沿海地区生食海鲜以追求其食物的鲜美等，都有食源性寄生虫病的可能，如生食牛肉可能得牛带绦虫病，食用生鱼片、生食淡水鱼或醉蟹就有可能患肝血吸虫病、肺血吸虫病。

第四节　辛辣与健康

当辣椒的灼热刺激在味蕾上绽放，不分寒暑、不论南北，人们爱上了这种吃得满头大汗、大呼过瘾的感觉时，“无辣不欢”就成了人们日常饮食的口头禅。“辣”不知不觉成了大多数人生活中离不开的味道，它让人们越吃越上瘾，在酣畅淋漓间，带走了忙碌生活和工作中积累下来的压力。不过，辣味饮食会对我们的健康产生怎样的影响呢？

辛辣与健康

一、认识“辣味”

（一）何为辣味

“酸、甜、苦、辣、咸”是我国传统饮食中所说的“五味”，“辣”是其中之一。但是，从严格意义上讲，辣是一种轻度痛觉，而不是一种味道。辣味产生的机理是辣味食品的成分中具有酰基、异腈基和酮基。每当吃一口辣味食品，脑部都会以为有痛苦袭来，就会释放出更多的多巴胺。不断释放出的多巴胺，让人产生愉悦感，人的压力也随之得到释放。人的味感细胞接触到辣椒素后变得更敏感，从而能更细腻地感受食物的美味，因此胃口大开。

（二）辣味的类型

1. 热辣味型

主要产生于口腔中，它能引起口腔的灼烧感，但对鼻腔则没有明显的刺激感。产生热辣的物质有辣椒素、胡椒碱等，这二者分别是辣椒和胡椒中的主要辣味成分。

2. 辛辣味型

除辣味外还伴随有较强烈的挥发性芳香味。如姜，主要成分为姜酮、姜醇和姜酸。

3. 刺激性辣味型

除了刺激舌和口腔黏膜外还刺激鼻和眼睛，是具味感、嗅感和催泪性的物质。如蒜：蒜氨酸经蒜酶作用产生蒜素；萝卜：芥子苷在芥子酶作用下产生异硫氰酸酯；芥末：芥子油，其辣味强烈，可刺激唾液和胃液的分泌。

二、辣味的来源

在食品中，辣味的主要来源为植物性调料，包含辣椒、胡椒、葱、姜、蒜、花椒等。在我国不同地区喜好的辣味食品也不相同，例如：在西南、华南和东北地区以喜好辣椒为主；在华北、华东地区则以吃大葱大蒜为主。

（一）辣椒

辣椒的主要活性成分为辣椒素、二氢辣椒素和正二氢辣椒素。食用时会产生辛辣的感觉，具有强烈的刺激性，并且其辣味强度比胡椒碱高百倍。另外，辣椒中维生素 C 的含量较高，在蔬菜中名列前茅。辣椒具有温中祛寒、开胃消食、发汗除湿的功效，还有一定的杀菌作用，对预防感冒、动脉硬化、夜盲症和坏血病有比较好的效果。辣椒还有预防癌症、延缓衰老的作用，特别是红辣椒在民间享有“红色药材”的美称。辣椒素激活 TRPV1 有助于控制肥胖、糖尿病、心血管疾病、各种癌症、皮肤病和神经源性膀胱。辣椒在各种胃肠疾病中表现出有益作用，如刺激消化和胃黏膜防御，减少胃食管反流病症状，抑制胃肠病原体、溃疡和癌症，调节胃肠分泌物和吸收。另外，现代医学临床证明，辣椒能缓解胸腹冷痛，制止痢疾、杀死或抑制胃腹内寄生虫，还能刺激口腔黏膜，引起胃的蠕动，促进唾液分泌，增强食欲、促进消化；同时它还有治疗冻疮，预防癌症，延缓衰老及减肥美容等许多功效。

值得注意的是，尽管辣椒具有以上诸多生理功效，但是大量摄入可能对人体产生不良作用。首先，辣椒素对化学致癌和诱变具有双重作用，虽然少量的辣椒素几乎没有任何有害作用，但大量摄入辣椒素会导致胃肠黏膜坏死、溃疡甚至致癌。另外，辣椒性大热，刺激性强，因此，不能过量食用辣椒。患有各种炎症性疾病者不能食用辣椒，例如患有胃溃疡、胃肠炎、食道炎、皮肤生疮、肺结核、牙疼、喉痛、火眼、痔疮及高血压等的人，医嘱上不允许吃的刺激性食物，主要指的就是辣椒。因为辣椒内含有辣椒素，刺激性很强，吃后会加重病情。

（二）胡椒

胡椒性温味辛，主要成分为胡椒碱、胡椒新碱、向日葵素、水芹烯、丁香烯、树脂等。其中辣味物质主要是胡椒碱、异胡椒碱（为全反式结构），另外还有黑胡椒素、异黑胡椒素、二氢胡椒素、高二氢胡椒素 A、高二氢胡椒素 B 等。在这些化合物的顺反异构体中，顺式双键越多时就会越辣。胡椒经光照或储存后辣味会降低，这是顺式胡椒碱异构化为反式结构所致。胡椒分黑、白两种，可以治疗消化不良、肠炎、支气管炎、感冒和风湿病等，现代药理研究还发现，胡椒所含的胡椒碱、胡椒脂碱、挥发油等有祛风、健胃的功效。不过糖尿病、痛风、关节炎、痔疮、癌症、支气管哮喘等疾病患者最好不要食用胡椒。

（三）姜

姜为辣味食物，也是食品辛辣味及香味的来源之一。姜含有姜醇等油性挥发物、姜辣素、维生素、姜油酚、树脂、淀粉、膳食纤维以及少量矿物质。姜辣素是生姜的主要辣味成分，它是生姜中的一种刺激性物质，由 6-姜辣素、8-姜辣素、10-姜辣素、12-姜辣素等组成。生姜具有解热、镇痛、抗炎等作用；姜中的辣味成分对含脂肪食品有很强的抗氧化作用和抑制人体内过氧化脂肪产生的抗衰老作用，并具有抗肝癌、肝炎等病症的活性。食用姜可以增强血液循环刺激胃液分泌、兴奋肠道促进消化健胃增进食欲。夏季食用姜可以起到排汗降温提神的作用，并缓解疲劳、乏力、厌食、失眠、腹胀腹痛等。不过值得注意的是，生姜虽好，但胃肠道溃疡、痔疮等患者要忌食。

（四）蒜

蒜的主要辣味成分为蒜素、二烯丙基二硫化物、丙基烯丙基二硫化物3种，其中蒜素的生理活性最大。当蒜的组织细胞被破坏以后，其中的蒜酶将蒜氨酸分解产生具有强烈刺激性气味的油状物——蒜素，蒜素进一步还原即生成有刺激性气味的二烯丙基二硫化物等。大蒜性温味辛，含有蛋白质、脂肪、糖类、B族维生素、维生素C等营养成分，还有硫、硒有机化合物（大蒜素）以及多种活性酶，此外其钙、磷、铁等元素的含量也很丰富。它具有杀虫解毒、消积、行气、温胃等功效，对饮食积滞、痢疾、百日咳、水肿胀痛等有一定的治疗作用。此外，吃大蒜还可以防流感、治疗霉菌感染、抗炎、抗氧化等，并具有降血压、降血脂、降血糖和较好的抗癌作用。但阴虚火旺腹泻、痔疮、胃肠道出血以及眼病患者不宜食用，食用过多可动火、耗血、有碍视力。

（五）葱

葱的主要辣味成分是二正丙基二硫化物和甲基正丙基二硫化物。蒜和葱中的这些二硫化物在受热时都会被还原而生成相应的硫醇。硫醇甜味较强，所以蒜、葱在煮熟后不仅失去辣味，而且还产生甜味，因此，葱生吃时其味辛辣且有特殊香味，熟吃时辣味消失并微有回甜。葱含有葱蒜辣素。葱作为调料使用，是由于它含有特殊香气的挥发油，其主要成分为葱蒜辣素，也叫植物杀菌素，具有较强的杀菌作用。

（六）花椒

花椒性温味辛，含有柠檬烯、花椒素、不饱和有机酸和挥发油等成分。其主要辣味成分为花椒素，它是不饱和酰胺化合物，此外还有少量异硫氰酸烯丙酯等。它具有温中健胃、散寒除湿、解毒杀虫、理气止痛的作用，对治疗积食、呃逆、嗳气呕吐、风寒湿邪所引起的关节肌肉疼痛、痢疾、蛔虫等有一定作用。现代药理研究还发现，它有一定的局部麻醉和镇痛的功效，对各种杆菌和球菌也有明显的抑制作用。但是支气管哮喘、糖尿病、痛风、癌症患者和孕妇要慎用。

（七）洋葱

洋葱味辛辣强烈，有大葱似的刺激性臭味。与葱、蒜相同，加热后失去辣味而有甜味。洋葱性温味辛，具有消热化痰、解毒杀虫、开胃化湿、降脂降糖、平肝润肠、利尿、发汗、预防感冒的功效，可以预防和治疗动脉硬化症，还具有防癌的作用。但患瘙痒性皮肤疾病、急性眼疾充血红肿以及患热病者禁食洋葱。除此之外，食洋葱不可过量，因为洋葱挥发性强，易产生气体，食用过量会产生胀气和排气，给人造成不快。

（八）芥末

芥末的主要辣味成分是芥子油，其辣味强烈，可刺激唾液和胃液的分泌，有开胃之功，增强人的食欲。芥末对减少血液黏稠度、治疗气喘、预防蛀牙等也有一定的效果。芥末油还有美容养颜的功效，在美体行业，芥末油是很好的按摩油。芥末有很强的杀菌功能，可以起到杀菌和消灭消化系统寄生虫的作用；芥末性温，味辛；有解毒消肿、温中利气、明目利膈的功效。

三、 无辣不欢的原因

人们并不是天生喜爱食辣。食辣导致疼痛，人天生惧怕且厌恶疼痛，为何却又享受辣味呢？调查发现，即使在饮食普遍嗜辣的地区，对食辣的喜爱也不是与生俱来的，而是后天获得的，从不喜爱到喜爱，有一个明显的反转。

除了上文所提到的吃辣使大脑释放多巴胺，会产生愉悦的感觉之外还有一些其他因素。

（一） 纯粹接触效应

纯粹接触效应指某外在刺激仅仅频繁出现，就能够使个体对其产生偏好。有研究认为在个体成长过程中辣椒在餐桌上频繁出现是导致喜好产生的主要因素，但相应的实证支撑严重不足，还需进一步的验证。

（二）“良性自虐”说

“良性自虐”指的是做令人不快的事情却非常享受的一种状态。从这个角度看，吃辣导致的灼痛感使身体误报危险，并做出防御反应（如流汗、流泪），但个体同时意识到危险并不真正存在，这使得食辣带来的灼痛、流汗、流泪成为了刺激的享受，于是便越来越追求辣出水平、辣出风格、沉着应辣，痛并快乐着。

此外，社会压力因素、个体身心适应度以及基因都与人们是否喜爱辣味饮食有一定的关系。对于人们为何喜爱食辣，纯粹接触效应、“良性自虐”说、社会压力、摄入后效应等多种因素有可能同时作用也有可能单独作用。

四、 辣味与健康

（一） 吃辣的好处

辣味食品和辣味调味品还有灭菌防病之功能。

1. 吃辣可以帮助减肥

辣椒中含有辣椒素，使身体组织温度升高，并使心率加快，从而加快物质的转化速度，帮助身体组织加速燃烧破坏脂肪。辣椒素还参与生热、脂代谢、炎症反应和氧化应激，这些作用可以减少脂肪形成，缓解胰岛素抵抗，改善血管功能障碍和调节葡萄糖稳态。

2. 吃辣可以促进消化

辣味食物能刺激口腔黏膜，反射性增加胃的运动，增加唾液淀粉酶分泌，增强消化酶的活性，从而具有促进食欲，改善消化功能的作用。辣椒在各种胃肠疾病中表现出有益作用，如刺激消化和胃黏膜防御，减少胃食管反流病症状，抑制胃肠病原体、溃疡和癌症，调节胃肠分泌物和吸收。

3. 吃辣对心血管有益

辣椒可通过改变器官组织溶化凝血的能力来帮助改善心血管健康。研究指出，低密度脂蛋白胆固醇的密度低，可以长时间对抗血液氧化的过程。因此，在食物中加入辣椒可以减少患心脏病和脑血栓的危险。

4. 吃辣可促进血液循环

辣味食物也会促进血液循环和帮助降血压。当进食辣味食物后，身体组织温度会升高，增加心脏的血流量。在辣椒中还含有大量维生素 A 和维生素 C 可以帮助巩固血管壁。

5. 吃辣有抗癌作用

辣椒中的多酚成分能捕获伤害 DNA 的亲电子体、自由基、重金属，能在抑制致癌酶的同时诱导出能消除毒因子的酶类，激发体内免疫系统功能。此外，多酚还能还原亚硝酸，故能防止 *N*-亚硝酰胺（强致癌物）的生成。适量的辣椒素被肠道吸收到血液中，可运输到肝脏储存，成为有益的抗癌物质。

6. 吃辣有抗氧化作用

姜中的辣味成分对含脂肪食品有很强的抗氧化作用和抑制人体内过氧化脂肪产生的抗衰老作用。

7. 吃辣可治疗伤风感冒

各种含辣味食物会使身体出汗，能帮助减少伤风感冒引起的不适感。它也可以帮助缓解鼻塞，使呼吸通畅，减轻鼻炎及其他各种感冒症状。

8. 除生理外，吃辣还可改变心理状态

辣味刺激舌头、嘴的神经末梢，大脑会立即命令全身进入“戒备”状态，持续不断地释放出内啡肽，使人感到轻松兴奋，产生吃辣后的“快感”。辣椒可以增加内啡肽和血清素的水平，减少疼痛，帮助人们产生幸福感，避免出现心理疾病和精神过度紧张。

（二）吃辣的注意事项与禁忌

辣味美食虽然好，却不是人人适宜的。不适宜吃辣的人群如下。

1. 痔疮患者

痔疮患者如果大量食用辣椒等刺激性食物，会刺激胃肠道，使痔疮疼痛加剧，甚至导致出血等症状。

2. 眼疾者

眼疾患者吃辣椒会加重病症，影响医治的效果。

3. 慢性胆囊炎患者

患有慢性胆囊炎者应忌食辣椒、芥末等辛辣食物，因为这些食物均有刺激胃酸分泌的作用，易造成胆囊收缩、诱发胆绞痛。

4. 肠胃功能不佳者

吃辣虽能增进食欲，但肠胃功能不佳尤其是胃溃疡者食用辣椒，会使胃肠黏膜产生炎症，应忌食辣椒。

5. 热症者

有发热、便秘、流鼻血、口干舌燥、咽喉肿痛等热症者，吃辣会加重其症状。

6. 产妇

产妇在产后一周内，吃辣椒不但使自己“上火”，出现大便秘结等症状，而且还会影响婴儿，使婴儿内热加重。

7. 阴虚火旺、阴虚内热者（如口腔溃疡者）

患者口腔对咸、辣、酸、苦等味道敏感，吃辣椒会加重疼痛感。

五、总结

辣味不仅仅在口感上令人无法抗拒，对人的身体各个方面也有着数不清的有益作用，但是也要注意凡事要有度，过量吃辣或者不听医生嘱咐、不顾及自己身体状况盲目吃辣，只会伤害身体。对于嗜辣的人，也应该慢慢改变口味，可以先从麻辣降到中辣，再到微辣，坚持微辣水平，才会对身体利大于弊。

放纵吃辣隐藏健康危机，适度吃辣、微辣才是利于健康的首选。吃辣的好与坏，要因人而异。吃辣应节制适量，不能无辣不欢，也不必顿顿无辣。

第五节　新型膳食模式与健康

合理膳食是指为人们提供感官性状良好、易消化吸收、营养均衡且符合卫生要求的膳食。通过合理营养可以提升人体免疫力，提高健康水平。在当今社会，人们对膳食不仅仅满足于温饱，而且关注如何吃得健康。由于现代营养知识的缺乏和传统观念的偏差，使得部分人的膳食进入了营养误区，未能起到良好的膳食营养补充作用。因此，科学调整膳食结构，建立科学的膳食观念，对于提升生活和健康水平意义重大。

膳食模式有膳食结构、饮食模式、食物模式多种称谓，是指膳食中食物的种类及其在膳食中所占比例的表述，也可以称之为：以多种形式结合的、人们实际生活所食用的各种食物的组合。膳食模式主要取决于人体对营养素的生理需求和生产供应条件决定的提供食物资源的可能，并受人们的饮食习惯、营养健康知识、社会、经济、文化和科学技术发展水平等因素的影响。膳食模式是一个国家/地区科技发展和文明程度的重要标志之一，是居民营养状况和体质健康的关键因素。世界著名的膳食结构模式有 3 种，东方膳食模式、西方膳食模式和地中海膳食模式。新型的膳食模式有生酮饮食和轻断食。

一、 生酮饮食

生酮饮食（ketogenic-diet，KD）即高脂肪饮食，是一个脂肪高比例、碳水化合物低比例，蛋白质和其他营养素合适的配方饮食，以模拟与禁食相关的生化变化。通过食物生产酮体（KBs）代替葡萄糖，以脂肪为主要能量来源。在 1921 年生酮饮食被首次应用于癫痫治疗，它已被证明是一种有效的儿童癫痫疗法。但随着新型抗癫痫药的出现，人们对它的热情开始降低，然而近二十年来，尽管各种新型抗癫痫药的不断问世，人们发现这些药物并不能治愈所有的癫痫，于是生酮饮食作为一种有效的疗法又得到了人们的重视。

生酮饮食的方案主要分为以下几种：原始经典生酮饮食（KD）、改良生酮饮食（MKD）、改良阿特金斯饮食（MAD）、中链甘油三酯饮食（MCT）、低血糖指数治疗（LGIT）和间歇性禁食（IF）。所有生酮饮食方案都富含脂肪，蛋白质充足，碳水化合物含量低。这种组合改变了能量在体内的使用方式，将脂肪转化为肝脏中的脂肪酸和酮，获得及维持酮症。不同配方的生酮饮食在营养素的配比上有较大改变，它以脂肪和蛋白质作为主要的食物来源，如肉类、鱼类、鸡蛋、乳酪、坚果、食用油类（如橄榄油、椰子油）、牛油果、奶油等，占全天所需能量的 67%~80%，碳水化合物降至人体需要的最低量，仅占 5%。生酮饮食在于身体中脂肪供能，因此能自然地控制食欲，避免暴饮暴食；通过消耗自身脂肪能轻松减肥、降低体脂率；头脑会变得更加清晰，拥有更好的睡眠；良好的睡眠能恢复正常的新陈代谢；正常的代谢稳定血糖，修复因肥胖而产生的胰岛素敏感性；还可减轻炎症水平，改善免疫系统；降低甘油三酯等。

生酮饮食在美国及世界各地不断增加，为儿童和成人患者提供了一种可行而有效的替代药物治疗难治性癫痫的方法。越来越多的人选择低碳水化合物、高脂肪的饮食方式，这也越来越成为主流。然而，生酮饮食摄入的大多是丰富的脂肪和少量蛋白质，这些物质在人体内消化很慢，选择燃烧脂肪供能，在完全进入营养性生酮状态以后甚至不太容易觉得饥饿。人体进入生酮状态后，需要更多的水加速酮体的代谢，也意味着体脂燃烧的加速，产生口渴感需要多喝水，每天不少于3000mL水。在碳水化合物饮食转变成生酮饮食的过程中，少数人群出现了所谓的"酮感冒"阶段，即犯困、头昏等类似感冒的症状，但大多数人会在一周内恢复从而进入生酮状态（早晨第一次尿液测酮试纸测出)，这个阶段也是身体从碳水化合物供能转变为脂肪供能的过渡期。生酮饮食者对于食物摄入选择单一，膳食纤维摄入过少，会引起便秘，需要通过非淀粉蔬菜和绿叶蔬菜获得大量的膳食纤维。生酮饮食还有潜在的形成肾结石的风险，高蛋白生酮饮食也可能会加速肾病患者的肾衰竭。

生酮饮食法也是最近几年兴起的减重方法，国内科学研究领域对于这种减重方法的研究时间不长，论证还不充分，因此相关学者的各种研究结论也都存在着争议。研究表明：生酮饮食疗法应用于体重管理和减肥，在减重方面的效果突出，但期间可能会产生一些短期或长期的不良反应，例如糖不耐受、骨质疏松与低钙血症、中性粒细胞功能障碍、微量元素缺乏、低蛋白血症及生长障碍等，这些症状如不及时改善都有可能带来严重的后果。除非能够保证充足的医疗条件、专业人士支持，否则不建议普通人轻易尝试。生酮饮食膳食模式目前主要应用于以下人群：①儿童难治性癫痫患者，表现为DNA甲基化，认知和行为障碍；②葡萄糖载体缺乏症患者，葡萄糖不能进入脑内引发癫痫、发育迟钝及复杂的运动障碍；③丙酮酸脱氢酶缺乏症患者，丙酮酸盐不能代谢或乙酰辅酶A导致严重的发育障碍和乳酸中毒；④糖尿病患者，胰岛素绝对或相对分泌不足和胰岛素利用障碍导致碳水化合物、蛋白质、脂肪代谢紊乱，以高血糖为主要标志；⑤减重人群。

生酮饮食在世界范围内越来越广泛，许多地区的居民对使生酮饮食适应他们特定的文化和宗教信仰感兴趣。如今生酮饮食也通过科学的调整进行了修改，以增加适口性并有助于长期坚持。

二、 轻断食

轻断食（the fast diet）是在欧美等国家流行起来的一种饮食方式，也称"5+2断食法"，这种饮食方式是由英国医学博士麦克尔·莫斯利发起的，是一种新的减肥方法，后经英国广播公司（BBC）科学栏目制作人Michael Mosley推广，成为改良后的"间歇性断食"，即每周中不连续的2d每天只摄取2.1MJ（500kcal，女性）或2.5MJ（600kcal，男性）能量的食物，其余5d自由饮食。间歇性断食是通过减少膳食热量的摄入来实现的，具有减肥减重、调节血糖血脂的作用，以欧美国家为典型代表。

轻断食饮食模式具有以下特点：

（1）碳水化合物对血糖的影响大，血糖升高会导致胰岛素浓度变高，胰岛素可使体内储存脂肪，但碳水化合物的供给热能、解毒和节约蛋白质的功能也不可忽略，因此不建议轻断食日全面禁绝碳水化合物的摄入，应挑选升糖指数低的食物，如燕麦、糙米等。

（2）补充适量蛋白质以保持肌肉健康，保护细胞功能，调节内分泌，促进免疫力，增强体力等，但不建议在轻断食日只摄取蛋白质，轻断食日应将蛋白质纳入允许的热量额度之内，并选择优质蛋白质，比如清蒸白水鱼、去皮鸡肉和虾等。

（3）轻断食日选择低脂烹饪手法和低脂食物，尽量减少脂肪的摄入，减少烹调油，选用低脂食物。如用少油或无油烹调方法，用低脂鸡肉、牛肉代替猪肉；以豆制品代替动物肉类；多食用白菜、黄瓜、海带等低脂食物。

（4）轻断食日减少食盐摄入，采用低盐的烹调方法，如后放食盐、用酸味代替咸味等方法，同时可适量食用富含钙镁的食物，如脱脂纯牛乳和坚果等。

（5）轻断食日适量摄入维生素丰富的食物，如富含 B 族维生素的全麦食品、富含维生素 C 的草莓等食物。

5+2 轻断食膳食模式加上蛋白质的补充对于肥胖体重管理具有显著的减重效果，特别是有利于体脂肪降低和骨骼肌含量的维持，且可操作性强。超重/肥胖人员进行为期 6 周的 5+2 轻断食膳食管理，干预后体重、体重指数（BMI）、体脂肪、体脂率、内脏脂肪面积（visceral adipose tissue，VAT）、腰围（waist circumference，WC）明显降低，骨骼肌和身体总水分没有发现明显降低。

健康与长寿是生命科学永恒的主题。“衰老”是老年病百病之源，弄清衰老机制，对症下药，是延缓衰老的根本之道。*Cell* 杂志的一篇文章系统地解析机体衰老的细胞和分子变化规律，比较了摄入热量减少 30% 的大鼠和正常饮食的大鼠之间的区别。研究表明，当正常饮食的大鼠变老时，其身体发生的许多变化并没有出现在限制饮食的大鼠身上，即使到了老年，减少饮食的大鼠的许多组织和细胞也与年轻鼠的组织和细胞非常相似。节食的大鼠不仅肉眼可见地变苗条，而且各种指征都显示它们比同龄大鼠都更加年轻。

帕金森病（parkinson disease，PD）是一种不可治愈的神经退行性疾病，具有显著的病理特征，包括 α-核蛋白堆积、线粒体功能障碍和氧化应激。靶向线粒体活性和氧化应激可能促进对帕金森病的有益影响。研究发现轻断食饮食可能对帕金森病的线粒体病变有积极影响。它的副作用最小，而且比其他常用的饮食干预措施限制更少。如果没有疾病修正治疗，我们必须继续探索以临床相关病理为目标的新的治疗方法。轻断食可能是一种辅助治疗，以对抗病理生理疾病机制，提高治疗反应。

生酮饮食和轻断食膳食结构对比见表 8-1。

表 8-1　　生酮饮食和轻断食膳食结构对比

膳食结构	优点	缺点
生酮饮食	（1）摄入优质蛋白质； （2）高脂肪增加饱腹感，抑制饥饿素分泌，进而抑制食欲； （3）增加 γ-氨基丁酸（GABA）抑制大脑来抗癫痫； （4）低碳水化合物	（1）脂肪摄入过多； （2）升高高密度脂蛋白胆固醇的同时也会使低密度蛋白胆固醇含量升高； （3）饮食极端，易导致营养素缺失

续表

膳食结构	优点	缺点
轻断食	（1）摄入低热量、低脂肪； （2）刺激生长激素的分泌，促进脂肪燃烧，增加蛋白质的合成； （3）降低低密度脂蛋白胆固醇水平和甘油三酯水平	（1）肌肉量下降； （2）激素水平不稳定，易导致脾气不稳定、挑食等现象； （3）对机体肠道微生物群产生影响，损害新陈代谢和健康

随着时代发展，我们的饮食习惯也发生了巨大的变化，高能量摄入已成为生活的“常态”，每天摄取的能量也普遍超标。轻断食正迎合了低热量的饮食趋势，主要应用于以下人群：①糖耐量异常人群，糖耐量异常（impaired glucose tolerance，IGT）是血糖稳态状态向糖尿病发展的过渡阶段，IGT 患者发生大血管病变、微血管病变的危险性明显增加；②“三高”人群，即高血脂、高血糖、高血压；③减重人群。

三、 我国居民膳食健康

根据我国经济、居民健康、科学研究等方面情况，中国营养学会以营养学为基础定期推出新的符合我国大众的膳食建议。

（一）合理营养

合理营养（rational diet）通过向人体提供种类齐全、数量充足、比例合适的各种营养素，并与人体需要保持平衡的膳食，是人类提高生存质量、延长生存年限、保持健康状态的有效方法。合理营养能提供足够的热量和营养素，满足人体正常生理需要，而且还要保证各种营养素之间的平衡，且利于吸收和利用，能防止营养缺乏病的发生。合理营养要根据具体人体的不同年龄、性别、运动量和生理等状况，确定每人每日各种营养素的需要量，同时考虑各种营养素的质量和比例：①为人体提供的能量和营养素种类齐全、数量充足、比例适当，并与机体的需要相平衡，平衡膳食是合理营养的核心要求，是达到合理营养的手段，但人体对营养素的需求因年龄、性别、劳动强度等也存在差异，所以人群不同，食物的选择和搭配也不相同；②烹调加工赋予食物不同的感官性状，同时还能杀灭病原微生物，保证食用安全，食物中的某些营养成分经烹调加工后，更易被消化吸收，但不合理的烹调加工会导致食物中营养素过多流失，甚至会生成一些危害身体的有害物质，所以合理的烹调加工对合理营养也非常重要；③合理的膳食计划是指根据人体的生理需要、生活、学习、运动量等方面，将全天的食物定时、定量地分配食用的一种方式，主要包括一天的饮食次数、每餐间隔时间、食物能量的分配比例等，一般对健康成年人而言，一日三餐为宜，每餐间隔 4~6h，三餐的能量分配为早餐 30%、中餐 40%、晚餐 30%；④食物为人类提供营养补充，也存在潜在对人体有害的成分，食物中的各种成分的含量都应符合我国食品安全国家标准的规定。

（二）我国膳食指南

膳食指南是根据我国居民实际，以营养学为基础提出的一组食物建议，旨在指导人们合理选择与搭配食物，达到合理营养、减少与膳食有关的疾病，促进健康为目的。我国既有因食物品种单调、短缺、挑选不当，或食用方法不科学而引起的缺钙、缺维生素 A 与维生素 B_2等，也有由于膳食成分搭配不合理，导致由于成分不平衡而引起的营养失调性的疾病，如心血管疾病、脑血管疾病、癌症，这些疾病已位居我国居民死因的前三位。而超重、肥胖则无论在儿童还是成年人中均已成为我国经济比较发达地区居民中的较大问题，目前，中国的营养状况是“不足”与“过量”并存，营养不良现象依然存在，“富裕病”呈上升趋势。因此，对膳食进行科学营养的指导，是十分迫切需要解决的社会问题。2022年4月26日，中国营养学会发布《中国居民膳食指南（2022）》，由2岁以上大众膳食指南、特定人群膳食指南、平衡膳食模式和膳食指南编写说明组成，同时修订完成了中国居民膳食宝塔、中国居民平衡膳食餐盘、儿童平衡膳食算盘三个可视化图形，指导大众在日常生活中进行具体实践。

我国江南及东南沿海一带地区的居民膳食营养状况相对较好，该地区形成的膳食特点从东方传统膳食模式逐渐转变为东方健康膳食模式。《中国居民膳食指南（2022）》首次定义且推荐东方健康膳食模式，该膳食模式的特点是烹调清淡少盐、食物多样、谷物为主、丰富的蔬菜水果、经常吃鱼虾等水产品、大豆制品和乳类等。

2022年中国居民平衡膳食宝塔与2016年相比，更突出每周需要至少摄入2次水产品，乳及乳制品推荐摄入量从300g上调至300~500g，且每日的盐推荐最高摄入量下调了1g。膳食宝塔的更新与膳食指南所推荐的东方健康膳食模式相适应，提倡居民传承我国颇具民族特色的烹饪文化，同时赋予其新时代科学内涵。

（三）中国居民膳食宝塔的应用

1. 膳食宝塔建议的食物量

每天饮水1500~1700mL，食用谷类食物200~300g（全谷物和杂豆50~150g，薯类50~100g），蔬菜类300~500g、水果类200~350g，鱼、禽、蛋类和瘦肉摄入要适量，平均每天120~200g，乳及乳制品300~500g、大豆及坚果类25~35g，盐<5g、油25~30g。膳食宝塔建议的各类食物摄入量都是指食物可食部分的鲜重，各类食物的重量不是指某一种具体食物的重量，而是一类食物的总量。膳食宝塔建议的各类食物每日摄入量是一个平均量，不是每天必须严格遵守的膳食配方。每日膳食中应尽量包含膳食宝塔中的各类食物，无须每日严格按照膳食宝塔建议的各类食物的量吃，重要的是要经常遵循膳食宝塔各层中各类食物的大体比例。在一段时间内（如一周），各类食物摄入量的平均值应当符合膳食宝塔的建议量。

2. 根据自己的能量需求确定食物量

膳食宝塔中建议的每人每日各类食物适宜摄入量范围适用于一般健康成人，在实际应用时要根据个人年龄、性别、身高、体重、劳动强度、季节等情况适当调整。《中国居民膳食指南（2022）》列出了不同能量消费水平的各类食物适宜摄入量，可供个体根据具体情况进行选择。

3. 食物同类互换，调配丰富多彩的膳食

膳食宝塔包含的每一类食物中都有许多品种，虽然每种食物都与另一种不完全相同，但同一类中各种食物所含营养成分往往大体上近似，在膳食中可以互相替换。例如50g瘦猪肉相当于30g牛肉干，相当于80g生鸡翅。又如50g大豆相当于110g豆腐干，相当于350g内酯豆腐。应用膳食宝塔的知识，把营养与美味结合起来，按照同类互换、多种多样的原则调配一日三餐。《中国居民膳食指南（2022）》列出了各类食物的等量互换表，在具体安排食谱时方便进行查询。

4. 保持每日运动

每个人都需要保持足够的日常身体运动，相当于每天6000步或以上，充分利用外出、工作间隙、家务劳动和闲暇时间，尽可能地增加运动的机会，减少静坐的时间，同时，将运动融入日常生活中，每天进行中等强度运动 30min 以上，每周 5~7d，如快走、游泳、乒乓球、羽毛球、跳舞等；每 2~3d 进行 1 次肌肉力量锻炼，每次 8~10 个动作，每个动作做 3 组，每组重复 8~15 次，如二头弯举、颈后臂屈伸、俯卧撑、深蹲；天天进行伸展和柔韧性运动 10~15min，如颈、肩、肘、腕、髋、膝、踝各关节的屈曲和伸展活动，上、下肢肌肉的拉伸运动。将运动的时间列入到每天的日程中，培养运动意识和习惯，有计划地安排运动，循序渐进，逐渐增加运动量。

5. 因地制宜，充分利用当地食物资源

我国幅员辽阔，各地的饮食习惯及物产不尽相同，只有因地制宜充分利用当地食物资源才能应用膳食宝塔实现膳食平衡。例如牧区乳类资源丰富，可适当提高乳类摄入量；渔区可适当提高鱼及其他水产品摄入量；农村山区则可利用山羊乳以及花生、核桃、榛子等资源。

6. 养成习惯，长期坚持

合理营养是健康的物质基础，而平衡膳食又是合理营养的根本途径。根据《中国居民膳食指南（2022）》的条目并参照膳食宝塔的内容来安排日常饮食和身体活动是获得健康的有效途径。膳食对健康的影响是长期的结果，应用平衡膳食宝塔需要自幼年开始，养成良好饮食习惯并坚持不懈，才能充分体现其对健康的重大效益。随着我国社会经济的快速发展，人们工作、生活方式的改变，与膳食营养相关的慢性疾病对我国居民健康的威胁将更加突出，在改善我国居民营养健康的关键时期，适时干预，会起到事半功倍的效果。

第六节　酒与健康

中华酒文化源远流长，可以追溯到夏朝甚至更久远的黄帝时期。传说杜康发现了酒，并且经过尝试后将酿酒手法流传开来。中国传统文化中有很多酒的元素，喝酒可以促进交友，例如“酒逢知己千杯少”；喝酒可以纾解忧愁，例如“一醉解千愁”；喝酒可以让人无所畏惧，例如“酒壮英雄胆”。有很多的文坛大家更是与酒形影不离，“诗仙”李白又被称为“酒仙”，诗作中饮酒诗占了相当大的比重，醉酒微醺后写出了飘逸优美的诗篇。对于陶渊明，酒是他“解忧忘忧”的伙伴，是他释放内心能量的途径，他也写了大量与酒有关的诗作。中华酒文化是物质和精神两种文化的结合，可以清晰呈现出当地民族特色，并受儒家思想影响推崇酒礼和酒德。中华酒文化与中医学交融甚广，酒被用作传统中药方剂。据记载，中华药酒对增强体质、预防疾病方面有着积极的促进作用。我国的白酒、红酒以及啤酒消费量很大，酒业是我们国家的重要产业。2016 年，中国女性的饮酒率是 16%，男性则为 48%。而男性中，45~59 岁年龄段，饮酒率达到 62%。

酒与健康

一、 酒的种类

酒在中国有非常丰富的酿造史和类别，例如有黄酒、红酒、米酒、白酒、啤酒、配制酒等。

按照其制作工艺可分为发酵酒、蒸馏酒和配制酒。

(一) 发酵酒

发酵酒是指利用谷物、果汁等为原料，经发酵而得的低度酒，包括葡萄酒、啤酒、黄酒、米酒和果酒等，是所有酒饮料的基础。对于含有淀粉较高的酿酒原料，例如谷物通常先用酒曲(曲霉)产生的淀粉酶将淀粉糖化，或通过谷物发芽时产生的酶将淀粉分解。酒曲还含有蛋白酶，可以将蛋白质水解为氨基酸为酒增加各种不同的风味。无论是淀粉水解产生的小分子糖还是水果中含有的糖或者是酿造前人为添加的糖都可以作为酵母菌发酵的底物。在酵母菌的作用下，糖分转化为乙醇，同时为酵母提供所需的能量。不同的酒曲产生的发酵产物不同，酒的风味也不同。

(二) 蒸馏酒

蒸馏酒是指把上述发酵原酒或发酵醪糟以及酒醅等通过蒸馏而得的高度蒸馏酒液，包括我国的白酒、法国的白兰地、威士忌、金酒、伏特加、朗姆酒、龙舌兰酒等。蒸馏酒是由挥发性的分子组成的。蒸馏酒经过酒精蒸发冷凝回收得到，其酒精度更高，香气成分也得到了浓缩，但是同时甲醇、杂醇油等含量可能也较高，产品应符合国家食品安全标准要求。

(三) 配制酒

配制酒主要是以发酵原酒或蒸馏酒为酒基，配以一定的物料呈色、香、味，经过规定的工艺过程调配而成，包括鸡尾酒、利口酒等。市面上现在流行多种低度数配制酒，微甜带着水果香气的口味，有可能还有气泡，深受年轻人喜爱。浸泡酒也是属于用现有的白酒或黄酒进行食材或药材的浸泡得到的酒、常见如药酒、青梅酒等，有时也有较高的酒精度。

不同种类的酒其酒精度差异较大，例如低浓度型啤酒的酒精度约为 2%，普通中度啤酒酒精度约为 3.5%，酿造果酒酒精度约为 10%，有些米酒酒精度可以达到 20%，常见的蒸馏酒的酒精度也在 30%~53%，也有些白酒酒精度甚至可以到达 80% 以上。

二、 酒的成分

对于低度酒而言，其主要成分是水，其次是酒精。依照酒的香气类型不同，分为酱香、陈香、窖香、焦糖香、花香、果香和米香等，其香气成分除了酒精还有乙酸乙酯、乳酸乙酯、辛酸乙酯、棕榈酸乙酯、亚油酸乙酯等脂肪酸酯，另外还有异戊醇、异丁醇等杂醇类及醛类、酮类、精油等其他芳香型风味物质。除此以外，发酵酒还有氨基酸、葡萄糖、维生素、黄酮类、白藜芦醇、花色苷等小分子活性物质。然而，这些小分子物质相对于酒精来说一般都含量很低，对于酒的功效评价要考虑不同组成物质的含量及机体内的剂量效应。

三、 酒的吸收与代谢

对于酒来说，最需要关注的成分是其中酒精的吸收和代谢。酒精在体内吸收速度很快，在胃中可以吸收约 20% 的酒精，在肠道中可吸收 80% 的酒精。少量饮酒后血液中的酒精浓度在约 30min 后达到最大，大量饮酒时约 1h 达到高峰。吸收入血液的酒精在肝脏中进行代谢，乙醇首先经过乙醇脱氢酶将其中的两个氢原子脱掉而代谢成乙醛，然后再经过乙醛脱氢酶脱两个氢原子代谢成 CO_2 和 H_2O。体内若是这两种酶充足，就能较快地分解酒精，即使喝了一定量的酒后，也能较快代谢；若这两种酶含量较低，尤其是乙醛脱氢酶缺少，使酒精不能被完全分解为水和二氧化碳，而是以乙醛继续留在体内，则会造成体内的乙醛浓度积累过高，对身体造成一定的损伤，是造成酒精中毒的罪魁祸首。一个健康的肝脏平均每小时仅能分解 13.6g 乙醇。

四、 酒精的健康危害

《本草纲目》中记载：酒，少饮则和血行气，壮神御寒，消愁遣兴；痛饮则伤神耗血，损胃失精，生痰动火。近年来现代医学研究也发现酒对人体的健康有诸多危害，虽然短期少量饮酒并无大碍，但随着时间和酒精摄入量的增加、积累，酒精对健康的危害会逐渐显现。世界卫生组织通报指出，全球每年超过 300 万人因过量饮酒而被夺去生命，其死亡人数已经超过艾滋病、暴力和交通事故死亡人数的总和。饮酒是人类第七大致死和致残因素，过量饮酒可以导致身体的急性和慢性损伤。

（一）急性损伤

短期饮酒过量会对身体产生急性危害。①消化道的刺激。高浓度的酒精可以使蛋白质变性，当饮用的高度酒进入消化道后，会对食管黏膜，胃肠黏膜发生化学性损伤，可导致肠功能紊乱、胃出血、胃炎等。②对神经的麻痹作用。大量饮酒，可以引起急性酒精中毒，对神经有麻痹作用，人们会逐渐失去理智。在神志不清的情况下呕吐可能引发窒息，甚至死亡。③引发低血糖昏迷。如果人在空腹饥饿时饮酒，乙醇会很快吸收到血液里，可刺激胰岛 B 细胞分泌出大量胰岛素，使血糖浓度降低。同时，乙醇迅速进入肝脏，还能抑制肝糖原的分解和异生，促使低血糖的出现。④引发急性心肌梗死等。喝酒可以引起交感神经兴奋，加重心肌耗氧量，增加心脏负担，诱发冠状动脉痉挛，从而引起冠心病患者发生心肌梗死。不同人因为体液量、饮酒速度的不同，酒精中毒量因人而异。一般人的中毒剂量为 70~80g，致死量为 200~500g。

此外，饮酒要非常注意避免发生双硫仑样反应。双硫仑样反应在乙醇的联合作用时可以抑制肝脏中的乙醛脱氢酶，使乙醇在体内氧化成乙醛后不能再继续分解氧化，蓄积的乙醛将产生一系列的反应。头孢菌素如头孢哌酮、拉氧头孢、头孢美唑、头孢孟多、头孢甲肟、头孢替安以及甲硝唑、替硝唑、呋喃唑酮等都可与酒精发生双硫仑样反应，表现为四肢无力、软弱、嗜睡、眩晕、幻觉、头痛、恶心、呕吐、胸闷、全身潮红、虚脱、惊厥，甚至血压下降、呼吸抑制、休克等反应。一般双硫仑样反应非常迅速，酒和头孢类在血液相遇，不到 2min 就可能发生过敏性休克，不及时救治可引起死亡。如果服用上述抗生素药物，1 周之内不能饮酒；同样，喝酒之后，1 周内不能服用此类药物。

（二）慢性损伤

大量研究表明，长期过量饮酒可以导致多个方面的损伤或疾病。喝酒可以引起单纯性脂肪肝、酒精性脂肪肝炎甚至是肝硬化。酒精是 2 型糖尿病重要的致病因素，饮酒会引起血糖的波动变大。酒精对血尿酸水平也有很大的影响，尤其啤酒鸟苷酸嘌呤含量很高，是诱发痛风的危险因素。此外，酒精消耗患者其幽门螺杆菌感染的概率较其他人群明显增加。酗酒是促进心梗、脑梗的重要因素。酒精也被世界卫生组织认为是 I 类致癌物，即有足够证据证明对人体致癌；美国临床肿瘤学会声明，41% 的口腔癌、23% 的喉癌、22% 的肝癌、21% 的食管癌、13% 的结直肠癌、女性 16% 的乳腺癌，均与饮酒有关。过量饮酒还会造成股骨头缺血，坏死等。除此以外，酒精对神经系统有直接的神经毒性作用，能够使人血脑屏障的通透性增大而导致中枢神经损害，大脑萎缩，造成空间记忆能力减退、平衡能力衰退等。酒精依赖者常常存在较多的心理问题，表现为焦虑、敏感、多疑、回避现实、抑郁等。饮酒还会影响生殖能力，生殖健康关系着人类的未来。男性长期过量饮酒会导致精子数量减少。孕妇饮酒可产生"胎儿酒精综合征"，引起流产、死产、早产、胎儿畸形尤其是心脏发育畸形。

五、关于饮酒的建议

酒精对人体健康的危害是毋庸置疑的，但是酒精有没有安全剂量呢？有研究表明乙醇的代谢产物乙醛对DNA会造成突变，尤其是乙醛脱氢酶有问题的人，酒精危害更大。《柳叶刀》2018年发表文章称，每周摄入纯酒精的上限为100g，相当于5瓶酒精度为4%的啤酒，或875mL酒精度为13%的葡萄酒，超过这一剂量会增加罹患中风和心脏疾病的风险。

我们除了尽量减少饮酒的量还可以通过以下途径减少饮酒带来的危害。首先可以去检测个人的乙醛代谢酶水平，知道自己到底适不适合饮酒。如果饮酒，建议选择低度酒，小口品尝，不要大口猛灌，减少酒精摄入量。喝酒前先吃富含淀粉和高蛋白的食物，减缓酒精的吸收速度，同时减少对消化道的刺激。还可以补充一些含糖的水果，对减轻酒精的危害有一定的帮助。喝酒过程中多喝水，加速酒精排除。大家要控制饮酒量，切莫劝酒和贪杯，保持身心健康。

第七节　调味品与健康

调味品是家庭烹饪和食品工业中不可缺少的物料，合理添加能够赋予和改善食品的色、香、味，满足人们的感官需求。调味品既是食品加工的原辅料，也是终端消费品；既可提高食品品质，也与人体健康密切相关。

一、调味品的分类及特征

伴随食品工业的发展，调味品的种类日益繁多，风味各异，根据不同的标准可对调味品进行不同的分类，见图8-1。

（一）按照来源分类

1. 天然调味品

天然调味品包括自然生长的植物的果实、根、茎、叶、皮等，如生姜、八角、桂皮；还包括以自然界中固有的动植物、水产类、酵母等为原料，通过分解、物理提取等工序制成的具有调味功能的产品，如糖、鸡精、酱油等。

2. 人工调味品

人工调味品，又称化学调味品，是指用人工化学合成方法制成的调味品，如乙基麦芽酚、糖精、甜蜜素等。

（二）按照呈味成分分类

1. 单味调味品

单味调味品，又称基础调味品，由单一调味原料构成。单味调味品根据味别不同，又可进一步分为：酸味调味品、甜味调味品、咸味调味品、鲜味调味品和香辛料调味品。

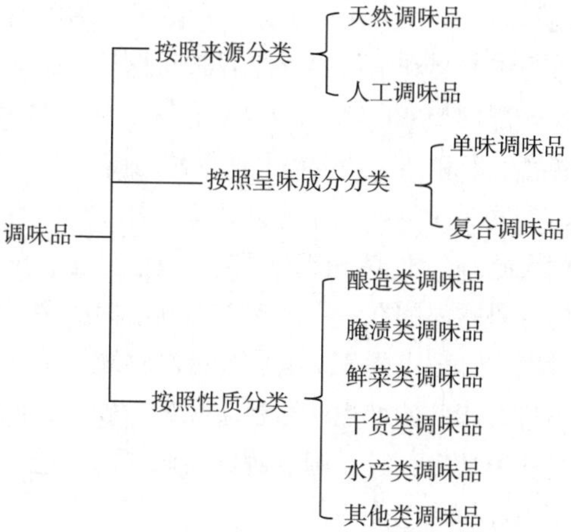

图 8-1　调味品的分类

2. 复合调味品

复合调味品是指以两种或两种以上的调料为原料，添加（或不添加）油脂、天然香辛料和动植物等成分，如复合增鲜料、复合香辛料、渍裹涂调料等。

（三）按照性质分类

1. 酿造类调味品

酿造类调味品，又称发酵调味品，主要是指以粮食、谷物为原料，经微生物发酵制成的调味品，如食醋、酱油等。

2. 腌渍类调味品

腌渍类调味品一般是指以蔬菜为原料，借助微生物及蔬菜细胞内酶的作用，将蔬菜内的蛋白质、碳水化合物等转变成具有特殊风味的成分，如榨菜、泡椒、泡菜等。

3. 鲜菜类调味品

鲜菜类调味品是指含有呈味成分的新鲜植物，如葱、蒜、生姜、鲜辣椒等。

4. 干货类调味品

干货类调味品是指含有呈味成分的干燥的植物根、茎、叶、果实、种子，如胡椒、花椒、八角、小茴香、桂皮等。

5. 水产类调味品

水产类调味品是以水产品为原料，采用分解、提取或者发酵、浓缩、干燥等工艺制得的可用于食品调味的产品，如虾酱、蚝油、鱼露等。

6. 其他类调味品

不属于前面各类的调味品，包括食盐、味精、食糖、辣椒油等。

二、调味品的活性成分与人体健康

除改善食品的色、香、味外，调味品的营养属性和功能属性受到越来越多的关注，绿色健康概念的调味品正在占领市场高地，成为未来调味品市场的主导。

（一）酸味剂与人体健康

食醋是世界范围内最常用的酸性调味品，主要以粮食、谷物或水果作为原料，经糖化、酒精发酵、醋酸发酵等工艺制作而成。按照生产工艺，食醋可分为酿造醋和配制醋两大类。酿造醋按原料来源又可进一步分为粮食醋和水果醋，酿制时间越长，品质越高。食醋中含有丰富的营养物质，主要成分为乙酸（醋酸）（0.4%~0.6%）、苹果酸、柠檬酸、乳酸等有机酸，同时含有氨基酸、葡萄糖、B族维生素和钙、铁、锌、铜等矿物质元素。

食醋不仅营养价值丰富，同时对维持人体健康具有重要作用。食醋中的挥发性有机酸和氨基酸等小分子能够刺激人的大脑神经中枢，促进胃液、唾液分泌，从而帮助消化，促进食物中营养成分的吸收。食醋中的有机酸能够在一定程度上抑制沙门氏菌、大肠杆菌等多种有害病菌的生长和繁殖，维持肠道健康。食醋中的氨基酸成分可以将酸性体质调整为碱性体质，从而提高葡萄糖耐受力，减少体内过多脂肪的堆积，抑制动脉粥样硬化。此外，食醋尤其是谷物醋中含有川芎嗪、阿魏酸和苯乳酸等成分，具有调节血糖和血脂的功能。果醋中富含多酚物质，经常适量饮用可增强机体免疫力和抗衰老能力。

食醋呈酸性，胃溃疡、胃炎患者和胃酸过多者不宜大量食用，以免引起上消化道出血对身体造成伤害。低血压人群食用一定量的醋会出现头痛、头昏、全身疲软等症状，对醋过敏者食用一定量的醋会导致皮疹、皮肤瘙痒、水肿、哮喘等症状。另外，食醋应当避免与羊肉共同食用，否则会削弱两者的食疗效果，并产生对人体有害的物质。

（二）甜味剂与人体健康

甜味是最受欢迎的滋味之一，能够赋予食品甜味的物质称为甜味剂。按照来源，甜味剂可分为天然甜味剂和合成甜味剂。天然甜味剂，俗称糖，包括单糖、低聚糖、糖醇等。合成甜味剂，又称人工甜味剂，是利用化学方法生产的一类调味品，包括纽甜、甘草酸铵、甘草酸一钾及甘草酸三钾、D-甘露糖醇、甜蜜素、阿斯巴甜等。

甜味剂是日常生活中不可缺少的调味品，不仅能够改善食物的口感，还与人类健康密切相关。运动人群可通过补充适量的糖分提高血糖水平，增加能量供给，节约肌糖原的损耗，减少蛋白质和脂肪酸的供能比例，从而缓解疲劳。但糖的过量摄入会导致龋齿，引发肥胖、糖尿病、高血脂等代谢疾病。

与天然甜味剂相比，合成甜味剂具有甜度高、无热量（或热量低）、无营养价值的特点。传统观点认为，合成甜味剂既能够保证食品的口感，又能降低热量摄入，维持血糖稳定，可让糖尿病患者、肥胖者、嗜甜者放心食用。然而近年来越来越多的流行病学和基础医学数据表明，长期大量食用合成甜味剂（如阿斯巴甜、三氯蔗糖等）会引起肠道菌群结构和组成的变化，进而导致葡萄糖耐受量异常及代谢紊乱的问题，甚至增加易感人群患肥胖、高血压和心脏病的机会。

随着对甜味剂与人体健康关系的不断研究，开发新型甜味剂，满足消费者对营养、功能和味道的多重需求，已经成为食品科学领域的新课题。目前市场上出现了一些新型甜味剂，例如元贞糖，一种以麦芽糊精、阿斯巴甜、甜菊糖、罗汉果糖、甘草提取物等为原料配制而成的食用糖。元贞糖的甜度为蔗糖的10倍，但热量不到蔗糖的8%，具有低热量、高营养的特点，被视为替代蔗糖的新型糖源。

（三）咸味剂与人体健康

咸味是人类最基本的味感，被称为“百味之王”。呈咸味的物质主要是食盐和酱油等，能丰富食物的整体风味，提升口感。

1. 食盐

食盐是最典型的咸味剂，主要成分为氯化钠，未精制的食盐中同时含有氯化钾、氯化镁、硫酸镁等成分，呈咸苦味。氯化钠是机体内重要的电解质，对维持细胞内外水分恒定、酸碱度恒定以及渗透压平衡具有重要作用。食盐的摄入要适量，过多或过少都会对人体健康造成不利影响。《中国居民膳食指南（2022）》推荐每人每日的食盐摄入量以不超过5g为宜。世界卫生组织/联合国粮农组织（WHO/FAO）联合专家委推荐成人每天的食盐摄入量不超过4g。机体内水分恒定主要靠钠离子调节，钠离子浓度升高则含水量上升，因此过量摄入食盐容易导致水肿；相反，钠离子摄入不足容易导致脱水，还会影响胃液的分泌。此外，食盐的过量摄入还会增加患高血压、心脏病、肾病、骨质疏松和肥胖等疾病的风险。氯化钾也是咸味剂的一种，可作为氯化钠的替代品用于运动饮料和低钠食品的生产，既可提供咸味，又可补充钾元素。一些强碱弱酸盐，如苹果酸钠和葡萄糖酸钠，也具有较纯正的咸味，可用作肾脏病人的特殊咸味剂。

2. 酱油

酱油是以大豆、小麦等为主要原料，经发酵、浸提等工艺制成的一种用途广泛的咸味调料。酱油以咸为主，兼具鲜香，可为菜肴增味、添色。根据有无添加焦糖，酱油可划分为生抽和老抽。生抽是一种淡酱油，不添加焦糖，甚至不添加味精和糖，因此更健康，更适合调鲜。老抽属于浓色酱油，在酿造酱油的基础上添加焦糖，适合用来增香提色。酱油营养价值丰富，含有必需氨基酸、B族维生素、有机酸等多种生理活性成分，具有健胃促消化、降胆固醇、抗氧化、预防癌症等功效。作为咸味剂，酱油中也含有一定量的钠离子，高血压、肾病、白内障患者、水肿者不宜多食。

（四）鲜味剂与人体健康

鲜味剂，又称风味增强剂，与其他调味品配合使用能够起到强化其他风味的作用，从而使食品整体风味变得更加柔和、协调。

1. 味精

味精是以玉米、小麦等农产品为原料，经发酵、提取、精制等工艺制作而成，主要成分为L-谷氨酸钠，具有强烈的肉类鲜味。味精本身是安全无害的，如果过量使用或使用不当，就会对人体健康造成负面影响。汤、菜中放入少许味精（0.03%）就可感受到可口的鲜味。过量摄入味精会使人体各神经系统处于抑制状态，从而出现头晕、嗜睡、肌肉痉挛等症状，部分敏感体质者还会出现骨头酸痛、焦躁等症状。此外，过量摄入味精会抑制下丘脑分泌促甲状腺激素释放激素，妨碍儿童骨骼生长。当摄入的味精超过机体的代谢能力时，会直接导致血液中L-谷氨酸钠浓度升高，阻碍人体对矿物质元素的利用，特别是L-谷氨酸钠可与血液中的锌结合，生成不能被人体利用的谷氨酸锌，导致缺锌症状的发生。除用量外，使用味精时还应特别注意加热温度和时长。当加热温度超过120℃，L-谷氨酸钠会脱水生成焦谷氨酸钠，不仅鲜味丧失，还有轻微的神经毒性，所以味精一般在出锅前加入，并且在锅中的停留时间不宜超过2min。

2. 其他鲜味剂

除味精外，食品加工中常用的鲜味剂还包括鸡精、鲜味肽等。鸡精属于复合鲜味剂，除含有鸡肉和鸡骨的浓缩抽提物外，还复配有淀粉、呈味核苷酸二钠、食盐等成分，营养价值丰富，具有开胃、助消化的作用。鸡精中含有核苷酸，痛风患者应当忌食。鲜味肽主要是通过蛋白酶水解蛋白质获得，包括二肽、三肽及多肽等，呈现复合鲜味，符合“天然、营养、安全”的调味品发展趋势。鲜味肽具有良好的热稳定性，能够显著提升食品的风味品质，增进食欲。

（五）香辛料与人体健康

香辛料主要来源于植物的果实、种子、根、茎、叶、皮等不同部位，具有特殊的辛香或辛辣味道。香辛料在世界范围内广泛使用，历史悠久，香味各异。天然香辛料中含有酚类、萜类、硫化物、生物碱等植物活性成分，除改善食品风味外，还具有健身养肤、增强食欲、调整机体生理的功效。目前已知的天然香辛料有500多种，列入GB/T 12729.1—2008《香辛料和调味品 名称》的有68种。食品加工中常用的香辛料包括大葱、姜、蒜、辣椒、花椒、黑胡椒、白胡椒、桂皮、八角、小茴香等。

1. 大葱

大葱（*Allium fistulosum* L.）为百合科葱属多年生草本植物的茎与叶，是食品烹饪加工中应用广泛的一种鲜菜类调味品。生葱具有强烈的辛辣味，主要呈味成分为二丙基二硫化物、甲基丙基二硫化物等，可去除食物中的异味和腥膻味，熟制后二硫化物分解成相应的硫醇，辛辣味变成香甜味，提升食品的口感。葱中含有胡萝卜素、维生素 B_1、维生素C以及钙、磷、铁等，具有温中补虚、驱寒补气的功效。另有研究表明，葱还具有促新陈代谢、降血糖、降血脂等功能，含有的果胶成分具有抗癌活性。胃肠道疾病、眼疾患者等应当忌食生葱及其制品。

2. 姜

姜（*Zingiber officinale* Roscoe）为姜科姜属多年生草本植物的块根茎，味辛辣，能增香、去腥除膻，被称为“超级调味料”。生姜中的主要活性成分为姜醇、姜烯、姜黄素、姜辣素等，具有抗炎、抗病毒、抗氧化、抗癌等功效。研究表明，生姜中的6-姜酚和姜黄素可通过诱导肿瘤细胞凋亡和抑制肿瘤细胞生长而发挥抗肿瘤作用；姜辣素被人体吸收后，能够抑制体内过氧化脂质的生成，从而起到抗氧化、延缓衰老的作用。此外，生姜及其制品可以降低胆汁中黏蛋白的含量，有利胆功效。生姜性温，支气管哮喘、痔疮、眼疾、发热患者应忌食。

3. 蒜

蒜（*Allium sativum* L.）为百合科葱蒜属一年或两年生草本植物的地下鳞茎，味辛辣，主要呈味成分为二烯丙基二硫醚、二烯丙基三硫醚、二烯丙基二硫化物、丙基烯丙基二硫化物，能促进胃液分泌，帮助消化，增进食欲。大蒜中含有6%～7%蛋白质、0.2%脂肪、22%～25%碳水化合物、多种氨基酸、丰富的维生素A、维生素 B_1、维生素 B_2、维生素C以及钾、磷、镁、钙、锌、硒等，具有良好的药用价值。蒜中的主要活性成分是含硫有机化合物，具有抗氧化、防腐抑菌、降血糖、降血脂、抗肿瘤和抗癌等多种生物活性。腹泻、癫痫、眼疾、气喘、皮肤病患者应当忌食大蒜及其制品。

4. 辣椒

辣椒（*Capsicum annuum* L.）为茄科辣椒属一年生草本植物的果实，富含维生素C、β-胡萝卜素、黄酮类化合物以及钙、铁、锌等，辛辣成分主要为辣椒素和二氢辣椒素。古代中医学认为，辣椒具有健胃消食、活血化瘀、散寒暖胃的作用。现代研究表明，辣椒中的活性成分具有抗氧化、抗癌、预防心脑血管疾病和降血糖的功效。辣椒素和二氢辣椒素能够加速肾上腺素分泌，促进新陈代谢，抑制体内脂肪蓄积，从而达到减肥的效果。辣椒辛热，不适合痔疮、眼疾、胃肠功能不佳、产妇、口腔溃疡患者等食用。

5. 花椒

花椒（*Zanthoxylum bungeanum* Maxim）为芸香科花椒属多年生落叶小乔木的干燥成熟果实。花椒素有“调味之王”的美誉，味辛、香气浓郁，能够定麻味、增香辛和去腥除膻，既可单独使用，又能与其他香辛料混合成粉状使用。花椒中的挥发油、花椒碱、香豆素等化学成分具有镇痛抑菌、杀虫解毒、抗炎、抗氧化、抗肿瘤的药理活性，但糖尿病、癌症（湿热型）患者应当忌食。

6. 黑胡椒、白胡椒

黑胡椒、白胡椒（*Piper nigrum* L.）为胡椒科胡椒属木质攀援藤本植物的干燥成熟果实。胡椒是最常见的食用调味品之一，性温热、味辛辣，能祛腥提味、解除油腻、增进食欲。胡椒中含有粗蛋白质、粗脂肪、可溶性氮以及挥发油，主要活性成分为胡椒碱，具有防腐抑菌、散寒健胃、抗肿瘤以及降脂减肥的功效。发热、糖尿病、痛风、关节炎、痔疮、支气管哮喘患者等应忌食胡椒及其产品。

7. 桂皮

桂皮为樟科樟属植物肉桂［*Cinnamomum cassia* Presl］的树皮，被视作“最古老的香料”。桂皮水提物中的有效成分主要为桂皮醛及其衍生物，具有抗炎、杀菌、镇痛的作用。桂皮中的桂酸对肺腺癌细胞的增殖具有明显的抑制作用。此外，研究证实桂皮中含有的羟甲基查尔酮具有降血糖活性。支气管哮喘、糖尿病、癌症（湿热型）患者应当忌食桂皮及其产品。

8. 八角

八角（*Illicium verum* Hook. F.）为八角属茴香科植物的干燥果实，是食品工业中必不可少的一种调味品，也是人工配制五香粉的主要原料之一。八角中含有粗蛋白质、粗脂肪、挥发油等成分，具有祛湿、健胃、治疗消化不良等药用价值。此外，八角中提取的莽草酸可用作合成抗癌药和抗甲型或乙型流行性感冒药物的天然植物成分。支气管哮喘、糖尿病、痛风患者应当忌食八角及其制品。

9. 小茴香

小茴香（*Foeniculum vulgare* Mill.）为茴香属伞形科植物茴香的干燥成熟果实，呈灰色，香气浓郁，略有甜味，被广泛用作食品调味香料。小茴香性热，可助脾开胃、理气消食、祛风散寒，具有很高的药用价值。支气管哮喘、糖尿病、痛风患者应当忌食小茴香及其制品。

第八节 休闲食品与健康

一、 休闲食品的种类

休闲食品，俗称零食，属快速消费品的一类，是人们在闲暇、休息时供零星食用的食品。如各种小吃、糕点、炒货、果品、糖果、饮料、坚果等。零食不像主食、副食受人重视，但零食在饮食结构中的地位从来没有动摇过。零食在人们的生活中，正成为不可或缺的“加餐食品”，各种包装艳丽的蜜饯、干果、口香糖等休闲食品在商超货架上占据了显要的位置，人们外出旅行、走亲访友时，休闲食品成了必不可少的“贴身伴侣”。随着生活方式的改变，一些家庭也开始有了集体享受休闲食品的习惯，休闲食品逐渐成了一种增进亲情、沟通情感的“润滑剂”。休闲食品可分为九大类，见表8-2：

表 8-2　　休闲食品的种类

分类	食物名称
谷物类制品	
膨化	虾条、薯片、爆米花、雪饼、虾酥、玉米棒
油炸	方便面、调味面制品（辣条）
烘焙	酥性饼干、薄脆饼干、曲奇饼干、夹心饼干、威化饼干、蛋卷
果仁类制品	花生、松子、榛子、杏仁、核桃、开心果、白瓜子、葵花籽、西瓜籽等
薯类制品	地瓜干、芋头干
糖食类制品	果冻、果脯、果丹皮、话梅、硬糖、奶糖、软糖、夹心糖、纯巧克力糖、夹心巧克力糖
派类、蛋糕类	红豆派、菠萝派、苹果派、蛋黄派、巧克力派、蒸蛋糕
肉禽鱼类制品	鱼片、肉松、牛肉干、猪肉干、鱼松
干制水果类制品	菠萝干、葡萄干、红枣干
干制蔬菜类制品	萝卜干、红萝卜干、金针菜、玉兰片、梅干菜
海洋类制品	海苔、鱿鱼丝

二、日常休闲食品的选择

（一）干果

干果是果实果皮成熟后为干燥状态的果子，干果分为裂果和闭果。闭果：果皮、果壳不开裂，如花生、瓜子。裂果：干果的壳在成熟后开裂，如开心果。干果大部分含有丰富的蛋白质、维生素、脂质、矿物质等。板栗素有“干果之王”的美誉，在国外还被称作“人参果”，果实含糖和淀粉高达 70%，蛋白质 7%，还含有脂肪、钙、磷、铁、维生素（维生素 C、维生素 B_1 和 β-胡萝卜素）和矿物质，中医认为，板栗有补肾健脾、强身健体、益胃平肝等功效，被称为“肾之果”。榛子，被称为“坚果之王”，形似栗子，外壳坚硬，果仁肥白而圆，有香气，富含蛋白质、脂肪、糖类、维生素，维生素 E 高达 36%。

（二）酸乳

国家标准规定酸乳中不得添加苯甲酸作为防腐剂，国家标准中推荐纯酸牛乳的蛋白质含量不得低于 2.9%，调味酸牛乳的蛋白质含量不得低于 2.3%，并要求在标签上标明含量。活性乳酸菌数越高越好。若在生产过程中污染其他细菌，那么随着时间的延长，酸乳会在乳酸菌或其他污染菌的作用下继续发酵而变质，产生的有害气体导致涨袋或涨杯。酸乳包装出现涨袋、涨杯时就不要购买或食用。

饮用酸乳注意事项：①空腹不宜喝酸乳；②酸乳不能加热喝；③不能用酸乳服药；④喝完酸乳一定要漱口；⑤婴儿不宜喝酸乳（虽然酸乳是经乳酸发酵的食品，乳酸对人体有益，但是 3 个月内的婴儿体内代谢乳酸的酶系统不够健全，喝酸乳后不易消化，可能引起腹泻、呕吐症状，无益反而有弊)。

（三）水

矿泉水和自来水的主要区别在于其中某种矿物质或微量元素的含量高，对特定人群有保健作用。饮用矿泉水应有针对性，缺什么补什么。例如，有缺锌症状的儿童饮用高锌矿泉水就会有益身体健康。反之，如果不缺锌，饮用水或其他食物中锌供给又很充足，就没有必要饮用这种矿泉水。矿物质和微量元素长期过多摄入会沉积在体内，可能会引发某种疾病，最常见的就是肾结石。

纯净水用符合生活饮用水卫生标准的水作为水源，采用蒸馏法、去离子法、离子交换法或反渗透法等去除水中的无机或有机物质，通过臭氧装置进行灭菌并在百级清洁度的密闭条件下灌装，不含任何添加物，外观澄清透明无悬浮物。

不管是碳酸饮料、营养保健型饮料，还是当前许多家庭热衷的纯净水和矿泉水，都不宜代替白开水作为人的主要饮用水。饮用白开水不光满足儿童对水的生理需要，还能为他们提供一部分矿物质和微量元素，而矿物质和微量元素太多或太少都不利于人体健康。烧开的自来水冷却至25~35℃，此时水的生物活性增加，最适合人的生理需要。

（四）饮料

一些五颜六色的汽水主要成分是人工合成甜味剂、人工合成香精、人工合成色素、碳酸、水，是经加充二氧化碳气体制成的。除含一定的热量外，几乎没有其他营养成分。值得注意的是那些色泽特别鲜艳的汽水里面含有大量的人工合成色素和香精对儿童存在潜在的伤害，过量色素和香精进入儿童体内后，容易沉积在他们未发育成熟的消化道黏膜上，引起食欲下降或消化不良，干扰体内多种酶的功能，对新陈代谢和体格发育造成不良影响。

（五）果汁饮料

市场上的果汁饮品，大部分只含10%~30%的果汁，小部分的果汁含量只有5%，一瓶标着“果汁饮品”的橙味饮料，果汁含量只有2.5%。除了纯果汁外，几乎找不到含量不高于50%的果汁饮料，也就意味着，果汁饮料其大量的成分都是水、糖、色素及各类添加剂。当水果压榨成果汁时，果肉和膜被去除，在这个过程中维生素C也大大减少了。

（六）膨化食品

膨化食品是一类以谷物、薯类或豆类为主要原料，经焙烤、油炸或挤压等方式膨化而制成的，具有一定膨化度的各类酥脆食品。膨化食品属于高油脂、高热量、低粗纤维的食品，从膳食结构分析具有一定的缺陷，只能偶尔食用。长期大量食用膨化食品会导致油脂、热量摄入高，粗纤维摄入不足。如果运动不足，会造成人体脂肪积累，出现肥胖。大量食用膨化食品，会影响正常饮食，导致多种营养素得不到保障和供给，易出现营养不良。膨化食品中普遍高盐、高味精，会导致孩子成年后罹患高血压和心血管病。这些对于孩子的健康成长都是不利的。

膨化食品中所含脂肪腐败引起过氧化值升高，会导致孩子胃肠不适、腹泻甚至肝损伤。选购膨化食品时，要选择品名、配料表、净含量、厂名、厂址、生产日期、产品标准和保质期等标识标注齐全的产品，尽量到信誉好的商场、超市购买。为了防止膨化食品被挤压、破碎，防止产品油脂氧化、酸败，不少膨化食品包装袋内要充入气体，因此，购买时查看外包装，若发现包装泄气，则不要选购。

（七）果冻

市场上销售的果冻，绝大多数是采用海藻酸钠、琼脂、明胶、卡拉胶等增稠剂，加入少量人工合成的香精、人工着色剂、甜味剂、酸味剂等配制而成。虽然，海藻酸钠、琼脂等属于膳食纤维类，但摄入过多会影响脂肪、蛋白质的吸收，尤其是会使铁、锌等无机盐结合成可溶性或不可溶性混合物，从而影响身体对这些微量元素的吸收和利用。

选购果冻时，要选择品名、配料表、净含量、厂名、厂址、生产日期、产品标准和保质期等标识标注齐全的产品，并尽量到一些信誉比较好的商场、超市购买，以保证买到质量较好的产品；再者，看果冻的颜色，那些色彩鲜艳的果冻往往添加了较多的色素；还要看配料表中是否添加了防腐剂和甜味剂，产品中的防腐剂和甜味剂属于人工合成的添加剂。

(八) 饼干

饼干分为酥性饼干、薄脆饼干、曲奇饼干、夹心饼干、威化饼干、蛋卷等种类，饼干存在的质量问题主要是菌落总数超标，标签标注不规范。消费者在购买饼干时首选规范超市，正规企业生产的产品；要选购包装质量好的产品，好的产品包装可避免流通过程中引起的二次污染；选购保质期内的产品，最好是近期生产的产品。

(九) 糖果

糖果存在的质量问题：蛋白质含量不符合标准；食品标签不规范；食品添加剂不符合标准要求。选购糖果时要选择外观色泽正常、均匀、鲜明，香气纯正，口味浓淡适中，不得有其他异味；糖果的外型端正，边缘整齐，无缺角裂缝，表面光亮平滑、花纹清晰，大小厚薄均匀，无明显变形；无肉眼可见的杂质。

(十) 凉果蜜饯类

凉果蜜饯类包含话梅、凉果、蜜饯、果脯和瓜果干等。凉果蜜饯中常添加有糖精、甜蜜素、色素和防腐剂。一些批准使用的防腐剂如苯甲酸、山梨酸钾、亚硝酸盐等，也可能会在一定程度上抑制骨骼生长，危害肾脏、肝脏的健康。

三、 常吃休闲食品的利弊

目前对零食消费有两个极端，要么过度吃零食，要么惧怕吃零食，对零食消费不理性、不科学。一般吃零食是细嚼慢咽，即慢食，慢食对健康有益，能够健脑、抗衰老、预防疾病、美容等。在愉悦的环境中吃零食，起到养生和预防疾病的作用。不能食用正餐或正餐质量不佳，有零食在手可起到临时充饥作用。零食品种多样，有荤有素，兼有“主食”和“副食”的功能。

多数零食耐嚼，如瓜子、坚果，能起到健齿作用，既锻炼了牙齿，又有健脑作用。瓜子里面含有丰富的锌，可以帮助皮肤新陈代谢。如果每天坚持嗑数十粒瓜子，可使皮肤光洁亮丽。

吃零食能够缓解紧张情绪，消减内心冲突。当手拿零食时，零食会通过手的接触和视觉，将一种美好松弛的感觉传递到大脑中枢，产生一种难以替代的慰藉感，有利于减轻内心的焦虑和紧张。在紧张工作或学习的间隙，吃点零食，可以转移人的思维，使人的精神得到更充分的放松。

倘若经常吃零食，如方便面、饼干且替代一日三餐，必然会造成肠胃消化活动规律的破坏，严重影响食欲；零食中的酸、甜、咸各种味道都有强烈刺激，经常吃会对味觉造成破坏，导致味觉迟钝；经常吃零食，会打破饮食规律，对身体器官产生危害，严重时可能会危及生命；

经常吃零食会加重肠胃负担，使肠胃经常处于紧张状态，得不到休息，而减弱消化器官的工作能力，引起消化不良症；不分时间、场合地吃零食，不仅损伤身体，还会养成不良饮食习惯，造成疾病的侵害；随意扔零食包装，对环境造成破坏，影响他人生活。

四、 健康零食

零食常常被认为会影响正常膳食，对健康不利。在现代生活工作中，生活节奏加快，进餐时间越来越短，营养摄入难免不全面，适当补充一些休闲食品，可以补充正餐营养摄入的不足，同时还可抗疲劳，缓解压力，这些有助于补充营养、调节身体的零食就是健康零食。

选择零食不仅要从口味和喜好上出发，更要选择健康的零食，这样既能享受零食的快乐，又能补充能量和营养。每天食用的水果和蔬菜不局限于新鲜果品或蔬菜，健康美味的干果也发挥神奇的功效，能帮助肠胃蠕动还能够提供能量。由于果干、蜜饯等加工过程中加入了糖或盐，食用干果要养成喝水的习惯，少喝含糖饮料。

市场上根据不同人群的营养健康状况和膳食补充需求生产了多种健康代替品，如能量棒、果味水、混搭坚果和果干、果汁复配优酸乳等，这些替代品不仅能量低而且含有丰富的营养物质。营养替代品种类及优点见表 8-3。

表 8-3　　营养替代品种类及优点

种类	优点
巧克力全麦棒	组织结构及味道与饼干相同，脂肪含量低、热量少
果味水	含有维生素，糖含量低
复合烤玉米片、全麦脆饼	低钠含量、脂肪含量低、纤维素含量高，干乳酪碎片高钙、高蛋白
干果片	体积小，可搭配食用补充更多营养素
果汁复配优酪乳	营养丰富，糖含量低，纤维素含量高，富含抗氧化成分
坚果和干果混搭	饱和脂肪酸含量低，胆固醇含量低，有利于预防心脏疾病，还含有大量的膳食纤维和镁

五、 特殊人群休闲食品与健康

特殊人群因为身体方面的原因，膳食之外需要通过休闲食品补充营养。特殊人群健康零食建议见表 8-4。

表 8-4　　特殊人群健康零食建议

人群	休闲食品种类
孕妇	坚果类、花生、瓜子、红枣、芝麻糊、燕麦片、乳制品、益生菌
儿童	坚果类、花生、瓜子、红枣、乳制品、即食果蔬片、果冻、益生菌、肉干
肥胖	坚果类、乳制品、即食果蔬片、燕麦片、能量棒、益生菌

续表

人群	休闲食品种类
糖尿病	全谷物食品、乳制品、益生菌
运动员	果汁、乳清蛋白棒、水果燕麦片、肉干、巧克力牛乳
癌症患者	坚果、即食果蔬片、全谷物食品、益生菌、果汁
老年人	果汁、乳酪、果蔬干、坚果、酸乳、海苔

第九节　茶与健康

茶（*Camellia sinensis*），灌木或小乔木，嫩枝无毛，叶革质，长圆形或尖锐，基部楔形，上面发亮，下面无毛或初时有柔毛，边缘有锯齿，叶柄无毛。野生种常见于我国长江以南各省的山区，长期以来，经广泛栽培。茶叶含有多种有益成分，兼有保健功效。神农尝百草的传说给茶披上了神秘的色彩，我国有悠久的饮茶历史。茶之为饮，药食两用，应用茶叶和茶疗方治病健身、延年益寿，在我国茶号称国饮，是世界上任何饮料所不能替代的，茶本身又是一种文化现象。山茶科植物共有 23 属，380 余种，在我国就有 15 属，260 余种，大部分在云南、贵州及四川一带。在经济新常态下，茶叶发展进入了全新时期，去高端礼品化，回归大众化饮品。茶与健康引起人们越来越多的重视。

茶在当代，已经被视为“天然的健康饮料”，与其他饮料相比，更有独特的优越性。经科学研究茶具备的显著营养保健作用有：提神醒睡，下气消食，醒酒解醉，利水通便，生津止渴，清肺祛痰，消腻减肥，清热解毒等。由于茶饮用的方便性和普及性，方便不同年龄段人们的饮用，使得茶叶的应用范围及营养保健的防治非常广泛。虽然茶有丰富的营养保健作用，但我们仍需科学地看待它，辩证地认识它，对其营养保健功能有一个正确的、符合客观实际的认识。

一、 茶叶分类

茶叶品种繁多，制作工艺技术也各不相同，现在茶叶品种有数百种之多。依据不同的标准，茶叶有很多种分类结果。根据加工方式，绿茶又分为炒青绿茶、烘青绿茶、晒青绿茶、蒸青绿茶、窨花绿茶、蒸压绿茶、再加工绿茶；根据闷黄先后和时间长短，黄茶可分为湿坯闷黄和干坯闷黄，湿坯闷黄又分为杀青后和揉捻后闷黄，干坯闷黄又分为堆积闷黄和纸包闷黄；黑茶可分为湿坯渥堆和干坯渥堆两种；白茶可分为全萎凋和半萎凋；青茶分为跳动做青、摇动做青、做手做青、窨花青茶、再加工青茶；红茶分为小种红茶、工夫红茶、红碎茶、窨花红茶、蒸压红茶、再加工红茶。从产地可将茶划分为川茶、浙茶、闽茶；根据生长环境可分为平地茶、高山茶、丘陵茶；根据季节可分为春茶、夏茶、秋茶、冬茶。常见茶叶分类见表 8-5。

表 8-5　　常见茶叶分类

分类标准	种类	代表茶
茶汤颜色	绿茶	碧螺春、西湖龙井
	黄茶	君山银针、大叶青
	黑茶	普洱茶、茯砖茶、六堡茶
	白茶	白毫银针、仙台大白
	青茶	大红袍、铁罗汉、铁观音
	红茶	祁门红茶、正山小种
发酵程度	绿茶	碧螺春、西湖龙井
	乌龙茶	武夷岩茶、凤凰单枞
	黑茶	安化黑茶、普洱茶、六堡茶
再加工工艺	花茶	茉莉花茶、玫瑰花茶
	紧压茶	黑砖茶、茯砖茶、饼茶
	萃取茶	速溶茶、浓缩茶
	果味茶	荔枝花茶、柠檬茶
	药用保健茶	杜仲茶、降脂茶
	含茶饮料	茶可乐、茶汽水

二、茶叶的特性

（一）绿茶

绿茶的色、香、味特性，与茶的品种、产地、采摘季节、制作工艺有密切关系。对绿茶茶汤有影响的成分有叶绿素、叶黄素、胡萝卜素、黄碱素、花青素及鞣质；绿茶经炒制后有芬芳的香气，主要是受挥发油的影响；绿茶汤有浓厚的茶味，微带苦涩并具有收敛性，由鞣质溶解所产生，鲜叶中的糖、淀粉及纤维素能使茶汤滋味发苦。

（二）乌龙茶

茶叶经晒、炒和焙烤加工之后，色泽乌黑，条索似鱼。乌龙茶多用火烘的方法进行加工，为半发酵茶。乌龙茶的半发酵特性，使其不温不寒，常饮乌龙茶对心血管病、高血压、糖尿病、皮肤病、风湿病、肾病、肝硬化、胃溃疡等具有良好的预防保健作用。

（三）白茶

白茶生产历史悠久，香气清高，滋味浓厚，汤色清亮，有提神醒脑、清热解毒、利尿消食、止渴去腻之功效。

（四）红茶

红茶是由毛茶加工精制而成的全发酵成品茶。茶叶色泽乌润，条索紧细，香气特高，色艳味厚，有温胃健脾、消脂减肥的功效。

（五）黑茶

黑茶是典型的全发酵茶，以普洱茶最为有名，汤色黑润，滋味醇厚，陈香独特，有生津止渴、消食导滞、和胃调中、抑菌治痢、降脂减肥、清凉解毒、消除疲劳之功效。

（六）花茶

花茶是把干燥的茶叶与含苞待放的鲜花混合窨制而成的茶叶。花茶既有茶叶的清凉又有鲜花的温和，二者相得益彰，香气浓郁、滋味醇厚，清香袭人，回味清甜，有消炎解毒、解郁和中的功效。

三、茶叶的成分

茶叶中已知含有500多种化学成分，其中有生理作用的有很多种，如多酚类化合物、萜类挥发油、咖啡碱、果胶物质、生物碱、茶多糖、氨基酸、维生素、蛋白质、茶色素和各种矿物质等。茶叶中含有维生素A、B族维生素、维生素C和肌醇等，还有2%~5%的咖啡碱，10%~20%的茶多酚，3%脂多糖，2%~5%类脂及4%~6%矿物质等。这些成分都为人体所必需。茶叶中所含矿物质，包括50%的钾盐和15%的磷酸盐，其次为钙、镁、铁、锰、铝等，还含有铜、锌、钠、硼、硫、氟等微量元素。

茶叶中含有的维生素具有增加抵抗力，调节脂肪代谢，预防动脉粥样硬化等作用，对人体十分有益。肌醇可用于治疗肝炎、肝硬化、动脉硬化、脂肪肝等疾病。茶多酚（tea polyphenols，TP）是茶叶中酚类及其衍生物的总称，又称茶鞣质或茶单宁。包括黄烷醇类、黄酮类、黄酮醇类、花色苷类和酚酸类，以黄烷醇类物质（儿茶素）最为重要，占茶多酚总量的60%~80%。儿茶素类主要有表儿茶素（EC）、表没食子儿茶素（EGC）、表儿茶素没食子酸酯（ECG）和表没食子儿茶素没食子酸酯（EGCG）四大类，EGCG含量最高，约占儿茶素的50%。茶多酚在鲜叶中含量一般为干物质的10%~20%，是形成茶叶色香味的主要成分之一，也是茶叶中有保健功能的主要成分之一。

四、茶叶的营养功效

茶叶具有多种功能性作用，包括兴奋提神、防龋齿、利尿、止痢、预防便秘、助消化、明目、抗衰老、减轻烟草对人体的危害、消炎灭菌、醒酒、对重金属毒害的解毒作用、抗辐射作用、预防高血压作用、降血脂和抗动脉粥样硬化、降血糖、抗癌、抗突变作用等。

（一）抗氧化、清除自由基

茶多酚作为天然高效的抗氧化剂，可有效地消除体内的自由基。儿茶素类含有多个游离羟基，能提供H^+与体内自由基结合，使之清除过量的自由基。

（二）振奋精神

神经系统主要的功能就是调节人体的生理活动，当个体在进行高强度工作或剧烈运动时，全身各部位都在神经系统的协调下进行，神经系统的控制可以更好地发挥工作、运动的功能和作用。但我们需要清楚地认识到高强度、紧张的、长时间的工作和运动会致使神经系统产生疲劳感，使得神经元的活动不再那么高效，进而降低传递信息的能力，从而降低了个体的反应速度和判断能力。而茶叶中的茶多酚和咖啡碱两种物质的摄入则可有效兴奋中枢神经系统、血液运动中枢，增强大脑皮层的兴奋过程，保证身体在工作、运动过程中的精力集中和清醒状态，防止由于过低的反应速度和判断能力而造成损伤。

（三）消除疲劳

体育运动过程中，人体产生大量的自由基，破坏机体膜，使人产生疲劳感，降低运动能力，甚至损害身体健康，限制体育运动健康功效的发挥。运动在维护人体健康方面有着重大价值，倘若人体在体育运动过程中产生的运动性疲劳不能及时恢复，将降低体育运动的健康功效。茶中的茶多酚为人体提供大量的活泼氢，而活泼氢能够有效清除自由基，缓解人体的运动性疲劳。

运动后体内会产生血清尿素、血清丙二醛等物质，这些物质也会增加人体的疲劳感，而茶多酚能够有效调控这些物质，增强人体的抗氧化能力，进而缓解疲劳感，达到强化运动健康功效的作用，充分发挥体育运动的强身健体作用。

咖啡碱成分能兴奋中枢神经系统、血液运动中枢，增强大脑皮层的兴奋过程，使得工作更持久而不易疲劳。

（四）强化运动系统

氧气是人体循环不可缺少的重要部分，人在运动过程中更需要氧气系统的支持。在体育运动过程中，氧气保持体内细胞活性，并参与细胞的氧化反应产生相应的能力，让人体运动能力更强。简而言之，人在运动过程中利用氧气的分解能力给人体锻炼提供能量，强化运动系统功能，以便更好完成运动。在氧气的辅助与作用下，人体的运动效果更好。若氧气不能有效地参与人体的运动系统，就会降低体育运动的健康功效。茶多酚能有效改善氧气在人体运动系统中的参与量，促进氧气与运动过程中产生的功能物质进行高效交换，始终为人体提供需要的能量，保持运动质量。

（五）防止蛀牙

由于茶叶中含有微量的氟化物，因此长期饮茶可以防止蛀牙。但由于一些人饮茶喜欢在茶中加糖，因此减弱了防蛀牙效果。

（六）保护心肺功能

剧烈运动后，心肺功能会出现一定程度的下降，尤其是自由基的大量产生会降低心脏发出信号的能力，致使心肺功能可能无法正常工作，使其遭受一定损伤。茶多酚作为一种抗氧化物质，能通过中和多余的自由基而使心肺组织免遭损伤，保证心肺功能在剧烈运动期间依然能正常运作。另外，在体育运动前后饮茶可以通过黄酮醇类等抗氧化物质抑制心血管疾病可能的发作，进一步改善个体的身体素质。心肺功能在体育运动中得到有效保护，不仅可以提升运动的健康性，也可以进一步改善人们未来的生活质量和身体素质。

（七）减肥

从科学的角度而言，人的体重可以分为两个部分，分别是体脂和去脂体重。去脂体重主要指的是骨骼、肌肉等身体组成部分，因此对于一个正常的成年人而言，去脂体重不会有大幅度的变化，能够改变的只有体脂部分。茶叶中的咖啡因和 B 族维生素能借助胃液来消除过多的脂肪，此外，茶叶中的儿茶素具有抗氧化、提高新陈代谢、清除自由基等作用，能起到加速脂肪燃烧的作用。故适当饮茶，摄入茶多酚等物质活化体内蛋白酶和脂肪酶，使得体内的胆固醇和甘油三酯的含量下降，减少脂肪堆积，以此达到加速脂肪分解和代谢的目的。采用绿茶提取物饲喂高脂饮食饲喂的小鼠，饮食周期 8 周后，绿茶提取物饮食组显示出较低的胰岛素抵抗，且具有较少的脂肪组织和肠炎症。然而，单纯的靠饮茶减肥并不能有十分明显的减脂效果，要结合饮食、运动一起才能有明显的减肥效果。

（八）维持血液酸碱平衡

茶叶中含有咖啡碱、茶碱等生物碱物质，在体内吸收代谢后产生对人体有益的碱性代谢产物，从而能中和代谢产生过多的酸性代谢产物，维持体内的酸碱环境。

五、 科学饮茶

善于饮茶的人，总是把名茶和好水相提并论，加以品评和鉴赏。好茶没有甘美的水来冲泡，难以显示茶优异的品质，难以发挥其独特的风味。热水浸泡，茶叶中的茶单宁、咖啡碱、蛋白质、氨基酸、果胶质、糖类、色素、维生素类和芳香物质能很快地被热水浸出。水质好坏对茶汤的品质影响很大，关系密切，用水质不好的水冲泡茶叶，水中的某些杂质和茶叶中的物质易发生化学反应，影响色、香、味，破坏茶汤的品质。

用好茶好水，还必须讲究冲泡的方法。较为科学的冲泡，不宜太凉，也不可太烫，水烧开后应稍待一会儿，一般保持在70~80℃为宜。绿茶中的氨基酸，在60℃能溶解出来，鞣酸和咖啡碱在70℃能逐渐溶出，维生素C等在70℃以上就会部分损失，水温再高，茶叶就会过于苦涩。另外，茶叶还含有芳香油，它是茶香味的主要来源，茶叶中芳香油的含量和质量决定了茶叶本身的价值，但芳香油在高温下容易挥发，煮过的茶水就会失去了香味。用保温杯泡茶，使茶叶长时间浸泡在高温、恒温中，不仅使芳香油大量挥发，还造成维生素大量破坏，鞣酸、茶碱被大量浸出，长期饮用会危害健康，也是不可取的。为了保持茶叶中的有效成分免遭破坏，使茶汤清香味甘，最好的冲泡方法是先将开水灌入保温瓶，再用来泡茶。快速冲泡之茶，咖啡碱可全部浸出，但其中所含鞣质则仅可浸出部分，故短时间的冲泡比较合理。隔夜或放置时间较长的茶水，有二级胺存在，这是合成亚硝胺的成分之一，而亚硝胺类化合物有致癌作用，因此不宜饮用浸泡时间较长的茶水。茶的冷、热饮用也有讲究。一般来说，喝温茶体内的火气因茶的凉性而下降，对人有益；喝热茶，则茶的凉性随体内的火气而升散，可使人神思畅爽、耳聪目明；凉茶不仅无清热化痰的作用，且有滞寒、聚痰的弊病，所以冷茶不能喝。

茶中的儿茶素对人体具有保健作用，摄入量不同对健康效应也有所不同：①每天从茶叶中摄取250mg儿茶素，可起到抗氧化作用；②每天摄入400mg儿茶素，可以减轻体重，降低血糖、血压、血脂等导致心血管疾病的危险因子，从而降低心血管疾病的患病风险；③每天摄入600mg儿茶素，可降低前列腺癌的发生风险。每杯绿茶约2g茶叶，其中约含100mg的儿茶素，因此每天至少喝3杯绿茶，才会对身体有健康效应。绿茶不宜反复冲泡，2次冲泡后建议更换茶叶。

我们都知道茶富含矿物质、酚类物质、氨基酸等对人体有益的功效成分，饮用茶对人体有益，但是这只是很笼统的理解，不同体质的人不加区别的饮用茶反而会适得其反。茶的种类与不适宜人群见表8-6。

表8-6 茶的种类与不适宜人群

茶种类	不适宜人群
绿茶	胃溃疡患者、胃寒者、神经衰弱者、失眠症患者、体弱血亏、失血者、缺铁性贫血者、女性经期、孕期、哺乳期
黄茶	缺铁性贫血、失眠症者、缺钙者、动性胃溃疡、泌尿系统结石者、神经衰弱者、肝功能不良者、醉酒者

续表

茶种类	不适宜人群
乌龙茶及红茶	失眠症人群、结石病人、肿瘤患者、贫血、有精神衰弱、胃热、舌苔厚者、口臭者、易生痘者、双目赤红、易上火者、正在服药者、经期女性、孕期女性、哺乳期女性、更年期女性
黑茶	孕妇、太瘦和营养不良者、蛋白质缺乏症者、哺乳期、素食者、贫血者

六、 茶叶的贮藏

由于茶叶质地疏松，孔隙较多，容易吸湿而致发霉变质，失去饮用价值。且茶叶中还含有高分子棕榈酸和萜类化合物，具有高度吸收异味的性质，容易吸收其他物品的气味，使茶叶本身味道发生变化，所以茶叶要注意妥善地贮藏。妥善贮藏必须考虑到包装材料、包装方法和贮藏场所等几个方面。包装材料要无味，防潮性强；包装方法要尽可能密闭，避免与空气接触；贮藏的地方要干燥，避免光线照射。在市面上购到纸袋包装或纸盒包装的茶叶，启用后就应及时移装入密闭的铁盒或大口的玻璃瓶中，置于干燥的地方，避免与有异味的物品相混杂。一般贮藏法，可用热水瓶装入茶叶，用白蜡封口，并缠上胶布，便能保持茶叶香味。霉变的茶叶不宜饮用。

七、 饮茶注意事项

热茶香气宜人，这是由于茶中许多成分在热水中溶解度高，茶叶的挥发油随着温度升高挥发加快，所以热茶较香。但泡茶时应注意，水温度过高会破坏茶中有效成分。

饮茶好处多，但也要适度饮用，过多地饮茶或饮用浓度高的茶对身体反而有害。喝浓茶会影响睡眠，尤其是一些不经常喝茶的人偶尔喝上一杯浓茶，还会感觉心悸、头痛、胃疼，对于神经衰弱的人，可导致彻夜不眠。这是茶中的咖啡因和茶碱作用于人体的缘故。咖啡因和茶碱具有兴奋呼吸中枢和增强心搏作用，可刺激大脑皮层增强兴奋性。

茶叶中的鞣酸进入肠道会阻碍人体对营养物质的吸收和利用，在食用人参、党参等补益药或硫酸亚铁药时忌饮浓茶。鞣酸在体内可与硫酸亚铁形成不被消化吸收的物质，而使硫酸亚铁失去治疗作用。若茶浓且泡煮太久，鞣酸溶出较多，会使消化道黏膜收缩，鞣酸和食物中蛋白质结合成鞣酸蛋白而凝固沉淀，影响食欲、消化和吸收，甚至可出现便秘。

茶多酚能有效促进人体新陈代谢，首先要注意绿茶的浓度，高浓度的绿茶容易对肠胃等器官造成损伤，从而加剧身体负担；其次，新绿茶放置时间短，含有未经氧化的多酚类、醛类及醇类等成分，容易对人的胃肠黏膜造成刺激作用；茶叶具有极强吸附力，潮湿环境易变味变质，应避免和其他味道比较重的食品放在一起，应密封贮藏，放置于干燥阴凉处；再者，饮茶注意饮用量，过量饮用会对身体健康造成伤害。

第十节　早餐、加餐与健康

早餐、加餐与健康

随着生活水平提高，营养过剩引起的健康问题已经引起越来越多人的重视。科学合理的饮食是现代人的追求。早餐、宵夜、下午茶、加餐等饮食方式与健康的关系也引起人们的关注。

早餐乃一日三餐之首，是机体每日摄入的第一顿正餐，是健康饮食的重要组成部分。零食，通常是指一日三餐时间点之外的时间里所食用的食品。一般情况下，人的生活中除了一日三餐被称为正餐食物外，其余的包括宵夜、下午茶、加餐等非正餐，均可称为零食。

人们可以通过一日三餐来满足对营养素的生理需要，但在某些特殊情况下，吃一些零食对身体会有好处。以下将从早餐和零食与能量及血糖代谢、体内消化机制和相关健康影响等关联角度进行介绍。

一、 代谢

食物能为人体提供维持生命、维护健康和保证学习工作所需的能量，这是我们进食的主要目的之一。

早餐被认为是一天中最重要的一餐。早餐与前一天进食晚餐的时间间隔一般可在12h左右，虽然夜晚的新陈代谢效率会下降大约10%，但停止进食的时间较长，不免会产生饥饿感，仍需及时补充体内所需能量。大脑的能量来自机体中聚集于肝脏和肾脏的葡萄糖，并且一般只能贮藏约8h，如果早上起来不进食，机体缺乏维持大脑正常活动的能量，血糖水平下降，人们会发现自己出现了更易疲惫、记忆力下降、反应迟钝和注意力不集中等不良反应，甚至出现低血糖现象。

营养学研究已经证实，机体血糖水平和早餐的质量有相关性。《中国居民膳食指南(2022)》中表明，早餐提供的能量应占全天总能量的25%~30%，从质量上讲，一份营养丰富的早餐应含有谷类、肉/蛋类、乳类/豆类、蔬菜/水果等四类食物。早餐除补充夜间消耗的能量及营养素以外还能满足当天上午的营养和能量需求。每日按时进食营养均衡的早餐，其中的碳水化合物在餐后能够迅速提高血糖含量，并且一定比例的蛋白质和脂肪起到维持餐后2h血糖水平的作用。因而合理膳食结构的早餐可以将血糖水平维持在较高且相对稳定的水平，为整个上午的学习工作提供能量保障。不吃营养早餐的人群每天摄入的蔬菜水果类食物量远低于每日规律性进食营养早餐的人，长此以往就会导致各种营养素和能量的摄入不足。

下午茶，用餐时间介于午餐和晚餐，即下午3点到5点之间，食物以各类小甜点和茶饮料为主。下午茶的历史可以追溯到17世纪的英国，绵延至今。因现代人工作时间延长，工作压力增大，体力和脑力能量消耗大，在晚餐时间到来之前难免出现饥饿感，或是需要进食来缓解压力、纾解情绪，因此下午茶就渐变成现代人日常饮食习惯之一。宵夜，又称夜宵、消夜，是指每日正餐以外，于晚间安排的一次加餐，时间特指休息时间（通常为午夜0时至凌晨4时前）。

城市当中，宵夜跟正餐的选择相差无几，宵夜较晚餐多了一些饱腹感较低的小吃，例如烧烤、糖水以及小炒等。下午茶和宵夜常给人带来“易长胖”“不健康”的印象标签，但其实合理、健康的饮食不仅可以帮助恢复体力和精力，而且对缓解一些慢性病有利；相反地，不合理、不健康的饮食则危害很大。

下午茶和宵夜对于机体健康并非没有可取之处。面对现代社会的高效率、快节奏，下午茶有助于恢复体力。研究发现，下午茶和其他零食不同，其热量大部分用于为人体提供能量，一般不会大量储存在体内。零食的热量会储存到体内，而下午茶同其他正餐一样，相当一部分热量用来供肌体消耗，还可以帮助人们保持精力直到夜晚，进而使得晚餐比较清淡。至于宵夜，婴幼儿和老年人在夜晚可适当补充牛乳、饼干和小点心等；康复病人谨遵医嘱每次进食量有限，可以在深夜适当补充营养，如汤水等易消化的食物；夜间工作的人可通过深夜加餐为机体补充消耗的能量。

那么下午茶和宵夜在什么情况下会导致危害？应先从能量摄入的角度分析。维持体重的关键在于控制每天摄入的总能量要与消耗的总能量基本持平。在活动量较大的情况下，摄取更多热量是合理的。一般情况下，人们夜晚多做静态活动，相对于白天的活动量，消耗热量并不多，并且营养专家认为，晚餐不应吃得比早餐和午餐多。如此，宵夜往往会摄入是多余热量，接近睡眠时间吃东西，吃完倒头就睡，机体无法及时消耗而累积起来导致人体肥胖，诱发一系列疾病。

加餐是需要加强营养，比平时多吃的饮食。正常人一日三餐，加餐包括时间上的加餐和营养上的加餐两种。时间上的加餐是指正餐之间的加餐，如三餐两点；营养上加餐是指在正常饮食中加入更有营养的饮食。高温、高寒等特殊环境工作的人群、长时间加班、高强度体力劳动的人群有必要通过加餐来及时补充机体消耗的能量；糖尿病患者、慢加急性肝功能衰减患者肝硬化患者及康复病人等，可以改善其营养状况、降低并发症的发生率；人们可以通过一日三餐来满足对营养素的生理需要，没有必要再去吃零食。但在某些特殊情况下，吃一些零食对身体会有益处。对老年人而言，适当加餐、吃些零食对身体健康有益处。因为老年人的消化系统功能减退，如胃液分泌减少及消化道各种消化酶分泌减退，导致消化和吸收功能在一定程度上降低。在这种情况下，一日三餐，就不能满足老年人对营养素的需要。因为消化机能减退，若一餐吃得过饱，一时会难以消化吸收，给胃肠道带来较多负担，常常会出现消化不良的症状。如果每餐吃七成或八成饱，在两餐之间感到饿了，吃一点易消化、富于营养的零食，既能保证老年人的正常营养需要，又不会给胃肠造成过重负担。人们应当根据日常需要的营养进行加餐，但不能超过每天的能量与营养需要。

二、 体内消化

人体消化系统各器官协调合作，把从外界摄取的食物进行物理性、化学性的消化，吸收其营养物质，并将食物残渣排出体外，这是保证人体新陈代谢正常进行的重要过程。

评价健康早餐的标准，除营养均衡外还应注意按时进食。“朝莫虚，暮莫实”是中医饮食养生的具体要求。从中医理论来看，辰时（早上 7 点至 9 点）是胃经值班，胃气充盛，此时吃早餐最好，吃好早餐可养护胃气。早上 9 点以后就是脾经当令了，脾经能够通过运化作用把食物变成精血，然后输送到五脏去。

机体从睡眠状态中唤醒过来，进食可以帮助促进肠胃蠕动，而相关研究结果显示，早餐不规律或营养不均衡会造成机体所需的能量和营养素摄入不足，并且难以从其他加餐方式补充获得，这是因为早餐中含有的能量和营养素对胃部消化排空的时间有一定相关性，通过干预机体血液中一类抑制食欲的肠道激素——酪酪肽（peptide YY，PYY）的分泌影响之后食物的摄入状况。早餐没吃好，甚至会引起午餐时的饥饿感增加，容易导致过度摄入的情况，增加肠胃的负担。

早餐还对胆囊排空起到重要推动作用。胆囊胆汁向十二指肠输送的过程称胆囊排空。动力来自胆囊的收缩，由胆囊壁的纵、环形肌节律性地收缩完成。在正常情况下，胆囊排空主要是由进食引起的。排空的快慢与食物的成分、性状有关，尤其是与富含脂肪、蛋白质等食物有关。在进食含脂肪的液体餐后，胆囊压力升高，0.5h后达高峰，容积排空至最小。此后胆囊开始充盈，如果食用混合性固体和液体食物，则需4h胆囊才能排空至最小容积。如果在禁食的状态下，胆囊的容积每间隔1~2h排空约10%。胆囊的排空不是以稳定连续的方式进行的，排空过程中不断呈现短暂而活跃的充盈和排空，浓缩的胆汁排出，肝脏胆汁涌入储存。当胆囊排空受到阻碍时可引起胆囊炎。胆囊颈部结石、炎症时会影响胆囊排空，也可形成白胆汁。

所以之前提出“早餐要吃好，午餐要吃饱，晚餐要吃少”，现在提出“早餐要吃好、吃饱，午餐要吃饱，晚餐要吃少”。而且早餐食物应当尽量丰富。

研究表明，人体在晚间胃排空率较日间低，摄入宵夜会使得人体在第二天对葡萄糖的耐受能力下降，进而影响葡萄糖的正常代谢。常吃宵夜容易引发胃部疾病。一是因为胃黏膜上皮细胞寿命短，2~3d发生一次再生修复，而此过程一般在夜间进行的，如果经常夜间进食，胃肠道无法休息，干扰其黏膜的修复过程；二是夜间睡眠时，长时间滞留胃中的食物促进胃液大量分泌，刺激胃黏膜，久而久之会使得胃黏膜抵抗力减弱，发生糜烂、溃疡，严重的还会导致胃癌。此外，宵夜还容易致胆结石，这是因为人体胆汁中胆汁酸、磷脂及胆固醇保持在一定的比例之间，同时胆汁中还存在晶体聚合抑制因子，这样可以保证胆囊中没有结石形成。多吃食物就会有多的脂肪，有脂肪就会有胆汁酸与脂肪结合，乳化脂肪，这种平衡就破坏了，就会导致胆囊内胆固醇结晶形成，最终导致胆囊结石。

然而针对夜间工作的人群、有需要在夜间进食的病人和其他特殊人群，适量吃宵夜反而可以降低体内代谢紊乱的风险。为减少宵夜带来的损害，晚餐的食量可以适当降低，这能够一定程度上减少宵夜所带来的肠胃道不适的问题。所以，必要性摄入宵夜的情况下，摄入量、食物质量和摄入时间都是值得有针对性群体的研究探讨的。

三、 相关健康影响

日常饮食中，我们应该坚持正餐为主，加餐为辅的健康饮食原则。正餐满足大部分健康人群的正常生活能量需求，加餐为特殊群体补充营养。坚持规律饮食，对保持健康体魄，提高生活质量具有重要意义。

不吃早餐或早餐营养不良引起的低血糖状态会刺激神经中枢促进生长激素分泌；同时，因不吃早餐导致的午餐食物摄入过量，会加剧生长激素的分泌，从而使脂肪组织不断增加，长而久之，大量脂肪组织在人体蓄积，造成超重或肥胖。不吃早餐容易引起机体代谢紊乱，减弱白细胞吞噬能力，造成机体抵抗能力下降其可能机制是人体上午如果没有通过早餐补充足够的能量，就会促进脑垂体和甲状腺分泌激素，从而造成甲状腺功能亢进，使机体处于能量负平衡状态，抵抗力随之下降。此外，合理食用早餐不但可维持身体需要，而且可降低将来发生胃炎、胃溃疡、胆结石、便秘等消化系统疾病，高胆固醇血症、动脉硬化、中风、心梗等心脑血管疾病，糖尿病、骨质疏松等慢性病的概率，提高生活幸福感。

另外，均衡早餐中营养物质的摄入还与人的情绪息息相关：葡萄糖和脂肪酸等可以经消化吸收进入血液对大脑功能产生短期甚至长期的情绪影响；维生素作为强氧化剂，同样对维持脑细胞的健康状态产生作用；此外，色氨酸、胆碱和酪氨酸等营养物质分别是合成5-羟色胺、乙酰胆碱和多巴胺等各种神经递质所需要的原料物质，它们在机体内与大脑积极情绪的表达、记忆力的提升和维持大脑的运动协调能力等重要大脑功能有关。相反，不吃早餐会导致烦躁、易怒等不良情绪的产生，使交感神经亢奋，过多地释放儿茶酚胺，影响免疫器官功能，导致抵抗力下降。

因此，重视并科学合理进食早餐，不仅能够促进生长发育、提高工作效率、预防多种疾病的发生，还在改善情绪方面发挥重要作用。

合理、健康的宵夜不仅可以帮助恢复体力和精力，而且对缓解一些慢性病有利；不合理、不健康的宵夜则危害很大，诱发疾病。如果进食的是高脂肪、高蛋白的食物，容易导致血脂升高；夜间进食太多，或频繁、屡次进食，会导致肝脏合成的血胆固醇明显增多，并且刺激肝脏制造更多的低密度脂蛋白，这是动脉粥样硬化和冠心病的重要诱因之一；正餐以外增加食物时就会产生葡萄糖，诱使胰岛产生胰岛素，久而久之引起胰岛疲劳、病变甚至癌变，易诱发糖尿病；另外，由于很多人会选择烧烤类食物作为宵夜，这类食物中亚硝酸盐、3，4-苯并芘含量高，有致癌的风险；夜宵过饱可使胃鼓胀，对周围器官造成压迫，胃、肠、肝、胆、胰等器官在餐后的紧张工作会传送信息给大脑，引起大脑活跃，并扩散到大脑皮层其余部位，诱发失眠。

科学合理的加餐形式，一方面有利于少食多餐，控制能量的摄入，是科学减肥、管理体重的方法；另一方面针对特殊疾病群体有调控血糖水平、缓解相关病症的作用。优选的加餐食物类型应当主要包括以下几种：①乳及乳制品。牛乳、酸乳、奶片等是优质的钙源，可作为儿童、青少年、老年人的零食。②新鲜水果。柑、橙、苹果、葡萄等是维生素C、β-胡萝卜素、膳食纤维等营养物质的重要来源，而且水果含能量低，营养丰富，适宜作为各年龄段的零食。③坚果。瓜子、花生、核桃、芝麻、果仁等坚果类零食，富含不饱和脂肪酸和蛋白质，但同时含油量高，不宜多吃，特别对于肥胖人群更要控制摄入量。④富含蛋白质的食物。牛肉干、熟蚕豆、茶叶蛋等美味又富含优质蛋白质。与之相对的，有些常见食物需要额外注意，并不适宜作为零食选用：①糖果类。巧克力、水果硬糖等能量太高，摄入过多易引起蛀齿、肥胖等，并且色素等添加剂含量高，容易影响人体正常的生理代谢，导致内分泌失调。②含精制糖的饮料。汽水、可乐和其他甜饮料。含糖分高，糖类食品在体内代谢需要消耗多种维生素和矿物质，因此经常摄入高糖分食物会引起缺乏维生素和缺钙等营养问题。③膨化食品。虾条、膨化饼干等膨化食品制作经过高温油炸、烘焙和挤压，其中铅含量很高，容易与人体中的酶、蛋白质等多种成分结合在一起，损害大脑功能，导致痴呆、发育缓慢、骨软化症等。④油炸食品。如炸薯片、炸鸡翅，有致癌物质丙烯酰胺、胆固醇含量高、反式脂肪酸高。⑤加入色素的各种食品。外观颜色特别鲜艳的食品，大量添加人工合成色素，对人体没有营养益处，甚至不利身体健康。

综上所述，人们应当合理安排一日三餐，并且根据自身学习工作的实际情况以及个人健康状况，辅以科学加餐，以实现均衡营养、健康发展为目标。

思考题

1. 进食速度是如何影响人体健康的？
2. 在家进食和外出就餐对健康有何影响？
3. 素食的优缺点是什么？
4. 素食主义者如何吃得健康？
5. 什么是热餐和冷餐？
6. 加热对食品的影响有哪些？
7. 简述辣味在食品中的来源。
8. 简述辣味食品从哪些方面影响人体健康。
9. 生酮饮食模式的作用及风险有哪些？
10. 轻断食模式适合哪些人群？
11. 饮酒可以造成的急性及慢性健康损害有哪些？
12. 酒精有没有建议摄入量，如何控制饮酒？
13. 调味品按照性质分为哪几类？
14. 不同的调味品如何对人体健康造成影响？
15. 休闲零食可以替代日常饮食吗？
16. 孕妇在膳食之外可以通过哪些健康零食补充营养？
17. 茶叶根据发酵程度可以分为哪几类？
18. 如何科学饮茶？
19. 人们常说“早餐要吃好，午餐要吃饱，晚餐要吃少”，请简述原因。
20. 如何科学加餐？

附　录

附录一　食品营养强化剂使用规定

食品营养强化剂
使用规定

附录二　允许用于特殊膳食用食品的营养强化剂及化合物来源

允许用于特殊膳
食用食品的营养
强化剂及
化合物来源

附录三　食品类别（名称）说明

食品类别
（名称）说明

附录四　GB 7718—2011《食品安全国家标准　预包装食品标签通则》

GB 7718—2011
《食品安全国家
标准　预包装
食品标签通则》

附录五　GB 28050—2011《食品安全国家标准　预包装食品营养标签通则》

GB 28050—2011
《食品安全国家标准　预包装食品营养标签通则》

附录六　GB 13432—2013《食品安全国家标准　预包装特殊膳食用食品标签》

GB 13432—2013
《食品安全国家标准　预包装特殊膳食用食品标签》

参考文献

［1］杨月欣．中国食物成分表（标准版）［M］．6 版．北京：北京大学医学出版社，2019.

［2］中华医学会肠外肠内营养学分会．加速康复外科围术期营养支持中国专家共识［J］．中国消化外科杂志．2019，18（10）：897-902.

［3］中国营养学会．中国肥胖预防与控制蓝皮书［M］．北京：北京大学医学出版社，2019.

［4］国家体育总局科教司组．运动营养学［M］．北京：高等教育出版社，2019.

［5］国家心血管病中心．中国心血管病健康和疾病报告 2019［M］．北京：科学出版社，2019.

［6］欧洲心脏病学会、糖尿病、糖尿病前期和心血管病工作组、欧洲糖尿病研究协会．糖尿病、糖尿病前期和心血管疾病指南［M］．European Heart Journal，2019.

［7］孙长颢，凌文华，黄国伟．营养与食品卫生学［M］．8 版．北京：人民卫生出版社，2017.

［8］杨玉红．食品营养与卫生保健［M］．北京：中国质检出版社，2017.

［9］胡秋红．谢玮．食品营养与卫生［M］．2 版．北京：北京理工大学出版社，2017.

［10］凌文华，孙志伟．预防医学［M］．北京：人民卫生出版社，2015.

［11］孙远明．食品营养学［M］．2 版．北京：中国农业大学出版社，2010.

［12］杨月欣．中国营养科学全书［M］．北京：人民卫生出版社，2010.

［13］中国营养学会．中国居民膳食指南（2022）［M］．北京：人民卫生出版社，2022.

［14］于健春．特殊医学用途配方食品临床应用指导［M］．2 版．北京：中华医学电子音像出版社，2016.

［15］中华人民共和国卫生部疾病控制司．中国成人超重和肥胖症预防与控制指南［M］．北京：人民卫生出版社，2006.

［16］中国营养学会．中国居民膳食营养素参考摄入量［M］．北京：科学出版社，2014.

［17］中国疾病预防控制中心，国家癌症中心，国家心血管病中心．中国居民营养与慢性病状况报告［J］．营养学报，2020，42（6）：521.

［18］中国超重/肥胖医学营养治疗专家共识编写委员会．中国超重/肥胖医学营养治疗指南（2021）［J］．中国医学前沿杂志（电子版），2021，13（11）：1-55.

［19］石汉平，李薇，齐玉梅，等．营养筛查与评估［M］．2 版．北京：人民卫生出版社，2021.

［20］中国营养学会．中国居民膳食指南科学研究报告（2021）［M］．北京：人民卫生出版社，2021.

［21］Nes W D. Biosynthesis of Cholesterol and Other Sterols［J］．Chemical Reviews. 2011；111（10）：6423-6451.